中国石化员工培训教材

综合录井工

中国石化员工培训教材编审指导委员会　组织编写
本书主编　苑　淮

中国石化出版社

内 容 提 要

《综合录井工》为《中国石化员工培训教材》系列之一，本书编写的依据是《员工培训教材编写指南》，结合《综合录井工职业资格等级标准》要求，内容分为概述、基础知识、综合录井工艺、资料解释与应用、管理体系等五个模块，以提高综合录井工岗位操作技能为主，侧重于实际操作，所涉及理论知识以够用为原则。

本书比较系统地阐述了综合录井原理、方法和技术，是综合录井人员进行员工岗位技能培训的必备教材，也是专业技术人员必备的参考书。

图书在版编目(CIP)数据

综合录井工／苑淮主编．—北京：中国石化出版社，2013.4(2013.12 重印)
中国石化员工培训教材
ISBN 978-7-5114-2056-5

Ⅰ.①综… Ⅱ.①苑… Ⅲ.①录井-技术培训-教材
Ⅳ.①TE242.9

中国版本图书馆 CIP 数据核字(2013)第 056869 号

中国石化出版社出版发行

地址:北京市东城区安定门外大街 58 号
邮编:100011 电话:(010)84271850
读者服务部电话:(010)84289974
http://www.sinopec-press.com
E-mail:press@sinopec.com
北京柏力行彩印有限公司印刷
全国各地新华书店经销

*

787×1092 毫米 16 开本 23.25 印张 582 千字
2014 年 1 月第 1 版 2014 年 1 月第 2 次印刷
定价:69.00 元

中国石化员工培训教材
编审指导委员会

序

中国石化是上中下游一体化能源化工公司，经营规模大、业务链条长、员工数量多，在我国经济社会发展中具有举足轻重的作用。公司的发展，基础在队伍，关键在人才，根本在提高员工队伍整体素质。员工教育培训是建设高素质员工队伍的先导性、基础性、战略性工程，是加强人才队伍建设的重要途径。

当前，我们已开启了建设世界一流能源化工公司的新航程，加快转变发展方式的任务艰巨而繁重，这对进一步做好员工教育培训工作提出了新的更高要求。我们要以中国特色社会主义理论为指导，紧紧围绕企业改革发展、队伍建设和员工成长需要，以提高思想政治素质为根本，以能力建设为重点，积极构建符合中国石化实际的培训体系，加大重点和骨干人才培训力度，深入推进全员培训，不断提高教育培训的质量和效益，为打造世界一流提供有力的人才保证和智力支持。

培训教材是员工学习的工具。加强培训教材建设，能够有效反映和传递公司战略思想和企业文化，推动企业全员学习，促进学习型企业建设。中国石化员工培训教材编审指导委员会组织编写的这套系列教材，较好地反映了集团公司经营管理目标要求，总结了全体员工在实践中创造的好经验好做法，梳理了有关岗位工作职责和工作流程，分析研究了面临的新技术、新情况、新问题等，在此基础上进行了完善提升，具有很强的实践性、实用性和较高的理论性、思想性。这套系列培训教材的开发和出版，对推动全体员工进一步加强学习，进而提高全体员工的理论素养、知识水平和业务能力具有重要的意义。

学习的目的在于运用，希望全体员工大力弘扬理论联系实际的优良学风，紧密结合企业发展环境的新变化、新进展、新情况，学好用好培训教材，不断提高解决实际问题、做好本职工作的能力，真正做到学以致用、知行合一，把学习培训的成果切实转变为推进工作、促进改革创新的实际行动，为建设世界一流能源化工公司作出积极的贡献。

二〇一二年七月十六日

前　言

根据中国石化发展战略要求，为加强培训资源建设、推进全员培训的深入开展，集团公司人事部组织梳理了近些年培训教材开发成果，调研了企业培训教材需求，开展了中国石化员工培训课程体系研究。在此基础上，按职业素养、综合管理、专业技术、技能操作、国际化业务、新员工等六类，组织编写覆盖石油石化主要业务的系列培训教材，初步构建起中国石化特色的培训教材体系。这套系列教材围绕中国石化发展战略、队伍建设和员工成长的需要，以提高全体员工履行岗位职责的能力为重点，把研究和解决生产经营、改革发展面临的新挑战、新情况、新问题作为重要目标，把全体员工在实践中创造的好经验好做法作为重要内容，具有较强的实践性、针对性。这套培训教材的开发工作由中国石化员工培训教材编审指导委员会组织，集团公司人事部统筹协调，总部各业务部门分工负责专业指导和质量把关，主编单位负责组织培训教材编写。在培训教材开发和编写的过程中，上下协同、团结合作，各级领导给予了高度重视和支持，许多管理专家、技术骨干、技能操作能手为培训教材编写贡献了智慧、付出了辛勤的劳动。

《综合录井工》为培训类型的教材，本教材主要是为了提高综合录井岗位操作人员的操作技能，面向综合录井操作人员。教材较充分考虑了综合录井工艺特点、设备及最新技术的发展现状，同时增加了风险识别和防范措施，旨在提高操作人员的安全风险意识、自我保护能力和规范化操作。《综合录井工》培训教材编写的目标是为了实现岗位操作规范化、管理精细化，最终达到综合录井岗位操作人员熟练操作的目标。

《综合录井工》教材由集团公司石油工程管理部、油田勘探开发事业部和河南油田负责组织编写，主编苑淮、副主编杨长欣(河南油田)，参加编写的人员有肖勇、谭祖爱、刘之洋、袁勇、李三明、方锡贤、牛书立、林宁、张永平、姜宏利(河南油田)、王国庆、张娟(胜利油田)、刘志刚、张德安(中原油田)、袁拥军(江汉油田)、钱卫东(江苏油田)、王艳红(华东局)、徐勇(上海海洋石油局)；本教材已经集团公司人事部、石油工程管理部和油田勘探开发事业部审定通过，主审王伟东(胜利油田)，参加审定的人员有明晓峰、李志强、陈京义(胜利油田)、田艳(河南油田)，审定工作得到了胜利油田、河南油田等单位的大力支持；中国石化出版社对教材的编写和出版工作给予了通力协作和配合，在此一并表示感谢。

由于本教材涵盖的内容较多，不同企业之间也存在着差别，编写难度较大，加之编写时间紧迫，资料有限，不足之处在所难免，敬请各使用单位及个人对教材提出宝贵意见和建议，以便教材修订时补充更正。

目　录

第一章 概 述

综合录井技术是在钻进过程中应用电子技术、计算机技术、气体分析技术、网络通信技术及传感器技术，在随钻施工作业中，通过钻机相关部位安装的传感器，将相应变化的物理量转换成电信号，借助分析仪器、计算机和相应解释图版对油气地质、钻井工程及其他随钻信息进行分析处理，进而达到对钻遇地层含油气性评价、地层压力预测及钻井安全监控的一项随钻石油勘探技术。

1.1 综合录井发展历程

综合录井作为一种石油专门的技术已有近百年的发展历程。录井最初用望、闻的办法，确定钻井液中是否含油气，并确定其层位。1939 年随着检测技术的发展(用紫外线来观察岩屑含油显示，电阻丝气体检测测定钻井液含气情况)，工业化综合录井服务才正式诞生。

20 世纪 50 ~60 年代，由于气相色谱分析仪研制成功并投入应用，综合录井技术有了飞速发展，同时录井技术也逐渐向工程施工服务领域延伸，钻井参数的监测、地层压力的检测等一系列仪器、仪表相继问世。

20 世纪 70 年代末期，综合录井引入了计算机技术，同时在优化钻井施工和油气显示评价方面取得了进展，从而为现代综合录井技术奠定了基础。

20 世纪 80 ~90 年代，为了适应钻井速度提高的需要，色谱分析周期由原来 7 ~8min 缩短到 2min，甚至 90s。

21 世纪初，为了适应快速钻进和薄层油气发现的需要，快速色谱录井技术迅速发展，色谱分析周期缩短到 30s，无周期连续气体分析光谱技术得到应用。同时随着 INTERNET 技术发展，录井现场远距离传输技术得到了广泛应用。

近几年随钻测量(Measurement While Drilling 简称 MWD)/随钻测井(Logging While Drilling 简称 LWD)技术与综合录井仪结合，提供了地层评价和钻井工程施工导向服务，并取得成功。

我国在 20 世纪 50 年代初期主要是手工方式录井，1955 年从苏联引进半自动气测仪。1957 年钻井液检测技术引入录井范畴。1964 年研制出全自动气测仪，1974 年推出 SQC701 型气测仪。上世纪 80 年代后期开始研制国产综合录井仪，例如上海科油石油仪器制造有限公司(原上海石油仪器厂)于 1988 年推出的 SDL－1 型地质录井仪以及后来推出的 SQC882 型气测录井仪、CPS3000 型和 Wellstart 型综合录井仪，中国电子科技集团第 22 研究所 1991 年推出 SLZ－1 型综合录井仪以及后来推出 SLZ－2A 和 ACE 型综合录井仪，上海神开石油设备有限公司生产的 SK－2000 系列和 SK－CMS 型综合录井仪，中国石化集团石油工程技术研究院录井装备制造中心生产的 SLXL－2、SLXL－3、EXPLORER ZH－2 型综合录井仪，中国石油天然气集团公司渤海钻探第一录井公司生产的 DML 综合录井仪，中国石油天然气集团公司西部钻探克拉玛依录井工程公司生产的“雪狼”综合录井，部分产品相当于国外生产的第四代综合录井仪。进入 21 世纪后，我国综合录井技术有了较快的发展，综合录井技术发展已成为包括气测录井、钻井液录井、钻井工程监测录井、信息远程传输和随钻测量为一体的现代化综合性录井技术，把综合录井和随钻测量集成，将 MWD 的井斜、方位等数据与综合录井系统融合，进行井眼轨迹跟踪，构成地质导向和空间导向的钻井工程、地质信息平台，实现随钻地质导向。上海科油石油仪器制造有限公司、上海神开石油设备有限公司和中国石化录井装备制造中心推出了钻井液脉冲信号传输的“定 - 录一体化”设备，中国电子科技集团第 22 研究所推出了电磁波信号传输的“定 - 录一体化”设备，使用了地面、井下测量仪器，实现了从信号采集、处理、存储、传输到解释的自动化，油气钻探过程的全过程监控、井眼轨迹跟踪。

国外 20 世纪 80 年代初期，法、英、美等国将计算机技术引入录井领域，制造出第二代脱机式综合录井仪。随着电子技术和计算机技术的高速发展，20 世纪 80 年代中期西方国家又推出第三代联机式综合录井仪，其中具有代表性的有我国于 1984 年引进的法国 Geoservice 公司生产的 TDC 综合录井仪。20 世纪 90 年代和 21 世纪初，西方国家又推出第四代无二次仪表基于 WINDOWS 环境的联机式综合录井仪。其中具有代表性的有法国 Geoservice 公司生产的 Geo5000、Geo6000、ALS 系列、Geonext 综合录井仪，美国贝克休斯公司（Baker Hughes Inc.）生产的 Advantage 综合录井仪，美国国际录井公司（International Logging Inc.）研制开发的 DLS 综合录井仪，美国哈里伯顿公司（Halliburton Company）生产的 SDL9000 综合录井仪，加拿大 Datalog Technology Inc. 公司生产的 Datalog 综合录井系统以及俄罗斯地球物理股份有限公司（ОАОНПФ“Геофиэика”）生产的“reotect 综合录井仪”。这些产品在国际上占有一定数量。

为了适应国际石油勘探开发的需要和国内外录井市场竞争的需要，每隔三五年就会推出一种录井仪器新机型，每隔十年录井技术的发展也将会上一个新台阶。

1.2 综合录井特点与应用

1.2.1 综合录井的特点

综合录井仪可以在随钻实时状态下采集钻井液、钻井工程及钻井液中烃类和非烃类气体等特性参数，实现钻井过程实时监测、异常预报、发现油气层、保护油气层，减少井下事故、优化钻井参数、提高综合勘探效益的目的。

综合录井有以下技术特点：

① 实时性。综合录井仪在随钻状态下实时采集钻井工程、钻井液及钻井液中烃类和非烃类气体等特性参数，及时监测钻井工况、地层压力，发现油气层、评价油气藏，因此具有很好的实时性。

② 连续性。综合录井的全天候、全井段不间断监测，保证了资料的连续性。

③ 直观性。在随钻录井过程中将地下流体和油气信息传到综合录井仪进行解释和处理，直观反映油气水参数，对该井的地层流体和含油性等一目了然；根据钻井工程参数变化，利用图形、曲线等方式，直观显示钻井工况。

④ 准确性。综合录井仪利用高精度传感器和高灵敏的气体分析仪准确测量工程参数和油气参数，进行定量解释。

1.2.2 综合录井技术应用

综合录井仪通过传感器和气体分析仪直接测量钻井工程、钻井液和钻井液中气体参数30余个，具有采集参数多、资料连续性强、数据处理速度快等特点。不仅可以进行地层实时油气含量分析，而且可进行钻井工况监控、异常检测预报及地层压力预测等，为指导科学安全钻井提供依据。

综合录井不仅在新区勘探过程中对参数井、预探井、探井有广泛的应用，而且对老区开发过程中的开发井、调整井的施工也有着十分明显的作用，综合录井技术广泛应用于油气勘探开发过程中的钻探过程。

综合归纳综合录井有以下几个方面应用：

（1）及时、准确地发现油气层

发现油气层是石油勘探开发的目的，是资源评价的基础。综合录井技术使用了多种方法来检测、发现钻井中油气显示。

在常规地质录井的基础上，综合录井使用气测录井，包括定量脱气分析、热真空蒸馏脱气（Vacuum Mud Still System 简称 VMS）分析等方法，及时、有效、准确地发现油气显示。

近年来，随着钻井速度的提高，快速色谱的分析周期已经缩短到30s，在薄层、低油气比油层及裂缝性储层的油气发现及评价中能够发挥重要的作用。

综合录井还利用钻井液电阻率、温度、流量、泥浆池体积等参数进行井下流体性质的分析、判断，以发现油气显示。

（2）油气层解释与评价

综合录井技术不仅可以快速、准确地发现油气显示，而且还可以利用自身的手段进行油气层的综合解释，大大提高了现场资料的运用效果。

综合录井仪利用气测全烃、组分，钻井液的电导率、密度、池体积等信息，根据各油田不同区块油气特征，利用气测的三角形图版法、皮克斯勒法、轻质烷烃比值法等方法，并结合其他参数进行油气层解释评价，在油气勘探开发过程中取得了良好效果。

（3）钻井实时监测

综合录井实时采集工程参数、钻井液参数，监测工程异常、地层压力变化等。利用图形、曲线等方式，直观显示参数变化情况，一旦发现异常，可及时判断、分析原因，提供工程事故预报，使施工单位及时采取相应措施，减少工程事故的发生，达到节约成本，提高钻井时效的目的。

（4）硫化氢（H_2S）检测

利用综合录井仪硫化氢监测装置连续、实时检测硫化氢含量，当空气中硫化氢浓度超过安全临界值时，监测仪自动报警，提醒井场工作人员做好应急处置。

（5）地层压力监测

综合录井利用 dc 指数法、SIGMA 法、泥（页）岩密度法、地温梯度法进行地层压力监测，并结合气体参数、钻井液温度、出口密度、电阻率、流量等参数绘制压力趋势线，通过综合分析，及时检测异常地层压力的存在，合理地选用钻井液密度，实现平衡钻井，达到保护油气层的目的。

（6）定向井、水平井的地质导向

综合录井利用 MWD、LWD 数据，配合其他录井参数，可实现设计的油藏数据信息资料与录井实时录取的数据资料对比，判断定向井钻井中实钻井眼轨迹、设计井眼轨迹和油气层段的空间关系，为控制井眼轨迹提供信息，确保井眼沿着目的油气层段穿越，为定向井、水平井的施工提供地质导向服务，提高钻井成功率，降低开发成本。

（7）数据资源共享平台

综合录井利用现场数据中心和远程传输系统为现场和基地提供服务。不同用户可以根据自身的需要从数据库中提取数据进行分析、处理，进行地层和油气资源评价，指导钻井施工，为勘探开发提供决策依据。

1.3 综合录井发展方向

随着石油勘探开发向着深层次、新领域的发展，钻井技术水平的不断提高，石油勘探开发对综合录井的要求已不仅仅满足于现场工程参数以及地质参数的简单应用，而要求录井能够综合处理各种信息，提供多元化服务。

综合录井技术随着科学技术的进步，特别是电子技术、计算机技术、传感器技术、分析技术，网络信息技术等的应用，为满足石油勘探、开发、工程的需要，已经形成以实时录井、监测、传输、处理、解释、评价和决策一体化的技术。综合录井新技术、新理论、新方法不断出现，各专业技术之间的相互交叉、渗透日益深入，毫无疑问，综合录井技术必将随着科学技术的发展和石油勘探开发的需求而不断向前发展。

1.3.1 综合录井参数由定性向定量化方向发展

以往综合录井参数部分为定性的，影响准确分析的因素较多，不同地区、不同井、不同层位的资料可比性较差。定量化的录井参数，将更趋于准确反映钻井状态、地下地质、油气等客观情况，提高钻井效率、油气层发现率及解释精度。今后的综合录井技术将使已经量化的参数变得更加灵敏、准确，未量化的录井项目或参数，通过新的方法和手段逐渐达到钻井参数定量化，地层气体定量化和气体成分连续分析、地层压力及井筒流体流量准确检测等，从而实现高效钻井，提高油气层解释的符合率。

1.3.2 资料采集由地面向井下方向发展

传统综合录井的着眼点，是通过钻机的四大系统获取反映井下状态的油气地质等信息，除岩心、岩屑、钻井液是井下信息的直接携带者外，其他物理量的转换都需要做相应的推演。而正是这些数据采集处理过程中的误差，导致了资料解释的差异。资料采集直接到井下，尤其是在破坏地层原始状态的第一时间获取的信息，其可靠性肯定是毋庸置疑的。在这点上就是借鉴测井的优势，获取能准确反映地层性质的数据，使得资料对比性强，可信度高。录井的技术发展将以随钻测量（MWD）/随钻测井（LWD）、随钻地层压力检测（Formation Pressure Detection While Drilling 简称 PWD）、随钻气体检测（Gas While Drilling 简称 GWD）、随钻地层温度检测（Formation Temperature While Drilling 简称 TWD）、随钻流量检测（Flow While Drilling 简称 FWD）等作为基本模块，实现实时采集地层和油气信息，随钻地下流体分析、随钻地层压力监测、工程监测等信息集成，为快速准确发现、评价油气资源、指导钻井作业发挥作用。随钻录井预示着未来录井、地震、测井、地层测试等技术将逐步融合。

1.3.3 构建信息综合平台

录井的重要任务是为石油勘探开发决策提供快速、准确的钻探信息和第一手资料。综合录井采集的数据涉及面广、实时性强，在发现和评价油气显示、钻井安全监测等方面具有不可替代的优势。近年来，录井成为井场数据传输的源头，具有建设井场信息管理平台的先决条件。今后信息综合平台将成为井场数据中心，可实现远程在线事故诊断、专业分析、工程评价、获得基地专家支持、及时贯彻实施生产指令等基地与现场的信息顺畅交流，为施工作业单位及油田各级生产决策与管理提供信息支持。

1.3.4 前沿技术

(1) 新型传感器技术

综合录井仪发展到今天，传感器虽然有了较大改变，但是无论是测量的精度还是检测效果还不能完全满足石油勘探开发发展的需要，针对现场检测存在的问题及难点，选择安装简便，体积小、质量轻，响应快，灵敏度高，成本低，方法可靠，定量检测效果好的传感器势在必行，结合新型材料技术发展，采用多元传感器、模型传感器，实现地层地质信息、油气水信息、钻井工程参数及钻井液参数的精确可靠测量。

(2) 半透膜技术

传统的脱气器测量的结果依赖于泥浆流速、泥浆液位高度、泥浆密度、泥浆黏度以及泥浆温度、钻井液类型、气体类型、机械设计差异、脱气器饱和度、空气的稀释等等，造成气测数据可信度下降，气体分析的价值被严重低估。利用新方法、新材料和新技术消除或者降低影响气测定量因素，利用半透膜技术降低和部分消除了这些影响因素，提高了气测数据的可信度。

(3) 光谱技术

运用光谱分析技术可以评价地层中的流体成分及含量，从而确定地层中的油、气、水层。目前现场应用的气测录井大都采用气相色谱分析技术来分析石油天然气中的气态烷烃($C_1 \sim C_5$)成分和含量。这种分析方法一是分析不连续，二是设备附件多，使用不便。光谱分析技术提供了一种新的现场录井分析技术，尤其是拉曼光谱技术具有灵敏度高、稳定性高、重复性好、连续性强等特点，下步在我国的石油天然气资源的勘探开发和找油、找气方面有着重要的作用。

(4) 实时地层流体分析技术

现场实时流体监测系统将恒温脱气以及质谱监测技术运用在钻井作业现场，突破了常规气体检测系统只能监测泥浆中烃类 $C_1 \sim C_5$气态组分的束缚，将现场气体检测范围扩大到烃类 $C_1 \sim C_8$(包括同分异构体)甚至烃类 C_8以后，并可选择性的检测苯、甲苯以及 CO_2、H_2S、乙酸等非烃物质。在判断地层流体性质、油水界面、识别油藏改造程度、判断储层含烃饱和度、地质导向等方面有较好的技术优势。

(5) 硫离子安全检测技术

传统的硫化氢传感器监测的是环境硫化氢气体检测，缺点是只能等到硫化氢气体溢出后才能检测。目前采用硫离子检测传感器，检测钻井液中游离的硫离子的含量以及钻井液的 pH 值，在硫化氢溢出前提供预警，以便及时采取措施，调整钻井液，避免硫化氢的溢出。实时监测的 pH 值则可保证钻井液化学环境的稳定，从钻井液体系上对硫化氢进行监测，是一种精确、可靠、低成本的防止硫化氢事故的手段。

(6) 钻井液离子检测技术

根据离子色谱分析原理，监测钻井滤液中离子及离子的变化，从而确定钻井液的性质和指示钻井液/地层的交互作用，检测钻井液参数变化及地层流体性质。

(7) 非烃监测技术

随着油气勘探程度和油气地质研究程度日趋加深，煤层气勘探比重逐步增加，海相高含硫油气勘探力度的加大，以及空气钻井燃爆监测的要求，CO、O_2、CO_2、H_2、N_2、He、H_2S等非烃参数录井检测的必要性和重要性逐步体现出来。目前综合录井仪只能分析H_2、CO_2、H_2S组分，因此要完善综合录井非烃监测设备与技术，发展气体钻井安全监控技术。

(8) 随钻地层压力监测技术

为钻井施工提供地层压力预测是油气勘探开发的一项重要工作。井下钻遇异常压力地层易导致复杂井下事故的发生。随着勘探难度的加大，油气勘探开发向新区、新层、新领域拓展以及新钻井工艺的广泛应用，基于牙轮钻头、砂泥岩地层等前提下的地层压力检测技术已失去了原有的条件基础。因此，研究、开发新的地层压力监测技术显得十分必要。

(9) 工程异常智能预警技术

工程异常智能预警技术运用人工智能理论建立工程事故发生的数学模型，通过连续监测综合录井仪采集的传感器参数和派生参数，实时分析工程进展的变化趋势和工程事故的动态概率，进行智能判断，提供多方式报警提示，提高钻井工程异常预测预报质量。

(10) 随钻钻柱振动声波技术

随钻钻柱振动声波技术是利用安装在钻柱顶部的振动信号测量探头，获取钻具振动声波动态信息，达到识别地层岩性、油藏界面和钻具工况的目的。

(11) 随钻地下气体检测技术

随钻地下气体检测技术(GWD)是在井底高温、高压环境下，实现对钻头井筒处气体检测，消除了油气上返的滞后和干扰，大大提高了油气层解释符合率。近年来，MWD、LWD技术发展迅速，井底随钻气体检测是发展的一种趋势。

(12) 三维地质导向技术

三维地质导向技术依靠地质数据体(深度域)模型，提供构造形态及横向预测，将随钻数据实时投影到井眼轨迹上，实现可视化随钻层位跟踪、分析，达到随钻地质导向目的。

(13) 远程录井技术

远程录井技术通过无线网络将数据传输到基地或区域测控中心，实现录井参数远程采集、自动监测、实时监控。技术、生产管理人员可以通过网络实时对录井参数、工况分析评价，实现对单井、多井生产过程的实时监控、在线指挥与管理。

综合录井技术是录井核心技术之一。在今后的发展中，应加强各种参数的检测、异常识别方法，信息的解释评价及相关理论的研究，为录井技术的发展奠定坚实的基础。

综合录井技术打破了学科专业界限，融合了现代信息技术属性，在“数字油田”建设中，将有更大的发展和服务空间。

第二章　基础知识

2.1　电工学基础知识

2.1.1　导体和绝缘体

导体：导电能力强的物体称为导体。导体内部拥有大量的自由电子或离子，在电场力的作用下，自由电子(或离子)作规则的定向运动。

绝缘体：几乎不能导电的物体称为绝缘体。其原子核对其外层电子的束缚力很强，自由电子极少。

2.1.2　电路及电路图

电路：是电流流过的路径，一个完整的电路由电源、负载(用电设备)、联接导线以及控制电器等四个基本部分组成，如图 2－1－1 所示。

电源：是产生电能的装置。它的作用是将其他形式的能量转换成电能，并向用电设备供给能量。

负载：是用电设备。它的作用是将电能转换为其他形式的能量。

联接导线：它把电源和负载连接成一个闭合通路，起着传输和分配电能的作用。

控制电器：其作用是执行控制任务和保护电器设备。

电路图：用规定的图形符号、文字符号表示的电路，如图 2－1－2 所示。

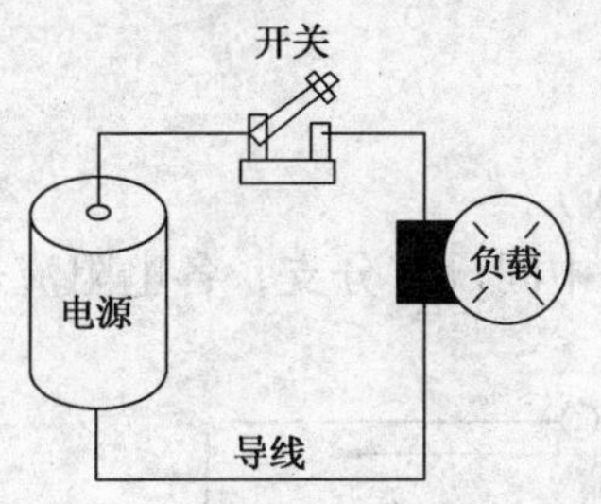

图 2－1－1　电路的基本组成部分

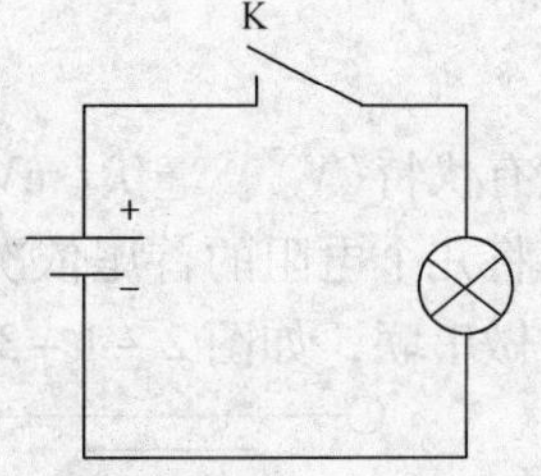

图 2－1－2　对应的电路图

2.1.3　电流和电阻

电流：导体中的自由电子，在电场力的作用下作有规则的定向运动形成了电流。单位时间内通过导体某一截面的电荷量称为电流强度(简称电流)，用符合 I 表示，计算式为：

$$I = \frac{Q}{t} \qquad (2-1-1)$$

式中　I——过导体电流强度，A；

Q——截面的电荷量，C；

t——通过电荷量 Q 所用的时间，s。

电流的单位有安培(A)，毫安(mA)和微安(μA)。

电流的方向规定为正电荷运动的方向。

电阻：电流通过导电体时所受到的阻力称为电阻。金属导体的电阻与它的几何尺寸、材料有关，可用下式表示：

$$R = \rho \frac{L}{S} \tag{2-1-2}$$

式中 R——导体的电阻，Ω；

L——导体的长度，m；

S——导体的截面积，mm^2；

ρ——导体的电阻率。

电阻的单位有欧姆(Ω)、兆欧(MΩ)、千欧(kΩ)、毫欧(mΩ)和微欧(μΩ)。

一般来说，金属导体的电阻会随温度升高而增大。

2.1.4 欧姆定律

欧姆定律是反映电压、电流、电阻三者之间关系的基本定律。

在电阻一定的电路中，通过电阻的电流与施加于电阻上的电压成正比。也可以说成电路中的电流与电压成正比，而与电阻成反比。其数学表达式为：

$$I = \frac{U}{R} \tag{2-1-3}$$

式中 I——电流，A；

U——电压，V；

R——电阻，Ω。

上述公式也可以写成：

$$U = IR \tag{2-1-4}$$

$$R = \frac{U}{I} \tag{2-1-5}$$

电压的单位有伏特(V)，毫伏(mV)和微伏(μV)。

串联电路：将几个电阻的首尾依次连接起来，中间没有分支，各电阻流过同一电流，这些电阻的连接叫做串联，如图2-1-3所示。

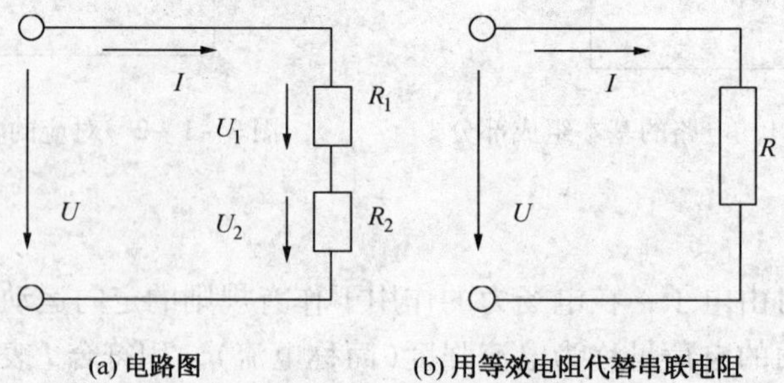

图2-1-3 串联电路图

串联电路的特点如下：

流过各电阻的电流相同；

电路总电压等于各电阻上的电压降之和，即

$$U = U_1 + U_2 \tag{2-1-6}$$

电路总电阻(等效电阻)等于各电阻阻值之和，即

$$R = R_1 + R_2 \tag{2-1-7}$$

各电阻上的电压与该电阻的阻值成正比；

电路中消耗的功率等于各电阻上消耗的功率之和，即

$$P = P_1 + P_2 \tag{2-1-8}$$

各电阻上消耗的功率与该电阻的阻值成正比。

功率的单位有瓦特(W)，千瓦特(kW)和毫瓦特(mW)。

并联电路：将几个电阻的头和尾分别接在一起，使之在电路中承受同一电压，这些电阻的连接叫做并联，如图2-1-4所示。

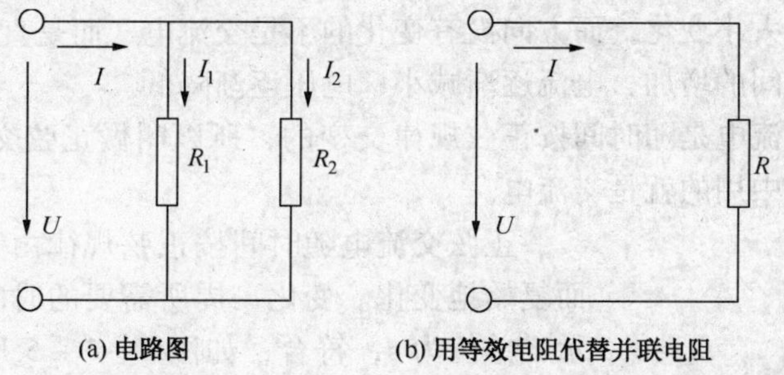

图2-1-4　并联电路图

并联电路的特点如下：

电路中各电阻上所承受的电压相同；

电路中的总电流等于各电阻中电流之和，即

$$I = I_1 + I_2 \tag{2-1-9}$$

电路中的总电阻(等效电阻)的倒数等于各电阻的倒数之和，即表示。

$$\frac{1}{R} = \frac{1}{R_1} + \frac{1}{R_2} \tag{2-1-10}$$

混联电路：电路中既有相互串联的电阻，又有相互并联的电阻，叫做混联电路。分析混联电路时，应先合并串联或并联部分，逐步对电路进行等值简化，求出总的等效电阻，然后根据欧姆定律，由总电阻、总电压(或总电流)，求出电路中的总电流(或总电压)，最后再逐步推算各部分的电压和电流。

2.1.5　电功率和电能

电功率：单位时间内产生或消耗的电能，叫做电功率(简称功率)。它表明了电能与非电能相互转换速率的大小。负荷接受的电功率等于负荷两端的电压与通过负荷的电流的乘积，常用P表示。

$$P = UI \tag{2-1-11}$$

式中　P——电功率，W；

U——电压，V；

I——负荷电流，A。

同理，电源产生的电功率等于电动势与电流的乘积。

电能：电流在一段时间内所做的功叫做电能。电能的大小不仅与电功率的大小有关，还

与作功的时间长短有关。其表达式为

$$W = Pt \tag{2-1-12}$$

式中 P——电功率，W；

t——时间，s；

W——电能，Wh 或 kWh。

电的热效应：电流通过电阻时要发热，其发热量同电流的平方、回路中的电阻及通过电流的时间成正比。

2.1.6 交流电

交流电：指大小和方向都随时间作周期性变化的电流(或电动势、电压)。

注意：如果只有大小变化，而方向没有变化的不是交流电，而是直流电。例如：电池供电的电流、电压随时间的增加，电流逐渐减小，电压逐渐降低。

正弦交流电：交流电是随时间按正弦规律交变的，所以叫做正弦交流电，简称交流电，我们日常生活或生产中用的就是交流电。

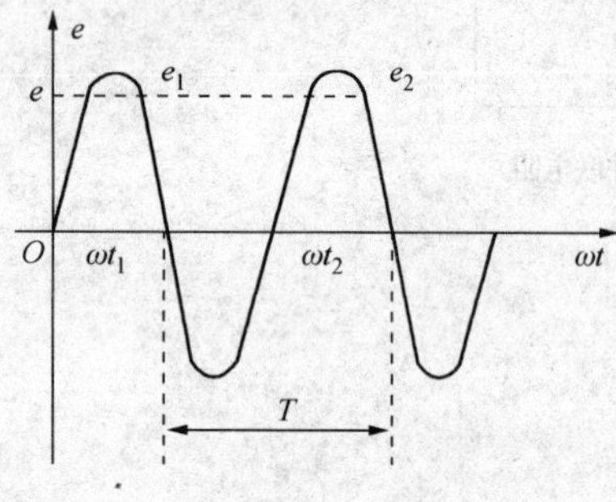

图 2-1-5 正弦交流电的周期

正弦交流电随时间按正弦规律由正到负、由负到正周而复始地变化。变化一周所需要的时间叫做周期，用 T 表示，单位为 s，符合，如图 2-1-5 所示。以电角度表示的一个周期为 2π 弧度，即

$$T = \frac{2\pi}{\omega} \quad 或\ \omega = 2\pi/T \tag{2-1-13}$$

每秒正弦量交变的次数叫做频率，单位为 Hz(赫兹)，用 f 表示。我国电网采用的频率是 50Hz。

周期和频率互为倒数，即

$$f = \frac{1}{T} \ 或\ T = \frac{1}{f} \tag{2-1-14}$$

因为一个周期等于 2π 弧度，若将频率的单位 Hz 化为 rad/s(弧度每秒)，即为角频率 ω，因此

$$\omega = \frac{2\pi}{T} = 2\pi f \tag{2-1-15}$$

瞬时值：交流电任一时刻的数值称为瞬时值，用英文小写字母表示。如电流用 i，电压用 u，电动势用 e 等。

最大值：正弦交流电瞬时值中的最大值。用有下标 m 的英文大写字母表示。如交流电流、电压、电动势的最大值分别用 I_m、U_m、E_m 表示。对于给定的正弦交流电的最大值是常数，在一个周期内出现两次，即正最大值和负最大值。

有效值：交流电的瞬时值是随时间变化的，用瞬时值来反应交流电在电路中产生的效果很不方便。同时，用最大值也不能确切地反应出交流电的大小，工程中常用有效值。

如果一个交变电流通过一个电阻，在一周期的时间内所产生的热量和某一直流电流通过同一电阻，在相等的时间内所产生的热量相等，则此直流值就定义为改交流电的有效值。

即交变电流的有效值等于与它热效应相当的直流值。

交流电的有效值用英文大写字母表示，如用 U、I、E 分别表示电压、电流和电动势的有效值。

正弦交流电的有效值等于最大值的 $1/\sqrt{2}$ 即 0.707 倍，或者说正弦交流电的最大值等于有效值的 $\sqrt{2}$ 倍，即近似为 1.414 倍。

正弦交流电的相量表示法如下：

向量用于表示交流电时称为相量，在相应字母符号上方加"·"表示，如：$\dot{I}$、$\dot{U}$。

正弦电流瞬时值表示法即 $i = I_m \sin(\omega t + \varphi)$ 的相量表示法。

交流电路中的电阻、电感、电容元件分析，如下：

1. 电阻交流电路

实际应用的白炽灯、电烙铁、电阻器等可看成电阻元件。在电阻元件构成的交流电路中，电流和电压的频率相同，相位相同，完全符合欧姆定律，即

$$\frac{u}{i} = \frac{U_m}{I_m} = \frac{U}{I} = R \tag{2-1-16}$$

电阻电路的相量图和波形图，如图 2-1-6 所示。

任何瞬间电阻上所消耗的功率等于通过电阻的电流与加在电阻两端电压的瞬时值的乘积，即

$$p = ui \tag{2-1-17}$$

任一瞬间的功率数值都是正值，说明电阻电路中总是从电源吸取能量，也就是说电阻是一种耗能元件。

在日常生活中，计量用的平均功率(又叫有功功率)，是指一个周期内瞬时功率的平均值。电阻元件的平均功率等于流过电阻的电流、两端施加的电压的有效值的乘积，即

$$P = UI = I^2R = \frac{U^2}{R} \tag{2-1-18}$$

2. 电感交流电路

实际应用中的荧光灯镇流器线圈、接触器的线圈、继电器的线圈、电动机的绕组等，若忽略它们的导线电阻，都可看成是电感元件。图 2-1-7 所示为纯电感电路及其相量图、波形图。

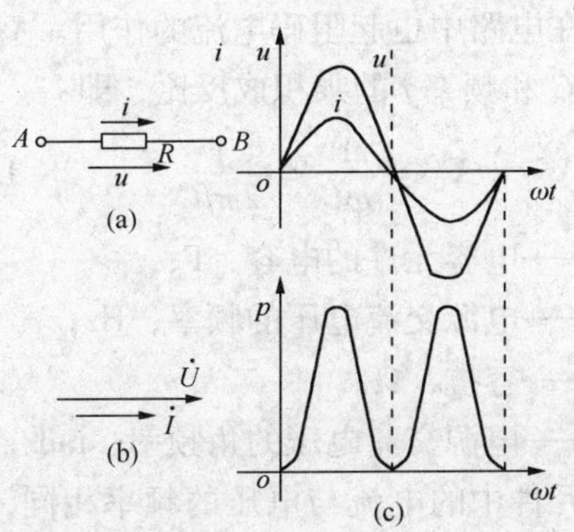

图 2-1-6　电阻电路的相量图和波形图

(a)电阻电路图；(b)相量图；(c)$u/i/p$ 波形图

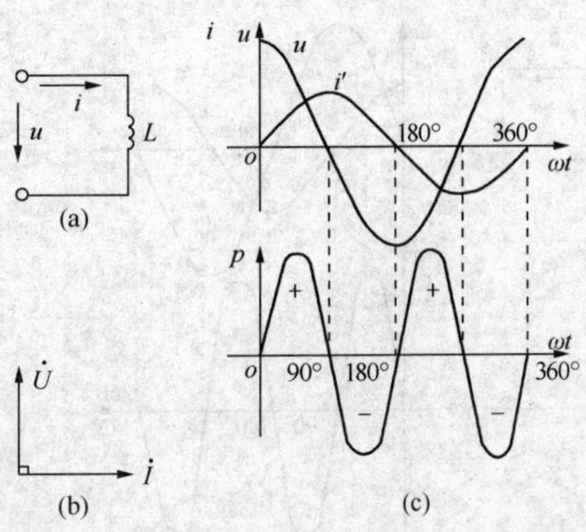

图 2-1-7　电感电路的相量图、波形图

(a)电感电路图；(b)相量图；(c)u、i、p 波形图

在电感交流电路中，电压和电流的有效值或最大值之比叫做电感电抗，简称感抗，用 X_L表示，即

$$\frac{U}{I}=\frac{U_m}{I_m}=X_L \tag{2-1-19}$$

感抗 X_L和电阻 R 相似，在交流电路中都起阻碍电流通过的作用。X_L的大小与电感 L 和频率 f 的乘积成正比，即

$$X_L=\omega L=2\pi fL \tag{2-1-20}$$

式中 L——绕组(线圈)的电感，H；

f——电源电压的频率，Hz；

ω——电源电压的角频率，rad/s；

X_L——感抗，Ω。

从图 2-1-7(c)中看出，电压和电流的频率相同，电压的相位超前于电流 90°。

3. 电容交流电路

任何两块靠近的金属导体(又称极板)，中间用不导电的绝缘介质隔开，就形成了电容器。把电容器接在电源上，电容器中就储存了电荷。其两个极板总是分别带有电量相等的正、负电荷。表示电容器储存电荷电量能力的物理量，称为电容器的电容量(简称电容)，用符号 C 表示。C 值愈大，表明电容器所储存的电量愈多。用公式表示为：

$$C=\frac{Q}{U} \tag{2-1-21}$$

式中 Q——极板上的带电量，C；

U——两个极板之间的电压，V；

C——电容，F。

法拉(F)这个单位太大，一般用微法(μF)或皮法(pF)做电容的单位。

$$1\mu F=10^{-6}F;\ 1pF=10^{-6}\mu F=10^{-12}F$$

电容交流电路中电压和电流的有效值(或最大值)之比等于电容电抗，简称容抗，用 X_C 表示。

$$\frac{U}{I}=X_C \tag{2-1-22}$$

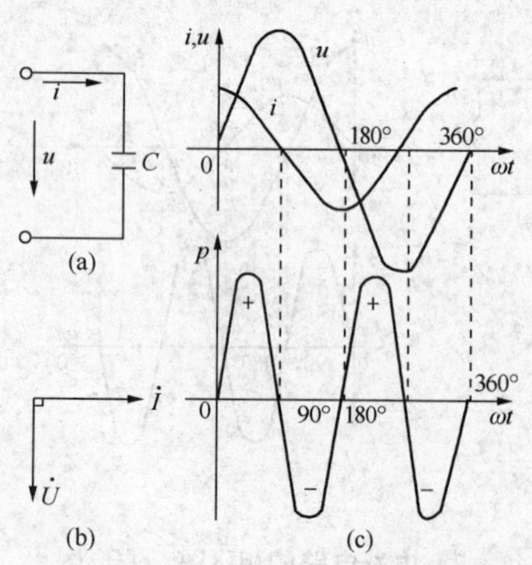

图 2-1-8 电容电路的相量图和波形图

(a) 电容电路图；(b) 相量图；(c) u，i，p 波形图

容抗在电路中也起阻碍电流的作用。X_C 的大小与电容 C 和频率 f 的乘积成反比，即：

$$X_C=\frac{1}{\omega C}=\frac{1}{2\pi fC} \tag{2-1-23}$$

式中 C——电容元件的电容，F；

f——电源交流电压的频率，Hz；

X_C——容抗，Ω。

ω——电源交流电压的角频率，rad/s；

电容元件中的电流与电压的频率相同，但电流的相位超前于电压 90°，如图 2-1-8 所示。

4. 电阻与电感串联的交流电路

电气设备的实际电路几乎都不是单一的电

阻、电感或电容电路。最常见的是电阻与电感串联的电路，如电动机、变压器等。

在电阻、电感串联电路中，各元件上的电压和总电压的关系，如图 2－1－9 所示。

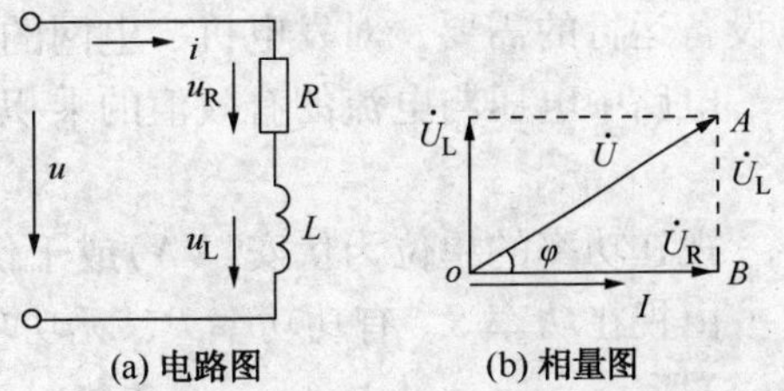

(a) 电路图　(b) 相量图

图 2－1－9　电阻和电感串联电路

在电压 u 的作用下，通过 R、L 的电流为 i，i 与 R 上的压降 u_R 同相位，i 比 L 上的压降 u_L 落后 90°。画相量图时，以电流 $\dot{I}$ 为参考相量，再画出电阻上的电压 $\dot{U}_R$ 相量和电感上的电压 $\dot{U}_L$ 相量，总电压 $\dot{U}$ 等于 $\dot{U}_R$ 和 $\dot{U}_L$ 的相量和。从图 2－1－9 (b) 看出，总电压 $\dot{U}$ 与 $\dot{U}_R$、$\dot{U}_L$ 构成了一个直角三角形，称为电压三角形。其斜边为总电压 $\dot{U}$，两直角边分别为 $\dot{U}_R$、$\dot{U}_L$，根据勾股定律可得

$$U = \sqrt{U_R^2 + U_L^2} \tag{2-1-24}$$

$$U = \sqrt{(IR)^2 + (IX_L)^2} = I\sqrt{R^2 + X_L^2} \tag{2-1-25}$$

式中 $\sqrt{R^2 + X_L^2}$ 为交流电路的阻抗，用 Z 表示，阻抗的单位也是欧姆(Ω)。

由上式看出，Z、R、X_L 之间也是一个直角三角形，叫做阻抗三角形，如图 2－1－10 (a)所示。

从图 2－1－10(b)看出，总电压和电流之间的相位差为 φ，即总电压和电流之间的相位差由负荷电阻和感抗的大小决定。

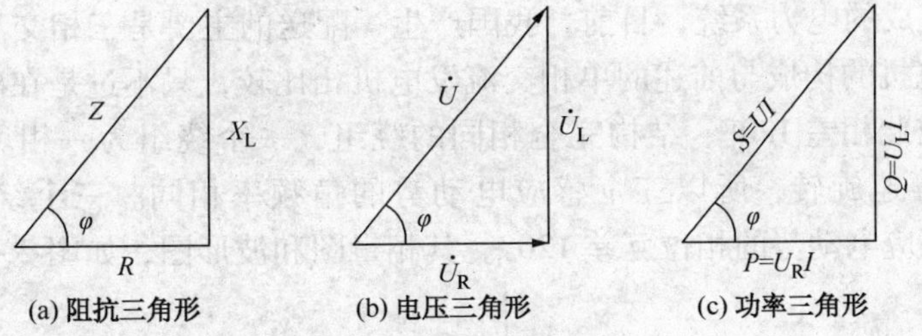

(a) 阻抗三角形　(b) 电压三角形　(c) 功率三角形

图 2－1－10　阻抗、电压、功率三角形

在电阻、电感串联电路中，电阻上消耗的有功功率为：

$$P = U_R I$$

由电压三角形可知；$U_R = U\cos\varphi$　(2－1－26)

所以：$P = UI\cos\varphi$

式中 $\cos\varphi$ 叫做电路的功率因数，可由阻抗三角形求得，其数值与负荷的阻抗参数有关。

在电阻、电感串联电路中的无功功率为

$$Q = U_L I$$

由电压三角形可知；$U_L = U\sin\varphi$　(2－1－27)

所以：$Q = UI\sin\varphi$

无功功率并不是无用的功率，由它所建立的交变磁场，在电能的输送、电能转换的过程中具有极为重要的作用。因为很多电气设备(如常见的变压器、电动机等)都是靠磁场来传送和转换能量的。若没有无功功率，变压器就不能变换电压，也无法传送能量；没有无功功率，电动机就不能转动。因此，发电机除了发出一定的有功功率供给动力、生活等负荷外，

还必须同时发出一定的无功功率供给电感负荷，以建立交变磁场。这样不仅可以满足供、用电设备运行的需要，对发电机、电网的稳定运行也是有利的。

电路中电压与电流的有效值的乘积叫做视在功率，用 S 表示。

$$S = UI \tag{2-1-28}$$

视在功率的单位为伏安(VA)或千伏安(kVA)。一般变压器的容量是用视在功率表示的。

由视在功率 S、有功功率 P、无功功率 Q 组成的三角形，称为功率三角形，如图 2-1-10(c)所示。

视在功率为：

$$S = \sqrt{P^2 + Q^2} \tag{2-1-29}$$

功率因数，在功率三角形中，有功功率和视在功率的比值等于功率因数，当负荷所需要的有功功率恒定时，功率因数愈低，线路上输送的无功功率就要愈多，从而使线路上的电流增大，造成线路的电压降和功率损耗增大。线路压降增大，使负荷端的电压太低，导致灯光变暗和电动机的转速下降，严重时还会烧毁电动机。线路功率损耗增大，造成电能的浪费，所以一定要注意适当提高负荷的功率因数。

2.1.7 三相交流电

1. 三相交流电基本知识

如果在磁场里有三个互成角度的线圈同时转动，电路里就发生三个交变电动势，这时发出的交流电叫做三相交流电。三相交流电是由三个频率相同、电势振幅相等、相位差互差120°的交流电路组成的电力系统，目前，我国产生、配送的主要是三相交流电。

三相交流发电机的构成与前述的单相交流发电机相比较，只不过是在磁场中的电枢上放置了三个在空间彼此相差 120°、结构完全相同的绕组，一个绕组为一相。三个绕组以同一角速度在磁场中等速旋转，所以三个感应电动势的角频率相同。三个绕组在空间上互差120°，所以三个感应电动势的相位互差 120°。其相量图和波形图，如图 2-1-11 所示。

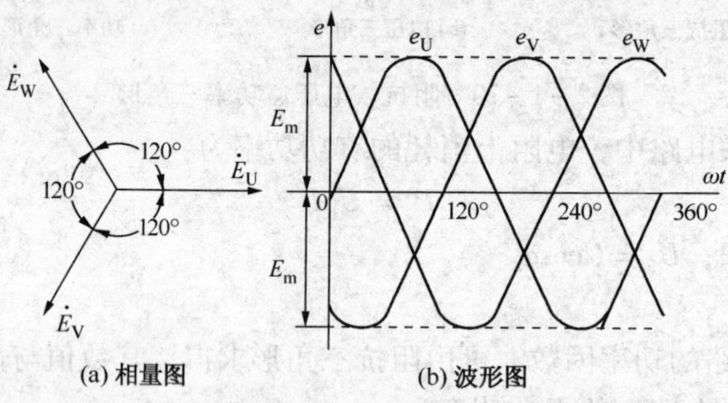

图 2-1-11　对称三相电动势的相量图和波形图

对称三相电动势的相量和等于零。$\dot{E}_U + \dot{E}_V + \dot{E}_W = 0$

任一瞬间的代数和亦为零。$e_U + e_V + e_W = 0$

相序：相序是指三相交流电相位的顺序，它是三相电动势到达最大值的先后次序，习惯上用 U-V-W 表示。在确定相序时，可以先把任何一相定为 U 相，另外两相中比 U 相落后120°的就是 V 相(滞后相)，比 U 相超前 120°的就是 W 相(超前相)，这种相序排列叫做正相序。通常在电源母线上用黄、绿、红三种颜色分别表示 U、V、W 三相。

2. 电源绕组的连接

电源绕组连接的两种方式，三相交流发电机的三个绕组并不是分别单独向外送电的，而是按照一定的方式，连接成一个整体向负荷供电。绕组的连接方式有两种，即星形连接和三角形连接。星形连接的形状像英文字母的Y，因此星形连接也叫Y连接。三角形连接的形状象希腊字母的Δ，英文发音是Delta(德耳塔)，因此三角形连接也叫D连接。

(1) 电源绕组的星形连接

所谓星形连接，就是将电源三相绕组的末端连接在一起，成为一个公共点，叫做中性点，英语称为Neutral - Piont，因此用字母N表示中性点。从中性点引出的导线叫做中性线，也用字母N表示。从每相绕组的首端引出的导线，叫做相线，用L表示，依其相序分别用U、V、W表示电源三相，用L1、L2、L3表示导线三相，如图2-1-12所示。

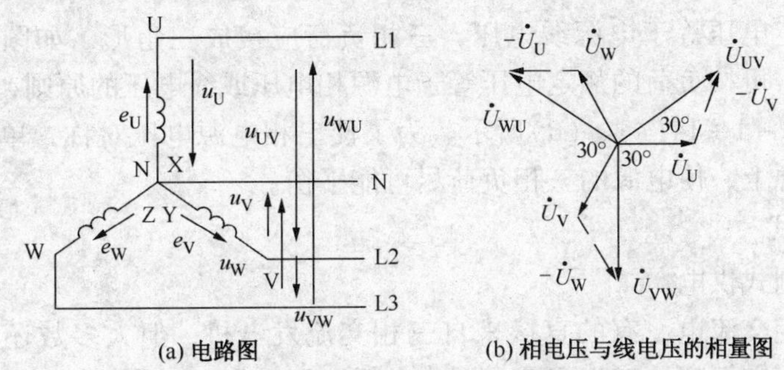

(a) 电路图　　(b) 相电压与线电压的相量图

图2-1-12　三相电源绕组的星形连接

图2-1-12中，每相绕组首末两端之间的电压，叫做相电压，如U_V、U_W、W_V。正常情况下各相电压与相应的各相电动势基本相等。所以三个相电压也是对称的，且三个相电压的有效值大小相等。两相线之间的电压，或两绕组首端与首端之间的电压，叫做线电压。

配电变压器的低压侧三相绕组一般采用星形连接，低压侧的相电压是220V，线电压是380V。用三相三线制(三根相线)三相四线制(三根相线和一根中性线)向负荷供电。380V电压可给三相电动机供电，220V电压可给电灯等单相负载供电。

(2) 电源绕组的三角形连接

所谓三角形连接，是将电源三相绕组中一相绕组的末端与另一相绕组的首端依次连接成闭合回路，例如X接V，Y接W，Z接U，连接成一个闭合的三角形，再从三个连接点引出三根导线，用三相三线制电路给负荷供电，如图2-1-13所示。三角形连接时的相电压等于线电压。

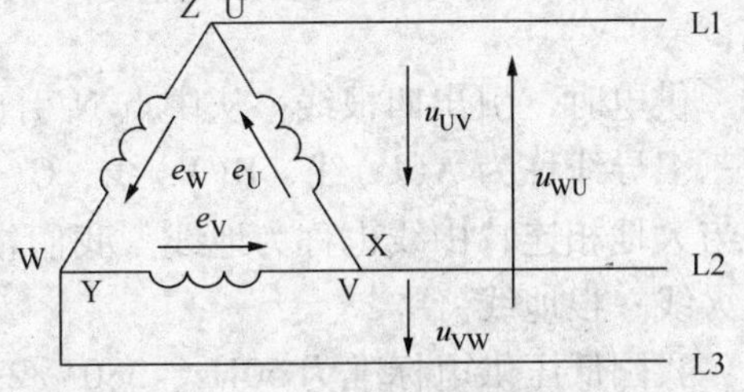

图2-1-13　三相电源绕组的三角形连接

3. 三相负荷的连接方法

三相负荷的连接方法有负荷有三相负荷(如三相电动机等)和单相负荷(如电灯、单相电动机，电风扇、手电钻、各类仪器仪表)两大类。三相负荷采用星形或三角形连接，连接的方法与电源相同。星形连接时，将各相负荷的首端分别接在电源的相线上，末端连接在一起。三角形连接时，将各相负荷跨接在电源的两根相线之间。究竟采用哪种接法，要根据负荷的额定电压和电源电压来确定，如图2-1-14所示。

如果负荷的额定电压等于电源的相电压，三相负荷应接成星形，如图2-1-14(b)所

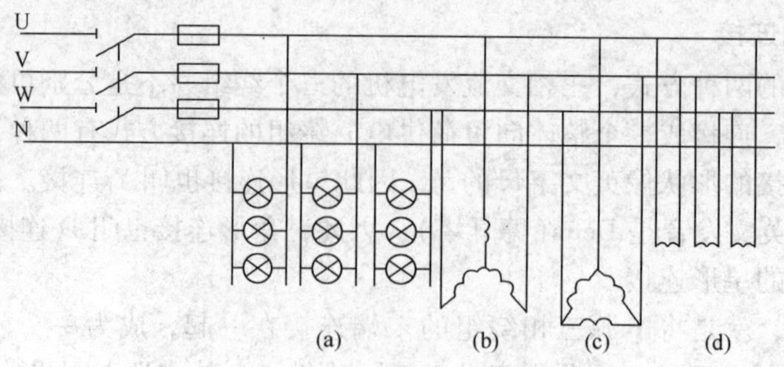

图 2-1-14　负荷的连接方式

(a)单相负荷的星形连接方式；(b)三相负荷的星形连接方式；

(c)三相负荷的三角形连接方式；(d)单相负荷的三角形连接方式；

示；如果负荷的额定电压等于电源线电压，三相负荷应接成三角形，如图 2-1-14(c)所示；对于单相负荷，可按负荷的额定电压等于电源相电压或线电压的原则，接在电源相电压或线电压上，如图 2-1-14(a)、(d)所示。为了使三相电源电压对称，单相负荷应尽量均匀的分接在三相电源上，使电源的三相负荷尽可能平衡。

4. 三相供电方式

(1) 三相四线制式供电

工业上用的三相交流电，有的直接来自三相交流发电机，但大多数还是来自三相变压器，对于负载来说，它们都是三相交流电源，在低电压供电时，多采用三相四线制。

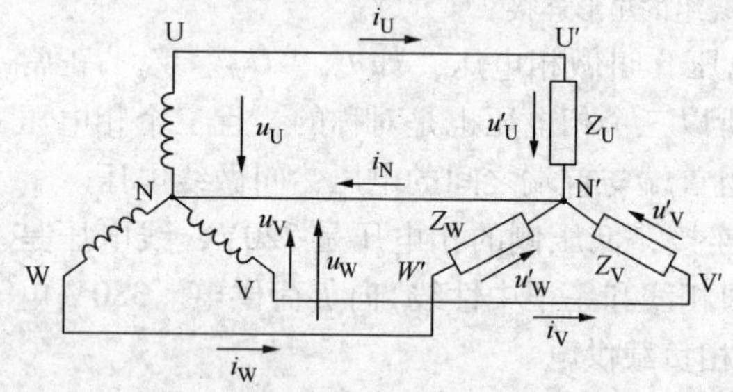

图 2-1-15　四线制供电电路

三相四线制电路如图 2-1-15 所示，Z_U、Z_V、Z_W 分别为各相负荷的阻抗。各相负荷承受的电压称为负荷的相电压。流过各相负荷的电流称为负荷的相电流。流过中性线的电流称为中性线电流。

在三相四线制供电时，三相交流电源的三个线圈采用星形(Y 形)接法，即把三个线圈的末端 X、Y、Z 连接在一起，成为三个线圈的公用点，通常称它为中点或零点，并用字母 N 表示。供电时，引出四根线：从中点 N 引出的导线称为中线或零线；从三个线圈的首端引出的三根导线称为 A(U)线、B(V)线、C(W)线，统称为相线或火线。在星形接线中，如果中点与大地相连，中线也称为地线。我们常见的三相四线制供电设备中引出的四根线，就是三根火线一根地线。

我国低压供电标准为 50Hz、380V/220V，而日本及西欧某些国家采用 60Hz、110V 的供电标准，在使用进口电器设备时要特别注意，电压等级不符，会造成电器设备的损坏。

(2) 三相三线制式供电

若三相负荷的 $X_U = X_V = X_W = X$，$R_U = R_V = R_W = R$，则称为三相对称负荷。如将三相对称负荷接于三相四线制电路中，三相负荷上的电压及电流都是对称的，相位互差 120°。三相电流的相量和为零。因此，可将中性线去掉，并不影响电路的运行、分析和计算。图 2-1-16 所示的三相三线制电路，适用于给三相对称负荷(如三相电动机等)供电，在工、农业生产中应用极广。

由于三相三线制电路三相电流对称，所以电路的计算可简化单相电路计算。应用$\frac{U}{Z}$及$\cos\varphi = \frac{R}{Z}$先算出一相的电流及相位，然后根据三相对称关系即可得知其他两相的电流及相位。

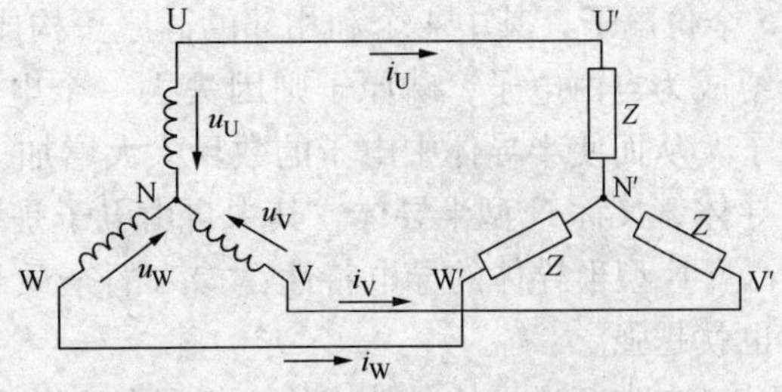

图 2-1-16　三线制供电电路

本节简要介绍了电路及电路分析方法，交流电、三相交流电以及三相负荷的接法等，如果要更好掌握电工学知识，请参考相关专业书籍，电工学基础知识是学习、学好综合录井的基础知识。

2.2　电子学基础知识

2.2.1　半导体

半导体(semiconductor)，指常温下导电性能介于导体(conductor)与绝缘体(insulator)之间的材料。例如：锗、硅、砷化镓等，半导体在科学技术，工农业生产和生活中有着广泛的应用。

1. 半导体的特点

自然界中的物质，由于其原子结构不同，导电能力也各不相同。就其导电能力可分为导体、绝缘体和半导体。导电能力介于导体和绝缘体之间的物质被称为半导体。

半导体是制造晶体管的原料，之所以能得到广泛应用，主要原因并不在于它的电阻率大小，而在于其电阻率随温度、光照以及所含杂质的种类、浓度等条件的不同而出现显著的差异。半导体的导电性能有如下一些显著特点。

其一是半导体的电阻率随温度上升而明显下降，呈负温度系数的特性。

其二是半导体的导电能力随温度上升而显著增加。利用半导体的温度特性，可以把它作为热敏材料制成热敏元件。

其三是半导体的电阻率随光照的不同而改变。利用半导体的这一特性，可以用它作为光敏材料制成光敏元件。

其四是半导体的电阻率与所含微量杂质的浓度有很大关系。利用半导体的这一特性，通过工艺手段，可以生产各种性能和用途的半导体器件。

2. 半导体的分类

半导体一般分为本征半导体和杂质半导体两种类型。

本征半导体常用的半导体材料有硅、锗和砷化镓等。

纯净的不含杂质的半导体称为本征半导体。常用的本征半导体是硅和锗晶体，其原子结构有 4 个价电子。它们的原子排列整齐、规律。

本征半导体电的特点：本征半导体有两种载流子，即自由电子和空穴均参与导电。

杂质半导体：通过扩散工艺，在本征半导体中掺入少量合适的杂质元素，可得到杂质半导体。

在本征半导体晶体中掺人微量的 5 价元素，例如磷。由于磷原子的最外层电子轨道上有

5 个价电子，其中 4 个和相邻的硅原子构成共价键，多出的一个电子很容易摆脱原子核的束缚成为自由电子，磷原子则因失去一个电子而带正电。每掺入一个磷原子都能提供一个电子，从而使半导体中电子的数目大大增加，这种半导体导电主要靠电子，所以称为电子型半导体，又称 N 型半导体，其中自由电子是多数载流子，空穴是少数载流子。

N 型半导体的导电特性：掺入的杂质越多，多子(自由电子)的浓度就越高，导电性能也就越强。

在本征半导体晶体中掺入微量的 3 价元素，例如硼。由于硼的价电子只有 3 个，当它与硅原子组成共价键时，因缺少一个价电子而形成空穴，相邻的价电子很容易被吸引去填补这个空穴，使硼原子变成带负电的粒子，每掺入一个硼原子都能提供一个空穴，从而使半导体中空穴的数目大大增加，这种半导体导电主要靠空穴，因此称为空穴型半导体，又称 P 型半导体，其中空穴是多数载流子，自由电子是少数载流子。

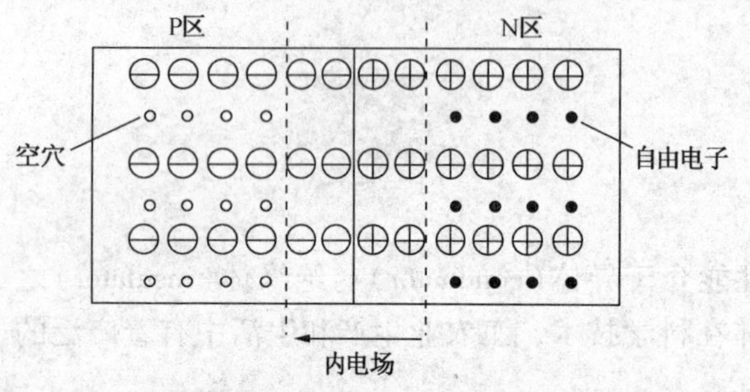

图 2－2－1　PN 结示意图

P 型半导体的导电特性：它是靠空穴导电，掺入的杂质越多，多子(空穴)的浓度就越高，导电性能也就越强。

PN 结的形成：将 P 型半导体与 N 型半导体制作在同一块硅片上，在它们的交界面就形成 PN 结，图 2－2－1 所示。

PN 结的特点是具有单向导电性。

2.2.2　半导体二极管

1. 二极管的特性及参数

二极管的伏安特性是指半导体二极管两端电压 V 和流过的电流 I 之间的关系。

二极管的正向特性，在外加正向电压较小时，外电场不足以克服内电场对多数载流子扩散运动所造成的阻力，电路中的正向电流几乎为零，这个范围称为死区，相应的电压称为死区电压。锗管死区电压约为 0.1V，硅管死区电压约为 0.5V。当外加正向电压超过死区电压时，电流随电压增加而快速上升，半导体二极管处于导通状态。

二极管的反向特性，在反向电压作用下，少数载流子漂移形成的反向电流很小，在反向电压不超过某一范围时，反向电流基本恒定，通常称之为反向饱和电流。在同样的温度下，硅管的反向电流比锗管小，当反向电压继续增加到某一电压时，反向电流剧增，半导体二极管失去了单向导电性，称为反向击穿，该电压称为反向击穿电压。半导体二极管正常工作时，不允许出现这种情况。

二极管的主要参数，二极管的特性除用伏安特性曲线表示外，参数同样能反映出二极管的电性能，器件的参数是正确选择和使用器件的依据。各种器件的参数由厂家产品手册给出，由于制造工艺方面的原因，即使同一型号的管子，参数也存在一定的分散性，因此手册常给出某个参数的范围。半导体二极管的参数是合理选择和使用半导体二极管的依据，在实际应用时，可查阅半导体器件手册。

2. 二极管的结构和类型

半导体二极管就是由一个 PN 结加上相应的电极引线及管壳封装而成的。由 P 区引出的电极称为阳极，N 区引出的电极称为阴极。因为 PN 结的单向导电性，二极管导通时电流方向是由阳极通过管子内部流向阴极。二极管的种类很多，按材料来分，最常用的有硅管和锗管两种；按结构来分，有点接触型，面接触型和硅平面型3种；按用途来分，有普通二极管、整流二极管、稳压二极管等多种。

图2-2-2所示是常用二极管的符号、结构及外形的示意图。箭头表示正向电流的方向。一般在二极管的管壳表面标有这个符号或色点、色圈来表示二极管的极性。

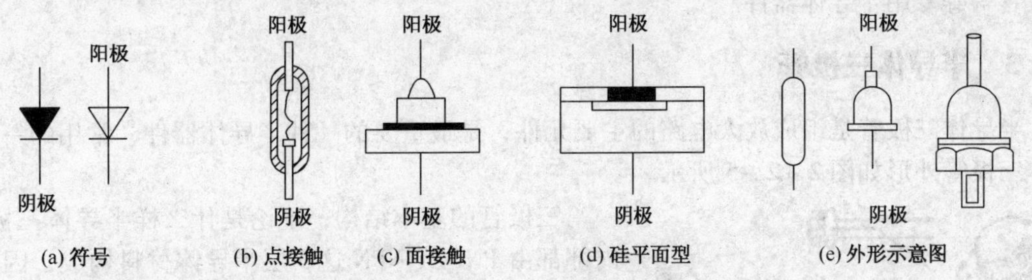

图2-2-2 常用二极管的符号、结构及外形的示意图

(1) 稳压二极管

稳压管是一种特殊的面接触型半导体硅二极管，具有稳定电压的作用。稳压管与普通二极管的主要区别在于：稳压管是工作在PN结的反向击穿状态。通过在制造过程中的工艺措施和使用时限制反向电流的大小，能保证稳压管在反向击穿状态下不会因过热而损坏。稳压管的伏安特性是当反向电压较小时，反向电流几乎为零，当反向电压增高到击穿电压稳压管的工作电流会急剧增加，稳压管反向击穿。在特性曲线段，当在较大范围内变化时，稳压管两端电压基本不变，具有恒压特性，利用这一特性可以起到稳定电压的作用，如图2-2-3所示。

(2) 发光二极管

发光二极管是一种将电能直接转换成光能的半导体固体显示器件，简称发光二极管。和普通二极管相似，发光二极管也是由PN结构成。发光二极管的PN结封装在透明塑料壳内，外形有方形、矩形和圆形等。发光二极管的符号如图2-2-4所示。

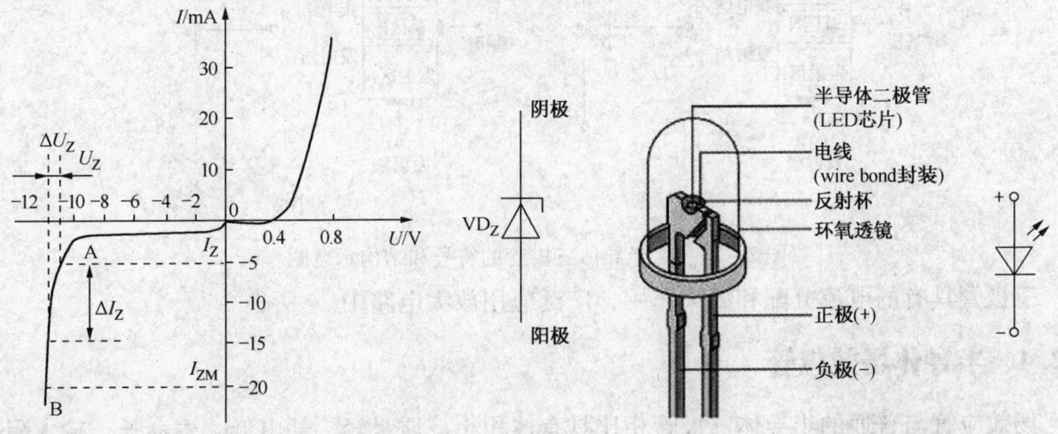

图2-2-3 稳压二极管的伏安特性曲线和符号　　图2-2-4 发光二极管结构和符号

(3) 光电二极管

光电二极管又称光敏二极管。它的管壳上备有一个玻璃窗口，以便于接受光照。其特点

是，当光线照射于它的 PN 结时，可以成对地产生自由电子和空穴，使半导体中少数载流子的浓度提高。这些载流子在一定的反向偏置电压作用下可以产生漂移电流，使反向电流增加。因此它的反向电流随光照强度的增加而线性增加，这时光电二极管等效于一个恒流源。当无光照时，光电二极管的伏安特性与普通二极管一样。

二极管广泛应用于生产生活中，除了上述介绍的外还有阻尼二极管、压敏二极管、气敏二极管等等专用半导体器件。

2.2.3 半导体三极管

半导体三极管是组成放大电路的主要元件，是最重要的一种半导体器件，常用的一些半导体三极管外形如图 2-2-5 所示。

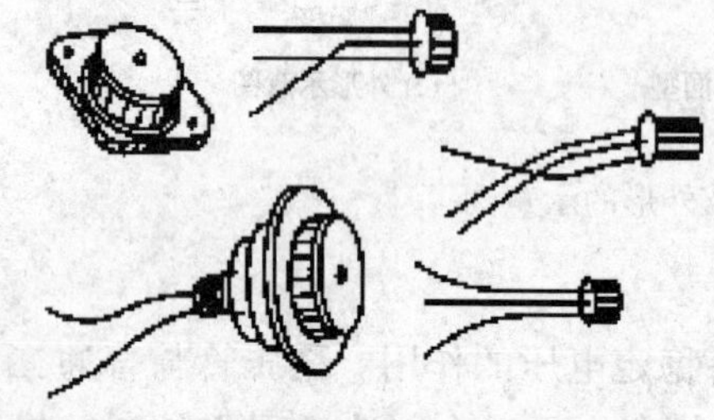

图 2-2-5 半导体三极管外形图

三极管的基本结构，不论是什么样半导体三极管，内部都由 PNP 或 NPN 这 3 层半导体材料构成，因此又把半导体三极管分为 PNP 型和 NPN 型两类，图 2-2-6 所示为半导体三极管的结构示意图及符号。半导体三极管有 3 个区、两个 PN 结和 3 个电极。3 个区分别为发射区、基区、集电区。基区与发射区之间的 PN 结称为发射结，基区与集电区之间的 PN 结称为集电结。从基区、发射区和集电区各引出一个电极，基区引出的是基极，发射区引出的是发射极，集电区引出的是集电极。

半导体三极管的基区很薄，集电区的几何尺寸比发射区大；发射区杂质浓度最高，基区杂质浓度最低；尽管发射区和集电区为同类型的半导体，但发射区和集电区不能互换使用。PNP 型和 NPN 半导体三极管的工作原理基本相同，不同之处在于使用时电源连接极性不同，电流方向相反。半导体三极管根据基片的材料不同，可以分为锗管和硅管两大类。

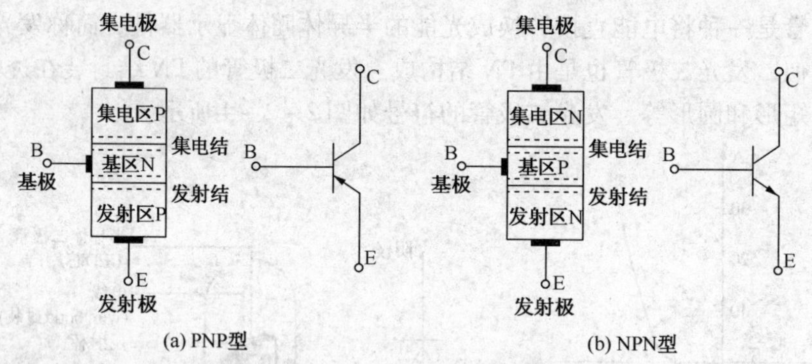

图 2-2-6 半导体三极管的符号和结构示意图

三极管具有的电流分配和放大作用，广泛应用放大电路中。

2.2.4 半导体场效应管

场效应管与普通的半导体三极管相比具有体积小、质量轻、耗电低、寿命长、输入阻抗高、噪声低、热稳定性好、抗辐射、易于集成等优点。绝缘栅型场效应管按制造工艺可分为增强型和耗尽型两类，每类又有 P 沟道和 N 沟道两种类型。下面以 N 沟道为例介绍绝缘栅型场效应管。

图 2-2-7 所示为两种 N 沟道绝缘栅型场效应管的结构示意图及符号。

N 沟道绝缘栅型场效应管的结构如下：

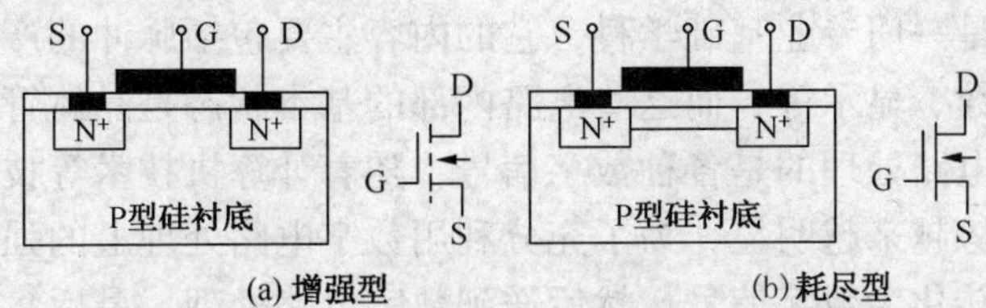

图 2-2-7　N 沟道绝缘栅型场效应管的符号和结构示意图

它们都是以 P 型硅为衬底，在衬底上用扩散法制作两个高掺杂的 N^+ 区，引出两个电极，分别为源极 S 和漏极 D。在两个高掺杂的 N^+ 中间的半导体表面覆盖一层数十纳米的二氧化硅作为绝缘层，其再覆盖金属薄层，由金属薄层引出电极，为栅极 G。耗尽型的结构稍有不同，在绝缘层中掺入了大量的正离子。

2.2.5　多级放大器

一般传感器输出的信号很弱，进入处理器前都要将其放大到处理器需要的输入范围内，以降低分析误差。如果选用的单个放大器输出能力没有达到这个要求，就要再添加放大环节，这样就构成了多级放大机制，图 2-2-8 为多级放大电路框图。多级放大电路的第一级称为输入级，对输入级的要求往往与输入信号有关。中间级的用途是进行信号放大，提供足够大的放大倍数，常由几级放大电路组成。多级放大电路的最后一级是输出级，它与负载相接。因此对输出级要求考虑负载的性质。推动级的用途就是实现小信号到大信号的缓冲和转换。

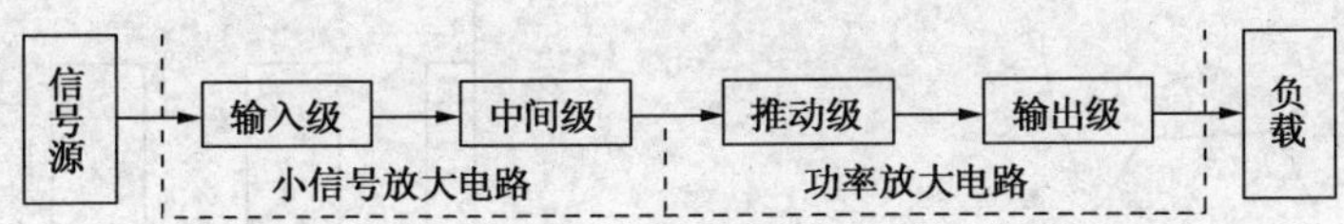

图 2-2-8　多级放大电路图

耦合方式是指信号源和放大器之间，放大器中各级之间，放大器与负载之间的连接方式。最常用的耦合方式有 3 种：阻容耦合、直接耦合和变压器耦合。阻容耦合应用于分立元件多级交流放大电路中。放大缓慢变化的信号或直流信号则采用直接耦合的方式，变压器耦合在放大电路中的应用逐渐减少。

按放大目的的不同，放大器又分为交流放大器、直流放大器、脉冲放大器等。

三极管的主要用途之一是利用其放大作用组成放大电路。放大电路的应用极其广泛，它是电子设备中的基本单元，人们在生产和技术工作中需要通过放大器对微弱的信号加以放大，以便进行有效的观察、测量和利用。例如，电视机天线接收到的信号只有微伏数量级，经过放大后才能推动扬声器和显像管；自动控制设备把反映压力、温度或转速等微弱的电信号加以放大后，推动各种继电器达到自动调节的目的。

2.3　数字电子技术基础知识

脉冲数字电路是电子技术的一个组成部分，是近代电子技术的重要基础。在现代电子工程中，信号的产生、传送及处理愈来愈多地以数字信号的形式出现。例如微型计算机数控系统、数字通信以及数字编码的视听设备应运而生。随着数字集成电路工艺日臻完善，数字技术已渗透到工业、农业、国防和生活的各个领域，而且还在不断高速地扩展其应用范围。

脉冲与数字电路是一门专业基础学科，它的内容主要包括脉冲的产生、整形、变换、传输、控制、记忆、计数、显示等，而这些电路内部的基本状态是晶体管的导通与截止，电容的充电和放电。数字电路处理的是各种数字信号，随着计算机技术等技术的发展，用数字电路进行信号处理的优势越来越明显，为了充分利用数字电路处理上的强大功能，往往先把模拟信号按照一定比例转化为数字信号，然后送到数字电路处理，最后将处理结果转化为模拟信号，这种数字化的模拟信号处理方式具有传输方便，抗干扰性强等优点，应用在各个领域。

2.3.1 数字电路和模拟电路

电子电路中的信号可分为两类：一类是模拟信号，随时间连续变化的信号，如模拟语音的音频信号和模拟图像的视频信号等。能够用来产生、传输、处理模拟信号的电路称为模拟电路，如放大器和信号发生器等。另一类是数字信号，在时间和数值上都是不连续变化的离散信号，如各种脉冲信号等。能够用来产生、传输、处理数字信号的电路称为数字电路。

模拟信号，如图2-3-1所示，时间上连续，数值上连续。

模拟信号缺点是难度量，容易受噪声的干扰，难以保存。

模拟信号优点是用精确的值表示事物。

数字信号，如图2-3-2所示，在时间上和数值上均是离散的。数字信号在电路中常表现为突变的电压或电流。例如：开关位置，数字逻辑。

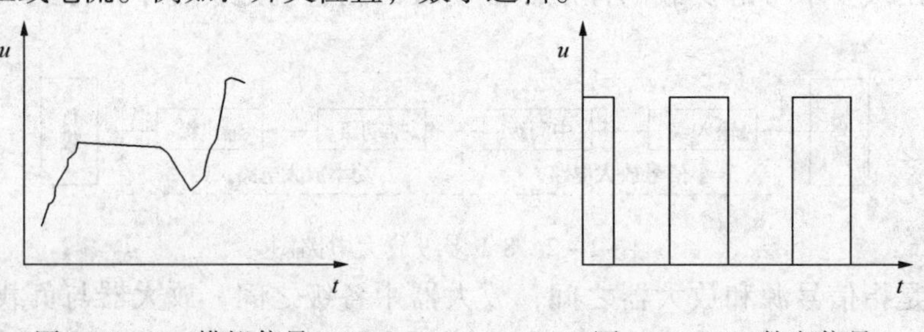

图2-3-1　模拟信号　　　图2-3-2　数字信号

数字信号数值上离散，变量只能是有限集合的一个值。

数字信号优点是精度高、抗干扰能力强，结构简单、容易制造，便于集成及系列化生产可以抽象到系统级、寄存器级、门级、物理级。

数字电路在日常生活、自动控制、测量仪器、通信等领域得到广泛应用，诸如音乐的CD、MP3播放机，电影MPEG、RM、DVD播放机，数字电视，数字照相机，数字摄影机，手机等。

数字电路的特点有：

数字电路所研究的问题主要是输入信号的状态(0或1)与输出信号状态(0或1)之间的因果关系，称为逻辑关系，也就是我们所说的电路的逻辑功能。在数字电路中只规定高电平的下限值和低电平的上限值，而不再着重研究它们的具体数值。研究数字电路逻辑关系的主要数学工具是逻辑代数。

数字按照集成度、制作工艺、原理的分类有：

按集成度分类：数字电路可分为小规模(SSI，每块数十个元件)、中规模(MSI，每块数百个元件）、大规模（LSI，每块数千个元件）和超大规模（VLSI，每块元件数目大于 10 万个）数字集成电路。

按所用器件制作工艺的不同分类：数字电路可分为双极型（TTL 型）和单极型（MOS 型）两类。

按照电路的结构和工作原理的不同分类：数字电路可分为组合逻辑电路和时序逻辑电路两类。

2.3.2 数字电路信号传送

数字逻辑信号用符号 0 和 1 来表示幅度，称为逻辑 0 和逻辑 1，数字波形是逻辑电平对时间的图形表示。

二进制数字波形（bit），一个比特表示两个状态，多个状态要用更多比特才能表示，在数字电子技术和计算机应用中，采用多比特数字信号。

多比特二进制信号的处理有如下两种方式：

1. 串行方式

串行通信方式是指使用一条数据线，将数据一位一位地依次传输，每一位数据占据一个固定的时间长度。其只需要少数几条线就可以在系统间交换信息，特别使用于计算机与计算机、计算机与外设之间的远距离通信。

最被人们熟悉的串行通信技术标准是 RS－232、RS－422 和 RS－485。

串行接口（Serial Interface）是指数据一位位地顺序传送，其特点是通信线路简单，只要一对传输线就可以实现双向通信，并可以利用电话线，从而大大降低了成本，特别适用于远距离通信，但传送速度较慢。串行通讯的距离可以从几米到几千米；根据信息的传送方向，串行通讯可以进一步分为单工、半双工和全双工三种。

几种串行通信技术标准如下：

RS－232 也称标准串口，最常用的一种串行通讯接口。它是在 1970 年由美国电子工业协会（EIA）联合贝尔系统、调制解调器厂家及计算机终端生产厂家共同制定的用于串行通讯的标准。它的全名是“数据终端设备（DTE）和数据通讯设备（DCE）之间串行二进制数据交换接口技术标准”。传统的 RS－232－C 接口标准有 22 根线，采用标准 25 芯 D 型插头座（DB25），后来使用简化为 9 芯 D 型插座（DB9），现在应用中 25 芯插头座已很少采用。

RS－232 采取不平衡传输方式，即所谓单端通讯。由于其发送电平与接收电平的差仅为 2～3V 左右，所以其共模抑制能力差，再加上双绞线上的分布电容，其传送距离最大为约 15m，最高速率为 20kb/s。RS－232 是为点对点（即只用一对收、发设备）通讯而设计的，其驱动器负载为 3～7kΩ。所以 RS－232 适合本地设备之间的通信。

RS－422 标准全称是“平衡电压数字接口电路的电气特性”，它定义了接口电路的特性。典型的 RS－422 是四线接口。实际上还有一根信号地线，共 5 根线。其 DB9 连接器引脚定义。由于接收器采用高输入阻抗和发送驱动器比 RS232 更强的驱动能力，故允许在相同传输线上连接多个接收节点，最多可接 10 个节点。即一个主设备（Master），其余为从设备（Slave），从设备之间不能通信，所以 RS－422 支持点对多的双向通信。接收器输入阻抗为 4kΩ，故发端最大负载能力是 10×4kΩ＋100Ω（终接电阻）。RS－422 四线接口由于采用单独的发送和接收通道，因此不必控制数据方向，各装置之间任何必须的信号交换均可以按软件方式（XON/XOFF 握手）或硬件方式（一对单独的双绞线）实现。

RS－422 的最大传输距离为 1200m，最大传输速率为 10Mb/s。其平衡双绞线的长度与传输速率成反比，在 100kb/s 速率以下，才可能达到最大传输距离。只有在很短的距离下才能获得最高速率传输。一般 100m 长的双绞线上所能获得的最大传输速率仅为 1Mb/s。

RS－485 是从 RS－422 基础上发展而来的，所以 RS－485 许多电气规定与 RS－422 相仿。如都采用平衡传输方式、都需要在传输线上接终接电阻等。RS－485 可以采用二线与四线方式，二线制可实现真正的多点双向通信，而采用四线连接时，与 RS－422 一样只能实现点对多的通信，即只能有一个主(Master)设备，其余为从设备，但它比 RS－422 有改进，无论四线还是二线连接方式总线上可多接到 32 个设备。

RS－485 与 RS－422 的不同还在于其共模输出电压是不同的，RS－485 是 -7V 至 +12V 之间，而 RS－422 在 -7V 至 +7V 之间，RS－485 接收器最小输入阻抗为 12kΩ、RS－422 是 4kΩ；由于 RS－485 满足所有 RS－422 的规范，所以 RS－485 的驱动器可以用在 RS－422 网络中应用。

RS－485 与 RS－422 一样，其最大传输距离约为 1200m，最大传输速率为 10Mb/s。平衡双绞线的长度与传输速率成反比，在 100kb/s 速率以下，才可能使用规定最长的电缆长度。只有在很短的距离下才能获得最高速率传输。一般 100m 长双绞线最大传输速率仅为 1Mb/s。

2. 并行方式

数据的并行传输方式指数据的各位同时传送，每一条数据都需要一条传输线。

通常所说的并行接口一般称为 Centronics 接口，也称 IEEE1284，最早由 Centronics Data Computer Corporation 公司在 20 世纪 60 年代中期制定。Centronics 公司当初是为点阵行式打印机设计的并行接口，1981 年被 IBM 公司采用，后来成为 IBMPC 计算机的标准配置。它采用了当时已成为主流的 TTL 电平，每次单向并行传输 1 字节(8bit)数据，速度高于当时的串行接口(每次只能传输 1bit)，获得广泛应用，成为打印机的接口标准。1991 年，Lexmark、IBM、Texasinstruments 等公司为扩大其应用范围而与其他接口竞争，改进了 Centronics 接口，使它实现更高速的双向通信，以便能连接磁盘机、磁带机、光盘机、网络设备等计算机外部设备(简称外设)，最终形成了 IEEE1284—1994 标准，全称为“Standard Signaling Method for a Bi－directional Parallel Peripheral Interface for Personal Computers”，数据率从 10kb/s 提高到可达 2Mb/s(16Mbit/s)。但事实上这种双向并行通信并没有获得广泛使用，并行接口仍主要用于打印机和绘图仪，其他方面只有的少量设备应用，这种接口一般被称为打印接口或 LPT 接口。

并行接口中各位数据都是并行传送的，它通常是以字节(8 位)或(16 位)为单位进行数据传输。

如图 2－3－3 所示，图中的并行接口是一个双通道的接口，能完成数据的输入和输出。其中，数据的输入/输出是由输入/输出缓冲器来实现的，状态寄存器提供状态信息供 CPU 查询，控制寄存器接收来自 CPU 的各种控制命令。

在数据输入过程中：输入设备将数据送给接口同时使“数据输入准备好”有效。接口把数据送给输入缓冲寄存器时，使“数据输入回答”信号有效，当外设收到应答信号后，就撤消“数据输入准备好”和数据信号。同时，状态寄存器中的相应位(“数据输入准备好”)有效，以供 CPU 查询。当然，也可采用中断方式，向 CPU 发出中断请求。CPU 在读取数据后，接口会自动将状态寄存器中的“数据输入准备好”位复位。然后，CPU 进入下一个输入过程。

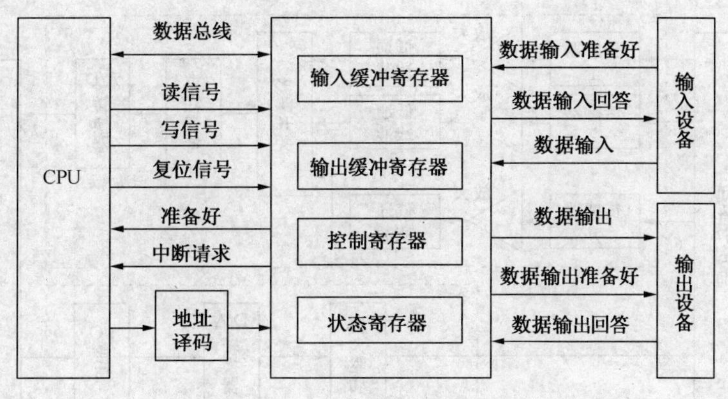

图 2－3－3　并行接口通信原理

在数据输出过程中：当 CPU 输出的数据送到数据输出缓冲寄存器后，接口会自动清除状态寄存器中的“输出准备好”状态位，并且把数据送给输出设备，输出设备收到数据后，向接口发一个应答信号，告诉接口数据已收到，接口收到信号后，将状态寄存器中的“输出准备好”状态位置“1”。然后，CPU 进入下一个输出过程

并行接口是指数据的各位同时进行传送，其特点是传输速度快，但当传输距离较远、位数多时，就导致通信线路复杂且成本提高。

3. 串口与并口的区别

传输方式：串口就象一条车道，而并口就是有 8 个车道同一时刻能传送 8 位(一个位元组)数据。要传送一个字节(8 位)数据，串口按照该字节中从最高位逐位传输，直至最低位。而并行传输是一次将所有一字节中 8 位信号一并传送出去。

2.3.3　模数和数模转换

在许多工业生产过程中，参与测量和控制的物理量，往往是连续变化的模拟量，例如温度、压力、流量、位移、电压、电流等，而微型计算机只能处理数字量的信息。

外界的模拟量要输入计算机必须要经过 A/D(Analog to Digit)转换器将其转换成计算机所能接受的数字量才能进行运算、加工处理。若计算机的控制对象是模拟量，也必须先把计算机输出的数字量经过 D/A(Digit toAnalog)转换器，将其转换成模拟量形式的控制信号，才能去驱动有关的控制对象。

模拟量输入组成有传感器、信号处理、多路开关、采样保持器、A/D 转换器组成。模拟量输出组成有数据锁存器、D/A 转换器、放大驱动器组成。如图 2－3－4 所示。

传感器是将一些被测的非电物理量转换成电量(电压和电流)的器件，如将温度、流量、压力等转换成对应的电量。传感器也称为一次仪表。

信号处理是将传感器送来的微弱电量信号进行放大、滤波或极性转换。

多路开关是就是一个可控的电子开关，用于对输入量的选择。

采样保持器是将输入到 A/D 转换器被转换的电量在转换期间保持不变。

A/D 转换器是将模拟电量转换为数字量，使输出的数字量与输入的模拟电量成正比。

数据锁存器是存放将被转换的数字量，在数字量被转换过程，保持数据的稳定。

D/A 转换器将数字量转换为模拟电量(电压或电流)，使输出的模拟电量与输入的数字量成正比。

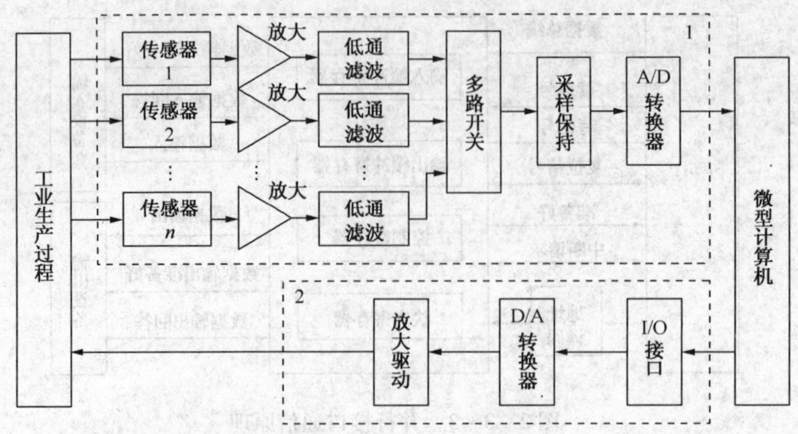

图 2-3-4　模数和数模转换原理图

放大驱动是将 D/A 输出的电量放大到能驱动被控对象。

实现模数转换的电路称模数转换器 Analog - Digital Converter，简称 A/D 转换器或 ADC。

实现数模转换的电路称数模转换器 Digital - Analog Converter，简称 D/A 转换器或 DAC。

1. A/D 转换器

A/D 转换的一般将模拟信号转换成数字信号需要经过采样、保持、量化和编码四个步骤。

采样与保持，采样是将时间上连续变化的模拟量，转换成时间上断续变化的模拟量。采样所得的信号，量化装置来不及将它数字化。因此，在两次采样之间，应将采样的模拟信号暂时存储起来，并把该模拟信号保持到下一个采样脉冲到来之前，这就需要保持电路。是采样保持电路。

量化与编码，将上述阶梯波用一个规定的最小量单位 Δ 去度量，最终模拟量可用这个最小量单位 Δ 的整数倍来表示。这个最小量单位 Δ 叫做量化单位。量化的结果用代码表示之称为编码。由于模拟量不一定被 Δ 整除，因此量化过程中不可避免会产生误差，这种误差叫量化误差。

A/D 转换器的分辨率是指引起 A/D 转换器的输出数字量变动一个二进制数码的最低有效位(LSB)(例如从 00H 变到 01H)时输入模拟量的最小变化量。

A/D 转换器的精度，A/D 转换器的精度取决于量化误差及系统内其他误差之和。

A/D 转换器的转换时间或转换速度率，从输入模拟量到转换完毕输出数字量所需要的时间称为转换时间，转换时间越短，速率越高。A/D 转换器转换时间的典型值 50μs，高速 A/D 转换器的转换时间为 50ns。

2. D/A 转换器

D/A 转换器的功能：无论何种形式的 D/A 转换器，都是把输入的数字量转换成与之成比例的模拟量。倒 T 形电阻网络 D/A 转换器是目前 D/A 转换器中速度最快的一种，也是用得最多的一种。下面以倒 T 形电阻网为例说明 D/A 转换器。

倒 T 形电阻网络 D/A 转换器，它由倒 T 电阻网络、模拟开关、求和放大器及基准电源组成。

输出模拟电压值与输入二进制值为成正比的关系，从而实现 D/A 转换。

D/A 转换器的分辨率是指最小输出电压与最大输出电压之比。分辨率与 DAC 的位数有关，位数越高，分辨率值越小，分辨能力越高。

D/A 转换器的转换误差是指实际输出模拟电压值与理想值的最大偏差。这误差是由三部分构成：

① 非线性误差：一般是由于模拟电子开关的导通电阻和导通压降及 R、$2R$ 电阻值的偏差引起。

② 漂移误差：一般是由于运算放大器的零点漂移引起。

③ 增益误差：一般是由于参考电压偏离标准值、运放增益不稳定引起。

D/A 转换器的转换转换时间一般由建立时间决定。从输入由全 0 突变全 1 起，到输出电压稳定止，称为 DAC 转换时间。它是 DAC 最大响应时间。

2.3.4 数字集成电路使用注意事项

不允许在超过极限参数的条件工作。电路在超过极性参数的条件下工作，就可能工作不正常，且容易引起损坏。TTL 集成电路的电源电压允许变化范围比较窄，一般在 4.5～5.5V 之间，因此使用 +5V 稳压电源。CMOS 集成电路的工作电源电压范围比较宽，有较大的选择余地；选择电源电压时除首先考虑到要避免超过极限电源电压外，还要注意到，电源电压的高低会影响电路的工作频率等性能，电源电压低，电路工作频率会下降或增加传输延迟时间。

电源电压的极性不能接反，电源正负极颠倒、接错，会因为过大电流而造成器件损坏。

多余输入端的处理。对于 CMOS 电路，多余的输入端不能悬空，否则，静电感应产生的高压，容易引起器件损坏，这些多余的输入端应该接 VDD 或 VSS，或与其他正使用的输入端并联。这三种处置方法，应根据实际情况而定，若是或门/或非门电路，多余的输入端不能接 VDD(整个门单元都不使用的除外)，否则不能执行正常的逻辑功能；同理，与门/与非门的多余输入端不能接 VSS。多余输入端并联使用时，对电路的工作速度有一定影响，这种方式适用于工作速度不太高，功耗不太大的条件下。对于 TTL 电路，多余的输入端允许悬空，悬空时，该端的逻辑输入状态一般都作为“1”对待。但考虑到外界信号的干扰，最好不要悬空，可根据实际情况接 VDD 或通过电阻接 VDD、VSS。

多余的输出端，应该悬空处理，决不允许直接接到 VDD 或 VSS。否则会产生过大的短路电流而使器件损坏。不同逻辑功能的 CMOS 电路的输出端也不能直接连到一起，否则导通的 P 沟道 MOS 场效应管和导通的 N 沟道 MOS 场效应管形成低阻通路，造成电源短路而引起器件损坏；逻辑功能相同的门电路，它们的输入端并联时，输出端可以并联。因此除“三态门、集电极开路门”外，TTL 集成电路的输出端不允许并联使用。如果将几个“集电极开路门”电路的输出端并联，实现“线与”功能时，应在输出端与电源之间接入上拉电阻。

由于 CMOS 电路输入阻抗高，容易受静电感应发生击穿，除电路内部设置保护电路外，在使用和存放时应注意静电屏蔽；焊接 CMOS 电路时，焊接工具应良好接地，焊接时间不宜过长，焊接温度不要太高。更不能在通电的情况下，拆卸，拨、插集成电路。

很多型号的数字集成电路(IC)它们之间可以直接互换使用，如国产的 CC4000 系列。可与 CD4000 系列、MC14000 系列直接互换使用。但有些引脚功能、封装形式相同的 IC，电参数有一定差别，互换时应注意，如国产 CC4000 系列与 C×××系列，前者的工作电源电压范围为 3～18V，后者为 7～15V，在 +5V 的电源条件下，不能用 C×××代换 CC4000 系列的 IC。

增强抗干扰措施，集成电路引脚应避免引线过长，以防止信号之间的窜扰和对信号传输延迟，地线要进行大面积接地，这样可减少接地噪声干扰。

在CMOS逻辑系统设计中，应尽量减少电容负载。电容负载会降低CMOS集成电路的工作速度和增加功耗。

脉冲数字电路是电子技术的一个组成部分，是近代电子技术的重要基础。随着数字集成电路工艺日臻完善，数字技术已渗透到各个领域。

2.4 计算机专业知识

计算机又称电脑，是一种能够自动、高速、精确地完成各种信息存储、数据处理、数值计算、过程控制和数据传输的电子设备。在科学实验、生产活动及人类生活的各个领域，特别是录井现场，计算机得到了广泛的应用。

2.4.1 计算机系统的组成

计算机系统由硬件系统和软件系统两大部分组成(图2-4-1)。计算机硬件系统是指构成计算机的所有实体部件的集合，通常这些部件由电路(电子元件)、机械等物理部件组成，它们都是看得见摸得着的，故通常称为硬件，它是计算机系统的物质基础。计算机软件系统是指为运行、维护、管理、应用计算机所编制的所有程序及文档的总和，它又有系统软件和应用软件之分。

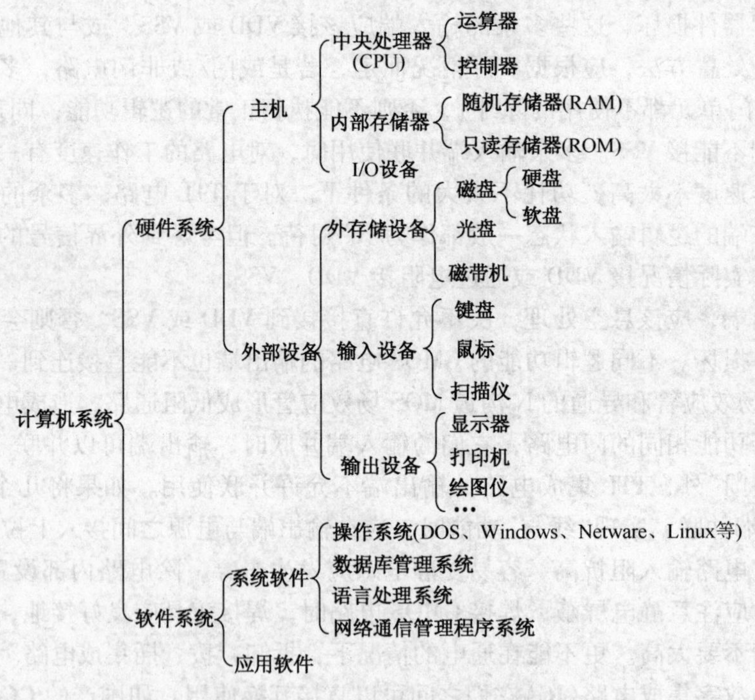

图2-4-1 计算机系统组成图

2.4.1.1 计算机硬件系统

计算机硬件是指组成计算机的各种物理设备，也就是前面所说的那些看得见摸得着的实际物理设备。它包括计算机的主机和外部设备，由五类功能部件组成，即运算器、控制器、存储器、输入设备和输出设备。

1. 运算器

运算器又称算术逻辑单元(Arithmetic Logic Unit，ALU)。它是计算机对数据进行加工处理的部件，包括算术运算(加、减、乘、除等)和逻辑运算(与、或、非、异或、比较等)。

2. 控制器

控制器负责从存储器中取出指令，并对指令进行译码；根据指令的要求，按时间的先后顺序，负责向其他各部件发出控制信号，保证各部件协调一致地工作，一步一步地完成各种操作。控制器主要由指令寄存器、译码器、程序计数器和操作控制器等组成。

控制器、运算器等组成中央处理器(Central Processing Unit，CPU)，它是硬件系统的核心，它是采用大规模集成电路工艺制成的芯片，又称微处理器芯片。

3. 存储器

存储器是计算机记忆或暂存数据的部件。计算机中的全部信息，包括原始的输入数据，经过初步加工的中间数据以及最后处理完成的有用信息都存放在存储器中。而且，指挥计算机运行的各种程序，即规定对输入数据如何进行加工处理的一系列指令也都存放在存储器中。存储器分为内存储器(内存)和外存储器(外存)两种。

4. 输入设备

输入设备是为计算机输入信息的设备。它是重要的人机接口，负责将输入的信息(包括数据和指令)转换成计算机能识别的二进制代码，送入存储器保存。

常用的输入设备有键盘、鼠标等。

5. 输出设备

输出设备是输出计算机处理结果的设备。在大多数情况下，它将这些结果转换成便于人们识别的形式，常用的输出设备有显示器、打印机等。

这5类部件相互配合，协同工作。其简单的工作原理为，首先由输入设备接受外界信息(程序和数据)，控制器发出指令将数据送入(内)存储器，然后向内存储器发出取指令命令。在取指令命令下，程序指令逐条送入控制器。控制器对指令进行译码，并根据指令的操作要求，向存储器和运算器发出存数、取数命令和运算命令，经过运算器计算并把计算结果存在存储器内。最后在控制器发出的取数和输出命令的作用下，通过输出设备输出计算结果。如图2-4-2所示为其简单工作原理示意图。

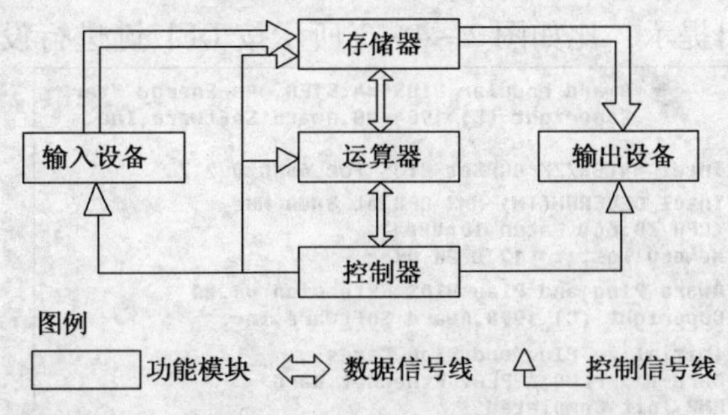

图2-4-2　冯·诺依曼结构计算机工作原理图

2.4.1.2　计算机软件系统

裸机是组成计算机系统的所有硬件的统称，即没有任何软件的计算机。裸机不能做任何工作，只有包括硬件和软件的计算机系统，才是一个完整的计算机系统。计算机软件系统包括系统软件和应用软件两大类。

1. 系统软件

系统软件是指控制和协调计算机及其外部设备，支持应用软件的开发和运行的软件。其主要的功能是进行调度、监控和维护系统等。系统软件是用户和裸机的接口，主要包括以下内容。

① 操作系统软件，如：DOS、Windows 98、Windows NT、Windows XP、Windows 7、Linux、Netware 等。

② 各种语言的处理程序，如低级语言、高级语言、编译程序、解释程序等。

③ 各种服务性程序，如机器的调试程序、故障检查和诊断程序、杀毒程序等。

④ 各种数据库管理系统，如 SQLServer、Oracle、Informix、Foxpro 等。

2. 应用软件

应用软件是用户为解决各种实际问题而编制的计算机应用程序及其有关资料。应用软件主要有以下几种。

① 用于科学计算方面的数学计算软件包、统计软件包。

② 文字处理软件包(如 WPS、Word、Office2000)。

③ 图像处理软件包(如 Photoshop、动画处理软件 3DSMAX)。

④ 各种财务管理软件、税务管理软件、工业控制软件、辅助教育软件等。

⑤ 专用软件。

2.4.2 计算机操作

2.4.2.1 BIOS 设置

BIOS(basic input output system 即基本输入输出系统)设置程序是被固化到计算机主板上的 ROM 芯片中的一组程序，其主要功能是为计算机提供最底层的、最直接的硬件设置和控制。BIOS 设置程序是储存在 BIOS 芯片中的，只有在开机时才可以进行设置。CMOS 主要用于存储 BIOS 设置程序所设置的参数与数据，而 BIOS 设置程序主要对技巧的基本输入输出系统进行管理和设置。计算机在出厂前或用光驱重装系统时，经常要对 BIOS 进行设置。

1. 进入 BIOS

通常在开机时按下特定键或组合键可以进入 CMOS 设置界面，不同类型的机器的热键不同，一般会在屏幕上给出提示，比如图 2-4-3 所示按 DEL 键进行设置。

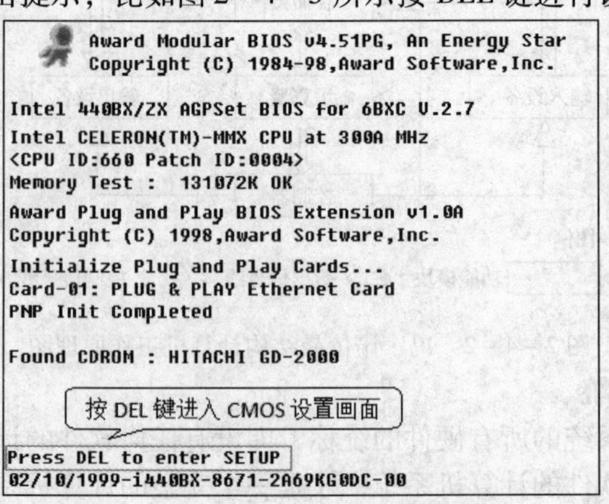

图 2-4-3 计算机 BIOS 引导界面

然后出现如图 2－4－4 所示的 CMOS 设置界面。

图 2－4－4 是 AWARDBIOS 设置的主菜单。项目前面有三角形箭头的表示该项包含子菜单。主菜单上共有 13 个项目，分别为：

```
CMOS Setup Utility - Copyright (C) 1984-2001 Award Software

▶ Standard CMOS Features          Load Fail-Safe Defaults
▶ Advanced BIOS Features          Load Optimized Defaults
▶ Advanced Chipset Features       Set Supervisor Password
▶ Integrated Peripherals          Set User Password
▶ Power Management Setup          Save & Exit Setup
▶ PnP/PCI Configurations          Exit Without Saving
▶ Frequency/Voltage Control

Esc : Quit                        ↑ ↓ → ←   : Select Item
F10 : Save & Exit Setup

            Time, Date, Hard Disk Type...
```

图 2－4－4　计算机 BIOS 设置界面

① Standard CMOS Features：标准 CMOS 功能设定，设定日期、时间、软硬盘规格及显示器种类。

② Advanced BIOS Features：高级 BIOS 功能设定，对系统的高级特性进行设定。

③ Advanced Chipset Features：高级芯片组功能设定，设定主板所用芯片组的相关参数。

④ Integrated Peripherals：外部设备设定，使设定菜单包括所有外围设备的设定(如声卡、Modem、USB 键盘是否打开...)。

⑤ Power Management Setup：电源管理设定，设定 CPU、硬盘、显示器等设备的节电功能运行方式。

⑥ PNP/PCI Configurations：即插即用/PCI 参数设定，设定 ISA 的 PnP 即插即用界面及 PCI 介面的参数，此项仅在您系统支持 PnP/PCI 时才有效。

⑦ Frequency/Voltage Control：频率/电压控制，设定 CPU 的倍频，设定是否自动侦测 CPU 频率等。

⑧ LoadFail－Safe Defaults：载入最安全的缺省值，使用此菜单载入工厂默认值作为稳定的系统使用。

⑨ Load Optimized Defaults：载入高性能缺省值，使用此菜单载入最好的性能但有可能影响稳定的默认值。

⑩ Set Supervisor Password：设置超级用户密码。

⑪ SetUser Password：设置用户密码。

⑫ Save & Exit Setup：保存后退出，保存对 CMOS 的修改，然后退出 Setup 程序。

⑬ Exit Without Saving：不保存退出，放弃对 CMOS 的修改，然后退出 Setup 程序。

2. 设置 BIOS 的操作方法

操作方法：在主菜单上用方向键选择要操作的项目，然后按“Enter”回车键进入该项子菜单，在子菜单中用方向键选择要操作的项目，然后按“Enter”回车键进入该子项，后用方向键选择，完成后按回车键确认，最后按“F10”键保存改变后的 CMOS 设定值并退出(或按“Esc”键退回上一级菜单，退回主菜单后选“Save & Exit Setup”后回车，在弹出的确认窗口中输入“Y”然后回车，即保存对 BIOS 的修改并退出 Setup 程序。

3. 设置 BIOS

(1) Standard CMOS Features 子菜单

在主菜单中用方向键选择“Standard CMOS Features”项然后回车，即进入了“Standard CMOS Features”子菜单如图 2－4－5。

“Standard CMOS Features”项子菜单中共有 13 子项：

```
                 Standard CMOS Features
Date(MM:DD:YY)  :                  [Thu 05/13/2010]
Time(HH:MM:SS)  :                  [13:35:20]

▶ IDE Primary Master               [PIONEER DVD-RO]
▶ IDE Primary Slave                [ST380011A]
▶ SATA1                            [WDC WD8088AADS]
▶ SATA2                            [BENQ DVDROM DD]
▶ SATA3                            [Not Detected]
▶ SATA4                            [Not Detected]
▶ SATA5                            [Not Detected]
▶ SATA6                            [Not Detected]

Floppy Drive A                     [Auto]
Hold on                            [All Error]

▶ System Information               [Press Enter]
```

图 2－4－5　Standard CMOS Features 界面

——Date(mm：dd：yy)(日期设定)，设定电脑中的日期，格式为“星期，月/日/年”。星期由 BIOS 定义，只读。

——Time(hh：mm：ss)(时间设定)，设定电脑中的时间，格式为“时/分/秒”。

——IDE PrimaryMaster(第一主 IDE 控制器)，设定主硬盘型号。按 PgUp 或 PgDn 键选择硬盘类型，如果光标移动到“Press Enter”项回车后会出现一个子菜单，显示当前硬盘信息；Auto 是自动设定；None 是设定为没有连接设备。

——IDE Primary Slave(第一从 IDE 控制器)，设定从硬盘型号，设置方法同上；

——IDE Secondary Master(第二主 IDE 控制器)，设定主光驱型号，设置方法同上；

——IDE Secondary Slave(第二从 IDE 控制器)，设定从光驱型号，设置方法同上。

——Drive A(软盘驱动器 A)

设定主软盘驱动器类型。可选项中的 None 是设定为没有连接设备，1.44M、3.5in 是容量为 1.44M 的 3.5 英寸软盘。随着电脑技术进步，已经不再使用软驱，一般选 None。

——Video(设定电脑的显示模式)，设定系统主显示器的视频转接卡类型。EGA/VGA 是加强型显示模式，一般选此项。

——HaltOn(停止引导设定)，设定系统引导过程中遇到错误时系统是否停止引导。

——Extended Memory(扩展内存)

(2) Advanced BIOS Features 子菜单

在主菜单中选择“Advanced BIOS Features”项进入子菜单如图 2－4－6。

“Advanced BIOS Features”项子菜单中共有 20 子项，下文仅对常用的计算机引导顺序设

```
CMOS Setup Utility - Copyright (C) 1984-2001 Award Software
Advanced BIOS Features

Virus Warning                 [Disabled]     Item Help
CPU Internal Cache            [Enabled]
External Cache                [Enabled]      Menu Level  ▶
CPU L2 Cache ECC Checking     [Enabled]
Quick Power On Self Test      [Enabled]      Allows you to choose
First Boot Device             [Floppy]       the VIRUS warning
Second Boot Device            [HDD-0]        feature for IDE Hard
Third Boot Device             [Floppy]       Disk boot sector
Boot Other Device             [Disabled]     protection. If this
Swap Floppy Drive             [Disabled]     function is enabled
Boot Up Floppy Seek           [Disabled]     and someone attempt to
Boot Up NumLock Status        [Off]          write data into this
Gate A20 Option               [Fast]         area , BIOS will show
Typematic Rate Setting        [Disabled]     a warning message on
x Typematic Rate (Chars/Sec)  6              screen and alarm beep
x Typematic Delay (Msec)      250
Security Option               [Setup]
OS Select For DRAM > 64MB     [Non-OS2]
Report No FDD For WIN 95      [No]

↑↓→←:Move  Enter:Select  +/-/PU/PD:Value  F10:Save  ESC:Exit  F1:General Help
F5: Previous Values    F6: Fail-Safe Defaults    F7: Optimized Defaults
```

图 2－4－6　Advanced BIOS Features 设置界面

置方法进行详述。

——Virus Warning(病毒报警)，系统启动时或启动后，如有程序企图修改系统引导扇区或硬盘分区表，BIOS 会发出警报。

——CPU Internal Cache(CPU 内置高速缓存设定)，默认设为打开。

——External Cache(外部高速缓存设定)，默认设为打开。

——CPUL2 Cache ECC Checking(CPU 二级高速缓存奇偶校验)，默认设为打开。

——Quick Power On Self Test(快速检测)，默认设为禁用。

——First Boot Device(设置第一启动盘)

设定 BIOS 第一个搜索载入操作系统的引导设备，如引导不成功即启用第二启动盘引导。安装系统正常使用后建议设为(HDD－0)可加快系统启动速度。常见设定值有：

Floppy 系统尝试从软盘驱动器引导；

LS120 系统尝试从 LS120 引导；

HDD－0 系统尝试从第一硬盘引导；

SCSI 系统尝试从 SCSI 引导；

CDROM 系统尝试从 CD－ROM 驱动器引导；

HDD－1 系统尝试从第二硬盘引导；

HDD－2 系统尝试从第三硬盘引导；

HDD－3 系统尝试从第四硬盘引导；

USB－FDD 系统尝试从 U 盘引导；

USB－HDD 系统尝试从 USB 硬盘引导；

ZIP 系统首先尝试从 ATAPIZIP 引导；

LAN 系统首先尝试从网络引导；

Disabled 禁用此次序

——Second Boot Device（设置第二启动盘），设定 BIOS 在第一启动盘引导失败后，第二个搜索载入操作系统的引导设备。设置方法参考上一项。

——Third Boot Device（设置第三启动盘），设定 BIOS 在第二启动盘引导失败后，第三个搜索载入操作系统的引导设备。设置方法参考上一项。

——Boot Other Device（其他设备引导），将此项设置为 Enabled，允许系统在从第一/第二/第三设备引导失败后，尝试从其他设备引导。

——Swap Floppy Drive（交换软驱盘符），将此项设置为 Enabled 时，可交换软驱盘符。

——Boot Up Floppy Seek（开机时检测软驱）如果系统没有安装软驱，设定为：Disabled。

——Boot Up NumLock Status（初始数字小键盘的锁定状态），此项是用来设定系统启动后，键盘右边小键盘是数字还是方向状态。当设定为 On 时，系统启动后将打开 NumLock，小键盘数字键有效。

——GateA20Option（GateA20 的选择），缺省值 Fast。

——Typematic Rate Setting（键入速率设定），默认值为 Disabled（禁用）。

——Typematic Rate（Chars/Sec）（字元输入速率，字元/秒）

——Typematic Delay（Msec）（字元输入延迟，毫秒）

——Security Option（安全选项），此项指定了使用的 BIOS 密码的保护类型。设置值为 System 时，无论是进入 CMOSSETUP 还是开机都要输入密码；设置值为 Setup 时只有在进入 CMOSSETUP 时才要求输入密码。

——OSSelect ForD RAM >64MB（设定 OS2 使用的内存容量），缺省值为 Non - OS2；

——ReportN oF DD For WIN95（设定在 WIN95 中报告有无 FDD），缺省值为 No。

——Video BIOS Shadow（将 BIOS 复制到影像内存），缺省值为 Enabled。

2.4.2.2 系统备份与还原

用户操作系统因磁盘损伤或损坏，计算机病毒或人为误删除等原因造成的系统文件丢失，从而造成计算机操作系统不能正常引导，重新安装系统和应用软件，就非常耗时。如果系统事先备份，可以快速恢复系统。

目前流行的计算机备份还原软件有 WINDOWS 自带的备份还原软件和 GHOST 软件，下面以这两种工具为例来说明系统的备份还原方法。

1. 使用 WINDOWS 自带软件备份还原

（1）打开 WINDOWS 备份还原功能

鼠标右击“我的电脑”，选择“属性”/“系统还原”选项卡，确保“在所有驱动器上关闭系统还原”复选框未选中，再确保“需要还原的分区”处于“监视”状态。

（2）系统备份

依次单击“开始→程序→附件→系统工具→系统还原”，打开“系统还原向导”，选择“创建一个还原点”，单击“下一步”按钮，填入还原点名，单击“创建”按钮，即可完成还原点创建。

（3）系统还原

操作前关闭所有打开的程序，依次单击“开始→程序→附件→系统工具→系统还原”，打开“系统还原向导”，选择“恢复我的计算机到一个较早的时间”，单击“下一步”按钮，选择还原点，单击“下一步”，单击“下一步”开始还原。

2. 使用 GHOST 软件备份还原

（1）系统备份

运行 Ghost 后会弹出一个对话框(如图 2－4－7)，点击“OK”按钮就进入主界面。

对系统盘进行备份操作，选择 Local(本地)→Partition(分区)→ToImage(生成镜像)。

如图 2－4－7，确定“ToImage”被选中(字体变白色)，然后回车确认，弹出硬盘选择窗口，选择硬盘后直接点回车键，选择操作系统所在的分区(如图 2－4－8)，可用键盘方向键进行操作，选择分区后回车，分区被选中，按 Tab 键切换到“OK”按钮后回车确认。

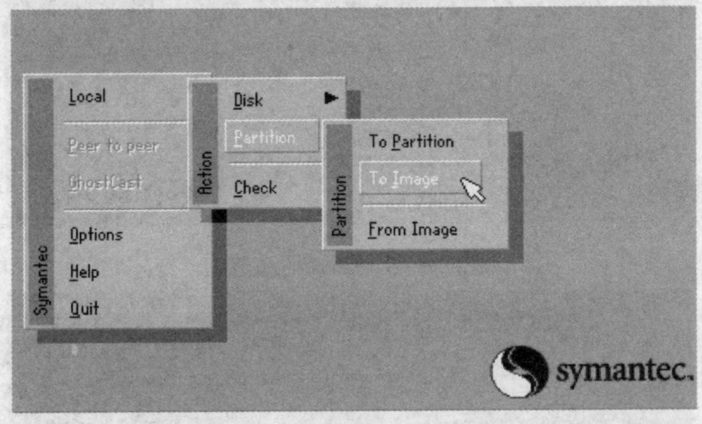

图 2－4－7　Ghost 设置界面

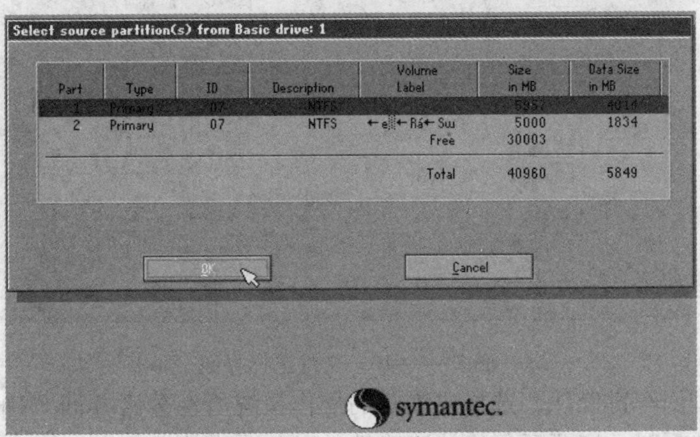

图 2－4－8　Ghost 系统盘符选择

选择保存备份文件的分区，多次按 Tab 键切换到最上边框(Lookin)，按回车键确认选择所要保存到的分区(一般选最大空间分区)。

在确认分区后，在文件名方框内输入系统备份的文件名称如 C_ XP. GHO，文件名不应超过 8 个字符，点击 SAVE 后开始备份。接下来，程序询问是否压缩备份数据，选择 High 压缩比例备份，然后会询问是否进行创建分区镜像，点击“Yes”开始备份系统分区。

备份完毕后出现对话框，点击(continue)后提示操作完成，此时退出程序(选择 Quit)重启电脑。

（2）系统还原

运行 Ghost 进入主界面，对系统盘进行还原操作。如图 2－4－9，选择 Local(本地)→

Partition（分区）→FromImage（还原镜像）。确定"FromImage"被选中后回车；如图 2－4－10，选择已备份的系统文件，选中"Open"按钮，打开文件并弹出硬盘分区选择窗口。

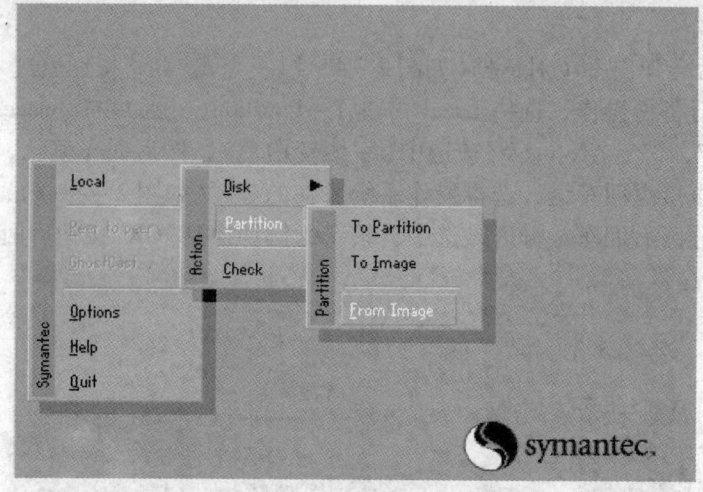

图 2－4－9　Ghost 设置界面

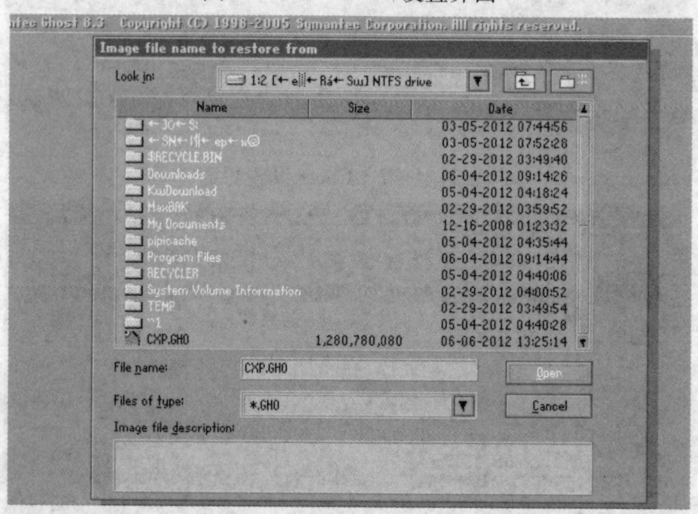

图 2－4－10　文件选择界面

选择硬盘后按回车键确认，选择要恢复的操作系统所在分区并回车确认（注意：在进行硬盘选择和分区选择时一定要反复确认正确性，以免造成数据丢失，特别是计算机有多个硬盘时尤其要谨慎）。在弹出的界面中点"Yes"按钮进行系统恢复，恢复过程严禁中断，恢复完毕后重启电脑。

2.4.2.3　数据库操作

录井现场使用最多是 Access 数据库和 SQL 数据库。

Access 是 Office 系列应用软件之一，是微软公司推出的基于 Windows 的桌面关系型数据库管理系统。它提供了表、查询、窗体、报表、页、宏、模块 7 种用来建立数据库系统的对象；提供了多种向导、生成器、模板，把数据存储、数据查询、界面设计、报表生成等操作规范化；为建立功能完善的数据库管理系统提供了方便，也使得普通用户不必编写代码，就可以完成大部分数据管理的任务。它具有存储方式简单、易于维护管理、操作方便、所见即所得的的设计环境、兼容各种数据库格式等特点。在很多地方得到广泛使用，例如小型企业，大公司的部门，和喜爱编程的开发人员专门利用它来制作处理数据的桌面系统。它也常被用来开发简单的 WEB 应用程序，但只适合数据量较少的应用。

SQLServer 是微软公司开发的采用 SQL 语言的关系型数据库管理系统，它拥有高弹性与多元化的结构，不仅符合业界的需要，更能与现今的互联网紧密集成；而对 Windows 操作系统的全面支持，得到最终程序开发人员的普遍认可。SQLServer 是服务器级的数据库管理系统，不论是客户机/服务器、多层结构，还是 DatabaseWeb 应用程序，SQLServer 都起着后端数据库的角色。在处理海量数据的效率，后台开发的灵活性等方面功能强大。它具有 InterNet 集成、可伸缩性和可用性、企业级数据库功能、易于安装、部署和使用等特点，是基于服务器端的中型的数据库，可以适合大容量数据的应用，目前使用非常广泛。

下文以这两种数据库为例，简单介绍数据库的常规操作。

1. Access 数据库

(1) 数据库打开和关闭

1) 打开数据库

在启动 Access 程序后，打开数据库的操作步骤如下：

① 选择“文件”菜单下的“打开”命令，弹出“打开”对话框，如图 2-4-11 所示。

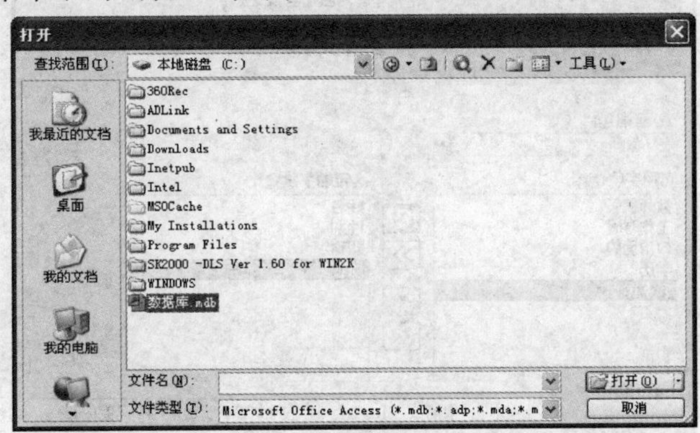

图 2-4-11 “打开”对话框

② 在“查找范围”下拉列表框中选择数据库文件所在的文件夹，在文件列表中选择要打开的数据库文件，打开数据库。

2) 关闭数据库

单击单击 Access 标题栏或数据库窗口标题栏右上角的关闭按钮，或选择“文件/关闭(退出)”命令关闭数据库。

(2) 数据查询

① 利用“查询向导”查询。

利用“查询向导”创建查询比较简单，用户可以在向导指示下选择表和表中字段。在数据库窗口中使用查询向导不仅可以对单个表进行创建查询的操作，也可以对多个表进行创建查询的操作。

例 2.4.1 从“教师档案表”中查找“姓名”、“性别”、“职称”和“所在系”等字段，操作步骤如下：

在“数据库”窗口中，单击“查询”对象。如图 2-4-12 所示。

在对象列表栏中，双击“使用向导创建查询”，打开“简单查询向导”对话框。

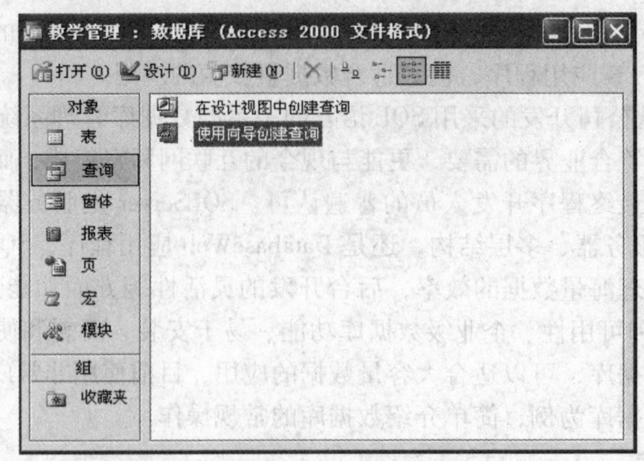

图 2－4－12 “查询”对象界面

选中“姓名”，单击“＞”；然后用同样的方法，依次选中“性别”、“职称”和“所在系”字段，如图 2－4－13 所示，单击“下一步”，选择“明细”选项，单击“下一步”。

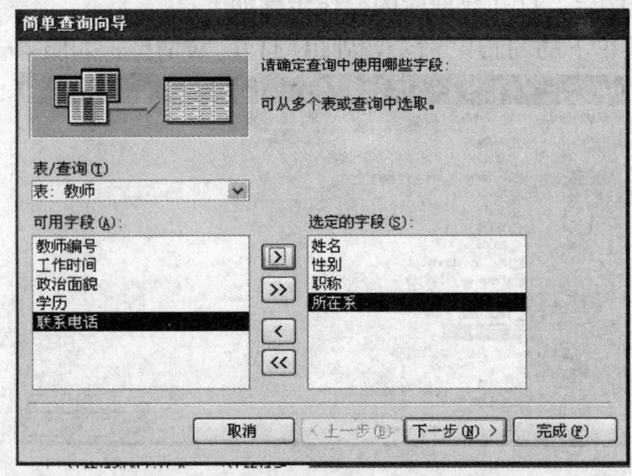

图 2－4－13 “简单查询向导”对话框

在“简单查询向导(请为查询指定标题)”对话框中，使用默认标题“教师查询”或自行输入标题，如图 2－4－14 所示。选中“打开查询查看信息”，单击“完成”生成查询结果，如图 2－4－15 所示。

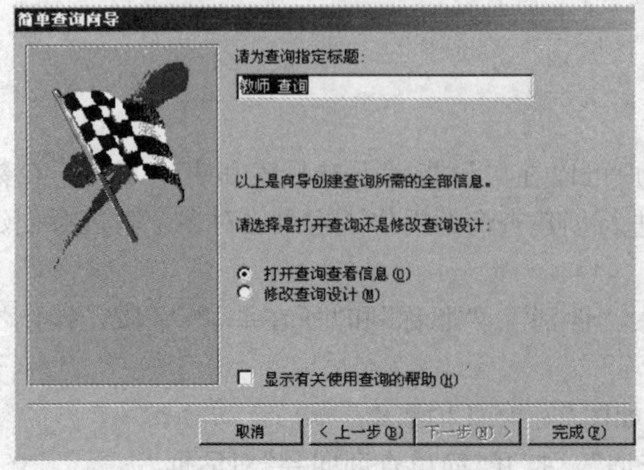

图 2－4－14 查询指定标题

教师查询：选择查询

姓名	性别	职称	所在系
李明	男	副教授	计算机系
周强	男	副教授	计算机系
胡琳	女	副教授	计算机系
周建平	男	讲师	计算机系
黄鹏	男	高级工程师	计算机系
张明艳	女	工程师	计算机系
黄利斌	男	讲师	计算机系
胡明庆	男	讲师	计算机系
李肇星	男	高级工程师	计算机系
朱文迪	男	工程师	计算机系
莫军	女	讲师	计算机系
梁嘉彬	女	助教	计算机系

记录： 1 共有记

图 2－4－15 单表查询结果

② SQL 查询。

前面介绍了利用"查询向导"查询，接下来介绍 SQL 查询。SQL 查询可以为熟悉 SQL 语句的用户提供施展才能的机会，利用它可直接完成其他查询所不能完成的查询任务。

SQL 是英文(Structured Query Language)的缩写，意思为结构化查询语言。SQL 语言的主要功能就是同各种数据库建立联系、进行沟通。按照 ANSI(美国国家标准协会)的规定，SQL 被作为关系型数据库管理系统的标准语言。SQL 语句可以用来执行各种各样的操作，例如更新数据库中的数据，从数据库中提取数据等。目前，绝大多数流行的关系型数据库管理系统，如 Oracle，Sybase，Microsoft SQL Server，Access 等都采用了 SQL 语言标准。

SQL 语言主要特点包括：

综合统一。SQL 语言风格统一，可以独立完成数据库的全部操作，包括定义关系模式、录入数据以建立数据库、查询、更新、维护、数据库重构、数据库安全性控制等一系列操作要求，这就为数据库应用系统开发提供了良好的环境。

高度非过程化。用 SQL 语言进行数据操作，用户只需提出"做什么"，而不必指明"怎么做"。

共享性。SQL 是一个共享语言，它全面支持客户机、服务器模式。

语言简洁，易学易用。SQL 所使用的语句很接近自然语言，易于掌握和学习。

SQL 语言集数据查询(data query)、数据操纵(data manipulation)、数据定义(data definition)和数据控制(data control)功能于一身，完成这些功能只用 9 个动词(表 2-4-1)。

表 2-4-1　SQL 语言的动词

SQL 功能	动　词	SQL 功能	动　词
数据定义	CREATE，DROP，ALTER	数据查询	SELECT
数据操作	INSERT，UPDATE，DELETE	数据控制	GRANT，REVOKE

以下主要介绍数据查询。

SELECT 语句

SELECT 的用途从指定表中取出指定的列的数据，这个语句在数据库系统是最常用，也是最灵活的语句，掌握好 SELECT 语句是作为数据库开发的基础。其语法格式如下：

SELECT[ALL|DISTINCT] *|〈字段列表〉

FROM〈表名 1〉[,〈表名 2〉]...

[WHERE〈条件表达式〉]

[GROUP　BY〈字段 1〉[HAVING〈条件表达式〉]]

[ORDER　BY〈字段 2〉[ASC|DESC]];

"SELECT"说明执行查询操作。"ALL| DISTINCT"用来限制返回的记录数量，默认值为"ALL"，"DISTINCT"说明要去掉重复的记录。可以使用" * "代表从特定表中指定的全部字段。〈字段列表〉使用","将项分开，这些项可以是字段、常数或系统内部的函数。

"FROM"短语说明要查询的数据来自哪些表。

"WHERE"短语说明查询的条件。

"GROUPBY"短语用于对查询结果按指定的列进行分组，可以利用它进行分组、汇总。

"HAVING"短语必须跟随"GROUPBY"使用，用来限定分组必须满足的条件。

"ORDERBY"短语用来对查询结果进行排序。ASC 表示检索结果按某一字段值的升序排列，如果选择 DESC，表示检索结果按某一字段值的降序排列。

- 检索表中所有记录的所有字段：

例 2.4.2 查找并显示“教师”表中的所有字段

SELECT * FROM 教师

- 检索表中所有记录指定的字段：

例 2.4.3 查找并显示教师表中“教师编号”、“姓名”、“性别”、“工作时间”、“所在系”5 个字段。

SELECT 教师编号姓名性别工作时间所在系 FROM 教师

- 检索满足条件的记录和指定的字段：

例 2.4.4 查找 2004 年开始参加工作女教师，并显示“姓名”、“性别”、“工作时间”、“所在系”

SELECT 姓名，性别，工作时间，所在系 FROM 教师

WHERE 性别 ="女"AND 工作时间 > = #1/1/2004#

- 进行分组统计，并增加新字段：

例 2.4.5 计算各种职称的教师人数，并将计算字段命名为“各种职称人数”

SELECT COUNT(教师编号)AS 各种职称人数 FROM 教师 GROUP　BY 职称

其中“各种职称人数”是新字段名。

- 对检索结果进行排序：

例 2.4.6 计算每名学生的平均成绩，并按平均成绩降序显示。

SELECT 学生编号，Avg(成绩)　As 平均成绩 from 课程成绩

GROUPBY 学生编号 ORDERBY　Avg(成绩)　DESC

- 将多个表连接在一起：

例 2.4.7 查找学生的选课成绩，并显示“学生编号”“姓名”“课程名称”“成绩”

SELECT 学生．学生编号，学生．姓名，课程．课程名称，课程成绩．成绩

FROM 学生，课程，课程成绩，授课

WHERE 课程．课程编号 = 授课．课程编号

AND 授课．授课 ID = 课程成绩．授课 ID

AND 学生．学生编号 = 课程成绩．学生编号

（3）数据编辑

打开该表的数据表视图，可以对表内的数据进行编辑。

① 修改数据记录。将光标定位到要修改的记录的相应字段上，直接修改其中的内容，如果该字段定义了有效性规则，修改的内容要符合该规则的约束。

② 删除数据记录。将光标定位到要删除的记录行的任意位置，然后执行“编辑”→“删除记录”菜单命令可删除该记录。也可以用鼠标单击该记录的记录选定器(记录行最左边的小方格)，选中整行记录，此时该记录行变为黑色，然后按 Del 键将该条记录删除。

③ 复制数据记录。将光标定位到要复制的记录(即选中该行数据)，然后执行“编辑”→“复制”菜单命令，然后在所需要的位置黏贴记录即可。

④ 查找和替换数据。

如果表中存在大量数据，特别是对于一些无规律数据，要很快找到某个数据是很困难的，这时就可以使用查找功能来快速查找。

查找数据的步骤如下：

在数据表视图中打开要查找数据的数据表。

单击工具栏上的“查找”按钮，或选择“编辑”→“查找…”菜单命令，将弹出“查找和替换”对话框，如图 2－4－16 所示。

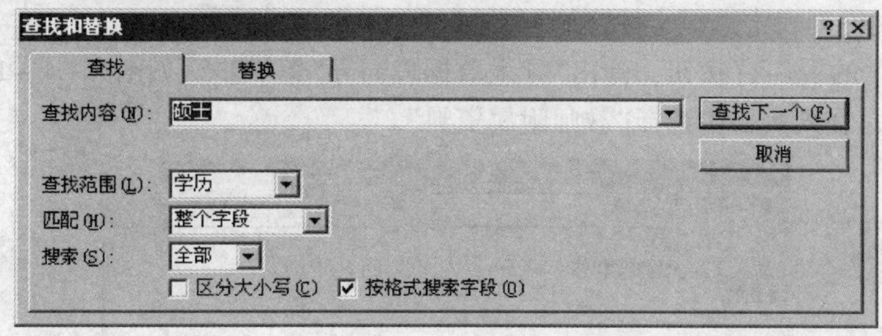

图 2－4－16　“查找”对话框

在“查找内容”文本框中输入要查找的内容，“查找范围”中可以选择是在当前字段列中查找还是在整个表中查找，在“匹配”下拉列表中可以选择匹配方式是字段的任何部分、整个字段或字段的开头，在“搜索”的下拉列表中可以选择搜索方式为全部、向下或向下，还可以指定搜索时是否区分大小写、是否按格式搜索字段。

单击“查找下一个”开始查找。如果找到，光标会定位到该单元格上，要查找的内容处于黑色选中状态；如果没有找到，则会弹出“没找到搜索项”提示信息。

有时需要将表中某个数据替换为新的数据，而且需要替换的地方有很多处，这时使用替换功能就比较方便。只需要将图 2－4－16 的“查找和替换”对话框中单击“替换”选项卡就可以切换到“替换”对话框，如图 2－4－17 所示。

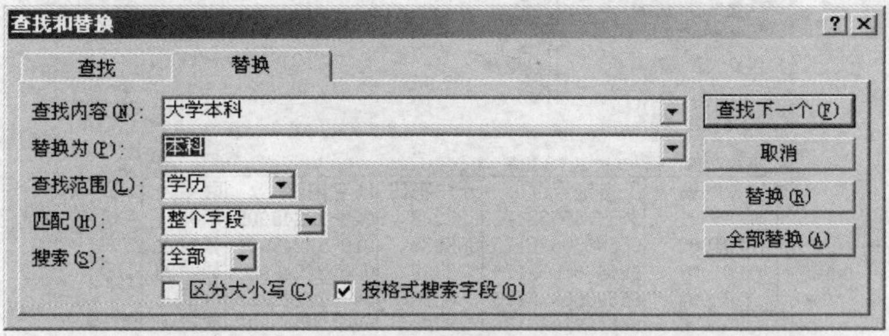

图 2－4－17　“替换”对话框

在“替换”对话框中的“查找内容”中输入要替换的内容，“替换为”对话框中输入要替换的新值，其他选项与查找对话框相同。若单击“替换”按钮，系统会将找到的第一个值替换为新值，若单击“全部替换”按钮，系统会把“查找范围”指定的范围中所有待替换的内容替换为新值。

(4) 数据导入与导出

① 数据导入。除了在表中逐条添加数据以外，也可以通过外部数据文件导入方式获取批量数据。在向表中导入数据时，一定要保证所导入的文件数据的字段个数和表中的字段个

数相同，且输入的数据类型要和设定的各字段的类型保持一致。下面通过实例介绍具体用法。

例 2. 4. 8 为“教师附属资料”表添加批量数据。

打开教学管理数据库，并切换到“表”对象面板。

在“表”对象面板空白处，右键单击，在弹出菜单中选择“导入(I)…”，如图 2 – 4 – 18 所示。可以从对话框中的文件类型下拉列表选择所要导入的文件类型，如 MicrosoftExcel (*. xls)，在文件列表中选择文件“教师附属资料 . xls”。

单击右下角的“导入”按钮，弹出“导入数据表向导”第一步，如图 2 – 4 – 19 所示。选择“显示工作表”，在列表框中选择“教师附属资料”。

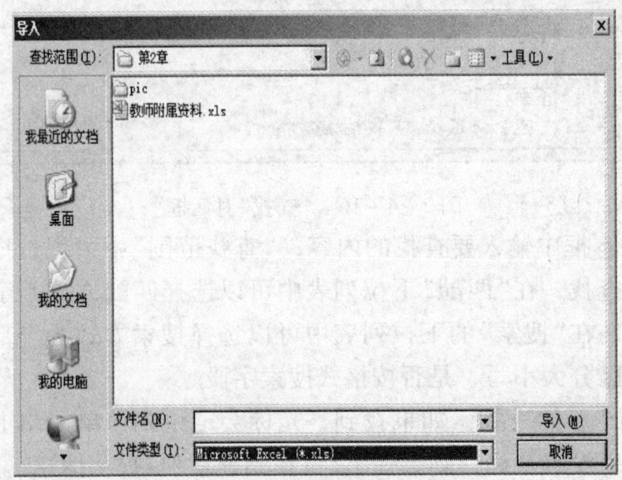

图 2 – 4 – 18　数据导入对话框

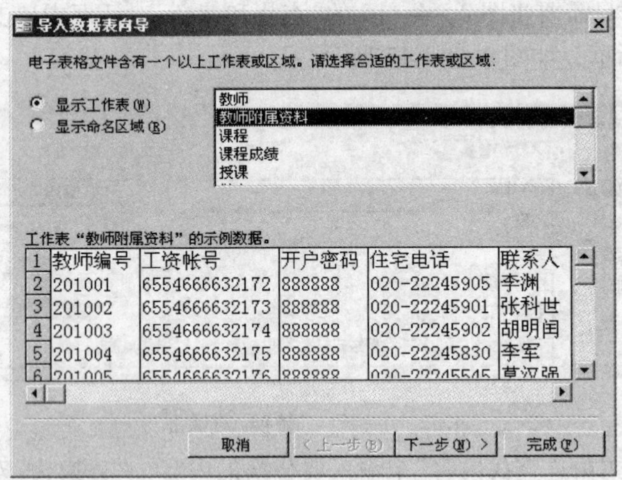

图 2 – 4 – 19　数据表导入工作表 – 选择

单击“下一步”按钮，进入“导入”向导第二步，显示数据表导入工作表列标题选择，如图 2 – 4 – 20 所示，单击“下一步”按钮，进入“导入”向导第三步，显示数据导入工作表数据的保存位置，如图 2 – 4 – 21 所示。

单击“下一步”按钮，进入“导入”向导第四步，显示数据导入工作表导入到表，点击“完成”按钮，Excel 文件中的数据就批量导入到“教师附属资料”表中了。

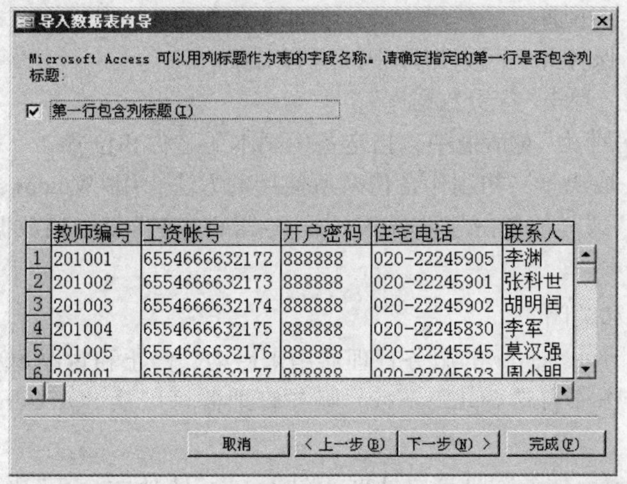

图 2-4-20　数据表导入工作表-列标题选择

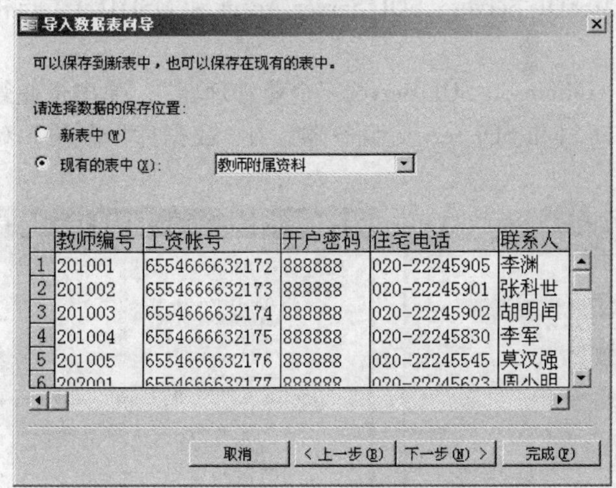

图 2-4-21　数据表导入工作表-数据保存位置

② 数据导出。

打开教学管理数据库，并切换到“表”对象面板。

在“表”对象面板中选择要导出的表，右键单击，在弹出菜单中选择“导出(E)…”，如图 2-4-22所示。可以从对话框中的保存类型下拉列表选择所要导出的文件类型，如 Microsoft Excel (*.xls)，在文件列表中输入导出文件名。点击“导出”按钮，就完成了数据表的导出。

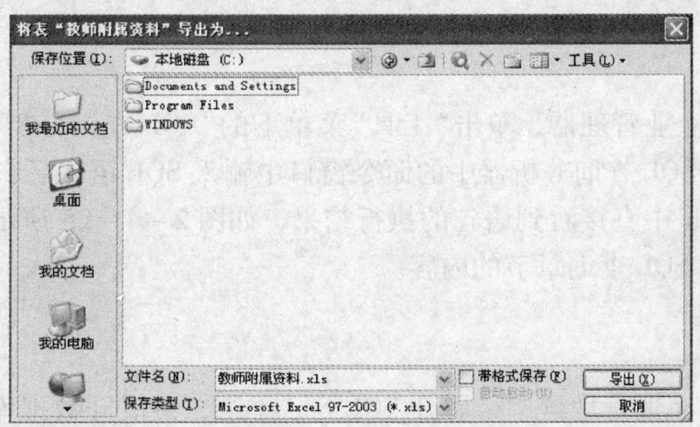

图 2-4-22　数据导出对话框

(5) 数据库备份与还原

① 数据库备份。保存并关闭数据库中的所有对象。

在“文件”菜单上，单击“备份数据库”。

在“备份数据库另存为”对话框中，指定备份副本的名称和位置。

② 数据库还原。取决于当初制作备份时所使用的方法，用“Windows 2000 或更新版本的备份及故障恢复工具”或其他备份软件将 Access 数据库的备份复制到数据库文件夹。

2. SQL 数据库

(1) 数据库打开和关闭

① 打开数据库。SQL Server 的服务管理器用来启动、停止和暂停 SQL Server 过程。必须在进行任何数据库操作前启动 SQL Server。服务管理器可以从 SQL Server 的程序组中进行启动。

启动后的 SQL Server 服务管理器对话框如图 2-4-23 所示。在“服务”下拉列表中可以选择可用的服务列表(MSSQL Server、SQL Server Agent 和 MSDTC)。点击“开始/继续”按钮，启动 SQL Server。

运行“开始-程序-Microsoft SQL Server-企业管理器”，弹出企业管理器(图 2-4-24)对话框。展开 SQLServer 组和 SQLServer 服务器，在“数据库”节点下双击数据库名打开数据库。

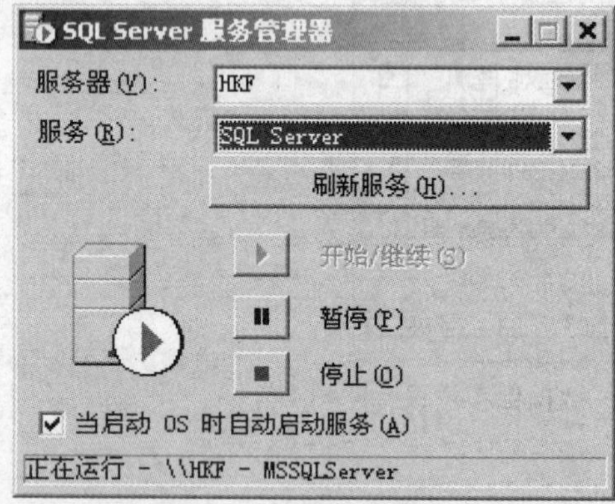

图 2-4-23　SQL Server 服务管理部

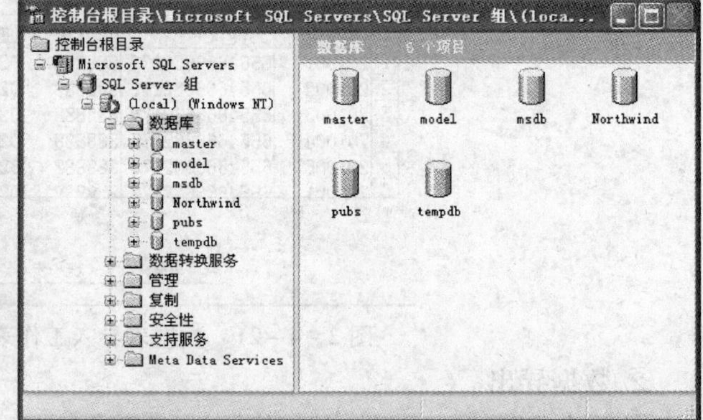

图 2-4-24　SQL 企业管理器

② 关闭数据库。

在 SQL Server 服务管理器对话框(如图 2-4-23)中点击“停止”按钮，关闭 SQLServer 数据库服务。

(2)数据查询

打开 SQL Server 企业管理器，单击“工具”菜单下的“SQL 查询分析器”命令，进入 SQL 查询分析器窗口，在 SQL 查询分析器中的命令窗口中输入 SQL 语句后，点击“执行查询”按钮，就可以在输出窗口中直接看到语句的执行结果，如图 2-4-25 所示，具体 SQL 语句的用法见 Access 数据库 SQL 查询章节的内容。

(3) 数据编辑

1) 数据的插入

① 在 SQL Server 企业管理器中，展开 SQL Server 组，再展开数据库项，展开要选择的数据库，选择要插入数据的表(如 STUDB)，在选择的表上单击右键，在弹出的快捷菜单中

选择“打开表 | 返回所有行”命令，然后出现数据显示界面，在此界面的尾行可以输入新数据，如图 2－4－25 所示，点击“运行”按钮，保存数据。

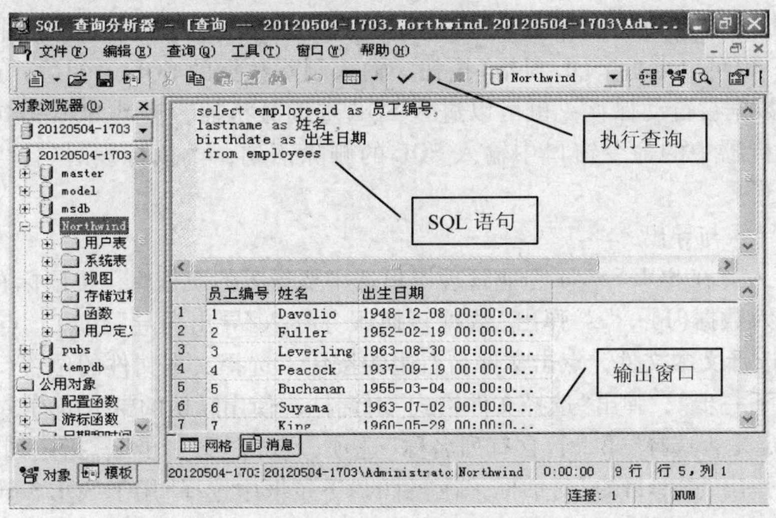

图 2－4－25 SQL 查询

② 用 SQL 语句插入数据。用 SQL 语句插入数据的方法是：在图 2－4－26 所示界面中点击“SQL 窗体”按钮，出现 SQL 语句窗口，在此界面的窗口中输入相应的 SQL 语句后，点击“运行”按钮，在出现的对话框中选择“确定”按钮，即可完成数据的插入。

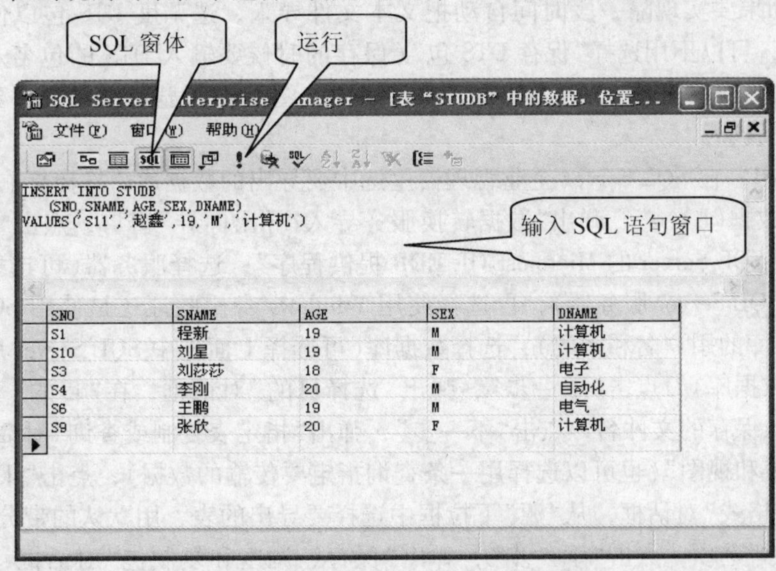

图 2－4－26 执行 SQL 语句插入数据

2）数据的修改

在 SQL Server 企业管理器中修改数据有以下三种方法：

进入数据输入界面，如图 2－4－26，在此界面中对数据进行修改后，点击“运行”按钮或关闭此窗口，数据都被自动保存。

点击“SQL 窗格”按钮，输入相应的修改数据的 SQL 语句后，点击“运行”按钮，修改后的数据被自动保存。

进入 SQL 查询分析器，启动 SQL 语句的输入环境，在 SQL 查询分析器中的命令窗口中输入 SQL 的修改语句，再执行该语句，可实现数据的修改。

3）数据的删除

用修改数据同样的方法，如图 2－4－26，打开要删除数据的表后，选中要删除的行，按 del 键删除；也可以点击“SQL 窗格”按钮，输入删除数据的 SQL 语句后，点击“运行”按钮，修改后的数据被自动保存；也可以进入 SQL 查询分析器，启动 SQL 语句的输入环境，在 SQL 查询分析器中的命令窗口中输入 SQL 的删除语句，再执行该语句，实现对数据的删除。

（4）数据导入与导出

① 数据导入。在 SQL Server 企业管理器里选中要导入的数据库，按鼠标右键，选择“所有任务”→“导入数据(I)…”，弹出“数据转换服务导入/导出向导”窗口，点击“下一步”，选择数据源，选择文本文件，点击文件名右边的按钮，选择文本文件的位置(要导入的文本文件)，点击“下一步”，弹出“选择文件格式”对话框，使用默认的带分隔符，可以根据数据文件格式，决定是否选择“第一行含有列名称”选项，点击“下一步”，指定列分隔符后，点击“下一步”，弹出“选择目的”对话框，在“目的”下拉框中选择“用于 SQL Server 的 Microfost OLEDB 提供程序”，再选择服务器(可选择目标局域网内能访问到的所有 SQL Server 服务器)，选择使用 Windows 身份验证还是使用 SQL Serve 身份验证(输入数据库的用户名和密码)，在“数据库”下拉框中选择数据库，点击“下一步”，出现“选择源表和视图”对话框，修改目的表名，点击“下一步”，弹出“保存、调度和复制包”对话框，在“时间”选项中选中“立即运行”(如果要实现隔一段时间自动把文本文件导入，选调度 DTS 包以便以后执行)，在“保存”选项，可以不用选择“保存 DTS 包”(保存的时候要输入 DTS 的包名及详细描述)，点击“下一步”，点击“完成”，开始执行，执行完毕，图形界面显示文本文件到表的步骤和状态，点击“完成”。

② 数据导出。在 SQL Server 企业管理器里选中要导出的数据库，按鼠标右键，选“所有任务”→“导出数据(E)…”，弹出“数据转换服务导入/导出向导”窗口，点击“下一步”，选数据源为“用于 SQL Server 的 Microfost OL EDB 提供程序”，选择服务器(可选择局域网内能访问到的所有 SQL Server 服务器)，再选择使用 Windows 身份验证还是使用 SQL Serve 身份验证(输入数据库的用户名和密码)，选择数据库(可选择上面选中 SQL Server 服务器上所有权限范围内的数据库)，点击“下一步”，弹出“选择目的”对话框，在“目的”下拉框中选择文本文件，输入保存的文件名，点击“下一步”，弹出“指定表复制或查询”对话框，选中“从源数据库复制表和视图”(也可以选择用一条查询指定要传输的数据)，点击“下一步”，弹出“选择目的文件格式”对话框，从“源”下拉框中选择要导出的表，用默认的带分隔符，选“第一行含有列名称”选项，点击“下一步”，弹出“保存、调度和复制包”对话框，在“时间”选项中选中“立即运行”(如果要实现隔一段时间自动导出到文本文件，选调度 DTS 包以便以后执行)，在“保存”选项，可以不用选择“保存 DTS 包”(保存的时候要输入 DTS 的包名及详细描述)，点击“下一步”，点击“完成”，开始执行，执行完毕，图形界面显示表到文本文件的步骤和状态，点击“完成”。

（5）数据库备份与还原

1）数据库备份

① 在 SQL Server 企业管理器中，展开 SQL Server 组，再展开数据库项，选定要备份的数据库(studb)，在选定的数据库上单击右键，在弹出的快捷菜单中选择“所有任务 | 备份数

据库...”命令，如图 2 – 4 – 27 所示。弹出一个“备份数据库”对话框，如图 2 – 4 – 28 所示。

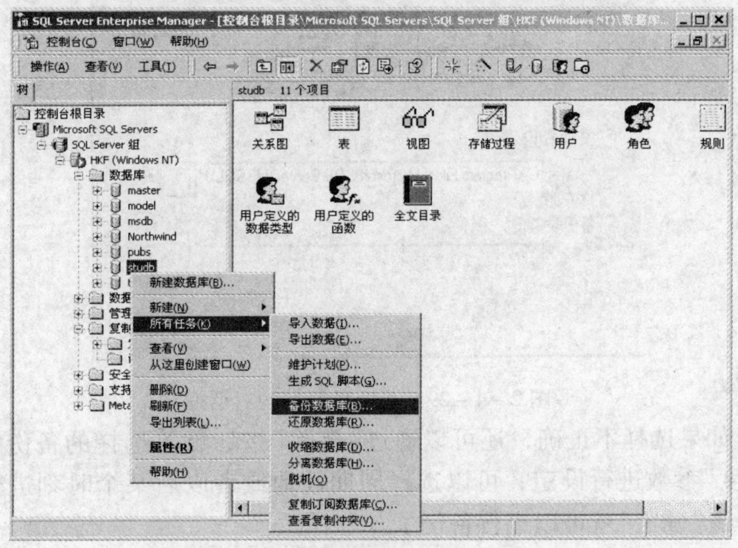

图 2 – 4 – 27　数据库备份菜单选择

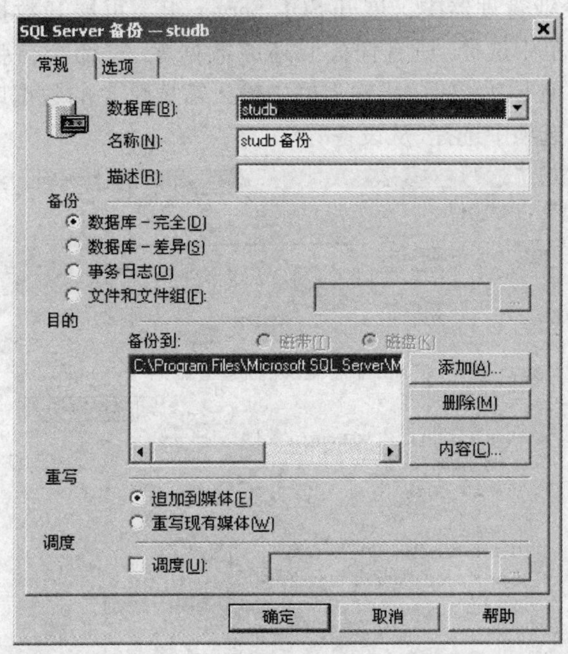

图 2 – 4 – 28　备份数据库对话框

② 在图 2 – 4 – 28 的“备份数据库”对话框中，从“数据库”选择框中选择需要备份的数据库，在“名称”和“描述”中分别输入该设备备份的名称和简单描述。然后可以在“目的”中选择备份的设备。单击“添加”按钮，弹出一个“选择备份目的”对话框，如图 2 – 4 – 29 所示。

③ 从图 2 – 4 – 29 的“选择备份目的”对话框中点击文件名后的“…”按钮，弹出一个“备份设备位置”对话框。在“备份设备”文件夹中选择作为备份目标的设备，在“文件名”中输入备份的文件名(studb_ back)，单击“确定”后，返回“选择备份目的对话框”，再单击“确定”后，则返回图 2 – 4 – 28 所示的备份数据库对话框，这时在“目的”选择区域的框中就有了刚

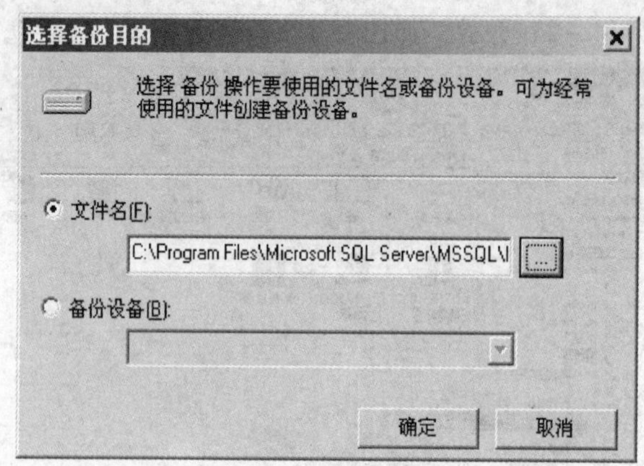

图 2－4－29　选择备份目的对话框

才选择的设备。如果选择不正确，还可以通过“删除”按钮删除选择的备份设备。此外，对本对话框的“调度”参数进行设定，可以选择周期性地或者以后某个时刻进行备份，设定好各个选项后，单击“确定”就可以进行备份了。

2）数据库还原

① 在 SQL Server 企业管理器中，展开 SQL Server 组，再展开数据库项，在数据库项上单击右键，在弹出的菜单中选择“所有任务 | 还原数据库…”命令，弹出一个“还原数据库”对话框。在对话框中的“还原为数据库”输入框中输入需要恢复的数据库的名称，如图 2－4－30 所示，然后在“还原”选项中选择“从设备”。

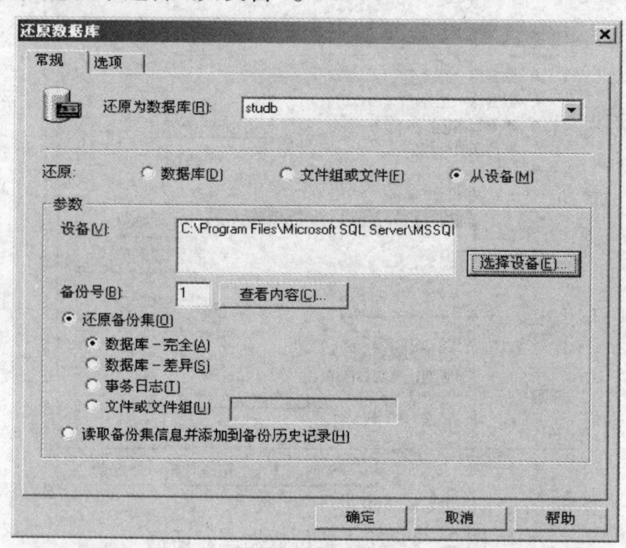

图 2－4－30　还原数据库对话框

从“还原数据库”对话框中，单击“选择设备”按钮，弹出一个的“选择还原设备”对话框（如图 2－4－31），再单击“添加”按钮，在弹出的“选择还原目的”对话框中，点击文件名后的“…”按钮，再从弹出的“备份设备位置”对话框中的“备份设备”文件夹中选择作为还原目标的设备，在“文件名”中输入文件名，单击“确定”后，返回“选择还原目的”对话框，再单击“确定”后，则返回“选择还原设备”对话框。这时在“还原自”选择区域的框中就有了需要还原的设备，单击“确定”，返回“还原数据库”对话框。

② 在“还原数据库”对话框中选择“选项”选择卡，点击“在现有数据库上强制还原”复选框，如图 2－4－30 所示。单击确定按钮，即可进行数据库的还原。

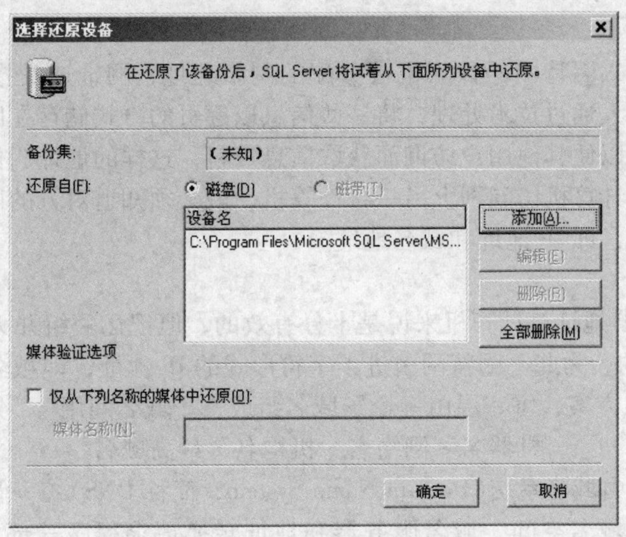

图 2－4－31　选择还原设备对话框

2.4.3　网络基础知识

所谓计算机网络就是将地理位置不同且具有独立功能的计算机（或计算机系统）通过通信设备和线路互相连接在一起，在网络操作系统的控制下，按照约定的通信协议进行信息交换，实现资源共享的系统。简言之，计算机网络就是相互连接的独立的计算机的集合。现在综合录井仪计算机系统均以网络结构应用于现场技术服务。

2.4.3.1　Internet 基本知识

1. 因特网概述

因特网（Internet）是一个建立在网络互连基础上的最大的、开放的全球性网络。因特网拥有数千万台计算机和上亿个用户，是全球信息资源的超大型集合体。所有采用 TCP/IP 协议的计算机都可以加入因特网，实现信息共享和互相通信。与传统的书籍、报刊、广播、电视等传播媒体相比，因特网使用更方便，查阅更快捷，内容更丰富。今天，因特网已在世界范围内得到了广泛的普及与应用，并正在迅速地改变人们的工作方式和生活方式。

因特网起源于 20 世纪 60 年代中期由美国国防部高级研究计划局（ARPA）资助的 ARPANET，此后提出的 TCP/IP 协议为因特网的发展奠定了基础。1986 年美国国家科学基金会（NSF）的 NSFNET 加入了因特网主干网，由此推动了因特网的发展。但是，因特网的真正飞跃发展应该归功于 20 世纪 90 年代的商业化应用。此后，世界各地无数的企业和个人纷纷加入，终于发展演变成今天成熟的因特网。

我国正式接入因特网是在 1994 年 4 月，当时为了发展国际科研合作的需要，中国科学院高能物理研究所和北京化工大学开通了到美国的因特网专线，并有千余科技界人士使用了因特网。此后，科学院网络中心的中国科学技术网（CSTNET）、教育部的中国教育科研网（CERNET）和邮电部的中国公用信息网（CHINANET）也都分别开通了到美国的因特网专线，并与原电子工业部的中国金桥信息网（CHINAGBN）并称为四大骨干网。其中，邮电部建设的 CHINANET 能提供全部的因特网服务，并面向全社会提供因特网的接入服务。由此，因特网的应用终于在我国蓬勃发展起来。

2. 域名和网址

（1）网址

所谓网址是指接入因特网的计算机被分配的网络地址，网址通常指因特网上网页的地址。企事业单位或个人通过技术处理，将一些信息以逐页的方式储存在因特网上，每一页都有一个相应的地址，以便其他用户访询而获取信息资料，这样的地址叫做网址。网址在因特网中，如果要从一台计算机访问网上另一台计算机，就必须知道对方的网址。这里所说的网址实际上指两个内涵，即 IP 地址和域名地址。

（2）域名

32 位二进制数 IP 地址对计算机来说是十分有效的，但记忆一组并无意义的且无任何特征的 IP 地址是困难的，为此，因特网引进了字符形式的 IP 地址，即域名。域名采用层次结构的基于“域”的命名方案，每一层由一个子域名组成，子域名间用“.”分隔，其格式为：

机器名 · 网络名 · 机构名 · 最高域名

因特网上的域名由域名系统(Domain Name System，简称 DNS)统一管理。DNS 是一个分布式数据库系统，由域名空间、域名服务器和地址转换请求程序三部分组成。有了 DNS，凡域名空间中有定义的域名都可以有效地转换为对应的 IP 地址；同样，IP 地址也可通过 DNS 转换成域名。

在因特网上，域名和 IP 地址一样都是唯一的。

通常，最高域名可以是国名(或地区名)或领域名。国家名(或地区名)有如：CN 代表中国、JP 代表日本、UK 代表英国、HK 代表中国香港地区、TW 代表中国台湾地区；领域名有如：GOV 代表政府机构、COM 代表商业机构、EDU 代表教育机构、AC 代表科研机构等。另外，由于因特网起源于美国，所以美国的域名没有国家部分。

以 WWW 服务器为例，我们列举几个域名：

美国微软公司：www. microsoft. com

中国清华大学：www. tsinghua. edu. cn

中国科学院：www. cnc. ac. cn

3. 因特网的接入方式

要想使用因特网，首先必须接入因特网。接入因特网的方式有很多，从大的方面来说，可以分成两大类，即专用线路接入方式和用电话线拨号方式。

（1）专用线路接入方式

所谓专用线路接入方式就是指用户使用专用的高速线路将自己的内部网或局域网永久性地接入因特网。在因特网和内部网或局域网的接口处一般需要配备专用的网络接入设备，如路由器等。

这种方式接入因特网是最为快捷和可靠的连接方式。但是，这种方式投资成本大，使用费用高，有的还要有专业人员专门维护，一般适合于一定规模的单位和机构使用。

（2）电话线拨号方式

这种入网方式费用低廉，适合于传输信息量较小的个人或小团体用户，也是目前个人上网最为普遍的一种方式。

采用电话拨号上网，又可以细分为如下两种方式：

① 仿真终端方式(TENNET)。

这种方式上网时，通过拨号建立连接后，用相应的仿真软件，就能像真正的终端一样实现与因特网服务提供者(Internet Service Provider，简称 ISP)的主机连接。用这种方式上网，用户计算机和因特网的连接其实是一种间接的方式，用户没有 IP 的连接性，没有 IP 地址，无法运行高级接口软件，传给用户的各类文件和电子邮件均存放在 ISP 的主机上，影响了上网的速度和时间。

② PPP/SLIP 方式。

PPP(Point to Point Protocol，即点一点协议)和 SLIP(Serial Line IP，即串行网间协议)是在串行链路(如电话线)上实现 TCP/IP 连接的两上通信协议。采用这种方式上网，用户有独立的 IP 地址，用户可以使用自己的环境和用户界面(如 Windows、Unix、Macintosh 等)进行联网操作，各类文件和电子邮件均可直接传送到用户计算机上。目前，大多数的个人用户采用这种上网方式。由于用户计算机要运行大量的接口软件，所以要求用户计算机的配置相对较高。

但是，采用这种方式上网时，虽然用户有自己的 IP 地址，但是 IP 地址不是固定的，它是由用户拨入建立连接时由 ISP 的主机动态分配给用户的。

4. 因特网提供的服务

(1) 万维网

万维网(World Wide Web，简称 WWW)是瑞士日内瓦欧洲粒子实验室最先开发的一个分布式超媒体信息查询系统，目前它是因特网上最为先进、交互性能最好、应用最为广泛的信息检索工具，万维网包括各种各样的信息，如：文本、声音、图像、视频等。万维网采用了“超文本”的技术，使得用户以通用而简单的办法就可获得因特网上的各种信息。

(2) 电子邮件

电子邮件(Electronic mail，简写为 E - mail)是因特网上使用最广泛的一种服务。用户只要能与因特网连接，具有能收发电子邮件程序及个人的电子邮件地址，就可以与因特网上具有电子邮件地址的所有用户方便、快捷、经济地交换电子邮件。电子邮件可以在两个用户间交换，也可以向多个用户发送同一封邮件，或将收到的邮件转发给其他用户。电子邮件中除文本外，还可包含声音、图像、应用程序等各类计算机文件。此外，用户还可以以邮件方式在网上订阅电子杂志、获取所需文件、参与有关的公告和讨论组等。

(3) 文本传输协议

文本传输协议(File Transfer Protocol，简称 FTP)是因特网上文件传输的基础，通常所说的 FTP 是基于该协议的一种服务。FTP 文本传输服务允许因特网上的用户将一台计算机上的文件传输到另一台上，几乎所有类型的文件，包括文本文件、二进制可执行文件、声音文件、图像文件、数据压缩文件等，都可以用 FTP 传送。

FTP 实际上是一套文件服务软件，它以文件传输为界面，使用简单的 get 和 put 命令就可以进行文件的下载和上传，如同在因特网上执行文件复制命令一样。大多数 FTP 服务器主机都采用 UNIX 操作系统，但普通用户通过 Windows 98 和 Windows XP 也能方便地使用 FTP 和 UNIX 主机进行文件的传输。

FTP 最大的特点是用户可以使用因特网上众多的匿名 FTP 服务器。所谓匿名服务器，指的是不需要专门的用户名和口令就可以进入的系统。用户连接匿名服务器时，都可以用“Anonymous”(匿名)作为用户名、以自己的电子邮件地址作为口令登录。登录成功后，用户便可从匿名服务器上下载文件。匿名服务器的标准目录为 pub，用户通常可以访问该目录下所有子目录中的文件。考虑到安全问题，大多数匿名服务器不允许用户上传文件。

(4) 远程登录

远程登录(Telnet)是远程登录服务的一个协议，该协议定义了远程登录用户与服务器交互的方式。允许用户在一台联网的计算机登录到一个远程分时系统时，然后像使用自己的计算机一样使用该远程系统。

要使用远程登录服务，必须在本地计算机上启动一个客户应用程序，指定远程计算机的名字，并通过因特网与之建立连接。一旦连接成功，本地计算机就像通常的终端一样，直接访问远程计算机系统的资源。远程登软件允许用户直接与远程计算机交互，通过键盘或鼠标操作，客户应用程序将有关的信息发送给远程计算机，再由远程计算机将输出结果返回给用户。用户退出远程登录后，用户的键盘、显示控制权又回到本地计算机。一般用户可通过 Windows XP 的 Telnet 客房程序进行远程登录。

(5) 专题讨论

专题讨论(Usenet)是一个有众多趣味相投的用户共同组织起来的各种专题讨论组的集合。通常也将之称为全球性的电子公告板系统(BBS)。Usenet 用于发布公告、新闻、评论及各种文章供网上用户使用和讨论。讨论内容按不同的专题分类组织，每一类为一个专题组，称为新闻组，其内部还可以分出更多的子专题。

Usenet 的每一个新闻组都由一个区分类型的标记引导，每个新闻组围绕一个主题，如 comp.（计算机方面的内容)、news.（Usenet 本身的新闻与消息)、rec.（体育、艺术及娱乐活动)、sci.（科学技术)、soc.（社会问题)、talk.（讨论交流)、misc.（其他杂项话题)、biz.（商业方面问题)等。

用户除了可以选择参加感兴趣的专题小组外，也可以自己开设新的专题组。只要有人参加该专题组就可以一直存在下去；若一段时间无人参加，则这个专题组会被自动删除。

(6) 即时通讯

即时通讯是因特网上的一个实时通信业务，它可以使接收者和发送者都处于联机状态，使他们直接在因特网上进行交谈。可以利用这种方式召开网上会议，使网络上的相关用户可以直接实时地就某些问题进行讨论，并提出解决方案。目前国内较著名的中文聊天软件有腾讯公司的 QQ 等。

2.4.3.2 局域网组建

局域网是计算机通信网的重要组成部分，是在一个局部的地理范围内，将各种计算机，外部设备和数据库等互相联接起来组成的计算机网络。

1. IP 地址定义

IP 是英文 Internet Protocol 的缩写，是“网络之间互连的协议”，在因特网中，它是能使连接到网上的所有计算机网络实现相互通信的一套规则。IP 协议也可以叫做“因特网协议”。通俗的讲：IP 地址也可以称为互联网地址或 Internet 地址。是用来唯一标识互联网上计算机的逻辑地址。每台连网计算机都依靠 IP 地址来标识自己。就很类似于我们的电话号码样的。通过电话号码来找到相应的使用电话的客户的实际地址。全世界的电话号码都是唯一的，IP 地址也是一样。

网络协议(IP)是网络上信息从一台计算机传递给另一台计算机的方法或者协议。网络上每台计算机(主机)至少具有一个 IP 地址将其与网络上其他计算机区别开。

IP 是一个无连接协议，这就意味着在通信的终点之间没有连续的线路连接。每个信息包作为一个处理过的独立的单元在网络上传输，这些单元之间没有相互的联系。(信息包能放在正确的位置上是因为 TCP，明了信息中信息包顺序的面向连接协议。)在开放的系统互连(OSI)通讯模式中 IP 协议位于第三层——网络层。如今最广泛应用的 IP 版本是 IPv4。然而，IP 版本 6(IPv6)也已经开始使用了。IPv6 为了更长的地址作准备，因此可以满足更多网络使用者的需要。IPv6 包括了 IPv4 的功能，任何支持 IPv6 信息包的服务器同样也支持 IPv4 信息包。

目前常用的 IP 地址(IPv4)由 32 位(即 4 个字节)二进制数组成，为了书写方便起见，常将每个字节作为一段并以十进制数来表示，每段间用“.”分隔。例如，“202.96.209.5”就是一个合法的 IP 地址。

2. 局域网组建

将需要加入局域网的所有电脑执行以下操作，有两个要点：①保证局域网内所有电脑都使用同一个“工作组”；②保证局域网内所有电脑的网关和 DNS 服务器一致。

(1) 设置工作组

右击桌面上“我的电脑”→“属性”；选择“计算机名”选项卡，单击“更改”按钮。

在“计算机名称更改”对话框中，对计算机名进行修改，保证局域网内的计算机名都不相同，工作组文本框内修改成同一工作组名称，比如“workgroup”。完成后点击“确定”。

(2) 设置 IP 地址

打开“网上邻居”→“属性”，如图 2-4-32，打开“本地连接”→“属性”。双击“TCP/IP”后弹出图 2-4-33 界面。

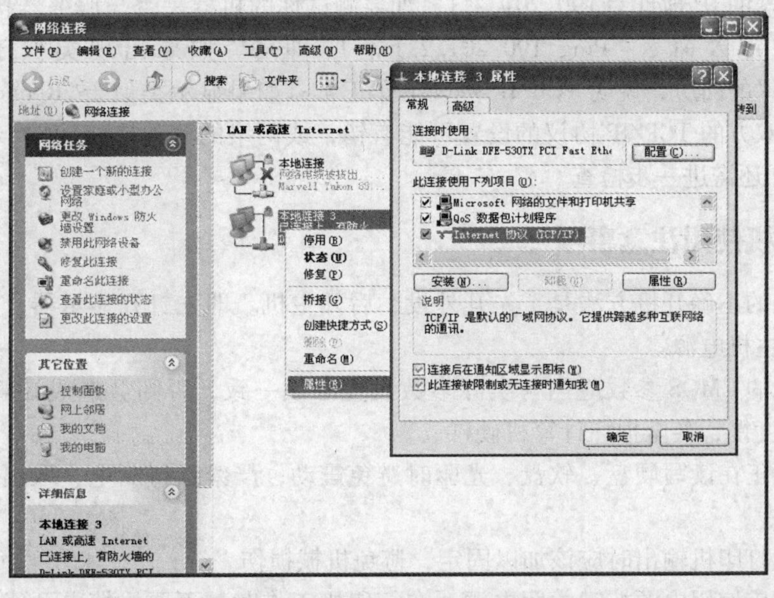

图 2-4-32　本地连接属性

默认网关和 DNS 服务器，所有电脑保持一致(可参考原有的设置)，子网掩码保持默认。

IP 地址前面 3 位统一，如统一为：192.168.1.×××，最后一位设置成从 2 到 255 均可。注意：如果 IP 地址设置有误将不能接入局域网内，IP 地址完全相同时会提示 IP 冲突，冲突的计算机不能同时登入局域网。

至此，局域网组建完成，在“网上邻居”即可查看局域网内的其他电脑。

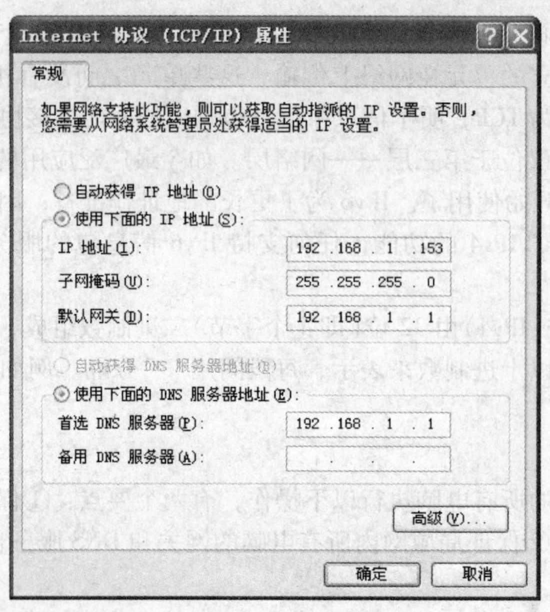

图 2-4-33　TCP/IP 属性

(3) TCP/IP 通信协议的测试

当 TCP/IP 协议安装并设置结束后，为了保证其能够正常工作，在使用前一定要进行测试。我建议大家使用系统自带的工具程序：PING 命令，该工具可以检查任何一个用户是否与同一网段的其他用户连通，是否与其他网段的用户连接正常。

假如服务器的 IP 地址为 190.201.2.1，如要测试你的机器是否与服务器接通时，在“开始→运行”中键入命令“Ping 190.201.2.1 -t”即可。如果出现类似于“Reply from 190.201.2.1…”的回应，说明 TCP/IP 协议工作正常；如果显示类似于“Request timed out.”的信息，说明双方的 TCP/IP 协议的设置可能有错，或网络的其他连接(如网卡、HUB 或连线等)有问题，还需进一步检查。

2.4.4　计算机使用注意事项

① 计算机的正确开机方法是，先开外设，后开主机。即先打开显示器、打印机等外围设备，再打开主机电源。

② 计算机的 CMOS 参数应当与实际参数设置必须一致，否则会造成计算机无法启动、死机、运行速度慢、甚至损坏计算机硬件。

③ 计算机正在读写硬盘、软盘、光驱时避免震动，严禁强行断电、取出磁盘、光盘等操作。

④ 计算机打印机输出时应该加以固定，避免机械损伤。

⑤ 打印机应使用电源按键关闭电源，在打印机工作时，不要拔掉电源线，否则会造成打印头不能正常复位等故障。

⑥ 录井仪使用环境比较恶劣，计算机打印机应定期进行除尘。检查 CPU、显卡、电源风扇是否运行正常，出现转速变慢，散热不良应及时排除隐患，避免烧坏其他计算机部件。

⑦ 计算机、打印机电源最好使用 UPS 电源，按相关标准进行接地。电源电压、频率不合要求容易造成死机、重新启动、甚至烧坏计算机等严重后果。

⑧ 除 USB 等明确标识可以热拔插的设备可以带电拔插外，严禁带电拔插任何与计算机、打印机相联的电设备。

⑨ 打印机应放置水平，避免倾斜，避免震动。

⑩ 经常使用皮老虎清洁打印机进纸机构，避免污染打印机纸张感光探头。

⑪ 打印质量下降(不要等到缺色)时，针式打印机应及时更换色带，喷墨打印机应及时清洗打印头，直到打印效果最佳为止，否则反复清洗。

⑫ 喷墨打印机多次清洗后，打印效果仍不满意(如缺色或字迹不清)，建议更换新墨盒后反复清洗直至正常；针式打印机更换色带后打印效果仍不理想，应检查打印头是否有断针，如果有则予以更换。

⑬ 喷墨打印机最好经常使用，不可闲置时间太长；否则在闲置期间(2~7 天)应经常通电检查打印头是否堵塞，及时进行清洗。

⑭ 喷墨打印机在墨盒墨水没有用尽期间，杜绝无故从打印机上私自取下，否则会对打印头、墨盒寿命造成影响。墨盒墨尽后，及时更换新墨盒，墨盒架上不能没有墨盒，否则部分打印机会因为残留的墨水干涸堵塞打印头。

⑮ 打印机卡纸，不要强行拉出，应尽量使用其自身的进纸机构小心将纸退出。

⑯ 在打印机工作时不要强行断电，不能带电拔插与计算机连接的数据线。

2.4.5 计算机常见故障排除

计算机出现故障是难免的，当出现问题时，切记不要惊慌，应稳定思绪，认真查明原因，然后寻找具体的解决办法。一般情况下，只要确定原因所在，计算机故障不难排除。以下列出一些在计算机中经常出现的故障，以供录井人员参考。

1. 计算机软硬件故障的排除

① 按下计算机电源开关后，电源指示灯不亮，听不到风扇旋转的声音。

原因分析：可能是电源未接好；电源指示灯故障；风扇故障。

解决方法：用万用表检查一下电源插座是否供电正常，或检查连接计算机电源的万用插座开关位置是否处于开状态，电压/频率指示是否达到要求。如电源正常执行下一步。

用万用表检查测量电源电缆线通断情况。如电缆线既无短路也无断路，执行下一步；

按下计算机主机电源开关，如计算机系统能正常启动，此时说明电源指示灯、风扇有问题。关机开盖检查电源指示灯连线、风扇供电电压，如正常，更换指示灯、风扇。如计算机系统不能没有反应，说明计算机电源或主板已损坏。

注：风扇是计算机内主要的散热装置，它的失效将会影响其他部件的正常工作，因此当发现风扇有问题时必须尽快予以排除。

② 计算机开机后不显示图像，或者屏幕上出现亮线，或者显示的颜色不正常。

原因分析：可能显示器线路出现故障或显示适配器(显示卡)出现异常。

解决方法：最简单的方法是找一台正常的显示器连接到该计算机上，如果仍不正常，说明与显示器无关，可确定为显示卡故障或计算机主机故障；如果所连接完好的显示器至该计算机上显示正常，可确定原显示器有问题，执行下一步；检查显示器的电源线与视频线是否正常和接触良好，如果正常，可确定显示器有问题，送修或更换。

③ BIOS 找不到硬盘。

原因分析：可能硬盘连接错误、硬盘跳线设置错误、多重硬盘跳线设置错误、硬盘和

CD－ROM 装在同一组 IDE 接脚上。

解决办法：检查硬盘的 IDE 排线及电源线是否连接正确，如正确执行下一步；检查硬盘跳线设置是否使其处于 Primary 上，正确执行下一步；如果计算机安装两台硬盘，其中一台设置成 Master，另一台设置成 Slave，如果没有设置好，BIOS 也就找不到硬盘了。如设置正确，执行下一步；检查硬盘和 CD－ROM 是否装在同一组 IDE 连线上，如果主板上有两组 IDE 接脚(一组 Primary，一组 Secondary)，建议将硬盘装在 primary 接脚，CD－ROM 装在 Secondary 接脚，当然，如果只有一组 IDE 接脚，只好将硬盘和 CD－ROM 装在同一组 IDE 接脚上。在正常情况下，二者可以相安无事，但是在某些特殊情况下，CD－ROM 会和硬盘相冲突，这样 BIOS 就无法找到硬盘了。

④ BIOS 找到硬盘，但是无法启动。

当 BIOS 找到硬盘，表明硬盘和 IDE 接口已通过自检，屏幕会出现硬盘错误信息，常见的硬盘错盘信息有：

a. NO Partition Bootable

硬盘安装完后，首先要做的工作就是分区，如果计算机硬盘没有分区就会出现上述错误信息。此外，即使计算机硬盘做了分区，但是在分区过程中，忘记设置活动分区(Set Active Partition)，也会出现上述错误信息。

b. NO Operation System

硬盘执行完分区后，接着要做的操作是格式化硬盘，如果硬盘没有格式化，就会出现上述错误信息，请安装操作系统，就可以解决此问题了。

c. NO－system disk or disk error

这个错误信息表示硬盘没有启动文件，将启动盘放入驱动器中，然后重新启动计算机进行引导安装操作系统。

d. Bad or missing command Interpreter

上述错误信息表示根目录中的 COMMAND. COM 不见了或者坏掉了，请重新用启动盘启动，并复制 COMMAND. COM 到硬盘中即可。

e. 当屏幕出现 StartingMS－DOS(或者 Starting Windows)后，硬盘就开始载入操作系统，载入完毕后没有出现 C:\ >(或者 Windows 画面)，计算机死机。

可能是 Config. sys 和 Autoexec. bat 文件中的设置错误。

解决方法：出现 Starting MS－DOS(或者 Starting Windows)立即按下 F8 功能键，选择 Step－by－Step confirmation 执行单步功能。一步一步执行 Config. sys 和 Autoexec. bat 的命令，当执行到某个命令就死机时，表示该命令设置错误导致计算机死机。可重新安装正确命令或重新安装操作系统。

2. 计算机网络系统通讯故障排除

(1) 硬件基本故障

与通用计算机网络一样，综合录井系统网络硬件故障一般表现为以下几点：

网线连接不正常，网卡插接不良或网卡坏，交换机或路由器坏，计算机主板网卡插口有问题或主板损坏。

对于网络硬件问题，一般采取更换来予以判断确认，即用一正常的相同部件(如网络连线、网卡)替换认为有问题的部件，当正常时即可确定原部件存在故障；而仍不能正常工作，则原部件无问题。

（2）软件基本故障

网络软件问题通常表现为：网络适配器驱动程序不对或未安装、网络协议设置不正确。解决的方法就是在计算机设置内查找系统硬件，观察网络适配器驱动程序是否与网络适配器型号相对应，如不对应，删除该驱动程序，安装与网络适配器型号相对应的驱动程序；按照网络连接说明书或综合录井系统操作手册，对网络设置进行系统检查，确定或重新进行网络协议等方面的设置。

2.5 常用检测仪表及工具

2.5.1 万用表

万用表又叫多用表、三用表、复用表，是一种多功能、多量程的测量仪表，一般万用表可测量直流电流、直流电压、交流电压、电阻和音频电平等，有的还可以测交流电流、电容量、电感量及半导体的一些参数(如β)。万用表种类很多，外形各异，但基本结构和使用方法是相同的。常用万用表有指针式万用表(500 型)和数字式万用表。

2.5.1.1 指针型万用表

1. 组成及功能

指针式万用表面板上主要有表头、选择开关、欧姆挡调零旋钮和表笔插孔，见图 2-5-1。

图 2-5-1 指针型(500 型)万用表

表头：万用表的表头是灵敏电流计。表头上的表盘印有多种符号，刻度线和数值。符号 A-V-Ω 表示这只电表是可以测量电流、电压和电阻的多用表。表盘上印有多条刻度线，其中右端标有“Ω”的是电阻刻度线，其右端为零，左端为∞，刻度值分布是不均匀的。符号“-”或“DC”表示直流，“~”或“AC”表示交流，“≃”表示交流和直流共用的刻度线。刻度线下的几行数字是与选择开关的不同挡位相对应的刻度值。表头上设有机械零位调整旋钮，用以校正指针零位。

选择开关：万用表的选择开关是一个多挡位的旋转开关。用来选择测量项目和量程。一般的万用表测量项目包括：“mA”—直流电流，“V”—直流电压，“$\underset{\sim}{V}$”—交流电压，“Ω”—电阻。每个测量项目又划分为几个不同的量程以供选择。

表笔和表笔插孔：表笔分为红、黑二只。使用时应将红色表笔插入标有“+”号的插孔，黑色表笔插入标有“-”或“*”号的插孔。

2. 使用方法

指针型万用表使用前，应做到：万用表水平放置；检查表针是否停在表盘左端的零位，如有偏离，可用小螺丝刀轻轻转动表头上的机械零位调整旋钮，使表针指零；将表笔按上面要求插入表笔插孔；将选择开关旋到相应的项目和量程上就可以使用了。

指针型万用表使用后，应做到：拔出表笔；将选择开关旋至“OFF”挡(即符号·的位置)，若无此挡，应旋至交流电压最大量程挡；万用表长期不用时，应将表内电池取出，以防电池腐蚀内部电路。

2.5.1.2 数字万用表

1. 组成及功能

随着电子技术进步，数字式测量仪表已成为主流。与模拟式仪表相比，数字式仪表灵敏度高，准确度高，显示清晰，过载能力强，便于携带，使用更简单。下面以 VC9806 型数字万用表为例进行简单介绍，见图 2-5-2。

图 2-5-2 数字万用表面板

(1) 测量范围

交流电压（交流频率为 45～500Hz），量程分别为 2V、20V、200V、1000V 四挡。

直流电压，量程分别为 200mV、2V、20V、200V、1000V 五挡。

交流电流，量程分别为 200mA 和 20A 两挡。

直流电流，量程分别为 200μA、2mA、200mA 和 20A 五档。

电阻，量程分别为二极管检测挡、200Ω、2kΩ、20kΩ、200kΩ、2MΩ、20MΩ、200MΩ 共七挡。电容，量程为 2nF、20nF、200nF、2μF、200μF 五挡。三极管 β 值检测，分为 PNP 和 NPN 检测。

(2) 面板功能

显示器，上方的显示器为数字液晶显示屏，用来显示仪表状态及测量数据。

电源开关，弹起时为关闭状态，按下则接通电源，不用时应随手关断。

电容测量插座，测量电容时，将电容引脚插入插座中，注意正负极性。

(3) 功能量程开关

功能量程开关用于选择不同的测量功能和量程。

20A 电流插孔（不能测量大于 20A 电流），当测量大于 200mA、小于 20A 的交、直流电流时，红表笔应插入此插孔。

200mA 电流插孔，当测量小于 200mA 的交、直流电流时，红表笔应插入此电流插孔。

V/Ω 插孔，当测量交、直流电压、电阻、二极管导通电压和短路检测时，红表笔应插入此 V/Ω 插孔。

接地公共端"COM"插孔，黑表笔始终插入此接地插孔中。

β 值测试插座，将被测三极管的集电极、基极和发射极分别插入"C"、"B"、"E"插孔内，注意区分三极管是 NPN 型还是 PNP 型。

2. 使用方法

使用数字万用表前，应认真阅读有关的使用说明书，熟悉电源开关、量程开关、插孔、特殊插口的作用。

(1) 测量准备

首先打开电源开关，检查仪表状态，观察液晶显示是否正常，有否电池缺电标志"[电池符号]"出现，若有则要先更换电池。

测量前应根据测量需要选择不同的工作挡位，估算测量目标值的大小并进行量程选择，当无法准确估算时可先选用最大挡。

（2）交、直流电流的测量

交流电流的测量：将量程开关拨至 ACA（A ~ 交流）的合适量程，红表笔插入 mA 孔（ <200mA 时）或 20A 孔（ >200mA 时），黑表笔插入 COM 孔，并将万用表串联在被测电路中。

直流电流的测量：将量程开关拨至 DCA（A ⎓ 直流）的合适量程，红表笔插入 mA 孔（ <200mA 时）或 20A 孔（ >200mA 时），黑表笔插入 COM 孔，并将万用表串联在被测电路中，测量直流量时，数字万用表能自动显示极性。

根据测量电流的大小选择适当的电流测量量程和红表笔的插入孔，测量直流时，红表笔接触电压高一端，黑表笔接触电压低的一端，正向电流从红表笔流入万用表，再从黑表笔流出，当要测量的电流大小不清楚的时候，先用最大的量程来测量，然后再逐渐减小量程来精确测量。

（3）交、直流电压的测量

交流电压的测量：根据需要将量程开关拨至 ACV（A ~ 交流）的合适量程，红表笔插入 V/Ω 孔，黑表笔插入 COM 孔，并将表笔与被测线路并联，读数即显示。

直流电压的测量：根据需要将量程开关拨至 DCV（V ⎓ 直流）的合适量程，红表笔插入 V/Ω 孔，黑表笔插入 COM 孔，并将表笔与被测线路并联，读数即显示。

红表笔插入“V/Ω”插孔中，根据电压的大小选择适当的电压测量量程，黑表笔接触电路“地”端，红表笔接触电路中待测点。特别要注意，数字万用表测量交流电压的频率很低（45 ~ 500Hz），中高频率信号的电压幅度应采用交流毫伏表来测量。

（4）电阻的测量

电阻的测量：将量程开关拨至 Ω 的合适量程，红表笔插入 V/Ω 孔，黑表笔插入 COM 孔。红、黑两表笔分别接触电阻两端，观察读数即可。如果被测电阻值超出所选择量程的最大值，万用表将显示“1”，这时应选择更高的量程。测量电阻时，红表笔为正极，黑表笔为负极，这与指针式万用表正好相反。因此，测量晶体管、电解电容器等有极性的元器件时，必须注意表笔的极性。

注意，测量在路电阻时（在电路板上的电阻），应先把电路的电源关断，以免引起读数抖动。禁止用电阻档测量电流或电压（特别是交流 220V 电压），否则容易损坏万用表。

利用电阻档还可以定性判断电容的好坏。先将电容两极短路（用一支表笔同时接触两极，使电容放电），然后将万用表的两支表笔分别接触电容的两个极，观察显示的电阻读数。若一开始时显示的电阻读数很小（相当于短路），然后电容开始充电，显示的电阻读数逐渐增大，最后显示的电阻读数变为“1”（相当于开路），则说明该电容是好的。若按上述步骤操作，显示的电阻读数始终不变，则说明该电容已损坏（开路或短路）。特别注意的是，测量时要根据电容的大小选择合适的电阻量程，例如 47μF 用 200k 挡，而 4.7μF 则要用 2M 挡。

（5）二极管导通电压检测

把档位选在在 ⊣▷|-，红表笔接万用表 V/Ω 孔，黑表笔接万用表 COM 孔。两表笔与二极管的接法如图 2 - 5 - 3 所示。

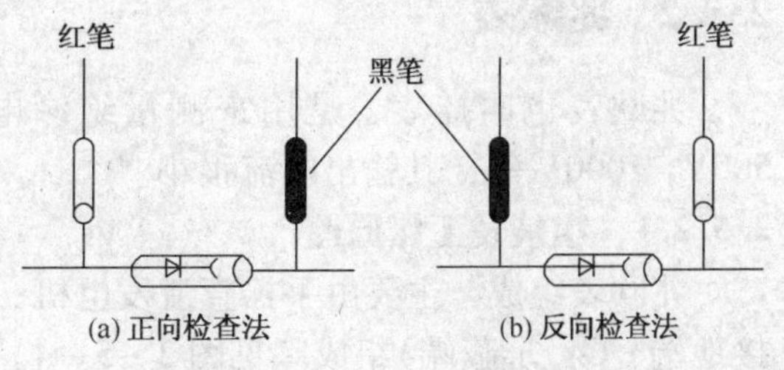

图 2 - 5 - 3　二级管检测

若按图 2 - 5 - 3（a）接法测量，则被测二极管正向导通，万用表显示二极管的正向导通电压，单位是 mV。通常好的硅二极管正向导通电压应为 500～800mV，好的锗二极管正向导通电压应为 200～300mV。若显示“000”，则说明二极管击穿短路；若显示“1”，则说明二极管正向不通。若按图 2－5－3(b) 接法测量，应显示“1”，说明该二极管反向截止，若显示“000”或其他值，则说明二极管已反向击穿。

此档也可以用来判断三极管的好坏以及管脚的识别。测量时，先将一支表笔接在某一认定的管脚上，另外一支表笔则先后接到其余两个管脚上，如果这样测得两次均导通或均不导通，然后对换两支表笔再测，两次均不导通或均导通，则可以确定该三极管是好的，而且可以确定该认定的管脚就是三极管的基极。若是用红表笔接在基极，黑表笔分别接在另外两极均导通，则说明该三极管是 NPN 型，反之，则为 PNP 型。最后比较两个 PN 结正向导通电压的大小，读数较大的是 be 结，读数较小的是 bc 结，由此集电极和发射极都识别出来了。

(6) 三极管值 β 测试

首先要确定待测三极管是 NPN 型还是 PNP 型，然后将其管脚正确地插入对应类型的测试插座中，功能量程开关转到 β 挡(即 hFE)，即可以直接从显示屏上读取 β 值，若显示“000”，则说明三极管已坏。

(7) 短路检测

将功能、量程开关转到“·)))”位置，红表笔插万用表 V/Ω 孔，黑表笔插万用表 COM 孔，两表笔分别连接测试点，若有短路，则蜂鸣器会响。

注意，测量时要确保被测设备未与电路连接。

3. 使用注意事项

① 注意正确选择量程及红表笔插孔，不测量时，应随手关断电源。

② 如果无法预先估计被测电压或电流的大小，则应先拨至最高量程挡测量一次，再视情况逐渐把量程减小到合适位置。测量完毕，应将量程开关拨到最高电压挡，并关闭电源。

③ 满量程时，仪表仅在最高位显示数字“1”，其他位均消失，这时应选择更高的量程，改变量程时，表笔应与被测点断开。

④ 测量电压时，应将数字万用表与被测电路并联。测电流时应与被测电路串联，测直流量时应考虑正、负极性。

⑤ 不允许用电阻挡和电流挡测电压，当误用交流电压挡去测量直流电压，或者误用直流电压挡去测量交流电压时，显示屏将显示“000”，或低位上的数字出现跳动。

⑥ 测量电流时，切忌过载。

⑦ 禁止在测量高电压(220V 以上)或大电流(0.5A 以上)时换量程，以防止产生电弧，烧毁开关触点。

⑧ 当显示“[battery symbol]”、“BATT”或“LOWBAT”时，表示电池电压低于工作电压，应更换电池。

2.5.2 兆欧表

兆欧表也叫摇表，是用来测量绝缘电阻(高电阻)的设备。其输出电压比较高，有 500V，1000V 等，其输出电流很小。

2.5.2.1 组成及工作原理

兆欧表组成：主要由手摇直流发电机、磁电式流比计、三个接线柱(即 L：线路端、E：接地端、G：屏蔽端)组成。见图 2－5－4。

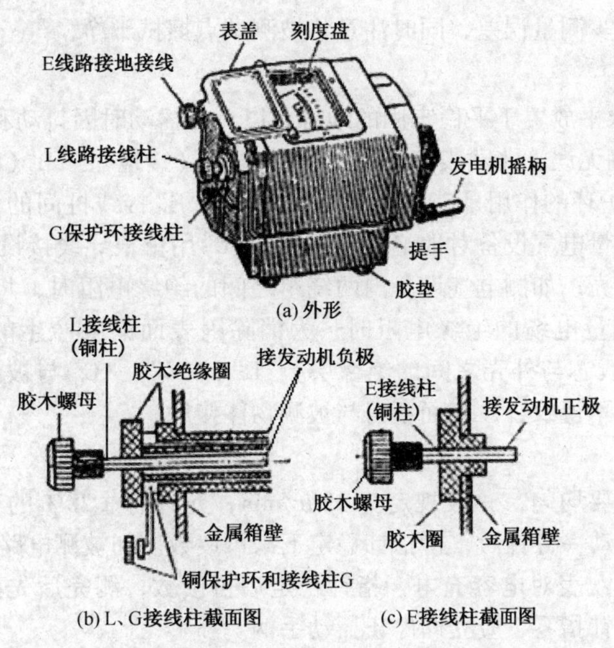

(a) 外形

(b) L、G接线柱截面图　　(c) E接线柱截面图

图 2-5-4　兆欧表

流比计的可动部分有两个绕向相反且互成一定角度的线圈，且其空气隙中的磁感应强度是不均匀的。线圈1用于产生转动力矩，线圈2用于产生反作用力力矩。被测电阻接在L(线)和E(地)两个端子上，形成了两个回路，一个是电流回路，一个是电压回路。电流回路从电源正端经被测电阻 R_x、限流电阻 R_A、可动线圈1回到电源负端。电压回路从电源正端经限流电阻 R_V、可动线圈2回到电源负端。由于空气隙中的磁感应强度不均匀，因此两个线圈产生的转矩 T_1 和 T_2 不仅与流过线圈的电流 I_1、I_2 有关，还与可动部分的偏转角 α 有关。

限流电阻 R_A、R_V 为固定值，在发电机电压不变时，电压回路的电流 I_2 为常数，电流回路电流 I_1 的大小与被测电阻 R_x 的大小成反比，所以流比计指针的偏转角 α 能直接反映被测电阻 R_x 的大小。

流比计指针的偏转角与电源电压的变化无关，电源电压 U 的波动对转动力矩和反作用力矩的干扰是相同的，因此流比计的准确度与电压无关。

2.5.2.2　使用方法

1. 使用前的准备工作

一般情况下，额定电压在500V以下的设备，应选用500V或1000V的兆欧表；额定电压在500V以上的设备，选用1000～2500V的兆欧表。

2. 检查兆欧表是否能正常工作

将兆欧表水平放置，空摇兆欧表手柄，指针应该指到0处，再慢慢摇动手柄，使L和E两接线桩输出线瞬时短接，指针应迅速指零。注意在摇动手柄时不得让L和E短接时间过长，否则将损坏兆欧表。

检查被测电气设备和电路是否已全部切断电源。绝不允许设备和线路带电时用兆欧表去测量。

3. 测量前放电

测量前，应对设备和线路先行放电，以免设备或线路的电容放电危及人身安全和损坏兆欧表，这样还可以减少测量误差，同时注意将被测试点擦拭干净。

4. 接线

① 兆欧表必须水平放置于平稳牢固的地方，以免在摇动时因抖动和倾斜产生测量误差。

② 接线必须正确无误，兆欧表有三个接线桩，“E”（接地）、“L”（线路）和“G”（保护环或叫屏蔽端子）。保护环的作用是消除表壳表面“L”与“E”接线桩间的漏电和被测绝缘物表面漏电的影响。在测量电气设备对地绝缘电阻时，“L”用单根导线接设备的待测部位，“E”用单根导线接设备外壳；如测电气设备内两绕组之间的绝缘电阻时，将“L”和“E”分别接两绕组的接线端；当测量电缆的绝缘电阻时，为消除因表面漏电产生的误差，“L”接线芯，“E”接外壳，“G”接线芯与外壳之间的绝缘层。“L”、“E”、“G”与被测物的连接线必须用单根线，绝缘良好，不得绞合，表面不得与被测物体接触。

5. 测量

摇动手柄的转速要均匀，一般规定为120r/min，允许有±20%的变化，最多不应超过±25%。通常都要摇动一分钟后，待指针稳定下来再读数。如被测电路中有电容时，先持续摇动一段时间，让兆欧表对电容充电，指针稳定后再读数，测完后先拆去接线，再停止摇动。若测量中发现指针指零，应立即停止摇动手柄。

2.5.2.3 使用注意事项

① 测量完毕，应将“L”、“E”两导线短接，对设备充分放电，否则容易引起触电事故。

② 禁止在雷电时或附近有高压导体的设备上测量绝缘电阻。只有在设备不带电又不可能受其他电源感应而带电的情况下才可测量。

③ 兆欧表未停止转动以前，切勿用手去触及设备的测量部分或兆欧表接线桩。拆线时也不可直接去触及引线的裸露部分。

④ 兆欧表应定期校验。校验方法是直接测量有确定值的标准电阻，检查其测量误差是否在允许范围以内。

2.5.3 压力校验台

压力校验台是用于校验一般压力表及其他测压仪表的设备，其压力分别可达6MPa和60MPa，但必须装上随机配备的相应精密压力表后才可使用。

压力校验台传压介质为变压器油。

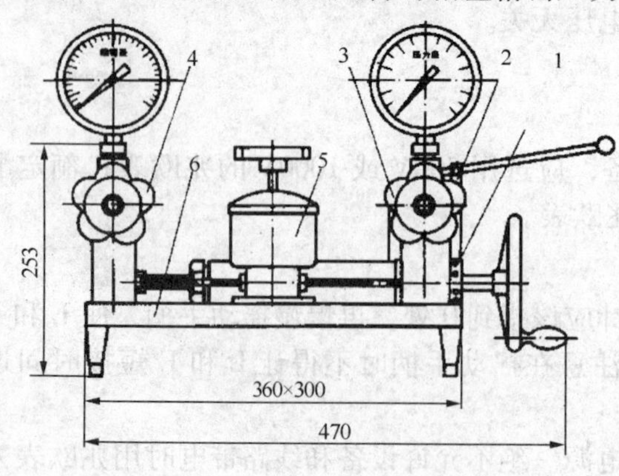

图2-5-5　压力表校验器

1—手摇泵；2—手揿泵；

3、4—针形阀；5—油杯；6—底座

2.5.3.1 组成及工作原理

压力校验台主要用于综合录井仪压力类传感器的校准。传感器与综合录井仪连接好后接入校验台中，摇动手摇泵加压到某一压力，针对该压力有对应的电压（或电流值），记录此压力的电压或电流值，输入仪器的刻度曲线表中，对仪器进行标定。

压力表校验台结构如图2-5-5中所示，由手摇泵1，油杯5，两个针形阀3和4，手揿泵2，切断阀和两个单向阀等组成，彼此用导管连通，固定在底座6上，针形阀上装有联接螺母，用于联接精密压力表和被检压力设备。

随着电子技术的发展，压力校验台也在向数字化模式发展，现在主要使用智能压力校验仪。

2.5.3.2 使用方法

联接好精密压力表和被检压力设备；打开油杯阀门，油杯里灌满规定的介质，左旋手摇泵手轮使其充满油液，关闭油杯阀门，打开其他阀门，上下压手揿泵，使压力表内充满油液，然后右旋手摇泵手轮，使其达到校验压力进行调校。

2.5.3.3 使用注意事项

① 压力校验台额定压力以及所选精密压力表量程和校验压力测传感器量程必须相符。

② 压力校验台应选择平整易操作的台面放置，避免进入有高腐蚀性气体及粉尘颗粒的环境中使用。

③ 被检仪器应作适当清洗，避免污渍进入，堵塞回路。

④ 输出1、输出2接嘴为专用快速接头，端面密封，安装时，借助工具，均匀用力拧紧，大概在密封面相互贴紧时，再拧2~3圈，即可。

⑤ 输出1、输出2接嘴为上下两件组成，使用时应经常检查下部锁紧螺丝是否连接可靠，若连接不可靠，在遇高压情况下，可能造成崩脱。

⑥ 在有压力的情况下，切勿带压切换。以防压力泵内部元件损坏会造成压力泵卡死，不造压。在测量正压完毕后，须放空压力校验台内部压力，方可使用切换阀。

⑦ 压力校验台造压介质为洁净液压油，切勿有杂质、水及灰尘进入校验台内部，会影响压力泵内部单向阀使用寿命，导至校验台有泄漏现象。

⑧ 校验台在长时间不用时，须将输出口用堵头堵好，并且用防尘罩将仪器罩好，要定期保养。

2.5.4 气体流量计

综合录井仪中涉及气体流量检测，常用的气体流量计包括皂膜流量计、浮子流量计和电子流量计，下面对三种流量计的结构及使用进行介绍。

2.5.4.1 皂膜流量计

皂膜流量计是测量微小气体流量的流量计，由带刻度的玻璃管（皂膜管），乳胶滴头、进气管组成（图2-5-6）。

皂膜管带有刻度，皂膜管下面有一个进气口，最下端接一胶球，胶球内装有皂液。当气源流出的气体由皂膜管下端的进气口进入皂膜管时，挤压胶球产生皂膜，由于进气的压力，皂膜沿皂膜管匀速上升，当皂膜升到皂膜管的下刻线时，开始计时，当皂膜升到皂膜管的上刻线时，停止计时，由测得的时间和皂膜管两刻线间的容积即可计算出流过流量计的瞬时流量。

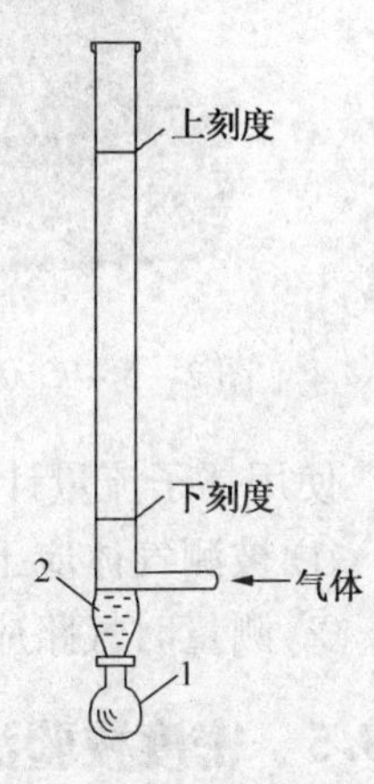

图2-5-6 皂膜流量计示意图

1—乳胶滴头；2—肥皂液

1. 测量准备

准备秒表、肥皂液、皂膜流量计、连接软管及接头。

2. 测量方法

① 将肥皂水倒入底部的乳胶滴头中，使用肥皂水润湿皂沫管内壁。

② 用细橡胶管联接待测气体出口和皂沫流量计底部进气口。

③ 使皂沫流量计垂直。

④ 挤压乳胶滴头，产生皂膜，当皂膜到达下刻度时计时，皂膜到上刻度时停止计时。

⑤ 由两刻度间体积与相应的时间相比即为流量，根据公式计算气体流量，单位 mL/min。

2.5.4.2 电子流量计

电子流量计操作简单，以 ADM1000(Agilent)(图 2-5-7)为例，把流量计乳胶管与待测气路相连，按下 ON 键后流量计开始启动并发出“咔哒、咔哒”的声音，当屏幕上显示出流量数值时就能进行气体流量测量了。

使用电子流量计时注意事项：

① 被测气体应干燥无杂质。

② 严禁测量流量超过 1000mL/min 的气体，当流量超过 1000mL/min 时会引起仪表损坏。

③ 测量时气路应密封良好，以免造成测量误差。

④ 测量完毕应及时关闭仪表，关闭方法为按 Split 键 3 秒。

2.5.4.3 浮子流量计

流量计主要由一根自下而上扩大的锥形玻管和一只随流体流量大小上下移动的浮子组成。流体自下而上流经锥管时，流体动能在浮子上产生的升力 S 和流体的浮力 A 使浮子上升，当升力 S 与浮力 A 之和等于浮子自身重力 G 时，浮子处于平衡，稳定在某一高度位置上，锥管上的刻度指示流体的流量值，图 2-5-8 为浮子流量计原理图。

图 2-5-7 ADM1000 电子流量计

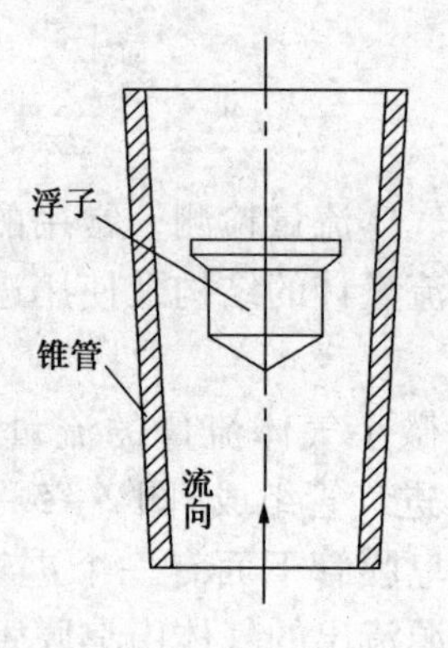

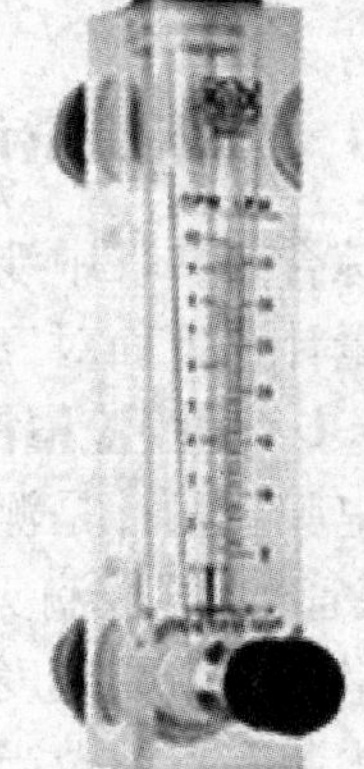

图 2-5-8 浮子流量计原理图

使用浮子流量计时注意事项：

① 被测气体应干燥无杂质。

② 测量时气路应密封良好，以免造成测量误差。

2.5.5 密度校验法兰

密度校验法兰是钻井液密度传感器校验的专用工具，一般随密度传感器配备。图 2-5-9 是一种密度校验法兰。

2.5.5.1 使用方法

拆下传感器防护罩，将校验法兰安装在下法兰上；在塑料软管中装上清水，将管壁上的气泡赶出；接上电源并在传感器输出回路中串入电流表；改变塑料软管内液面的高度就可以看到输出信号在变化。

2.5.5.2 标定步骤

① 将传感器垂直于地面放置，将校验法兰盘装在下法兰盘上，校验法兰盘排气孔处于上方，管线接头处于下方，并接 1.2m 透明塑料管。传感器信号线与仪器正确连接，数字万用表串接在信号回路中。

② 打开仪器电源给传感器供电，拧开校验法兰排气螺丝，透明塑料管加水至管内液面距校验法兰中心点 1m 处，排气孔有水溢出后，拧紧螺丝。

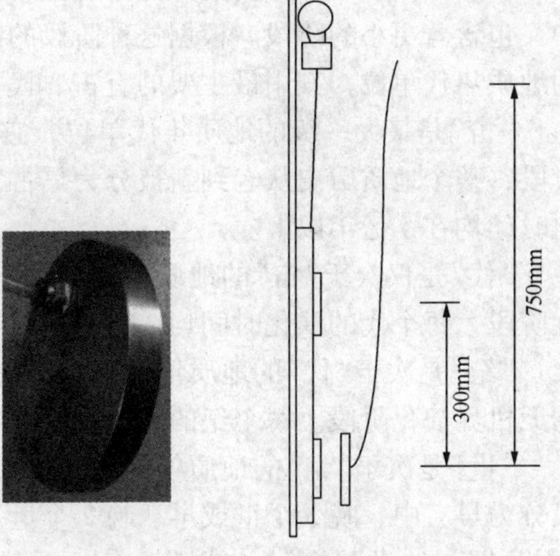

图 2-5-9 钻井液密度传感器校验法兰与校验示意图

③ 零位校验：校验法兰中没有加水时，调传感器零位电位器，使数字万用表显示 4mA 电流信号，此时密度为 0。

④ 满度校验，调整塑料管内液位与校验法兰中心点的距离为 750mm，调传感器量程电位器，使数字万用表显示 20mA 电流信号。

⑤ 因调节量程会影响到零位，零位校验和满度校验要反复进行，直至达到要求。

⑥ 校验好的传感器的水柱高度值与输出电流值对应关系应大致符合表 2-5-1，误差较大时应更换新传感器或返厂维修。

表 2-5-1 水柱高度值与输出电流值对应关系

水柱高度 H/mm	0	300	450	600	750
测量密度 ρ/(g/cm^3)	0	1	1.5	2	2.5
量程/%	0	40	60	80	100
输出电流 I/mA	4	10.4	13.6	16.8	20

2.6 石油地质基础知识

2.6.1 地层与岩石

2.6.1.1 地质年代与地层

1. 地质年代

地质年代是指地球上各种地质事件发生的时代。它包含两方面含义：其一是指各地质事件发生的先后顺序，称为相对地质年代；其二是指各地质事件发生的距今年龄，由于主要运用同位素地质年龄的测量技术，称为同位素地质年龄。

地质年代及单位的划分是以生物界及无机界的演化阶段为依据的，这种阶段的延续时间常常在百万年、千万年甚至数亿年以上，并且常常是大的阶段中又套着小的阶段，小的阶段中又包含着更小的阶段。根据这种阶段的级次关系，地质年代表中划分出了相应的不同级别的地质年代单位，其中最主要的有宙、代、纪、世四级年代单位。

“宙”是最大一级的地质年代单位，它往往反映了全球性的无机界与生物界的重大演化阶段，整个地质历史从老到新被分为冥古宙、太古宙、元古宙和显生宙4个宙，每个宙的演化时间均在5亿年以上。

“代”是仅次于“宙”的地质年代单位，它往往反映了全球性的无机界与生物界的明显演化阶段，每个代的演化时间均在5000万年以上。

“纪”是次于“代”的地质年代单位，它往往反映了全球性的生物界的明显变化及区域性的无机界演化阶段。每个纪的演化时间在200万年以上。

“世”是次于“纪”的地质年代单位，它反映了生物界中“科”“属”的一定变化。每个纪一般分为早、中、晚3个世或早、晚2个世。

“期”是“世”的进一步划分，主要是依据生物群种的兴衰。

与各级地质年代单位相对应的年代地层单位为“宇、界、系、统、带”，它们是在各级地质年代单位的时间内所形成地层的单位。两者的级别对应关系见表2－6－1。

如显生宙时期形成的地层称为显生宇；古生代时期形成的地层称为古生界；寒武纪时期形成的地层称为寒武系等等，依此类推。

表2－6－1　地质年代与年代地层对应关系

地质年代单位	年代地层单位	地质年代单位	年代地层单位
宙	宇	世	统
代	界	期	带
纪	系		

此外，有些地区因化石依据不足或研究深度不够等原因，只能按地层层序、岩性特征及构造运动特点来划分地层单位，称为区域性地层单位或岩石地层单位。岩石地层单位一般包括群、组、段3级。“群”是最大的岩石地层单位，其范围可相当于统～系不等，有时甚至可大于系，群与群之间常有明显的地层不整合面；“组”一般是指岩性较均一或几种岩性有规律组合在一起形成的岩石地层单位，其范围通常小于或等于统；“段”是最小的岩石地层单位，通常反映一个组中具有相同岩性特征的某个特殊层位。

地质学家和古生物学家，以地球演化的自然阶段性为依据，结合同位素地质年龄的测定，对漫长的地质历史进行了系统性的编年与划分，编制出一个在全球范围内能普遍参照对比的年代表，即地质年代表(附录D)。

2. 地层的接触关系

地壳时时刻刻都在运动着。同一地区在某一时期可以是以上升运动为主，形成高地，遭受风化剥蚀；另一时期可能是以下降运动为主，形成洼地，接受沉积，这样就使得先后形成的地层之间具有不同的接触方式，即地层接触关系。最基本的地层接触关系有整合和不整合两种。不整合又分为平行不整合和角度不整合。

(1) 整合接触

沉积物连续堆积，无沉积间断或无重大沉积间断，上下两套地层产状完全一致，彼此平行或大致平行。其特点是岩性与生物演化连续、渐变，为沉积区持续稳定下降背景下的沉积。

(2) 不整合接触

① 平行不整合：地壳缓慢下降，沉积区接受沉积，然后地壳上升，沉积物露出水面遭受风化剥蚀，接着地壳又下降接受沉积，形成一套新的地层。这样先沉积的和后沉积的地层之间是平行迭置的，但并不连续，具有沉积间断。因此平行不整合代表着地壳的均匀下降、上升、再下降的一个总过程。其特点是新老地层产状一致、沉积出现间断，岩性和古生物演化突变。

② 角度不整合：地壳上升，已沉积的地层受到挤压褶皱和断裂，并遭受风化剥蚀，然后随着地壳的再一次下降，接受新的沉积。这样新老地层之间产状不是平行迭置，而成一定角度相接触。其特点是新老地层产状不一致。沉积出现间断，岩性及生物演化突变。

2.6.1.2 岩石

岩石是一种或多种矿物组成的有规律的集合体，是地质作用的产物。岩石的结构是指组成岩石的矿物(或岩屑)的结晶程度、颗粒大小、形状及其相互关系。岩石的构造是指岩石中的矿物(或岩屑)颗粒在空间上的分布和排列方式特点。

根据岩石形成的原因，地壳中的岩石可分为岩浆岩、沉积岩和变质岩三大类。

1. 岩浆岩

(1) 岩浆岩的概念

由岩浆冷凝后形成的岩石称为岩浆岩，又称火成岩。岩浆岩按其形成的环境不同，通常分为侵入岩和喷出岩两类。

侵入岩是岩浆在地表以下不同深度冷凝结晶而形成的岩石。根据形成的深度，侵入岩又可进一步分为深成岩和浅成岩。前者岩浆在地壳深处冷凝结晶而成，多呈大岩体产出，后者是岩浆在地壳浅处冷凝结晶所致，多呈小岩体出现。

喷出岩是岩浆沿裂隙或火山通道喷出地表冷凝或结晶而成，它的形成常与火山喷发作用有直接关系，因此又称为“火山岩”。

岩浆岩在地表的分布面积约占20%左右，但地下深处有增加的趋势，从体积上看估计占地壳的30% ~40%。地壳中最常见、分布最广的岩浆岩是玄武岩(基性喷出岩)与花岗岩(酸性侵入岩)。

(2) 岩浆岩的一般特征

岩浆岩既然是天然岩浆冷凝生成的，因此在矿物成分、结构、构造、产状等方面必有别于变质岩和沉积岩。其主要特征如下：

① 岩浆岩大部分为块状的结晶岩石，部分为玻璃质结构的岩石。

② 岩浆岩中具有特有的矿物和构造，如霞石、白榴石、条纹长石等；而气孔构造，杏仁构造只有岩浆岩才有。

③ 岩浆岩体无层理，一般与围岩有明显的界线，呈各种形成态存在于地层中，有的平行，有的切穿围岩的层理或片理。围岩与岩浆岩接触处常见热变质现象。

④ 岩浆岩体中常含有围岩的碎块，即“捕虏体”。这些捕虏体常见有热变质现象。

2. 沉积岩

沉积岩是地球表面出露面积最广的一类岩石，占三大类岩石出露面积的75%，它是在表生条件下，由各种沉积作用形成的沉积物经埋藏、改造而成的岩石。

沉积岩的物质成分随母岩提供的原始物质类型而异，主要有两种类型：一类是由火山物质和母岩提供的碎屑物质；另一类是母岩供给的溶解产物在表生条件下新生成的非碎屑矿物。碎屑物质包括矿物碎屑和岩石碎屑。主要成分为石英、长石、白云母等稳定矿物，也包括不稳定矿物如橄榄石、辉石、锆石、石榴石和电气石等。非碎屑成分包括自生矿物和有机质，但以前者为主。自生矿物主要有方解石和白云石、黏土矿物、海绿石、菱铁矿及自生长石、自生硅质矿物。

(1) 碎屑岩

根据成因的不同，把碎屑岩的组分划分为两类，即陆源碎屑岩和化学沉淀物质。

陆源碎屑岩是母岩经机械破碎和化学作用形成的固体碎屑物质，通过搬运、沉积，直到压实和胶结而形成沉积碎屑岩，如砾岩、砂岩、粉砂岩。

碎屑岩由碎屑颗粒、基质、胶结物及孔隙四部分构成。

碎屑颗粒多数是陆源区母岩成分的继承物，包括石英、长石、云母、重矿物等矿物碎屑及各种碎屑。此外，还包括非陆源物质——火山碎屑。碎屑颗粒是碎屑岩的主要部分，占整个岩石的50%以上。

基质指与碎屑颗粒同时沉积的较细粒物质，通常为黏土和细粉砂。

胶结物是碎屑颗粒沉积之后，从水溶液中沉淀的化学物质，对碎屑颗粒起胶结作用。成分主要有碳酸盐、氧化硅、铁的氧化物与氢氧化物等。

孔隙是岩石中未被固体物质占据的部分。

① 砾(角砾)岩。砾(角砾)岩属粗碎屑岩，主要由砾或角砾(>2mm)组成，根据砾岩的各种特征，如砾石的圆度、大小、成分或砾石在剖面的位置等，从不同角度进行单因素分类。

- 根据砾石圆度分类

砾岩：岩石中圆状和次圆状砾石含量大于50%称为砾岩。

角砾岩：岩石中棱角状和次棱角状砾石含量大于50%称为角砾岩。

- 根据砾石直径分类

根据砾石直径大小可分为细砾岩、中砾岩、粗砾岩、巨砾岩。

- 根据砾石成分分类

单成分砾岩：砾石成分较单一，同种成分的砾石占75%以上。

复成分砾岩：砾石成分复杂，不同成分的砾石无一超过50%。

- 根据砾岩在地层剖面中的位置分类

底砾岩：指位于侵蚀基准面上的砾岩层，与下伏岩层呈不(或假)整合接触关系，代表了长期的沉积间断。

层间砾岩：指沉积环境和条件局部发生了变化形成的砾岩层，皆分布于层间或层内，不能代表长期的侵蚀间断。

此外砾(角砾)岩根据砾石(角砾)的岩屑组成分分为：石英岩砾岩、火山岩砾岩、花岗石质砾岩、石灰岩砾岩(角砾岩)及复成分砾岩。

② 砂岩。主要由砂(0.01~1mm的陆源碎屑颗粒)组成的碎屑岩，称砂岩。砂岩在沉积岩中的分布仅次于泥质岩，居第二位，约占沉积岩的三分之一左右。

砂岩由碎屑和填隙物组成。

碎屑就是我们通常所说的砂。在砂岩中，砂的含量应大于50%，砂岩的主要成分是他生碎屑，以石英为主，其次是长石及各种岩屑，有的含云母、绿泥石及少量重矿物。次要成分分布在填隙物中，主要有黏土物质及自生矿物。

填隙物包括胶结物和碎屑杂基两种组分。常见胶结物有硅质和碳酸盐质胶结；杂基成分主要指与碎屑同时沉积的颗粒更细的黏土或粉砂质物。填隙物的成分和结构反映砂岩形成的地质构造环境和物理化学条件。砂岩按其沉积环境可划分为：石英砂岩、长石砂岩和岩屑砂岩三大类。砂层和砂岩构成石油、天然气和地下水的主要储集层。

碎屑沉积物中的矿物最终稳定组份常为石英－高岭石组合和重矿物锆石－电气石－金红石组合。砂岩的矿物成熟度，指砂岩碎屑颗粒接近上述矿物组合的程度。

砂岩的结构成熟度：是指碎屑物在沉积过程中接近于无杂基、分选磨圆极好的终极状态的程度。黏土含量少，碎屑颗粒分选磨圆好，表示沉积物在形成作用中经历过较长时间和距离的搬运，显示结构成熟度高。相反，如果岩石中黏土含量多，分选磨圆差，则结构成熟度就低。

以砂岩主要颗粒直径为划分标准，可分为粗砂岩（1～0.5mm）、中砂岩（0.5～0.25mm）、细砂岩（0.25～0.1mm）和粉砂岩（0.1～0.01mm）。

（2）黏土岩

黏土岩是指以黏土矿物为主（含量＞50%）的沉积岩。黏土岩是沉积岩中分布最广的一类，约占沉积岩总量的60%，是重要的生油母岩。

黏土矿物在地表分布很广，约占全部沉积造岩矿物的40%，黏土矿物是细粒的（$<2\times10^{-6}$m）、含水层状晶体结构的铝硅酸盐矿物。黏土矿物主要有高岭石族、埃洛石（多水高岭石）族、蒙脱石族，伊利石族四种类型。

黏土岩主要矿物除黏土矿物外，还含非黏土矿物，包括陆源碎屑矿物、化学沉淀的自生矿物。碎屑矿物主要有石英、长石、云母及各种副矿物等；化学沉淀的自生矿物有赤铁矿、褐铁矿、蛋白石、方解石、白云石、石膏、硬石膏、黄铁矿等。此外还含有数量不等的有机质。

常见的单矿物黏土岩有：高岭石黏土岩、蒙脱石黏土岩、伊利石黏土岩。

泥岩和页岩：是固结程度较高的黏土岩类，泥岩无页理构造，页岩的页理构造发育，按颜色、混入物成分不同，主要有以下几种：普通泥岩和页岩、钙质泥岩和页岩、铁质泥岩和页岩、硅质页岩、炭质页岩、黑色页岩。

（3）火山碎屑岩

火山碎屑岩是主要由火山碎屑物质组成的岩石，是介于火山岩和沉积岩之间的岩石类型，兼有二者的特点，又与二者相互过渡。火山碎屑按物性可分刚性（或脆性）、半塑性和塑性三种类型；从物态上可划分为岩屑（岩石碎屑）、晶屑（晶体碎屑）和玻屑（玻璃碎屑）三种。

（4）碳酸盐岩和蒸发岩

① 碳酸盐岩。碳酸盐岩由方解石和白云石等自生碳酸盐矿物（含量大于50%）所组成的沉积岩。主要有两种类型：即以方解石为主的石灰岩和以白云石为主的白云岩。其中方解石可根据镁的含量划分为高镁方解石、低镁方解石及含镁最低的文石。

碳酸盐岩分布很广，仅次于泥质岩和砂岩。是重要的生油岩和储油岩。

碳酸盐岩除了主要矿物方解石和白云石以外，还有铁云石、菱锰矿、菱镁矿、菱铁矿等其他碳酸盐岩矿物及石膏、硬石膏、天青石、重晶石、萤石、石盐等非碳酸盐岩矿物，此外，还有次要矿物黏土矿物、碎屑石英、长石、云母、绿泥石等陆源矿物。

碳酸盐岩中主要的结构类型有三类：粒屑（或碎屑）结构、生物骨架结构和结晶结构。

生物骨架结构是碳酸盐岩所特有的。

碳酸盐岩几乎具有全部沉积岩的构造类型，此外，还有一些自己独有的构造类型。碳酸盐岩独有的构造类型有叠层石构造、鸟眼构造、示顶底构造、虫孔及虫迹构造、缝合线构造等。

根据碳酸盐岩的方解石和白云石的相对含量，可首先把碳酸盐岩划分为石灰岩和白云岩两大类；其次，在此两大类中，还可划分出一系列的过渡类型，如表2-6-2所示。

表2-6-2 根据方解石和白云石的相对含量划分的碳酸盐岩的岩石类型

岩石类型		方解石/%	白云石/%	CaO: MgO
石灰岩	石灰岩	100~95	0~5	>50.1
	含白云质石灰岩	95~75	5~25	50.1~9.1
	白云质石灰岩	75~50	25~50	9.1~4.0
白云岩	灰质白云岩	50~25	50~75	4.0~2.2
	含灰质白云岩	25~5	75~95	2.2~1.5
	白云岩	5~0	95~100	1.5~1.4

② 蒸发岩。蒸发岩又称盐类岩，是指含盐度较高的溶液或卤水，通过蒸发作用产生化学沉积而形成的岩石。主要类型有膏岩、盐岩、钾镁盐岩三大类。

3. 变质岩

由变质作用形成的岩石叫变质岩。变质岩可根据原来岩石的类型划分为两大类：由岩浆岩变质形成的岩石称为正变质岩；由沉积岩变质形成的岩石称为副变质岩。

变质岩的化学成分主要有 SiO_2、$Al_2O_3 \cdot FeO$、MnO、MgO、CaO、Na_2O、H_2O、CO_2以及 $TiO_2 \cdot P_2O_5$等。变质岩的矿物成分主要取决于原岩的化学成分和变质作用的类型及深浅。原岩成分的多样性和变质作用的复杂性，决定了变质岩矿物成分较之岩浆岩和沉积岩要复杂得多。

变质岩中特有的矿物，主要是一些富铝的矿物，如矽线石、十字石、红柱石、蓝晶石、堇青石等。还有一些富钙的矿物如硅灰石、透闪石、钙铝石榴石、符山石等。这些矿物通常称为变质岩的特征矿物。它们必须在一定的温度、压力条件下才能形成。因此变质矿物一般都有指示温度和压力的特点。特别是那些稳定范围小，对外界条件变化反应非常灵敏的矿物出现在岩石中，就更能说明变质岩形成的条件。这些具有成因指示意义的矿物，称为指示矿物。如绿泥石、绢云母为浅变质带的指示矿物；蓝晶石为中变质带的特征矿物；矽线石则代表深变质带的产物。

2.6.2 石油与天然气

2.6.2.1 石油

1. 石油的概念及组成

石油是以液态形式存在于地下岩石孔隙中的可燃有机矿产。在地下油气藏中的石油无论在成分上和相态上都是极其复杂的混合物。在成分上以烃类为主，含有数量不等的非烃化合物及多种微量元素；在相态上以液态为主，溶有大量的烃气及少量非烃气，并溶有数量不等的烃类和非烃类的固态物质。

(1) 石油的元素组成

石油没有确定的化学成分，因而也就没有确定的元素组成。但它的元素组成局限在一定范围之内。据统计，石油的平均元素组成为：碳(84.5%)，氢(13.0%)，硫(1.5%)，氮(0.5%)，氧(0.5%)。

碳、氢两元素在石油中占绝对优势，一般在95%~99%，平均为97.5%。碳、氢元素重量(C/H)比的平均值约为6.5，原子比约为0.57(或1∶1.8)。碳氢两元素主要呈烃类化合物存在，是石油组成的主体。

硫、氮、氧元素组成的化合物大多数富集在渣油，或胶质、沥青质中。

(2) 石油的化合物组成

石油化合物的不同组分，对有机溶剂和吸附剂具有选择性溶解和吸附的性能。

石油化合物组成主要可分为：正构烷烃、异构烷烃、环烷烃、芳烃和环烷芳烃、含氮、硫、氧化合物、有机金属化合物。

石油的不同馏分其化合物组成也不相同。一般来说，低沸点的轻馏分主要是由低碳数、分子质量较小的烷烃和环烷烃组成；中馏分以中分子质量和较高碳数的烷烃和环烷烃为主，并含有一定数量的芳烃和环烷芳烃及少量的含氮、硫、氧化合物；而重馏分则以高碳数和大分子质量的环烷烃、芳烃、环烷芳烃和含氮、硫、氧化合物组成。

(3) 石油的馏分

石油的馏分是利用组成石油的化合物具有不同沸点的特性，加热蒸馏，将石油分离成不同沸点范围的若干部分，每一部分就是一个馏分。它常包括石油气、汽油、煤油、柴油、重瓦斯油、润滑油、渣油。

2. 石油的主要物理性质

石油成分不同，因此也就没有确定的物理常数。石油的主要物理性质如下：

① 颜色：在透射光下石油的颜色可以由淡黄、褐黄、淡红、棕色、黑绿色及黑色。石油颜色的深浅主要取决于胶质、沥青质的含量。胶质、沥青质含量愈高，颜色愈深。

② 相对密度：在我国，液态石油的相对密度是指1个大气压下，20℃石油与4℃纯水单位体积的质量之比。石油的相对密度一般介于0.75~0.98之间。通常把相对密度大于0.90的称为重质石油，小于0.90的称轻质石油。

石油的相对密度取决于化学组成。就烷烃而言，相对密度随碳数增加而变大，碳数相同的烃类，烷烃相对密度最小，环烷烃居中、芳烃相对密度最大，与胶质、沥青质相比，烃类相对密度较小。

地下石油的相对密度还与油中溶解气量、压力、温度等因素有关，溶解气量多则密度小。在其他条件不变量，石油的相对密度随温度增加而减小，随压力增加而增大。

③ 黏度：黏度值代表石油流动时分子之间相对运动所引起的内摩擦力大小。黏度大则流动性差，反之，则流动性好。

黏度大小主要取决于石油的组成。分子量小的烷烃、环烷烃含量高，黏度就低；而分子量大的腊、胶质、沥青质含量高，黏度就高。黏度随温度升高、溶解气量增加而降低。

④ 溶解性：石油能溶解于多种有机溶剂，如苯、氯仿、二硫化碳、四氯化碳、醚等。石油在水中的溶解度很低，当水中饱和 CO_2 和烃气时，石油的溶解度明显增加。

⑤ 导电性：石油及其产品具有极高的电阻率。石油的电阻率与高矿化度的油田水和沉积岩相比，可视为无限大。

⑥ 荧光性：石油在紫外光照射下可产生荧光的特性，称为荧光性。石油中只有不饱和烃及其衍生物具有荧光性。

2.6.2.2 天然气

1. 天然气的概念及类型

天然气从广义上理解，是指天然存在于自然界的一切气体。在石油天然气行业中研究的主要是沉积圈中以烃类为主的天然气，即狭义天然气。

沉积圈中的天然气根据存在相态可分为：游离气、溶解气、吸附气和固态气水化合物。根据分布特征可分为聚集型和分散型。

游离气是一切气藏中天然气存在的基本形式。游离气聚集达到一定规模后，才能开发和有效利用。聚集型天然气可以是气顶气、气藏气和凝析气。

气顶气是指与油共存于油气藏中呈游离气顶产出的天然气。

气藏气是指单一天然气聚集中的气体。

凝析气是一种特殊的气藏气，是在较高的温度压力下由液态烃逆蒸发而形成。采出后因压力、温度降低逆凝结而成轻质油，即凝析油。

2. 天然气的化学组成

气藏中的天然气成分以甲烷烃为主，非烃气常见的有 N_2、CO_2、H_2S 及微量的惰性气体。烃含量高于80%的气藏占世界上已知气藏总数的85%以上，90%以上的储量集中于烃含量在90%以上的气藏中。N_2含量为主的气藏仅占气藏总数的百分之几，以 CO_2或 H_2S 为主的气藏占气藏总数的1%以下。

3. 天然气的主要物理性质

在常温、常压下，以气态存在的烃类有：甲烷、乙烷、丙烷、丁烷、异丁烷。

① 密度：天然气的密度是指在标准状态下，单位体积的天然气的质量。以甲烷为主的天然气在0℃及101.325kPa(1个大气压)条件下的密度为0.7174kg/m^3，相对密度为0.5548(即设空气的相对密度为1，天然气相对于空气的相对密度为0.5548)天然气的密度随重烃含量增加而变大。此外，亦随 N_2、H_2S、CO_2气含量增加而变大。

② 临界温度和临界压力：临界温度是指气相物质能维持液相的最高温度。高于临界温度，不论压力有多大，都不能使气态凝为液态。在临界温度时，气态物质液化所需的压力称临界压力。

③ 溶解度：天然气能不同程度地溶解于水和油。天然气(烃气)在石油中的溶解度比水中要大，并且随压力增大而增加。

2.7 钻井基础知识

2.7.1 钻机

钻机是钻井地面设备的总称。目前常用的钻井方法是旋转钻井。钻机是由动力机组、传动机组、工作机组、辅助机组及控制机组等组成(图2-7-1)。按其工作性质又可分为起升系统、旋转系统、泥浆循环系统、动力设备、传动系统、控制系统、底座及辅助设备八个部分。

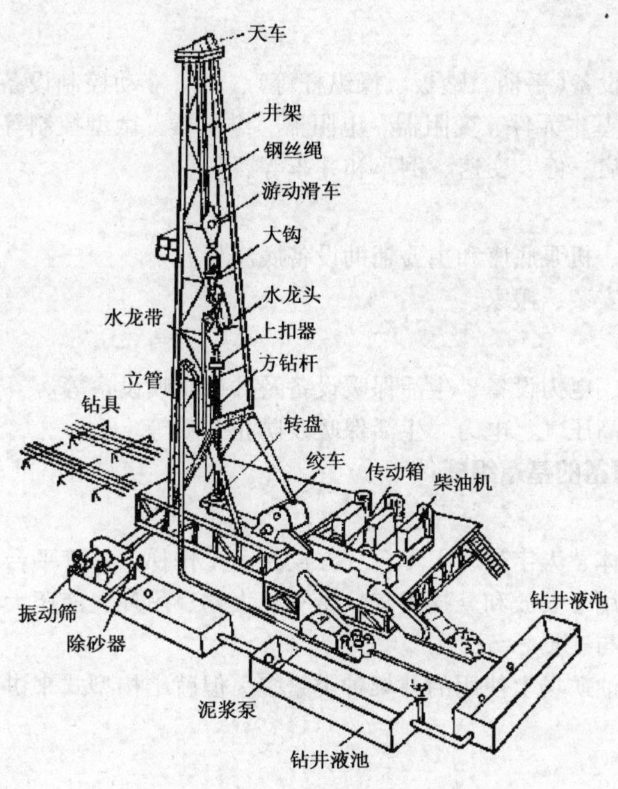

图 2-7-1　钻机组成示意图

2.7.1.1　钻机系统

1. 起升系统

组成：井架、绞车、天车、游车、大钩及钢丝绳等。

主要作用：控制钻压送钻、起下钻具、下套管、处理井下复杂情况以及辅助起升重物等。

2. 旋转系统

组成：水龙头、转盘(顶驱或井底动力钻具)、井下钻具等。

主要作用：带动井下钻具旋转破岩。

3. 泥浆循环系统

组成：泥浆泵、地面高低压管汇、立管、水龙带、水龙头、泥浆池、泥浆净化设备、泥浆调配设备及井下钻具等。

主要作用：循环泥浆。

4. 动力设备

组成：柴油机或交、直流电动机。

主要作用：为钻机各项设备提供动力，使其正常工作。

5. 传动系统

组成：机械传动装置(齿轮、链轮、链条、皮带轮、皮带、轴、轴承、离合器、并车箱等)及电、液、气传动装置等。

主要作用：传递和分配动力。

6. 控制系统

组成：机械控制设备(手柄、踏板、操纵杆等)、气、液动控制设备(气、液元件、工作缸等)和电控制设备(基本元件、变阻器、电阻器、继电器、微型控制等)。

主要作用：控制启、停、变速、倒车和并车等。

7. 底座

组成：钻台底座、机泵底座和主要辅助设备底座等。

主要作用：便于安装、搬家。

8. 辅助设备

组成：空压设备、电力设备、生活保暖设备及井口防喷设备等。

主要作用：提供高压气、电力、生活保暖及防止井喷等。

2.7.1.2 钻井主要设备的基本组成

1. 井架

井架由井架的主体、人字架、天车台、二层台、工作梯、立管平台、钻台和井架底座等几个部分组成，主要用于安放和悬挂天车、游车、大钩、吊环、液压大钳、液压绷扣器、吊钳、吊卡等提升设备与工具。

目前，国内外石油矿场上使用的井架种类繁多，但就结构型式来讲，一般可分为塔型井架和 A 型井架两种。

2. 天车

天车一般是多个滑轮装在同一根芯轴或两根轴心线一致的芯轴上。现在的天车大都是滑轮通过滚柱轴承装在一根芯轴上。

3. 游车

游车的形状为流线型，以防起下时挂碰二层台上的外伸物。同时，游车要保证一定的重量，以便它在空载运行时平稳而垂直地下落。现在，钻机各型游车都是一根芯轴，滑轮在轴上排成一列，其结构与天车相似。

4. 大钩

大钩是提升系统的重要设备，它的功用是在正常钻进时悬挂水龙头和钻具，在起下钻时悬挂吊环起下钻具，完成起吊重物、安放设备及起放井架等辅助工作。目前使用的大钩有两大类。一类是单独的大钩，其提环挂在游车的吊环上，可与游车分开拆装；另一类是将游车和大钩做成一个整体结构的游车大钩。为防止水龙头提环从大钩中脱出，在钩口处装有安全锁体、滑块、拔块、弹簧座及弹簧等构成的安全锁紧装置。为悬挂吊环和提放钻具，钩身压装轴及挂吊环轴用耳环闭锁，用止动板防止两支撑轴移动。钩身与钩杆用轴销连接，钩身可绕轴销转一定角度。

5. 绞车

绞车是构成提升系统的主要设备，是组成一部钻机的核心部件，是钻机的主要工作机械之一。其功用是：提供几种不同的起升速度和起重量，满足起下钻具和下套管的需要；悬挂钻具，在钻进过程中送钻和控制钻压；利用绞车的猫头机构上、卸钻具螺纹；作为转盘的变速机构和中间传动机构；当采用整体起升式井架时用来起放井架；当绞车带捞砂滚筒时，还担负着提取岩心筒、试油等项工作；帮助安装钻台设备，完成其他辅助工作。绞车一般由绞车传动部分、提升部分、转盘驱动箱部分、控制部分、润滑部分和刹车机构等组成。

绞车的刹车机构由控制部分(刹把)、传动部分(刹车曲轴)、制动部分(刹带、刹车鼓)、辅助部分(平衡梁)和刹车气缸等组成，它的任务是控制下放速度或停止被下放载荷所带动的滚筒的旋转速度，以达到调节钻压、送进钻具、悬挂钻具的目的。为此，要求刹车装置能平稳送钻、灵活省力和安全可靠。

绞车的辅助刹车机构有水刹车和电磁刹车两种。电磁刹车又可分为感应式电磁刹车和磁粉式电磁刹车。

6. 转盘

转盘主要由水平轴、转台、主轴承、壳体、方瓦及方补心等组成，其主要作用是带动钻具旋转钻进和在起下钻过程中悬持钻具、卸开钻具螺纹以及在井下动力钻井时承受螺杆钻具的反向扭矩。转盘的动力经水平轴上法兰或链轮输入，通过锥齿轮转动转台，借助转台通孔中的方瓦和方补心带动方钻杆、钻柱和钻头转动；同时，方补心允许方钻杆轴向自由滑动，实现边旋转边送进。

7. 水龙头

在一部钻机中，水龙头既是旋转系统的设备，又是循环系统的一个部件。它悬挂于大钩之下，上接有水龙带，下接方钻杆。在钻进时，悬挂并承受井内钻柱的全部重量，并将钻柱与水龙带连接起来，构成钻井液循环通道。

水龙头主要由固定、旋转和密封部分组成。

石油钻井现已部分使用顶部驱动钻井系统。顶部驱动钻井系统是集转盘、水龙头为一体，用电动钻机作旋转钻井动力，并能随提升系统而升降的钻井旋转系统，是对转盘钻井的一次重大改进，具有转盘钻无可比拟的优点，可接立柱钻进、减少2/3的接单根时间、能倒划眼和下钻划眼、起钻时可旋转钻杆和继续循环钻井液、钻柱可顺利取出缩径井段、可以不接方钻杆即可钻过桥塞点和缩径点，上、卸扣扭矩得到控制、采用钻井电机接卸钻杆和钻进、操作人员只需打背钳、钻台上只有平稳旋转的钻杆、起下钻时在井架内任何高度的位置随时都可以将主驱动轴同钻柱上扣和关井等。

8. 钻井泵

钻井泵的作用是为钻井液的循环提供必要的能量，以一定的压力和流量，将钻井液输进钻具，完成整个循环过程。常用的钻井泵有双缸双作用泵和三缸单作用泵。

9. 动力设备

目前，钻机的驱动类型主要有柴油机直接驱动、柴油机—液力驱动、柴油机—(交)直流电驱动和工业电网电驱动四类。我国石油矿场多采用柴油机作动力，即使是电驱动钻机，它的发电机仍是由柴油机驱动。一些最大的陆地和海洋用深井钻机一般还是由柴油机来直接的或间接的驱动发电机，然后由电动机带动钻机的各个设备或部件。

2.7.2 钻具及套管

钻具是钻井井下工具的简称。它包括方钻杆、钻杆、钻铤、配合(转换)接头、稳定器、井眼扩大器、钻头以及其他井下工具，如井下动力钻具，取心工具、打捞工具等。钻具是水龙头以下，钻头以上所有下井钻具连接成的钻具串组合。

钻具组合可分为三大部分：即方钻杆、钻杆段和下部钻具。下部钻具包括钻铤、稳定器、减震器、扩径器及其他特殊工具。特殊钻具组合中还可能包括随钻监测器、测试工具、震击器及打捞器具等。

2.7.2.1 钻头

钻头是破碎岩石的主要工具，按结构不同可分为刮刀钻头、牙轮钻头和金刚石钻头三类，衡量钻头的主要指标是钻头进尺和机械钻速，选择钻头类型的主要依据是岩石的的机械物理性质和地层条件。常用钻头的直径一般有 Φ444.50mm(171/2in)、Φ311.15mm(121/4in)、Φ215.90mm(81/2in)等。

丈量钻头长度时将应钢卷尺零米处对准刮刀片顶端、牙轮的牙齿顶端、取心钻头顶端或磨鞋底面，拉直钢卷尺，在另一端丝扣的根部进行读数(母扣量到顶端)，如图 2-7-2 所示，长度丈量要求修约到小数点后 2 位，单位为 m。

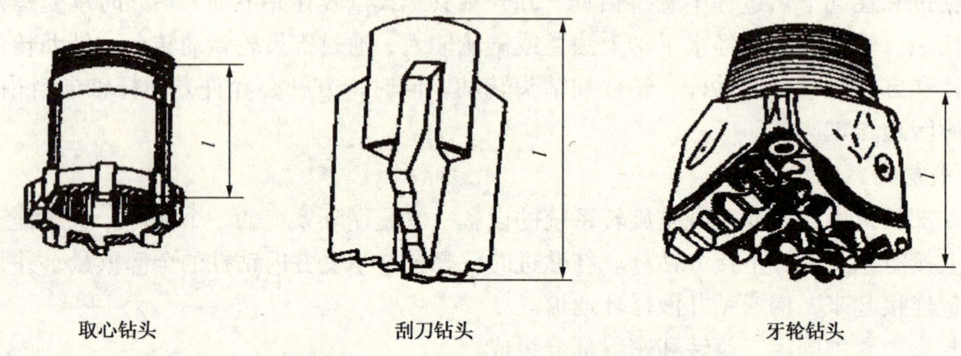

图 2-7-2 钻头长度丈量示意图

钻头采用钻头规范×长度(单位：m，小数点后保留两位小数)进行表示。钻头规范反映钻头类型和尺寸(单位：mm，修约到整数)，钻头类型指牙轮钻头、刮刀钻头、PDC 钻头，三牙轮钻头用 3A 表示、双牙轮钻头用 2A 表示、三刮刀钻头用 3B 表示、双刮刀钻头用 2B 表示、PDC 钻头用 PDC 表示。例：尺寸是 216mm 的三牙轮钻头，其长度为 0.25m，则应填写为 3A216mm×0.25m。

2.7.2.2 钻铤

用高级合金钢制成的厚壁无缝钢管。两端有连接螺纹，其壁厚一般为钻杆的 4~6 倍。在钻柱中位于钻头之上，主要用作给钻头施加钻压，传递扭矩，并形成钻井液循环的通道，使用长度决定于设计中所用钻铤的规格及最高钻压。API 钻铤规范中有 13 种规格，分别为 88.9mm(3½in)、104.8mm(4⅛in)、120.7mm(4¾in)、146.1mm(5¾in)、152.4mm(6in)、158.8mm(6¼in)、165.1mm(6½in)、171.5mm(6¾in)、177.8mm(7in)、184.2mm(7¼in)、196.9mm(7¾in)、203.2mm(8in)、228.6mm(9in)，单根长度一般约为 9m(前四种)或 9~12m(后九种)。

丈量钻铤的长度时应均将钢卷尺零米处对准母扣一端的顶端，拉直钢卷尺，在另一端公扣丝扣的台阶处读数，如图 2-7-3(a)所示。对钻铤还要查明钢号，长度丈量要求修约到小数点后 2 位，单位为 m。

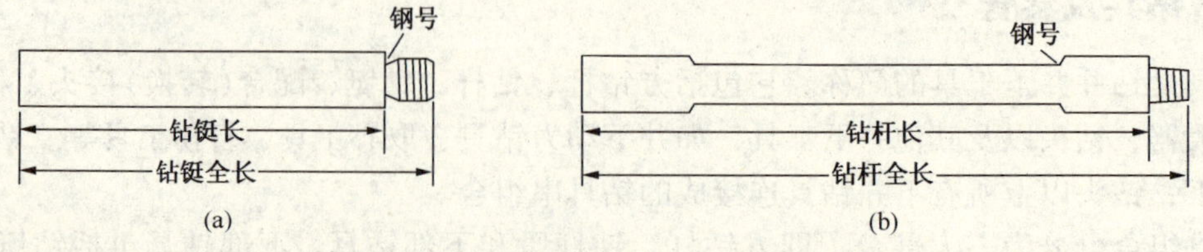

图 2-7-3 钻铤、钻杆长度丈量示意图

2.7.2.3 钻杆

用高级合金钢制成的无缝钢管。两端有接头。在钻柱中位于钻铤之上，方钻杆之下，用于加深井眼，传递扭矩，并形成钻井液循环的通道，可分为内平钻杆(IF)、贯眼钻杆(FH)和正规钻杆(REG)，使用长度决定于钻井的深度。API 钻杆规范中有 8 种规格，分别为 60.3mm(2⅜in)、73.0mm(2⅞in)、88.9mm(3½in)、101.6mm(4in)、114.3mm(4½in)、127.0mm(5in)、139.7mm(5½in)、168.3mm(6⅝in)，常用的为 88.9mm(3½in)、114.3mm(4½in)、127.0mm(5in)，单根长度一般约为 9m。

钻杆长度的丈量方法同钻铤，如图 2-7-3(b)所示。

2.7.2.4 方钻杆

用高级合金钢制成的，截面外形呈四方形或六方形而内为圆孔的厚壁管子。两端有连接螺纹。在钻柱中位于最上端，下部与钻杆相接，上部与水龙头相接，正常钻进情况下，一部分在转盘补心面之下，一部分在转盘补心面之上，主要用于传递扭矩和承受钻柱的重量，一般在钻柱中仅使用一根。API 方钻杆规范中有 5 种规格，分别为 76.2mm(3in)、88.9mm(3½in)、108.0mm(4¼in)、133.4mm(5¼in)、152.4mm(6in)，单根长度一般约为 12m(前两种)或 12～16m(后三种)。方钻杆丈量方法同钻铤、钻杆，如图 2-7-4 所示。

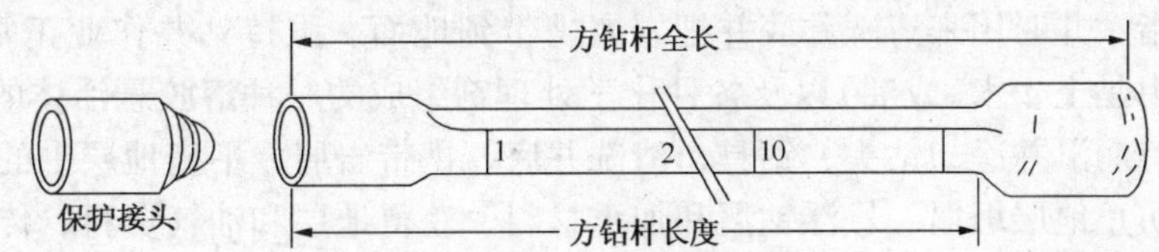

图 2-7-4 方钻杆长度丈量示意图

2.7.2.5 钻具接头

钻具接头是用以连接、保护钻具的短节，包括配合接头(转换接头)、钻杆接头(分为内平式接头、贯眼式接头和正规式接头)、水龙头接头和方钻杆保护接头。

接头连接必须具备三个条件：①尺寸相等；②扣型相同；③公母相配。

钻具接头的扣型一般用三个数字表示，第一位数代表钻杆尺寸；第二位数代表接头类型(3 代表正规扣，2 代表贯眼扣，1 代表内平扣)；第三位数代表公扣或母扣(1 代表公扣，0 代表母扣)。例如：431×210 转换接头中的 431 中的 4 代表 4½in(114.3mm)钻杆，3 代表正规扣，1 代表公扣，210 中的 2 代表 2⅞in(73.0mm)或 2⅜in(60.3mm)钻杆，1 代表内平扣，0 代表母扣。

接头长度丈量方法同钻铤、钻杆。

2.7.2.6 钻具组合

钻具组合，或叫钻具配合：指根据地质条件与井身结构、钻具来源等，决定钻井时用什么样的钻头、钻铤、钻杆和方钻杆配合连接起来组成钻柱。合理的钻具配合是确保优质快速钻井的重要条件。钻具长度单位为 m，保留两位小数。

常用的钻具组合有定向钻井技术钻具组合、满眼钻具组合、塔式钻具组合、钟摆钻具组合。

2.7.2.7 套管

套管：封隔地层，加固井壁所用的特殊钢管。

套管程序：是指一口井下入的套管层数、类型、直径及深度等。

套管柱：依强度设计的顺序，由不同钢级、壁厚、材质和螺纹的多根套管所连接起来下入井中的管柱。

导管：为防止地表土层垮塌，引导钻头入井，并导引上返的钻井液流入钻井液池而下的套管。导管下入的深度通常为20～40m。

表层套管：为防止井眼上部疏松地层的坍塌和污染饮用水源及上部流体的侵入，并为安装井口防喷装置等而下的套管。

技术套管：是在表层套管和生产套管之间，由于地层复杂或完井所使用的泥浆密度不致压漏地层等钻井技术的限制而下入的套管。

油层套管：为生产层建立一条牢固通道、保护井壁、满足分层开采、测试及改造作业而下入的最后一层套管。

尾管：下到裸眼井段，并悬挂在上层套管上，而又不延伸到井口的套管。

筛管：位于油层部位具有筛孔的套管。

套管下深＝联入＋套管总长＋套管引鞋长度。

2.7.3 钻井液

钻井液是指钻井时用来清洗井底并把岩屑携带到地面、维持钻井作业正常进行的流体。钻井液一般是由黏土、水(或油)以及各种化学处理剂组成的一种溶胶悬浮体的混合体系。

钻井液具有润滑并冷却钻头、钻具，清洗井底、携带岩屑，平衡地层中的流体压力、保持井壁稳定、防止地层坍塌，悬浮钻屑和加重材料、获得地层和油气资料、传递水功率，防止地层中盐水、岩盐、芒硝等对钻井液的化学污染等功能。

钻井液按分散介质(连续相)可分为水基钻井液、油基钻井液、气体型钻井流体等。水基钻井液是一种以水为分散介质，以黏土(膨润土)、加重剂及各种化学处理剂为分散相的溶胶悬浮体混合体系。其主要组成是水、黏土、加重剂和各种化学处理剂等。油连续相钻井液(习惯称为油基钻井液)是一种以油(主要是柴油或原油)为分散介质，以加重剂、各种化学处理剂及水等为分散相的溶胶悬浮混合体系。其主要组成是原油、柴油、加重剂、化学处理剂和水等。气体钻井液是以空气或氮气作为钻井循环流体的钻井液。泡沫钻井液是以泡沫作为钻井循环流体的钻井液。主要组成是液体、气体及泡沫稳定剂等。

反映钻井液性能的主要参数有：密度、黏度、切力、滤失量、泥饼、含砂、pH值。

2.7.3.1 密度

钻井液密度是指单位体积的钻井液质量，它的值是一定体积的钻井液与同体积4℃时纯水的质量之比。

钻井液密度能平衡地层压力。通过钻井液液柱对井底产生压力，同时对井壁有一定的支撑力。钻井液密度会影响钻速，密度的大小，直接关系着钻井速度的快慢，因此，钻井液的密度必须符合地质和钻井的要求，不能过大，也不能过小。

2.7.3.2 黏度

钻井液黏度是钻井液流动时固体颗粒之间，固体颗粒与液体之间，以及液体分子之间的内摩擦的总反映。现场常使用漏斗黏度，单位为秒(s)。

钻井液黏度对钻井的影响主要是钻井液从钻头水眼处喷射至井底的黏度对钻速的影响，钻井液黏度高，它降低和减缓了钻头对井底的冲击力和切削作用，使钻速降低；黏度小，液流对井底的冲击力强，使钻头冲击和切削岩石的阻力小。

2.7.3.3 切力

钻井液切力是指破坏钻井液中的单位面积上网状结构(钻井液中的黏土颗粒，由于其形状的不规则，表面带电性和亲水性的不均匀，常易形成网状结构)所需要的最小切应力，也称为钻井液的极限静切应力。

初切力是钻井液静止10秒时所测得的切力；终切力是钻井液静止10分钟时所测得的切力。钻井液中的岩屑由于重力作用而下沉，因此，切力越大，悬浮岩屑能力越强，反之越小。

2.7.3.4 滤失量

滤失量也叫失水量，即钻井液滤液进入地层的多少。在井眼内外井液中的部分水分因受压差的作用而渗透到地层中去，这种现象叫滤失，滤失的多少叫滤失量。

2.7.3.5 泥饼

由于钻井液液柱与地层间的压差作用，在滤失的同时，黏土颗粒在井壁周围形成一层堆积物，此堆积物叫泥饼。

泥饼的厚度与钻井液的滤失量有密切关系，对同一钻井液而言，其滤失量愈大，泥饼愈厚；对不同钻井液，其滤失量相同，但泥饼厚度不一定相同。

2.7.3.6 含砂

含砂量是指钻井液中不能通过200目(即边长为74μm)筛网的砂子。常以质量分数或体积分数(%)来表示，其中包括加重材料、黏土及钻屑。

2.7.3.7 pH值

pH值的含义为钻井液中[H^+](质量浓度)的负对数，常用pH值的高低来衡量钻井液的酸度的大小。

pH =7时表示钻井液为中性；pH <7时为酸性；pH >7时为碱性。

2.7.4 常用钻井术语

2.7.4.1 井型

直井：井眼轴线大体沿铅垂方向，其井斜角、井底水平位移和全角变化率均在限定范围内的井。

定向井：沿着预先设计的井眼轨道，按既定的方向偏离井口垂线一定距离，钻达目标的井。

丛式井：在一个井场上或一个钻井平台上，有计划地钻出两口或两口以上的定向井(可含一口直井)。

2.7.4.2 定向井参数

靶心：由地质设计确定的定向井地下坐标点。

靶区：允许实钻井眼轴线进入目的层时偏离设计靶心的规定范围。

靶区半径：靶区圆的半径。

靶心距：设计靶心与实钻靶心水平投影的距离。

井斜角：井眼的中心线上某一点的切线(钻进方向)与该点铅垂线之间的夹角。

最大井斜角：在设计或实钻的井眼轴线上，全井井斜角的最大值。

方位角：井眼轴线上某一点的切线(钻进方向)在水平面上的投影线，与真北方向线之间的夹角(沿顺时针方向)。

闭合方位角：真北方位线与水平位移方向之间的夹角。

水平位移(闭合距)：井眼轨迹上某测点至井口垂线的距离。

造斜点：定向造斜起始的井深处。

造斜：利用造斜工具钻出一定方位的斜井段的工艺过程。

增斜：使井斜角不断增加的工艺过程。

降斜：使井斜角不断减小的工艺过程。

稳斜：使井斜角保持不变的工艺过程。

造斜工具：用于改变和控制井斜和方位的井下工具。

弯接头：一种与井底动力钻具配合，用于定向造斜的井下工具。外形为一个轴线弯曲的厚壁接头，其公螺纹轴线与母螺纹轴线有一夹角，该角一般为1°~3°。

井底动力钻具(井底马达)：装在井下钻具底部驱动钻头转动的动力机。

涡轮钻具：把钻井液的水力能经过叶轮转换成机械能的动力钻具。

螺杆钻具：把钻井液的水力能经过螺杆机构转换成机械能的动力钻具

定向接头：一种用于标记造斜工具面的接头。

无磁钻蜓：由导磁率近似于1的合金材料制成的钻挺。

2.7.4.3 钻井参数

是指钻进过程中可控制的参数，主要包括钻压、转速、钻井液性能、流量、泵压及其他水力学参数。

悬重和钻重：在充满钻井液的井内，钻柱在悬吊状态下指重表所指轴向载荷称为悬重(即钻柱重力减去浮力)；钻柱在钻进状态下指重表所指的轴向载荷称为钻重。

钻压：钻进时施加于钻头上的沿井眼前进方向上的力，为悬重与钻重的差值即钻压。

转速：指钻头的旋转速度，通常以转每分钟为单位。

泵压：也称立管压力，由钻井液泵

流量(排量)：单位时间内通过泵的排出口的液体量。通常以升每秒为单位。

机械钻速：钻头在单位时间内钻进的长度。通常以米每小时为单位。

钻时：钻进单位进尺所用的时间。通常以分钟每米为单位。

2.7.4.4 钻井工作状态

钻井工序：指钻井工艺过程的各个组成部分。一般包括钻前准备、钻进、取心、中途测试、测井、固井和完井等。

钻进：使用一定的破岩工具，不断地破碎井底岩石，加深井眼的过程。

划眼：在已钻井眼内为了修整井壁，清除附在井壁上的杂物，使井眼畅通无阻，边循环边旋转下放或上提钻柱的过程。分正划眼和倒划眼。

扩眼：用扩眼钻头扩大井眼直径的过程。

蹩钻：在钻进中钻头所受力矩不均，转盘转动异常的现象。

跳钻：钻进中钻头在井底工作不平稳使钻柱产生明显纵向振动的现象。

停钻：停止钻进。

顿钻：钻柱失控顿到井底或其他受阻位置的现象。

溜钻：钻进中送钻不均或失控而使钻柱下滑，出现瞬时过大钻压的现象。

打倒车：蹩钻严重时转盘发生倒转的现象。

通井：向井内下入带有通井接头或钻头的钻柱，使井眼保持畅通的作业。

放空：钻进中钻柱能无阻地送入一定长度的现象。

吊打：在钻头上施加很小的钻压钻进的过程。

纠斜：当井斜超过规定的限度时，采取措施使井斜角纠正到规定限度内的过程。

钻水泥塞：将注水泥或打水泥塞后留在套管或井眼内的凝固水泥钻掉的过程。

吊单根：将钻杆单根吊起放入小鼠洞内的操作。

接单根：当钻完方钻杆的有效长度时，将一根钻杆接到井内钻柱上使之加长的操作。

活动钻具：在钻井作业中，有时上提、下放或旋转钻柱的过程。

小起下钻：在钻进过程中，起出若干立柱钻杆，再将它们下入井内的作业。

起下钻：将井下的钻柱从井眼内起出来，称为起钻。将钻具下到井眼内称为下钻。整个过程称为起下钻。

甩钻具：将钻柱卸开成单根拉下钻台。

换钻头：通过起下钻更换钻头的作业。

灌钻井液：在起钻、下套管或井漏时向井内或套管内泵入钻井液，以保持井内充满。

循环钻井液：开泵将钻井液通过循环系统进行循环。

固井：对所钻成的裸眼井，通过下套管注水泥以封隔油气水层，加固井壁的工艺。

注水泥塞：在井内适当位置注入水泥浆形成水泥塞的作业。

挤水泥：将水泥浆挤入环空，在套管和地层之间形成密封的补救性注水泥作业。

候凝：下套管注水泥后等候水泥浆凝结。

2.7.4.5 常见井下事故

1. 卡钻事故

卡钻指钻柱在井内不能上提、下放或转动的现象。(卡钻包括泥包卡钻、砂桥卡钻、沉砂卡钻、键槽卡钻、垮塌卡钻、压差卡钻、小井眼卡钻、缩径卡钻、顿钻卡钻、落物卡钻、短路循环卡钻、水泥卡钻等)。

2. 钻具事故

井内的钻具扣被倒开，丝扣坏脱扣、滑扣、钻具断扣、本体刺坏以致被扭断，均称之为钻具事故。常见的钻具事故有钻杆、钻铤本体断；钻杆、钻铤滑扣与脱扣。

3. 钻头事故

在钻进过程中所发生的钻头事故，包括：牙轮钻头抹脖子、掉牙轮、蹩断牙爪、蹩断牙齿、蹩掉牙轮；刮刀钻头蹩断刀片、接头；PDC钻头脱落或人造聚晶金刚石、天然金刚石脱落等，统称为钻头事故。

4. 落物事故

物体(如钻具、钻井工具、手工具等)从井口掉入井内，就叫落物事故。

5. 井喷事故

溢流：井口返出的钻井液量比泵入量大，或停泵后井口钻井液自动外溢的现象。

井涌：溢流的进一步发展，钻井液涌出井口的现象。

井喷：地层流体(油、气或水)无控制地流入井内并喷出地面的现象。

井喷失控：井喷发生后，无法用常规方法控制井口而出现敞喷的现象称为井喷失控。

6. 顿钻与溜钻事故

顿钻事故：钻头没有接触井底，由于刹车系统失灵或者操作失误，导致钻具快速下放，钻头冲击井底。顿钻有可能造成的后果是钻头报废，牙轮钻头顿掉牙轮，巴掌涨大，钻具弯曲变形等井下事故。

溜钻事故：钻头在井底，由于操作失误或者刹车系统有问题造成刹不住车，导致钻压超出设计参数范围或者超出钻头设计范围。溜钻可能造成早期损坏，严重时造成牙轮钻头掉牙轮，一般溜钻之后立即起钻检查钻头情况。

7. 电测事故

完井或中完及中途电测时，发生的卡电缆、卡仪器、电测仪器落井和断电缆等事故均为电测事故。

8. 套管事故

在下套管或固井的过程中，套管发生断裂、套管丝扣脱落或套管下不去的事故，简称为套管事故。

2.7.4.6 其他方面

井口工具：钻台上用于井口操作的工具。包括大钳(吊钳)、吊卡、卡瓦、安全卡瓦、提升短节、钻头装卸器、旋接器等。

指重表：反映大钩上载荷变化情况的仪表，它可显示悬重、钻重和钻压。

方入和方余：在钻进过程中，方钻杆在转盘补心面以下的长度称为方入；在补心面以上的方钻杆有效长度称为方余。

进尺：钻头钻进的累计长度。

测深(斜深、井深)：自钻机转盘面(参照点)至井内某测点间的井眼轴线的实测长度。

垂深：井眼轴线上某测点至井口转盘面所在水平面的垂直距离。

环空：井中下有管柱时，井壁与管柱或管柱与管柱之间的圆环形截面的柱状空间。

井身结构：指的是钻头钻深、相应井段的钻头直径、下入的套管层数、直径及深度、各层套管外的水泥返高以及人工井底等。

人工井底：设计的最下部油层下的阻流环或水泥塞面。

小鼠洞：位于井口的正前方，用于预先放置钻杆单根的洞，以加快接单根操作。

大鼠洞：当不使用方钻杆而从大钩上卸下时，用于放置方钻杆和水龙头的洞，位于钻台左前方井架大腿与井口的连线上。

井漏：钻井过程中，井筒内钻井液或其他介质(固井水泥浆等)漏入地层孔隙、裂缝等空间的现象。

卡点：被卡钻柱最上点。

落鱼：因事故留在井内的钻具。

鱼顶：落鱼的顶端。

鱼尾：落鱼的底端。

鱼顶井深：鱼顶距转盘面的距离。

鱼尾井深：鱼尾距转盘面的距离。

鱼长：落鱼的长度。

稳定器：一种中间局部外径加大、具有控制稳定钻具轴线作用的下部钻具组合的工具。结构上分为直、螺旋和辊子三种形式。

减振器：一种安装在钻柱上的，能吸收来自井底产生的垂直和旋转振动的工具。

震击器：能产生向上或向下冲击震动的工具。

2.8 测井基础知识

所谓测井就是利用不同的下井仪器沿井身连续测量地质剖面上各种岩石的地球物理参数的过程。沿井身测量随深度连续变化的某种物理量曲线，称为测井曲线。

测井资料应用于油田勘探开发的全过程，主要作用有：分析岩石性质，确定地层界面；计算岩石及矿物成分，绘制岩性剖面图；计算孔隙度、渗透率、饱和度等储层参数，划分油层、气层、水层，进行储层综合评价；编制柱状剖面图，岩心归位，地层对比；研究地层构造、断层和沉积相；研究油气藏和油、气、水分布规律，计算油气储量和制订油田开发方案；确定井眼的倾斜状况、方位和几何形态；计算平均井径，检查固井质量；确定下套管的深度和水泥上返高度；估计地层孔隙流体压力和岩石的破裂压力梯度；进行油田射孔，测量生产剖面和吸水剖面，判断水淹层及水淹状况，检查射孔、酸化、压裂效果。

2.8.1 常用测井项目

2.8.1.1 自然电位测井

自然电位测井就是将一测量电极 M 放入井中，另一个测量电极 N 放在地面上(相当于接地)，在不存在任何人工电场的情况下，使 M 电极由下向上沿井筒移动，用测量电位差的仪器测量出一条 M 电极相对 N 电极之间的井内自然电位差变化曲线。

自然电位测井的主要应用是：①划分孔隙性、渗透性地层；②判断地层岩性，进行地层对比；③定性估计渗透性地层的黏土(泥质)含量；④确定地层水电阻率；⑤判断水淹层位。在相同岩性条件下，还可定性判断砂岩储集层的油水界面。

2.8.1.2 普通电阻率测井

普通电阻率测井是指各种尺寸的梯度电极系(不成对电极到其相邻的成对电极之间距离 AM 大于成对电极之间的距离 MN，这种电极称为梯度电极系)和电位电极系(不成对电极到相邻的成对电极之间的距离小于成对电极之间的距离，则称为电位电极)组成的测井方法，目前仍保留了 2.5 米底部梯度(IN250B)、4 米底部梯度(IN400B)等普通电阻率测井方法。

普通电阻率测井主要功能：

① 划分岩性确定岩层界面：可将井剖面划分为高阻层和低阻层，结合本区地质特征和其他资料划分岩性，如砂泥岩剖面中，一般高阻层为砂岩，低阻层为泥岩或含盐水砂层(自然电位异常时)。一般情况下，在底部梯度曲线上，高阻层底面为极大值，顶面为极小值，顶部梯度则相反。

② 近似估计地层电阻率：一般可用短电极曲线的平均值估计储层侵入带电阻率，用长电极曲线的极大值(薄层)或平均值(厚度达 4 ~5 倍的电极距)估计储层原始地层电阻率。

③ 粗略判断油气水层：主要看长电极曲线。在岩性、地层水电阻率基本相同的井段内，储集层电阻率最低或较低者为水层，一般情况下，电阻率高于水层 3 ~5 倍者为油气层。

④ 进行地层对比：依据曲线形态特征及其组合关系，可以进行地层对比，判断地层层位。

2.8.1.3 侧向测井

侧向测井又叫聚焦测井，该方法属于电流型聚焦地层电阻率测井。各种侧向测井方法和仪器都是由一个主电极和一组与主电极对称且供以相同极性电流的屏蔽电极组成，屏蔽电极的作用是迫使主电极测量电流径向流入地层，以减少钻井液和围岩对测量电流的分流影响，从而达到提高纵向分辨率和地层电阻率测量精度的目的。

侧向测井资料可以用来定量计算钻井液冲洗带、侵入带半径、地层真电阻率和含油饱和度等储层参数，判断岩性、储层流体性质，进行地层对比，判断地层层位。

2.8.1.4 感应测井

属于电磁聚焦型地层电导率测井。它利用电磁感应原理和电磁场几何因子理论来测量地层的电导率。感应测井技术适用于中低电阻率地层，低矿化度钻井液测井环境和采用油基钻井液或空气钻井的井。感应测井的用途与侧向测井基本相同，只是适用条件有所不同。其最大优点是具有更好的径向分辨率。

2.8.1.5 微电阻率测井

微电阻率测井是在充满导电钻井液的井眼中，采用贴靠井壁的极板电极系测量电阻率的测井方法。微电阻率测井曲线的应用：

划分岩性和储集层：微电极曲线幅度低值，无幅度差或只有很小的正幅度差或负幅度差，曲线平直的为泥岩；幅度中等，明显正幅度差的为渗透性砂岩；明显高幅度，无幅度差或只有很小的正幅度差或负幅度差，薄层呈尖峰状的为致密砂岩或致密碳酸盐岩。

确定岩层界面、扣除非渗透层：一般用微电位电阻率异常半幅点确定岩层界面。微电极曲线有高尖峰显示，尖峰根部厚度为致密夹层厚度；微电极曲线幅度明显下降，明显低于砂岩，微电位低阻异常的半幅点宽为泥质夹层的厚度。

确定井径扩大的井段：微电阻率测井曲线幅度很低。等于或接近井下钻井液电阻率时，该井段井眼扩大严重。

确定冲洗带电阻率和泥饼厚度。

2.8.1.6 声波时差测井

不同的地层中，声波的传播速度是不同的。声波速度测井仪在井下通过探头发射声波，声波由泥浆向地层传播，其记录的是声波通过 1 米地层所需的时间 Δt（取决于岩性和孔隙度）随深度变化的曲线。

声波速度测井曲线的应用：

① 直观判断划分岩性，由于不同的岩层具有不同的声波传播速度，所以可根据声波速度测井曲线划分岩层。如碳酸盐地层中灰岩和白云岩时差最低，砾岩层一般为低时差，无水石膏为低时差，泥岩层显示为高时差，页岩介于砂岩与泥岩之间，岩盐层为高时差。

② 确定岩性和孔隙度，声波速度测井是常用的岩性－孔隙度测井方法之一，通过建立声波速度测井响应方程计算地层岩性和孔隙度。

③ 气层和裂缝的识别。

2.8.1.7 自然伽玛测井

自然伽玛测井是测量地层岩石中总天然射线能量的一种测井方法。自然伽玛探测器阳极在高压电源作用下，探测自然伽玛强度，并将其转变为电脉冲，通过前置放大器由电缆送到地面线性放大器、鉴定器，计数后进行记录，便可得到自然伽玛曲线。

自然伽玛测井曲线的主要应用于计算地层泥质含量，划分岩性，判断地层界面，地层对比，油层套管射孔跟踪等方面。

2.8.1.8 密度测井

密度测井是通过测定井下岩石体积密度值来研究岩石特性和孔隙的核测井方法。密度测井也称伽玛—伽玛测井，它利用同位素伽玛射线源向地层辐射伽玛射线，再用与伽玛源相隔一定距离的探测器来测量经过地层散射、吸收之后到达探测器的伽玛射线强度。

岩性密度测井曲线的应用于快速直观解释岩性，计算地层矿物成分和孔隙度，计算岩石视骨架参数，划分裂缝带，与中子孔隙度结合确定气层。

2.8.1.9 中子伽玛测井

中子伽玛测井是采用同位素强中子源发射快中子连续照射井剖面，在离中子源一定距离的位置上设置中子伽玛射线探测器，并用高密度材料屏蔽中子源的直接辐射。中子源发射的快中子经与地层氢原子多次碰撞后减速为热中子，中子伽玛射线探测器连续测定从地层反射到探测器的中子伽玛射线强度，并以电脉冲形式经电子线路放大，整形后由电缆传送到地面放射性极板转换与脉冲计数率成正比的直流电压，然后由测量仪测量，并用示波仪加以记录而得到中子伽玛测井曲线。由于探测器记录的中子数量或原子俘获热中子的吸收特性，主要与岩石含氢量有关，而储集层的含氢量又取决于它的孔隙度，所以含氢量多少将反映岩层孔隙度大小。

中子伽玛测井曲线的应用：划分岩性，寻找和研究气层，计算低孔隙度碳酸盐岩地层孔隙度。

2.8.1.10 井温测井

井温测井通常采用电阻式井温仪，测井原理类似于普通视电阻率测井，采用供电和测量线路，将流体温度的变化转变为电位的变化。当井温仪在温度为 T_0 的介质中时，位于电桥臂上的电阻值相等，在电桥臂两端有 M 点和 N 点的电位相等，这时电桥处于平衡。当井内温度变化时，使电桥失去平衡，M、N 之间出现电位差 ΔU_{MN} 的变化，就可直接记录井内温度 T 沿井身自上而下随深度变化的井温曲线。

井温测井的应用于：确定气层、漏失层及水泥面位置(温度降低)；确定产液层位置(温度升高处)；利用地温梯度寻找产油或注水的最大深度。

2.8.1.11 声波变密度测井

声波变密度测井是评价固井水泥胶结质量的测井方法，它记录超声波经套管、水泥环和地层返回的波列。当波列中地层波较强时说明套管、水泥环与地层均胶结良好；当波列中水泥环波较强时，说明套管与水泥环胶结良好，而水泥环与地层胶结较差；当波列中套管波较强时，说明水泥环与套管、地层均未胶结，或无水泥环，是固井质量最差的一种显示。

2.8.2 解释方法

2.8.2.1 识别划分渗透层方法

渗透层一般特征：“电阻率凸起来、微电极出平台、自然电位掉下来”。分层方法：侧向曲线 1/3 根处(即斜率最大处)、自然电位半幅点、自然伽玛斜率最大处、微电极变化最陡处等方法。

2.8.2.2 纵向测井曲线特征比较法评价

纵向上按“标准水层”特征寻找“标准水层”，将渗透层深探测电阻率 R_t 与邻近“标准水层”深探测电阻率 R_w 相比较，一般 $R_t/R_w>2.5$ 时为油气层。将渗透层自然电位幅度差异进行纵向比较，一般油气层的自然电位负差异小于水层的差异幅度。将岩性纵向对比，岩性细、孔隙度大者有可能为油气层。

2.8.2.3 横向曲线特征分析法评价

1. 径向电阻率比较法

径向电阻率比值法的实质是把深部(未侵入部分)和浅部(泥浆滤液侵入部分)的视地层因素进行对比。因为侵入到地层中的泥浆滤液和地层水电阻率可能并不相同，因此通过不同探测深度的电阻率仪器，测出不同地层电阻率和冲洗带电阻率，通过对比不同探测电阻率来研究地层含油情况。一般情况下，冲洗带地层电阻率 R_{XO}(flushed zone formation resistivity)与浅双侧向电阻率 R_s(shallow investigate double lateral resistivity log)、深双侧向电阻率 R_d(deep investigate double lateral resistivity log)三条电阻率的差异是：对于淡水泥浆，亲水性岩石储层，水层显示为高侵特征，即 $R_{XO} > R_S > R_d$；而油层显示为低侵特征，即 $R_{XO} < R_S < R_d$。

2. 电阻率－声波时差镜像特征法(凸凹原理)

电阻率－声波时差

油气层：电阻率呈高阻，在电阻率曲线为“凸”特征，声波时差呈现高值，在声波时差曲线呈现“凹”的特征，自然电位有异常，自然伽玛呈低值，在自然伽玛曲线呈现“凹”的特征。

水层：电阻率呈低阻，在电阻率曲线为“凹”特征；声波时差呈现高值，在声波时差曲线呈现“凹”的特征；自然电位有异常，自然伽玛呈低值，自然伽玛曲线呈现“凹”的特征。

干层：电阻率呈高阻，在电阻率曲线为“凸”特征，声波时差呈现低值，在声波时差曲线呈现“凸”的特征，自然电位无异常或异常幅度低，自然伽玛呈低值，在自然伽玛曲线呈现“凹”的特征。或电阻率呈低阻，在电阻率曲线为“凹”特征，声波时差呈现高值，在声波时差曲线呈现“凹”的特征，自然电位无异常或异常幅度低，自然伽玛呈高值，在自然伽玛曲线呈现“凸”的特征。

3. 密度曲线－中子孔隙度曲线重叠法识别气层

将两条曲线刻度在同一记录道内，在声波－中子伽马重叠曲线上，含气储集层，中子测井显示低孔隙度，密度显示孔隙度增大，重叠图上出现明显的幅度差，而油层和水层则基本上重合。

4. 时间推移测井曲线比较法

电阻率时间推移测井进行油水层识别，其依据是淡水泥浆条件下，对于水层而言，随着时间的延迟，由于增阻侵入而使深侧向电阻率数值逐渐增高；而油气层则刚好相反，深侧向电阻率数值逐渐降低。另外，随着时间的推移，深中浅三电阻率差异的变化也更加明显。

5. 套后补偿中子测井行识别气层法

套后(下套管后)补偿中子进行气层识别的理论依据是，对于纯砂岩气层，泥浆的侵入使气被迫推向远离井眼的地层中，裸眼井补偿中子孔隙度受剩余气的影响视冲洗程度的大小而定，下套管后，由于地层流体的重新分布，使气体在一定的时间内由深部地层返回到套管附近，这时补偿中子孔隙度因受气的影响而减小，理论上，将套前、套后的补偿中子测井资料以一定的方法进行比较，就可以进行气层识别。

2.8.2.4 典型油气水层测井曲线特征

油气水层测井曲线特征见表2－8－1。

表 2-8-1　油气水层测井曲线的定性及快速直观特征

测井特征 层别	定性特征								快速直观特征	
	视电阻率及侵入特征	深探测电阻率	自然电位	微电极	自然伽玛	中子伽玛	声波时差	井径	自然电位重叠法	可动水法
气层	高侵减阻侵入($R_{mf}>R_w$)	高值	负异常	正幅度差高~中值	低于围岩	高于油层	明显高值，出现周波跳跃	一般小于钻头直径	(R_{xo}/R_t)小于 S_P	S_w 与 S_{wi}一致
油层	高侵减阻侵入($R_{mf}>R_w$)	较高值相当于水层3倍	负异常	正幅度差高~中值	低于围岩	低于气层	中~高值	一般小于钻头直径	(R_{xo}/R_t)小于 S_P	S_w 与 S_{wi}一致
淡水层	低值明显增阻侵入	低值	负异常大于油层	正幅度差低值	低于围岩	略高于油层	中~高值	一般小于钻头直径	(R_{xo}/R_t)与 S_P 一致	S_w 大于 S_{wi}
盐水层	中低值	中低值	一般为较小负异常	正幅度差中低值	低于围岩	与油层相似	中~高值			

注：S_w 地层水饱和度，S_{wi}束缚水饱和度，S_{xo}侵入带含水饱和度，R_{xo}侵入带电阻率，R_t 地层电阻率，S_P 自然电位。

2.9　其他录井技术

2.9.1　常规地质录井技术

包括钻时录井、岩屑录井、岩心录井、荧光录井等常规录井技术。

1. 钻时录井

钻时是指每钻进一定厚度的岩层所需要的时间，通常1米记录一次，单位为min/m，是钻速(m/h)的倒数。把记录的钻时绘成曲线，对比分析所钻地层岩性变化称为钻时录井。

以纵坐标代表井深．以横坐标代表钻时，将每个钻时点按纵横比例尺点在图上，连接各点即成为钻时曲线：纵比例尺一般采用1∶500，以便与测井标准曲线对比和岩屑归位。

利用钻时曲线，可定性判断岩性，解释地层剖面。当其他条件不变时，钻时的变化反映了岩性差别，疏松含油砂岩钻时最低，普通砂岩较低，泥岩、石灰岩较高。对于碳酸盐岩地层，利用钻时曲线可以判断缝洞发育井段。如突然发生钻时变低，钻具放空现象，说明井下可能遇到缝洞层：应该指出的是，同一岩类，随其埋藏深度和岩石胶结程度等不同，反映在钻时曲线上也各不相同。在尚未测井的井段，根据钻时曲线结合录井剖面，可以进行地层划分和对比。

2. 岩屑录井

在钻井过程中，地质人员按照一定的取样间距和迟到时间，连续收集与观察岩屑并恢复地下地质剖面的过程，称为岩屑录井。

工作流程包括捞取岩屑、清洗岩屑、荧光直照、岩屑鉴别、岩屑描述等，通过岩屑录井可以掌握井下地层层序、岩性、初步了解地层含油气水情况。由于岩屑录井具有成本低，简便易行，了解地下情况及时和资料系统性强等优点，因此在油气田勘探、开发过程，此种录井方法被广泛采用。

3. 岩心录井

在钻井过程中利用取心工具，将地下岩石取上来，进行整理、描述、分析，获取地层的各项地质资料，恢复原始地层剖面的过程叫岩心录井。

岩心是最直观、最可靠地反映地下地质特征的第一性资料。通过岩心的分析，可以研究古生物特征，确定地层时代，进行地层对比；研究储层岩性，物性、电性、含油性的关系；了解生油特征及其地化指标；观察岩心岩性、沉积构造，判断沉积环境；了解构造和断裂情况，如地层倾角、地层接触关系，断层位置；检查开发效果，了解开发过程中所必须的资料数据。

4. 荧光录井

石油和大部分石油产品，在紫外光照射下会发出荧光，荧光录井是应用石油这一物理性质发展起来的一种录井方法。通过检查岩屑的荧光颜色，确定其含量、产状、含油级别，估算荧光岩屑的百分含量，并填写荧光记录，称为荧光录井。

现场常用荧光直照、荧光滴照、系列对比等荧光分析方法。

2.9.2 定量荧光录井技术

定量荧光录井是根据石油的荧光性，将现场采集的岩石样品，使用荧光分析仪器测定荧光强弱的方法。定量荧光录井可以分为二维荧光录井和三维荧光录井。

定量荧光仪是利用了石油的荧光性。石油在紫外光照射下可以发射荧光。在一定的浓度范围内，发射光强度与样品中石油或沥青质的浓度呈线性关系。荧光录井就是利用石油的荧光性，通过对样品荧光强度的观测，定出样品的含油级别，达到对储集层进行含油性评价的目的。定量荧光录井以数值的形式表示出样品的荧光强度，实现了荧光录井由传统的定性到定量的质的飞跃。

三维荧光录井仪能提供二维或三维的荧光图谱，信息量更大，能连续激发和接收，做某一对应波长区域组的荧光图谱，能更准确、更全面地反映样品的荧光特性。

2.9.3 核磁共振录井技术

核磁共振录井技术主要是利用氢核在已知磁场中的核磁共振现象，来探测地层孔隙与流体特征的一种录井方法。将岩石样品置入一个静磁场及一个振荡磁场中，当岩石孔隙内油或水中的氢原子核被激发后吸收能量，满足共振条件时，产生核磁共振现象。当固体表面性质和流体性质相同或相似时，横向弛豫时间 T_2 的差异主要反映岩样内孔隙大小差异，孔隙越大氢核越多，核磁共振信号越强，衰减越慢，对应的弛豫时间 T_2 越长。

核磁共振录井采用了与现代核磁测井相同的 T_2 谱技术，实现了岩石物性分析从室内到钻井现场的迁移。

核磁共振录井可以分析检测岩石孔隙内的流体性质、流体量，以及流体与岩石多孔介质固体表面之间的相互作用，快速获取孔隙度、渗透率、流体饱和度、可动流体、束缚流体以及含油饱和度等物性参数。

2.9.4 热解气相色谱分析录井技术

热解气相色谱仪的工作原理是：将储集岩样品置于进样舟内，热蒸发至 310～320℃，样品中的烃类物质汽化后被载气带入色谱柱中，由于样品中的各组分在色谱柱中的气相、固相间的分配系数不同，组分便在其中的两相间进行反复多次的分配、解析，经FID检测，电信号进入微机进行处理，便得到了所检测的烃类物质的组成图谱及相关数据。用来评价储层性质、原油性质，进行油源对比和剩余油评价。

2.9.5 岩石热解地化录井技术

岩石热解地化录井是在特殊裂解炉中对定量的生油岩和储油岩样品进行程序升温热解，使岩石样品中的烃类和干酪根(生油母质)在不同温度范围内挥发和裂解，通过载气(H_2或He)的吹洗使其与岩石样品实现物理分离，由载气携带直接进入氢焰离子化检测器进行定量检测。检测到S_0、S_1、S_2值及T_{max}值，来解释评价储层的油气水性质。

其功能主要是储集层评价和烃源岩(生油岩)评价。

2.9.6 轻烃色谱录井技术

轻烃色谱技术是利用气相色谱分析法分析岩屑样品或岩屑泥浆混合样密闭顶空气中的轻烃组分，并根据这些轻烃组分的沸点、溶解度、化学稳定性等物理化学性质在不同环境或不同储层性质条件下的变化规律来判别和研究储集层性质。

轻烃分析技术是一种新的色谱分析技术，所分析的烃组分包含C_1到C_9正构、异构、环烃、芳烃四大组分，约103个色谱峰，经数据处理，可以获得各峰对应单体轻烃组分的绝对含量和相对含量。

应用轻烃色谱录井技术，可以评价烃源岩的成熟度和有机质质量、解释油气水层、判识混油钻井液条件下的真假油气显示、判断地层原油的生物降解和热演化程度。在油气层解释中尤以砂砾岩体储集层和低渗透储集层效果较好。同时，可以利用轻烃丰度、组成和特征参数的变化评价水淹层。

2.9.7 X射线元素录井技术

通常把X射线照射在物质上而产生的次级X射线叫X射线荧光(X－Ray Fluorescence)，基于测量X射线荧光的波长及强度以进行定性和定量分析的方法，称为X射线荧光分析法(XRF)。采用X射线荧光分析法的录井技术，因其功能主要为确定岩石中的元素组成和含量，通称为X射线元素录井技术。

X射线元素录井技术就是利用X射线荧光分析仪器，分析石油钻井中的岩心、岩屑的化学元素种类和含量，并以岩石地球化学理论为指导，根据元素信息进行岩性识别和地层评价的随钻地质分析技术。

岩石一般有O、Si、Al、Fe、Ca、Mg、K、Na、Ti、C、H、S、Ba、Cl、F、Mn、P等十余种元素。不同元素有自己的特征X射线(X荧光)光谱。因此可用X射线荧光方法对岩石的化学成分作定性和定量鉴定，获取岩石中的各种地质信息，用于辅助识别岩性，划分岩性界面。

2.9.8 X衍射录井技术

X射线衍射分析(X－Ray Diffraction，缩写为XRD)的原理是，衍射线的相对强度与晶体的组成、结构及衍射线的方向有关。用已知波长的X射线，系统测定样品不同面网的衍射角与相对强度数据，对比专门资料，便可鉴定矿物。采用X射线衍射分析法的录井技术，定义为 X 衍射录井技术。

X 射线衍射录井技术的功能是对样品进行 X 射线衍射全岩分析获得样品的矿物组成，包括石英、长石、方解石、黏土等，根据矿物组合获得测试样品的岩石名称，评价岩石性质。

X 射线衍射录井技术的出现，为克服传统录井岩性识别主要是通过人的肉眼直接观察或借助光学仪器观察产生的局限性提供了新的渠道，可以识别复杂岩性，分析地层脆性矿物含量，在非常规油气勘探中发挥重要作用。

第三章　综合录井仪

3.1　综合录井仪原理及组成

综合录井技术是在钻进过程中应用电子技术、计算机技术、气体分析技术、网络通信技术及传感器技术，在随钻施工作业中，通过钻机相关部位安装的传感器，将相应变化的物理量转换成电信号，借助分析仪器、计算机和相应解释图版对油气地质、钻井工程及其他随钻信息进行分析处理，进而达到对钻遇地层含油气性评价、地层压力预测及钻井安全监控的一项随钻石油勘探技术。

综合录井仪由仪器房、电源系统、传感器系统、数据采集处理系统、气体分析系统、计算机系统、地质仪器和配套设备组成完整的仪器系统，图 3－1－1 为综合录井仪组成原理图。

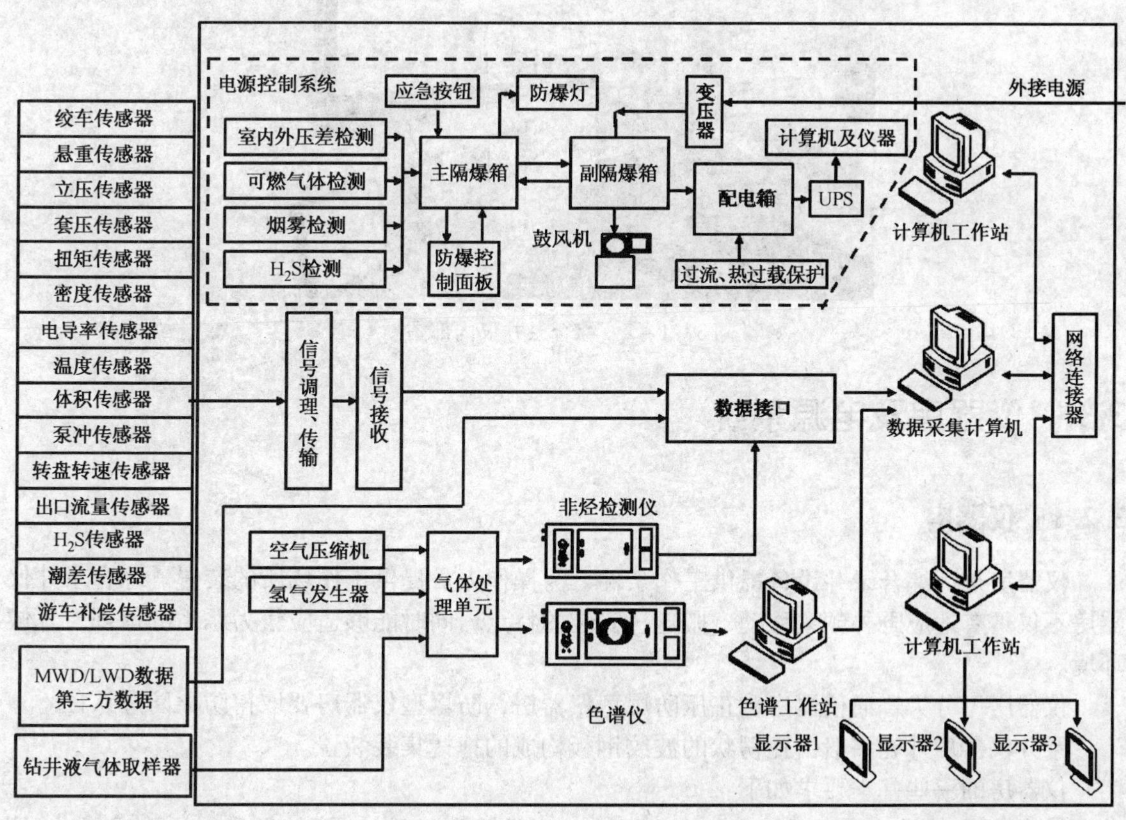

图 3－1－1　综合录井仪组成原理图

综合录井仪器具体包括：

① 仪器房，由照明系统、办公设备、空调系统等组成。

② 电源系统，由隔离变压器、强电配电箱、不间断电源等组成。

③ 防爆系统，由增压系统、隔离安全栅、可燃性气体探测器，烟雾、温度探测器，压差传感器及安全控制装置等组成。

④ 传感器系统，由绞车(大钩位移)传感器、潮差传感器和游车补偿传感器(海上录井仪使用)、大钩负荷传感器、立管压力传感器、套管压力传感器、泵冲传感器、转盘转速传感器、转盘扭矩(机械扭矩、电扭矩)传感器、出口流量传感器、硫化氢检测传感器、出入口钻井液温度传感器、出入口钻井液密度传感器、出入口钻井液电导率传感器、钻井液池体积传感器等组成。

⑤ 数据采集处理系统，由信号采集和信号处理单元组成。

⑥ 气体分析系统，由天然气总烃检测仪、天然气组分分析仪、非烃组分分析仪等组成。

⑦ 计算机系统，由采集计算机、处理计算机、终端监视器和综合录井软件组成。记录设备，由打印机或记录仪组成。

⑧ 地质分析仪器及辅助设备，由碳酸盐岩分析仪、泥页岩密度测定仪、热真空蒸馏脱气器、双目显微镜、荧光灯、氢气发生器，空压机。

图3-1-2为综合录井仪内部图。

图3-1-2　综合录井仪内部图

3.2　仪器房及电源系统

3.2.1　仪器房

仪器房是为综合录井设备提供工作条件，为操作人员提供工作场所的装置。综合录井仪器房不仅具有适应野外频繁移动、搬迁、安装的特点，同时能够适应较为恶劣的地理、气候环境。

仪器房可分为普通仪器房和正压防爆型仪器房，防爆型仪器房要取得防火防爆认证。

录井仪器房外壳一般由瓦楞状的波纹钢板构成的拖撬集装装置。

仪器房的一些基本要求如下：

① 仪器房的尺寸适合于陆上、海上运输，一般长约6~9m，宽约2.5m，高约2.8m，四侧面采用波纹钢板。顶、底采用平板钢，底部多为工字钢爬犁底座，可用以拖动移动。上部四角设置标准集装箱吊运角件，供装卸使用。

② 正面设有仪器房门(防火门)，为主通道。背面(或侧面)设有直推式外开门应急逃生出口一个。一般该出口位于仪器房门对角线位置，一旦发生险情，仪器房正门封堵时，工作

人员可以从此出口撤离。

③ 仪器房侧面设有电缆引入口，用以通过电缆及管线。

④ 仪器房前端处设通风出口风闸，进行整个室内通风，出气口采用集装箱式换气口，并具有单向换气功能。有效的解决仪器房室内空气污浊、不流通的现象。

⑤ 仪器房正面设有观察窗。观察窗位于房体侧墙壁上，便于工作人员在仪器房内观察井场工作动态。

⑥ 仪器房设有防尘内门，以保持室内清洁，保护仪器。

⑦ 仪器房使用的空调为冷暖双功能空调，以维持仪器房室温稳定。空调室外散热器具有防爆功能并安装在仪器房外。

⑧ 仪器房具有照明设施，便于设备维护、检查。

⑨ 仪器房内有相应的办公设施。

⑩ 仪器主机集中安装在机柜中，安装于机柜的设备大部分采用导轨与机柜连接，机柜装有减震装置，能抗冲击、震动，确保仪器经运输后能正常工作。

⑪ 仪器房配电系统，各种电源(经隔离变压器、稳压器、不间断电源装置)分布在仪器房内，插座类型可满足各种用电设备的使用。

3.2.2 电源系统

综合录井仪为适应钻井现场供电情况和外围设备的保护需要，提供了一套完整的强电配电系统，保证了仪器在野外恶劣的供电条件下能稳定可靠的运行。

① 通常配备隔离变压器，具有输入电压选择功能、可适应交流 220V/380V/440V 供电输入要求。

② 一般设置有过载、断路、漏电、短路保护、缺相安全保护及报警装置，具有整机的过载、断路、漏电、短路保护、缺相安全保护和报警功能。

③ 一般设置有避雷装置，有效防止雷击。

④ 配备 UPS 不间断电源，确保关键装置在断电情况下能正常运行，通常不间断电源续电时间≥20min。

⑤ 仪器房内配备有多种电源插座，提供多种供电形式，以适应各种用电设备。

3.2.2.1 组成

综合录井仪型号较多，不同厂家生产的综合录井仪其电源控制和流程虽然有区别，但是基本原理及功能相同，电源系统一般由电源输入、隔离变压器、配电系统、UPS(不间断电源系统)、接地保护等组成(图 3-2-1)。

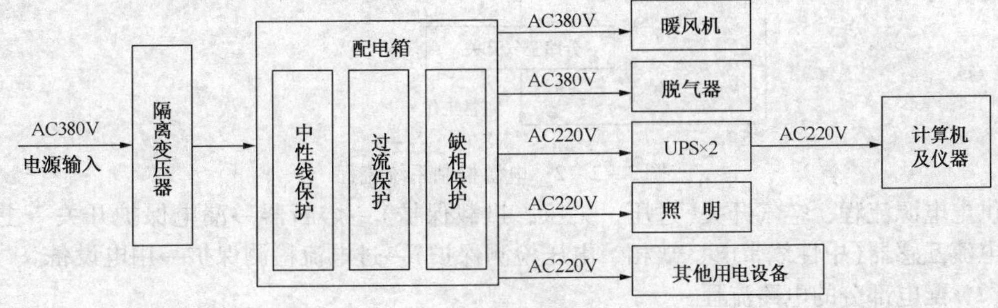

图 3-2-1 仪器房供电示意图

1. 电源输入

综合录井仪输入主电源是由外电源的三相四线制(A、B、C、N)或三相三线制(A、B、C)供电电源进入录井仪器房的配电箱内，通常电源电压为交流380V、50Hz，也有交流220V、440V，60Hz等不同的供电方式。综合录井仪在钻井现场大多使用钻井队发电机供电，极少数情况下用工业电网供电，仪器供电功率一般在20kW左右。

2. 隔离变压器

综合录井仪电源隔离变压器可以适应不同电压的供电系统，使外电输入端与仪器内部的电气完全绝缘，隔离变压器对地悬浮，只能用在供电范围较小、线路较短的场合，此时，系统的对地电容电流小得不足以对人身造成伤害，可以起到保护的作用。隔离变压器铁芯的高频损耗大，从而抑制了高频杂波传入控制回路，可以在一定程度上抑制从电源输入端进来的不稳定或破坏性因素，隔离危险电压，起到保护仪器的作用。

3. 电源配电系统

综合录井仪电源系统通常有过压、欠压、断相、过载、零线带电等保护装置。下文以某型综合录井仪配电系统为例进行说明。

(1) 电源控制系统流程

配电箱内电路原理如图3-2-2所示。

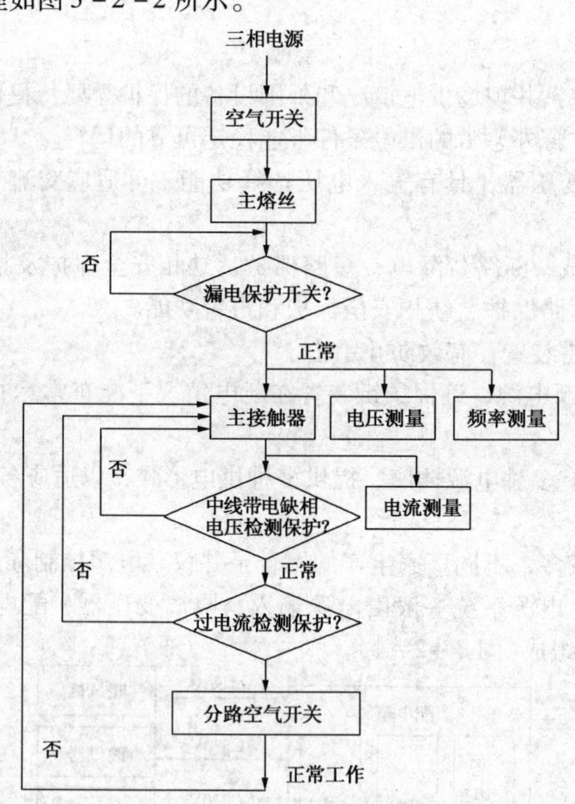

图3-2-2　电源控制系统流程

供电电源流程：空气开关(过压、欠压、过载保护)→熔断器→漏电保护开关→主接触器→电流互感器(中性线带电、缺相、电压检测保护)→过电流检测保护→用电设备。

(2) 配电部分的电路流程

配电部分的各分电路流程如图3-2-3所示。

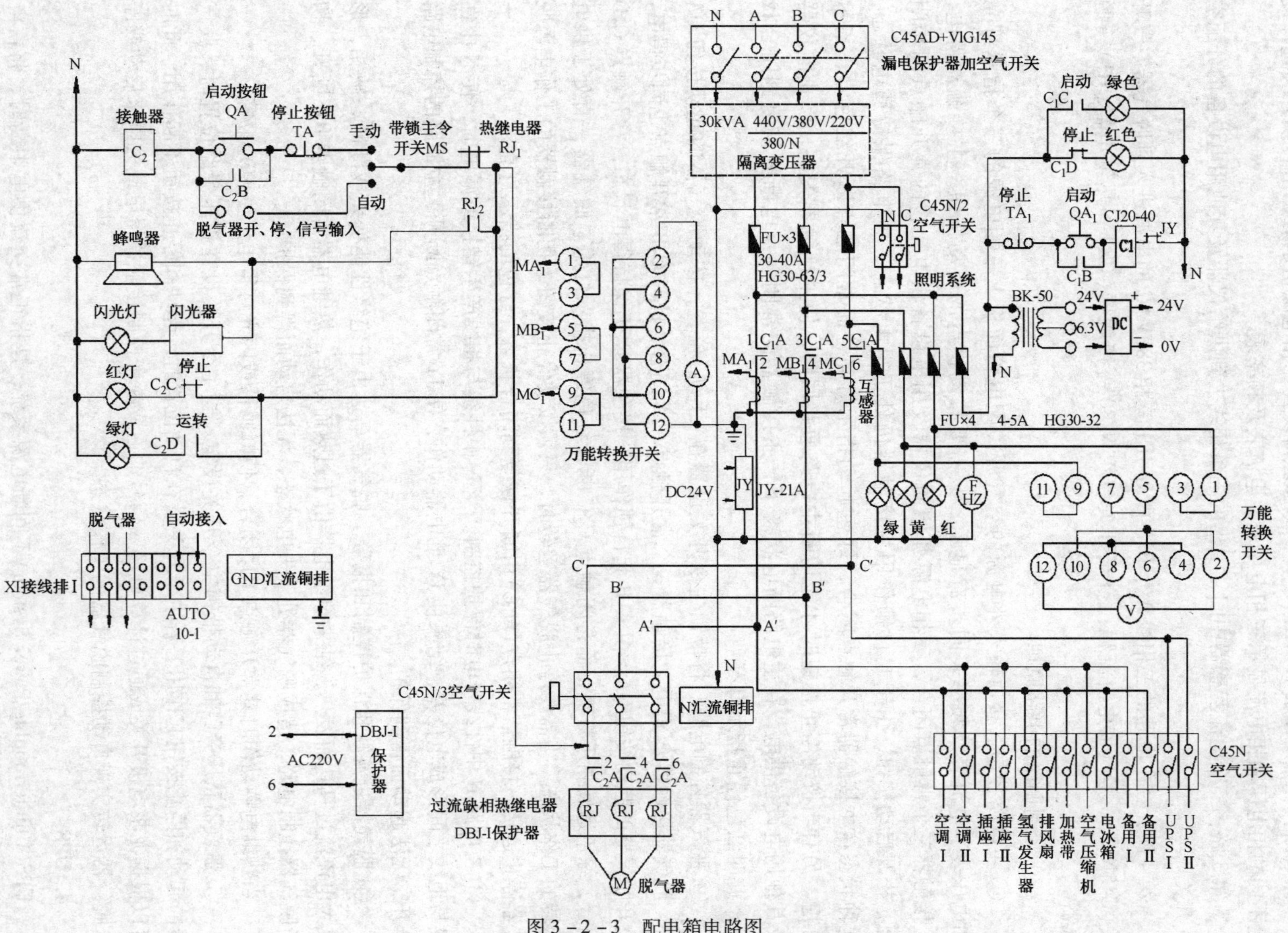
N
接触器
启动按钮
QA
停止按钮
TA
手动
带锁主令
开关MS
热继电器
自动
脱气器开、停、信号输入
蜂鸣器
闪光灯
闪光器
红灯
停止
绿灯
运转
万能转换开关
脱气器
自动接入
XI接线排 I
AUTO
10-1
GND汇流铜排
C45AD+VIG145
漏电保护器加空气开关
30kVA 440V/380V/220V
380/N
隔离变压器
FU×3
30-40A
HG30-63/3
C45N/2
空气开关
照明系统
互感器
FU×4 4-5A HG30-32
DC24V
JY-21A
绿
黄
红
启动
绿色
停止
红色
停止
启动
CJ20-40
BK-50
24V
6.3V
0V
DC
万能
转换
开关
C45N/3空气开关
N汇流铜排
DBJ-I
保护器
AC220V
过流缺相热继电器
DBJ-I保护器
脱气器
C45N
空气开关
空调 I
空调 II
插座 I
插座 II
氢气发生器
排风扇
加热带
空气压缩机
电冰箱
备用 I
备用 II
UPS I
UPS II
图 3－2－3 配电箱电路图

第 1 路：主熔断器前由相线和中性线引出交流 220V 去照明系统的空气开关及熔断器。

第 2 路：在主熔断器后引出 A、B、C 三条相线去三相电源指示灯和由转换开关选择设定不同的相电压和相电流显示三相电压表、电流表及频率表。

第 3 路：三个电流互感器中间，引出的三条相线去到供给仪器及其他用电设备的分配空气开关。

第 4 路：在主电路的三相线 A′、B′、C′处引出三相 380VAC 的电源进入到脱气器空气开关(C45N/3)；脱气器电流流程：空气开关(C45N/3)→接触器(CZ)→热继电器(RJ)→脱气器。

(3) 控制回路的电路原理

① 主电路控制。接通输入外电源的空气开关配电箱面板上三相电源的三个指示灯亮和电压表、电流表及频率表同步有显示。只需要按动供电的启动按钮，主接触器得电，主接触器三个常触点闭合，三相电源开始向仪器及用电设备供电，它的常开触点同步闭合，松开启动按钮，由于起自锁作用主接触器仍处于得电状态，主电路保持通电状态，这种状态在主接触器常开触点闭合，绿色起动指示灯亮，而常闭触点断开红色停止指示灯熄。另有当按动停止按钮时才能切断主电路通路回路，使主接触器失电，停止向仪器及其他用电设备供电，在主电路断电状态下，主接触器的常闭触点电断开恢复到闭合状态，此时红色停止指示灯亮。

② 脱气器控制电路。将带锁主令开关设置在“手动”位置，按动脱气器的起动按钮 QA 时，脱气器接触器 C_2 得电，接触器三个常开触点 C_2A 闭合，此时 C_2B 常开触点也同步得电，松开脱气器的起动按钮 QA，由 C_1B 起自锁作用，接触器 C_2 仍保持得电状态，常开触点 C_2D 闭合，绿色运转指示灯亮，而常闭触点 C_2C 断开红色停止指示灯熄。脱气器一直处于供电运转的工作状态。当需要停止脱气器运转时，只须按动停止按钮，切断接触器的工作电源脱气器停止运转，接触器常闭点(C_2C)由断开恢复到闭合状态，红色的指示灯亮。

③ 主电路 N 中性线带电时保护控制。当 N 中性线与相线产生错接或漏电时，使 N 中性线与地线之间形成电位差，结果使 JY 继电器动作，使 JY 常闭触点断开，主回路的控制电路断开，无法起动而得到保护。

④ 脱气器过流缺相保护控制和报警。脱气器马达由于绝缘性能变差或断路，缺相，形成大电流流过马达而发热，结果热继电器由于过热而动作，热继电器常闭触点 RJ_1 断开，切断脱气器控制电路，造成脱气器处于失电状态，无法启动而得到保护。

当热继电器动作时其常开触点 RJ_2 闭合，使峰鸣器或闪光灯得电产生声光报警。

⑤ 脱气器正压旁路和自动带锁主令开关设定。当主令开关设在正压旁路位置时，脱气器的起动和停止按钮起作用。若主令开关设在自动位置时，起动和停止按钮不起作用，此时可以根据泥浆电极开关或通过计算机输入信号的通或断来控制接触器得电或失电来启动或停止脱气器运转实现自动控制脱气器的工作状态。

4. UPS

UPS(Uninterruptible Power System)不间断电源系统，是指正常交流供电中断时，将蓄电池输出的直流变换成交流持续供电的电源设备。UPS 能够将现场比较恶劣的电源输入转换为更稳定的输出；在停电时提供后备电源供应，保证仪器连续正常运转。一般需要维持录井仪重要设备正常工作 20min 以上。

5. 接地保护

为保证用电安全，综合录井仪使用前必须可靠接地。在拖撬壳体外部至少有 1 个接地端子，通电前应先用接地线(黄绿线)将端子与大地可靠连接。

3.2.2.2 操作

1. 地线连接

将接地棒打入地下，上端露出坑底约 200mm，连接地线，接地棒不准涂漆，接地电阻不大于 4Ω。

使用截面积为相线截面积 70% 的多股硬质绝缘铜线用压接法与接地极连接，然后引入仪器房与配电箱前端的接地铜排连接。

地线安装好后，检查连接牢固程度，在线桩上浇水保持地面湿润，应每天检查线桩地面是否湿润，接地是否良好。

2. 电源接入

确认室内总闸开关处于关闭位置，根据电缆线标识由专业电工接好靠井队发电机一端的电源线，把电缆拉至接线点并接入外接电源。

为保证仪器正常工作，外接电源应直接向仪器房供电，中间不得串入其他用电设备。

3. 配电箱

① 通电前检查。检查室内各分路空气开关处于断开状态，用数字万用表“ACV ~”750V 档检查配电箱的线电压和相电压(线电压 380V，相电压 220V)，正常后方可合上室内总闸开关对室内送电，如需了解综合录井仪电网负荷状况，相电流表则可观察到三相电流值。

② 打开配电箱门，将空气开关合上，此时配电屏上端三个 A、B、C 三相指示灯亮；

③ 将照明系统空气开关合闸，这时录井房的照明灯亮；

④ 按主回路启动按钮，可以很清晰地听到主接触器吸合的声响，这组按钮上的指示灯为起动按钮内的指示灯亮，停止按钮内的指示灯由亮变灭，表示主回路电源已接通；

⑤ 将各路空气开关合闸，则每条通路的电源已接通，再按仪器房实际情况的需要，操作各用电设备的电源开关让其接入电网工作。

⑥ 操作电动脱气器的启动开关，可听到接触器吸合的声响，脱气器工作指示灯亮，表明脱气器电机进入正常的运行(注意：请在操作此步骤前确定脱气器已正确连接)。

4. UPS 不间断电源

UPS 电源启动程序：首次安装应将电池组机箱的电池电缆插头插入 UPS 主机箱电池连接器插座，打开电池组开关，打开外电源，打开输出按钮。

UPS 电源关闭程序：关闭输出按钮，切断外电源。

机柜上的仪器和计算机系统设备由 UPS 供电，UPS 不间断电源启动后，可以打开各种仪器、计算机、打印机等电源开关，录井仪进入加电准备状态。

3.2.2.3 常见故障排除

1. 配电箱无法启动故障

以图 3-2-3 配电箱电路为例，常见故障原因如下：

三相电源指示灯没有显示，Fu×3，30~40A 或 Fu×4，4~5A 熔断器断或者没有安放，所以 A、B、C 三相电源无法进入配电箱主电路控制系统，需更换保险丝；

主接触器 C_1 触点接触不良或损坏。如 C_1B 造成主电路控制电路不能自锁及 C_1A 三个触点接触不良造成 A、B、C 三相电源无法接通，应进行修复或更新主接触器；

中性线带电保护器(JY－21A)超过设定电压值(一般为 48V)，应进行排除中性线带电原因。可调节 JY－21A 中性线带电保护器的设定电压值，但设定电压值不合适时可能引起内部用电设备工作不稳定。

2. 电动脱气器无法启动故障

检查脱气器是否正常，接线是否正确；检查脱气器接触器，主要是脱气器接触器触点接触不良或损坏，一般应修复触点或更换新的接触器。

3. 脱气器停止运行并报警

三相电源其中有一相缺相或过载；

脱气器马达电源超过设定电流值，应查明原因，可能是马达短路，绝缘性差，负载过大，如脱气器搅拌棒埋入沉砂，或积泥砂太多，轴承锈死等，应及时加以排除。

4. 配电箱漏电保护器跳闸

首先要找出三相电源线与地的短路点，并排除。由于漏电保护器的特殊结构，如若用户不小心把用电设备接在火线与地线上也会引起跳闸，并非一定得相线和地线直接短路才会发生，检查时可用下面方法：

把各个供电设备空气开关全部切断后，常规的情况漏电保护器不会跳闸，在主接触器工作时，再将各组空气开关以先后的顺序一一合上，并仔细观察漏电保护器的动态状况，若合上其中一路空气开关后引起漏电保护器动作，则故障点在这一路电源的输出线路上，可仔细查明故障点并予以排除。

中性线带电造成中性线与地线产生电位差形成中性线对地的回路，引起中性线带电保护继电器动作，使中性线带电保护器触点断开。切断向各供电设备供电，查明原因，多为接地不良；

供电设备的各个空气开关，其中某一路短路，查找方法如前所述，查出短路并予以排除。

5. 配电箱杂音

录井房配电箱发出“吱”声，严重时 UPS 也发出“吱吱”响声，造成记录仪、打印机工作混乱。主要原因：均为大功率直流驱动钻机产生的干扰(漏电、干扰波等)引起不能稳频所致，处理方法是接入隔离变压器，使“吱吱”声改善，此情况下应采用稳频 UPS。

3.3 综合录井仪正压防爆系统

石油、化工、煤炭、国防等许多工业部门，在生产、加工、运输和贮存的各个过程中，可能泄露或溢散出各种各样的易燃易爆气体、液体和各种粉尘及纤维，这类物质与空气混合后，可能成为具有爆炸危险的混合物。当混合物的浓度达到爆炸浓度范围时，一旦出现火源即会引起爆炸和火灾。

正压防爆：使具有点火源(明火、电气火花等)的危险场所内空气压力高于周围大气压力，避免可燃气体进入该场所，防止爆炸和火灾等严重事故发生。

正压防爆是重要的电气防爆形式之一。

在石油钻井现场形成爆炸，需要同时存在可燃性物(一定浓度的天然气)、助燃物(空气)、点火源(非防爆交流接触器和开关的触点)三个条件。因此在设计防爆系统时须防止爆炸三个条件同时出现就可以达到防爆目的。

综合录井仪所使用的正压防爆安全控制系统采取控制可燃性气体浓度和隔离点火源方式来达到防爆要求。图3-3-1是综合录井仪的正压防爆仪器房外壳。

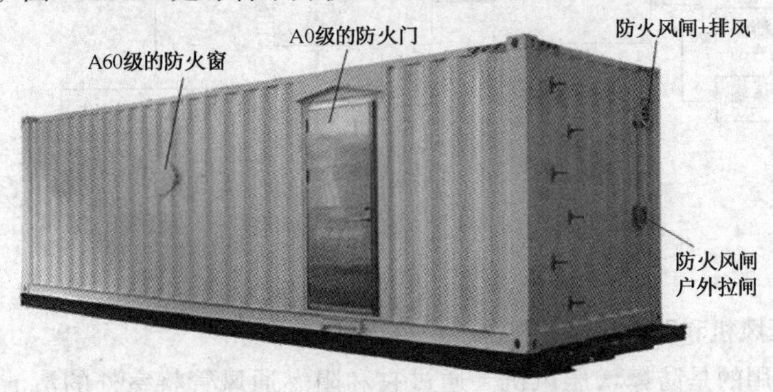

图3-3-1　防爆型仪器房外观

在启动仪器供电电源之前，安全控制系统处于工作状态。安全控制系统中的继电器和接触器等电器部件无防爆功能(点火源)，因此安装在隔爆箱中，使电器部件组成的安全控制电路在工作时产生的电火花不会引起隔爆箱以外的可燃性气体爆炸。

为了限制仪器房内可燃性气体浓度，系统通过安装在离仪器房上风口50m以外的防爆风机抽取安全区域的清洁空气来不断替换仪器房室内空气，使仪器房室内和室外保持一定的正压力差，以阻止仪器房外可能存在的危险气体(可燃性气体或有毒有害气体)进入仪器房内。根据防爆要求需抽取清洁空气连续清扫仪器房内数遍后，仪器房内的环境被认为达到安全标准。在清扫完成后，通过调节清扫空气进出防火闸的开启大小，使仪器房室内正压力达到设定压力值以上。系统在运行期间仪器房室内正压力低于设定压力值(如仪器房门、逃生窗没有及时关闭，防火风闸开启过大等)，将发出声光报警提示，若在设定时间内室内压力不能恢复到设定值以上，系统将自动关闭供电电源。

仪器房内各项环境指标检测合格后，正压防爆安全控制系统给配电系统供电。

3.3.1　系统组成

正压防爆安全控制系统由隔爆箱，电源防爆接线盒，防爆增压风机和防火闸，防爆应急开关，防爆声光报警器，可燃性气体检测器，烟雾检测器，硫化氢检测装置，压差开关等设备组成(图3-3-2)。

1. 隔爆箱

隔爆箱起着隔离爆炸危险环境的作用。所有进出隔爆箱的电缆都经过密封。

2. 电源防爆接线盒

在综合录井仪工作现场，仪器房周围可以认为是危险区域，因此供给仪器使用的交流电源接线盒必须达到防爆要求，起到与周围危险环境的隔离的作用。

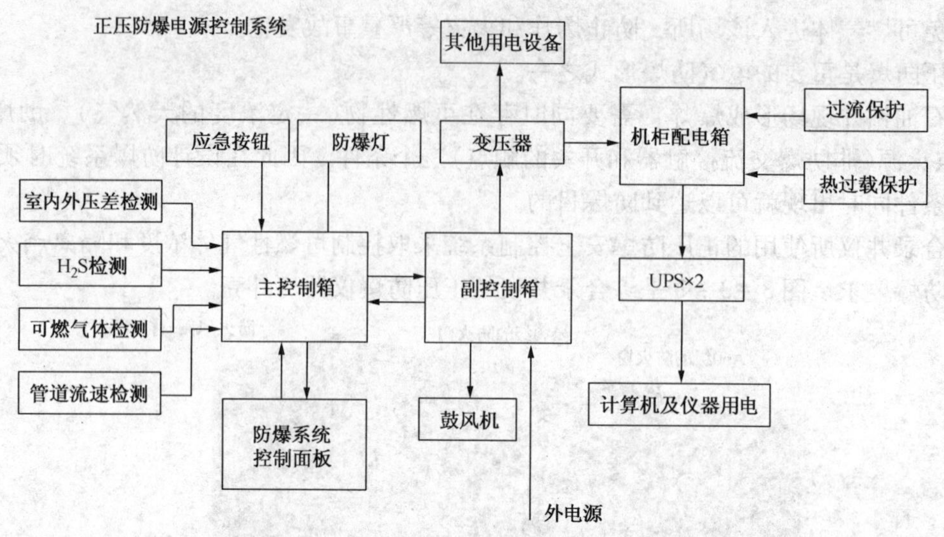

图3－3－2　综合录井仪防爆电源控制系统框图

3. 防爆增压风机和防火风闸

系统增压采用的是防爆增压风机。通过它和阻燃通风管将室外的清洁空气送入仪器房内。仪器房进出风口都装有防火风闸（图3－3－3），防火风闸起到阻止外部火焰侵入的作用。随着进风口空气进入，调节进出口防火风闸叶片角度使仪器房内形成一定正压力，同时抽入的空气逐渐的将室内原有空气通过出口防火风闸排到仪器房室外，保证室内处于安全环境。

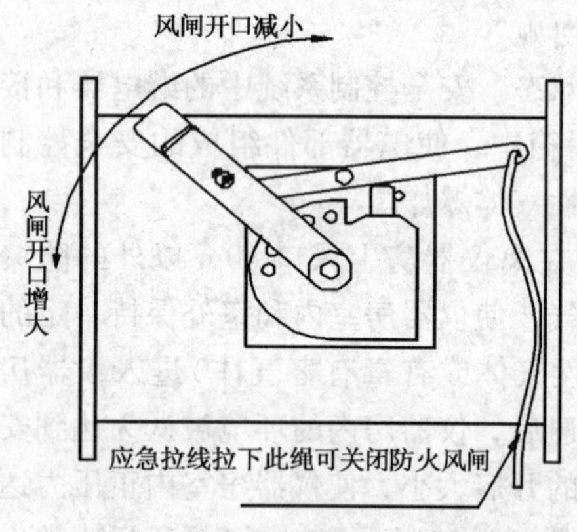

图3－3－3　防火风闸示意图

4. 防爆应急开关/防爆声光报警器

针对现场和仪器房内出现紧急状态，需要立即关闭供电电源，系统安装了应急开关。当按下防爆应急开关（急停按钮）后，仪器供电电源立即被切断，安全控制系统呈关闭状态。防爆应急开关通常安装在仪器房门旁边，便于操作人员应急时使用。

系统使用不同的防爆声光报警器分别对可燃性气体浓度超限和仪器房内失压进行声光报警提示。为了区分不同的报警提示，两只报警器的声音被设置成不同频率。

5. 可燃性气体检测器

可燃性气体检测器是隔爆型的气体浓度检测装置，用于检测被测环境中的可燃性气体浓度，当可燃性气体浓度超过系统设定值时，系统首先发出报警，达到门限值时系统将自动关闭供电电源。

6. 烟雾传感器

为了防止发生火灾，系统在仪器房内安装了烟雾检测器，当烟雾浓度超过系统设定值时，系统首先发出报警，达到门限值时系统将自动关闭供电电源。

7. 硫化氢检测装置

硫化氢（H_2S）检测装置是由传感器、控制电路和室外防爆声光警报器组成。当硫化氢浓度超过系统设定值时，系统首先发出报警，达到门限值时系统将自动关闭供电电源。

硫化氢传感器有一定的使用寿命，需定期使用一定浓度的硫化氢气体校验传感器，防止硫化氢传感器失效，危及到现场工作人员的生命安全。

8. 压差开关

压差开关用于检测仪器房室内与室外的压力差。它有两个压力输入口，高端口接室内，低端口通过气管线接到仪器房外面。当压力差低于设定值时（压力差可以由压差开关上的压力调节器设定），系统首先发出报警，达到延时设定值而压力未能恢复时系统将自动关闭供电电源。

3.3.2 操作

1. 综合录井仪正压防爆系统操作流程

① 检查增压防爆设备连接情况，检查各控制开关位置，急停开关是否复位。

② 接入主电源电缆，合上主电源防爆开关。

③ 根据需要把开关置于启动位置。

④ 符合工作条件后主电源即自动向配电箱供电。

不同型号的仪器应根据实际情况进行正压防爆操作，下文中以某型综合录井仪防爆系统操作举例说明。

2. 仪器房送电

首先，保证防爆配电箱上的拨动开关处在中间“停止”的位置。合上主电源防爆空气开关，三相电源指示灯点亮，一次得电完成。此时如果位于门口的防爆灯开关处在“ON”的位置，防爆灯点亮。

3. 自动检测控制

把防爆配电箱上的拨动开关打到“自动”位置，隔爆箱内副接触器的三个常开触点闭合，鼓风机启动，向仪器房内送进新鲜空气。室内气压逐渐增大，仪器房进行换气，换气周期为15～20分钟。换气完成时，当可燃性气体、烟雾、硫化氢浓度在允许范围内，室内压力在正常范围内时，正常供电，工作原理参考图3－3－4防爆系统工作流程图。

如果仪器房门被打开，仪器房内气压下降，延迟一段时间室内压力不能恢复，报警系统发出声光报警，再经过一段时间压力尚未恢复即切断室内电源；如要恢复供电，防爆控制系统需重新启动。

4. 正压旁路控制

在特殊情况下使用正压旁路控制时，把防爆配电箱上的拨动开关打到“手动”的位置，直接向室内供电。正压系统、硫化氢、可燃性气体、烟雾报警系统均不参与工作。

3.3.3 常见故障排除

1. 无法给仪器送电

① 检查应急开关是否复位。

② 检查外电是否正常。

2. 配电箱无法启动

这种情况必须是防爆控制箱正常运行向配电箱供电条件下，否则首先检查防爆控制箱的

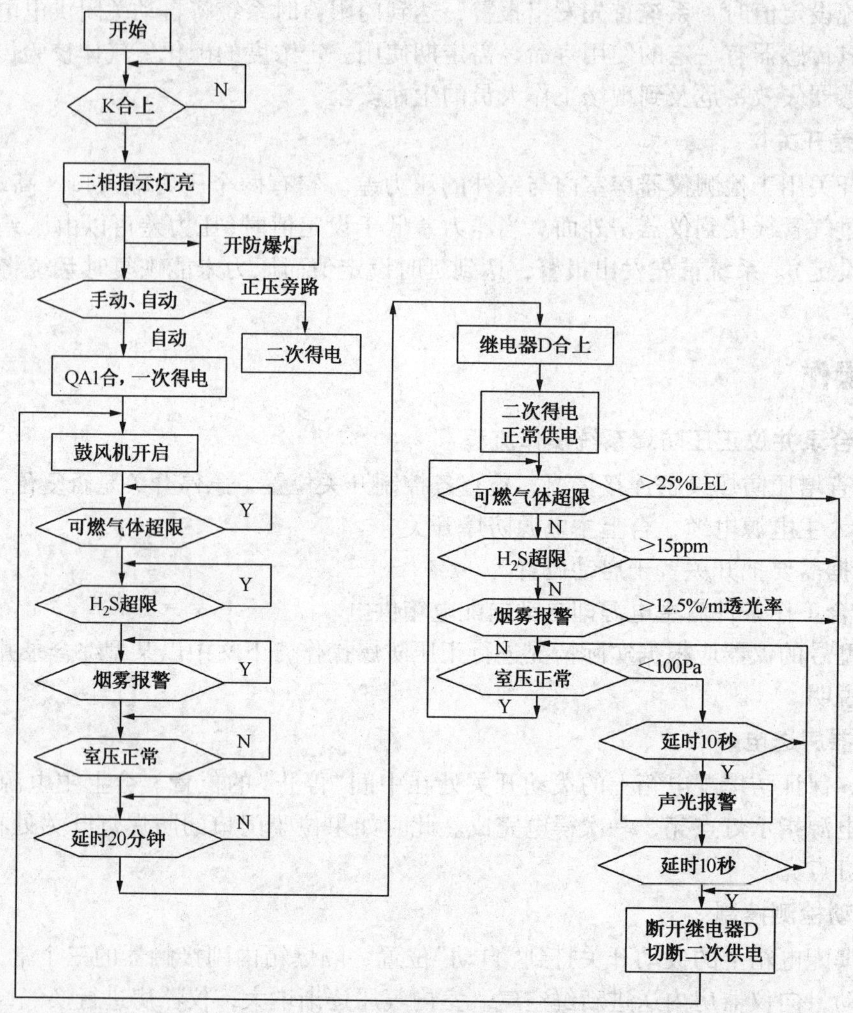

图 3－3－4　防爆系统工作流程图

故障。常见的几种配电箱故障原因如下：

① 三相电源指示灯没有显示，检查熔断器；

② 主接触器触点接触不良或损坏。应进行修复或更新主接触器；

③ 中性线带电保护器超过设定电压值，应进行排除中性线带电原因。注意尽量不要私自调节中性线带电保护器的设定电压值，否则可能引起内部用电设备工作不稳定。

3. 室内压力过高或过低

仪器房内部的压力一般控制在 50～200Pa 范围内，如压力过低会使系统无法启动，而压力过高会使仪器房内部的工作人员感觉不适。仪器房内部的压力可通过仪器房内的防火风闸开口大小来调整。

4. 风机运转，但无法送电进入正压状态

当防爆配电箱供电正常并且鼓风机运转，如果仪器房内长时间无法建立 50Pa 以上的压力，则应首先检查鼓风机运转方向是否正常，如鼓风机向仪器房外排气，则应调整鼓风机三相电源线次序使之反向运转，如鼓风机运转方向正常，则检查仪器房是否有明显漏气处（如防火风闸开启角度是否合适）。

3.4 传感器系统

3.4.1 传感器介绍

3.4.1.1 传感器分类

传感器是将非电量(物理量，化学量，生物量等)按照一定的规律转换成易于处理和传输的另一种物理量(通常为电量)的器件或装置。传感器通常由敏感元件和转换元件组成，输出信号有不同的形式，如电压、电流、脉冲、频率等，以满足信号的传输、处理、记录、显示和控制的要求。

在综合录井中，传感器是测量系统中的前置部件，它将输入变量转换成可供测量的信号。传感器的分类方法比较多，在综合录井仪器上根据输出信号可将传感器分为：模拟量传感器和脉冲量传感器(表 3-4-1)。

表 3-4-1 传感器分类方法

<table>
<tr><th>传感器种类</th><th>传感器名称</th><th>传感器种类</th><th>传感器名称</th></tr>
<tr><td rowspan="10">脉冲量传感器</td><td rowspan="2">大钩位移传感器</td><td rowspan="10">模拟量传感器</td><td>扭矩传感器</td></tr>
<tr><td>入出口温度传感器</td></tr>
<tr><td rowspan="2">海浪潮汐传感器</td><td>入出口电导率传感器</td></tr>
<tr><td>入出口密度传感器</td></tr>
<tr><td rowspan="2">大钩补偿传感器</td><td>体积传感器</td></tr>
<tr><td>硫化氢传感器</td></tr>
<tr><td rowspan="2">转盘转速传感器</td><td>出口流量传感</td></tr>
<tr><td>大钩负荷传感器</td></tr>
<tr><td rowspan="2">泵冲传感器</td><td>立管压力传感器</td></tr>
<tr><td>套管压力传感器</td></tr>
</table>

3.4.1.2 传感器性能描述

传感器的性能描述是以技术指标的形式表示的，它既是衡量传感器质量好坏的重要标准，也是系统检验(或校验)的理论基础。

一般来说，传感器的特性可以从静态特性和动态特性两个方面来描述。所谓静态特性，是指传感器在稳定信号的作用下所表现的输入-输出关系，例如线性度、精度、重复性、漂移等指标。所谓动态特性，是指传感器在随时间变化的信号作用下传感器的输出与输入之间的关系。例如响应时间等指标。下文对传感器的测量范围、量程、精度、分辨率、重复性和响应时间分别加以介绍。

1. 测量范围

测量范围是指在允许误差限内被测量值的范围。例如，某型大钩负荷传感器的测量范围是 0~4000kN。

2. 量程

量程是指测量范围上限值和下限值的代数差，其中上限值又称为满量程值(F.S.)。

3. 精度

精度又称精确度，表示测量结果与被测量“真值”的接近程度。精度可以用极限误差来表示，也可以用“极限误差”与满量程之比按百分比数给出。

即：精度 = 极限误差/F. S. ×100%

精度规定了测量时最大的容许误差，因为测量的各个环节均会引入误差，在选择传感器时其本身的精度要高于综合录井仪部颁标准所规定的指标，以保证整个测量的精度。

有些时候以“误差”代替“精度”指标来规定对精度的要求。

4. 分辨率

分辨率指传感器在规定测量范围内可能检测出的被测量的最小变化量。分辨率反映了测量系统对输入的敏感程度。

5. 重复性

重复性(Repeatability)指在一定条件下，对同一被测量值进行多次连续测量所得结果之间的符合程度。

6. 响应时间

响应时间是指从输入量开始起作用到输出指示值进入规定稳定值的范围所需要的时间。它是一个动态特性指标，表征了测量系统对输入变化的反应速度。在某些参数的测量中，响应时间是非常重要的参数。例如硫化氢，若测量系统的响应时间过长，不能及时发现硫化氢超限的异常情况，后果是非常严重的。

3.4.2 综合录井传感器

3.4.2.1 绞车传感器

绞车传感器通过测量绞车滚筒转动的角度，结合滚筒的直径、钢丝绳的层数和圈数等参数计算出大钩升降高度，从而根据钻井状态，计算钻头位置和井深。

大钩升降高度(大钩的运动)是一个基本参数，由此派生的参数有钻头位置、井深、进尺、钻时(钻速)等。

钻井状态有钻进、起下钻、接单根、划眼、循环钻井液、活动钻具(上提/下放)等。各种钻井状态与录井参数之间的关系见表3-4-2。

表3-4-2 各种钻井状态的判别

钻井工况	钻头与井底相对位置	大钩运动方向	大钩负荷
钻进	接触井底	下行	重载
上提钻具	脱离井底	上行	重载
下放钻具	未到井底	下行	重载
循环钻井液	未到井底		重载
划眼	未到井底	上行/下行	重载
接单根	未到井底	上行	轻载
起下钻	未到井底	上行/下行	重载/轻载

1. 大钩位移测量方法

(1) 悬吊系统坐标

具有滚筒的悬吊系统是一个非线性系统。对于这样的系统，首先规定其坐标系。我们规定大钩高度为纵坐标，单位为 m，绞车脉冲计数为横坐标，坐标原点(0，0)为大钩高度的零点及绞车脉冲计数的零点。一般规定大钩高度的零点在转盘面上，高于转盘面，大钩高度为正值；低于转盘面，大钩高度为负值。大钩高度以双吊环吊上吊卡底面到转盘面的距离作计量。悬吊系统见图 3－4－1。

(2) 理论模型

确定理论模型的任务是找出大钩高度与绞车脉冲计数理论上的对应关系。假设钢丝绳在滚筒上按层排列，忽略钢丝绳因受力而引起的形变，也忽略外层钢丝绳对内层钢丝绳所产生的挤压作用。钢丝绳排列在滚筒上，其截面为正三角形，忽略由于钢丝绳在滚筒上排列的不规则。经过上述处理，便可得到理论模型，通过实践检验，上述处理是合理的，所带来的误差很小。总的说来，在吊悬系统坐标系中，大钩高度与绞车脉冲计数理论上应为分段线性函数。滚筒上大绳排绕情况如图 3－4－2 所示。图中 d 为大绳直径，D_0 为滚筒直径；D_1 为在滚筒上第 1 层大绳绕一圈的直径；D_i 为在滚筒上第 i 层大绳绕一圈的直径；L 为滚筒长度。

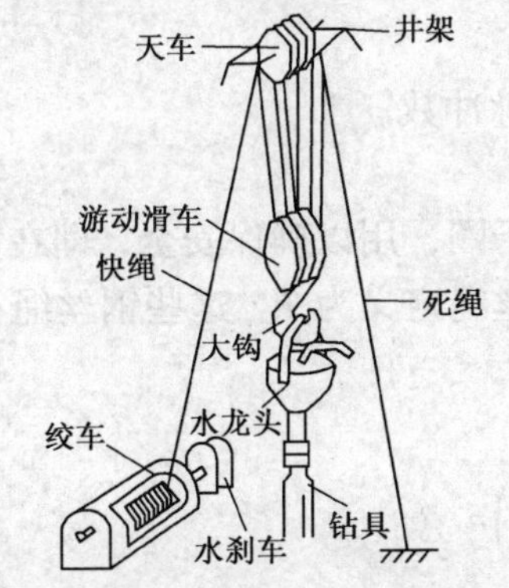

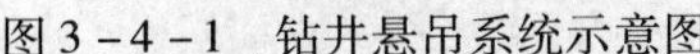
图 3－4－1　钻井悬吊系统示意图

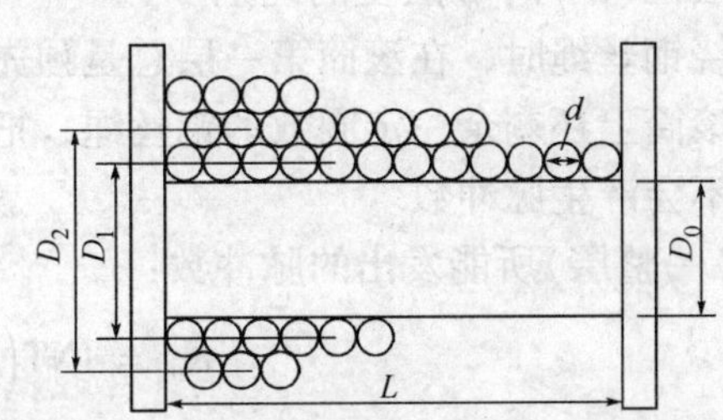

图 3－4－2　钢丝绳在滚筒上排绕结构图

由图 3－4－1 可得大绳在滚筒上缠绕直径的变化为：

$$D_1 = D_0 + d \tag{3-4-1}$$

$$D_2 = D_1 + \sqrt{3}d \tag{3-4-2}$$

设滚筒上最多排绕 n 层大绳，则有：

$$D_i = D_1 + (i-1)\sqrt{3}d \quad i = 1, 2, \cdots, n \tag{3-4-3}$$

滚筒上大绳每增加一层，相当于滚筒实际缠绕直径增量 ΔD(图 3－4－3)。

$$\Delta D = \frac{\sqrt{3}}{2}d \tag{3-4-4}$$

每当绞车滚筒转动一圈，则大钩移动距离为：

$$H_i = \frac{\pi D_i}{M} \tag{3-4-5}$$

式中　H_i——大钩移动距离，cm；

D_i——某层实际缠绕直径，cm；

M——天车变速比(大绳股数)。

天车变速比(大绳股数)是指当滚筒的圆周运动转变为大钩的直线运动之间的转换系数。它主要取决于天车(固定滑轮组)和游动滑车(动滑轮组)所穿绳索数，如图 3－4－4 所示。

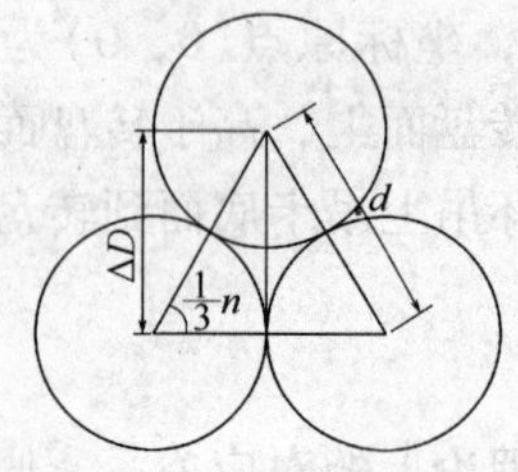

图 3－4－3　大绳层位变化的直径增量图

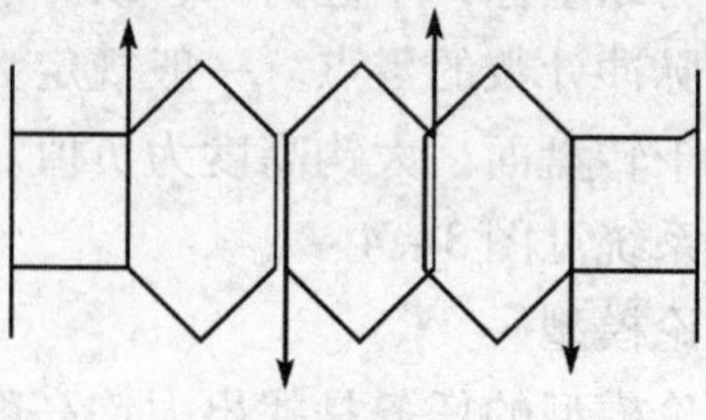

图 3－4－4　滑轮组所穿绳索数示意图

设绞车传感器每转动 360°，计数器能输出 n 个脉冲，则大钩移动单位距离与脉冲数的关系如下：

$$K_{\mathrm{i}} = \frac{n}{H_{\mathrm{i}}} \tag{3-4-6}$$

综合式(3－4－5)、式(3－4－6)可得：

$$K_{\mathrm{i}} = \frac{Mn}{\pi D_{\mathrm{i}}} \tag{3-4-7}$$

式中　K_{i}——在某一层数大钩移动 1cm 鉴相器输出的脉冲数。

(3) 层位(层序)和层变的判别

在缠绕钢丝绳时，在滚筒第一层总是预先缠绕若干圈，用以确保安全，即在大钩高度等于零时，滚筒上还剩余一定圈数的钢丝绳，把这些钢丝绳定义为 T。这些钢丝绳在滚筒转动时，始终不会产生脉冲数。

每层(一整层)所能发出的脉冲数：

$$K_0 = \mathrm{INT}\left(\frac{L}{d} + 0.5\right)n \tag{3-4-8}$$

式中　K_0——一整层所发脉冲数；

L——滚筒长度；

n——滚筒每转动一周计数器输出的脉冲数；

d——大绳直径；

INT( )——取整函数。

第一层未发出的脉冲数：

$$K'_0 = Tn \tag{3-4-9}$$

式中　K'_0——第一层未发出的脉冲数；

T——大钩高度为零时滚筒上剩余大绳圈数；

n——滚筒每转动一周计数器输出的脉冲数。

第一层所发出的脉冲数：

$$N_1 = K_0 - K'_0 \tag{3-4-10}$$

① 当每一层结束时(考虑到第一层未发出的脉冲数)，所发脉冲数为：

$$N_{\mathrm{i}} = K_0 + N_{\mathrm{i-1}} \tag{3-4-11}$$

根据采集到的脉冲总数与 $N_1 \sim N_{\mathrm{i}}$ 相比较，看其落在哪两个值之间，即可判断在哪一层中(可根据 N_1 来判断层位)。

② 脉冲总数与大钩高度的关系：

$$H_1 = \frac{N_{\mathrm{i}}}{K_{\mathrm{i}}} \tag{3-4-12}$$

根据现在的层位，可以求出脉冲总数对应的大钩高度。每层结束时的大钩高度为：

$$H_i = H_{i-1} + \frac{K_0}{K_{i-1}} \tag{3-4-13}$$

式中 $H_1 \sim H_i$——每层结束时的大钩高度。

当层数已经确定时，在某一具体层位，脉冲所对应的大钩高度为：

第一层：
$$h_1 = \frac{X}{K_1} \tag{3-4-14}$$

第 i 层：
$$h_i = H_{i-1} + \frac{X - N_{i-1}}{K_i} \tag{3-4-15}$$

式中 h——现在大钩高度，cm；

X——采集所得16位计数器中的脉冲总数。

式(3－4－13)表征了在某一具体层位脉冲数所对应的大钩高度。

由于所用单位为米，而上述式中 H 的单位为厘米，要经转换才能输出。同时任何深度系统都有一定的系统误差，要求随时都能校正，因此可得：

$$H_m = B \times \frac{\text{INTYhY}}{100} \tag{3-4-16}$$

式中 H_m——校正后大钩高度，m；

B——系统校正系数。

(4) 钻头位置的计算与钻井状态的判别

钻头位置的计算：在大钩重载情况下，大钩的位移等于钻头的位移。假设大钩处于重载：在 t_0时刻，钻头在 H_0处，大钩在 h_0处；在 t_1时刻，大钩下行 Δh_0，那么钻头下行 $\Delta H_0 = \Delta h_0$，钻头位置为 $H = H_0 + \Delta H_0$；在 t_2时刻，大钩上行 Δh_1，那么钻头上行 $\Delta H_1 = \Delta h_1$，此时钻头位置为 $H = H_0 + \Delta H_0 - \Delta H_1 = H_0 + \Delta h_0 - \Delta h_1$。显然，钻头位置可由大钩位移求得。在钻柱坐卡情况下，大钩为轻载，此时大钩的运动与钻头位置无关，钻头位置保持不变。

井深的计算：井深总是大于或等于钻头位置。设：在 t_0时，井深钻头位置为 H_0；在 t_1时，大钩与钻头均向上移动 ΔH_0，此时，钻头位置为 $H_0 - \Delta H_0$，但井深仍然为 H_0。当钻头再向下移动 ΔH_0时，井深与钻头位置相同，即钻头已经接触井底。如果想让钻头继续下移，则为钻进状态，在这种状态下，钻头位置总是与井深相同，知道了钻头位置，也就等于知道了井深。

钻井状态的判别：钻井状态包括初级钻井状态和次级钻井状态，系统根据采集参数首先判别初级钻井状态，然后确定次级钻井状态。

初级钻井状态的判定：对初级钻井状态主要根据设置的参数门限值判别。

① 大钩重载(ON－HOOK)和轻载状态(ON－SLIP)的判定。

为了判断大钩重载或轻载，设计了两种模型，即双限模型和差值模型。双限模型设置了坐片门限和解卡门限；差值模型设置坐卡门限和差值门限。

双限模型：若大钩负荷＜坐卡门限，初级钻井状态为轻载(ON－SLIP)；若大钩负荷＞解卡门限，初级钻井状态为重载(ON－HOOK)，如图3－4－5所示。

差值模型：若大钩负荷＜坐卡门限，初级钻井状态为轻载(ON－SLIP)；若大钩负荷＞坐卡门限，则需进一步判断。若理论大钩负荷－大钩负荷＞重量差值门槛，则为轻载；反之，为重载，如图3－4－6所示。

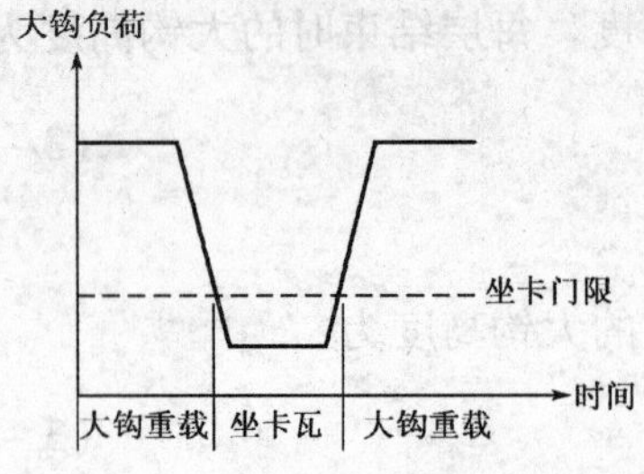

图 3－4－5　初级钻井状态双限模型图

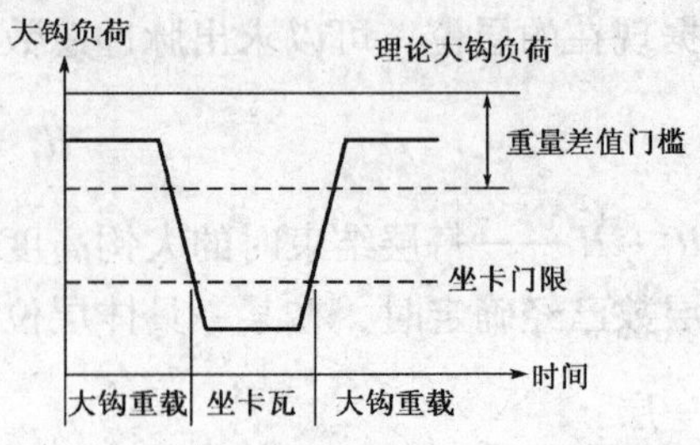

图 3－4－6　初级钻井状态差值模型图

② 钻井液循环状态的判定。

为判断循环系统是否正在循环，特设置了一个立压门限，即最小循环压力 $p_{\min}$。若立管压力(SPP)≥最小循环压力 $p_{\min}$，判为循环；反之，为停循环。为了保证判断无误，即在压力传感器失效时对循环状态正确判断，检测到有入口流量时，判断为循环。

③ 钻头离井底状态的判定。

根据钻头离井底门限值和当前钻头位置及当前井深判断钻头是否离井底。若井深与钻头位置的差值＞钻头离井底门限值，则判断为钻头离井底。

④ 方钻杆接卸的判定。

当大钩负荷小于卸下方钻杆门限值(此时大钩负荷仅为游动滑车重量)时，判别为方钻杆已卸下；反之，判为方钻杆已接上。在判为方钻杆卸下时，如果此时为循环状态，则判为方钻杆仍为接上状态。

⑤ 次级钻井状态的判定。

次级钻井状态分为钻进、离井底、划眼和起下钻四个状态。它代表了整个钻井过程的不同工况。判断次级钻井状态的主要根据是钻头与井底的相对位置、是否循环钻井液、有无转速、方钻杆是否接上等参数状态以及前序次状态。

根据起下钻门槛、离井底门槛以及井深和钻头位置的差值的比较，可分成四个带，如图 3－4－7 所示。

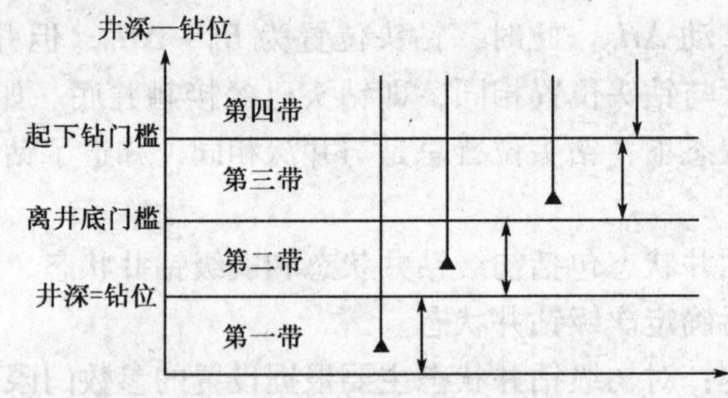

图 3－4－7　次级钻井状态分区图

第一带：井深－钻头位置＝0，此时次级钻井状态为钻进；

第二带：0＜井深－钻头位置＜离井底门槛，此时四种次级钻井状态均可能出现，要根据原钻井状态加以判定，处于此带时，继续延续原来的钻井状态；

第三带：离井底门槛＜井深－钻头位置＜起下钻门槛，此时可能存在的钻井状态为离井底、划眼和起下钻，处于此带时，继续延续原来的钻井状态，若原钻井状态为钻进，则变为离井底；

第四带：井深－钻头位置＞起下钻门槛，此时可能存在的钻井状态为划眼和起下钻。对于划眼和起下钻的区分，可根据是否接有方钻杆来判定：若接有方钻杆，则为划眼；否则，为起下钻。

根据以上分区，各次级状态的判定原则为：

a. 钻进状态的判定：

测量井深－钻头位置≤钻头波动门槛，则判为钻进。

测量井深－钻头位置≤离井底门槛，且钻压大于0，并有钻井液循环时，判为钻进。

b. 钻头离井底的判定：

测量井深－钻头位置＞离井底门槛时，判定为钻头离井底。

c. 起下钻状态的判定：

测量井深－钻头位置＞起下钻门槛，且方钻杆卸下时，判为起下钻。

d. 划眼状态的判定：

测量井深－钻头位置＞离井底门槛，循环、转速不等于零，且前序主状态为起下钻时，判当前状态为划眼。

如果用以上判别原则不能确定当前钻进状态，则当前钻井状态持续前序状态。

⑥ 接卸钻具的判断。

当主状态由轻载变为重载时，需要确定此操作是否为接卸钻具，是接钻具还是卸钻具以及接卸的钻具长度和接卸的钻具类型。判别方法如下：

当主状态由重载变为轻载时，记下此时的大钩高度 H_0，而由轻载重新变回重载时的大钩高度为 L_2，则钻具接卸长度为：

$$L = L_2 - H_0 \tag{3-4-17}$$

当 $L>0$ 时，为接入钻具；

当 $L<0$ 时，为卸下钻具。

接卸短节：$L<$最小钻杆长度，说明接卸短节。

接卸钻杆：最小钻杆长度$<L<$最大钻杆长度，说明接卸钻杆。

接卸立柱：$L>$最大钻杆长度，说明接卸立柱。

⑦ 钻具运动方向的判定：

当 $L>0$ 时，向下运动；

当 $L<0$ 时，向上运动。

⑧ 钻井液循环的判定：

当立管压力≥最小循环压力门槛值时，为循环；

当立管压力＜最小循环压力门槛值时，为停止循环。

以上所有的理论模型和钻井状态均是为了通过绞车传感器的检测来实时跟踪井深。所谓井深跟踪，就是录井仪器井深数据采集始终要与现场钻进或划眼状态下钻头位置保持一致。井深跟踪的原理是利用绞车传感器感应滚筒转动、钻机参数参与推算校正，系数参与微调的处理方式来实现深度跟踪。

钻机参数包括绞车滚筒直径、滚筒长度、大绳直径、大绳股数（天车变速比）和大绳剩余圈数等。

使用绞车传感器作为深度变送装置，必须要解决以下几个问题：

① 绞车传感器连接在绞车轴头上，随绞车滚筒一起转动，绞车传感器的信号必须能反映出绞车的正转与反转，以及绞车的转动圈数或角度。

② 由于悬挂大钩的大绳是多圈、多层地缠绕在绞车滚筒上，要想派生出大钩移动距离，必须弄清滚筒转动角度与大钩运动距离之间的关系。

③ 由于滚筒上每层大绳的缠绕周长不同，在不同的层上滚筒转动一圈所对应的大钩移动距离也不同，所以需要判断绞车上外层大绳所处的层数。

④ 由于不同的钻机结构，使用大绳直径、天车变速比以及深度系统开始工作的不同时机，大钩的位置也都不相同。因此在每次工作前，都必须预置不同钻机型号的绞车和大钩数据。

2. 结构与工作原理

绞车传感器是一种增量型旋转编码器，绞车传感器在结构上主要由定子和转子部件组成。定子部件包括金属圆盘外壳和传感器转子部件的支架；转子部件包括接头、轴承和12个方齿的齿盘(国外个别仪器有20齿)。在安装传感器时，转子与滚筒轴固定在一起(图3-4-8)定子部件固定不动，保护传感器探头。当大钩运动时，传感器转子部件随滚筒一起转动，转子齿盘的齿与齿间空交替通过探测头，传感器探测头输出脉冲信号。脉冲信号被信号处理电路加以处理后，用于测量大钩位移。

目前常用的检测元件有光电式和霍尔效应式两种。这两种传感器输出的数字信号是一样的。霍尔式绞车传感器(图3-4-9)：超小型双脉冲探头以90°相位差平卧在定子槽中。当转子转动时，转盘上的12个金属齿不断从霍尔元件表面扫过，改变通过霍尔元件的磁通量。

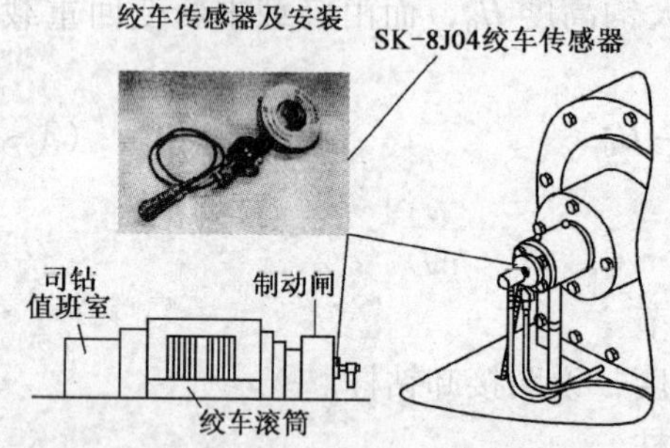

图3-4-8　绞车传感器安装结构图

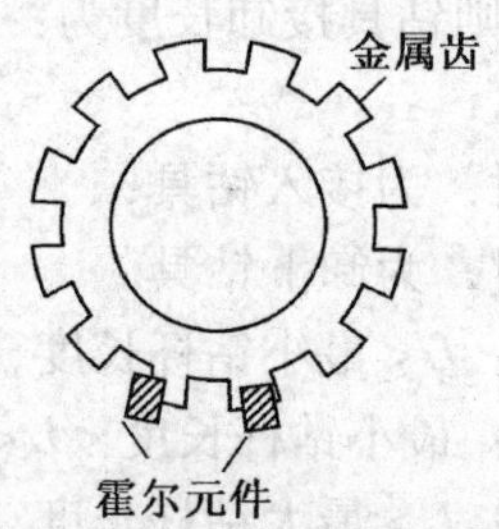

图3-4-9　霍尔式绞车传感器结构图

霍尔开关(图3-4-10)工作方式：金属齿未进入工作气隙时，霍尔开关电路处于截止态。金属齿进入后，磁通量增加，使开关变成导通态，经过相关电路的处理，转换成一系列脉冲输出。

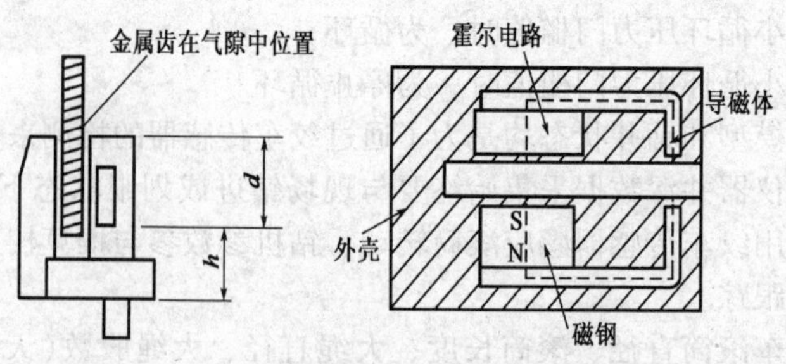

图3-4-10　霍尔开关结构图

光电式绞车传感器(图3-4-11)的机械部分与霍尔式绞车传感器大致相同。所不同之处是检测元件为光敏元件和红外发光管。

在图3-4-11中D_1、D_2为红外线发光二极管；T_1、T_2为光敏三极管。

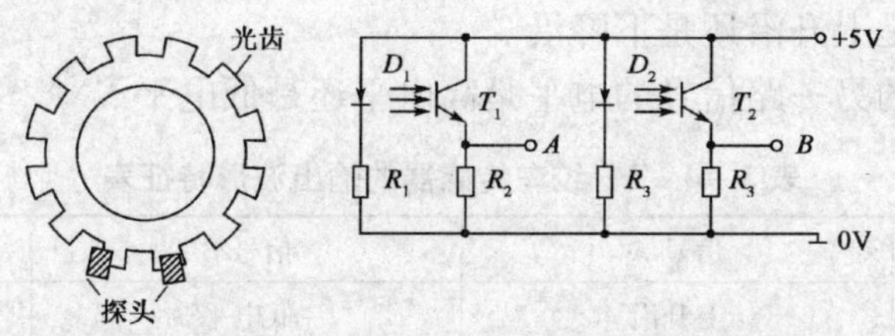

图 3-4-11　光电式绞车传感器结构图与检测电路原理图

当遮光片(光齿)阻断红外线时，光敏三极管的基级没有输入信号，T_1、T_2处于截止状态，输出脚A(B)输出低电平；当遮光片(光齿)导通红外线时，红外线照射到光敏三极管的基级，T_1、T_2处于导通状态，输出脚A、B输出高电平。

由于绞车传感器采用的是12齿的转子，为了产生准确的相位差为90°的脉冲信号，绞车传感器的两个光电开关探头中心点的安装位置角度差必须为15°(360°/24)的奇数倍。即当一个探头正对着某一齿时，另一个探头只遮挡另一齿的一半(图3-4-11)。由绞车传感器输出的相差为90°的A、B两相脉冲信号一般要通过光电隔离、鉴相、计数和信号处理后，方可得到绞车(大钩)的运动脉冲和方向信号。信号整形滤波、鉴相倍频计数的基本方法如下。

(1) 信号整形滤波

绞车传感器的输出信号并不是标准的方波信号(图3-4-12)，为了满足信号准确处理的要求，需要对绞车的输出信号进行滤波整形，然后再进行下一步处理。通过双通道的光电隔离器对绞车传感器的输出信号进行隔离滤波，去除信号中的干扰信号，然后采用施密特触发器对滤波后的信号进行整形，使整形后的信号与标准的数字信号相匹配。经过滤波整形之后的波形如图3-4-13所示。

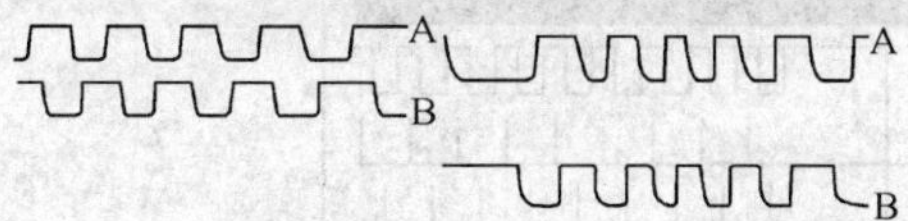

图 3-4-12　绞车传感器输出波形图

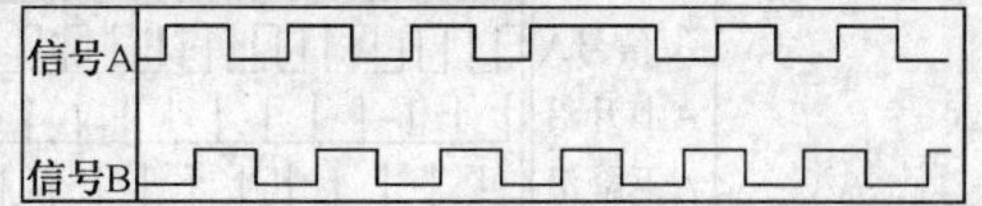

图 3-4-13　整形滤波后绞车传感器输出波形图

对经过滤波整形之后的信号需要进行鉴相、倍频和计数等处理工作。通常鉴相、倍频和计数处理采用分立元件进行，鉴相使用D触发器就可以实现；倍频电路使用单稳态芯片来检测每对脉冲信号的两个边沿，在脉冲信号的每个边沿都会产生一个脉冲信号，每对脉冲信号能产生4个脉冲信号(构成4倍频的脉冲信号)；计数使用计数器芯片就可以完成，鉴相信号用于控制计数器的加减计数，4倍频信号作为计数器时钟信号。

(2) 鉴相倍频计数

鉴相的目的就是区分绞车正、反转时的两种信号波形，判断绞车的转动方向，以便决定在对绞车脉冲计数时是递增计数还是递减计数，进而确定钻台大钩的运动(升或降)方向。

从任意一路信号波形的边沿类型(上升沿或下降沿)、相同时刻另一路信号的电平(高电平或低电平)以及绞车转动方向(正向或反向)的对应关系上分析，绞车传感器的输出波形存在着表3-4-3所列的特征。

经过对表3-4-3中各个对应关系的分析，要在两路信号的边沿处判断出绞车的转动方向，必须确定以下三个条件：

① 该边沿的信号源属于信号A还是信号B。

② 该边沿的类型是上升沿还是下降沿。

③ 该边沿所对应的另一路信号的电平是高电平还是低电平。

表 3-4-3　绞车传感器的输出波形特征表

序　号	信号 A	信号 B	绞车转向
1	上升沿	低电平	正转
2	下降沿	高电平	正转
3	高电平	上升沿	正转
4	低电平	下降沿	正转
5	上升沿	高电平	反转
6	下降沿	低电平	反转
7	高电平	下降沿	反转
8	低电平	上升沿	反转

只有这三个条件全部确定后，才可以判断绞车的转动方向。

边沿检测、倍频、鉴相波形图如图 3-4-14 所示。时钟为外部高频时钟，图中 A 上升沿、A 下降沿分别为信号 A 的上升沿和下降沿检测信号，B 上升沿、B 下降沿分别为信号 B 的上升沿和下降沿检测信号。这 4 个边沿检测信号进行逻辑运算之后产生计数脉冲，每对信号 A、B 产生 4 个脉冲信号。鉴相信号如图 3-4-14 所示，为方向信号的波形。在信号 B 的上升沿时，方向信号的电平与信号 A 的电平一致。图 3-4-14 左边表示绞车正向转动，信号 B 相位超前信号 A 相位，方向信号输出低电平信号；右边表示绞车反向转动，信号 A 相位超前信号 B 相位，方向信号输出高电平信号。

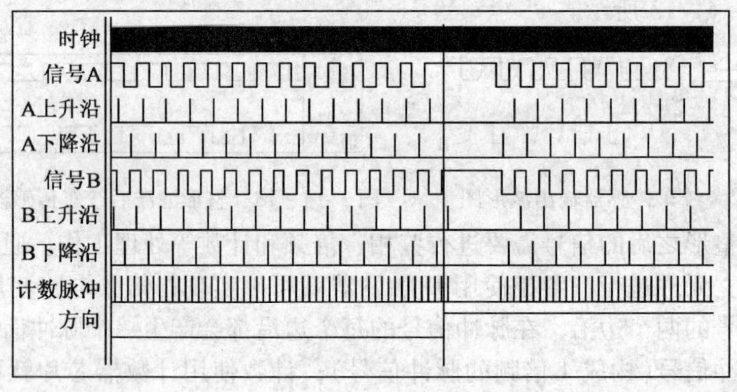

图 3-4-14　边沿检测、鉴相、倍频波形图

根据边沿检测电路分析，在信号 A 由高电平变成低电平时，A 下降沿信号保持高电平直到时钟的上升沿触发，A 下降沿信号的高电平宽度最大为一个时钟周期。为了保证对 A 下降沿信号和 B 上升沿信号进行准确检测与逻辑运算，A 下降沿信号的下降沿和 B 上升沿信号的上升沿之间至少有一个时钟周期的时间间隔，根据信号 A、B 的相位差 90°计算，对于时钟信号频率的要求至少是信号 A、B 频率的 8 倍。为保证准确检测信号 A、B 的边沿，时钟频率最好远大于信号 A、B 的频率。假设绞车转速为 1000r/s，经过处理后每转产生 48 个计数脉冲信号，则计数脉冲的频率为 48000Hz，信号 A、B 的频率为 48000 ÷ 4 = 12000Hz，则时钟频率至少为 12000 × 8 = 96000Hz。考虑实际情况，在设计中采用频率为 4MHz 的时钟信号。

3. 安装

绞车传感器应安装于绞车滚筒轴的端部，两端均可安装；首先确认绞车处于停止状态，有专人在司控台监控；卸下滚筒轴端部的护罩；拧下导气龙头，将传感器的公头与滚筒轴接上；将导气龙头与传感器的母头接上，将固定用的不锈钢架与气管线卡接牢靠，注意：一定要将固定不锈钢架与气动管线卡接牢靠，否则在绞车高速运转当中容易造成传感器断线(图3－4－15)；接通电缆线至接线箱，最后装上护罩。

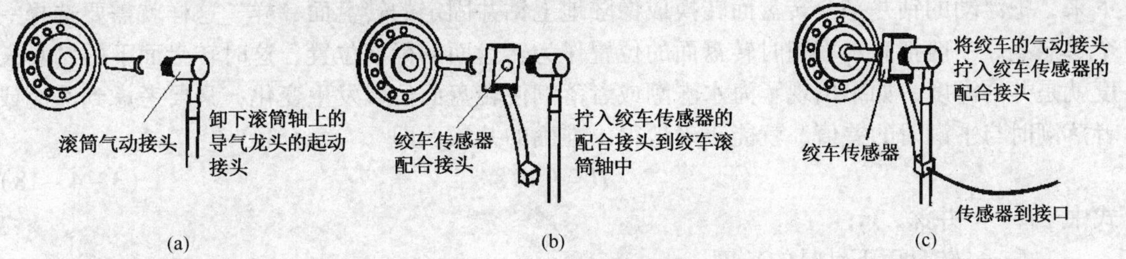

图3－4－15　绞车传感器安装示意图

为提高传感器的抗干扰能力，信号电缆的屏蔽层要在仪器端良好的接地；信号电缆要远离动力线缆，布线要走线槽，无线槽时应注意铺设的电缆不得妨碍井场工作人员作业，线缆架设安全、可靠，不易被砸碰，损坏。

绞车传感器一般有4根线和综合录井仪的采集接口相连接，分为A探头信号线；B探头信号线；A探头电源线；B探头电源线。由于现在国内外生产的各种综合录井仪采用了各种不同的信号接口系统(包括分线式、总线式、无线式等)，所以传感器接入的方法也不尽相同。

绞车传感器安装好后，观察计算机显示的游车或者大钩运动方向是否与实际方向一致。如果不一致可以通过硬件和软件调整。

① 利用倒相开关反相。

② 在绞车传感器和综合录井仪信号接口处把A、B探头的信号线对调。

③ 利用综合录井仪软件中的反相功能直接设置。

4. 校验

使用标准转速仪对绞车传感器进行校准，传感器连续转动不小于20转时，输出脉冲数的示值误差应小于0.5%。

在综合录井参数采集软件中输入钻机参数，大钩初始位置时的各项相关数据对深度系统进行校准，单根误差不大于0.2m。

5. 拆卸

①确认钻机及绞车处于停止状态，并有专人在监控；②卸下滚筒轴端部的护罩；③拧下导气龙头，卸下绞车传感器；④将导气龙头接回滚筒轴端部并紧固；⑤装上护罩。

6. 保养

① 定时对传感器外部进行清洁。如果有锈蚀要及时除锈刷漆。

② 传感器中和轮盘衔接的轴承要经常打黄油，保持轴承的灵活旋转。

3.4.2.2　海洋钻井平台深度测量系统

海洋钻井平台一般分为两种：一种是直接坐落在海底的固定式平台，钻井平台直接利用桩腿插入海底，这种形式的钻井平台主要包括支撑式钻井平台及海上钻采平台，在这种类型的平台上钻井和在陆地上钻井相同，钻井平台直接固定海底，转盘面不会上下移动，因此录井过程中只要测量出转盘面以下钻具的长度就能得到准确的井深参数；另外一种钻井平台不是直接固定在海底而是漂浮在海面上，它会随着潮汐和海浪的作用上下浮动，这种情况下测量到的转盘面下面钻具的长度时刻在变动，就不能精确测量出井深。

决定浮动钻井平台上井深参数主要有两个因素，一是转盘面以下钻具的长度，二是潮水使转盘面上下移动的幅度。要想精确地测量出井深，就需要把转盘面与大地之间的距离固定下来，把浮动的钻井平台转盘面转换成像陆地上钻井固定的转盘面一样，这样就需要选择一个参照点。一般把海水平潮时转盘面的位置作为转盘面的标准位置，这时转盘面下的钻具长度就是井的深度，如果出现了海水涨潮或者落潮使转盘面位置发生变化，只要考虑到涨潮或者落潮时与平潮时的差值，就能正确地得出准确的井深，即

$$H = L + l \tag{3-4-18}$$

式中 H——井深，m；

L——转盘面下钻具的长度，m；

l——潮水的涨落幅度，m。

在浮动钻井平台上也有两个地方可以测量出海潮的上下幅度，一个是平台的升沉补偿器，另一个是游车的补偿器上。如果在这两个地方装上相应的传感器，就能够测量出潮水的涨落幅度。

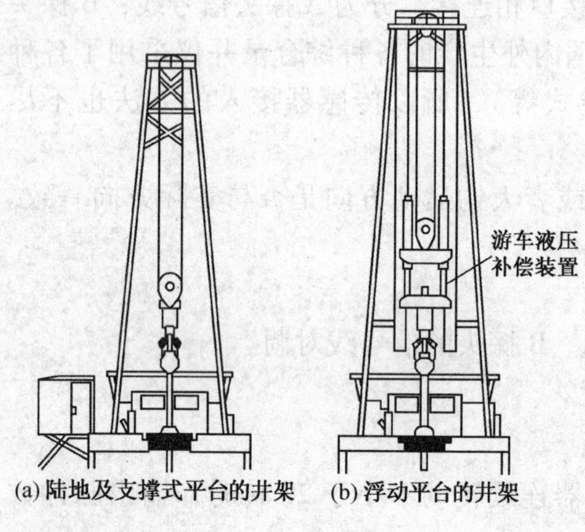

(a) 陆地及支撑式平台的井架　(b) 浮动平台的井架

图 3-4-16　两种井架结构示意图

浮动钻井平台的游车和大钩与陆地钻井或支撑式钻井平台上的游车和大钩有一个明显的不同（图 3-4-16）。在浮动钻井平台大钩和游车之间增加了一个液压装置，该装置可缓冲潮汐和海浪在钻井过程中对井下钻具的冲击，并对潮汐和海浪使钻井平台的升沉进行了补偿，称为游车液压补偿装置。当游车液压补偿装置受潮汐和海浪的影响而上下移动，绞车传感器却是不动的，这时绞车传感器就失去了作用，从而不能得到一个正确的井深参数。对浮动钻井平台来说，只靠一个绞车传感器不能得到正确的井深参数。如果能够测量出游车液压补偿装置的移动距离，再和绞车传感器测量出的钻具长度结合，就可以得到准确的井深参数。因此将绞车传感器和测量游车液压补偿装置移动距离的传感器配合使用，就可以测量出正确的井深。测量游车液压补偿装置移动距离的传感器称为游车补偿传感器。

在实际应用中，从传感器的安装、维修、维护的难易度及传感器所处的环境几个方面综合分析，平台升降补偿器（潮差传感器）配合绞车传感器测量井深更实用。

1. 潮差传感器

（1）用途

潮差传感器主要是应用于浮动的石油钻井平台。通过潮差传感器消除海浪和潮差对井深的影响。

（2）工作原理

潮差传感器的工作原理和绞车传感器的工作原理一样。传感器是由光电编码轮和回拉装

置组成(图3－4－17)。它是将光电编码轮通过定周长的钢丝导轮测量升沉补偿器的液压行程高度，一般测量长度不超过5m。光电编码轮每转一圈可以产生若干个脉冲。通过产生脉冲信号的数量和顺序，来反映绞车的旋转速度和旋转方向，其测量精度可达1～2mm。

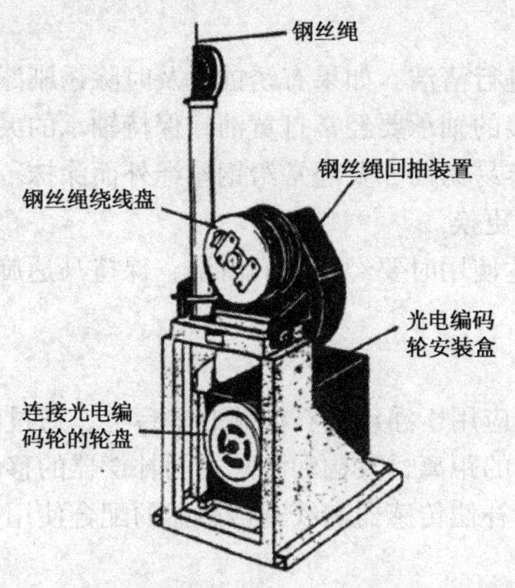

图3－4－17　大钩位移及潮差传感器结构示意图

(3) 安装

把传感器的钢丝绳连接到隔水管的张紧器上或者连接到导向绳的张紧器上。(图3－4－18)。要注意保持传感器和张紧器之间的钢丝绳的垂直。

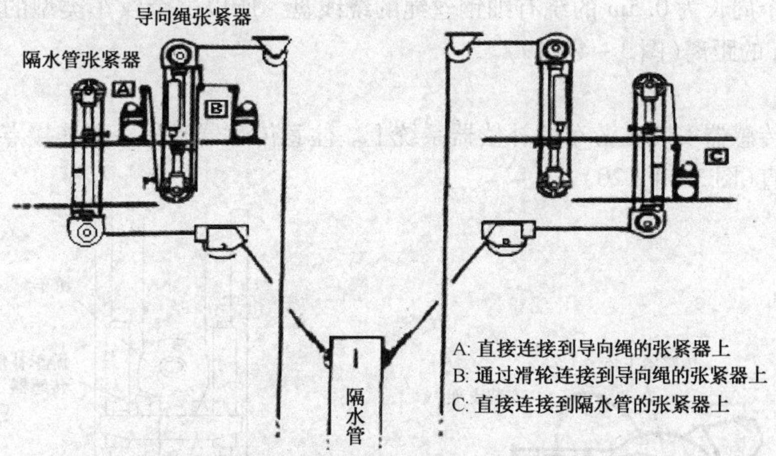

图3－4－18　潮差传感器安装示意图

潮差传感器和综合录井仪的采集接口连接方法可参考绞车传感器。

大钩位置传感器和升沉补偿传感器配合使用的方法，从传感器的安装、维修、维护的难易度及传感器所处的环境几个方面分析，该方法是比较适用的。

(4) 校验

把潮差传感器接入综合录井仪接口。观察光电编码轮的轮子转动一圈时计算机显示值是否正确，如果不正确适当调整一下比例系数。

(5) 拆卸

① 把传感器从固定装置上卸下。

②将传感器清洁保养然后装箱。

注 意在吊装过程中要将传感器和吊钩固定好，以免在起吊过程中产生意外。在起吊过程中尽量避免传感器碰撞。

（6）保养

① 定时对传感器外部进行清洁。如果有锈蚀要及时除锈刷漆。

② 传感器中和轮盘衔接的轴承要经常打黄油，保持轴承的灵活旋转。

③ 传感器上的钢丝绳容易锈蚀，要经常给钢丝绳外面涂抹一些黄油，防止钢丝绳生锈，如果钢丝绳锈蚀严重要及时更换。

④ 传感器上的气动马达使用时要经常加润滑油，保持马达旋转正常。

2. 游车补偿传感器

（1）用途

游车补偿传感器主要是应用于浮动的石油钻井平台上，通过游车补偿传感器可以测量出大钩和游车之间补偿器移动的距离，大钩和游车之间补偿器的移动距离也就是海浪和潮差对钻头位置的影响，通过游车补偿传感器和绞车传感器的配合使用可以消除海浪和潮差对井深的影响。

（2）工作原理

游车补偿传感器包括绞车传感器、钢丝绳回绕装置。它适合于测量大钩与游车之间补偿器伸缩的距离。

其中包含的绞车类型的传感器的工作原理和前面介绍的绞车传感器的工作原理一样，其传感器连接一个周长为0.5m的绕有细钢丝绳的绕线盘。所以这个绞车类型的传感器旋转一圈对应于0.5m的距离(图3-4-19)。

（3）安装

游车补偿传感器安装在游车的补偿器系统上。注意传感器和另一端连接点之间的钢丝绳一定要保持垂直(图3-4-20)。

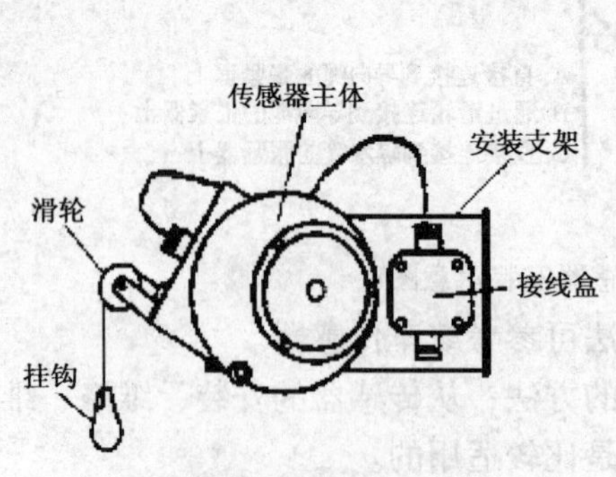

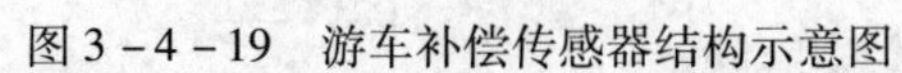
图3-4-19 游车补偿传感器结构示意图

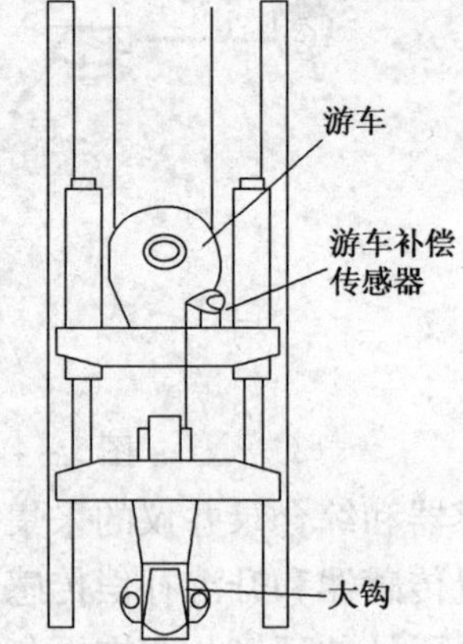

图3-4-20 游车补偿传感器安装示意图

传感器信号线要沿着水龙带走线，绑扎牢固，防止磨损、挤压。

游车补偿传感器的接线方法和绞车传感器一样，一般有4根线和综合录井仪的采集接口相连接，通常分为A探头信号线；B探头信号线；A探头电源线；B探头电源线。由于现在国内外生产的各种综合录井仪采用了各种不同的信号接口系统(包括分线式、总线式、无线式等），所以传感器接入的方法和地点也不尽相同。各厂家生产的各种传感器的线缆使用的色标也不相同。所以要接入传感器到信号接口系统时要根据具体的综合录井仪的信号接口类型和传感器的具体线缆的色标来进行连接。

（4）校验方法

把游车补偿传感器接入综合录井仪接口。拉住挂钩抽动传感器上的钢丝绳使传感器中的轮子转动，转一圈看看是否计算机上显示变化为0.5m。如果不正确调整一下比例系数。

（5）拆卸

① 在录井房中先切断传感器的电源，然后断开传感器的信号电缆；

② 把传感器从游车上的固定装置上卸下。

③ 清洁保养然后装箱。

（6）保养

① 定时对传感器外部进行清洁，如果有锈蚀要及时除锈刷漆。

② 传感器中和轮盘衔接的轴承要经常打黄油，保持轴承的灵活旋转。

③ 传感器上的钢丝绳容易锈蚀，要经常给钢丝绳外面涂抹一些黄油，防止钢丝绳生锈。如果钢丝绳锈蚀严重要及时更换。

3.4.2.3 泵冲/转速传感器

1. 用途

在录井过程中，泵冲传感器用以测量钻井液泵每分钟的活塞动作次数，根据输入的泵容积，泵效率等参数计算入口流量、迟到时间及其他派生参数。

转盘转速传感器可以测量转盘转速（图3－4－21）。

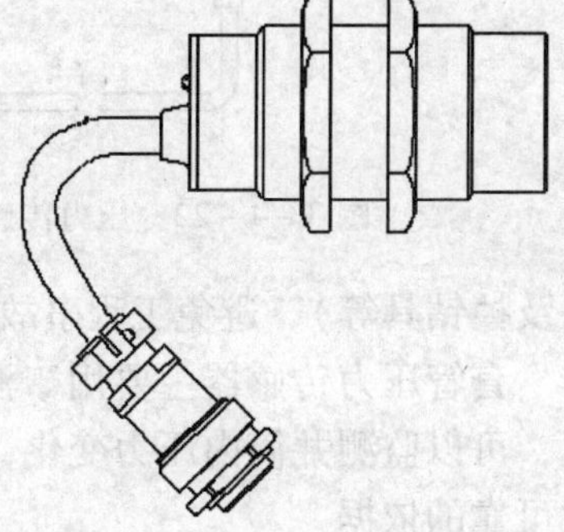

图3－4－21 泵冲、转盘转速传感器

2. 原理

传感器内部电路由振荡、检波和输出级组成，振荡线圈产生交变磁场，当有金属物体接近线圈时，磁场在金属物体中产生涡流，能量上的损失使振荡器振荡减弱以至停振，经检波和输出级后变为高电平，指示灯亮；在没有金属物体接近时振荡器起振为低电平输出，指示灯灭。

3. 安装

传感器安装在不影响钻井日常设备维护、无强烈振动、不易碰触的地方。

① 泵冲传感器：安装在钻井液泵头拉杆处，将传感器固定卡子卡在合适的位置，调整传感器的固定螺母，使传感器感应端面与被测端面接近平行，调整传感器的感应端面与拉杆感应面的位置，使两者之间的感应距离在最大效感应距离以内，其泵速比为1∶1。

注意：将传感器感应端面对准泵头拉杆两端的任意一端，不可对准泵头拉杆的中间位置，否则会测出双倍的泵冲数。

泵冲传感器也可安装在皮带轮处，由钻井队在皮带轮上焊接一块金属片，其端面位置应与传感器端面平行，调整传感器的固定螺母，使金属片与传感器端面之间的感应距离在最大感应距离以内，其泵速比可通过实测计算得到。

② 转盘转速传感器：安装在转盘主动轴的适当部位或气囊离合器的转轴处。在转盘主

动轴或气囊离合器的转轴上焊接一块金属片，将传感器固定在合适的位置，传感器端面位置应与金属片平行，调整传感器的固定螺母，使金属片与传感器端面之间的感应距离在最大感应距离以内。

一般泵冲和转盘转速传感器为两线制，两根线和综合录井仪的采集接口相连接，分为信号输出线和传感器电源线。

4. 校验

使用标准转速仪对泵冲/转盘转速传感器进行校准，其准确度误差不大于0.5%。

5. 拆卸

确认设备停转，卸下泵冲、转盘转速传感器，拆卸时应有专人监护。

6. 保养

定期对传感器进行清洁，尤其是传感器感应面。

3.4.2.4 压力传感器

1. 用途

综合录井仪中的压力传感器(图3-4-22)主要包括：立管压力传感器(也叫泵压传感器)、套管压力传感器、大钩负荷传感器(也叫悬重传感器)。这三种传感器的工作原理是一样的，只是测量参数不同所以三种压力传感器的量程和在钻井现场的安装位置有所不同。

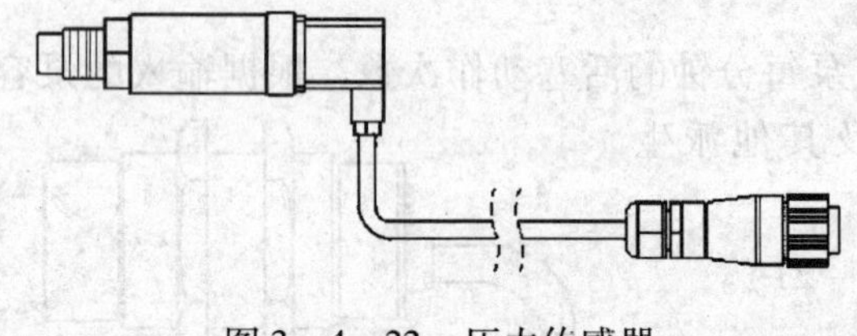

图3-4-22　压力传感器

在录井过程中，立管压力传感器主要用于测量由钻井液泵所产生的压力(立管压力)，测量立压参数可以监测循环工作系统的工作状态(开泵、停泵、循环钻井液)，供相应的水马力计算，优化钻井所需要的实时数据，发现判断工程事故(刺钻具、憋泵、掉水眼、堵水眼及掉钻具等)，避免工程事故的发生和进一步的恶化。

套管压力传感器主要用于测量由地层高压所产生的环空压力，测量套管压力参数的变化，可以监测井筒内压力变化，为测量计算地层压力梯度和处理工程事故，制定压井方案提供可靠的依据。

大钩负荷传感器用于测量死绳固定器处的液压转换器所产生的压力，并转换为大钩负荷参数。大钩负荷参数的变化，可以判断钻井工作状态(坐卡、解卡、钻进、起下钻等)，计算钻压，提供优化钻井所需要的数据，判断卡钻、遇阻、掉钻具等工程事故。

2. 原理

采用离子束溅射和刻蚀工艺，制作了组成惠斯登电桥的合金薄膜应变电阻。应变电桥直接制做在金属测压膜片上，在压力作用下膜片产生应变，应变电桥感受此应变而导致其电阻变化，对应变电桥所组成的电桥加额定激励电压，则可得到与压力成线性关系的电压变化(电压型)。电流型则是通过电子电路，将电桥输出的信号放大，并转换成标准4～20mA电流信号输出。

传感器感应头采用金属一体化结构平面设计，可直接与被测量的气体或液体接触，防水耐腐蚀、精度高、性能稳定可靠。

3. 安装

选择安装场所时周围有足够的空间，以便于维护调校(图3-4-23)。

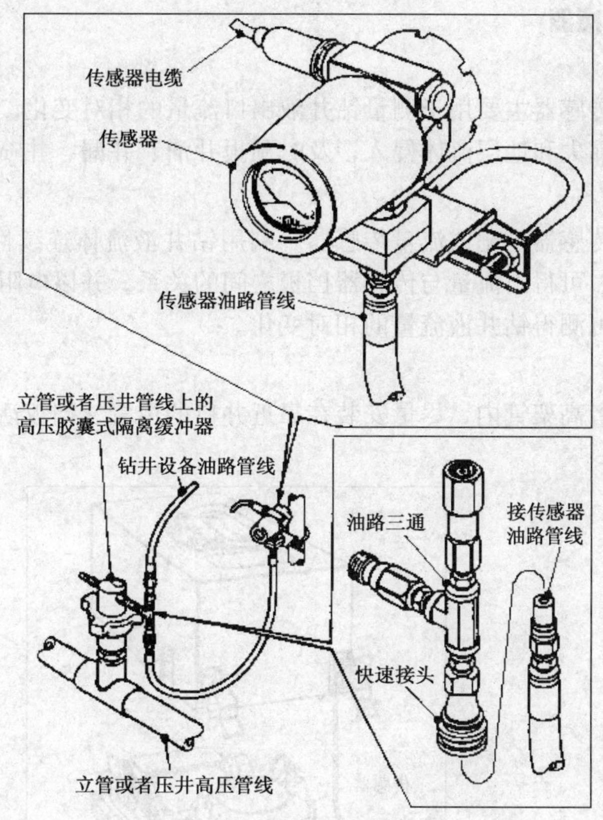

图 3－4－23　大钩负荷传感器结构及安装示意

① 大钩负荷传感器安装在井架死绳固定器处的液压转换器预留传感器接口上。

a. 传感器安装前确认大钩处于空载状态。

b. 将大钩负荷传感器总成的快速接头与井架死绳固定器的传感器的快速接头对接，检查油路密封情况。

② 立管压力传感器直接安装在钻台立管管汇上，或通过三通接立压表处。传感器安装前与钻井取得联系，确保立管内无压力。

③ 套压传感器安装在节流管汇上，套压表附近有一备用接口，还可通过三通接头接在套压表处。传感器安装前与钻井取得联系，确保立管内无压力。

压力传感器为两线制电流型传感器，一般有 2 根线和综合录井仪的采集接口相连接，一般分为信号输出线和传感器电源线。

4. 校验

压力传感器使用压力校样台进行校验，把传感器与校验设备连接好，对传感器逐级加压至满量程。其准确度误差应小于或等于满量程 2.5%。

5. 拆卸

① 在大钩空载时，卸下悬重传感器；在管汇无压力下，卸下立、套压力传感器。

② 卸下传感器后，传感器安装位置装上专用堵头。

6. 保养

① 定期检查快速接头是否渗漏。

② 对传感器进行清洁、检查。

3.4.2.5 出口流量传感器

1. 用途

在录井过程中，传感器主要用于测量钻井液出口流量的相对变化，与入口流量对比，可以监测是否有钻井液漏失和地层流体侵入，及时预报井涌、井漏、井喷。

2. 原理

常见的出口流量传感器是靶式流量传感器。利用钻井液流体连续性原理和伯努利方程，以及挡板受力的分析，可得出流量与传感器挡板之间的关系，并以电阻器的阻值线性变化反映挡板的角位移，即可测得钻井液流量的相对变化。

3. 安装

安装在高架槽或者高架管内，尽量安装在靠近井口的位置，挡板活动方向与钻井液流向一致(图 3 - 4 - 24)。

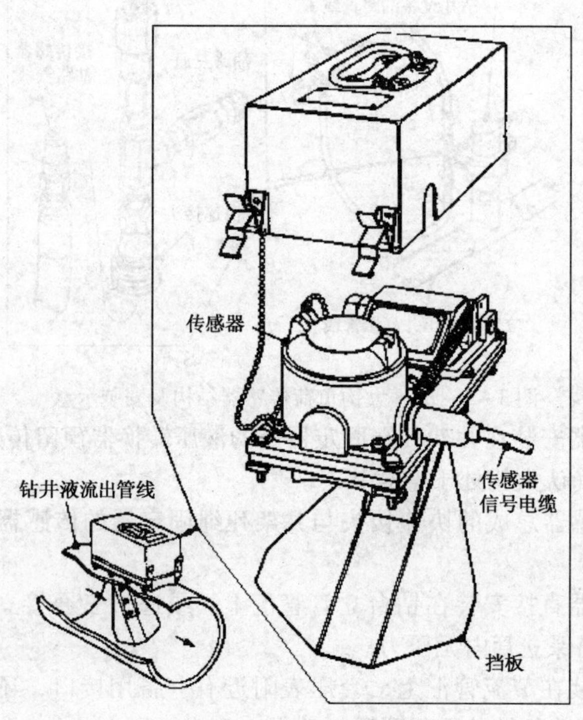

图 3 - 4 - 24　出口流量传感器结构及安装示意图

首先，选择好焊接传感器固定框架的位置。将传感器周围的固定螺栓和橡胶垫拆下，可以取下固定框架，根据固定框架的尺寸，在钻井液出口管上割出一个与固定框架尺寸一致的口，再把固定框架的四边与割口焊接在一起，将传感器放入钻井液管内，垫好橡胶垫上紧固定螺栓。

也可用固定架固定在钻井液出口处的钻井液槽内。挡板的浸入深度以不被沉砂搁滞为宜，且在安装后，应检查挡板可在管内空间自由摆动，不与管线内壁相碰。否则影响传感器输出信号正确性。

传感器上备有二种加重块，可根据现场不同的情况选用，可单独用一块，也可二块叠用。当钻井液流速很大，传感器摇臂冲到极限位置时，可以适当增加配重。钻井液流速较小时，可以适当减小配重。

钻井液出口流量传感器为两线制电流型传感器，一般有 2 根线和综合录井仪的采集接口相连接，分为信号输出线和传感器电源线。

4. 校验

缓慢移动传感器挡板至不同角度对传感器进行校验，其准确度误差不大于5.0%。

5. 拆卸

松掉紧固螺栓，拆下传感器及信号电缆。

6. 保养

① 定期检查传感器，如挡板有卡滞现象，应拆开上部钢罩，检查内部机械部件，排除机械传动部分的故障后，在活动部分加注润滑油。

② 传感器上的活动部件粘结泥饼时，应及时清洗，以保证传感器可靠工作。

③ 传感器的活动部件，应经常加油润滑，使之活动灵活。

④ 检查、清洁传感器，更换损坏部件，收入传感器箱中备用。

3.4.2.6 温度传感器

1. 用途

在录井过程中，温度传感器用于测量钻井液的温度。钻井液温度的变化可以间接地反映地热梯度。由于地层的异常压力区均表现为较高的地热梯度，所以钻井液温度也是判断地层异常压力的重要参数。

2. 原理

温度传感器是用铂金属丝制成的测温电阻器，传感器是利用金属在温度变化时，自身电阻也随着变化的特性来测量温度的，它的受热元件是利用细铂丝均匀的双绕在绝缘材料制成的骨架上制成，封装在不锈钢探头中。

3. 安装

传感器可检测钻井液入口和出口温度(图3-4-25)。

① 出口温度传感器安装在架空槽的钻井液出口处或缓冲罐内，安装处无强烈振动。

② 入口温度传感器安装在入口钻井液池内，安装深度为钻井液面波动时，探头不会露出液面，同时无沉砂影响，传感器探头不得接触池壁。

温度传感器为两线制电流型传感器，一般有两根线和综合录井仪的采集接口相连接，分为信号输出线和传感器电源线。

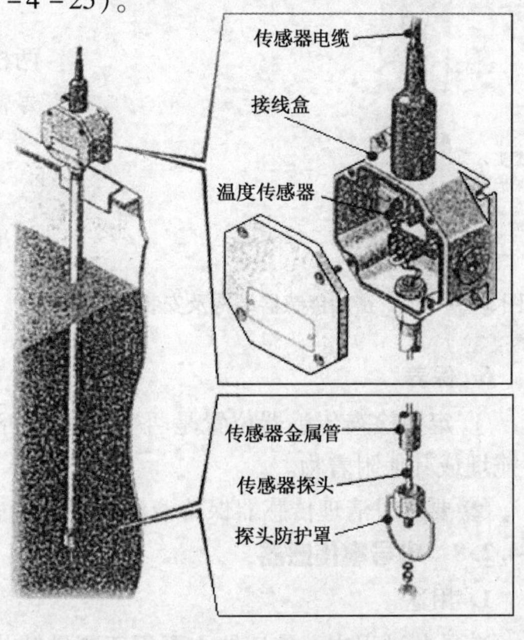

图3-4-25　温度传感器结构及安装示意图

4. 校验

使用温度计测量大气温度和钻井液温度对传感器进行校验，其准确度误差应在±1.0%之间。

5. 拆卸

松掉紧固螺栓，拆下传感器及信号电缆。

6. 保养

① 定期检查传感器位置是否变动，是否有沉砂掩埋或其他附着物。

② 传感器要及时清理保持清洁，以保证传感器测量准确，反应灵敏。

3.4.2.7　密度传感器

1. 用途

在录井过程中，密度传感器主要用于测量钻井液的密度值。钻井液的密度，反映了钻井液中固相物质含量，可以监测地层流体的进入，及时预报井涌、井漏、井喷，为计算地层压力等提供实时参数，为调整钻井液性能，优化钻井提供方案。

2. 原理

密度传感器采用差压式原理来测量钻井液密度。当传感器被竖直放置在钻井液中时，由于两只带有波纹膜片的法兰在钻井液中所处深度不同，其表面所受压力也就不同，而两只波纹膜片中心距离是一个常数，因此它们的差压与液体的密度成线性关系。

3. 安装(图3-4-26)

① 出口密度传感器安装在架空槽的钻井液出口处或缓冲罐内，安装处无强烈振动。

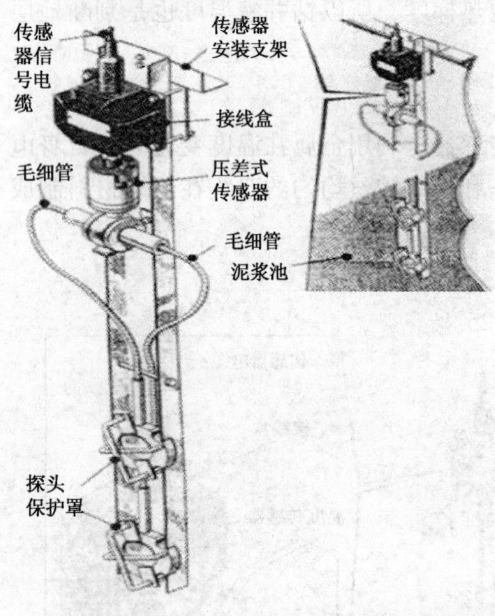

图3-4-26　密度传感器结构及安装示意图

② 入口密度传感器安装在入口钻井液池内，传感器安装深度为钻井液面波动时，上、下法兰必须全部浸入钻井液中，同时无沉砂影响。

③ 传感器保持垂直，不得倾斜，否则会影响测量的准确性。

④ 传感器的感应法兰应背向钻井液流动剧烈方向以保证传感器测量的准确性。

密度传感器为两线制电流型传感器，一般有两根线和综合录井仪的采集接口相连接，分为信号输出线和传感器电源线。

4. 校验

使用压力检测仪和法兰盘对传感器进行校验，其准确度误差不大于0.01g/cm^3。

5. 拆卸

松掉紧固螺栓，拆下传感器及信号电缆。

6. 保养

① 定期检查传感器位置是否变动，是否有沉砂掩埋或其他附着物。

② 要及时清理传感器保持清洁，保证传感器测量准确，反应灵敏。

3.4.2.8　电导率传感器

1. 用途

在录井过程中，传感器主要用于测量钻井液的电导率值，监测钻井液的电导率变化，根据变化趋势监测是否有地层流体进入，判断侵入钻井液中地层流体的性质。

2. 原理

电导率传感器由电导率探头和电导率变换器组成。电导率探头由两个平行放置(在同一轴线上)的初、次级磁环线圈组成，外壳采用耐高温、耐酸碱、耐磨损的绝缘材料封装而成。

传感器探头浸在钻井液中，在初级线圈中通过一定频率的交流信号，在呈现闭合状态钻井液中产生感应电流。通过钻井液中的感应电流，再感应到传感器的次级线圈，次级线圈接收信号的大小与钻井液的导电能力(即电导率)大小成正比。传感器内部有一体化的温度传感器(热敏电阻)，用于监视钻井液的温度，对被测温度下钻井液的电导率进行温度校正，补偿到该钻井液25℃时的电导率值。从而完成对钻井液电导率的测量。

3. 安装(图3-4-27)

① 出口电导率传感器安装在架空槽的钻井液出口处或缓冲罐上，安装处无强烈振动。

② 入口电导率传感器安装在入口钻井液池内，安装深度为钻井液面波动时，探头不会露出液面，同时无沉砂影响，传感器探头不得接触池壁，与罐壁最少相距5cm，不得有外物覆盖。

电导传感器为两线制电流型传感器，一般有两根线和综合录井仪的采集接口相连接，一般分为信号输出线和传感器电源线。

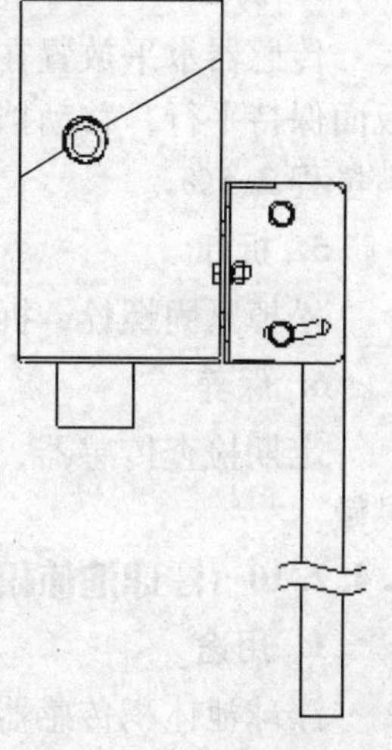

图3-4-27 电导传感器结构及安装示意图

4. 校验

① 用一根导线穿过电导率传感器的内孔，导线两端接电阻箱。

② 根据传感器说明书，使用电阻箱提供零位和满度阻值，调节传感器零点和满量程输出。

③ 其准确度误差应小于或等于满量程2.5%。

5. 拆卸

松掉紧固螺栓，拆下传感器及信号电缆。

6. 保养

① 定期检查传感器位置是否变动，是否有沉砂掩埋或其他附着物。

② 要及时清理传感器保持清洁，保证传感器测量准确，反应灵敏。

3.4.2.9 超声波池体积传感器

1. 用途

超声波池体积传感器用于测量钻井液罐内的液面高度，并通过计算实现对钻井液体积的测量。测量钻井液体积的变化，可以监测是否有钻井液漏失和地层流体进入，及时预报井涌、井漏、井喷，给工程施工提供依据。

2. 原理

超声波池体积传感器，传感器由发射探头发射一系列超声波脉冲，而超声波脉冲遇到液面后返回，被接收探头接收。传感器中的滤波装置可从来自声波、电波噪声及转动搅拌器桨叶噪声的各种假回波中分辨出从液面上返回的真实回波，脉冲波从发射到液面、再返回到传感器所用的时间经温度补偿后，转换成可显示的距离，并转变为电流输出。

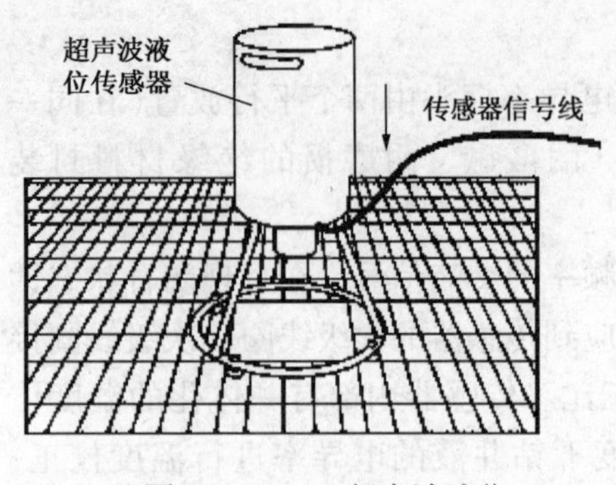

图 3-4-28 超声波液位传感器安装示意图

3. 安装(图 3-4-28)

① 分别选择在参加循环的钻井液罐预留的传感器安装位置固定安装支架。

② 安装中，要保持传感器探头面与最高液位距离至少大于盲点。

③ 超声波液位传感器探头发出的超声波应垂直于液面，并且无障碍物。

超声波液位传感器为线制电流型传感器，一般有两根线和综合录井仪的采集接口相连接，一般分为信号输出线和传感器电源线。

4. 校验

传感器水平放置在检测面上，感应面应与指示挡板面保持平行，移动挡板面和感应面距离，对传感器进行校验，其准确度误差应小于或等于满量程 2.5%。

5. 拆卸

松掉紧固螺栓，拆下传感器及信号电缆。

6. 保养

定期检查传感器，及时清理传感器，保持传感器清洁，保证传感器测量准确，反应灵敏。

3.4.2.10 浮球池体积传感器

1. 用途

浮球池体积传感器用于测量钻井液罐内钻井液的液面高度，并通过计算实现对钻井液体积的测量。

2. 原理

浮球池体积传感器的工作原理是基于液位的变化引起电阻的变化。

传感器的不锈钢直管内有一根测量杆。杆上等距离分布有若干个干簧管和电阻，安装管外套有带磁环的浮球。浮球在杆上的位置变化，引起杆上不同点的干簧管的吸合，则测量杆电阻值也发生变化。把此电阻值经前置电路转换成电信号，从而测得浮球在杆上的位置。当把传感器垂直安装于钻井液池中后，则测得钻井液池中钻井液的液面高度。根据池底面积，便可求得钻井液池中钻井液的体积(图 3-4-29)。

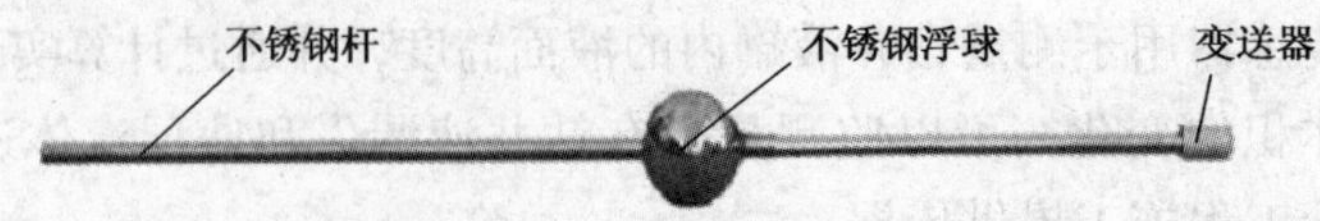

图 3-4-29 浮球池体积传感器

3. 安装

① 分别选择在参加循环的钻井液罐预留的传感器安装位置固定安装支架。

② 先将浮球套住不锈钢直管，再在不锈钢直管的底部固定好防脱卡环。

③ 将不锈钢直管保持同地面垂直固定在安装支架上，浮球上下活动灵活。

浮球池体积传感器为两线制电流型传感器，一般有两根线和综合录井仪的采集接口相连接，分为信号输出线和传感器电源线。

4. 校验

将传感器垂直放置，从底部向上缓慢移动浮球，对传感器进行校验，其准确度误差应小于或等于满量程2.5%。

5. 拆卸

松掉紧固螺栓，拆下传感器及信号电缆。

6. 保养

① 传感器的液位测量管内装有玻璃封装的微型干簧开关，在安装使用中要轻拿轻放，严禁摔打和敲击传感器。

② 检查、清洁池体积传感器，防止泥饼影响浮球升降，保证传感器可靠准确运行。

3.4.2.11 硫化氢传感器

1. 用途

硫化氢传感器用于测量从地层中侵入钻井液，并随钻井液返出地面的硫化氢气体。发现硫化氢气体，及时报警并采取有效的安全措施，对保证人身和施工安全有着极其重要的意义。

2. 原理

硫化氢传感器的探头是利用一种特殊金属氧化物半导体的吸附效应来检测硫化氢气体。半导体材料薄片被放置在两个电极之间的衬片上，在衬片的外圈有一个加热圈，加热圈的温度由热敏电阻测量，放置在传感器头内部的控制电路使探头的温度始终保持恒定，保证探头处于最佳工作状态。当硫化氢气体吸附在半导体材料薄片上时，两电极之间的电阻减小，这种电阻值的减小与所检测的硫化氢气体浓度呈对数关系，测量电路将电阻值的变化转换成电信号。

3. 安装(图3-4-30)

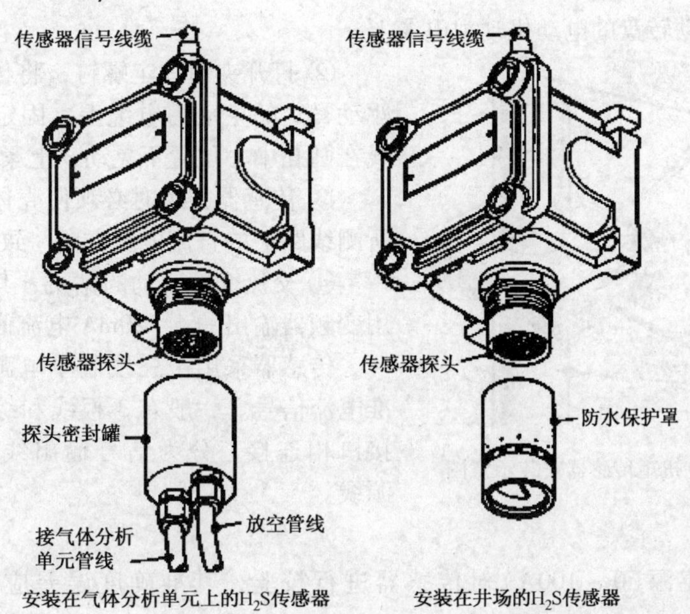

图3-4-30 硫化氢传感器结构及安装示意图

① 硫化氢传感器通常安装在井口、钻井液出口、钻台面、罐面等硫化氢气体容易出现的地方。

② 安装时探头朝下，传感器探头应安装防溅装置。

硫化氢传感器常见的有两线制和三线制两种。

4. 校验

使用标定罐和硫化氢标准气样对传感器进行校验，其误差应在±10.0%之间。

5. 拆卸

拆下传感器及信号电缆，给传感器探头盖上防护帽。

6. 保养

① 检查，清洁传感器，避免探头进水，保证传感器正常工作。

② 探头的防雨罩要定期清理，否则会使灵敏度下降。

3.4.2.12 电扭矩传感器

1. 用途

电扭矩传感器主要用于测量电力驱动钻机的转盘扭矩大小。转盘扭矩是判断钻具运转状态、钻头磨损状况、地层岩性、可钻性是否发生变化、定向井狗腿角是否超标的重要依据。在钻具振动分析中扭矩也是主要参数之一，当钻具发生有害震动时，报警装置提醒人们改变钻井参数，以防止井下钻具损伤，避免钻井事故。

2. 原理

交、直流电扭矩传感器的原理是霍尔效应，当流过导线的电流变化时，电流在其周围产生的磁场发生变化，使得霍尔器件中有一定的电压输出。它是通过测量驱动电机的供电电流来获得转盘扭矩参数的。

电扭矩传感器适用于电动钻机，传感器采用了夹钳式结构，便于安装使用。

3. 安装(图3-4-31)

① 安装在驱动转盘的电动机动力电缆上。

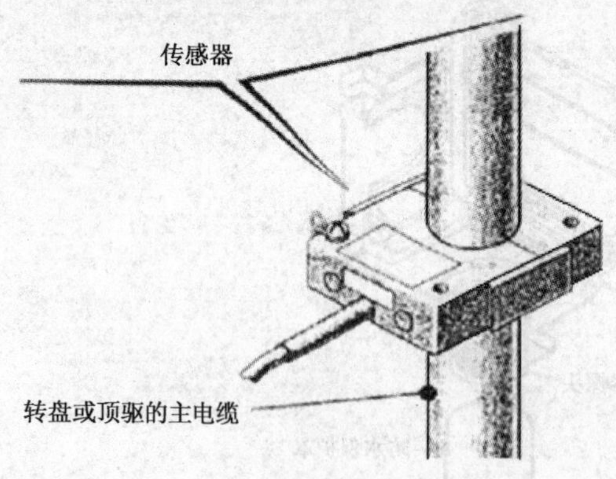

图3-4-31　电扭矩传感器安装示意图

② 打开夹钳固定螺钉，将传感器安装在转盘驱动马达的主动力电缆上，固定传感器使被测导线在圆孔中心位置不晃动，上紧螺钉。

③ 传感器安装时必须使壳体上的电流箭头与所测线路上的直流电流方向一致。

④ 交流变频驱动的钻机，其转盘扭矩信号采用变频器输出的4~20mA电流信号。

传感器采用了三线制单电源供电，输出是标准电流信号。一般有3根线和综合录井仪的采集接口相连接，分为信号输出线和两根传感器电源线。

4. 校验

使用直流电流源(0~100A)对传感器进行校验，其准确度误差应小于或等于满量程2.5%。

5. 拆卸

拆下传感器及信号电缆。

6. 保养

① 检查，清洁传感器；

② 传感器使用时要注意不能受到强力的冲击和摔打，以免破裂。

3.4.2.13 张紧轮式转盘扭矩传感器

1. 用途

张紧轮式转盘扭矩传感器主要用于测量链条驱动钻机的转盘扭矩。

2. 原理

钻井过程中，柴油发动机通过一系列传动装置，经传动链条带动绞车和转盘，转盘驱动钻具实现钻进。传动链条的张紧程度反应了转盘的扭矩的大小，当井下钻具发生异常或地层岩性发生变化时，转盘扭矩的大小产生变化，从而影响到链条张紧力的变化。

在传动链条的下方放入的张紧轮式转盘扭矩传感器，它将链条的张紧力转换成油压，再通过压力传感器，把油压信号转换成电信号，电信号的强弱就反映转盘驱动扭矩的大小。

3. 安装(图 3－4－32)

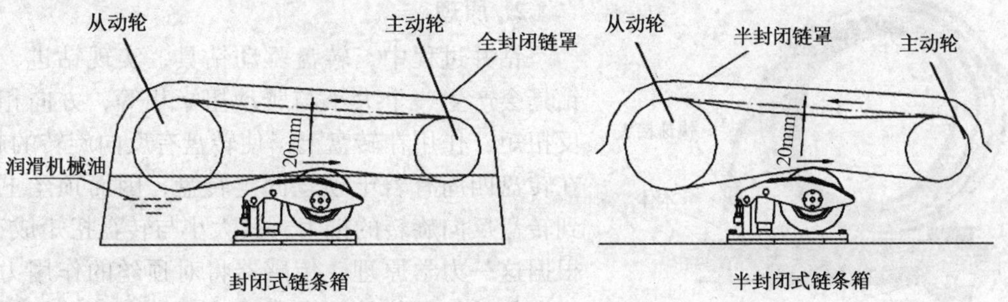

图 3－4－32　张紧轮式转盘扭矩传感器安装示意图

① 安装在链条箱内，传动链条正下方。

② 将润滑油放尽，打开全封闭链罩。

③ 将张紧轮式转盘扭矩传感器安装在受力传动链条受力紧边，并注意传动链条方向与张紧轮式转盘扭矩传感器的方向盘标识一致，并把两根限位螺栓旋到最低。

④ 使用快速接头将传感器高压软管与手动注油泵相连。

⑤ 向传感器注油，张紧轮式转盘扭矩传感器会随着液压油的加注而逐渐抬起，当张紧轮轻微接触链条时，摆正传感器上下左右的位置，确认无误后将长、短垫板焊接在链条箱的底座上。

⑥ 如果焊接后发现张紧轮有偏移的现象，可以旋松底座板的四颗螺栓后，进行位置调整；也可以利用悬架两侧的调节螺钉，调节张紧轮其前后的位置，以便使链条居中。

⑦ 向传感器注油，链条张紧到一定程度。

⑧ 向上旋起限位螺栓，以接触到悬架即可，然后锁紧防松螺母。

⑨ 在链罩上打一个合适的圆孔，高压软管接头从中穿过，外面再用圆螺母锁紧。

⑩ 合上链罩，加注链条润滑油。

⑪ 拔下注油泵，接上压力传感器总成(带三通快速接头)。

张紧轮式转盘扭矩传感器为两线制电流型传感器，一般有两根线和综合录井仪的采集接口相连接，一般分为信号输出线和传感器电源线。

4. 校验

使用压力校样台对压力传感器进行校验，其准确度误差应小于或等于满量程 2.5%。

5. 拆卸

① 拆下压力传感器总成，检查清洁压力传感器。

② 将润滑油放尽，打开全封闭链罩。

③ 把两根限位螺栓旋到最低。

④ 给传感器放油，张紧轮会随着液压油的排出而逐渐落下。

⑤ 取下底座板的四颗固定螺栓后，将传感器从链盒内取出。

6. 保养

① 清洁、检查扭矩传感器，更换易损部件。

② 传感器的活动部件，应经常加油润滑，使之活动灵活。

3.4.2.14 顶丝式转盘扭矩传感器

1. 用途

用于测量转盘扭矩，适用于转盘用顶丝固定的机械钻机(图 3-4-33)。

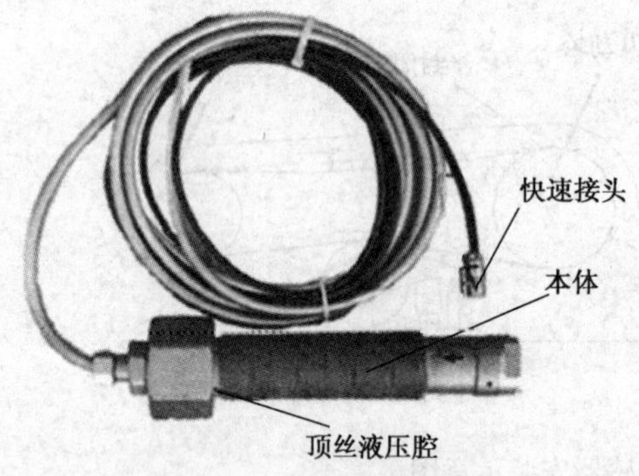

图 3-4-33　顶丝式转盘扭矩传感器

2. 原理

钻井过程中，转盘驱动钻具，实现钻进，同时钻具会产生一个大小与驱动扭矩相等，方向相反的反扭矩，作用在转盘上，使转盘有反向旋转的趋势。在转盘四周有若干顶丝固定转盘，因而顶丝上就受到转盘反向旋转的推力，其大小与转盘扭矩成正比。根据这一力学原理，传感器将对顶丝的作用力转换成电信号，电信号的强弱反映了转盘驱动扭矩大小的变化。

3. 安装

(1) 顶丝型机械扭矩传感器

先将转盘吊起，在转盘和大墚之间涂上石墨油。在钻台的横梁一侧卸下 1 个顶丝换上顶丝传感器，固定好转盘。

(2) 传压器型机械扭矩传感器

安装在钻台的横梁一侧，转盘与顶丝之间。当选择了某一个顶丝装好传压器后，在相隔一个顶丝处分别垫上橡胶垫(图 3-4-34)。

① 先将转盘吊起，在转盘和大梁之间涂上石墨油。

② 如图 3-4-34 所示，卸松顶丝换上传压器。

③ 在图 3-4-34 所示位置的三个顶丝与转盘之间垫上橡胶垫，撑紧各顶丝和传感器，使传感器有一定的预应力。

④ 将传感器钢丝电缆和接头悬挂在大梁或井架上，钢丝电缆和接头部分不要用力拉或扭转。

顶丝式扭矩传感器为两线制电流型传感器，一般有两根线和综合录井仪的采集接口相连接，分为信号输出线和传感器电源线。

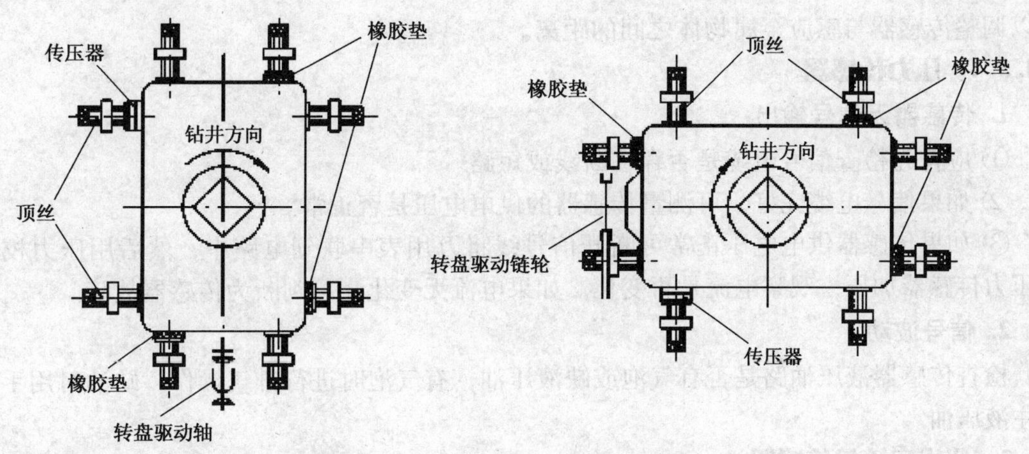

图 3－4－34 顶丝式扭矩传感器安装示意图

4. 校验

使用压力校样台对传感器进行校验，其准确度误差应小于或等于满量程 2.5%。

5. 拆卸

① 在工程人员配合下拆下线缆及传感器总成。

② 清洁、检查扭矩传感器，更换易损部件。

6. 保养

传压器型机械扭矩传感器传压器需要经常加注压力油，使传压器保持一定的预应力。

3.4.3 常见故障排除

3.4.3.1 绞车传感器

绞车传感器无信号输出，首先应检查是否有电缆的断线或损坏。

如果信号电缆没有损坏，可能是绞车传感器出现故障，可将绞车传感器从绞车上拆下，用万用表直流电压挡测量绞车供电是否正常。

如果供电正常，用万用表直流电压档分别测量 A、B 信号的输出电压，转动齿盘，A、B 信号的输出电压会有变化，如果没有变化说明绞车传感器故障。

3.4.3.2 潮差传感器

综合录井仪显示大钩移动的距离小于大钩实际移动的距离。一般是由于轮盘和光电编码轮的连接处松动产生漏脉冲现象，加固轮盘和光电编码轮的连接。

3.4.3.3 泵冲/转盘转速传感器

1. 泵冲和转盘转速传感器无信号输出

① 首先应检查是否有电缆的断线或损坏。

② 如确定信号电缆正常，则需要检查传感器的供电电压。

③ 如供电电压正常，可使用金属物体靠近传感器的端面，指示灯应亮，远离时应灭，如果指示灯没有反应表示传感器损坏。

④ 如果传感器没有指示灯，可以通过测量其电压是否变化，或观察综合录井仪上接口的指示灯来判断。

2. 泵冲和转盘转速传感器信号输出不稳定

这种情况一般传感器无故障，主要是由于传感器与被测物体之间的距离不合适造成的，可以调整传感器与感应金属物体之间的距离。

3.4.3.4 压力传感器

1. 传感器无信号输出

① 应首先检查信号电缆是否存在断线或短路。

② 如果信号电缆完好，可测量传感器的供电电压是否正常。

③ 如果传感器供电电压正常可断开信号线将万用表串联到电路中，然后用压力校验台给压力传感器加压，观察电流是否变化。如果电流无变化，可判断为传感器故障。

2. 信号波动

检查传感器液压油路是否有气泡或缺液压油，有气泡时进行排气操作，缺油时用手动泵加注液压油。

3.4.3.5 出口流量传感器

1. 传感器无信号输出

① 首先应检查传感器的信号电缆是否有断线或短路。

② 如果信号电缆完好，可测量传感器的供电电压是否正常。

③ 如果传感器的供电电压正常，应检查出口流量传感器，将传感器从钻井液槽中取出，用万用表的电阻挡测量信号端和电源端的阻值，阻值随挡板角度的改变应有相应的变化。如果不正常应更换电位器。

2. 传感器的挡板有卡滞现象

应拆不锈钢罩，检查传感器内部的机械部件，排除机械传动部分的故障后，在活动的机械部件处加注润滑油。

3.4.3.6 温度传感器

无信号输出或者满量程

① 首先应检查传感器的信号电缆是否有断线或短路。

② 如果信号电缆完好，可测量传感器的供电电压是否正常。

③ 如果传感器的供电电压正常，检查温度传感器的故障。可用万用表的电阻挡测量Pt100 热敏电阻引线两端，应有 100 ~ 140Ω 之间的阻值，否则可怀疑传感器内铂丝开路或连接处接触不良。

3.4.3.7 密度传感器

1. 传感器无信号输出

① 首先应检查传感器的信号电缆是否有断线或短路。

② 如果信号电缆完好，可测量传感器的供电电压是否正常。

③ 如果传感器的供电电压正常，检查密度传感器是否有故障。密度传感器的膜片比较容易损坏，检查传感器的膜片是否破损，如膜片损坏，必须更换传感器。

④ 如果传感器的膜片没有损坏，那就需要检查传感器的电路部分是否损坏。可以将万用表调到电流挡串入信号线中，轻轻用手指压迫膜片，此时万用表指示数值应该在 4 ~ 20mA 之间变化，如果信号没有变化可判断为传感器信号变送部分故障，必须更换传感器或者传感器信号变送部件。

2. 信号波动

这种现象主要是钻井液流速快，液面波动大造成，应将传感器安装在钻井液流动平稳，液面波动小的地方。

3. 测量误差较大

这种现象主要可能是传感器的两个探头被泥饼或者岩屑埋没或者是上面一个探头露出液面。及时清除传感器上的淤泥和岩屑，适当调整传感器的上下安装位置使传感器上下两个探头都侵入钻井液中，并要保持传感器的垂直。

3.4.3.8 电导率传感器

1. 无信号输出或者满量程

① 首先应检查传感器的信号电缆是否有断线或短路。

② 如果信号电缆完好，可测量传感器的供电电压是否正常。

③ 如果传感器的供电电压正常，判断为电导传感器故障，可更换新传感器。

2. 输出信号不正常

先检查传感器探头周围是否有金属物品，然后检查传感器满度是否正常。

3.4.3.9 超声波体积传感器

1. 无信号输出或者满量程

① 首先应检查传感器的信号电缆是否有断线或短路。

② 如果信号电缆完好，可测量传感器的供电电压是否正常。

③ 如果传感器的供电电压正常，检查安装是否合理，避免被测物或目标进入测量盲区，避免传感器与液面角度过大，尽量使传感器与液面垂直。

④ 检查所测量的液位是否在传感器的测量范围内，调整传感器的安装位置。

⑤ 检查超声波传感器输出信号是否正常，如果信号不正常则说明传感器损坏。

2. 传感器信号波动

① 液位变化快，调整传感器的应答速度。

② 液体表面泡沫多，尽量消除泡沫。

③ 固定架振动幅度大，重新固定传感器或者传感器支架。

3.4.3.10 扭矩传感器

1. 顶丝式，无信号或信号输出不正常

① 首先应检查传感器的信号电缆是否有断线或短路。

② 如果信号电缆完好，可测量传感器的供电电压是否正常。

③ 如果传感器的供电电压正常，检查顶丝传感器是否正常。

2. 张紧轮式，无信号或信号输出不正常

① 首先应检查传感器的信号电缆是否有断线或短路。

② 如果信号电缆完好，可测量传感器的供电电压是否正常。

③ 如果传感器的供电电压正常，应检查过桥轮上的链条是否张紧，检查液压系统是否漏油，检查压力传感器是否损坏。

3. 电扭矩式，无信号或信号输出不正常

① 首先应检查传感器的信号电缆是否有断线或短路。

② 如果信号电缆完好，可测量传感器的供电电压是否正常。

③ 如果传感器的供电电压正常，传感器仍有异常可以判断是传感器故障，需更换传感器。

3.5 数据采集系统

3.5.1 概述

数据采集(DAQ)是指从传感器和其他待测设备等模拟和数字被测单元中自动采集或产生信息的过程。数据采集系统(DAQS)是结合基于计算机的测量软硬件产品来实现灵活的、用户自定义的测量系统。

数据采集的目的是为了测量电压、电流、温度、压力或声音等物理现象。基于计算机的数据采集，通过模块化硬件、应用软件和计算机的结合，进行测量。尽管数据采集系统根据不同的应用需求有不同的定义，但各个系统采集、分析和显示信息的目的却都相同。数据采集系统整合了信号、传感器、信号调理、激励器、数据采集设备和应用软件。

综合录井数据采集系统是通过传感器(分析仪器)、信号接口、计算机软硬件系统对钻井过程中工程、钻井液、气体等信息进行采集的系统。

3.5.2 信号采集原理

3.5.2.1 非电量测量原理

一个典型的非电量测量过程，一般包括传感器、信号调节转换电路(或称变送器)、接口电路、A/D 变换、计算机等几个主要部分。如图 3-5-1 所示。

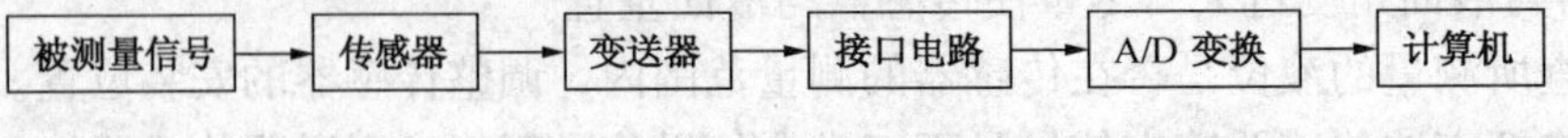

图 3-5-1 非电量测量过程

在图中，根据不同性质被测物理量选用不同的传感器，其作用是将被测物理量转换为电信号，以便后续电路变换处理。被测量物理量的不同，对应的传感器的敏感机理也各不相同。例如在综合录井仪所配接的传感器中，大钩负荷、立管压力、套管压力、扭矩、碳酸盐岩为电阻应变式压力传感器。而硫化氢则是电化学传感器。无论敏感机理如何，其目的都是一致的，都是将非电量转化为电量的器件，这就是测量的基本原则。

通常情况下，传感器的敏感元件所产生的电信号是很微弱的，称为小信号。小信号很容易受到来自外界的干扰，不适合作长距离的传送。为了保证测量的精度，必须将小信号变换成适合传送的信号，这就是变送器的作用。综合录井仪中前置电路起着变送器的作用。

接口电路是为了实现电信号与计算机的连接而设置的。广义地讲，接口电路是指计算机与外部设备连接时所需的电路，例如 A/D 板，I/O 板等均可看作是接口电路的一种。但在综合录井仪中接口电路专指为实现计算机处理而设计的前端信号调制电路，包括传感器接口电路和色谱通道电路等。

A/D 变换器完成模拟量向数字量的转换。计算机可处理的信息是以二进制代码为基础的数字信息，例如 11 或 101 等这样的数码，而不可直接处理象 18mA 电流或 3.5V 电压这样的电信号。为了实现计算机的采集和处理，需将电信号量转化为数值量，这个过程称为A/D 变换，又称为采集。A/D 变换器的输入为电压信号，输出为二进制代码。

综上所述，经过变换处理、采集与计算，完成了一个测量全过程。

3.5.2.2 电信号传输

信号是携带了某种信息变化的波形。在数学上，信号可以表示成一个或多个变量的函数，这个函数蕴含着输出随输入变化的规律。在综合录井仪中，信号函数大多为线性变化，

即 $y = kx + b$ 这种形式。

1. 电信号

在电子测量系统中传递和处理的信号都是电信号，也就是说无论信号函数的自变量是什么，其因变量都是电特性的，通常是电压或电流。例如当我们用传感器测量大钩负荷时，大钩负荷是自变量，而传感器的输出是因变量。如果是电压输出，大钩负荷传感器信号就可表示为 $V_o = kf + b$。若是电流输出，那么大钩负荷信号又可表示为 $I_o = kf + b$。

输出是电压形式的信号称为电压信号。在综合录井仪中，接口电路板通常输出的是 0～5V 电压信号。

输出是电流形式的信号称为电流信号。在综合录井仪的传感器信号线上通常传送的是 4～20mA 的电流信号。

在实际应用中，电压和电流信号是可以相互转换的，也就是说无论是以哪种形式存在，其内涵是一致的。

2. 电信号的传输

传送传感器信号，有电流信号和电压信号之区分。如为电压信号，除传送信号的两根线外，还需两根电源线，称为四线制传送。如为电流信号，只用两根导线就够了，因此又称为二线制传送。由于电压信号易受导线电阻和干扰信号的影响，因此工业现场多采用电流信号传送，即二线制传送方式。目前综合录井仪普遍采用二线制电流信号传送。

电流传输方式所接收的信息不会受到传输线压降、杂散热电偶、接触电势和接触电阻以及电压噪声等因素的影响，在工业现场具有独特的优点。同时可加以偏置电流以区别有无信息。因此综合录井仪普遍选用 4～20mA 电流来传送传感器信号。图 3－5－2 是一个传感器的信号传送示意图。

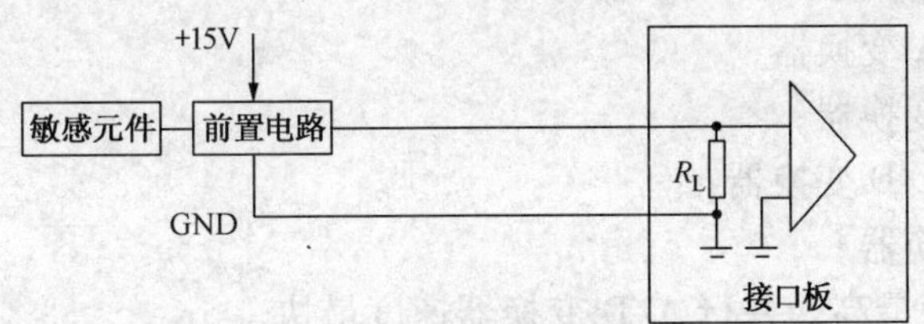

图 3－5－2 传感器的信号传送示意图

敏感元件的信号经前置电路调理后转换为(4～20mA)的电流信号，经传感器总线传送到仪器房的接口电路。接口电路再将电流信号处理为电压信号供计算机采集和处理。

例：某综合录井仪的接口电路采用 10Ω 的精密电阻作为电流信号的负载。在 10Ω 负载电阻两侧，4～20mA 的电流信号被取为 $u_i = R_L \times I_o = 10I_o$(mV)的电压信号，即电压范围 40～200mV。通过测量 u_i，可以直接判断传感器信号的正确性。

3. A/D 变换

随着计算机技术的不断发展，信息处理技术的自动化程度越来越高。计算机正成为测量和控制的主要手段。

在传统的二次仪表测量系统中，传感器信号被调理成一定量程范围的电压或电流信号，经由二次仪表处理为模拟信号。与此不同，计算机处理以二进制代码为基础的数值信息，而不能直接处理模拟信息。因此在传感器的模拟信号和二进制代码之间需要作一个变换，这就是 A/D 变换器的作用。

通过 A/D 变换器，原来的模拟电压变成了二进制数。对 12 位的 A/D 来说，这个二进制数的长度为 12 位，对于满量程 +5V，12 位全为 1 的 D 值为 4095，0～5V 电压范围 D 值表示可用式：D 值 $=4095\times V_1/5\text{V}$，来计算。

图 3－5－3 是计算机采集系统 A/D 变换的原理框图：

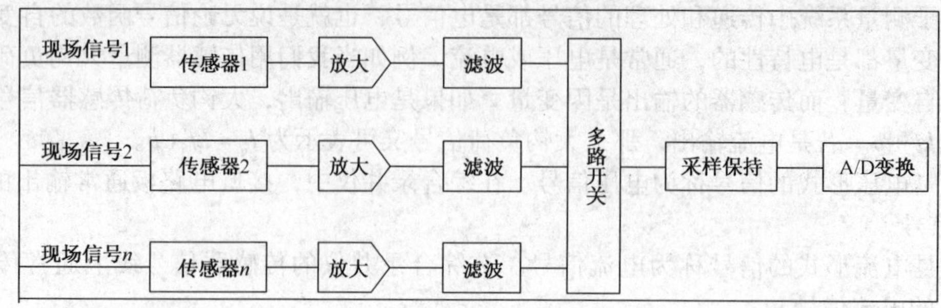

图 3－5－3　A/D 变换原理图

① 传感器将物理量转变为电信号。

② 放大器将传感器信号放大到 A/D 所需的电压范围。

③ 滤波器用来降低干扰，增加信噪比。

④ 多路开关，在多路数据传送过程中，根据需要将其中一路选出来进行 A/D 变换。

⑤ 采样/保持电路，因为现场的信号总是变化的，而 A/D 变换的过程需要输入在一段时间内保持不变，所以需要采样/保持电路。

⑥ A/D 变换器用来将采样保持的电压转换为二进制代码。

在综合录井仪中，1、2、3 步是靠前置电路和接口电路完成的，4、5、6 三步是由数据采集卡来完成的。

从数字电路的角度来说 A/D 变换器分为：

——计数器式 A/A 变换器；

——双积分 A/D 变换器；

——逐次逼近式 A/D 变换器；

——并行 A/D 变换器。

其中，双积分精度最高，并行 A/D 变换器速度最快。

A/D 变换器的关键指标有：

（1）分辨率

A/D 变换器的分辨率是指输出数字信号变化一个最低位所对应的模拟信号输入。通常有几种表示方法：

用数字信号的位数表示，例如某综合录井仪用 12 位的 A/D 变换器。

用每个最小位代表的输入电压表示，如某综合录井仪用 0～5V 输入电压，那么，其分辨率可表示为：$Res=\Delta V/(2^n-1)=(5-0)/(2^{12}-1)=1.22\times10^{-3}\text{V}=1.22\text{mV}$

百分数表示：$Res=100\%/(2^{12}-1)=0.02442\%$

（2）精度

指 A/D 变换器各类误差之和，一般用 ±1/2LSB 表示。

（3）转换时间

完成一次 A/D 变换所需的时间。

3.5.3　采集方式

综合录井数据采集系统按采集方式可分为分线式数据采集系统、总线式数据采集系统和无线数据采集系统。

3.5.3.1 分线式数据采集

在分线式数据采集系统中，综合录井仪的每一个传感器都对应一根信号电缆，传感器信号通过信号电缆送至综合录井的数据采集单元，然后通过A/D卡、I/O卡、串口、网络等方式送至计算机系统，通过数据采集软件进行数据采集。

1. 结构组成

综合录井分线式数据采集系统按照安装方式可以分为接线箱安装和直连安装。采用直连安装的分线式数据采集系统如图3－5－4所示。

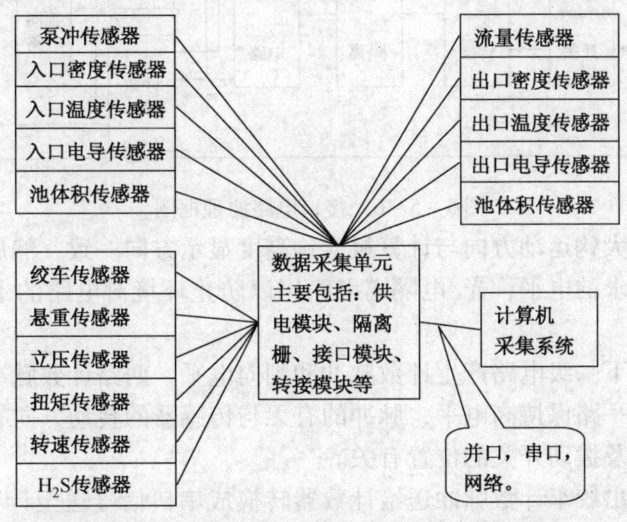

图3－5－4 采用直连安装分线式数据采集系统图

采用直连安装的分线式数据采集系统主要由传感器、信号线、供电模块、隔离栅、转接板、A/D卡、I/O卡、计算机等组成。

采用接线箱的分线式数据采集系统如图3－5－5所示。

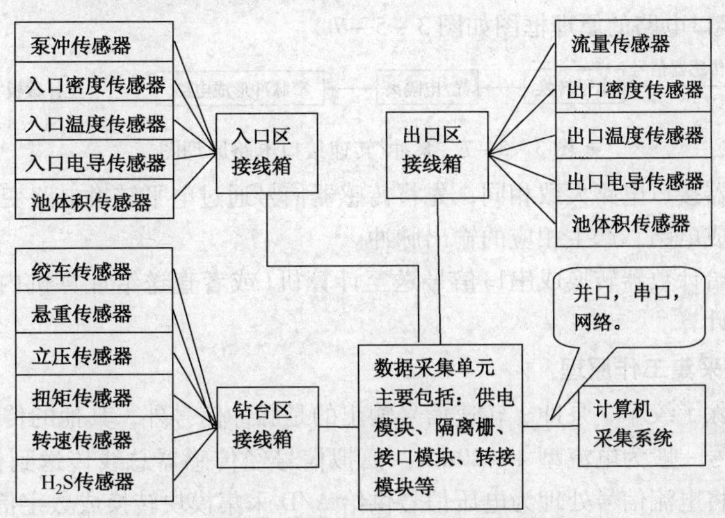

图3－5－5 采用接线箱的分线式数据采集系统图

采用接线箱的分线式数据采集系统比直连安装的分线式数据采集系统增加了三个接线箱，三个接线箱通过三根多芯线连接至综合录井房内的数据采集单元。与直连的采集系统相比，安装较方便快捷。

2. 绞车信号采集工作原理

绞车传感器输出两路相位差90°脉冲信号，通过信号电缆接入绞车接口电路。绞车传感器接口电路的作用是对绞车传感器输出的信号作预处理以满足计数器或者计算机I/O板计数的需要。其原理框图如图3-5-6。

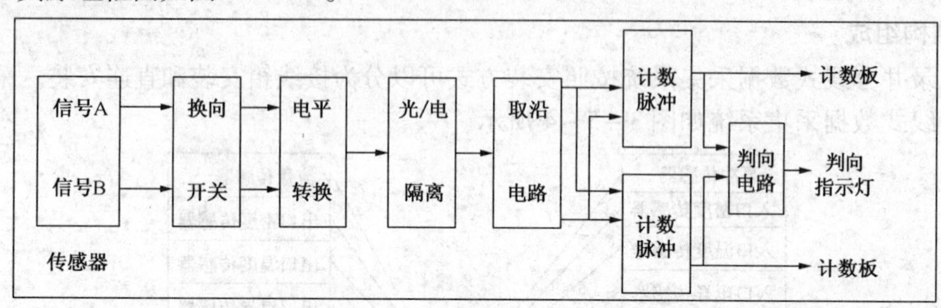

图3-5-6　接口电路原理框图

拨动换向开关使大钩运动方向与计算机大钩高度显示方向一致，然后由电平转换电路将绞车信号变为符合要求的电平，光/电隔离电路用以防止环境对电路的干扰，取沿电路分别取出两路脉冲。

信号的前后沿由下一级电路产生计数脉冲和判向电平，两路计数脉冲不同时产生，当一路有脉冲信号时，另一路保持高电平，脉冲的有无与传感器的转动方向有关，哪一路有脉冲与传感器转动方向以及拨动开关的位置有关。

最后接口电路输出绞车计数脉冲送给计数器转换成串口信号送至计算机(或者直送给计算机内I/O板)进行大钩高度计算。

3. 泵冲、转盘信号采集工作原理

泵冲次和转盘转速的检测使用同一种传感器，所以接口电路也是相同的。其作用是将传感器信号处理为计数板所需的TTL窄脉冲信号，将之计数，送计算机采集。

泵冲/转速接口电路的原理框图如图3-5-7。

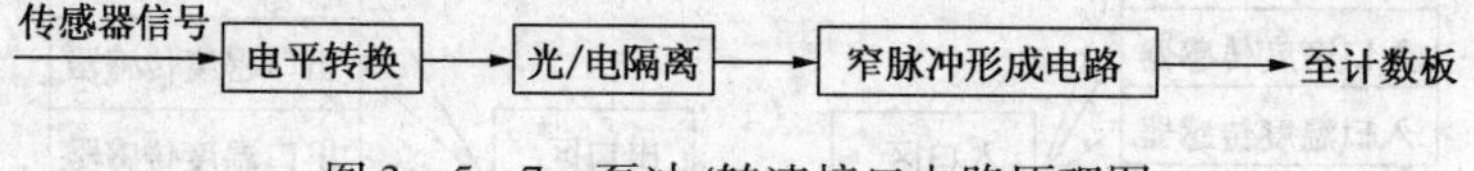

图3-5-7　泵冲/转速接口电路原理图

和绞车传感器接口电路大致相同，先将传感器信号通过电平转换电路变为标准电平，然后触发窄脉冲形成电路，产生相应的输出脉冲。

输出脉冲送给计数器转换成串口信号送至计算机(或者直送给计算机内I/O板)进行泵冲次和转盘转速计算。

4. 模拟信号采集工作原理

综合录井仪除了绞车、泵冲、转速信号输出的是脉冲信号外，其他的传感器输出都是模拟信号。输出信号一般为电流型4~20mA。模拟信号经传感器总线传送到仪器房的接口电路。接口电路再将电流信号处理为电压信号供给A/D采集模块转换成数字信号通过串口(或者接口电路的电压信号直接送给计算机内的A/D卡)送至计算机用于计算机采集和处理。

3.5.3.2　总线式数据采集系统

现场总线是连接智能现场设备和自动化系统的全数字、双向、多站的通信系统。主要解决工业现场的智能化仪器仪表、控制器、执行机构等现场设备间的数字通信以及这些现场控制设备和高级控制系统之间的信息传递问题。

目前的工业总线网络可归为三类：485 网络、HART 网络、FieldBus 现场总线网络。

485 网络：RS485/MODBUS 是现在流行的一种工业组网方式，其特点是实施简单方便，而且现在支持 RS485 的仪表又特别多。现在的仪表商也纷纷转而支持 RS485/MODBUS，原因很简单，RS485 的转换接口不仅便宜得而且种类繁多。至少在低端市场上，RS485/MODBUS 仍将是最主要的工业组网方式。

HART 网络：HART 是由艾默生提出的一个过度性总线标准，主要特征是在 4～20mA 电流信号上面叠加数字信号，但该协议并未真正开放。HART 技术主要被国外几家大公司垄断。现在有很多智能仪表带有"HART 圆卡"，支持 HART 通讯功能。但从国内情况来看，还没有真正用到这部分功能来进行设备联网监控，最多只是利用手操器对其进行参数设定。从长远来看，由于 HART 通信速率低、组网困难等原因，HART 仪表的应用将呈下滑趋势。

FieldBus 现场总线网络：现场总线是当今自动化领域的热点技术之一，被誉为自动化领域的计算机局域网。它的出现标志着自动化控制技术又一个新时代的开始。现场总线是连接控制现场的仪表与控制室内的控制装置的数字化、串行、多站通信的网络。其关键标志是能支持双向、多节点、总线式的全数字化通信。现场总线技术近年来成为国际上自动化和仪器仪表发展的热点，它的出现使传统的控制系统结构产生了革命性的变化，使自控系统朝着"智能化、数字化、信息化、网络化、分散化"的方向进一步迈进，形成新型的网络通信的全分布式控制系统——现场总线控制系统 FCS(Fieldbus Control System)。然而，到目前为止，现场总线还没有形成真正统一的标准，ProfiBus、CANbus、CC－Link 等多种标准并行存在，并且都有自己的生存空间。

1. 结构组成

综合录井总线式数据采集系统应用较广泛的有 485 总线、CAN 总线。

下面以某综合录井仪使用的 CAN 总线数据采集系统为例介绍总线式数据采集系统的结构组成。

基于 CAN 现场总线的综合录井仪采集系统组成如图 3－5－8 所示，它是由 CAN 总线井台区接线箱、CAN 总线入口区接线箱、CAN 总线出口区接线箱、超五类 CAN 总线串行数字通信线缆、CAN 总线数据采集单、CAN 采集计算机(内置 CAN 通讯卡)、CAN 数据采集软件(运行在采集计算机上)等部分组成。

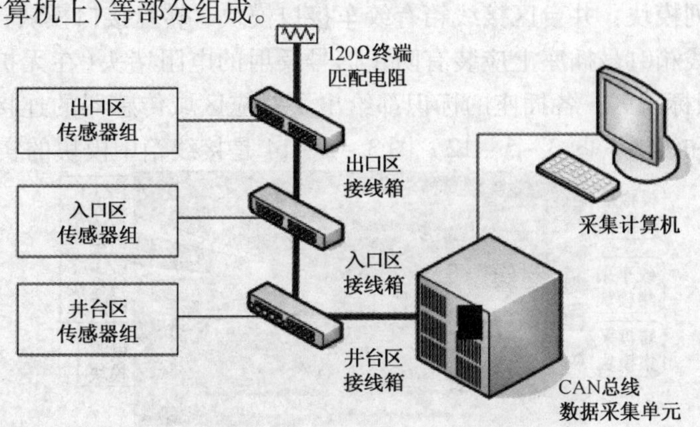

图 3－5－8　CAN 总线系统结构图

CAN 总线采集接线箱是由三个区域的接线箱组成，它们分别是井台区接线箱、入口区接线箱(图 3-5-9)、出口区接线箱(图 3-5-10)，井台区接线箱(图 3-5-11)。

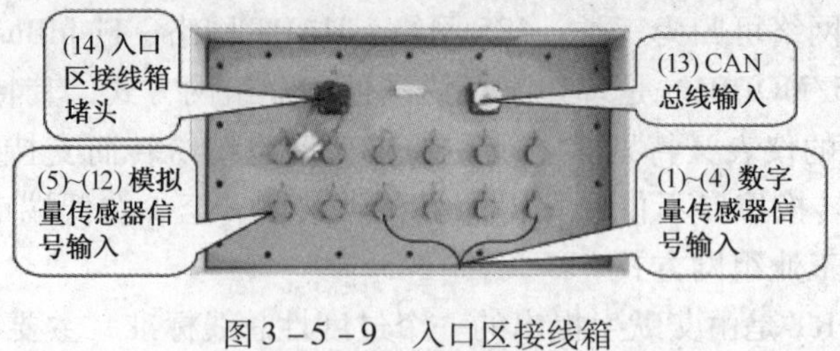

图 3-5-9　入口区接线箱

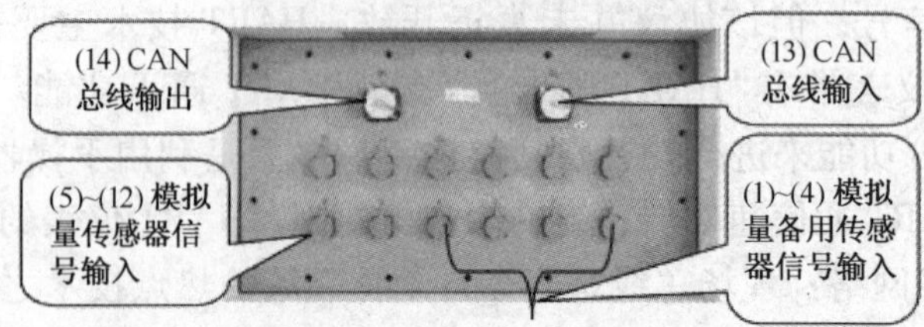

图 3-5-10　出口区接口箱

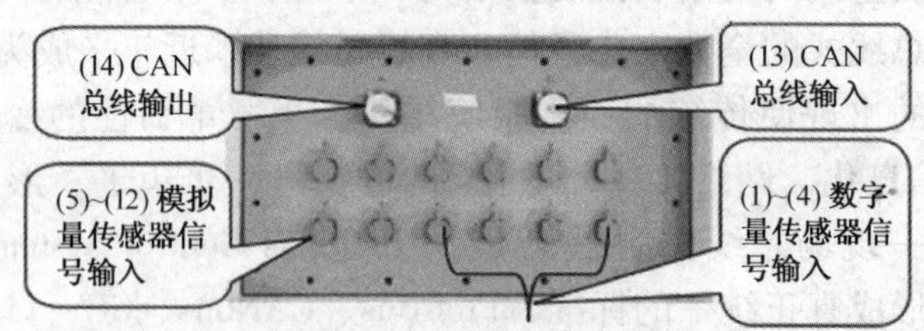

图 3-5-11　井台区接口箱

接线箱内包含了多个 RSM 智能数据采集模块，该模块是一个集变送、控制和通讯功能于一身的现场设备。是传统模拟量传感器和脉冲量传感器升级为智能传感器的理想接口，每个模块作为系统中的一个节点，通过 CAN 总线与采集计算机连接。采集计算机的主要功能是对智能数据采集模块的参数进行设置，并通过现场总线网络实时获取智能数据采集模块采集的数据，如绞车脉冲记数、压力及泥浆温度、密度、电导率等数据。

井台区和入口区接线箱中都安装有 RSM-01(模拟量采集)型和 RSM-04(数字量采集)型 CAN 采集模块、CAN 电源接口模块，三个区的接线箱的结构布局相似；在井台区、入口区接线箱安装有下列模块：井台区接线箱有绞车接口模块、转盘接口模块；入口区有泵冲接口模块，入口区接线箱⒁号插座上应装有防止信号反射的电阻堵头(在无扩展接线箱的情况下)；接线箱上面板标识区，各插座的标识都给出了对应区域传感器的连接定义表，根据定义表来连接传感器和线缆。图 3-5-12 ~ 图 3-5-14 是接线箱中模块的实物图。

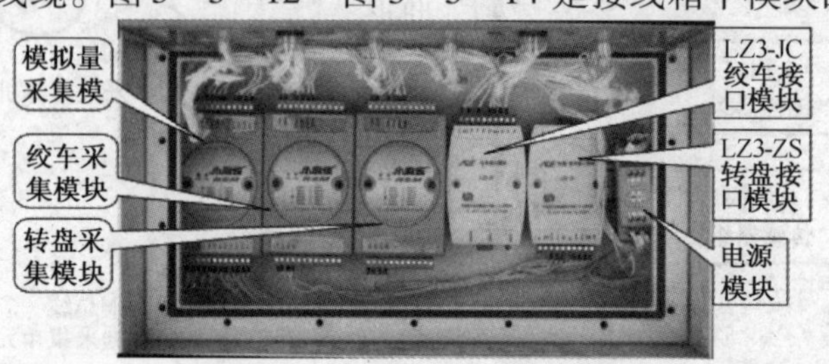

图 3-5-12　井台区接口箱实物图

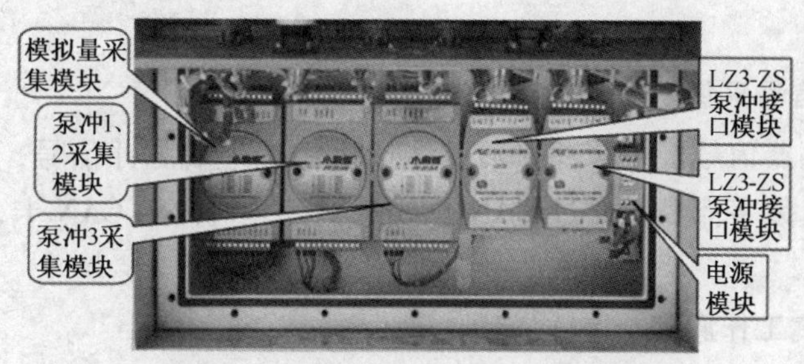

图 3-5-13　入口区接口箱实物图

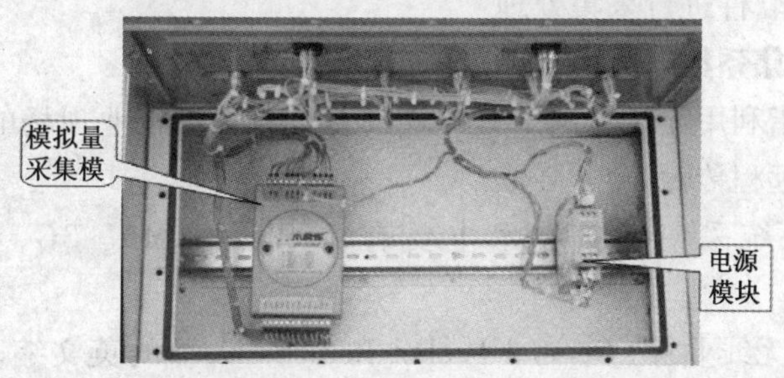

图 3-5-14　出口区接口箱实物图

CAN 总线数据采集单元是由线性电源、CAN 电源接口模块、CAN 总线转接板、通讯防雷模块、电源防雷模块、CAN 采集模块等组成如图 3-5-15 所示。这些模块功能如下：

CAN 总线电源为线性电源；

CAN 电源接口模块给传感器及 CAN 采集模块供电；

通讯防雷模块是用来保护 CAN 通讯线路，避免遭受强脉冲及雷击损坏；

电源防雷模块用来保护 CAN 供电电源，避免电源遭受强电和雷击的损坏；

CAN 扩展采集模块是用于扩展室内传感器，用来采集扩展的传感器信号如：硫化氢、可燃性气体等，这些信号要经过 CAN 转接板由 CAN 采集模块采集后送入采集计算机，通过采集软件进行采集处理。

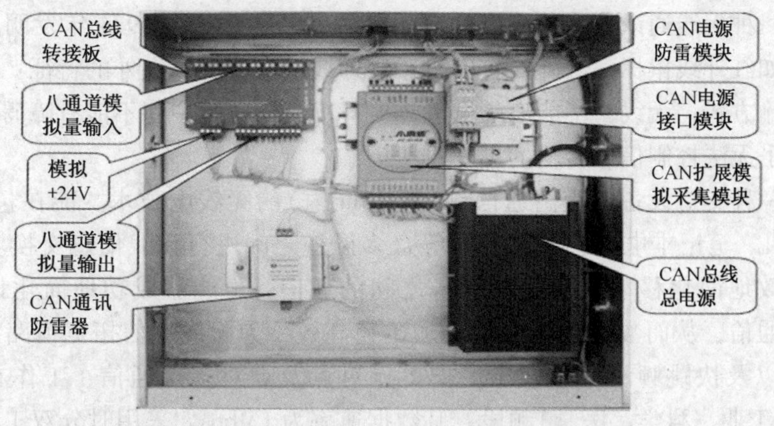

图 3-5-15　CAN 总线数据采集单元

2. 绞车信号采集工作原理

绞车传感器信号接入绞车接口模块处理成上行、下行两路脉冲信号，脉冲信号送至绞车采集模块转换成数字信号，通过 CAN 总线送至计算机内的 CAN 卡，由采集软件进行采集处理。

3. 泵冲、转盘信号采集工作原理

泵冲、转盘传感器信号接入泵冲、转盘接口模块处理成脉冲信号，脉冲信号送至泵冲、转盘采集模块转换成数字信号，通过CAN总线送至计算机内的CAN卡，由采集软件进行采集处理。

4. 模拟信号采集工作原理

传感器模拟信号直接接入模拟量采集模块转换成数字信号，通过CAN总线送至计算机内的CAN卡，由采集软件进行采集处理。

3.5.3.3 无线数据采集系统

无线数据采集是指利用无线数据采集模块或者设备，将工业现场的传感器输出的电压，电流等物理量采集，远程传输。

无线数据采集系统采集通信技术主要有GPRS、CDMA、3G、红外、蓝牙、WIFI、ZigBee、RFID等方式。

GPRS：通用分组无线业务(General Packet RadioService)的英文缩写。是一种基于GSM系统的无线分组交换技术，理论最高数据速率为171.2kb/s。

CDMA：是码分多址的英文缩写(Code Division Multiple I Access)，它是在数字技术的分支——扩频通信技术上发展起来的。CDMA是为现代移动通信网所要求的大容量、高质量、综合业务、软切换、国际漫游等要求而设计的一种移动通讯技术。CDMA技术的原理是基于扩频技术，即将需传送的具有一定信号带宽信息数据，用一个带宽远大于信号带宽的高速伪随机码进行调制，使原数据信号的带宽被扩展，再经载波调制并发送出去。接收端使用完全相同的伪随机码，与接收的带宽信号作相关处理，把宽带信号换成原信息数据的窄带信号即解扩，以实现信息通信。

3G：第三代移动通信技术(3rd - generation，3G)，是指支持高速数据传输的蜂窝移动通讯技术。3G服务能够同时传送声音及数据信息，速率一般在几百kbps以上。

红外：是一种无线通讯方式，可以进行无线数据的传输。自1974年发明以来，得到很普遍的应用，如红外线鼠标，红外线打印机，红外线键盘等等。红外的特征：红外传输是一种点对点的传输方式，无线，不能离的太远，要对准方向，且中间不能有障碍物也就是不能穿墙而过，几乎无法控制信息传输的进度；

蓝牙：是一种支持设备短距离通信(一般10m内)的无线电技术。能在包括移动电话、PDA、无线耳机、笔记本电脑、相关外设等众多设备之间进行无线信息交换。利用"蓝牙"技术，能够有效地简化移动通信终端设备之间的通信，也能够成功地简化设备与因特网Internet之间的通信，从而数据传输变得更加迅速高效，为无线通信拓宽道路。蓝牙采用分散式网络结构以及快跳频和短包技术，支持点对点及点对多点通信，工作在全球通用的2.4GHzISM(即工业、科学、医学)频段。其数据速率为1Mbps。采用时分双工传输方案实现全双工传输。

WIFI：全称Wireless Fidelity，它的最大优点就是传输速度较高，可以达到300Mbps，另外它的有效距离也很长，同时也与已有的各种802.11DSSS设备兼容。笔记本电脑的迅驰技术就是基于该标准的，无线上网已经成为现实。

ZigBee：是基于IEEE802.15.4标准的低功耗无线网络协议。根据这个协议规定的技术是一种短距离、低功耗的无线通信技术。这一名称来源于蜜蜂的八字舞，由于蜜蜂(bee)是靠飞翔和“嗡嗡”(zig)地抖动翅膀的“舞蹈”来与同伴传递花粉所在方位信息，也就是说蜜蜂依靠这样的方式构成了群体中的通信网络。其特点是近距离、低复杂度、自组织、低功耗、低数据速率、低成本。主要适合用于自动控制和远程控制领域，可以嵌入各种设备。简而言之，ZigBee就是一种便宜的，低功耗的近距离无线组网通讯技术。

RFID：射频识别(Radio Frequency IDentification)技术，又称电子标签、无线射频识别，是一种通信技术，可通过无线电讯号识别特定目标并读写相关数据，而无需识别系统与特定目标之间建立机械或光学接触。RFID技术是从20世纪90年代兴起的一项自动识别技术。把RFID技术应用到数据实时采集中，能有效解决制造业信息化工程的瓶颈，保证采集数据可靠性，高效性，使企业有效地进行产品质量跟踪和追溯，保证产品生产在精确的实时指导下按严格的质量要求被加工制造。

无线数据采集系统对于综合录井仪来说是最近几年才发展起来的，目前主要采用ZigBee和RFID的较多。下面以某综合录井仪中使用的ZigBee无线采集系统为例进行介绍。

1. 结构组成

外部传感器信号是通过无线传输方式实现，室内通过无线信息接口箱来接收(图3－5－16)。

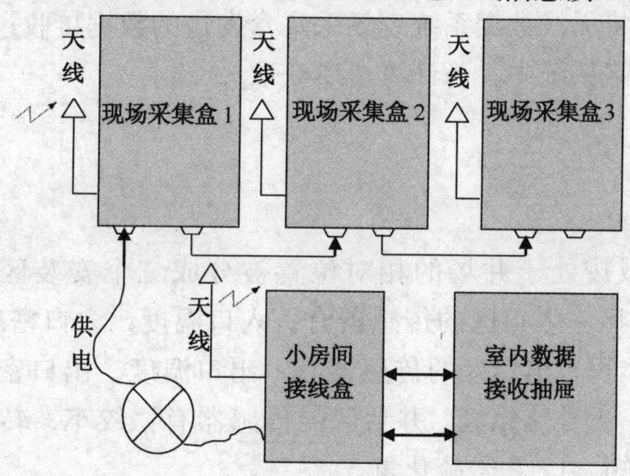

图3－5－16　无线采集系统结构组成

室外部分是现场数据采集接口箱，它采用ARM微处理器对现场数据进行采集和处理，通过ZigBee无线网络平台进行数据的传输。

室内部分主要是数据接口抽屉(Data Unit)；给现场无线采集系统提供电源，通过无线平台收集数据，并提供报警控制通道。

2. 工作原理

无线现场采集盒示意图如下图3－5－17所示：

现场采集盒集成了模拟量、数字量本安型隔离栅、传感器信号处理单元和Xbee RF模块。

传感器信号处理单元用于采集模拟信号，泵冲和转盘转速信号，以及绞车信号，然后将上述信号处理成数字信号，完成了一般综合录井仪中“SIP信号处理系统”的功能。

XbeeRF模块用于建立基于ZigBee无线网络平台的通讯平台，并将采集到数据传输到综合录井仪。

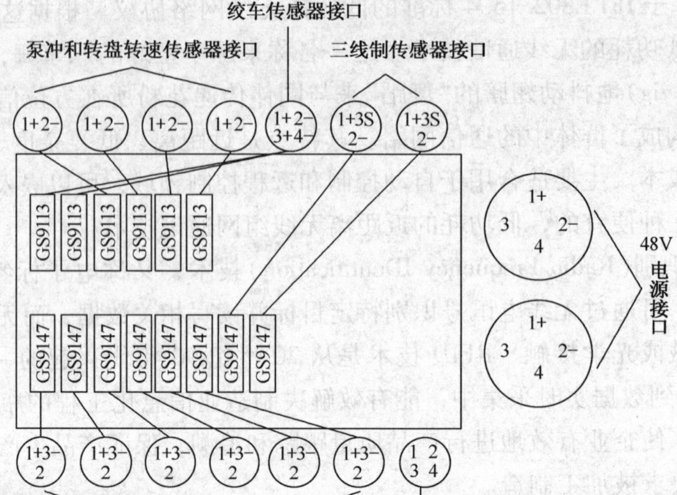

图 3－5－17　无线现场采集盒示意图

数据接口抽屉(Data Unit)是无线数据采集系统的室内部分。它是 Xbee RF 模块建立无线网络平台的主接收站。将无线数据系统现场采集盒发送的数据接收过来，并通过串口服务器连接到综合录井仪的网络系统中，为计算机所获取。

3.5.4　安装操作

3.5.4.1　安装

① 传感器安装区域按处于井场的相对位置被分成三个安装区，即(钻井液)入口区、(钻井液)出口区、井台区。入口区的传感器有：入口温度，入口密度，入口电导率，1，2，3 号泵冲，3，4，5 号体积。出口区的传感器有：出口温度，出口密度，出口电导率，出口流量，1，2 号体积，3，4 号硫化氢。井台区的传感器有：绞车，转盘转速，大钩负荷，立管压力，套管压力，扭矩，1，2 号硫化氢。

② 分别在入口区、出口区、井台区安装固定好相应采集方式(分线式接线箱安装、总线式、无线)的接线箱或采集盒。

③ 使用配套信号线连接传感器至相应安装区的接线箱或采集盒。

④ 使用多芯线、现场总线或者无线发射模块连接接线箱或采集盒至综合录井房数据采集单元。分线式直连安装使用信号线直接连接传感器至综合录井房数据采集单元。

3.5.4.2　操作

① 打开数据采集单元电源。

② 对于总线式数据采集系统和无线数据采集系统在配置通道前均需要搜索配置总线模块和无线模块。图 3－5－18 为某总线采集系统的模块搜索配置界面。

③ 通道配置。

用于配置综合录井仪的传感器通道与实时参数的对应关系，当某路传感器或信号通道故障时，可以通过改变这种关系达到迅速恢复信号采集的目的；另外也可以调整通道的采集速率、改变通道的类型(图 3－5－19)。

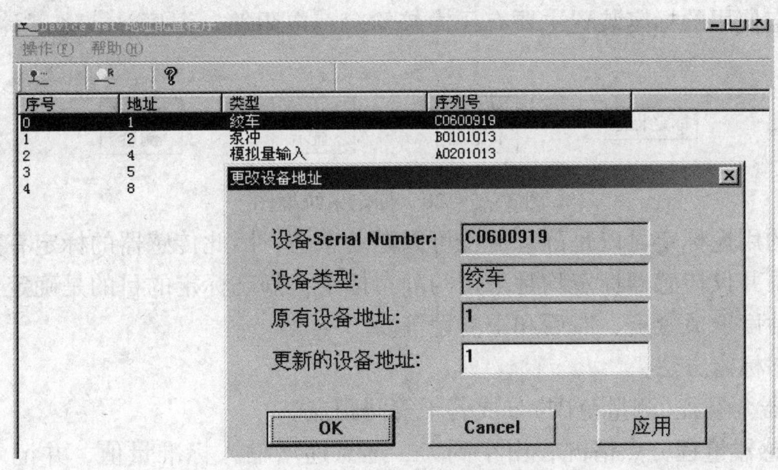

图 3－5－18　模块搜索配置界面

通道ID	采集参数	采集速率	通道类型
1#通道		100ms	数字通道
2#通道		100ms	数字通道
3#通道	转盘转速	10s	数字通道
4#通道		1s	数字通道
5#通道	大钩负荷	100ms	模拟通道
6#通道	立管压力	100ms	模拟通道
7#通道	套管压力	100ms	模拟通道
8#通道	扭　矩	100ms	模拟通道
9#通道		1s	模拟通道
10#通道	2#硫化氢	1s	模拟通道
11#通道		1s	模拟通道
12#通道		1s	模拟通道
13#通道	1#泵冲	10s	数字通道
14#通道	2#泵冲	10s	数字通道
15#通道	3#泵冲	10s	数字通道
16#通道		1s	数字通道
17#通道	入口密度	1s	模拟通道
18#通道	入口电导	1s	模拟通道
19#通道	入口温度	1s	模拟通道
20#通道	1#池体积	1s	模拟通道
21#通道	2#池体积	1s	模拟通道
22#通道	3#池体积	1s	模拟通道
23#通道	入口流量	1s	模拟通道

禁用当前通道　　保 存

图 3－5－19　通道配置界面

④ 传感器标定。

传感器标定就是通过实验确立传感器的输出量和输入量的对应关系，同时确定不同条件下的误差关系。传感器标定的基本方法是将已知的被测量(亦即标准量)输入给待标定的传感器，同时得到传感器的输出量，对所获得的传感器输入量和输出量进行处理和比较，从而得到一系列表征两者对应关系的标定曲线，进而得到传感器性能指标的实测结果。综合录井现场传感器标定使用的标定装置主要有压力校验台、电阻箱、温度计、密度计、米尺等(图3-5-20)。

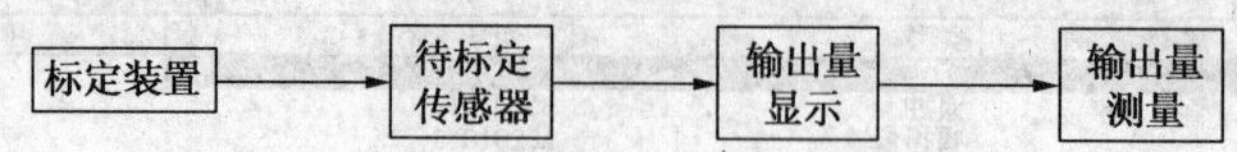

图3-5-20 标定系统框图

根据系统的用途标定可以是静态的也可以是动态的，因此传感器的标定有静态和动态标定两种。综合录井仪传感器标定均是采用的静态标定，静态标定的目的是确定传感器静态特性指标，如线性度、灵敏度、滞后和重复性等。

传感器静态标定方法：

a. 将传感器全量程(测量范围)分成若干等间距点。

b. 根据传感器量程分点情况，由小到大、逐点递增输入标准量值，并记录下与各点输入值相对应的输出值。

c. 将输入量值由大到小逐点递减，同时记录下与各点输入值相对应的输出值。

d. 重复步骤b、步骤c，对传感器进行正、反行程往复循环多次(一般为3~10次)测试，将得到的输出-输入测试数据用表格列出或画成曲线。

e. 对测试数据进行必要的处理，根据处理结果就可以得到传感器校正曲线，进而可以确定出传感器的灵敏度、线性度、迟滞和重复性。

图3-5-21为某综合录井仪的模拟量传感器标定界面。

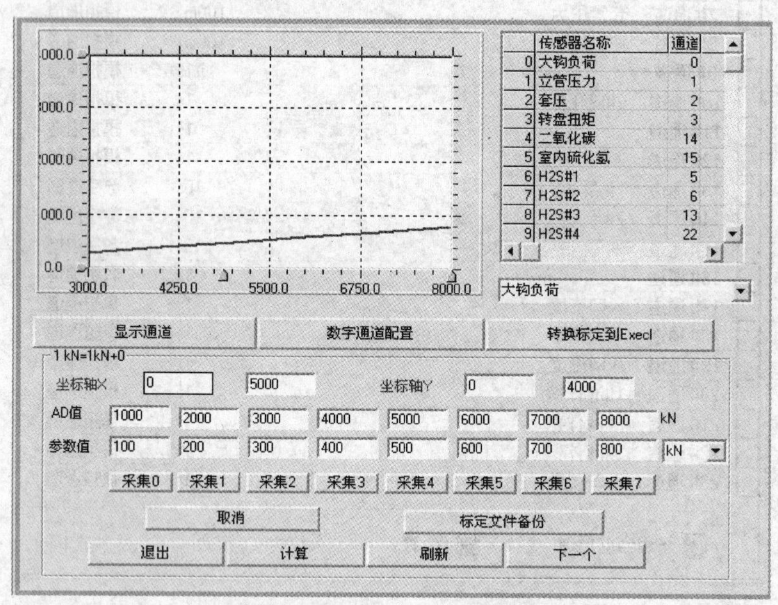

图3-5-21 传感器标定界面

3.5.5 常见故障排除

1. 显示大钩运动方向与实际相反

绞车接口板换向开关位置不对或者绞车信号线接反，将换向开关拨到另一位置或者交换绞车信号线。

2. 大钩高度不变

绞车传感器坏或接口板坏或主机故障，方法同上，在接口与传感器均正常时，检查软件系统中的绞车参数。

3. 大钩高度单向变化(增大或减小)方向不变

绞车传感器两路信号中缺一路或绞车接口板判向电路故障，若大钩运动时，两路信号指示灯有一路不闪，则传感器有故障；若两路指示灯闪亮而方向指示灯在大钩方向改变时不变色，则接口板有故障

4. 泵冲或转速显示为零

传感器坏或感应片与传感器感应面距离太远；软件系统中校正系数不合理；该泵冲未选中，用金属接近感应面，若传感器指示灯不闪则传感器坏更换传感器。感应片太远时，将感应片调近；检查软件系统中的校正系数；该泵冲是否选中。

5. 入、出口区传感器均不正常

电源故障。检查采集单元供电模块是否工作正常，检查入出口区多芯线供电电缆是否断开或短路。

6. CAN 总线无法搜索到节点

没有接终端电阻；是否正确配接了终端电阻。终端电阻主要是吸收信号线的多余能量，防止反射形成信号混淆，断开 CAN 总线与适配卡的连接，测量航空插座的 4、5 两脚，应有 125Ω 的电阻。

7. 总线通讯不稳定

总线电压不正常，CAN 总线规范规定总线电压为 24V，由于电流传输有压降损耗，如果 CAN 节点获得工作电压低于 19V，就会导致总线通讯不稳定现象，需要更换电源。

8. 通道信号时好时坏

电缆松动或者传感器故障；主干电缆是否有松动现象。某一个传感器有超时现象，通讯时好时坏，应检查对应节点插头有无线头螺丝未上紧现象。传感器故障，可将传感器安装在显示正常的节点上来判断传感器的好坏。

9. 搜索不到无线节点

ZigBee 无线模块坏或者供电不正常。首先检查 ZigBee 模块供电是否正常，若证更换 ZigBee 模块测试。

10. 某个现场分线盒无信号

内部开关未开，天线坏或者主板故障。①检查现场分线盒内部开关是否打开，供电是否正常；②更换天线(天线只分接收天线和发送天线，接收天线可以通用，发送天线也可以通用)；③检修内部主板。

11. 现场分线盒内个别通道无信号

传感器故障或者隔离栅损坏。a)先使用备用通道进行工作，确定传感器自身没有问题(数字量传感器选用数字通道，模拟量传感器选择模拟通道)；b)更换对应的隔离栅。

3.6 气体分析系统

气测录井技术是现代综合录井的核心技术之一，气测录井是使用气体分析方法分析并记

录钻井液中携带的地层气体(烃类、CO_2、H_2S 等)，判明地层气体性质的方法，达到发现油气、预防工程事故的目的。

气测系统工作流程：一般由脱气装置脱出钻井液中的地层气体，由样品泵抽入仪器中的样品气预处理装置，经过干燥、过滤、调压后进入气体分析系统，样品在分析系统中进行组份分离与检测、并由放大器把检测器产生的电信号进行放大，最后由计算机采集电信号并转换成相应的组份含量数据进行记录(或通过记录仪直接进行电信号记录)，形成气测谱图(图3－6－1)。

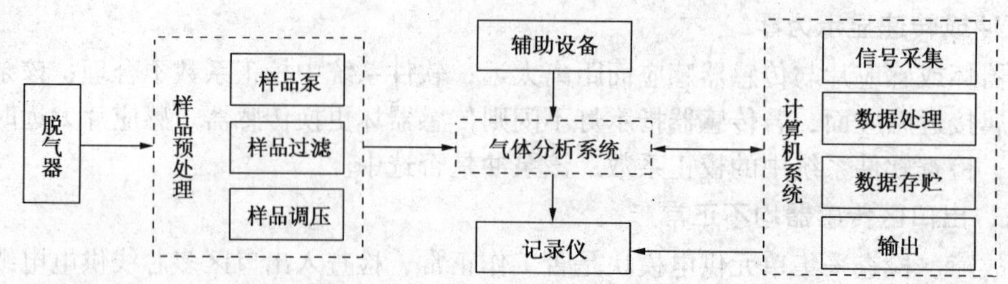

图3－6－1　气测系统组成示意图

本节从气体分析基础，气体处理系统、分析仪器几个方面对综合录井仪气体分析系统进行阐述。

3.6.1　气体分析基础

3.6.1.1　石油的组成

天然石油是一种以烃类为主的混合物。烃类化合物在石油成分中占97%～99%，其余成分是氧化物，硫化物和氮化物等。

凡是由碳原子和氢原子构成的化合物，在有机化学中都统称为烃类化合物，或称碳氢化合物。石油中的烃类化合物按结构不同分为三类，即烷烃化合物、环烷烃化合物和芳香烃化合物。

1. 烷烃化合物

在烷烃化合物中，碳原子与碳原子之间，互相由一个化合价连结，其余的化合价与氢原子连接，这种结构的烃类化合物，我们称之为烷烃，或者叫饱和烃。

烷烃的种类很多，它们是按碳原子的数目排列定名的。碳原子数在10以内的烃类以天干顺序命名，如含有一个碳原子的叫甲烷(CH_4)，两个碳原子的叫乙烷(C_2H_6)，三个碳原子的叫丙烷(C_3H_8)，四个碳原子的叫丁烷(C_4H_{10})，依此类推，其余分别命名为戊，己，庚，辛，壬，癸烷。碳原子数超过10后按数字命名，称为十一烷，十二烷，……，等等。

结构式中的直线表示价键。使离子相结合或原子相结合的作用力通称为化学键，简称价键。化合价是用作衡量各种元素原子化合能力的标志，即各种元素的原子互相结合生成各种化合物时，一种元素的原子与其他元素的原子结合的能力。例如：氢原子的化合价是1，氧原子是2，氮原子是3，碳原子是4，等等。

从图3－6－2结构式中可以看出，每两个相邻的化合物在组成上只相差一个 CH_2，这些化合物的分子式可以用通式 C_nH_{2n+2}(n是碳原子数，它不能等于零)表示。凡是具有这种关系的化合物组成一个系列，叫做同系物。上面例举的就是烷烃系列化合物。

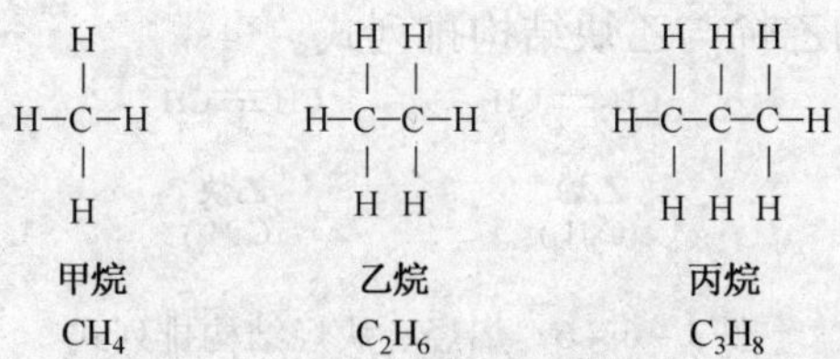

图 3－6－2　烷烃结构式

烷烃中，从丁烷开始，分子里的原子间有两种结构，一种是碳原子间互相连结成直链，称为直链结构；另一种是直链上接上支链，称为支链结构。虽然它们的分子式都是 C_4H_{10}，但性质不同，是两种有机物，称此为同分异构体。为了区分这两种烷烃，直链结构的烷烃叫正烷烃，支链结构的烷烃叫异烷烃，如图 3－6－3 所示。

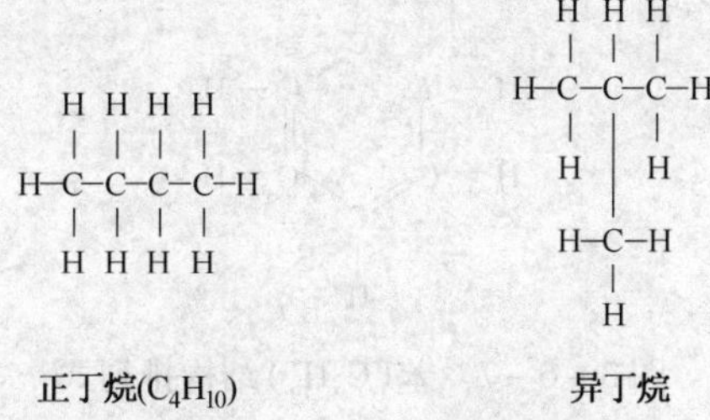

图 3－6－3　丁烷结构式

戊烷(C_5H_{12})有三种不同的同分异构体：正戊烷、异戊烷、新戊烷，如图 3－6－4 所示。

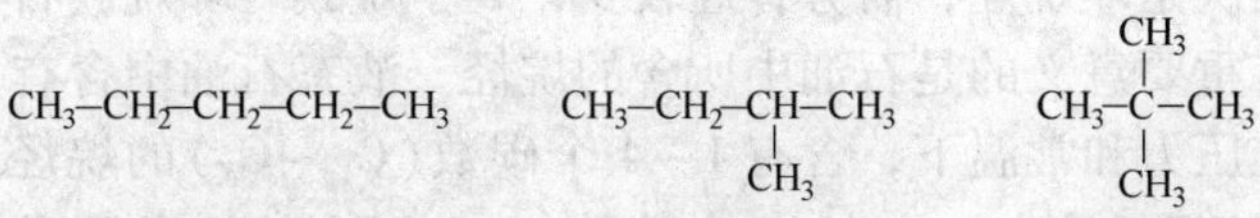

$CH_3—CH_2—CH_2—CH_2—CH_3$
正戊烷

$CH_3—CH_2—CH(CH_3)—CH_3$
异戊烷

$CH_3—C(CH_3)_2—CH_3$
新戊烷

图 3－6－4　戊烷结构排列式

2. 环烷烃化合物

环烷烃是碳链两头用一价链连合而成的环状结构的化合物，故获此名。它们的性质比较稳定。其分子式通式为 C_nH_{2n}。例如：图 3－6－5 中环烷烃结构排列式。

环烷烃和烯烃为同分异构体，如环戊烷是戊烯的同分异构体，环己烷是己烯的同分异构体。

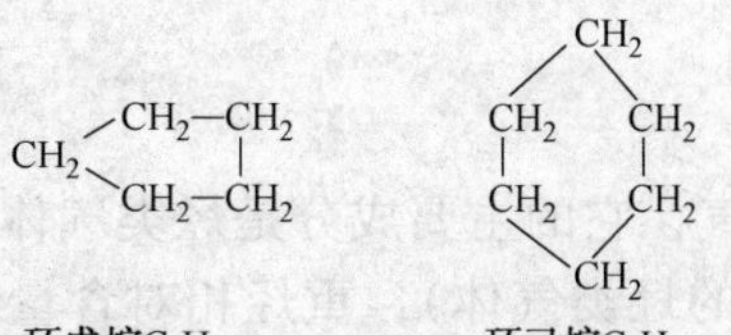

环戊烷C_5H_{10}　　环己烷C_6H_{12}

图 3－6－5　环烷烃结构排列式

上面所述的化合物，碳原子之间互以一价连接，其化学键又叫单键。除此之外，在有些化合物中用两个或三个化合价连接，即双键或三链。如果碳原子与碳原子之间用双键或三键连接，余下的化合价与氢原子连接，生成的化合物分别叫烯烃或炔烃。

烯烃、炔烃(分子式通式为 C_nH_{2n+2})和芬香烃，都未被氢原子饱和，所以又称它们为不饱和烃。

例如：图 3 －6 －6 中的乙烯与乙炔结构排列式。

$CH_2 = CH_2$　　　　$CH \equiv CH$

乙烯　　　　乙炔
(C_2H_4)　　　　(C_2H_2)

图 3 －6 －6　烯烃、炔烃结构排列式

3. 芳香烃化合物

芳香烃化合物的结构方式也是环状，但是它具有每个双键间隔一个单键。而且每个单键也都间隔一个双键的特点，与其他环状烯烃性质差别很大，由于这类化合物具有强烈芳香气味，故命名为芳香烃，或简称为芳烃。芳烃分子式通式为 C_nH_{2n-6}。这类化合物中具有代表性的是苯。它具有方边的环状结构，如图 3 －6 －7 所示。

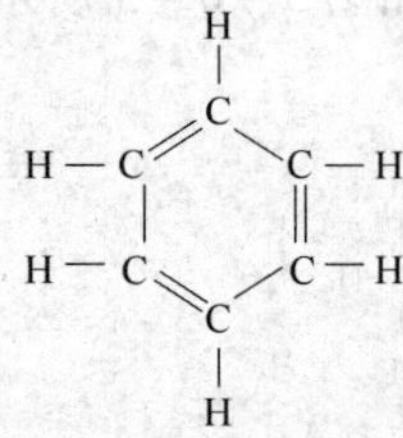

图 3 －6 －7　苯(C_6H_6)结构排列式

石油的成分与油气藏有关，不同油田不同区块的原油所含的各种烃类化合物的比例是不同的。通常是烷烃和环烷烃占第一位，在少数情况下，芳香烃占第一位。我国大多数油田的原油含烷烃较多，其次是环烷烃，而芳香烃较少，属于烷族—环烷族石油。

对于气测录井有重要意义的是石油中所含的烷烃。液态石油中含有大量的气态、液态和固态的烷烃。在标准压力和常温下，含有 1 ~4 个碳数$(C_1 \sim C_4)$的烷烃呈气态，含有 5 ~15 个碳数$(C_5 \sim C_{15})$的烷烃呈液态，含有 16 个碳数(C_{16})以上的烷烃呈固态。在气测录井进行色谱分析时，可以测定 $C_1 \sim C_4$的烃类气体，通过升温处理可以测定 $C_5 \sim C_8$的烃类气体。

3.6.1.2　天然气的组成

天然气广义上是指一切地方天然存在的气体，它包括大气、地表气、碎屑岩、碳酸盐岩以及岩浆岩中的气体。对于气测录井来说，研究的主要对象是油、气田中的天然气，我们习惯上把油、气田中的气体统称为天然气。

油气通常是储集在碎屑岩、碳酸盐岩以及岩浆岩中，常见的气体一般有烃类、硫化氢、二氧化碳、二氧化氮和氢气等。储集层中的天然气，按照其成因和化学组成，可以分为油田气、气田气和煤田气等。

1. 油田气和气田气

油田气又称为伴生气或湿气，它的主要成分是烃类气体。其中除含轻烃（甲烷）外，还含有较多的重烃（指 C_2及以后的烃类气体），重烃相对含量约 10% ~35%。除烃类气体之外，还含有氮气、二氧化碳，有时还含有硫化氢或氢气。

气田气又称为干气，是指纯气藏储集的气体。气田气中天然气成分的特点是以甲烷为主，其含量一般高达 90% 以上，含微量的重烃，重烃相对含量一般小于 3%。此外，还含有二氧化碳和氮气，有时含有硫化氢或氢气。

凝析气和富气属于湿气类型，它们与凝析油和原油伴生，油的数量所占比例较少，富含烃类气体，烃类气体的成分介于油田气和气田气之间。

各个油气田的天然气组成含量是不同的，它与油气藏的成因和分布规律有着密切关系。

不同构造和不同层位的油气层中，烃类气体组成不同；在同一构造和同一层位油气层中，烃类气体组成则基本相似，原生油气藏的烃类气体组成比较稳定，次生油气藏的烃类气体组成变化较大。

2. 煤田气

煤田气主要成分是甲烷、氮气和二氧化碳等。煤层及其围岩中天然气的组分同样有较大的变化，这些组分上的变化是随着距地表距离，气体渗透率以及地质条件的不同而改变；愈接近地表，煤层中氮气和二氧化碳的含量就愈大；在地层深部煤层中，天然气主要是由甲烷组成，简称为煤成气。

在煤田气中，重烃含量极微，这是因为重烃易被煤吸附的缘故，煤田气中有氢气，尤其是在煤田的围岩或底水中，经常发现有氢气的存在。此外，还含有微量的氨气或硫化氢。

3. 其他形式的气体聚集

在地层中，除了跟石油和煤有关的或单独形成的天然气烃类气体聚集之外，还有含氮气和二氧化碳的气体聚集；这种类型的气藏中，甲烷处于次要地位，而其他气体则占主要地位，如二氧化碳气藏就是属于此类的气体聚集。

3.6.1.3 烃类气体的基本性质

1. 可燃性

天然气中的烷烃极易燃烧，燃烧后的产物是二氧化碳和水，同时放出大量的热量。

2. 导热性

气体的导热性是指气体传播热量的能力。不同的气体具有不同的导热能力，其导热能力一般用热导率或热导系数表示。热导系数是指：设在物体内部垂直于导热方向上取两个相距1cm、面积为1cm^2 的平行平面，而这两个平面的温度相差1℃，则在1s内从一个平面传导到另一平面的热量。

天然气的可燃性、导热性是气体分析中采用电化学检测器的基础。

3. 吸附性

天然气具有被某种物质吸附的特性。吸附量除与温度和压力有关外，主要与吸附剂的吸附能力以及烃类分子质量有关。分子质量愈大，愈容易被物质吸附，且不易解吸；反之，分子质量愈小，愈不容易被物质吸附，且容易解吸。这种特性是气相色谱分离烃类气体混合物的基础。

4. 溶解性

天然气具有溶解于石油、水中的特性。天然气的溶解近似地遵守亨利定律，即在常温下，某液体中单一溶解气的数量与作用于该气体上的压力以及该气体相应的溶解系数成正比，可用下式表示：

$$Q = kap \tag{3-6-1}$$

式中 Q——平衡状态下的溶解气量；

k——与单位有关的比例系数；

a——溶解系数；

p——作用于气体的压力。

该定律仅适用于常温常压下，随着压力的增加，该线性比例将发生变化。通常，随着温度的升高，溶解度会减少。

天然气的溶解能力，通常用溶解度来表示。在一定的温度和压力下，单位体积溶剂所能饱和溶解某种气体的体积，叫做该气体在该溶剂中的溶解度。

5. 相态转化性

烃类气体随着深度的变化，即温度和压力的变化，将会发生相态的转化。如游离甲烷在不溶解于水或石油时，在任何地段都以气态存在。而乙烷的临界温度为 +32.2℃，如地层温度低于 +32.2℃，则乙烷在相应的压力下可转化为液态。烃类气体的相态转化主要取决于它的临界温度和临界压力(常见烃类气体的临界常数见表 3-6-1)。

表 3-6-1 烃类气体的临界常数

组　　分	临界温度/℃	临界压力/大气压
甲烷	-82.5	46.75
乙烷	32.2	49.2
丙烷	96.8	42.8
异丁烷	134	37.6
正丁烷	153.1	36.7
异戊烷	187.7	33.5
正戊烷	197.2	33.6
正己烷	234.7	30.1

6. 压缩性

烃类气体在高压下具有被压缩的性质。被压缩的程度常用压缩系数表示。压缩系数是理想气体与实际气体的偏差。

7. 渗透性

天然气、石油和水都有渗透性，渗透性是指在压力降作用下物质在孔隙岩层或裂隙岩层中的流动。孔隙介质中天然气的流动符合达西定律：

$$Q = \frac{\Phi S(p_1^2 - p_2^2)}{2\mu h p_2} \tag{3-6-2}$$

式中 Q——天然气渗滤的体积速度，cm^3/s；

p_1——孔隙介质的入口压力，MPa；

p_2——孔隙介质的出口压力，MPa；

Φ——渗透率，达西；

S——孔隙介质的截面积，cm^2；

μ——天然气的黏度，厘泊；

h——孔隙介质的长度，cm。

8. 扩散性

气体分子在某种介质中，从分子浓度高的地方向分子浓度低的地方移动，这种现象称为扩散。扩散遵守菲克定律：

$$d_q = DS\frac{d_c}{d_x}d_t \tag{3-6-3}$$

式中 d_q——在 d_t 时间内所扩散的物质数量；

S——扩散通过的表面积；

d_c/d_x——浓度梯度；

D——扩散系数，cm^2/s。

3.6.1.4 钻井液中油气来源及形态

钻开油气层时，气态和液态的烃类进入钻井液中，钻井液中的油气来源主要有两种，一种是破碎的岩屑中来的油气，另一种是已钻开的油气层中侵入钻井液的油气。钻井液中的油气除与储集层的含油气饱和度有关外，还与钻井条件有关。单位时间破碎的油气层岩屑体积越大，则进入钻井液的油气量就越多。

油气层中油气进入钻井液的方式有两种：一种是渗透，另一种是扩散。渗透能力与压力差有关。当油气层的压力大于油气层所承受的钻井液液柱的压力时，则油气层中油气在压力差的作用下，向压力较低的钻井液中移动。当油气层压力与其所承受的钻井液柱压力基本平衡时，由于钻进过程中钻头的旋转作用，造成了钻头周围的压力降低，油气层中的油气仍然可以向钻井液渗透。扩散比渗透所进入钻井液的油气数量要少得多，相对于扩散来说，以渗透方式进入钻井液的油气是主要的，以扩散方式进入钻井液的油气是次要的。

由渗透、扩散和破碎的岩石进入钻井液中的油气，随着钻井液的上返和钻井的继续进行，就会形成钻井液中的含油气段。这就是通过测定钻井液中的油气能够发现油气层的基础。

油气进入井筒内与钻井液混合，混合状态可能是多种多样的。同时，油气进入钻井液混合后随着钻井液上返的过程中，也会发生各种各样的变化，下面分析几种变化情况。

1. 含有溶解气的石油与钻井液混合

含有溶解气的石油在随钻井液上返的过程中，会发生与凝析油相似的过程，其差别是凝析油全部或大部分转化为气态，而含有溶解气的油，一般不会全部或大部分转化为气态。如果油藏的气油比高，将会释放大量的天然气。

2. 天然气呈游离状态与钻井液混合

呈游离状态的天然气与钻井液混合时，将有两种情况发生：一种是在钻井液中油气含量不大时，游离状态的天然气有可能全部转化为溶解状态；另一种是钻井液中油气含量较大时，钻井液将不能全部溶解游离状态的天然气，仍有一部分呈游离状态，随钻井液到达井口后最先逸入大气。

3. 含有溶解气的水与钻井液混合

溶解在地层水中的天然气与钻井液混合后，一般地层水的量比钻井液中的水量要少得多，将会被钻井液冲淡，地层水的天然气的溶解状态依然存在于钻井液中。如果地层溶解的天然气量较大时，随着钻井液上返，会发生天然气游离成气泡状态的变化。

4. 油气被岩屑吸附与钻井液混合

当油气被破碎的岩屑所吸附与钻井液混合后，随着钻井液的上返，岩屑孔隙所吸附的油气，将因膨胀而脱离岩屑进入钻井液。

3.6.1.5 脱气原理

把钻井液里的气体分离出来，叫做钻井液脱气。气测对钻井液脱气的基本要求是：脱气程度高、稳定及快速，并能连续工作，脱出的气体数量能满足气体分析仪灵敏度的要求。实际上，制作完全合乎要求的脱气器是困难的，例如，浮子式脱气器能连续脱气，但因受钻井液物理性能影响较大，脱气效率也不稳定，脱气程度也不高。钻井液真空蒸馏脱气器具有脱气程度高、稳定的优点，但它却有不能连续脱气的缺点。所以，我们应根据具体情况，合理选用脱气器，必要时可将两种脱气装置配合使用。

现场气测录井设计制作的脱气器种类繁多。其脱气原理基本上只有三种：

① 机械破碎钻井液，使钻井液中的气泡易于破开，自然释气。

② 增加钻井液温度，造成溶解气以至吸附气解吸的良好条件。

③ 降低钻井液压力，便于气体解吸，并使气体逸出。

实用的脱气器装置往往是 2 ~ 3 种方式的组合，现场常用的脱气器有以下几种：

1. 浮子式脱气器

浮子脱气器的结构如图 3 – 6 – 8 所示，主要由脱气室、浮子和排气孔三个部分所组成。脱气室前部有 3 ~ 4 个进气孔，中部有一个排气孔，为了防止钻井液灌入进气孔内，安装了一个挡板，阻止钻井液从进气孔进入。脱气室内，装有几排相互错开的垂直栅板。其工作原理如图 3 – 6 – 9 所示。

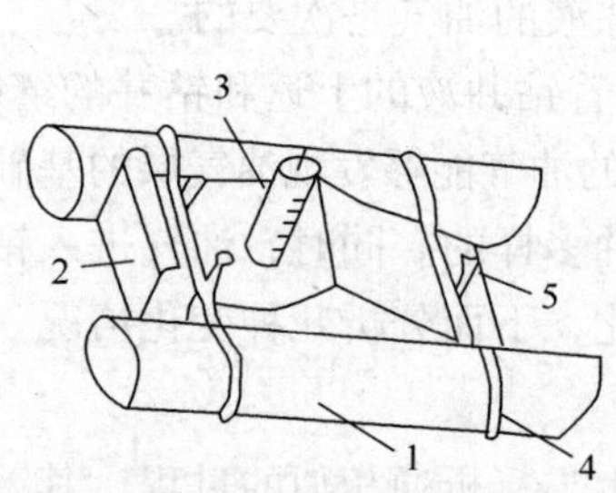

图 3 – 6 – 8　浮子式脱气器

1—浮子；2—脱气室；3—出气孔；4—托架；5—调节螺丝

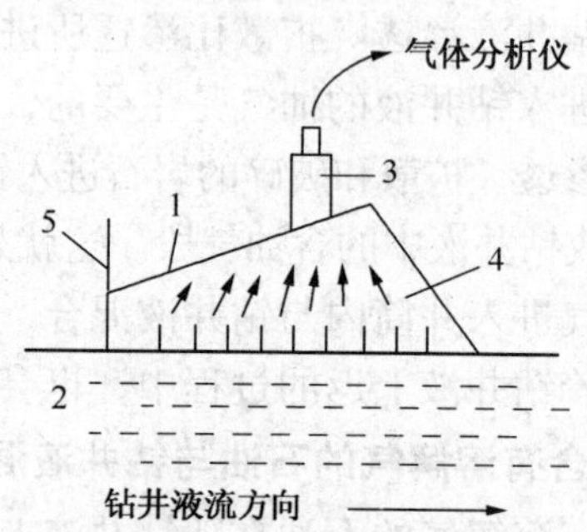

图 3 – 6 – 9　脱气室脱气示意图

1—脱气室外壳；2—钻井液；3—排气孔；4—栅板；5—挡板

钻井液流动时，钻井液受到栅板的阻拦而飞溅起来，这样就增大了钻井液液面的面积和钻井液在脱气室内停留时间，从钻井液中扩散出来的天然气量就会增多，钻井液中的一部分天然气被脱气器脱出来，集中在脱气室内。通过脱气室的排气孔，经管线由样品泵送入气体分析仪进行分析。

浮子式脱气器具有浮在钻井液槽面的优点，它能连续脱气，且结构简单、使用方便。但它的脱气效率较低，且受钻井液黏度影响较大，对稠钻井液脱气较为困难。

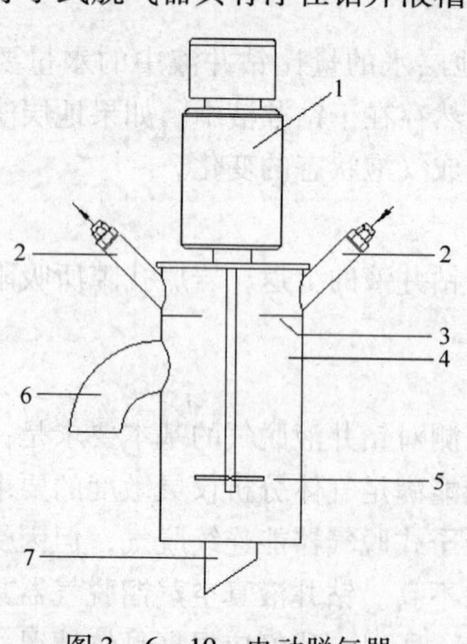

2. 电动、气动脱气器

这种脱气器的脱气效率比浮子式脱气器的要高 10 倍以上，脱气器的结构见图 3 – 6 – 10。

电动(气动)脱气器的脱气原理是由一个电动(气动)马达带着一个水平搅拌棒在一个圆筒内快速旋转。搅拌棒在拨动钻井液旋转时产生旋涡，由于离心力的作用及圆筒壁的限制，钻井液呈旋涡式沿圆筒壁快速上升，当遇到挡圈后，将钻井液碰碎成细滴状。此时钻井液液面急速扩大，其中携带的天然气大量析出，并与空气混合后进入气室，从气室的出气口进入气体分析仪，脱气后的钻井液由钻井液排出管排出。

图 3 – 6 – 10　电动脱气器

1—马达；2—进、出气孔；3—挡圈；4—混合室；5—搅拌棒；6—钻井液出口；7—钻井液入口

3. 热真空蒸馏脱气器

在石油录井工作中，脱气效率直接影响到气样分析的精度和资料分析的准确度。普通的浮子或电动脱气器在油气比小、钻速低、钻井液稠等情况下脱气效率较低，而热真空蒸馏脱气器采用加热搅拌和降压的方式将呈游离状态、溶解状态及吸附于钻井液中的气体全部分离出来，所以热真空蒸馏脱气器是对普通脱气器的有效补充，在石油录井行业中得到了广泛使用。

3.6.1.6 气体分析方法分类

根据气体测量的方法、原理不同，气体分析方法可以分为光化学分析法、电化学分析法、色谱法及其他分析方法。

光化学分析包括吸收光谱、发射光谱两类，它是基于物质对光的选择性吸收或被测物质能激发产生一定波长的光谱线来进行定性、定量分析。它包括比色法、分光光度法、原子发射光谱法。

电化学分析法基于物质的电化学性质，产生的物理量与浓度的关系来测定被测物质的含量。它包括下列方法：电位分析法、电导分析法、库仑分析法、极谱分析法。

色谱分析法基于物质在两相中分配系数不同而将混合物分离，然后用各种检测器测定各组分含量的分析方法。目前应用最广的有以下四种方法：气相色谱分析法(流动相为气体，固定相为固体或液体)、高效液相色谱法、薄层层析法和纸色谱法。

近几年来，仪器分析方法发展迅速，在石油勘探领域逐步发展了一些不同于常规的气体分析方法，如差热分析法、质谱分析法、放射分析法、核磁共振波谱法、X－射线荧光分析等。

3.6.2 气体预处理系统

气测仪器的重要组成部分是气体预处理系统，其功能是对样品气、载气、动力气等气体进行干燥、过滤、调压，给分析仪输送符合要求的气体。

3.6.2.1 气体过滤系统

不同厂家生产的综合录井仪根据色谱仪对气源的要求不同其气体预处理方法各不相同，但基本原理是相通的。其方法是对样品气进行除油、除水、干燥、除尘等多级过滤。对载气和辅助气进行干燥、多级过滤(图3－6－11)。

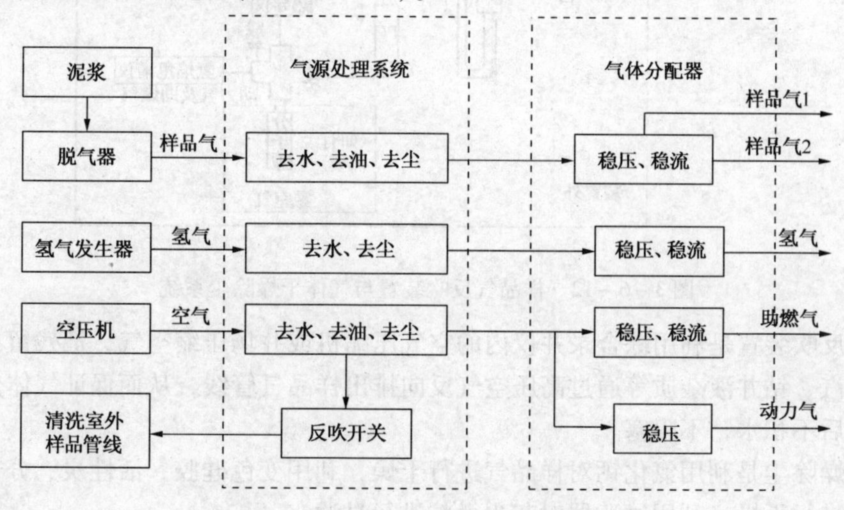

图3－6－11　综合录井仪气体预处理示意图

1. 对过滤的要求

所有气源都要经过严格的干燥和过滤措施。

水蒸汽进入色谱仪会引起仪器不稳定，而且缩短仪器寿命。干燥剂要按要求及时检查、更换。因为变色硅胶对烃类有吸附作用，绝不能使用变色硅胶作样品气干燥剂。

气路被粉尘、有机杂质、机械杂质等微粒所堵塞，会引起仪器运行不正常、定量不准确，甚至缩短仪器的使用寿命。为防止此类现象发生，需在气路的前端加置微米过滤器，并且，由于样品气中所含杂质较多，所以必须严格按要求定期更换过滤器。

氢气和压缩空气使用干燥剂进行除水，活性碳除油，微米过滤器除尘。

样品气从脱气器里抽出后，首先进入防堵器，以防抽入钻井液。然后用干燥剂除水、微米过滤器除尘。

砂芯过滤球内有杂质或变黑时，应及时更换，硅胶变色后及时更换。

2. 过滤及反吹装置

气体预处理包括两部分，一部分为样品气反吹装置，另一部分为气体干燥除尘系统（图3－6－12）。

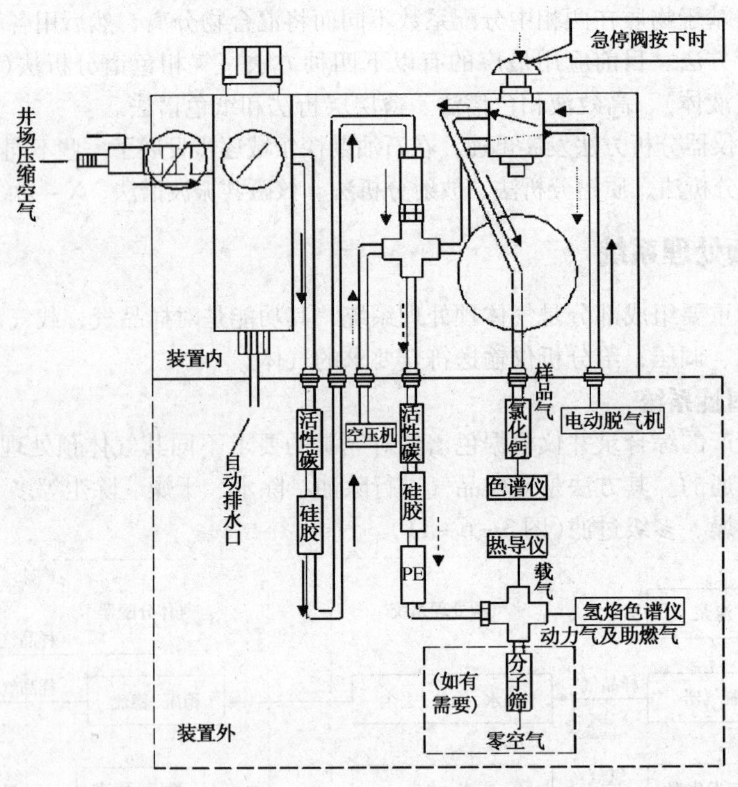

图3－6－12　样品气反吹装置与气体干燥除尘系统

样品气反吹装置是利用综合录井仪内的空气压缩机或井场压缩空气，把残留在样品气管路里面的水汽、钻井液杂质等通过高压空气反向排出样品气管线，从而保证气体分析仪能在长时间工作后不积水，不阻塞。

气体干燥除尘是利用氯化钙对样品气进行干燥，利用变色硅胶、活性炭、分子筛等对氢气或空气等进行干燥；利用过滤器对灰尘微粒进行过滤。

3. 正常气路流程

空气一：井场压缩空气接口→过滤减压阀→“待过滤”处管接头→活性炭管→硅胶管→与“过滤后”处管接头相接→快拧式四通阀→“空气出口”处管接头→活性炭管→硅胶管→急停阀→阻断→PE(防堵器)→快拧式四通管接头；该快拧式四通接头另外三头接气管后分别与色谱分析仪等仪器相接。

空气二：“仪器房空压机”处管接头→快拧式四通阀→“空气出口”处管接头→活性炭管→急停阀→阻断硅胶管→PE(防堵器)→快拧式四通管接头；该快拧式四通接头另外三头接气管后，分别与样品预处理、主机等仪器相接。

样品气：“样品气入口”处管接头→急停阀→“样品气出口”处管接头→氯化钙管→样品分配面板。

4. 反吹气路流程

空气一：井场压缩空气接口→过滤减压阀→“待过滤”处管接头→活性炭管→硅胶管→与“过滤后”处管接头相接→快拧式四通阀→“空气出口”处管接头→活性炭管→硅胶管→急停阀→样品气入口→室外样品气管线→PE(防堵器)→快拧式四通管接头；该快拧式四通接头另外三头接气管后，分别与样品分配面板、色谱分析仪等相接。

空气二：“仪器房空压机”处管接头→快拧式四通阀→“空气出口”处管接头→急停阀→样品气入口→室外样品气管线。

快拧式四通阀→活性炭管→硅胶管→防堵器(PE)→快拧式四通管接头；该快拧式四通接头另外三头接气管后，分别与样品分配面板、色谱分析仪等相接。

样品气：空气→急停阀→阻断。

3.6.2.2 气体分配系统

图3-6-13为某型气体预处理器，气体预处理器作为氢焰色谱仪和热导色谱仪前置的样品气分配器，在与氢焰色谱仪配套使用的情况下，通过切换样品预处理器面板上的平面切换二位六通阀和平面切换四位五通阀，使之具有四路不同的气体输入方式和输出二路不同排量的气体以供分析仪器分析用。

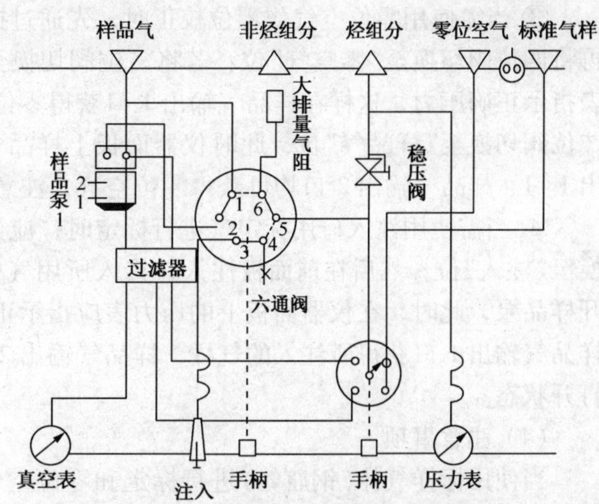

图3-6-13 样品预处理器流程图

1. 结构组成

样品预处理器通过样品泵将电动脱气机所提拱的样品气由管线抽入样品预处理器后面板上的样品输入口，通过切换样品预处理器前面板上的平面切换二位六通阀和平面切换四位五通阀至“样品气”位，在后面板上分别从样品气输出1口通过管线接入氢焰色谱仪后板上的样品气输入端口、从样品气输出2口通过管线接入非烃分析仪后板上的样品气输入端口，分别对样品气进行分析。

样品预处理器可在前面板上的注入口接上气体取样袋，切换二位阀至“校正”位、切换四位阀至“注入”位，这样就能从后面板上的样品气输出1口提供标定气给氢焰色谱仪作标定。

样品预处理器还可在后面板上的标准气样输入口、零空气输入口分别接上钢瓶气和干净的零位空气，将前面板上的二位阀切换至“校正”位、四位阀分别切换至“校正”位和“零空气”位，这样就能通过从后面板上的样品气输出 1 口提供给氢焰色谱仪作校验和零位校正。

2. 使用方法

（1）气路连接

脱气器脱出的样品气和经过干燥过滤的零位空气、标准钢瓶气用管子分别与仪器后面板上的样品输入、零空气输入和标准输入口连接。

用管子将样品气输出 1 口与氢焰色谱仪后面板上的样品气输入端口相连、样品气输出 2 口与非烃分析仪后面板上的样品气输入端口相连。

控制电缆线与仪器后面板上的插座相连。

（2）压力调整

当二位阀和四位阀均处于“样品气”位时，调节后面板上的稳压阀，使压力表指示值达到要求。

（3）气路选择操作

① 当需使用样品气作分析时，应将二位阀和四位阀切换至“样品气”位，通过操作氢焰色谱仪面板上的按钮打开样品泵，此时，在仪器面板上的压力表应指示正确压力，这样即可将样品气抽入，同时在样品气输出 1 口和样品气输出 2 口输出样品气。

② 当需使用标准气样（即钢瓶气）校验时，应将二位阀和四位阀切换至“校正”位，通过操作氢焰色谱仪面板上的按钮关闭样品泵，打开标准气样钢瓶阀门，打开减压阀阀门并调至合适的输出压力，此时仪器面板上样品气压力表应指示正确压力，这样在样品气输出 1 口获得标准气样，样品气输出 2 口无气样输出。

③ 当需使用零位空气作零位校正时，先通过操作氢焰色谱仪面板上的按钮关闭样品泵，再将四位阀切换至“零空气”位：若将二位阀切换至“校正”位，此时仪器面板上样品气压力表指示正确压力，这样在样品气输出 1 口获得零位空气，样品气输出 2 口无气样输出；若将二位阀切换至“样品气”位，此时仪器面板上样品气压力表指示正确压力，这样在样品气输出 1 口、样品气输出 2 口均可获得零位空气，注意这时候的样品泵也应处于关闭状态。

④ 当需使用注入口用标定气进行标定时，应先将二位阀切换至“校正”位，将四位阀切换至“注入”位，然后在前面板注入口接入所用气样，通过操作氢焰色谱仪面板上的按钮打开样品泵，此时，在仪器面板上的压力表应指示正确压力，这样即可将球袋气抽入，这样在样品气输出 1 口获得所注入的气样，样品气输出 2 口无气样输出。注意这时候的样品泵处于打开状态。

（4）注意事项

当使用标样气体（钢瓶气）进行标定和零位空气进行校正时，应将样品泵关闭，以免样品泵损坏，提高样品泵的使用寿命。

当使用注入口注入气样进行标定后，请及时将两阀切换至样品气位。

为了保护仪器，在管线的进出口位置安装了杯状滤芯：样品气输入口接头、零空气输入口接头、标准气输入口接头、注入口接头、仪器内部气阻块内（与样品泵输出口尼龙软管相连），应根据仪器使用的具体情况，经常对这些滤芯进行更换。

当用钢瓶或其他高压贮气装置作为输入气体时，应将钢瓶或其他高压贮气装置输出压力控制在规定以下，以免超出二位阀和四位阀的使用范围造成损坏。

3. 常见故障及排除方法

（1）真空表显示一定量的数值

说明样品气可能堵塞，应检查样品气输入管线堵塞情况。

（2）在使用中压力表显示值不正确

① 说明样品泵工作不正常，检查氢焰分析仪是否对样品泵供电；

② 可能稳压阀调节杆松动，检查并重新调整压力；

③ 样品泵排量不够或有异声，清洁样品泵膜片或更换样品泵。

④ 气路堵塞，检查气路。

（3）气样有输入但无气样输出

① 可能管线漏气，应检查漏点并解决；

② 可能阀未切换到位，应检查并使之到位。

（4）流量不正确

如图3-6-13，当两阀处于样品气位置，样品输出2口应有600mL/min左右的气体输出，若流量不正确：

① 可能样品气输出2口的气阻有堵塞情况，应及时更换滤芯；

② 样品泵排量不够，有异声，清洁样品泵膜片。

3.6.3 氢焰色谱仪

综合录井仪中使用氢焰色谱仪型号较多，按分析周期（完成C_1～nC_5分析）长短分为常规色谱仪和快速色谱仪。常规色谱仪分析周期一般大于60s，快速色谱仪分析周期一般小于45s。

常规色谱仪在60～240s内完成C_1～nC_5的分析，同时完成反吹功能，C_1/C_2保留时间差达到5s，分离效果一般较好。

快速色谱仪是全自动快速气相色谱仪的简称。集智能化、高稳定性能和快速分析于一体，对钻井液中的总烃进行连续实时检测、30s完成烃组分（C_1～nC_5）分析，并且在一个分析周期内同时完成组分分析和重组分的快速反吹。有利于薄油气层和快速钻井条件下油气层的发现和评价。

国际上较为先进的多功能快速色谱仪主要是Agilent的系列快速色谱仪，全部气路采用模块化EPC（Electric Pneumatic Control，电子气路控制）控制：数字化设定所有气路参数，流量和压力精确稳定，保证保留时间和峰面积高度重复。保留时间锁定软件使色谱峰的鉴定更容易，结果更可靠。

氢焰色谱仪种类较多，虽然每种色谱仪的操作方法各不相同，但是工作原理差不多，本小节从色谱原理开始讲解常见的色谱仪操作方法。

3.6.3.1 色谱基础

以试样组分在固定相和流动相间的溶解、吸附、分配、离子交换或其他亲和作用的差异为依据而建立起来的各种分离分析方法称色谱法。色谱法也叫层析法，它是一种高效能的物理分离技术。

1. 色谱术语

固定相（stationary phase）：色谱法中，填入柱管内静止不动的一相（固体或液体）称为固定相。

流动相(mobile phase)：携带样品流过固定相的流体(一般是气体或液体)称为流动相。

色谱柱(chromatography column)：装有固定相的管子称为色谱柱。

分配色谱(partition chromatography)：利用不同组分在流动相和固定相之间的分配系数(或溶解度)不同，而使之分离的方法。

吸附色谱(adsorption chromatography)：利用吸附剂表面对不同组分吸附性能的差异，达到分离鉴定的目的。

离子交换色谱(ion - exchange chromatography)：利用不同组分对离子交换剂亲和力的不同，而进行分离的方法。

空间排阻色谱：利用排阻作用力的不同分离。

凝胶色谱(gelchromatography)：利用某些凝胶对于不同组分因分子大小不同而阻滞作用不同的差异，进行分离的技术。

(1) 气相色谱

气相色谱(Gas chromatography 简称 GC)是分离被分析混合物的一种方法，是以气体为流动相，采用冲洗法的柱色谱分离技术。

气相色谱对被分析的多组分混合物采取先分离、后检测的方法进行定性、定量分析，具有取样量少、效能高、分析速度快、定量结果准确等特点，因此广泛应用于石油、医学、化工、冶金、环境等各个领域。

气相色谱按分离柱不同可分为：填充柱色谱和毛细管柱色谱

气相色谱根据所用固定相状态的不同可分为气 - 固色谱(GSC)和气 - 液色谱(GLC)。

气 - 固色谱的“气”字指流动相是气体，“固”字指固定相是固体物质。例如活性炭、硅胶等。

气 - 液色谱的“气”字指流动相是气体，“液”字指固定相是液体。例如在惰性材料硅藻土涂上一层角鲨烷，可以分离、测定纯乙烯中的微量甲烷、乙炔、丙烯、丙烷等杂质。

气相色谱分析原理：利用色谱柱中固定相吸附剂表面对不同组分的吸附能力不同，样品气体中各组分进入色谱柱后经过反复多次吸附——脱附，吸附能力较弱的组分就容易从固体表面分离出来。随着载气不断的通过，吸附能力弱的组分随着载气向前移动得较快，吸附能力强的组分随载气移动较慢。经过一定的柱长后，便彼此分离。吸附能力弱的组分首先被载气带出色谱柱，其后的各组分也顺序离开色谱柱，进入鉴定器。鉴定器产生易于测量的电讯号，经放大后由记录仪和计算机进行记录和采集，来进行定性和定量分析(图 3 - 6 - 14)。

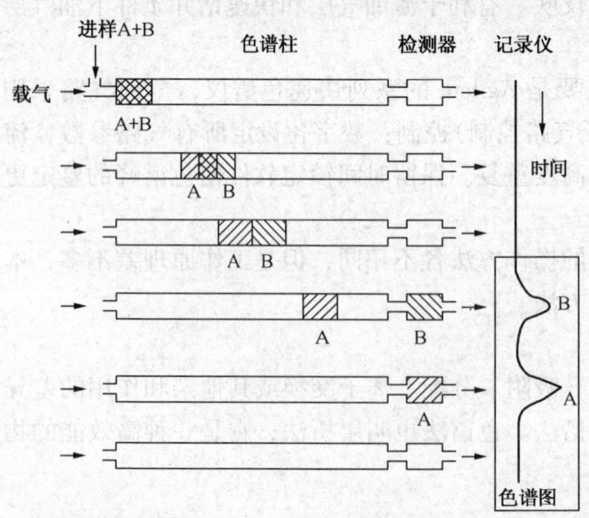

图 3 - 6 - 14　色谱分析示意图

气相色谱分析法是以气体为流动相，由于样品在气相中传递速度快，因此样品组分在流动相和固定相之间可以瞬间地达到平衡。加上可选作固定相的物质很多，因此气相色谱法是一个分析速度快和分离效率高的分离分析方法。近年来采用高灵敏选择性检测器，使得它又具有分析灵敏度高、应用范围广等优点。

（2）色谱曲线

① 色谱流出曲线：流动相带着组分通过色谱柱到达监测器时，由记录仪得到的信号－时间曲线。

色谱流出曲线的意义：

- 色谱峰数——样品中单组分的最少个数；
- 色谱保留值——定性依据；
- 色谱峰高或面积——定量依据；
- 色谱保留值或区域宽度——色谱柱分离效能评价指标；
- 色谱峰间距——固定相或流动相选择是否合适的依据。

② 基线(base line)：在通过鉴定器的载气中不带有任何使鉴定器产生响应信号的溶质时，记录仪记录的鉴定器响应信号是一条水平直线。如图中 *OC* 线，称为基线。

③ 色谱峰(chromatographic peak)：色谱柱流出组分通过检测器系统产生的响应信号的微分曲线图，称为色谱峰。

④ 峰高(peak height，h)：从基线到峰顶的垂直距离即峰高，图 3－6－15 中 AB 高度。

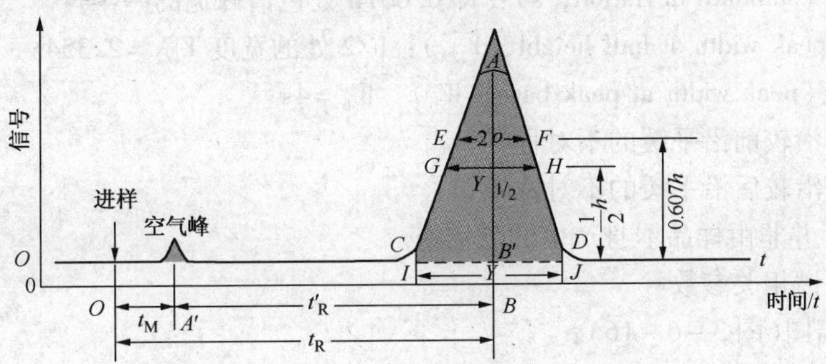

图 3－6－15　气相色谱流出曲线图

⑤ 峰宽(peak width，W)：在色谱峰两侧转折处作切线，与基线相交的两点之间的距离为峰宽，即图 3－6－15 中的 *Y*。

⑥ 峰底：基线上峰的起点至终点的距离。图 3－6－15 中 IJ 间的距离为峰底。

⑦ 峰面积(peak area，*A*)：峰与峰底所包围的面积(图 3－6－15 中阴影部分)。

峰面积是色谱图提供的基本定量数据，峰面积测量的准确与否直接影响定量结果。对于不同峰形的色谱峰采用不同的测量方法。

a. 对称形峰面积：峰高乘以半峰宽

$$A = 1.065 \times h \times W_{1/2} \tag{3-6-4}$$

b. 不对称形峰面积：峰高乘平均峰宽

$$A = 1/2 \times h(W_{0.15} + W_{0.85}) \tag{3-6-5}$$

⑧ 保留值(retention value)：

a. 时间表示的保留值：

保留时间(retention time，t_R)：组分从进样到柱后出现浓度最大值时所需的时间。

死时间(dead time，t_M)：不与固定相作用的气体(如空气)的保留时间。

调整保留时间(adjusted retention time，t'_R)：扣除死时间后的保留时间。也称折合保留时间(reduced retention time)。在实验条件(温度、固定相等)一定时，t'_R只决定于组分的性质，因此，t'_R可用于定性。

$$t'_R = t_R - t_M \tag{3-6-6}$$

b. 用体积表示的保留值：

保留体积(Retention Volume，V_R)：

$$V_R = t_R \times F_0 \tag{3-6-7}$$

式中　F_0——色谱柱出口处的载气流量，mL/min

死体积(dead volume，V_M)：

$$V_M = t_M \times F_0 \tag{3-6-8}$$

调整保留体积(Adjusted retention Volume，VR')：

$$V'_R = V_R - V_M \tag{3-6-9}$$

c. 相对保留值(relative retention value，r_{21})：

组分 2 与组分 1 调整保留值之比：

$$r_{21} = t'_{R2}/t'_{R1} = V'_{R2}/V'_{R1} \tag{3-6-10}$$

⑨ 区域宽度(peak width)：用来衡量色谱峰宽度的参数，有三种表示方法：

a. 标准偏差(standard deviation，s)：即 0.607h 处色谱峰宽的一半。

b. 半峰宽(peak width at half height，$Y_{1/2}$)：h/2 处的宽度 $Y_{1/2} = 2.354s$

c. 峰基宽度(peak width at peak base，W_b)：$W_b = 4s$

拖尾峰：后沿较前沿平缓的不对称峰；

前伸峰：前沿较后沿平缓的不对称峰；

假(鬼)峰：并非由样品本身产生的色谱峰。

(3) 气相色谱相关参数

① 典型色谱图(图 3-6-16)：

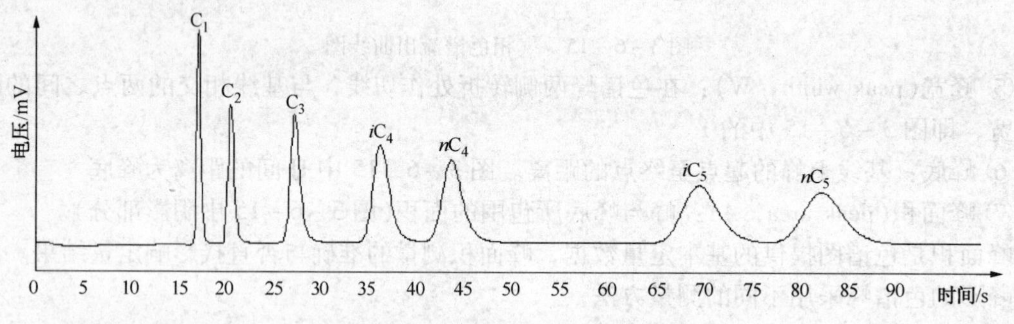

图 3-6-16　综合录井仪色谱谱图

② 噪声和漂移：

噪声和漂移是检测器稳定性的主要表现。

噪声(noise)又称噪音，定义为没有溶质通过检测器时，检测器输出的信号变化，以 N 表示。噪声是指与被测样品无关的检测器输出信号的随机扰动变化(图 3-6-17)。

基线漂移(drift)：基线随时间定向缓慢地变化(图 3-6-18)。它是比色谱峰有效值更低频率的输出扰动，不会使色谱峰模糊，但是为了有效地工作则需要经常地调整基线。造成漂移的原因是电源电压不稳；温度及流动相流速的缓慢变化等。

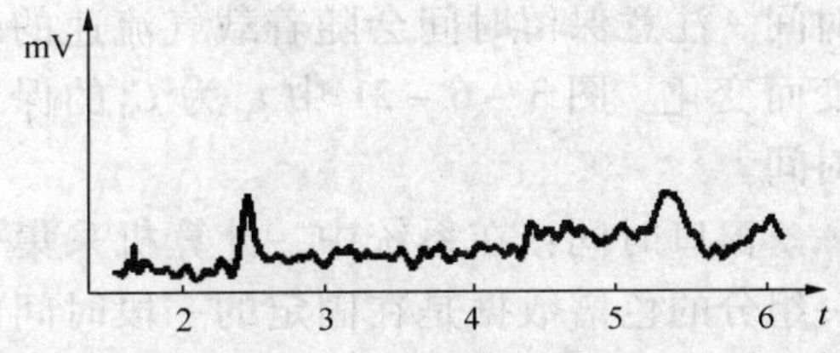

图 3-6-17　色谱谱图中基线噪音

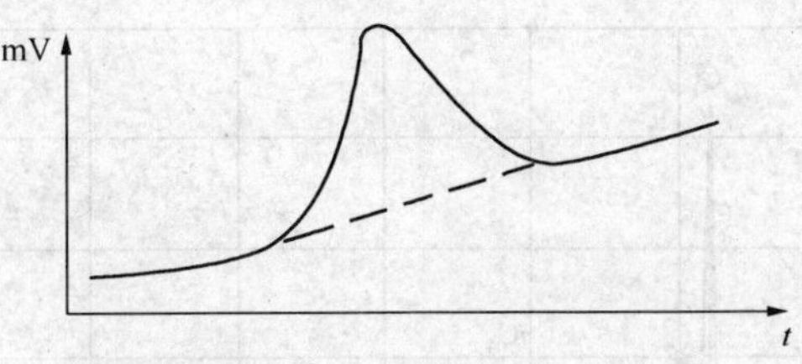

图 3-6-18　色谱谱图中基线漂移

③ 最低检测限(最小检测量)：

噪声水平决定着能被检测到的浓度(或质量)。要把信号从本底噪声中识别出来，组分的响应值就一定要高于 N。

最低检测限：检测器响应值为 2 倍噪声水平时的试样浓度(或质量)(图 3-6-19)。

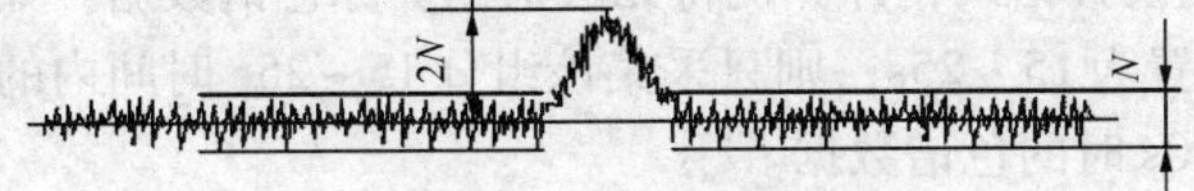

图 3-6-19　鉴定器最小检测量示意图

④ 分离度(Resolution，R)：两峰保留时间差与两峰峰底宽平均值之商。

$$R=(t_{R2}-t_{R1})/[(W_1+W_2)\times 0.5] \tag{3-6-11}$$

式中：t_{R1} 和 t_{R2} 分别为峰 1 和峰 2 的保留时间；W_1 和 W_2 分别为峰 1 和峰 2 在峰底(基线)的峰宽，即通过色谱峰的变曲点(拐点)所作三角形的底边长度。

⑤ 灵敏度(S)：

气相色谱检测器灵敏度(S)定义为：通过检测器物质量变化(ΔQ)与响应信号变化(ΔR)之比(图 3-6-20)。

$$S=\frac{\Delta R}{\Delta Q} \tag{3-6-12}$$

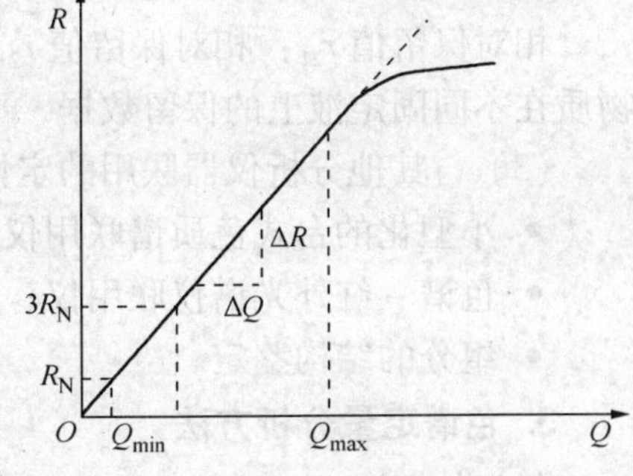

图 3-6-20　灵敏度曲线

⑥ 线性度与线性范围：

线性度(Linearity)：校准曲线接近规定直线的吻合程度。

检测器的线性度：检测器响应值的对数值与试样量对数值之间呈比例的状况。

检测器的线性范围定义为：检测器在线性工作时，被测物质的最大浓度(或质量)与最低浓度的范围。

⑦ 气路：

气路结构：主要有两种气路形式，单柱单气路，适用于恒温分析；双柱双气路，适用于程序升温，并能补偿固定液的流失使其基线稳定。

载气：气相色谱中常用的载气有氢气、氮气，氦气和氩气，综合录井仪中的氢焰色谱仪均使用氢气做载气。

净化器：主要用来提高载气纯度。

稳压恒流装置：稳定载气流速。

⑧ 保留时间和窗口时间：

保留时间的定义前面已有介绍，在现场能满足仪器要求的操作条件下，分别注入各组分样品进行分析，从拉杆阀切换至样品组分的色谱峰到达最大值的这段时间即为该组分的保留

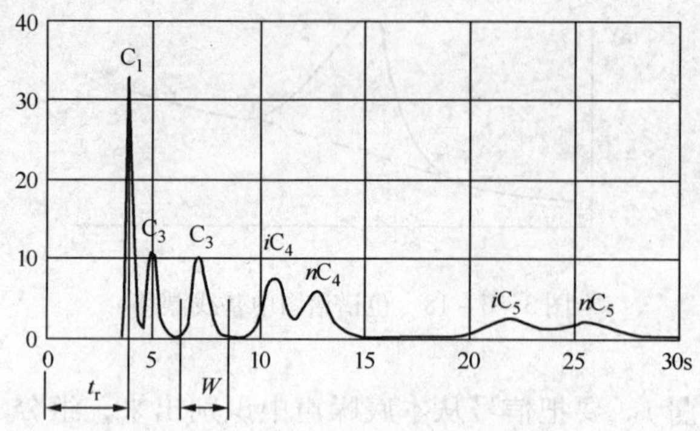

图 3－6－21　保留时间和窗口时间

时间。注意保留时间会随着载气流速的改变而变化。图 3－6－21 中 t_r 为 C_1 的保留时间。

窗口时间：在系统中，计算机采集任一组分的色谱数据是在固定的一段时间内进行的，这段时间称为该组分在计算机中的窗口时间，图 3－6－21 中 w 时间段就是 C_3 的窗口时间。窗口时间的设定为该色谱峰的开始出峰时间至该峰的截止时间。任一组分的保留时间应为该组分窗口时间的中间值。如果窗口时间设置错误，计算机将无法采到实际色谱数据。如某一组分的保留时间为30s，而窗口时间设置为15～25s，则只采集该组分15～25s时间内的数据，而无法采集到该组分的实际值，即30s时的色谱数据。

2. 色谱定性鉴定方法

（1）利用纯物质定性的方法

利用保留值定性：通过对比试样中具有与纯物质相同保留值的色谱峰，来确定试样中是否含有该物质及在色谱图中的位置。不适用于不同仪器上获得的数据之间的对比。

利用加入法定性：将纯物质加入到试样中，观察各组分色谱峰的相对变化。

（2）利用文献保留值定性

相对保留值 r_{21}：相对保留值 r_{21} 仅与柱温和固定液性质有关。在色谱手册中都列有各种物质在不同固定液上的保留数据，可以用来进行定性鉴定。

（3）与其他分析仪器联用的定性方法

- 小型化的台式色质谱联用仪（GC－MS）
- 色谱－红外光谱仪联用仪；
- 组分的结构鉴定。

3. 色谱定量分析方法

（1）外标法

将待测组分的纯物质配成不同浓度的标准溶液，使浓度与待测组分接近，然后取固定量的上述溶液进行色谱分析，得到各标准样品的对应色谱图。再在同样的条件下（同样的色谱操作条件和进同样的体积），分析待测试样，得到色谱图。以标准样品的色谱峰面积作图，得到一条标准曲线（图 3－6－22），再在标准曲线上根据待测样品的峰面积查出待测组分的浓度。

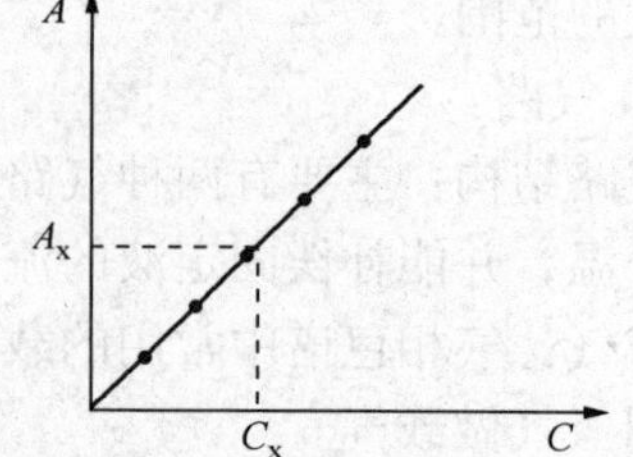

图 3－6－22　标准（工作）曲线图

外标法的特点：

操作简单，因而适用于工厂的控制分析和自动分析，但结果的准确度取决于进样量的重现性和操作条件的稳定性，综合录井仪均采用外标法标定色谱仪。

（2）内标法

内标法是一种间接或相对的校准方法。在分析测定样品中某组分含量时，加入一种内标物质以校谁和消除出于操作条件的波动而对分析给果产生的影响，以提高分析结果的准确度。

内标法在气相色谱定量分析中是一种重要的技术。使用内标法时，在样品中加入一定量的标准物质，它可被色谱拄所分离，又不受试样中其他组分峰的干扰，只要测定内标物和待测组分的峰面积与相对响应值，即可求出待测组分在样品中的百分含量。采用内标法定量时，内标物的选择是一项十分重要的工作。理想地说，内标物应当是一个能得到纯样的已知化合物，这样它能以准确、已知的量加到样品中去，它应当和被分析的样品组分有基本相同或尽可能一致的物理化学性质(如化学结构、极性、挥发度及在溶剂中的溶解度等)、色谱行为和响应特征，最好是被分析物质的一个同系物。当然，在色谱分析条什下，内标物必须能与样品中各组分充分分离。

① 内标物要满足以下要求：

a. 试样中不含有该物质；

b. 与被测组分性质比较接近；

c. 不与试样发生化学反应；

d. 出峰位置应位于被测组分附近，且无组分峰影响。

② 内标法特点：

a. 内标法的准确性较高，操作条件和进样量的稍许变动对定量结果的影响不大。

b. 每个试样的分析，都要进行两次称量，不适合大批量试样的快速分析。

c. 若将内标法中的试样取样量和内标物加入量固定，则：

$$C_i = f \times A_i / (A_s / C_s) \quad (3-6-13)$$

式中 f——校正因子；

C_i——样品浓度，mg/mL；

C_s——标准品浓度，mg/mL；

A_i——样品峰面积；

A_s——标准品峰面积。

3.6.3.2 色谱仪结构及测量原理

色谱仪：利用色谱柱分离混合物组分，按各组分在色谱柱中出现的先后顺序测量，根据各组分出现的时间和测量值来确定混合物组成及组分浓度的仪器。

气相色谱仪的组成如图 3-6-23：①载气源；②流量控制系统；③进样装置；④温控系统；⑤气体样品定量管进样系统；⑥色谱柱；⑦检测器；⑧计算机和记录仪。

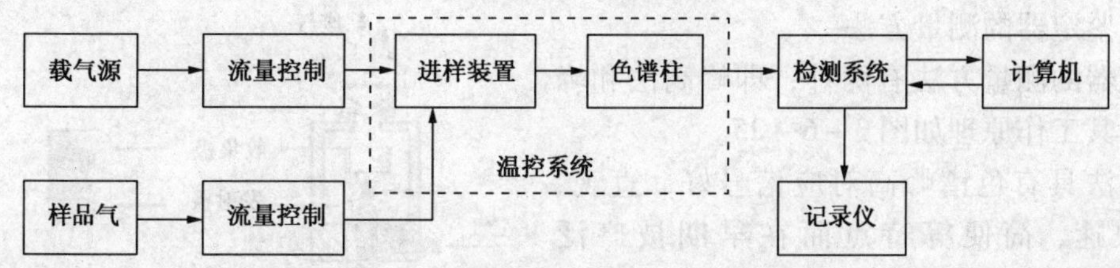

图 3-6-23 色谱仪组成示意图

气相色谱的关键部件是色谱柱和检测系统(鉴定器)。混合组分能否完全分离决定于色谱柱，分离后的组分能否准确检测出来取决于检测系统。

1. 色谱柱

色谱柱是气相色谱的关键部件之一，其作用就是分离样品。目前我们使用的色谱柱分为

图 3－6－24　填充柱与毛细管柱

两类，一类是固定相装在一根玻璃或金属管内，叫填充色谱柱；另一类是固定相附着在一根细管内壁上，管中心是空的，叫毛细管色谱柱（或开管色谱柱）（图 3－6－24）。色谱柱的分离效能主要决定于所用的固定相与柱管的材质和尺寸，形状。

填充色谱柱内充满了不动的微小的颗粒，它是多孔性、表面积较大的颗粒，称为“固定相”。在固定相表面涂了一层液体，称为“固定液”。按流动相可有气相、液相，固定相可有固相、液相，则色谱分析仪有气－固色谱、气－液色谱、液－固色谱、液－液色谱。固定相主要为固体吸附剂（气固色谱）和涂在载体表面上的固定液（气液色谱）。

2. 鉴定器

鉴定器也是气相色谱的关键部件之一，是一种测量载气中各分离组分及其浓度变化的装置。它把组分及其浓度变化以不同的方式变换成易于测量的电信号。

（1）鉴定器分类

鉴定器按测量性质分类大致分为积分型和微分型两类。

积分型鉴定器测量各组分累积总量，所得色谱图为一系列台阶。在定量分析时，每一阶高就代表相应组分的含量，缺点是灵敏度低和显示不出保留数据故不常使用。

微分型鉴定器具有测量载气中各组分及其浓度瞬间变化的性质。所得色谱图为一系列色谱峰。如果载气流过鉴定器时信号是恒定的，即基线值。当载气中某一组分出现，则信号随其浓度或质量变大而增高直至最大值（峰高）。然后随浓度或质量减少，信号逐渐降低，直至回到原来的基线值。微分型鉴定器具有灵敏度高，能测出痕量组分，并可同时得到各组分的峰面积及其保留数据的特点而常被采用。气相色谱仪多采用微分型鉴定器。

鉴定器按检测器响应信号与溶质浓度或溶质质量成比例的不同，可将检测器分为浓度型和质量型两种。

浓度型鉴定器有热导，电子捕获，气体密度，截面积，超声波等。浓度型鉴定器是测量载气中组分浓度瞬间的变化，在一定流速范围内，其响应信号取决于载气中组分浓度而与载气流速无关。

质量型鉴定器有氢火焰，火焰光度，氩离子化，氦离子化等。质量型鉴定器测量的是载气中组分进入鉴定器的速度变化。其响应值（峰高）取决于单位时间组分进入鉴定器的质量。

（2）鉴定器的测量方法

鉴定器的测量方法有两种，即峰高法和峰面积法，其工作原理如图 3－6－25。

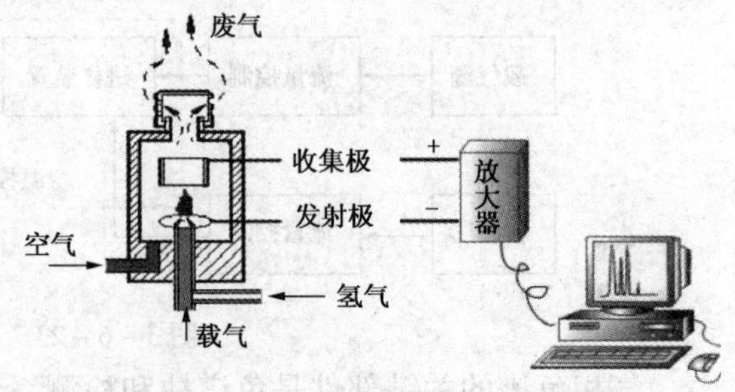

图 3－6－25　鉴定器工作原理图

峰高法具有色谱峰高对应信号好，直观、准确、快速、简便等特点而在早期被广泛应用。

峰面积法为峰高和半高峰宽的乘积。随着仪器的改进，分析周期的缩短，色谱峰出峰较快，峰宽变窄，人工换算出的峰面积误差可能会较大；随计算机技术的进步，峰面积的计算全部由计算机自动完成，计算精度极高，峰面积法成为主流。

（3）氢火焰鉴定器（FID）

氢焰以氢气与空气燃烧产生的火焰为能源。当有机物随载气进入火焰燃烧，由于离子化反应而生成许多离子。在火焰上方为筒状收集极，下方为一"Y"形极化电极，两极间施加恒定的电压，形成一个静电场。只有载气和助燃空气时两极间离子很少，即基值很低。当载气中出现有机物时，由于化学电离反应产生带电离子对。在电场作用下这些带电离子向两极定向运动，形成离子流，通过对离子信号放大，进行记录、采集、处理，即可对有机物进行定性定量分析。

氢焰鉴定器结构简单，一般由不锈钢制成。虽然鉴定器外观不同，但原理及组成却是一样，包括气体入口，火焰喷嘴，高压极化极，收集极和点火丝等部分（图3-6-26）。

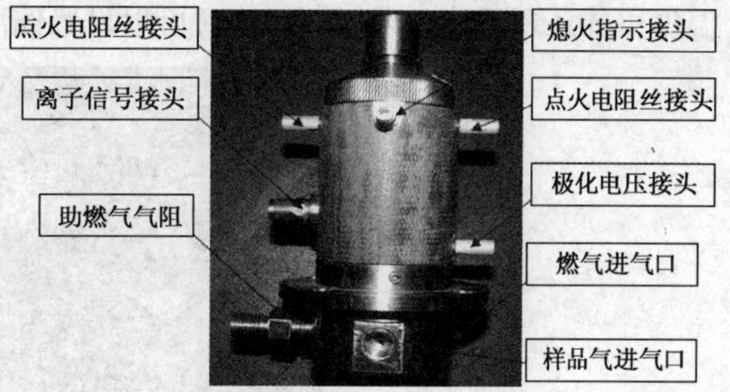

图3-6-26　某型FID鉴定器

① 一个优良的检测器应具以下几个性能指标：

灵敏度高、检出限低、响应线性范围宽、稳定性好、响应速度快、通用性强。

② 氢火焰检测器的操作条件：

载气：实验表明用氮气作载气比用其他气体（如 H_2、He、Air）作载气的灵敏度要高，但在录井现场获取不易，综合录井色谱分析仪一般采用 H_2 做载气。在一定范围内增大空气和氢气流量可提高灵敏度，但 H_2 流量过大反而会降低灵敏度，空气流量过大会增加噪声，一般可参考流量比为氮气∶氢气∶空气＝1∶1∶10。

燃气：参与燃烧的氢气，如果是以氢气为载气的仪器，载气也是燃气，一般为30～60mL/min。

助燃气：助燃气是用于助燃的空气，其值一般为300～600mL/min。注意：FID的灵敏度与燃气和助燃气的比例有直接关系，因此要注意优化，一般为燃气∶助燃气＝1∶（8～12），理论上认为1∶10最好，如燃气为40mL/min，则助燃气为400mL/min。

极化电压：要提高检测器的灵敏度就要提高电极对已形成正、负离子的收集频率，因此要尽快把正负离子流分开，避免它们复合。在两极间加以适当的电压，促使离子流分开并收集，极化电压低于50V时，正负离子收集不完全，高于300V时，将引起噪声增大和不稳定，一般极化电压值为150～300V DC范围内，不同型号仪器都有其规定值。

收集极与喷嘴之间的距离为5～7mm时，往往可获得较高灵敏度；测定高相对分子质量物质时，适当提高检测室温度也有利用于提高灵敏度。

保持离子室和收集极表面清洁，应经常用无水酒精等有机溶剂清洗离子室。

3. 温控系统

色谱仪中的温控系统是为了使色谱柱工作在一恒定温度或进行程序升温而存在的，一般由保温设施，加热装置、测温装置（铂电阻）、散热装置（在需要程序升温的仪器中有应用）。

恒温箱的温度控制系统可分为人工调节和自动调节两种方式，人工调节是通过温度计进行测量后手动调节变压器，从而控制产生热量的大小；而自动调节往往通过热电偶传感器进行测温，输出电压值，经放大后加到电机上驱动电机来调节变压器，其优点是可以连续、实时、准确的来控制温度。

恒温箱工作原理：首先需要实时测量箱内的温度；测量时，温度测量仪的测量端伸在恒温箱内部的空气中，不能与物体或是箱壁接触。然后需要把获得的温度信息传递给温度控制系统，由温度控制系统对温度信息作出反应。在控制面板上，可以设置恒温箱的恒温范围，即设置允许的温度上限和下限。当温度测量仪检测到温度低于下限时，开启加热装置对恒温箱进行加热，温度开始回升；当温度测量仪检测到温度高于上限时，开启制冷装置，恒温箱内温度下降；如此来回控制。有的恒温箱可以设置偏离度，因为温度的调节有一定的迟滞性；在正常情况下，温度应是达到下限时才开始加热，此时加热稍晚，因为在加热开始后，温度可能还要下降一段时间，这时可以设置偏离度，使之提前加热或制冷（图 3-6-27）。

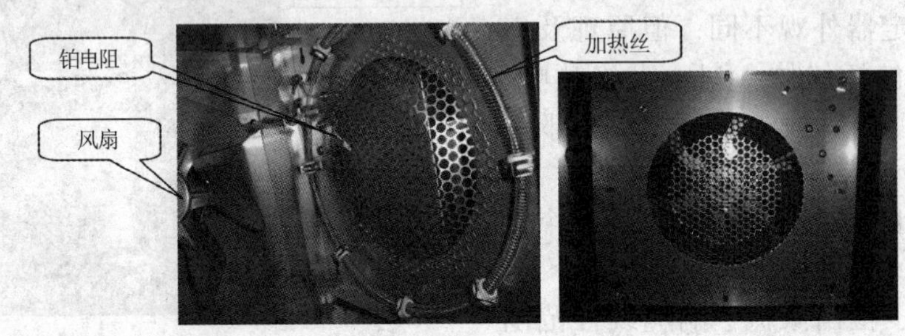

图 3-6-27　恒温箱（色谱柱箱）

4. 进样系统与进样装置

气相色谱仪的气路系统是一个要求载气只能按指定管线和方向流动的连续系统，在操作过程中要求严格密封，因此，为了把样品能送入色谱系统且分析中不致造成系统漏气，需要设计一种特殊装置，这种装置统称进样系统。

气相色谱仪的进样装置的作用是将样品直接或经过特殊处理后引入气相色谱仪的气化室或色谱柱进行分析，根据不同功能可划分为以下几种：

①顶空进样系统；②手动进样系统微量注射器；③阀进样系统；④液体自动进样器；⑤热解吸系统；⑥吹扫捕集系统；⑦热裂解器进样系统。

气相色谱仪进样系统，从结构特点和适用范围大体可分成用于填充柱和毛细管柱两大类。

（1）填充柱进样系统

填充柱气相色谱仪分析的样品一般有气体、液体或固体以及混合态四种物态，根据样品的物态，进样系统可分成自动和手动两大类。

表 3-6-2 列出常用填充柱进样系统分类。随着分析样品越来越复杂，并且进样要求在不断提高，除表所列进样装置与方法外，还设计了微机控制组合式进样系统，实现了全自动气体进样。

（2）毛细管柱进样系统

毛细管柱和填充柱相比，具有分离效率高、色谱峰窄而尖、化学惰性和热稳定性好，特别是柱涂渍交联固定相技术的发展使柱流失进一步减少，提高了仪器的信噪比，有利于降低检测限。但因毛细管柱固有内径很细，一般液膜厚也只有几微米，固定液也只能以毫克计，柱容量也比填充柱低 2～3 个数量级，所以进样方法与技术成了定量重复性和准确度的主要关键之一。

常用的毛细管柱进样系统包括：不分流进样；冷柱头进样；恒温和程序升温柱头进样；大体积样品直接进样；稀溶液样品直接进样等进样系统。

表 3－6－2　填充柱气体进样系统(手动或自动)的分类

<table>
<tr><td rowspan="12">气体样品</td><td rowspan="3">液化气进样</td><td colspan="4">六通进样阀</td></tr>
<tr><td colspan="4">特殊结构的注射器</td></tr>
<tr><td colspan="4">注射进样</td></tr>
<tr><td colspan="5">一般注射器直接进样</td></tr>
<tr><td rowspan="7">常压气体</td><td rowspan="7">气体进样阀</td><td rowspan="6">一般六通进样阀</td><td rowspan="4">手动(又分加热和不加热)</td><td>平面六通阀</td></tr>
<tr><td>拉杆六通阀</td></tr>
<tr><td>锥型六通阀</td></tr>
<tr><td>膜片六通阀</td></tr>
<tr><td rowspan="2">驱动方法</td><td>气动六通阀</td></tr>
<tr><td>电动六通阀</td></tr>
<tr><td colspan="3">防扩散式六通进样阀、八、十、十二通进样阀等</td></tr>
<tr><td colspan="5">浓缩解吸进样样品顶空进样</td></tr>
</table>

(3) 常压气体进样

综合录井仪中的色谱仪进样装置主要是气体过滤净化装置及样品泵，脱气器分离出钻井液中携带的地层气体，样品泵抽取脱出的地层气体(样品气)经过滤、稳压、稳流后送入色谱仪进行分析。

脱气器：脱气器的作用是从钻井液中分离出携带的地层气体供色谱仪进行分析。

抽气泵(样品泵)：从井口抽吸样品气加压后送入气体分析仪进行分析(图 3－6－28)。

过滤净化装置：过滤净化装置功能是为仪器提供洁净、干燥的气源，保证仪器运行稳定、获得最大的仪器使用寿命(图 3－6－29)。

常压气体样品采用拉杆阀或转阀定体积进样，不但操作方便、迅速，而且所得结果也较准确，重复性误差可小于 0.5%。

图 3－6－28　抽气泵及膜片

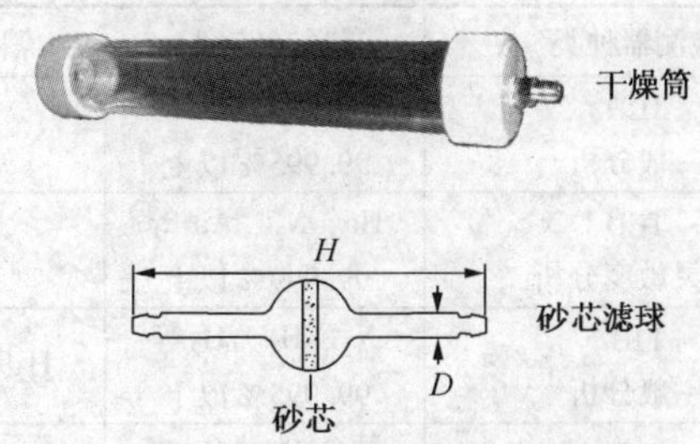

图 3－6－29　过滤净化装置

综合录井仪中使用阀进样装置，有拉杆阀、六通转阀、十通转阀、电子阀等进样方式。目前色谱分析仪主要使用十通转阀和六通转阀来实现进样和反吹气路流程。

① 十通转阀进样。

十通转阀在色谱仪中使用较多，图 3－6－30 是十通转阀工作示意图。

载气进口接在 7 号位，图中所处的状态是取样状态(也就是样品气在通过定量管)，此时接在阀 2 号位和 5 号位之间的色谱柱就处于反吹状态。

进样状态：当阀进样切换后，载气会从 7 号位进、8 号位出、经定量管、再 1 号位进、2 号位出、经预切色谱柱后再从 5 号位进阀、6 号位出后经主色谱柱后进检测器。

当分析完后需反吹时，把阀切换至取样状态即可，此时，载气从 7 号位进、6 号位出来后经图上面的色谱柱后直接进检测器。反吹用的载气从 4 号位进、5 号位出来后经色谱柱再从 2 号位进、3 号位出来后排空。此时载气在色谱柱中的流动方向与进样状态时相反，完成反吹。

② 六通阀进样。

六通阀主要应用在色谱分析系统中做为气路切换使用。如图 3 -6 -31 所示。

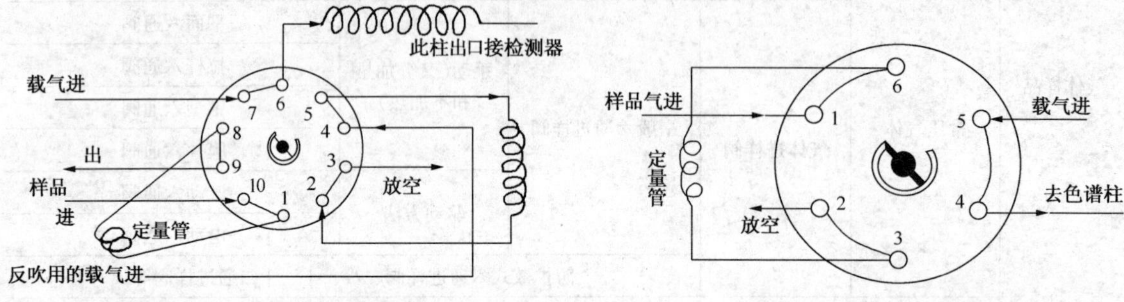

图 3 -6 -30　十通阀接线示意图　　图 3 -6 -31　六通阀

载气进口接在 5 号位，图中所处的状态是取样状态，此时载气通过色谱柱。

进样状态：当阀进样切换后，载气会从 5 号位进、6 号位出，经定量管后从 3 号位进阀、4 号位出后通过色谱柱。

当分析完后，把阀切换至取样状态，此时，载气从 5 号位进、4 号位出通往色谱柱。

5. 载气源

气相色谱仪种类繁多，需根据不同的要求选用不同的载气源。常见的有氮气(N_2)、氢气(H_2)、空气(Air)、氦气(He)，其中空气和氢气可分别通过空压机、高纯氢气发生器获得，氮气和氦气通常为高压钢瓶。

不同的检测器对载气的纯度要求也略有不同，表 3 -6 -3 为气相色谱仪对载气的要求。

表 3 -6 -3　气相色谱仪对载气要求

检测器种类	载气(纯度)	燃烧气(纯度)	助燃气(纯度)	尾吹气(纯度)
TCD 一般分析	He、N_2、Air 等 99.995%以上			He、N_2、Air 等 99.995%以上
TCD 高灵敏度分析	He、N_2、Air 等 99.999%以上			He、N_2、Air 等 99.999%以上
FID 一般分析	N_2、He、H_2等 99.995%以上	$H_2$99.995%以上	Air 空压机	N_2、He、H_2等 99.995%以上
FID 高灵敏度分析	N_2、He、H_2等 99.999%以上	$H_2$99.999%以上	尽量用空气(Air)钢瓶，空压机也可	N_2、He、H_2等 99.999%以上
ECD 一般/高灵敏度分析	N_2、He 等 99.999%以上			N_2 99.999%以上
FPD 一般/高灵敏度分析	N_2、He 等 99.999%以上	$H_2$99.999%以上	尽量用空气(Air)钢瓶，空压机也可	不使用
FTD 一般/高灵敏度分析	He 等 99.999%以上	H_2等 99.999%以上	带干燥气的空气钢瓶	N_2等 99.999%以上

① 高压气瓶使用注意事项：

a. 钢瓶应放置在通风条件好，避免光照位置，遵守高压气瓶使用注意事项；

b. 温度 40℃以下，2m 内禁止烟火，可燃气应配备灭火器材；

c. 固定钢瓶，使用无油减压阀，工作前检漏；

d. 定期检查钢瓶及减压阀；

② 氢气发生器：检查发生器干燥剂，及时更换；检查气路是否渗漏，漏气会造成仪器负荷增大；碱液渗漏对仪器损害较大，仪器损坏时及时更换。

③ 空气发生器：定期更换分子筛，干燥剂。

④ 氮气发生器：气源纯度不高，ECD 检测器尽量不要使用。

6. 流量控制系统

气体流量控制(Flow control)：普通的色谱仪均采用经典的机械式表阀控制，如稳压阀、稳流阀、针型阀、气阻、压力表和转子流量计等，HP6890 等高端仪器采用电子流量控制系统(EPC)，既能控制压力又能控制流量。

机械表阀控制优点是：可靠，耐用、经济。它的缺点在于：控制精度差。

电子压力控制采用电磁阀取代机械表阀，控制精度高，只需要输入设定值即可达到预定的流量或压力，方便、准确、迅速。

7. 计算机和记录仪

计算机和记录仪组成了气相色谱的数据处理系统，常见的记录仪有 3056 谱线记录仪，西门子智能记录仪。计算机技术高速发展后，配置可自动分析、存储数据的数据处理机，现在的仪器均配置化学工作站进行数据处理。

记录仪记录全烃、烃组分、非烃组分的色谱谱线。色谱仪配置的记录仪常见型号有 3056 型垂直台式划线记录仪，使用记录纸长度为 15m，该记录仪有 3 支笔，1 号笔为红色，记录总烃信号；2 号笔为绿色，记录非烃信号；3 号笔为兰色，记录烃组分信号。

从绘图仪到积分仪，由数据处理机到化学工作站，其中的进步主要应归功于电子及计算机技术的发展。在发明积分仪之前，测量色谱峰的峰面积只能手工用积分尺量算或剪纸称重，往往一个色谱峰就要花去半天的时间。现在，检测工作完成后可很快得到所有的色谱数据。

8. 气路

气路是指气体从气源到分析仪器间经过的路径，气路由连通管线、过滤干燥装置、气阻、控制阀等部件组成。

(1) 气路的组成

样品气气路：注入阀、稳压阀、各路气阻、样气气路管线等。

氢气气路：氢气稳压阀、针型阀、稳流阀、各路气阻、氢气气路管线等。

助燃空气气路：空气稳压阀、各路气阻、空气气路管线等。

分析控制主要组件：十通转阀、预切柱、分析柱、定量管、三通电磁阀等。

(2) 气路结构的主要器件

① 稳压阀

稳压阀能提供恒定的输出压力，其输入与输出的压力差必须满足稳压要求。

② 稳流阀

稳流阀的功能是稳定气体流量。色谱仪在恒温状态，当柱前压力稳定时，色谱柱内阻力也一定，其流量也相对稳定，所以一些简易色谱仪只安装稳压阀；色谱仪在做程序升温时，色谱柱内阻力随温度升高而增大，柱后流量也随之变化，使仪器基线发生漂移，此时应加稳流阀进行稳流。

③ 注入阀

注入阀控制进样气的流向，操作时可以手动推拉。能经受长期使用，可靠性好。正常工作不需进行切换，只有在 VMS 进样时，才需要切换。但仍需定期保养，必要时更换“O”圈。

④ 针型阀

针型阀在气路中起调节气体流量的作用。针型阀实际上是可调气阻，气阻的大小取决于阀针与阀门之间间隙的大小，调节精度与阀杆螺距有关。针型阀不工作时应使阀开，防止密封环长期黏贴在阀门上而与阀针脱开，同时防止弹簧长期受压而失效。

⑤ 气阻

气阻起着限制流量的作用。气阻的阻尼量一般是不可调的，由于它没有可活动的部件，因此可靠性比针阀好，耐振动。

⑥ 十通转阀

十通转阀与常规拉杆阀相比，最大的优点“死体积”近于零，图 3 - 6 - 30 为十通转阀示意图。由于采用了刚性密封，安装容易，方便日常维护保养，保养时应使用氯仿清洗，使用过程中应严格保持气路洁净。

⑦ 预切柱

预切柱的作用是在分析状态下，将烃类气体 C_1 ~ C_5 分离出来送到分析色谱柱，在反吹状态将阻留下 C_5 以后的重组分反吹出仪器，实际上起着预处理作用。

⑧ 分析柱

分析柱的作用是对 C_1 ~ C_5 完成分离后送至 FID 进行测量分析。

⑨ 定量管

定量管安装在气相色谱分析气路阀进样系统中，是用来限定样品量的采样装置。图 3 - 6 - 30 所示为十通阀中定量管安装位置示意图。气相色谱分析仪定量管一般有 1mL，2mL，5mL 等，根据需要选取。

⑩ 三通电磁阀

三通电磁阀（两位三通电磁阀）用来控制色谱分析中的进样切换和反吹切换两种状态的电磁阀。两位是两个位置可控：开 - 关；三通是有三个通道通气，为一进二出，一般情况下进气口通道与气源连接，另外两个出口通道 1 个与执行机构的进气口连接，1 个与执行机构排气口连接。当电磁阀线圈通电时，出口通道第一路打开，第二路关闭；当电磁阀线圈断电时，出口通道第一路关闭，第二路打开。

(3) 气路流程

图 3 - 6 - 32 为双色谱柱、单定量管、单流程气路结构，以此气路结构为例进行分析。

① 总烃气路流程：

样品气：入口→总烃样品气气阻→总烃 FID。

空气助燃气：入口→三通→空气稳压阀→点火气阻（点火电磁阀）→三通→总烃助燃空气气阻→总烃 FID。

氢气燃气：入口→三通→总烃氢气稳压阀→总烃燃气气阻→总烃 FID。

② 组分气路流程：

分析，预切状态：

样品气：入口→组分样品气阻→注入阀(4)孔→(3)孔→十通转阀(1)孔→(2)孔→样气放空。

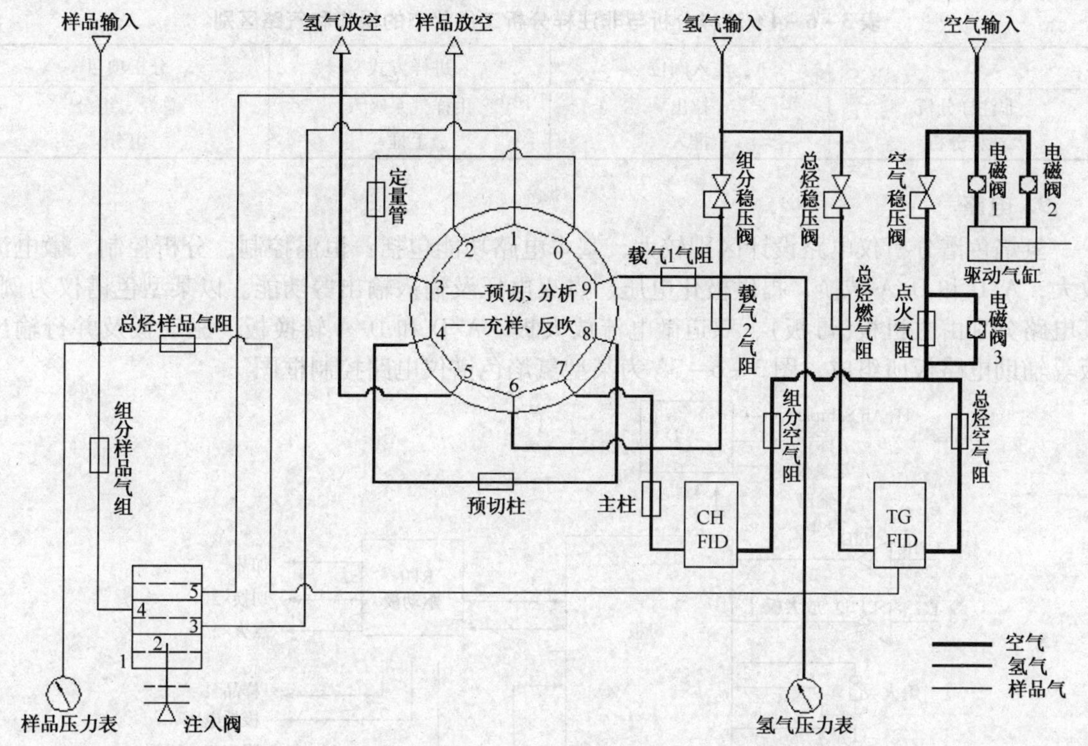

图 3-6-32 气路流程图

空气动力气：入口→三通→切换电磁阀；

空气助燃气：入口 → 三通 → 组分助燃气气阻 → 组分 FID。

氢气第一路：入口→组分氢气稳压阀→三通→载气 1 气阻→十通转阀(9)孔→(10)孔→定量管→十通转阀(3 孔)→(4)孔→预切柱→十通转阀(8)孔→(7)孔→主柱→组分 FID。

氢气第二路：入口→组分氢气稳压阀→三通→载气 2 气阻→十通转阀(6)孔→(5)孔→反吹放空。

进样，反吹状态：

样品气进样状态：入口→组分样品气阻→注入阀(4)孔→(3)孔→十通转阀(1)孔→(10)孔→定量管→十通转阀(3)孔→(2)孔→样气放空。

样品气反吹状态：入口→组分样品气阻→注入阀(4)孔→(3)孔→十通转阀(1)孔→大排量放空气阻→六通阀(5)孔→(6)孔→三通→大排量放空→注入阀(5)孔→阻断。

空气动力气：入口→三通→切换电磁阀；

空气助燃气：入口 → 三通 → 组分助燃气气阻 → 组分 FID。

氢气进样状态：入口→组分氢气稳压阀→三通→载气 1 气阻→十通转阀(9)孔→(8)孔→预切柱→十通转阀(4)孔→(5)孔→反吹放空。

氢气反吹状态：入口→组分氢气稳压阀→三通→载气 2 气阻→十通转阀(6)孔→(7)孔→ 主柱→组分 FID。

③ 注入阀气路流程：

注入阀主要控制注样分析样气流动方向。

注样分析状态：样气由注入阀入口→注入阀(3)孔→十通转阀(1)孔→与组分气路流程中样品气分析和进样状态流程相同。表 3-6-4 是注样分析与非注样分析的操作和气路区别。

表 3-6-4　注样分析与非注样分析工作状态的操作和气路区别

	注入阀位	进样方式	分析项目
非注样分析	拉出	由样气泵吸入	总烃、组分
注样分析	推入	手推	组分

9. 电路

氢焰色谱分析仪电路设计区别较大，基本电路功能包括：恒温控制、分析控制，微电流放大，A/D 和 D/A 转换，提供极化电压、点火电压及输入输出等功能。以某型色谱仪为例，其电路分别由主机板(母板)、双道微电流放大板、A/D 和 D/A 转换板、驱动板及并行输出板等辅助电路板所组成，图 3-6-33 为某型氢焰色谱仪电路控制框图。

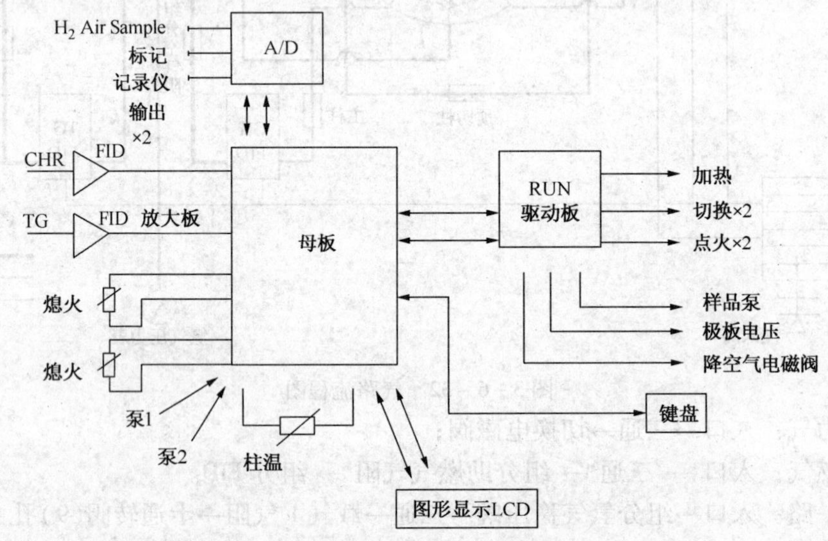

图 3-6-33　色谱仪电路控制框图

(1) 主机板(母板)

母板主要负责键盘、电磁阀、样品泵、点火、液晶显示、复位等动作的输出、输入。掉电保护、液晶显示屏也通过扩展 I/O 总线与微处理器连接。主机板模拟部分有线性温度放大、A/D 转换、二路泵量和二路熄火指示的门限比较，具有控制、运算、通讯、人机对话等功能，是仪器的核心。

主机板接上液晶显示屏和键盘即可进行正常操作，主机板可插入扩充辅助板，其中微电流放大板、A/D 和 D/A 转换板、驱动板是色谱仪正常工作的必配电路板。微电流放大板由二个完全相同的二级反相放大组成的。信道号可分为组分、总烃放大。

第一级采用运放，第二级采用低漂移精密运放，电位器补偿灵敏度，输出信号范围 0～10V。二路高阻抗部分之间采用静电屏蔽板隔开，防止两个信道信号相互干扰。组分、总烃放大器零位在主机板的控制下，由 A/D 板发出各自调零电压调节(图 3-6-34)。

(2) A/D 和 D/A 转换板

A/D 和 D/A 转换板主信道转换选用 AD 转换芯片(总烃与组分相同)，该芯片可以满足 0～10V 动态范围，工作电压为 +5V。通过电阻网络将量程扩展为 ±10V，转入主板，由软件处理。

D/A 转换中两路分别用于组分、总烃放大器零位调节。另外两路用于软件驱动两个井深记号的打点动作。

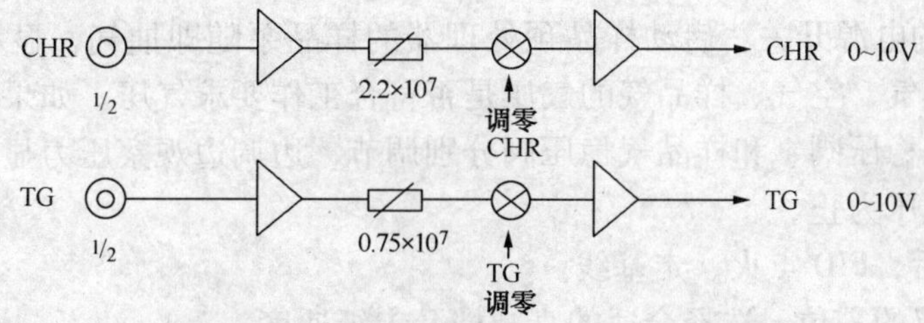

图 3-6-34 微电流放大板原理框图

压力检测部分集成三路相同的气压检测/放大单元。分别用于氢气、空气、样品气压力检测，选用三个压力传感器，传感器输出经放大成为 0~5V，送入主机板微控制器的 A/D 信道，由软件进行采样、比较，最后以数据形式表示气体压力状态。

(3) 驱动板

驱动板主要完成由微控制器命令的高压、大电流的动作。驱动板涉及电源种类多，固态继电器(SSR)用于恒温箱的加热器(220VAC 40W)和样品泵(220VAC)输出控制，继电器用于组分、总烃点火(5A/4VAC)控制。驱动板提供直流 24V 电源，可直接驱动直流 24V 的电磁阀、继电器等。驱动板极化电压部分与母板共地，输出极化电压为 210VDC 左右。

3.6.3.3 氢焰色谱分析仪操作

1. 开机操作

① 连接氢焰色谱分析仪的气路与电路(参考图 3-6-35)，注意管路密封性，氢气与样品气放空必须接出仪器房外，信号线连接牢固。

② 启动空压机、氢气发生器，使输出的气体压力达到标准。

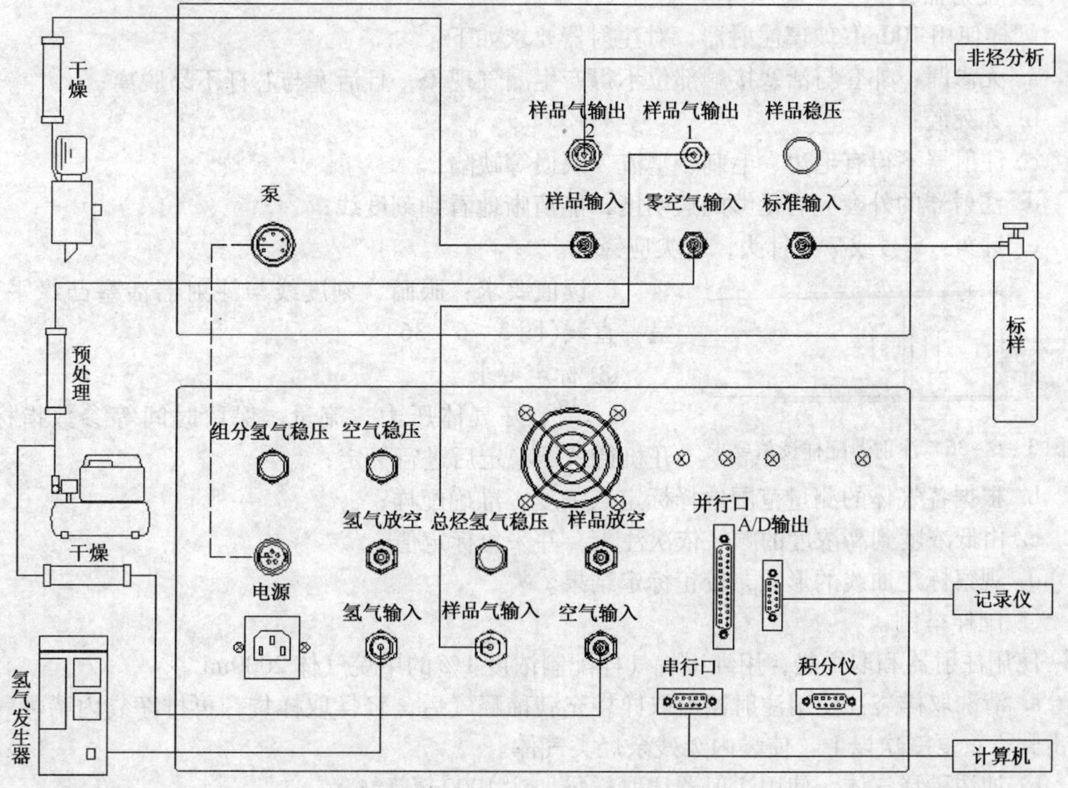

图 3-6-35 系统联接图

③ 打开仪器的电源开关。启动样品预处理器的样品泵随即抽气，显示屏幕即进入正常屏幕显示，观察氢气、空气、样品气的气压是否符合工作要求气压。如果不符合要求则通过氢气稳压阀、空气稳压阀、和样品气稳压阀分别调节，边调边观察压力显示值的变化，直到调到符合要求的气压为止。

④ 预热结束后，FID 点火、走基线。

⑤ 调整记录仪的零位，选择合适的衰减档及走纸速度。

2. 关机操作

关机前以样品泵抽洁净空气跑基线半小时以上，待色谱仪无烃类成分且基线平稳后方可进行关机操作：

① 关闭样品泵；

② 关闭色谱仪电源；

③ 关闭氢气发生器和空压机。

3. 仪器标定

（1）标定准备

① 取样袋：

综合录井仪进行仪器标定与校验时需要配制不同浓度不同组分的标准样，需要准备多个取样袋，分别是纯气样袋和混合气样袋。对取样袋的要求为：渗漏率低、物理强度高、耐腐蚀性好、气密性好、吸附性小、化学性质稳定。

配样时按从低浓度到高浓度样逐个配置，配样前要用清洁空气对取样袋进行多次清洗。

② 注射器：

配样使用 100mL 玻璃注射器，对注射器要求如下：

a. 无渗漏：外套与活塞接触部位不得产生漏气现象，且活塞与芯杆不易脱离；

b. 无死腔；

c. 注射器不得有毛边、毛刺、塑流、缺损等缺陷；

d. 注射器的外套应有足够的透明度，能清晰地看到刻度线；

e. 针头：5 号或 7 号针头，针尖应锋利。

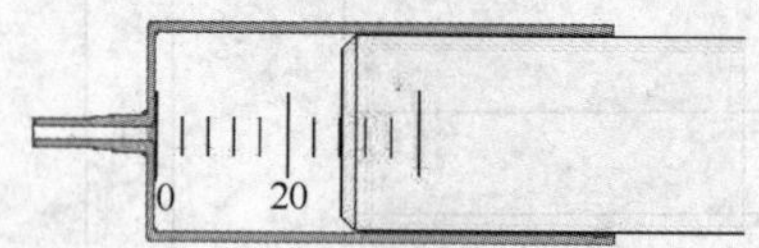

图 3－6－36　注射器配样读值要求

f. 读值要求：眼睛、刻度线与注射器活塞凸缘平面呈一直线（图 3－6－36）。

③ 标定要求

a. 调节好气体压力、流量、保留时间等参数指标，开机待仪器稳定后进行标定；

b. 根据各气体的测量范围选择标定点浓度，准确配样；

c. 由低浓度到高浓度的顺序依次注入，并采集标定值；

d. 观察标定曲线的形状，校正标定结果。

④ 配样举例：

使用注射器和取样袋，用纯甲烷气样配制浓度 1% 的甲烷气体 2000mL。

a. 清洗取样袋：使用注射器给取样袋充满稀释气后，轻揉取样袋，再排净袋内稀释气，此步骤需重复三次以上，使袋内无残余烃类气体。

b. 加注稀释气体：使用注射器往取样袋加注 1900mL 稀释气。

c. 配制气样：用 100mL 注射器取 20mL 纯甲烷气样，稀释为 100mL 浓度为 20% 的甲烷气样(浓度为所需浓度的20倍)，然后加注到取样袋中，此时不要松开取样袋进气口，用注射器来回推拉4～5次，使气样能和稀释气均匀混合。配制及混合气样时，推拉注射器要缓慢旋转前进、用力要均匀。

d. 给配制好的取样袋做好标识，密封待用，配制好的气样应尽快使用。

(2) 分析标定

分析标定应该用标准样进行测试，通常配备0.001%、0.01%、0.1%、1%、10%、20%、50%、100%共计8种标准样品。至少应配备0.1%、1%、10%、100%共计4种标准样品，其他样品从这4种标准样品中手工配制而成。手工配制过程中只允许进行一次配制，不宜超过5:1的稀释倍数。

标定方法如下：

① 标定前设置。根据需要选择分析周期，设置分析参数，如温度、流量、压力、保留时间、半峰宽等。

② 进样分析。标定从最小检测浓度开始，然后逐级进高浓度标样，在标定时必须注意避免样品浓度间的交叉污染。若高浓度标样标定后需要插入低浓度标定，就必需用纯净空气冲洗或将快速色谱的程序设定在自动进样状态，直到基线信号平稳后才能进行低浓度点的标定。

组分标定：使用标准混合气样进行多点标定，甲烷必须进行满度标定。

全烃标定：用甲烷气样对全烃进行多点标定。

③ 绘制工作曲线。以横坐标为电压响应值，纵坐标为百分浓度，在双对数坐标上作出工作曲线，应无明显拐点、奇异点，否则补做相应浓度点。

4. 注样分析

(1) 自动注样操作

当进行注样操作时将样品泵关闭，先将注射针头插入仪器分析系统面板的注样口，再用注射器抽取标准气体样品或热真空脱气器的样品(样品量大于5mL，样品量不足的按比例稀释)，在仪器处于反吹状态转入分析状态的前5秒钟时将注射器内样品均匀、缓慢的推入(经注射针头)注样口。在程序进入分析状态时，拔出注射器即完成自动注样操作

(2) 手动注样操作

当进行手动注样操作时将样品泵关闭，关闭自动切换功能，使分析系统处于手动切换状态，先将注射针头插入分析系统面板的注样口，再用注射器抽取样品(要求同自动注样操作)，在仪器处于反吹状态，将注射器内样品均匀、缓慢的推入(经注射针头)注样口，手动切换转入分析状态，拔出注射器即完成手动注样操作。不进行注样操作时，应将注射针头拔掉使注样口处于密封状态。

5. 调试

各种气源的压力要求：

① 氢气发生器：氢气发生器输出的压力≥0.3MPa，经稳压后供给FID作燃气以及组分的载气。

② 空气压缩机：空气压缩机输出的压力为0.3～0.5MPa，一路提供三通电磁阀做切换动力。其余经稳压，供给组分、总烃FID作为助燃气。

③ 样品气：样品气输入压力≥0.04MPa。

④ 气阻参数的标定及调试。更换气阻后应对气路进行重新调节。

⑤ 气路流量的测定。当气路中各气体流量有变化时，重新进行流量的测定。

a. 氢气流量测定：

总烃的氢气流量测量：将专用接头套在鉴定器底座的喷咀上，由于接头粗端圆柱凹槽有橡胶“O”型圈密封，在接头细端出口接上通往流量计的胶管，就可以进行氢气流量测量。

组分氢气流量测量：同总烃氢气流量测量，但分别在分析和进样两种状态下测量。

b. 空气流量测定：

将空气流量测量接头直接套在鉴定器底座上，在接头细端出口接上通往流量计的胶管，就可以进行空气流量测量。实际测量的流量是空气流量+氢气流量，由于氢气流量较空气流量小得多，可忽略。

⑥ 组分和总烃满度调节。用纯甲烷标准气进样，待总烃出峰走平头后，调节总烃增益电位器和组分增益电位器，使实际出峰达到或接近满度。

3.6.3.4 维护保养

1. 常规检查保养

① 通常 12h 进行一次常规检查保养。

② 检查样品泵工作情况，转子应转动自如，否则加润滑油，用1000mL 注射器检查样品气泵，泵气量应大于 800mL/min。

③ 检查、更换样品气干燥剂，在无显示井段从脱气器注样检查仪器工作状况。

④ 检查外部样品气管线封闭性能。

⑤ 检查仪器主机、辅助设备卫生，保持主机和辅助设备的表面以及底板、电路板清洁，无灰尘、油污。

⑥ 检查记录仪，清洁记录仪机械传动系统，加注微量润滑油。

2. 氢焰鉴定器

拆洗氢焰鉴定器，断开所有电气连线，清除收集极和点火丝固定端积碳，用酒精清洗喷嘴，擦洗电极、绝缘衬套和离子罩，检查空气分配盘密封垫是否变形。

3. 气路管线和部件

拆洗下列气路管线和部件：切换阀、针形阀、隔断阀、阻尼管、定量管、缓冲管、及全部的样品气气路管线，将部件用酒精和蒸馏水浸泡、清洗后烘干。

检查气体分析仪阀件，用白绸布或白纱带擦去针形阀、隔断阀、阀芯的污物，在各阀芯上涂抹微量硅油。

检查各“O”型圈的磨损状况，及时更换磨损件。

气路组装完毕，闭合气路，外加 0.1MPa 压力，检查封闭性能，压力降 <0.001MPa/h。

用流量计检查样品气、空气、氢气的流量应达到指标要求。

为防止气路被粉尘、有机杂质、机械杂质等微粒所堵塞，需定期检查、更换过滤器。

4. 过滤器更换

以某型色谱仪为例，其样品气过滤器更换方法如下：

关闭仪器(或者关闭样品泵)，打开机箱盖，找到样品气气阻体，然后卸下所有气管线，取出气阻体，拆下装有过滤器一端的接头，倒出弹簧和过滤器，取一个新的杯状过滤器放进去(注意杯口向下)，拧紧接头(接头上的“O”形圈也换一个新的)，按原样装上所有的气管线，最后把它固定在原来的位置，打开仪器(并打开样品泵)，在通气状态下用检漏液(如中性洗洁精水溶液）在每一接口上涂抹一下，确保不漏气后，关上机箱盖（图 3－6－37）。

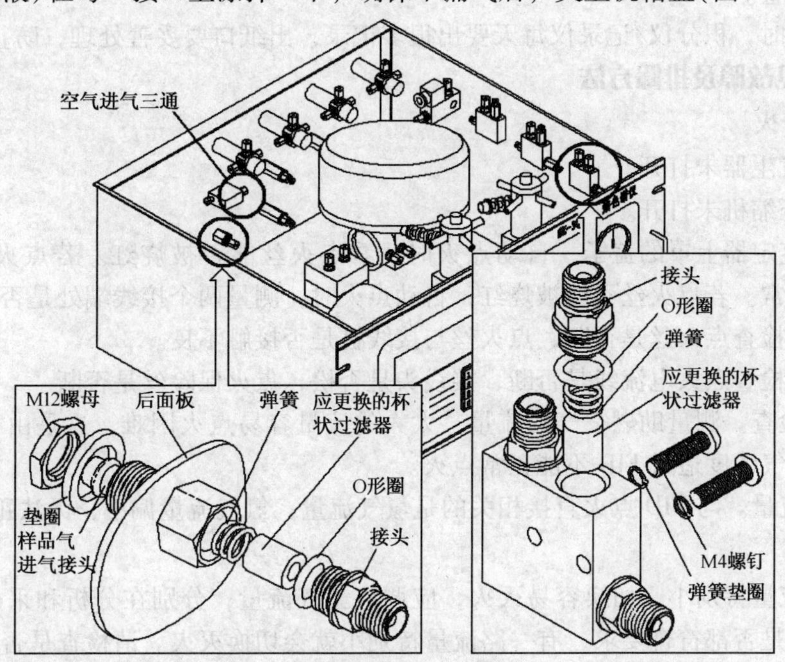

图 3－6－37　过滤器维护示意图

5. 砂芯过滤球更换

色谱仪外的砂芯过滤球一半变黑时，应及时更换。

6. 气源维护

（1）辅助气

氢火焰色谱仪所有气源都要经过严格的干燥和过滤措施。氢气和压缩空气都使用变色硅胶作干燥剂，压缩空气还要在变色硅胶加一节活性炭，吸附压缩空气中的油类成分。在最后进色谱仪前均应加 10μm 以下的过滤器，以防止粉尘进入色谱仪。

（2）样品气

样品气从脱气器里抽出后，首先进入防堵器，以防抽钻井液。然后用无水氯化钙作干燥剂。经过管线进入录井仪后，再加一节干燥剂。在进色谱仪前均应加 10μm 以下的过滤器以防止粉尘。因为变色硅胶有吸附作用，绝不能使用变色硅胶作干燥剂。

干燥剂要天天检查，经常更换。水蒸气进入色谱仪会引起仪器不稳定，并缩短仪器寿命。

7. 电源维护

氢焰色谱仪多使用高精度开关电源供电。氢焰色谱仪分析的动态范围很大，电源引入的噪声多少会影响分析精度，因此色谱仪系统应在纯净、稳定的电源条件下工作。

在石油勘探现场使用时，柴油发电机的影响不可忽视。色谱仪系统应该由 UPS 提供电源。电源频率应尽可能保持在 50Hz ±1Hz，过大的频率偏差将导致电动机、变压器等设备效率明显下降、发热增加，还会直接引起系统故障。

8. 积分仪/记录仪

每天注意检查笔和纸。受潮的记录纸容易走偏或走不动，快速出峰更容易造成这种现象，要经常检查。

快速分析时，积分仪/记录仪每天要出很多记录，出纸口要妥善处理，防止纸张堆积。

3.6.3.5 常见故障及排除方法

1. 点不着火

① 氢气发生器未打开。

② 空气压缩机未打开。

③ 移去鉴定器上罩的盖子，自动点火时，看点火丝能否被烧红。若点火丝能被烧红，则测控系统正常。若点火丝不能被烧红，自动点火时，测量两个接线端处是否有点火电压。

有电压：检查点火丝是否断，点火丝与接线桩是否接触不良。

无电压：检查点火电流线是否断，接线头是否松，点火保险丝是否断。

④ 空气检查。测量助燃空气的流量，太大的流量容易点火困难，这是由于空气流量太大，会稀释氢气浓度造成 FID 不能正常点火。

⑤ 氢气流量。与 FID 点火直接相关的是氢气流量，氢气流量偏小，无法正常点火。

2. 灭火

① 氢气流量特别小，切换容易灭火，应调节氢气流量；分别在分析和采样两种状态下检查氢气流量是否都符合要求，有一路流量特别小就会切换灭火。请检查是否有一种状态下氢气气路严重堵塞或漏气的可能。

② 转阀切换时无力，切换耗时过长或切换不到位，形成切换时鉴定器瞬时断氢气而灭火。

③ 空气漏气，氢气不能充分燃烧，导致切换突变时因缺氧灭火。

④ 氢气或助燃空气气路偶尔漏气或堵塞引起灭火。应根据分析流程查找漏气或气路堵塞的地方，可以提高供气压力进行检查，快速找出漏气或气路堵塞的地方。

3. 线性度明显下降

氢气流量大，柱温和鉴定器温度过高，应调节氢气流量和温控点。

4. 基线有毛刺或噪声大

① 工作气源水分大，常伴随有毛刺或噪声，更换干燥剂一段时间后即自行正常。

② 氢气不纯，一般为氢气发生器透析膜串气，应更换氢气发生器。

③ FID 喷嘴脏，引起火焰不稳定，有跳火现象，需清洗喷嘴；鉴定器本体太脏，绝缘电阻下降，需清洗。

④ 色谱柱或管线受重组分污染，此情况常见于吸入汽油、柴油、钻井液胶液等物质，一般只能加强反吹。在停止进样，长时间吹洗后会改善直至消失，在有条件的情况下可拆开管线清洗或更换污染部分。

⑤ 色谱仪放空废气未排出室外，空气中有机成分增多。

⑥ 微电流放大器内积灰过多，或受潮，需清洗并干燥。

⑦ 微电流放大器芯片故障，更换。

⑧ 离子线接触不良，绝缘下降或漏电，致信号不稳，需更换离子线。

⑨ 喷嘴处的氢气流量过大，鉴定器温度过高，需重新调整气流并检查过大原因。

⑩ FID 是否有凝水现象，漏电造成 FID 绝缘下降，造成基线噪声和毛刺。

⑪ 电磁干扰，排除干扰并确保接地良好。

5. 组分基线漂移大

① 组分分离差；

② 载气流速过大，导致柱效能下降，应降低流速。

③ 柱箱温度过高，应检查超温原因。

④ 出峰太快，常与载气流速过大一起发生。

⑤ 色谱柱受污染，需更换。

⑥ 色谱柱使用期过长失效，需更换新色谱柱。

⑦ 气路中有堵、漏现象，需检修气路。

6. 微电流放大器输出饱和

① 色谱仪输出饱和一般由于放大器第一级增益过大，检查第一级高阻是否正常，或调节板子上的电位器。

② 鉴定器喷嘴内径太小，应换标准喷嘴(内径0.6mm)。

③ 鉴定器或离子线等输入部分绝缘下降(高阻受潮)也会引起输出饱和，但此情况下饱和微电流放大器不会出峰。

④ 全烃样品气流量过大，应调整样品气流量。

7. 进样后色谱不出峰

① 未点着火。检查原因，重新点火。

② 工作气源不正常。检查氢气、空气和样品气。

③ 注入口漏气或样品气预处理单元的多路阀漏气。

④ 阀未切换到位，检查进样时阀门位置是否正确。

⑤ 无极化电压，检查极化电压模块。

⑥ 离子线是否正常，检查是否短路、断路。

⑦ 微电流放大器损坏，更换微电流放大器。

⑧ 采集板坏，更换采集板。

8. 气路动作异常或不动作

① 驱动板保险丝断，更换保险丝。

② 驱动板故障，更换新板。

③ 电磁阀等执行部件损坏，换新。

④ 气室膜片损坏，更换膜片。

⑤ 驱动气缸不动作或不到位，无动力气或管路漏气。检漏，并保证气缸的正常工作气压。

9. 系统死机或频繁重新启动

① 一般通讯板或主板有问题，检查并更换通讯板或主板。

② 对主板供给的直流电源是否稳定正常，必要时换新电源。

③ 电源供给线、连接件是否有接触不良。

10. 温度失控

① 温度传感器损坏，换新；

② 温度控制板故障，更换温控板；

③ 加热丝断路、短路或漏电，换加热丝或重接。

④ 控温铂电阻与加温板接触不好，需重新填硅脂。

11. 工作气压不能稳定

① 供气源是否符合压力范围。稳压阀需要在一定的气压范围内才能正常工作，氢气、空气压力过低不能满足稳压阀压差要求导致不能稳压。过高的供气压力不仅会使稳压阀不能稳压，还会损坏稳压阀。检查气源及气路，调节氢气、空气的输出压力。

② 样品气不稳定。

泵后样品气管线漏气，泵后压力下降，不能满足稳压阀压差要求。检查漏气情况并排除。

样品泵橡胶膜老化，积尘也导致泵后压力下降，需检查、清洁、更换样品泵膜片。

③ 脱气器、样品气管线等有堵塞现象，阻尼过大，干燥筒内氯化钙受潮结块，样品泵负担过大，导致泵后压力不足，检查排除。

12. 保留时间不稳定

① 载气流量不稳定，检查、调整稳压阀或稳流阀。

② 载气气路堵、漏造成压力变化，检查氢气发生器及气路。

③ 柱箱温度变化，检查变化原因。

13. 组分出峰时间过长

① 载气流速过小，调整。

② 柱箱温度过低，应检查失温原因。

③ 载气气路堵、漏，需检修气路。

14. 组分分离度差

① 色谱柱柱效下降，更换色谱柱。

② 载气流量过大，调节载气流量。

③ 柱箱温度过高，调整柱箱温度。

15. 全烃与组分出峰不同步

① 全烃与组分样品气放空流量不合理，重新配比全烃和组分放空样品气流量。

② 气路漏气，检查样品气或氢气气路管线。

16. 标定出峰下降

① 样品气流量小。堵塞、漏气会造成出峰下降，需检修样品气路。

② 载气流量过小使出峰变宽，峰高下降。检查气路，调整载气流量。

③ 气体配比发生变化，用流量计检查气体配比。

④ 手工配样和取样方法有误，可以由多人做同一浓度的样品以参比验证。

⑤ 样品气钢瓶的减压阀长时间不取气会造成减压阀内部样品气被稀释，取气前排空。

⑥ 微电流放大器灵敏度下降，检查、调整微电流放大器。

17. 十通切换阀工作异常

① 阀芯串气，应该更换相同的阀件。

② 阀体有微堵现象，清洗十通阀。

③ 无动力气或动力气压偏低，接通动力气或调高动力气；

④ 电磁阀驱动板故障，检查更换驱动板。

⑤ 电磁阀坏，更换电磁阀。

18. 与微机串行口通讯失败

① 检查与微机之间的串行口连线，更换串行口连线。

② 计算机或色谱仪串行口损坏，换串行板。

③ 主板故障，换主板。

④ 计算机采集软件中 COM 口是否设置错误。

19. 打印机并行口通讯失败

① 检查与计算机之间的并行口连线，更换并行口连线。

② 计算机或色谱仪并行口损坏，需换并行板。

20. 色谱仪经常掉电

① 检查供电电缆、电源插座、配电线路是否有虚接处。

② 检查 UPS 能否稳定供电，UPS 无过载现象。

21. 谱线记录仪无输出

① 检查记录仪信号输入。

② 记录仪调理板损坏，应更换。

③ 调理板的接线不良或损坏，应更换。

22. 无样品气压力显示

① 样品泵无电压或样品泵坏。检查、更换样品泵。

② 脱气器进、出气口堵塞或管路堵塞。检查、排除堵塞。

23. 氢气压力低

① 氢气发生器制氢能力差，检修氢气发生器。

② 氢气发生器或管线堵塞、漏气，检查排除堵、漏。

③ 氢气放空过大，调节放空流量。

3.6.4 热导分析仪

热导分析仪是根据不同气体具有不同热传导能力的原理，通过测定混合气体导热系数来计算其中某些组分含量的气体分析仪。

热导分析仪在气体测量领域应用广泛，热导检测器(TCD)具有结构简单、性能稳定、线性范围宽、灵敏度适中、不破坏样品等特点，是一种通用型检测器。

3.6.4.1 结构及测量原理

热导分析仪根据所测气体不同分为烃类分析仪和非烃分析仪，烃类分析仪主要测量甲烷、乙烷、丙烷、正丁烷、异丁烷、正戊烷、异戊烷的含量，非烃分析仪主要测量二氧化碳、氢气含量。

1. 热导检测器工作原理

热导检测器(TCD)是利用被测组分和载气的热导系数不同而响应的浓度型检测器，有的亦称热丝检测器(HWD)或热导计、卡他计(Katherometer 或 Catherometer)。

热导鉴定器主要由池体和热敏元件构成。池体一般为方形，由不锈钢块制成。池体内钻有孔道，内装热敏元件。热敏元件是 TCD 的感应元件，它可以是热丝或热敏电阻。为了提高灵敏度，选用电阻率高，电阻温度系数大，机械强度高，能在较高的温度，浓度范围内操作，对各种组分都显示惰性的铼－钨丝。在热导池中热敏元件的阻值变化用惠斯顿电桥原理进行测量。电桥四臂都由热敏元件(钨丝)组成，四臂阻值尽可能相同，以增加鉴定器的稳定性。

当调节载气流速、桥电流及TCD温度至一定值后，TCD处于工作状态。从电源E流出之电流I在A点分成二路i_1、i_2至B点汇合，而后回到电源。这时，两个热丝均处于被加热状态，维持一定的丝温T_f，池体处于一定的池温T_w。一般要求T_f与T_w差应大于100℃以上，以保证热丝向池壁传导热量。当只有载气通过测量臂和参考臂时，由于二臂气体组成相同，从热丝向池壁传导的热量相等，故热丝温度保持恒定；热丝的阻值是温度的函数，温度不变，阻值亦不变；这时电桥处于平衡状态：$R_1 \cdot R_3 = R_2 \cdot R_4$，或写成$R_1/R_4 = R_2/R_3$。M、N二点电位相等，电位差为零，无信号输出。当从进样器进样，经色谱柱分离，从柱后流出之组分进入测量臂时，由于这时的气体是载气和组分的混合物，其热导系数不同于纯载气，从热丝向池壁传导的热量也就不同，从而引起两臂热丝温度不同，进而使两臂热丝阻值不同，电桥平衡破坏。M、N二点电位不等，即有电位差，输出信号(图3-6-38)。

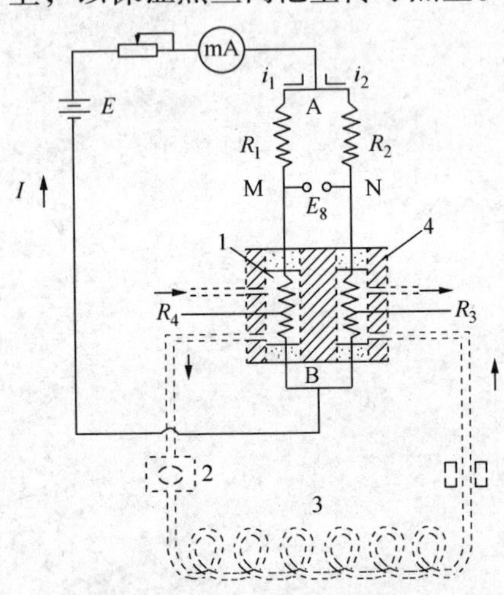

图3-6-38　TCD工作原理图

1—参考池壁；2—进样器；3—色谱柱；4—测量池壁

2. 热导池组成

热导池由热敏元件和池体组成。

(1) 热敏元件

热敏元件是TCD的感应元件，其阻值随温度变化而改变，它们可以是热敏电阻或热丝。

① 热敏电阻。热敏电阻由锰、镍、钴等氧化物半导体制成直径约为0.1~1.0mm的珠状，密封在玻壳内。热敏电阻阻值大(5~50kΩ)，温度系数亦大，故灵敏度高。热敏电阻体积小，可作成0.25mm直径的小球，这样池腔可小至50μL；热敏电阻对载气流的波动不敏感，它耐腐蚀和抗氧化。热敏电阻的响应值随温度的增加而快速下降，因此，通常热敏电阻要在120℃以下使用。与热丝相比，热敏电阻的温度系数大，表现为其响应值对于温度的变化十分敏感。例如在60℃时，池温改变1℃，热敏电阻和热丝的基线漂移分别为10.4mV和5.0mV，前者比后者大一倍多，因此，热敏电阻的稳定性差。热敏电阻对还原条件十分敏感，故不能用氢气作载气。

② 热丝。一个性能优异的TCD，对热丝的要求主要考虑四点：

a. 电阻率高，以便在相同长度内得到高阻值；

b. 电阻温度系数大，以便通桥流加热后得到高阻值；

c. 强度好；

d. 耐氧化、耐腐蚀。

a、b是为了获得高灵敏度，同时丝体积小，可缩小池体积，制作微TCD。c、d是为了获得高稳定性。其安装如图3-6-39。

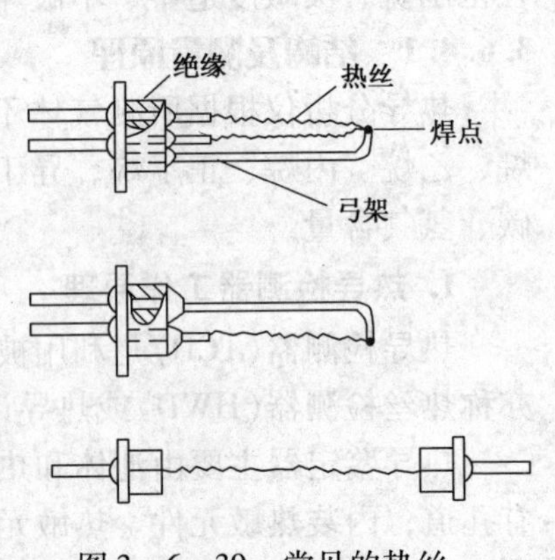

图3-6-39　常见的热丝安装形式示意图

(2) 池体

池体是一个内部加工成池腔和孔道的金属体。池材料早期多用铜，因它的热传导性能好，但它防腐性能差，现已为不锈钢形式所取代。通常将内部池腔和孔道的总体积称池体积，早期 TCD 的池体积多为 500 ~ 800μL，后减小至 100 ~ 500μL，适用于填充柱。近年来池体积减小到 100μL 以下，有的达 3.5μL，适用于毛细管柱。

① 普通 TCD 池：通常 TCD 池按载气对热丝的流动方式可分直通式、扩散式和半扩散式，见图 3-6-40。

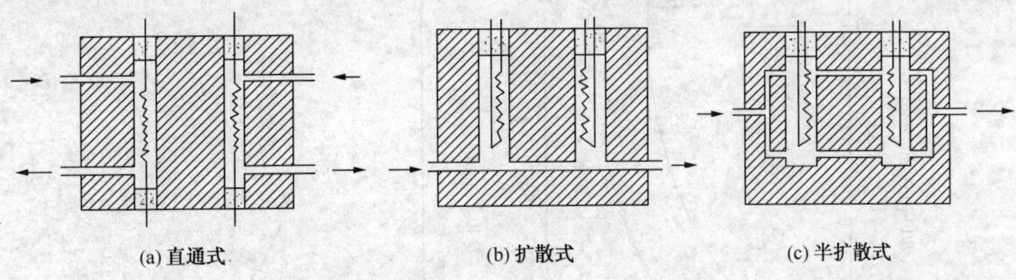

图 3-6-40　三种常见的 TCD 流程示意图

② 微型 TCD 池：由于池体积已减小至几微升，故在 μ-TCD 中，载气流动方式已不像普通 TCD 那样明显，基本上可分成直通和准直通式两种，图 3-6-41 列出了几种常见的 μ-TCD 池结构。

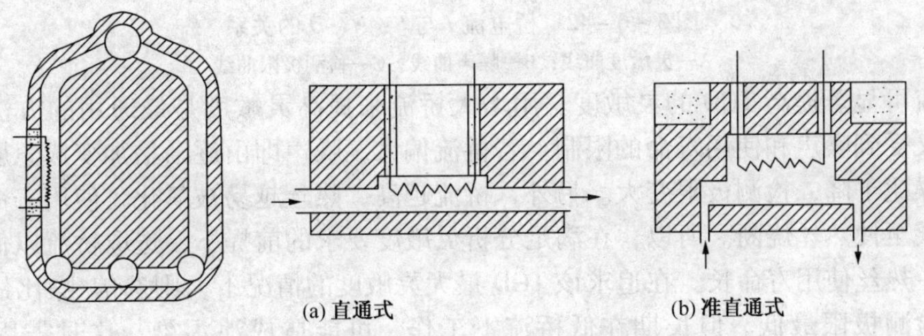

图 3-6-41　几种 μ-TCD 的池结构

可以看出，μ-TCD 池腔体积仅数微升或数十微升，标准毛细管柱可直接与之相连，基本上不会造成峰扩张。在灵敏度许可的情况下，适当加尾吹气，有利于改善峰形。

μ-TCD 池腔体积虽小，但为使其工作稳定，池块还应有适当的质量，以保证恒温效果，从而使基线稳定。

3. 检测条件的选择

（1）载气种类、纯度和流量

① 载气种类。TCD 通常用氦气或氢气作载气，因为它们的热导系数远远大于其他化合物。用氦气或氢气作载气的 TCD，其灵敏度高，且峰形正常，响应因子稳定，易于定量，线性范围宽。氦气作载气，安全但价格昂贵。氢气作载气，灵敏度高，但是操作中要注意安全，另外，还要防止样品可能与氢气发生反应。

② 载气纯度。载气纯度影响 TCD 的灵敏度。实验表明：在桥流 160 ~ 200mA 范围内，用 99.999% 的超纯氢气比用 99% 的氢气灵敏度高 6% ~ 13%。

载气纯度对峰形亦有影响，用 TCD 作高纯气中杂质检测时，载气纯度应比被测气体高十倍以上，否则将出倒峰。

③ 载气流速。TCD 为浓度型检测器，对流速波动很敏感，TCD 的峰面积响应值反比于载气流速。因此，在检测过程中，载气流速必须保持恒定。在柱分离许可的情况下，以低些为妥。流速波动可能导致基线噪声和漂移增大。

（2）桥电流

桥电流(*I*)与 TCD 的灵敏度(*S*)，噪声(*N*)和检测极限(*D*)的关系(如图 3－6－42)。

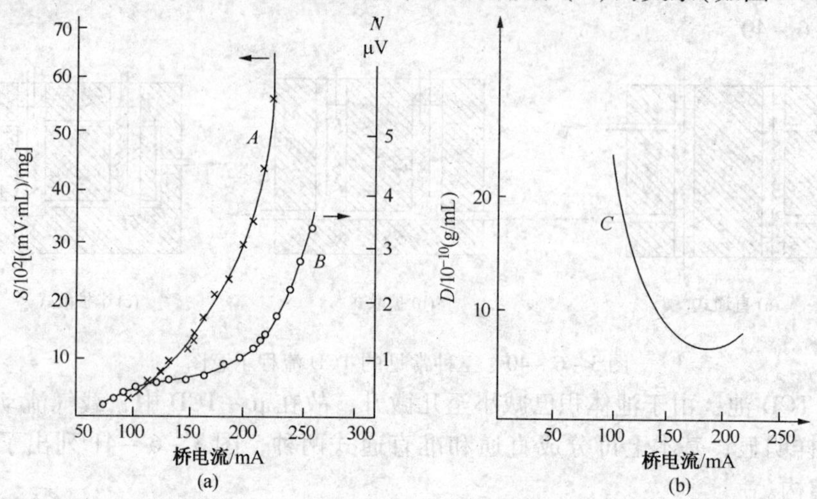

图 3－6－42 桥电流 *I* 与 *S*、*N*、*D* 的关系

A—灵敏度曲线；B—噪声曲线；C—检测极限曲线

桥电流可显著提高 TCD 的灵敏度。用增大桥流来提高灵敏度是最通用的方法。但是桥流的提高又受到噪声和使用寿命的限制。若桥流偏大，噪声即由逐渐增加变成急剧增大，其结果是信噪比下降，检测极限变大。另外，桥流越高，热丝越易被氧化，使用寿命越短。过高的桥流甚至使热丝烧断。所以，在满足分析灵敏度要求的前提下，选取桥流以低为好，这时噪声小，热丝使用寿命长。在追求该 TCD 最大灵敏度的情况下，则选信/噪比最大时之桥流，这时检测极限最低。但长期在低桥流下工作，可能造成池污染，这时需用溶剂清洗 TCD 池。

（3）检测器温度

TCD 的灵敏度与热丝和池体间的温差成正比。显然，增大其温差有两个途径：一是提高桥流，以提高热丝温度；二是降低检测器池体温度。

检测器池体温度不能低于样品的沸点，以免在检测器内冷凝。

3.6.4.2 分析操作

1. 仪器开机

① 接通载气，通载气 10min 以上。

② 接通仪器电源，检查恒温箱控制。

③ 检查桥流。

④ 仪器开始走基线，稳定后投入正常工作。

2. 仪器关机

① 关闭桥流。

② 仪器降温，降温后关闭仪器电源。

③ 关闭载气。

3. 示例

以 HP6890N 色谱仪操作为例进行说明。

(1) 开机

• 无 GC 化学工作站开机方法

确保检测器的气路已连接，系统无漏气及柱已安装完好。样品气应经过充分的干燥，在使用检测器之前要设定柱箱温度，进样口温度和进样口/柱流量，载气通气 10 分钟后开色谱电源进行以下操作。

① 按[Front Det] 或[Back Det]，打开检测器控制表。

② 设定检测器温度。因为柱的一部分通过加热块并进入热导池，所以不要高于柱的最高使用温度。

③ 保证气体类型与进入仪器的气体相同，如需要则改变气体的类型。

④ 设定参比气体流速。

⑤ 如果使用的是填充柱，关掉尾吹气并进行第 7 步。

⑥ 如果使用的是毛细管柱：a. 如色谱柱已定义，并且连在 EPC 进样口上，根据需要选一个新的流量模式并设定尾吹气流量或混合气流量。b. 如果色谱柱连在一个无 EPC 的进样口，输入尾吹气流量，这种情况下只能用恒定流量。

⑦ 打开热丝。使仪器热稳定约 30min。高灵敏度时需更长的稳定时间。

⑧ 根据需要，将 Negative Polarity 设置为[On]以反转负峰。当样品组分出现正向和负向峰时，可用时间表控制运行中 Neg Polarity 的开和关。

• 使用 GC 化学工作站开机

① 打开载气(N_2或 He)气瓶，打开空气、氢气等气源的总阀开关；调整载气、空气、氢气的输出压力。

② 载气通气 10 分钟后开色谱电源，打开温度控制单元，(例如：要打开气化室，气化室 - 显示 - 输入，这时候菜单上的 on - off，指示灯亮)，仪器自动升温。

③ 等升温到到指定温度，指示灯闪烁，然后打开氢气和空气，点火，加桥流(如：输入值 100)。

④ 启动电脑，进入 Windows 系统后。

⑤ 进入 GC 化学工作站界面。

⑥ 调用或者编辑相应的操作方法。

(2) 关机

① 把 TCD 的将桥流值设为 0。

② 关闭温度控制单元(例如：要关闭气化室，气化室 - 显示 - 清除，这时候菜单上的 on - off，指示灯灭)，并将柱室温度设为 30℃。

③ 待降温至设定温度后，关闭 GC 电源。

④ 关闭 GC 化学工作站，退出电脑 Windows 系统，关掉电脑电源。

⑤ 关掉氢气和空气阀的总阀开关。

⑥ 最后，关闭载气总阀开关。

(3) 使用注意事项

① 载气中应无腐蚀性物质，注意气路净化。

② 使用前，应先通载气 10 ~ 30 分钟，将管路中的空气排净，再使检测器通电，防止铼

钨丝氧化。未通载气时，严禁打开桥流，否则会烧坏铼钨丝。

③ 不允许有强烈机械震动。

④ 不能用气体直接吹热导检测器，或有较大的气体流冲击，不能将 TCD 处于风口处，TCD 放空口应用管道接到室外，出气管应注意固定，防止风吹摆动，影响基线。

⑤ 停机时，应先关电源，等到热导检测器温度降至 80℃ 以下时，再关闭气源，这有利于铼钨丝使用寿命。

⑥ 在灵敏度足够情况下，应降低桥电流使用，这样可提高仪器稳定性，增加 TCD 使用寿命。

⑦ 需拆卸柱子时，一定要等柱温降到室温，方可卸下色谱柱，以防止损坏柱接头丝扣。TCD 长期不使用时，须将进气口、出气口堵死，以确保铼钨丝不被氧化。

⑧ 使用不同载气时，不同桥电流允许最大值如表 3－6－5。

表 3－6－5 使用不同载气时不同桥流允许最大值

	100℃	150℃	200℃	250℃	300℃
H_2	200mA	175mA	150mA	100mA	75mA
N_2	125mA	100mA	75mA	50mA	25mA

⑨ 使用 TCD 时，严禁在色谱柱没接到 TCD 基座上时通入氢气，否则氢气泄漏会引起危险。

3.6.4.3 仪器维护

为了保证仪器的正常工作，必须定期对仪器及其进样系统进行检查和维护，对仪器维护工作主要是检查安全过滤器及灰尘过滤器。

① 定期检查切换阀切换是否到位，检查气路密封性。

② 定期检查注样阀的气路密封性。

③ 及时更换气体干燥剂及过滤器。

④ 定期检查载气压力，检查气路是否漏气。

3.6.4.4 常见故障及排除方法

1. 热导信号无法调零

① 热导控制线路故障，应检查控制线路。

② 管路严重漏气。

③ 四臂铼钨丝元件严重不对称，应更换匹配四臂铼钨丝元件。

2. 进样不出峰或灵敏度显著下降

① 热导桥流太小。

② 管路漏气或柱连接处漏气。

③ 铼钨丝元件严重腐蚀，需更换。

④ 桥流被关闭或没有桥流，应加桥流或更换电路板。

3. 基线稳定性变坏

① 热导池控制器电路故障。

② 桥电流过大，铼钨丝呈灼热状态。

③ 载气流量过大或不稳。

④ 热导温度控制不稳。

⑤ 热导池污染，应取下清洗。

⑥ 仪器接地不良。

4. 基线漂移大

① 热导池性能不好，需更换热导池。

② 气路流量不稳或漏气，需检查气路。

③ 恒流源精度差，需换电路板。

④ 色谱柱受污染，应长时间反吹干净。

5. 基线有毛刺

① 管线有积水，应吹干或烘干。

② 信号连接线接触不良，需检查接头和连接件。

③ 放大器有毛病，需更换电路板。

6. 分析时间过长

① 载气流量过小，应调整载气流量。

② 载气管路堵、漏，需检修。

7. 气动控制动作失控

① 电磁阀电源进线断线或断焊，应重新焊接。

② 阀气室膜片损坏，应检查更换。

③ 电路控制板故障，应检查更换。

8. 温度失控

① 温度传感器损坏，应更换。

② 温度控制板故障，应更换电路板。

③ 加热棒损坏，应更换。

9. 热导桥臂烧坏

① 开机后没有通载气。

② 桥流过大，检查桥流恒流源电路。

3.6.5 光谱分析仪

3.6.5.1 测量原理及类型

光谱分析仪使用红外光谱技术，具有扫描速度快、分辨率高、灵敏度高、在线测量等优点，目前是应用在录井行业中一项前沿的分析技术。

红外线是电磁波谱中的一段，介于可见光区和微波区之间，红外线的波长大于可见光线，其波长为0.75～1000μm。红外线可分为三部分，即近红外线，波长为0.75～1.50μm之间；中红外线，波长为1.50～6.0μm之间；远红外线，波长为6.0～1000μm之间。红外线通过介质时，能被某些分子和原子所吸收，吸收的波带取决于分子和原子的结构。

在整个电磁波谱中红外波段的热功率最大，红外辐射主要是热辐射，在红外线分析仪中，使用的波长范围通常在1～16μm之内。

由于各种物质的分子本身都有一个特定的振动和转动频率，只有在红外线光谱的频率与分子本身的特有频率一致时，这种分子才能吸收红外光谱辐射能，该红外辐射的波长称为该种分子的特征吸收波长。

图3-6-43为部分常见气体的红外吸收光谱图，从图中可以看出，所有碳氢化合物对

波长大约为3.4μm处的红外线都表现出吸收特性，成为C－H键化合物谱振频率的集中点，所以不能从这个波长去辨别碳氢化合物，而要从其他波长去辨认。

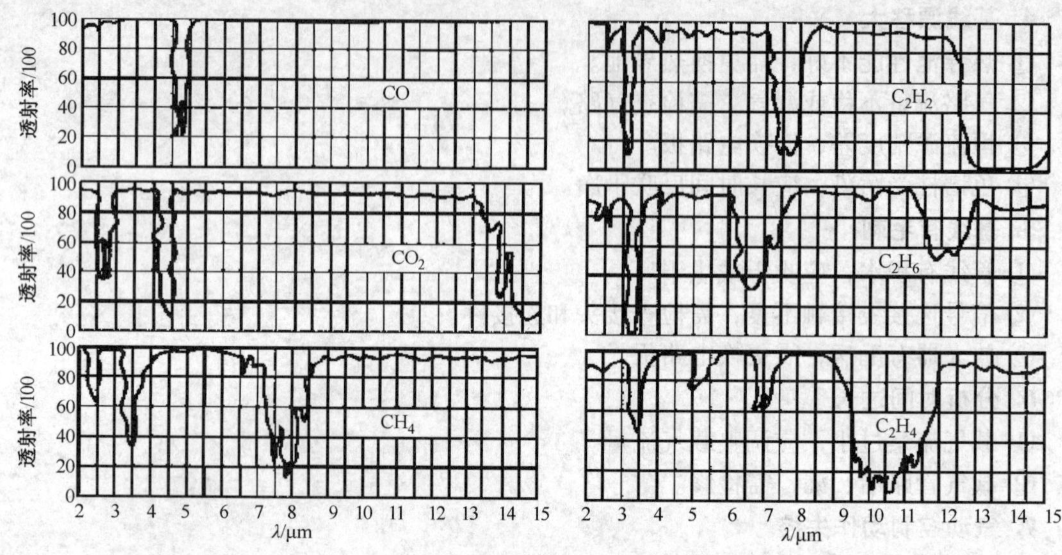

图3－6－43　部分常见气体的红外吸收光谱图

1. 测量原理及组成

原理：依据不同的分子对不同波长（或波数）红外辐射选频吸收的原理，样品通过红外光照射后，不同结构分子的光谱图就可以反映出来（图3－6－44）。

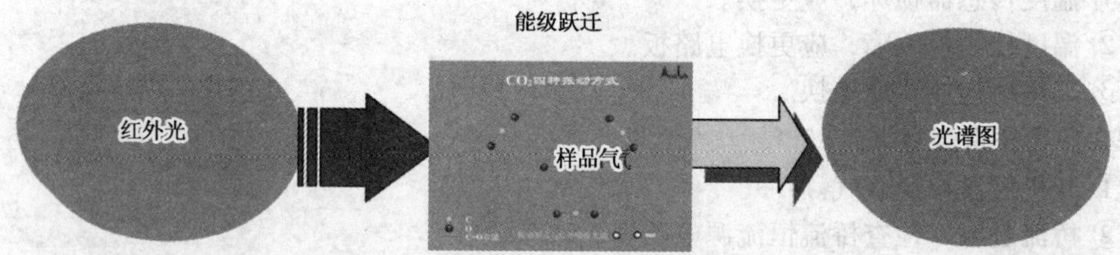

图3－6－44　光谱分析原理

红外线分析仪是基于被测介质对红外光有选择性吸收而建立的一种分析方法，属于分子吸收光谱分析法。

使红外线通过装在一定长度容器内的被测气体，然后通过测定通过气体后的红外线辐射强度来测量被测气体浓度。

根据朗伯－比尔吸收定律

$$I = I_0 e^{-KCL} \tag{3-6-14}$$

式中　I_0——射入被测组分的光强度；

I——经被测组分吸收后的光强度；

K——被测组分对光能的吸收系数；

C——被测组分的摩尔百分比浓度；

L——光线通过被测组分的长度（气室长度）。

式（3－6－14）表明待测组分是按照指数规律对红外辐射能量进行吸收的，当KCL很小时，上式可简化为线性吸收定律

$$I = I_0(1 - KCL) \qquad (3-6-15)$$

式(3-6-15)表明，当CL很小时，辐射能量的衰减与待测组分的浓度成线性关系。

为了保证读数呈线性关系，当待测组分浓度大时，分析仪的测量气室较短；当浓度低时，测量气室较长。经吸收后的光能用检测器检测，转换为被测浓度的变化。

下面以不分光型红外分析仪为例介绍红外线分析仪的基本结构和工作原理(图3-6-45)。

由光源发出一定波长范围的红外光，切光片在同步电机的带动下做周期性旋转，将红外线按一定的周期切割(即连续地周期性地遮断光源)，使红外光变成脉冲式红外线辐射，通过测量气室和参比气室后到达检测器，在检测器内腔中位于两个接受室的一侧装有薄膜电容检测器，通过参比气室和测量气室的两路光束交替的射入检测器的前、后吸收室。在较短的前室充有被测气体，这里辐射的吸收主要发生在红外光谱带的中心处，在较长的后室也充有被测气体，它吸收谱带两侧的边缘辐射。

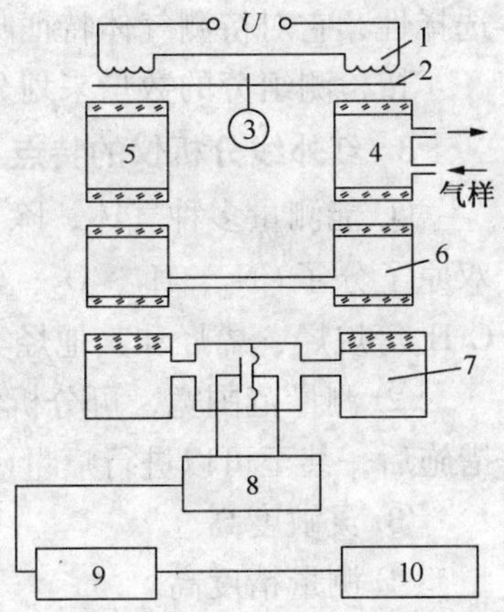

图3-6-45　红外线分析仪的基本结构和工作原理图

1—光源；2—切光片；3—同步电机；4—测量气室；5—参比气室；6—滤光气室；7—检测气室；8—前置放大器；9—主放大器；10—指示仪表

当测量气室通入不含待测组分的混合气体(零点N_2)时，它不吸收待测组分的特征波长，参比气室也充有N_2，红外辐射被前、后接受气室内的待测组分吸收后，室内气体被加热，压力上升，检测器内电容薄膜两边压力相等，电容量不变。

当测量气室通入含待测组分的混合气体时，因为待测组分在测量气室已预先吸收了一部分红外辐射，使射入检测器的辐射强度变小。

测量气室里的被测气体主要吸收谱带中心处的辐射强度，主要影响前室的吸收能量，使前室的吸收能量变小。被测量气室里的被测组分吸收后的红外辐射把前、后室的气体加热，使其压力上升，但能量平衡已被破坏，所以前、后室的压力就不相等，产生了压力差，此压力差使电容器膜片位置发生变化，从而改变了电容器的电容量，因为辐射光源已被调制，因此电容的变化量通过电气部件转换为交流的电信号，经放大处理后得到待测组分的浓度。

2. 红外线分析仪的类型

按是否把红外光变成单色光来划分，分为不分光型(非色散型)和分光型(色散型)两种。不分光型(NDIR)：光源发出的连续光谱全部投射到被测样品上，待测组分吸收其特征吸收波带的红外光。分光型(CDIR)：采用一套分光系统，使通过测量气室的辐射光谱与待测组分的特征吸收光谱相吻合。

按光学系统来划分，可分为双光路和单光路两种。双光路：从两个相同的光源或者分配精确的一个光源，发出两路彼此平行的红外光束，分别通过几何光路相同的分析气室、参比气室后进入检测器。单光路：从光源发出单束红外光，只通过一个几何光路，但是对检测器而言，接受到的是两个不同波长的红外光束，只是它们到达检测器的时间不同而已。

按使用的检测器类型来划分，分为气动检测器和固体检测器。气动检测器有薄膜电容、微流量检测器，气动检测器是靠气动压力差工作的。固体检测器包括光电导检测器和热释电检测器，检测元件为固体器件，固体检测器直接对红外辐射能量有响应，对红外辐射光谱无选择性，它对待测气体特征吸收光谱的选择性是借助于窄带干涉滤光片实现的。

按检测组分的数量来划分，有单组分和多组分两种。

3. 红外线分析仪的特点

① 能测量多种气体，除了单原子的惰性气体(He、Ne、Ar 等)和具有对称结构无极性的双原子分子(N_2、H_2、O_2、CL_2 等)外，CO、CO_2、NO、NO_2、SO_2、NH_3 等无机物，CH_4、C_2H_4 等烷烃、烯烃和其他烃类及有机物，都可以用红外线分析仪来测量。

② 测量范围宽，可分析气体的上限达 100%，下限达几个 ppm 的浓度，当采取一定的措施后，甚至可以进行痕量(ppb 级)的分析。

③ 灵敏度高。

④ 测量精度高。

⑤ 反应快。

⑥ 红外线分析仪有良好的选择性，特别适合对多组分混合气体中某一待测组分的测量，而且当混合气体中一种或几种组分的浓度发生变化时，并不影响对待测组分的测量。

⑦ 组分气体重烃的主特征吸收谱线和次特征吸收谱线之间间隔很小，重叠严重，因此，红外分析仪不能很好将重烃分离开来。表 3－6－6 是烃类混合气体组分气体特征吸收谱线。

表 3－6－6　烃类混合气体组分气体特征吸收谱线

气体名称	主特征吸收谱线/波数	次特征吸收谱线/波数
甲烷	$3017cm^{-1}$	$1305cm^{-1}$
乙烷	$2965cm^{-1}$	$1470cm^{-1}$
丙烷	$2968cm^{-1}$	$1472cm^{-1}$
异丁烷	$2967cm^{-1}$	$1477cm^{-1}$
正丁烷	$2967cm^{-1}$	$1464cm^{-1}$

3.6.5.2　CO_2 光谱分析仪操作

红外线分析仪由机箱、进气接口、出气接口、进气管线、出气管线、流量计、红外吸收池、保温盒、液晶屏、信号模拟放大电路板、屏蔽盒、主控电路板、温控电路板、信号输出电缆组成(图 3－6－46)。

红外吸收池：红外吸收池是本分析仪的核心部分，其性能直接影响分析灵敏度和检测范围。由保温盒、红外光源、光源端块体、进气管线、窗口、吸收池腔体、密封“O”形圈、检测器端块体、红外检测器、出气管线、加热棒、Pt100 温度传感器、温度继电器等组成。

红外光源为电调制，红外检测器为常温型，检测器端块体通过加热棒和 Pt100 可在 60℃恒温；通过透光窗口将样品气与光源和检测器隔离开来。

(1) 开机

① 打开仪器电源开关。

② 红外线分析仪电源接通后即开始运行，显示屏上显示二氧化碳的百分浓度，此时仪器内部的恒温系统开始加热，在显示屏左下角显示加热标志，达到恒温状态后显示恒温标志。打开样品气开关，调节好样品气流量即可进行样品气测量。

③ 进行低含量准确测量或零点校正，应在通电 60min 后进行。

(2) 零点校正

① 为了能准确测定二氧化碳的含量，应使用氮气进行零点校正。

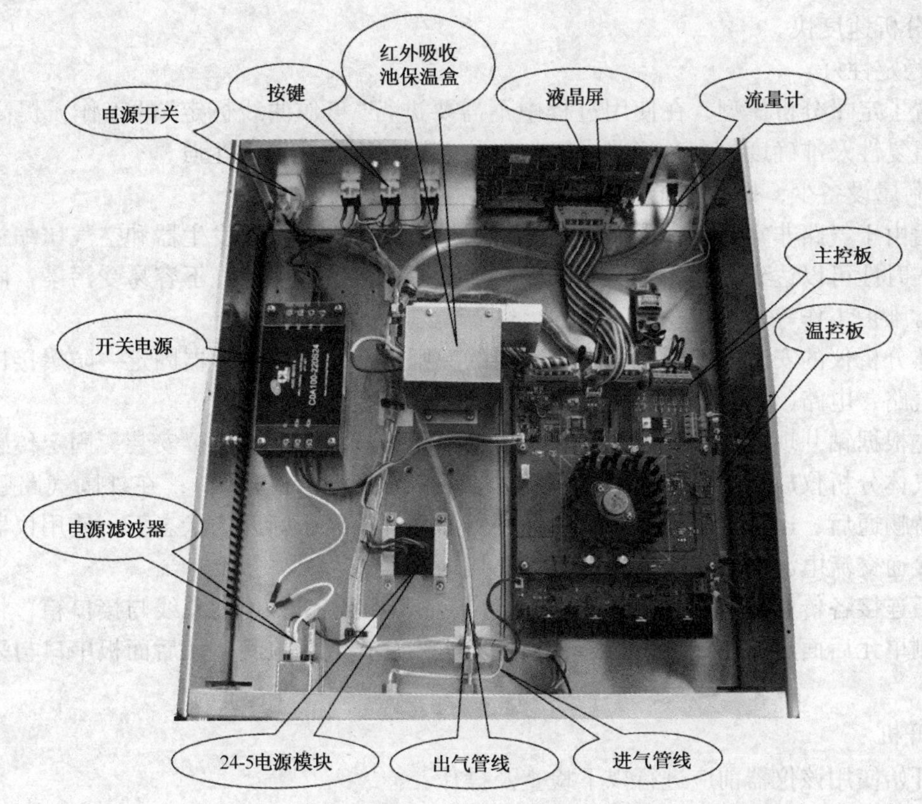

图 3－6－46　红外线分析仪内部图

② 为便于顺利校正，需要由样品泵将样品气从样气入口送入，在接入样品气 2min 后，按“选择”键，可观察到光标在“设置”和“标定”间移动，当光标位于“标定”位置时，按“确认”键，则显示内容为标定界面；在该界面通过按“选择”键可在各个标定项目间进行选择，选择“零位校定”，按“确认”键则进行零位标定，同时显示“标定中…”。1min 后标定自动完成(图 3－6－47)。

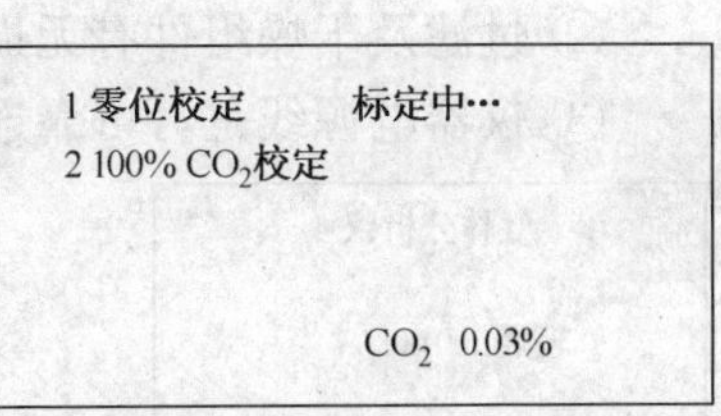

图 3－6－47　红外线分析仪零点校正界面

(3) 满度校正

在实际生产中，仅需要进行零点校正即可。长时间工作后，若发现浓度测量值偏差较大，可进行满度校正。

进行满度校正时，100%二氧化碳进行校正，方法同零点校正，只是在标定界面中选择“100% CO_2校定”。

(4) 设置

各厂家设置方法区别较大，可根据需要进行设置。

(5) 关机

关闭分析仪电源。

3.6.5.3　烃类光谱分析仪操作

录井现场使用的光谱气测仪是利用红外光谱进行烃类气体检测，主要能够进行轻烃(C_1)和重烃(指 C_2及以后组分，通常用丙烷 C_3做为重烃标准气样)检测。

光谱气测仪特点：

① 分析速度快。

② 稳定性好。

预置了定量分析模型，在使用过程中不需要进行“工作曲线标定”的工作，提高了分析结果的重复性及准确度，多台仪器之间与多井之间分析结果可比性强。

③ 附属设备少，抗污染能力强。

光谱由于气路非常简单，无需气源等附属设备，减少了氢气发生器和空气压缩机，维护量少，实时性可以达到1秒，地层分辨率高。且为非接触式测量，不容易受污染，同时也减少了日常维护工作等。

气体分析仪的安装应遵循先室外后室内的原则，逐步完成传感器固定→防爆接口箱固定→铺设气路、电路(信号、电源)→安装室内部分等环节。

首先根据钻井现场的实际情况安装防爆接口箱，选择合适的位置安装、固定传感器。

把气体分析仪放置于比较平坦的工作台面上(或固定于机柜内)；在外围气路管线连接好并保持畅通后，连接上气体干燥管。在仪器面板开关处于断开的状态下，使用仪器标配的电源线接通交流电源，应保证仪器电源可靠接地。

最后连接各传感器的航空插头到防爆接口箱对应的接口；连接总线与接口箱，将总线与气体检测单元后面板的总线接口相连；通过联机线连接气体检测单元后面板串口与采集计算机串口。

1. 开机

在开始使用该仪器前应进行以下检查及操作：

① 室外部分(传感器、防爆接线箱、线路)是否安装完毕；

② 过滤及干燥组件有无损坏；

③ 仪器电源线是否可靠连接，并可靠接地；

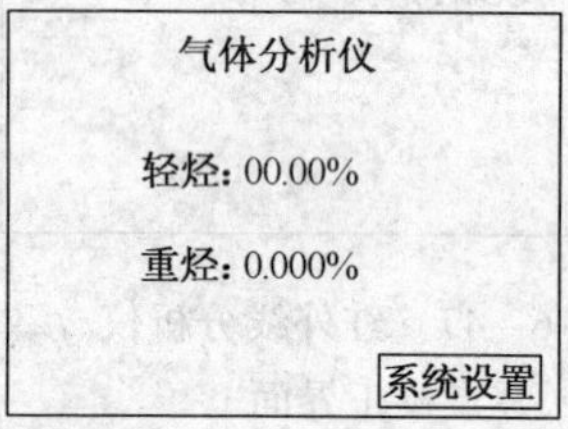

④ 气路管线有无漏气现象；

⑤ 计算机系统及录井软件是否能够正常运行；

⑥ 检查完毕且一切正常，方可执行开机操作；

⑦ 按下仪器电源开关即开机，屏幕显示欢迎界面，持续几秒后，屏幕显示如图3-6-48主操作界面。

录井过程中如需重新启动机器，开机前应先断开联机软件，以免引起数据紊乱。

气体分析仪

轻烃：00.00%

重烃：0.000%

系统设置

图3-6-48 主界面

2. 仪器正常工作

① 录井仪在打开电源，并预热10分钟后，在气体分析单元后面板打开样气泵电源；

② 观察气体检测单元前面板样气浮子流量计，当流量稳定(参考值0.5L/min)后，仪器就进入正常的烃类气体检测状态；

③ 在气体分析检测期间，气体分析单元不需要任何辅助操作。

④ 在待机状态下可使用◂键和▸键调整液晶屏亮度，使屏幕达到最佳显示效果

⑤ 系统设置：在待机状态下，按“确定”键，仪器提示输入密码，密码是为了防止误操作引起仪器误差；输入密码后，再按“确定”即可进入“系统设置”界面。

3. 关机

① 首先断开联机软件，使仪器处于待机状态，仪器必须在待机状态下方可关机；

② 关机前应保持仪器处于待机状态 1 ~ 3min，通入空气以保证仪器测量腔内无残留待测气体，避免因残留的气体或粉尘吸附造成的测量偏差。

③ 按下仪器电源开关即关机。

4. 仪器标定

① 仪器调零。当仪器通入零气（通常选择氮气）时的读数偏移时，用户可进行调零，保证测量的准确性，进入“系统设置”界面后，按▲键或▼键，将光标置于“调零”项，通入零气，按“确定”键，系统提示“调零中…”，系统将自动进行调零并保存调零结果，返回待机状态，显示的读数变为零。注意：重新开机后调零结果将丢失。

② 用户标定。当仪器通入零气时的读数偏移较大或注入标准样气时仪器的误差较大时，用户应及时进行用户标定。

轻烃用甲烷气进行标定，重烃用丙烷气进行标定。

一次只能对一种气体进行标定，在标定时只输入相应气体的浓度，而保持另一种气体的浓度值为零。

输入用户密码进入“系统设置”界面后。按▲键或▼键，将光标置于“标定”项。按“确定”键，系统提示“标定零点”，屏幕显示图 3 - 6 - 49 所示界面。

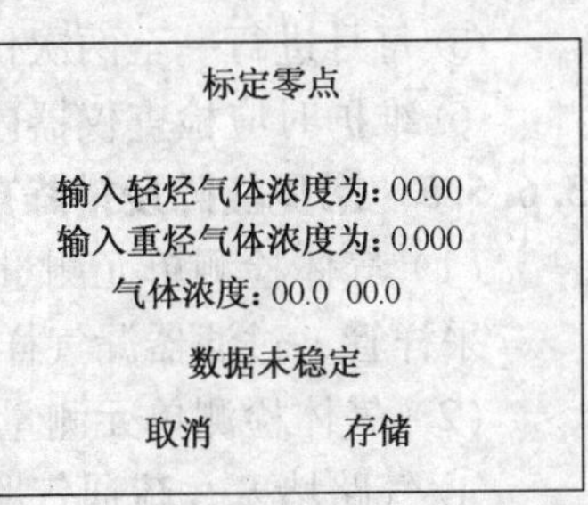

图 3 - 6 - 49　用户标定界面

通入零气，按▲键或▼键移动光标，按“确定”输入相应气体浓度，屏幕下方显示参考气体浓度值和数据状态。在数据稳定时选择“存储”项保存标定数据，屏幕提示“标定中点”。

按“确定”输入相应气体浓度，通入对应浓度的气体，在数据稳定时选择“存储”项保存标定数据．屏幕将提示“标定终点”。

按“确定”输入相应气体浓度，通入对应浓度的气体，在数据稳定时选择“存储”项。系统将自动保存标定结果并返回到测量状态。

在标定过程中可以选择“取消”中止标定。轻烃的 3 个标定点参考浓度为：0、10%、90%；重烃的 3 个标定点参考浓度为：0、1%、5%；在完成用户标定后，只有选择“用户定值”用户标定数据才能起作用，用户标定数不影响选择“厂家定值”时的测量结果。

③ 厂家标定。用户也可以修改厂家标定的数据，在测量状态下，按“确定”键，输入厂家密码“＊＊＊”，进入厂家设置的“系统设置”界面，屏幕显示与进行用户设置时的“系统设置”界面一样，厂家标定采用 7 点标定，操作方法与用户标定时类似，屏幕依次提示“标定第一点”、“标定第二点”、……“标定第七点”，标定完第七点后仪器自动保存标定数据并返回到待机状态。如图 3 - 6 - 50 所示。

标定第七点
输入轻烃气体浓度为: 00.00
输入重烃气体浓度为: 0.000
气体浓度: 00.0 00.0
数据未稳定
取消　存储

图 3 - 6 - 50　厂家标定界面

轻烃的 7 个标定点推荐浓度为：0、0.1%、0.5%、1%、2%、45%、90%；

重烃的 7 个标定点推荐浓度为：0、0.05%、0.2%、1%、2%、3%、5%。

3.6.5.4　仪器维护

为了保证仪器的正常工作，用户必须定期对仪器及其取样系统进行检查和维护，对仪器维护工作主要是检查安全过滤器及灰尘过滤器。

① 红外线分析仪为高精密分析仪器，因此，在使用过程中应尽量远离强震源处，该仪

器不防水。由于系统采用60℃恒温工作方式，因此样品气中的水气对分析仪的影响不大，但如果有矿化度较高的水进入分析仪，由于水汽的蒸发作用，会导致无机盐在光路系统的沉积，影响光路吸收的效果，因此，应避免现场水从样品气进口处进入分析仪。

② 长时间使用后，如发现分析结果偏差较大，则应将吸收池卸下，对吸收池腔体和透光窗口进行清洁处理。清洁时可使用脱脂棉蘸无水酒精进行轻微擦拭，注意不能用硬物碰吸收池腔体内壁，以免产生划痕。

③ 仪器前面板上的灰尘过滤，其滤纸原为白色，若变成深红色或变成黑色应予以更换，仪器内部气路中与气体入口和出口连接的安全过滤器，如果内部有污染，应视污染物的种类采用适当的清洗剂进行清洗。

④ 取样系统的维护：根据取样系统所处理的样品不同，需定期都取样系统的各种过滤器、冷却器、气水分离器等取样装置进行检查，及时清理或更换以确保取样系统正常工作。

⑤ 每月进行一至两次仪器跨度的检查校对。每周进行一至两次仪器零点的检查校对。

⑥ 维护时应检查仪器内部气路及取样系统的密闭性。

3.6.5.5 常见故障及排除方法

(1) 气体检测单元测量时数字上下跳动，超过允许误差

采样管、过滤器漏气样气流量变化过大，紧密安装各部件，调节前面板流量计。

(2) 气体检测单元测量时数字不变或有微弱变化

① 气路堵塞，疏通气路。

② 系统设置错误，选择出厂数据。

(3) 打开电源开关无显示

电源线、插头插座损坏，保险丝烧断，更换损坏部件。

(4) 气体检测单元测量后显示值回不到零点附近

测量腔内有残留气体，通空气调零。

(5) 联机软件测量参数长时间不变

① 有替代值，取消替代值；

② 通道设置错误，根据实际情况设置通道；

③ 防爆接口箱断电或联机线松动，检查气体检测单元+24V保险丝，检查联机线；

④ 参数采集模块运行错误，关闭联机软件，断电并重新启动录井仪；

⑤ 联机软件运行错误，重新启动联机软件并执行开始采集菜单。

(6) 无信号输出

① 检查电源是否正常；

② 打开上盖，观察主控板上指示灯是否亮。正常情况下主控板上有两个指示灯常亮(电源接线端子一侧)，一个指示灯闪烁(光源接头处)；如果常亮的指示灯不亮，则表明主板电源模块有问题。如果闪烁的指示灯不亮，则表明微处理器未正常工作，更换主控制板；常亮则表明光源断路。

③ 检查信号输出接线端子处的电线连接。

(7) 信号值不变

无论是否有样品气进入，信号值不变化。

① 观察光源接头处闪烁的指示灯，如果该指示灯常亮，则表明光源的电源开路。

② 检查模拟信号放大板与主控板的连接端子。

(8) 测定结果偏差较大

① 检查吸收池腔体内壁和透光窗口，由于水气中的杂质，导致光路吸收效果受到影响，可使用脱脂棉蘸无水酒精进行擦拭。

② 由于光路、电气元件的变化，需要进行重新校正。

(9) 仪器有噪音

在仪器使用过程中，如果发现光源电机有噪音，则需更换电机，而禁止向电机轴和轴承上加油。

(10) 指示不正确

① 气路系统漏气，检查仪器气路和前面板过滤器。

② 零点或灵敏度失调，校准零点和灵敏度。

③ 待测气体污染了光学部件，松开并提起光学部件黑罩子用高纯氮气吹洗后扣紧。

④ 温控指示灯不亮，检查指示灯是否损坏，测量加热板两引线是否有220V电压。

⑤ 温控指示灯常亮，温控电路失控，回厂修理。

⑥ 气室漏气，用高纯氮气吹洗气室的参比边，如果仪器指示有变化则更换气室。

⑦ 标准气不准确，重新分析标准气或用其他仪器检查标准气。

(11) 无法调节

① 无响应，按仪器无指示检查。

② 零点电位器调节无反应，检查前置放大器和主放大器电路。

(12) 灵敏度无法调节

① 标准气浓度不正确，更换标准气。

② 标准气潮湿，干燥标准气或除去其中的水分。

③ 气路不密封，检漏。

④ 背景气浓度变化太大，气室污染，光学部件不密封需返厂维修。

(13) 仪器无指示

① 电源保险丝烧坏，更换保险丝。

② 无气流(流量计无样品气通过)，检查仪器气路系统及过滤器。

③ 光源部件或前置放大器部件的电缆插头没接触好，打开仪器上盖及保温罩，检查光源部件及前置级部件的电缆插头是否插接牢固。

④ 光源辐射丝烧断或焊点脱落，打开仪器上盖及保温罩，检查辐射丝是否烧断，焊点是否脱落。

(14) 指示不稳定

① 气体流量不稳，检查仪器及取样系统气路是否有堵塞，流量控制是否失灵。

② 机械震动，改善环境。

③ 光源部件电机运转失灵，更换光学部件。

④ 电源干扰，当超过技术数据时，应配备交流稳压电源。

⑤ 前置放大器或检测器故障，返厂维修。

3.7 综合录井软件系统

综合录井软件系统是综合录井仪的核心之一，综合录井的参数采集、处理、显示、预警是通过综合录井软件来实现的。综合录井软件系统主要由数据采集和数据处理两部分组成，其操作流程主要按照录井准备操作、实时录井过程的操作以及资料处理的操作三部分。

3.7.1　录井准备

录井准备是整个录井工作的前期内容，它是保证录井工作正常开始的前提。录井准备主要包含以下内容：系统诊断程序，负责检测数据库以及局域网是否能够正常运行；传感器通道管理、传感器标定程序，对综合录井所有的传感器进行标定；新井初始化程序，主要是设置各项新井参数等。

3.7.1.1　系统诊断

系统诊断程序主要是对系统的关键部分进行诊断，查看工作状态是否正常。

1. 数据库诊断

录井数据库中存储着软件系统工作参数和实时录井的数据，是整个系统中最重要的部分。所以保证数据库的正常工作是录井前必须做的工作。通过数据库诊断程序，我们可以了解录井数据库中表是否完整，是否工作正常。图 3－7－1 是某综合录井软件的数据库诊断界面。

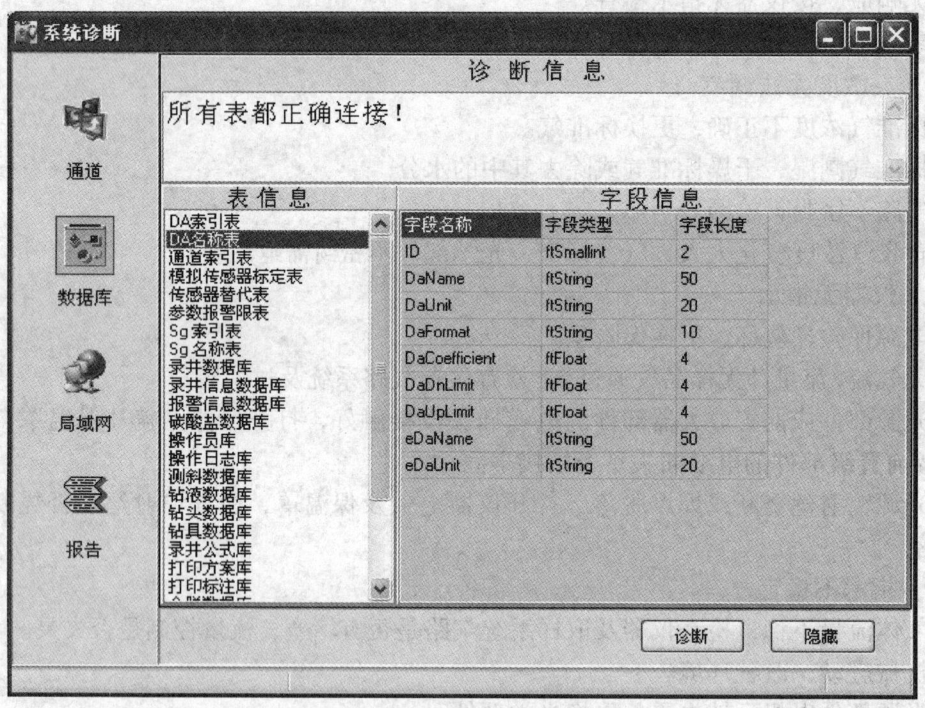

图 3－7－1　数据库诊断

2. 局域网诊断

综合录井软件系统各个子系统运行在同一局域网络中，网络连接的畅通与否直接影响系统的工作，特别是“服务器”和“采集机”。必须在保证网络正常的情况下才能进行录井工作。图 3－7－2 是某综合录井软件的网络诊断界面。

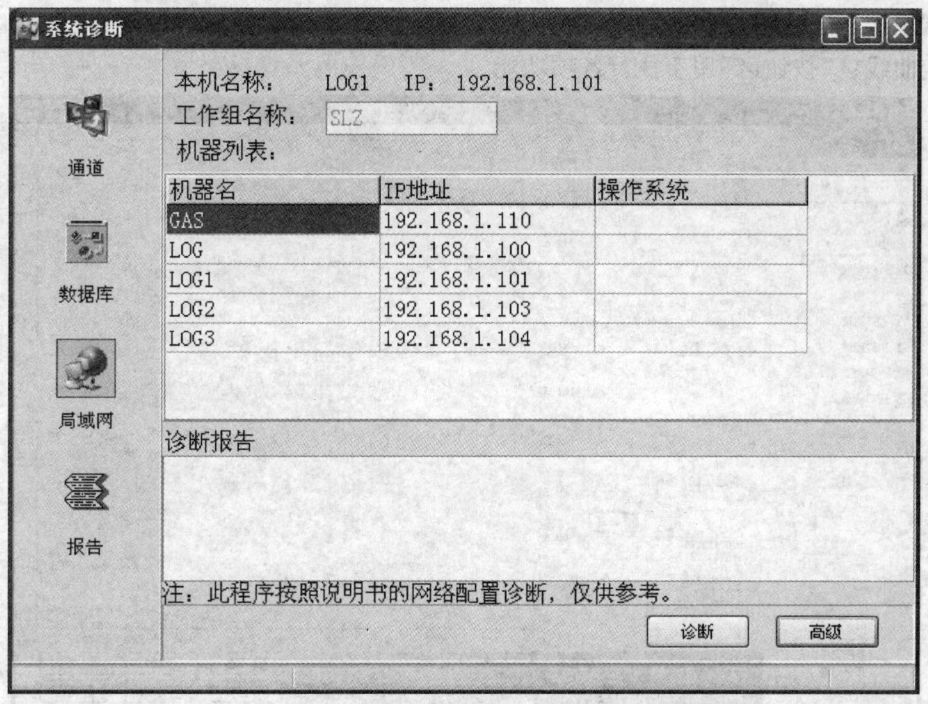

图 3－7－2　网络诊断

3.7.1.2　传感器标定

传感器标定是正式录井前必不可少的一项工作，每个传感器都必须经过准确标定才能保证数据采集的准确，在实时录井过程中，传感器更换或者工作条件改变必须重新标定。

1. 标定原理

传感器及其相关电路构成了测量系统。其目的是为了用可测量的信号形式来表示未知的待测物理量。测得电压值 u(或者电流值)，那么 u 到底代表了多大的输入待测物理量呢？

传感器的输入、输出一般可以用线性方程来表示，例如大钩负荷测量系统：

$$u(t)=k\cdot WOH+u_0 \tag{3-7-1}$$

式中 k 为斜率，u_0 为截距，或称为零点。相对应的，我们也可以将上面的公式表示为：

$$WOH(t)=k\cdot u+WOH_0 \tag{3-7-2}$$

在上式中，只要我们知道了 k 和 WOH_0，就能方便地根据 u 来计算 WOH。通过确定 k 和 WOH_0 的过程称为标定。为了能有效地消除非线性带来的误差，可以采用分段标定的办法。具体来说就是将满量程分成相对均匀的几个区间，对每个区间作一条刻度线，各线首尾相连。输入值落在哪一个区间，就用该区间相对应刻度线来计算。

标定的基本步骤如下：

① 将传感器全量程分成若干间距点。

② 根据分段情况逐步施加已知的满足精度要求的标准量，需要借助专用仪器来完成。

③ 记录步骤②中每一点的输出值。

④ 根据步骤②～③计算并绘成刻度曲线。

2. 模拟量传感器标定操作

以某综合录井软件为例，标定主界面如图 3－7－3 所示。“传感器选区”可以选择不同的传感器用于标定；“标定区”用于设置标定数据、计算系数、设置门限等；“曲线区”用于显示标定曲线；“按钮区”用于执行各项功能。

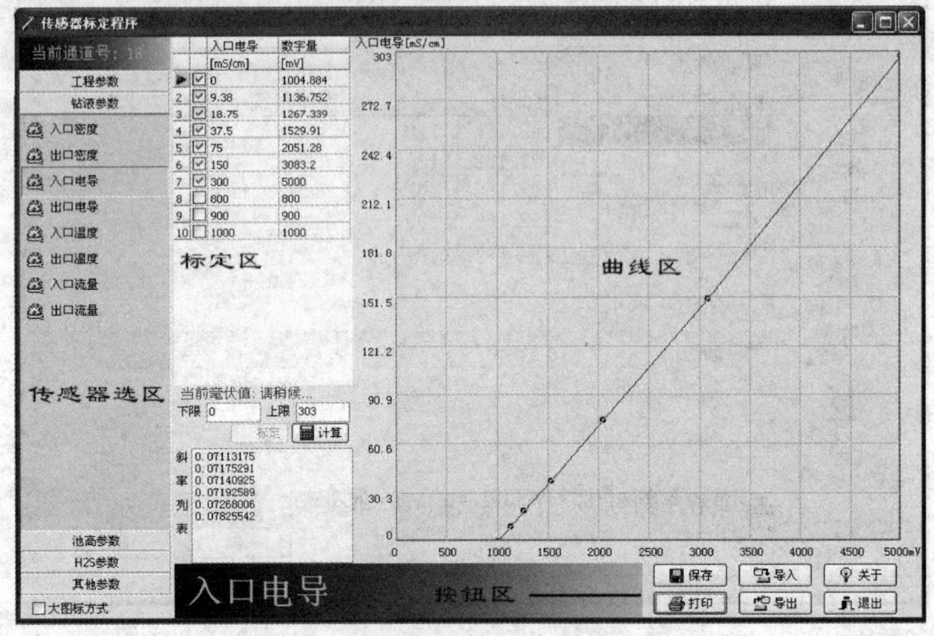

图 3－7－3　标定界面

以大钩负荷的测量为例来说明标定测量过程。测量装置连接如下：

大钩负荷→液压系统→传感器→信号采集系统→计算机

① 用标准设备对大钩负荷传感器给以 0～5MPa 压力输入，通过数据采集单元采集输出到 D 值。

② 在标定区模拟量一栏输入标准压力，按“标定”按钮开始标定，注意多采几次，取最佳值作为采样 D 值。

③ 计算标定系数，观察曲线。

④ 依次按照表 3－7－1 进行各标准点的标定工作。

⑤ 保存或打印标定数据和曲线。

表 3－7－1　标定示例数据表

压力/MPa	大钩负荷/kN	D 值	压力/MPa	大钩负荷/kN	D 值
0	0	100	3	1440	2200
1	480	800	4	1920	2900
2	960	1500	5	2400	3600

3. 脉冲量传感器标定操作

脉冲量传感器标定和模拟量传感器标定方法有较大差别，综合录井脉冲量传感器主要包括绞车传感器、泵冲和转盘转速传感器，下文介绍脉冲量传感器的标定方法。

（1）绞车（计数）传感器

在综合录井软件系统中，可使用两种方法标定绞车传感器。一种是“计数标定”法，即根据输入与滚筒和大绳有关的初始参数以及当前的绞车计数值通过计算获得大钩高度的方法；另一种是“多点标定”法，即通过最多 30 个点建立绞车计数与大钩高度之间的对应关系。

① 绞车“计数标定”操作：

图 3-7-4 是某综合录井软件的绞车“计数标定”界面。

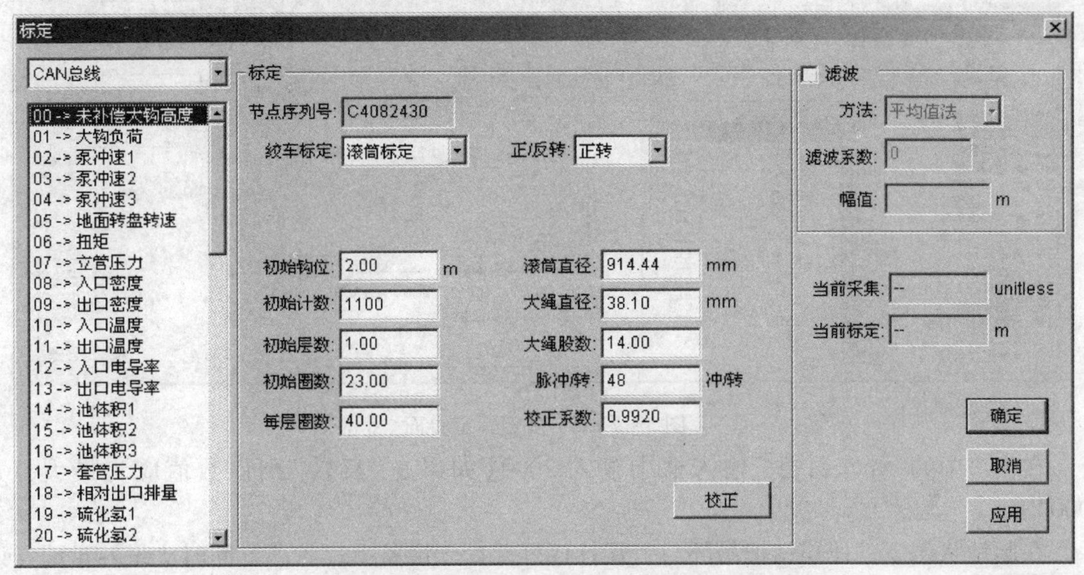

图 3-7-4　绞车“计数标定”法标定界面

正/反转：用于确定计数标定的计算方式。绞车传感器的安装会有正/反转之分。“正转”表示大钩高度随绞车计数的增/减而增/减；“反转”表示大钩高度随绞车计数的增/减而减/增。也就是说，当发现绞车计数在增加(或减小)而大钩高度在减少(或增加时)，就应该选择“反转”，否则选择“正转”，以便使大钩高度的计算符合实际情况。

有关“计数标定”的参数包括：

初始钩位：在计数标定中是指大钩高度开始起算的位置。通常将该高度置于最低位置(1~2m)。

初始计数：在计数标定中是指大钩高度开始起算的计数值。在绞车正转的情况下通常将该值置于与初始钩位相对应的较低数值(如1000~2000)。

初始层数：在计数标定中是指大钩高度开始起算时缠绕在滚筒上的大绳初始层数。该值是一个相对值。

初始圈数：在计数标定中是指大钩高度开始起算时缠绕在滚筒上的大绳初始圈数(一般是最后一层的圈数)。该值是一个相对值。

每层圈数：在计数标定中是指缠绕在滚筒上的大绳每一层的圈数。

滚筒直径：绞车滚筒的直径。

大绳直径：穿过游车动滑轮组的钢丝绳直径。

大绳股数：穿过游车动滑轮组的钢丝绳股数。

每转/脉冲：绞车传感器每转一圈的脉冲数。

校正系数：校正绞车计数与大钩高度的对应系数。

② 绞车“多点标定”操作：

图 3-7-5 某综合录井软件绞车“多点标定”界面。

“多点标定”需要两人配合(一人在钻台上，另一人在仪器房内)通过对讲机完成。一般方法是：

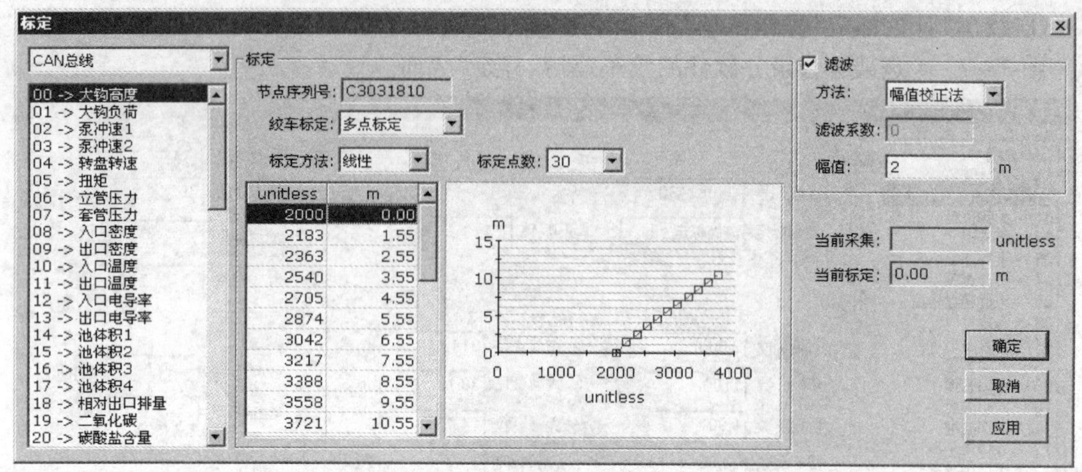

图 3－7－5　多点标定界面

在窗口中的“绞车计数”输入框中输入 2000（如果是“反转”则该数值应为最大，如 8000）；

在起钻状态下，让司钻把吊环与卡瓦挂接好并处于准备上提状态，同时丈量转盘面与该柱钻杆顶部之间的垂直高度（一般等于卡瓦高度加上钻杆接头长度）。将此高度作为初始大钩高度并通知仪器房内的操作员把此时的绞车计数置为 2000（或 1000）。请司钻上提钻具 1m（从卡瓦底部算起）并停留片刻，通知仪器房内的操作员记下此时的绞车计数，按上述方法依次上提 2m、3m、4m…，每上提 1 米即停留片刻，并通知仪器房内的操作员记下每一高度的绞车计数，其对应的大钩高度也应分别为（2 + 初始大钩高度）、（3 + 初始大钩高度）…等，直到整个立柱提离转盘面为止。

在图 3－7－5 的多点标定表中从小到大依次输入记录的绞车计数及其对应的大钩高度并单击“确定“按钮，即完成了“多点标定”法的标定。

（2）泵冲/转盘转速传感器

泵冲/转盘转速传感器标定主要是输入“转速比”和“泵冲比”，“转速比”或“泵冲比”是指接近开关传感器因安装位置不同而造成的转盘转速（或泵冲）与实测转速（或泵冲）不同，两者之间存在比例关系。

3.7.1.3　初始化

新井初始化是正式录井前期准备工作中不可缺少的一项，只有做好新井初始化程序中各项参数的正确设置，才能保证录井工作的正常进行。在综合录井软件系统中，这些需要利用手工录入的基础数据是集中通过参数初始化程序完成的。新井初始化主要包括：创建新井、基础数据录入和系统设置三项内容。

1. 创建新井

创建新井时，需要输入与该井有关的属性如井别、井型、地理位置、构造位置等。

（1）创建“油田”（图 3－7－6）

有关的初始化参数，包括：

名称：输入新建油田的名称。

构造位置：输入新建油田的构造位置。

国家：输入新建油田所在的国家名称。

平台名称：输入该井所在钻井平台的名称。

平台孔数：输入所在平台的钻井孔数。对于海上钻井平台而言，“孔数”是指待钻的井数，若为陆上钻井，则可输入0值。

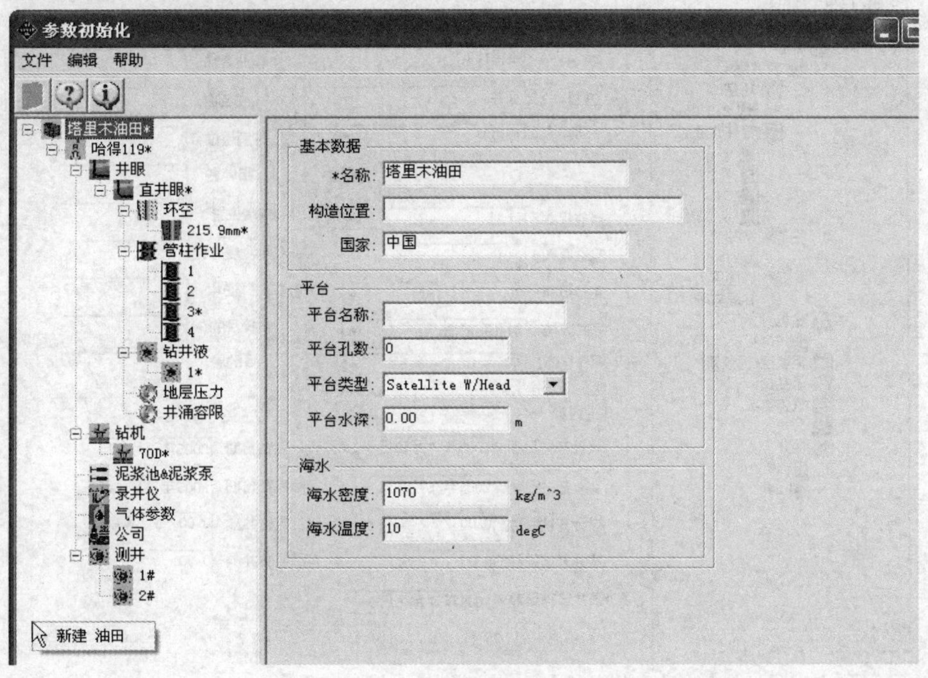

图3-7-6 创建油田

平台类型：选择所在平台的类型。

平台水深：输入平台所在区域的平均海水深度。若为陆上钻井，则可输入0值。

海水密度：输入海水的密度，如果为陆上钻井，则可以忽略。

海水温度：输入海水的温度，如果为陆上钻井，则可以忽略。

(2) 创建井(图3-7-7)

与“井”有关的初始化参数包括：

井名：在输入框中输入新井的名称。

井型：从下拉菜单中选择一种井型。可供选择的井型包括：直井、定向井、水平井、大位移井、丛式井。

井别：从下拉菜单中选择一种井别。可供选择的井别包括：参数井、科学探索井、预探井、评价井、生产井、扩边井、开发评价井等。

当前状态：选择该井当前所处的状态，分为：计划、钻进、测试、完井四种状态。

完钻原则：根据钻井地质设计输入该井的完钻原则。

完井方法：选择该井实际使用的完井方法。可供选择的完井方法有：射孔完成法、先期裸眼完成法、后期裸眼完成法、贯眼完井法、无油管完井法、衬管完井法、砾石充填完井法。

完井日期：输入该井的实际完井日期。

完井状态：选择该井实际完井时的状态。可供选择的完井状态包括：报废井、凝析油井、气井、油井、注入井(如注水井、注气井等)。

作业名称：输入作业名称(如地面录井或钻井)。

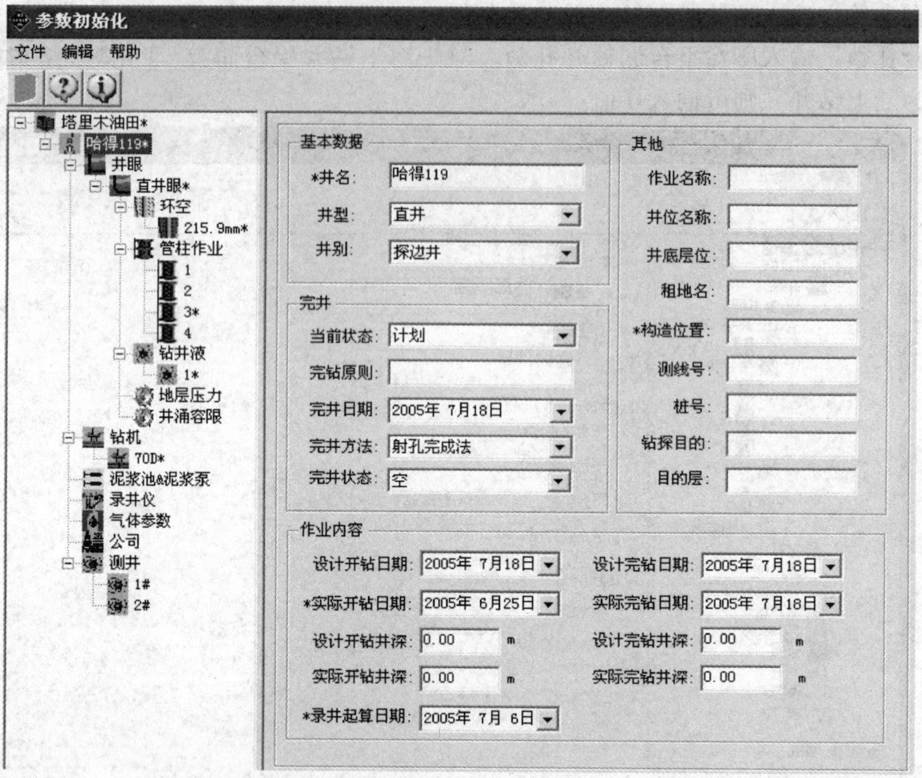

图 3-7-7　创建井

井底层位：输入完钻时的井底层位。

租地名：输入井场所在的租地名。

构造位置：输入对该井所处的一级、二级和三级构造位置的描述。

测线号：输入该井所处的测线号。

桩号：输入该井所处的测线桩号。

钻探目的：根据钻井地质设计输入该井的钻探目的。

目的层：根据钻井地质设计输入该井的钻探目的层。

设计：

开钻日期和井深：输入设计开钻的日期和井深。

完钻日期和井深：输入设计完钻的日期和井深。

实际：

实际开钻日期和井深：输入实际开钻的日期和井深。

完钻日期和井深：输入实际完钻的日期和井深。

日费起算日期：输入开始计算作业日费的日期。

录井起算日期：输入开始录井的日期。

(3) 井眼初始化(图 3-7-8)

“井眼”隶属于“井”，一口井可能有多个井眼(直井眼、侧钻井眼、斜井眼、水平井眼等，对丛式井有井眼 1、井眼 2、井眼 3 等)。井眼又可分为“实际井眼”和“设计井眼”、“父井眼”和“子井眼”。子井眼是在其上一级井眼上的分支井眼。以井眼方式来保存和查询数据，能够使具有多个井眼的井保持数据的完整性。

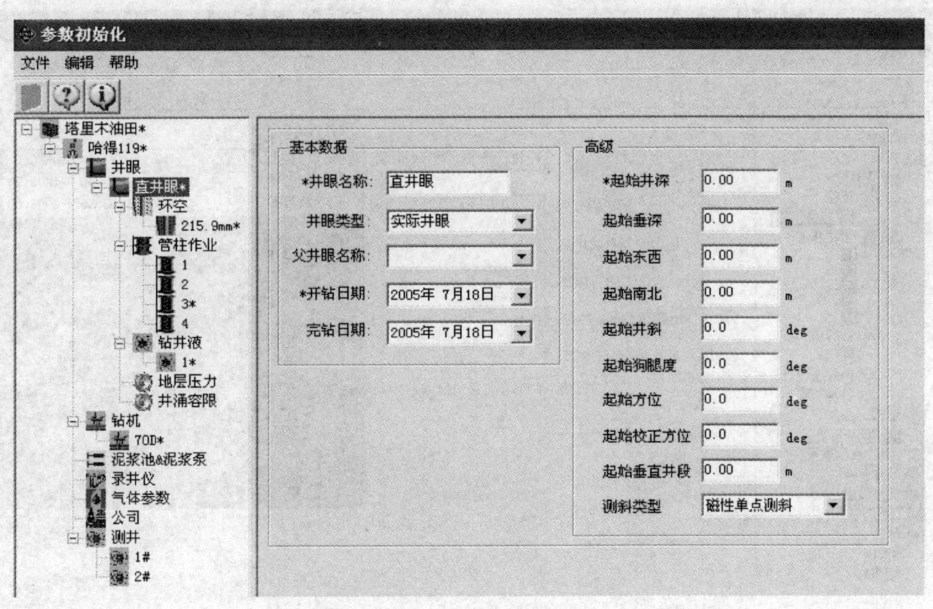

图 3－7－8　井眼初始化

井眼名称：在输入框中输入新井眼的名称。

井眼类型：选择井眼类型是实际井眼还是设计井眼(默认为实际井眼)。

父井眼名：如果没有父井眼，则默认“原始井眼”，否则输入父井眼的名称。

开钻时间：输入新建井眼的开钻时间。

完钻时间：输入新建井眼的完钻时间。

起始井深：输入新建井眼的起始井深。

起始垂深：输入新建井眼的起始垂深。

起始井斜：输入新建井眼的起始井斜。

起始方位：输入新建井眼的起始方位。

起始东西：输入新建井眼的起始东－西位置。

起始南北：输入新建井眼的起始南－北位置。

起始狗腿度：输入新建井眼的起始起始狗腿度。

起始垂直井段长：输入新建井眼的起始垂直井段长。它是指从该井眼起始井深开始到第一个测斜点处的。

2. 基础数据录入

(1) 环空数据

环空是指从井口开始到当前井眼底部构成钻井液上返的一个通道，通常从井底向上依次由裸眼井段、套管井段及导管段(或隔水导管)所组成(图 3－7－9)。

名称：在输入框中输入新环空的名称(660mm、445mm、311mm、215mm 等)。通常在每次一开、二开、三开、四开之前或新建井眼之后要重新创建环空。为便于查找和记忆，可将裸眼段直径做为本次环空的名称。

套管鞋深：输入当前环空的套管鞋深度。

压力综合测试井深：输入进行压力综合测试(包括地破实验和套管试压等)的井深。

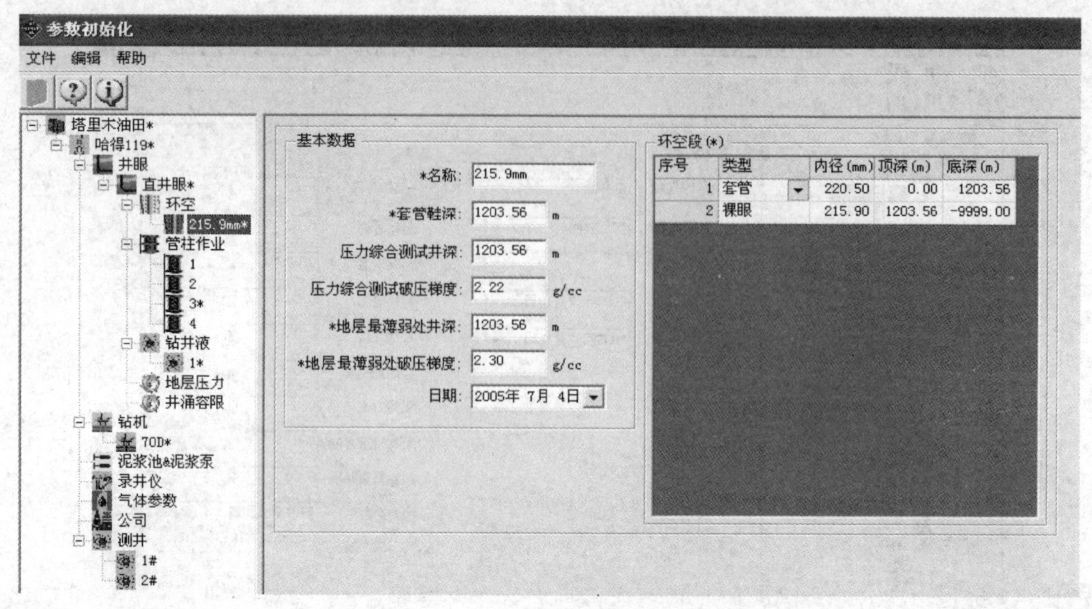

图3-7-9　环空初始化

压力综合测试处的破压梯度：输入压力综合测试井深处的地破压力梯度。通常可根据地破实验结果获得或进行估算(地破指地层破裂)。

地层最薄弱处的井深：输入地层最薄弱处的井深。通常地层最薄弱处在套管鞋处。

地层最薄弱处的破压梯度：输入地层最薄弱处的地层破裂压力梯度。通常可根据地破实验结果获得或进行估算。

日期：输入环空创建的日期。

环空段列表；用于依次输入各环空段的名称、内径、顶深和底深：

环空段类型：单击环空段类型下的单元格，则会出现一个下拉菜单钮，单击该按钮，在下拉菜单中选择所需的环空名称。

内径：输入该环空段的内径。

顶深：输入该环空段的顶部深度。裸眼顶深会自动等于套管底深。

底深：输入该环空段的底部深度(裸眼底深默认为-9999)。

在输入环空段列表时，应遵循从上到下依次为导管(或隔水导管)、套管、裸眼的顺序。

(2) 管柱数据

“管柱”是由钻具部件或套管组成的管串。管柱数据录入是输入已入井和未入井钻具或套管的属性数据，以便为准确计算水力学参数、循环参数以及进行钻具力学分析等提供数据，同时也便于操作人员跟踪和管理钻具(或套管)(图3-7-10)。

管柱组合主要是指由钻具(或套管)组成的下部结构。

作业编号：在输入框中输入新建管柱作业的名称。与管柱组合有关的数据将以管柱作业编号作为关键字存入数据库中。

下部结构编号：与此次管柱作业相对应的下部结构编号。

作业类型：管柱作业类型包括钻进、扩眼、处理井眼、下套管、固井、测试、打捞、取芯共八种。每种作业类型都有相同和各自不同的作业部件工具。单击下拉菜单按钮选择本次管柱作业类型。

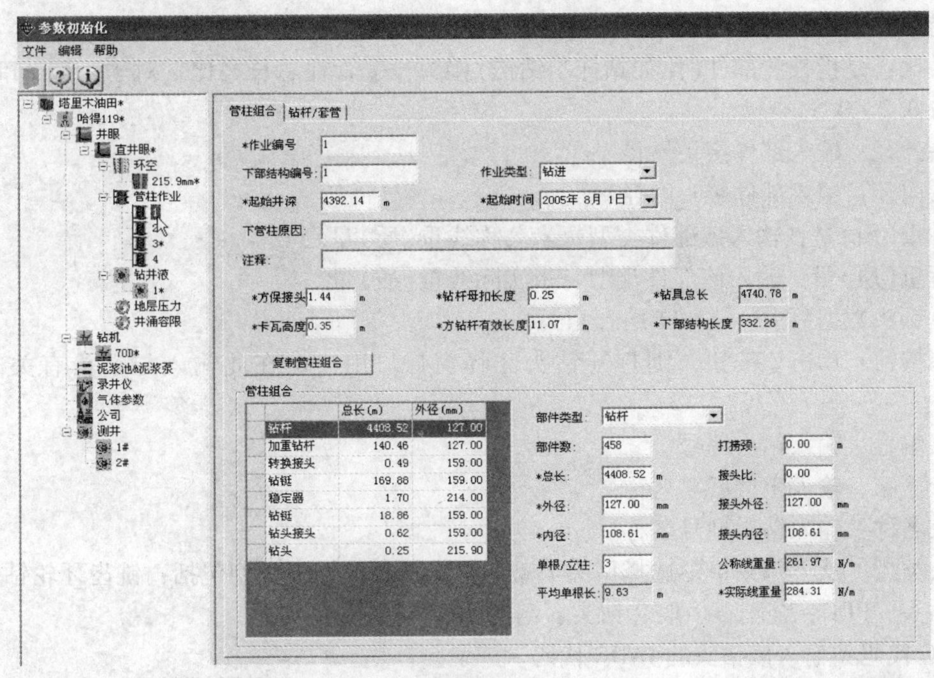

图 3－7－10　管柱作业

起始井深：输入本次下管柱的当前井深。

起始时间：输入本次下管柱的开始时间。

下管柱原因：输入下管柱原因。

注释：输入与本次下管柱作业有关的说明。该内容将进入注释库保存。

方保接头：输入方钻杆保护接头长度。该参数用于计算钻具总长。

卡瓦高度：输入卡瓦高度。该参数用于计算坐卡钻位。

钻具总长：该项只用于显示，不可编辑。当在管柱组合窗口中输入好下部结构数据及钻杆总长后，程序自动计算出钻具总长(钻具总长＝方保接头＋钻杆总长＋下部结构)。

下部结构：该项只用于显示，不可编辑。当在管柱组合窗口中输入好下部结构数据后，程序自动计算出下部结构总长。

钻杆母端长度：输入钻杆母端长。该参数用于计算坐卡钻位。

方钻杆有效长度：输入方钻杆有效长度。该参数用于计算方完井深、方入、方余等参数。

管柱组合：其左边是一个用来显示的管柱组合列表框，其右边输入框用于选择并输入组成管柱的各部件规格数据。

部件类型：选择一种部件类型(该菜单中的部件类型与管柱作业类型相对应)。

部件数：输入该部件类型的部件单根总数(比如下部结构中同一尺寸的钻铤有多少根)。

总长：输入同一部件类型的管柱总长。

外径和内径：分别输入该部件类型的内径和外径。

单根/立柱：输入组成每个立柱的单根数。通常每 3 个单根组成一个立柱，有些小钻机每 2 个单根组成一个立柱。该参数将用于“钻杆/套管”窗口中计算立柱。

平均单根长：是指该部件的平均单根长度。当输入部件数和总长之后，程序将自动计算出平均单根长。

打捞颈：输入打捞颈的长度。

接头比：是指某些部件(比如钻杆、钻铤)接头长度管柱总长之比。对于一般 API 钻杆，该值可取 0.2 ~ 0.5。

接头外径；输入部件接头外径。

接头内径：输入部件接头内径。

公称重(质)量：输入该部件类型每米公称线重(质)量。

实际重(质)量：输入该部件类型每米实际线重(质)量。

(3) 钻头数据(图 3 - 7 - 11)

注释按钮：单击该按钮，则打开钻头注释窗口。用户可在此输入与钻头有关的注释信息。

钻头编号：输入钻头编号。

生产厂家；输入生产厂家名称。

钻头名称：输入钻头型号名称。

钻头类型：从下拉菜单中选择钻头类型。可供选择的钻头类型包括：铣齿牙轮钻头、镶齿牙轮钻头、PDC、金刚石、取芯钻头、刮刀钻头。

IADC 代码：输入该钻头的 IADC 代码。

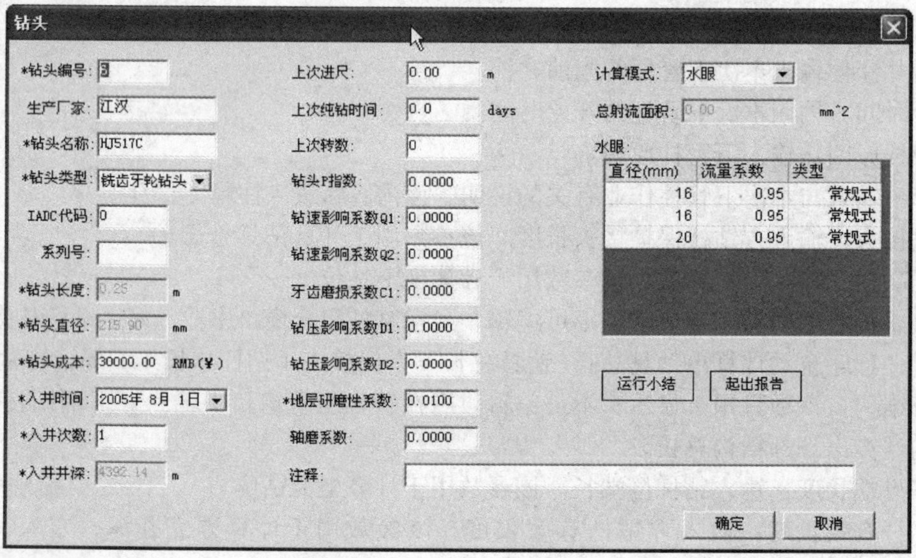

图 3 - 7 - 11　钻头数据

系列号：输入该钻头出厂系列号。

钻头长度：如果在管柱组合窗口中已输入钻头长度，则在打开该窗口时程序会自动调入。

钻头直径；如果在管柱组合窗口中已输入钻头直径，则在打开该窗口时程序会自动调入。

钻头成本：输入该钻头的钻头成本。

入井时间：等于管柱组合窗口中的“起始时间”。

入井深度：等于管柱组合窗口中的“起始井深”。

入井次数：输入入井次数。新钻头第一次入井输入 0；第 2 次入井输入 1，依次类推。

上次进尺：对于二次入井钻头而言，如果需要在上次进尺基础上进行累加，则在此输入上一次入井时的进尺。

上次纯钻时间：对于二次入井钻头而言，如果需要在上次纯钻时间的基础上进行累加，则在此输入上一次入井时的纯钻时间。

上次转数：对于二次入井钻头而言，如果需要在上次钻头总转数的基础上进行累加，则在此输入上一次入井时的钻头总转数。

地层研磨系数：输入地层研磨系数。该参数用于估算钻头牙磨和轴磨指数。

地层可钻性系数：输入地层可钻性系数。该参数用于估算钻头牙磨和轴磨指数。

总射流面积：在已知总射流面积的情况下，可在“总射流面积”输入框中直接输入该值。

水眼：分别输入每个水眼的水眼直径、流量系数。

（4）钻杆、套管数据(图 3－7－12)

钻杆(或套管)数据输入表，可以将目前已丈量的所有钻杆/套管(包括已入井和场地上的钻杆/套管)数据按照入井顺序(场地号)依次输入数据表中，以便于钻进或下套管过程中进行跟踪和管理。

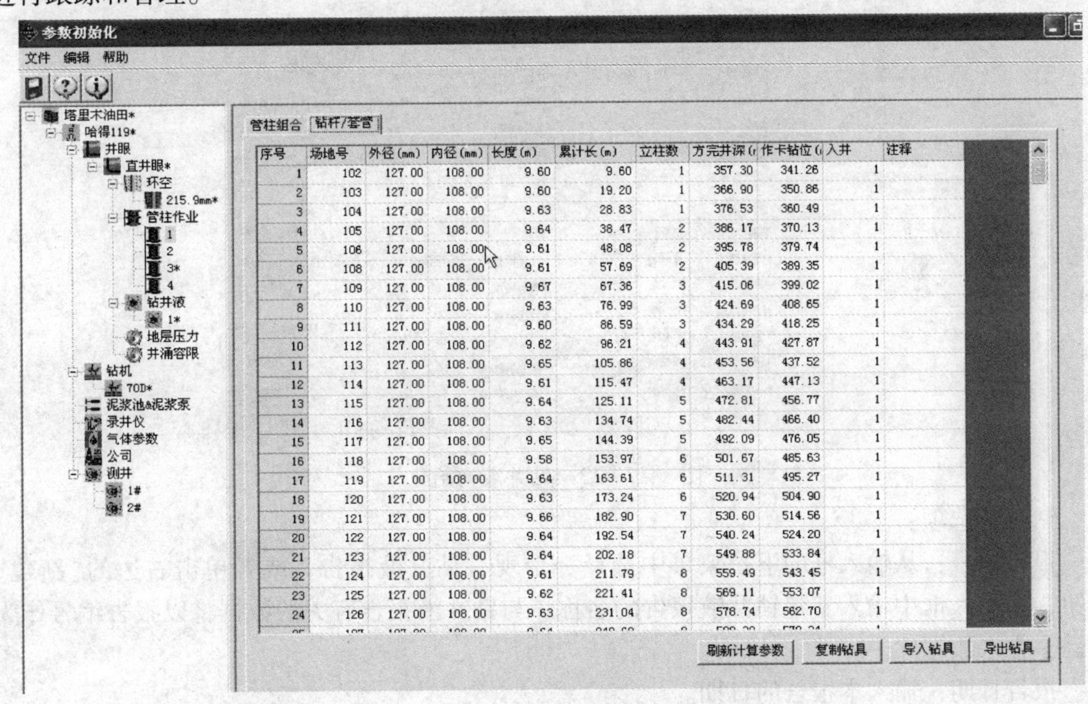

序号	场地号	外径(mm)	内径(mm)	长度(m)	累计长(m)	立柱数	方完井深(r	作卡钻位((	入井	注释
1	102	127.00	108.00	9.60	9.60	1	357.30	341.26	1	
2	103	127.00	108.00	9.60	19.20	1	366.90	350.86	1	
3	104	127.00	108.00	9.63	28.83	1	376.53	360.49	1	
4	105	127.00	108.00	9.64	38.47	2	386.17	370.13	1	
5	106	127.00	108.00	9.61	48.08	2	395.78	379.74	1	
6	108	127.00	108.00	9.61	57.69	2	405.39	389.35	1	
7	109	127.00	108.00	9.67	67.36	3	415.06	399.02	1	
8	110	127.00	108.00	9.63	76.99	3	424.69	408.65	1	
9	111	127.00	108.00	9.60	86.59	3	434.29	418.25	1	
10	112	127.00	108.00	9.62	96.21	4	443.91	427.87	1	
11	113	127.00	108.00	9.65	105.86	4	453.56	437.52	1	
12	114	127.00	108.00	9.61	115.47	4	463.17	447.13	1	
13	115	127.00	108.00	9.64	125.11	5	472.81	456.77	1	
14	116	127.00	108.00	9.63	134.74	5	482.44	466.40	1	
15	117	127.00	108.00	9.65	144.39	5	492.09	476.05	1	
16	118	127.00	108.00	9.58	153.97	6	501.67	485.63	1	
17	119	127.00	108.00	9.64	163.61	6	511.31	495.27	1	
18	120	127.00	108.00	9.63	173.24	6	520.94	504.90	1	
19	121	127.00	108.00	9.66	182.90	7	530.60	514.56	1	
20	122	127.00	108.00	9.64	192.54	7	540.24	524.20	1	
21	123	127.00	108.00	9.64	202.18	7	549.88	533.84	1	
22	124	127.00	108.00	9.61	211.79	8	559.49	543.45	1	
23	125	127.00	108.00	9.62	221.41	8	569.11	553.07	1	
24	126	127.00	108.00	9.63	231.04	8	578.74	562.70	1	

图 3－7－12　钻杆(或套管)数据输入表

序号：该项不需用户输入，程序将从 1 开始按顺序依次生成，且不可编辑。

场地号：单根钻杆(或套管)的编号或钢号。

外径：输入钻杆(或套管)的外径。

内径：输入钻杆(或套管)的内径。

单根长：输入每个单根的长度。

累积长：钻杆(或套管)的累积长度

立柱数：由钻杆所组成的每个立柱的编号。

方完井深：当前单根接上后方钻杆全部打完时的井深。

坐卡钻位：钻具坐卡后的钻头位置。程序将根据钻具总长(不包括方保接头长)、卡瓦高度以及钻杆母端长度自动计算当前单根的坐卡钻位。

入井：用于标识当前单根是否入井。0 表示未入井，1 表示已入井。程序将自动默认上一个单根的入井标识。可通过实时设置程序的钻具管理功能方便地调整入井标识（见 3.7.2.1 第 4 部分）。

（5）钻井液数据（图 3－7－13）

钻井液报告录入用来输入由泥浆工程师提供的钻井液全性能分析报告。这些分析数据将用于实时或脱机计算水力学参数，同时还可为完井资料处理提供数据。包括“钻井液”和“其他”两个选项：

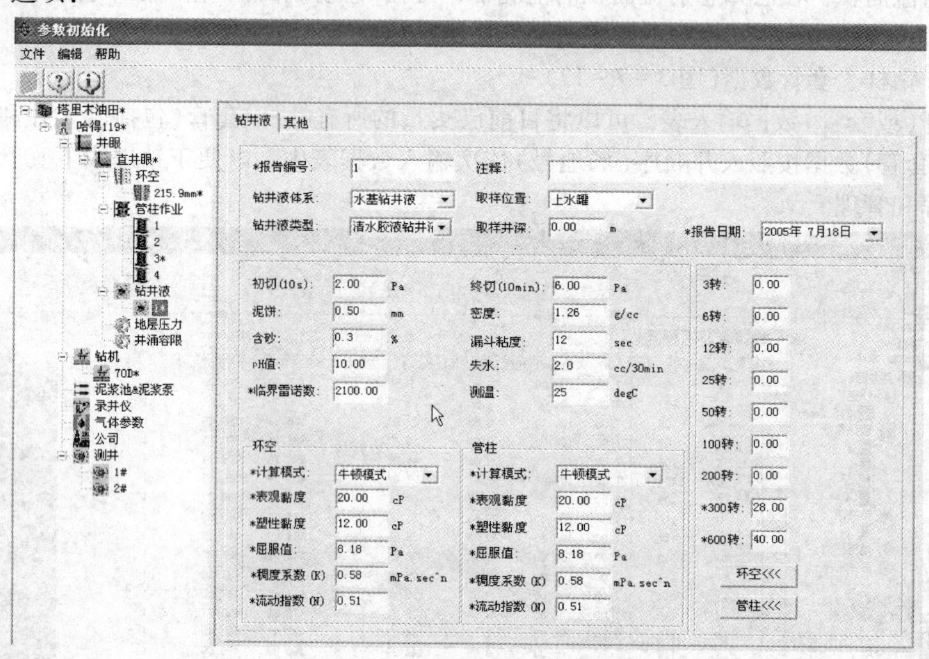

图 3－7－13　钻井液初始化

钻井液选项：

报告编号：从输入框的下拉菜单中选择一个现有钻井液报告，或者单击右边的“新建”按钮，在输入框中输入新建钻井液报告的名称。与钻井液报告有关的数据将以报告编号作为关键字存入数据库中。

报告日期：输入本报告的日期。

钻井液体系：从输入框的下拉菜单中选择当前使用的钻井液体系。

钻井液类型：从输入框的下拉菜单中选择当前使用的钻井液类型。

水力学计算模式：从输入框的下拉菜单中选择当前所要使用的水力学计算模式。可供选择的计算模式包括：Bingham（宾汉模式）、Power Law（指数定律）、牛顿模式。

取样井深：输入钻井液全性能分析所使用的样品取样井深。

取样位置：从输入框的下拉菜单中选择钻井液全性能分析所使用的样品取样位置。

钻井液密度：输入当前实测的钻井液密度。

漏斗黏度：输入当前实测的钻井液漏斗黏度及其测温。

塑性黏度：输入当前钻井液塑性黏度。当在钻井液报告“其他”选项窗口的“旋转黏度计”中输入 $\Phi300$ 和 $\Phi600$ 读数并单击“计算”按钮后，程序将自动计算出塑性黏度。

屈服值：输入当前钻井液屈服值。当在钻井液报告“其他”选项窗口的“旋转黏度计”中

输入 $\Phi300$ 和 $\Phi600$ 读数并单击“计算”按钮后，程序将自动计算出屈服值(见以下章节)。

初切(10s)：输入当前钻井液初切值(即 10 秒切力)。

终切(10min)：输入当前钻井液终切值(即 10 分钟切力)。

30min 切力：输入当前钻井液 30 分钟切力值。

失水：输入当前钻井液失水值。

泥饼：输入当前钻井液泥饼值。

含砂：输入当前钻井液含砂值。

pH 值：输入当前钻井液 pH 值及其测温。

流动指数：输入当前钻井液流动指数值(即 *N* 值)。

稠度系数：输入当前钻井液稠度系数值(即 *K* 值)。

钻井液其他选项：

钻井液报告细节：如果需要，输入与钻井液报告有关的其他数据(图 3-7-14)。

油基钻井液：如果需要，输入与油基钻井液有关的其他数据。

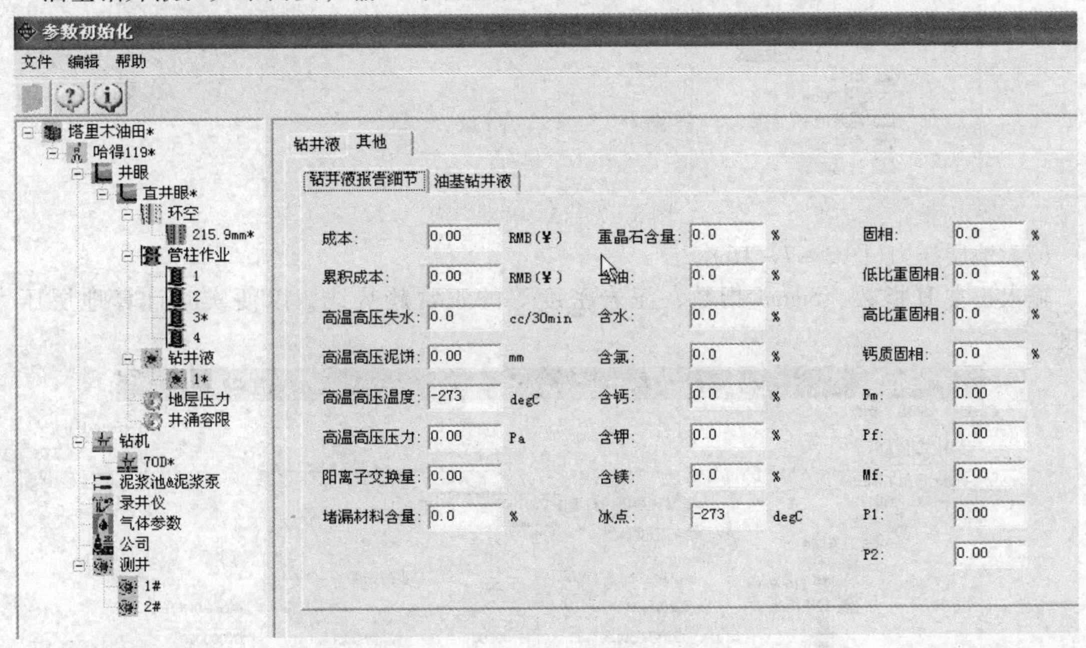

图 3-7-14 钻井液报告细节

(6) 井涌容限(图 3-7-15)

输入三个不同井涌容限参数(井涌容限 1、井涌容限 2 和井涌容限 3)的溢流体积和安全余量。所谓“井涌容限”(kick tolerance)是指在发生井涌之后能够安全关井而不至于导致井下发生水力压裂情况下的地层压力当量密度与所使用钻井液密度之差值。它可利用以下公式再加上安全余量计算得出：

$$K_t = \{D_w \cdot (M_L - M_d) - (H_k \cdot M_d)\} / D_v \tag{3-7-3}$$

式中 K_t——井涌容限；

D_w——地层最薄弱处垂深；

M_L——地破压力等效密度；

M_d——当前钻井液密度；

H_k——由井涌溢流体积计算的溢流高度；

D_v——当前垂深输入井涌溢流体积设置点开始起作用的垂直井深，然后分别输入三个井涌容限溢流体积以及安全余量。

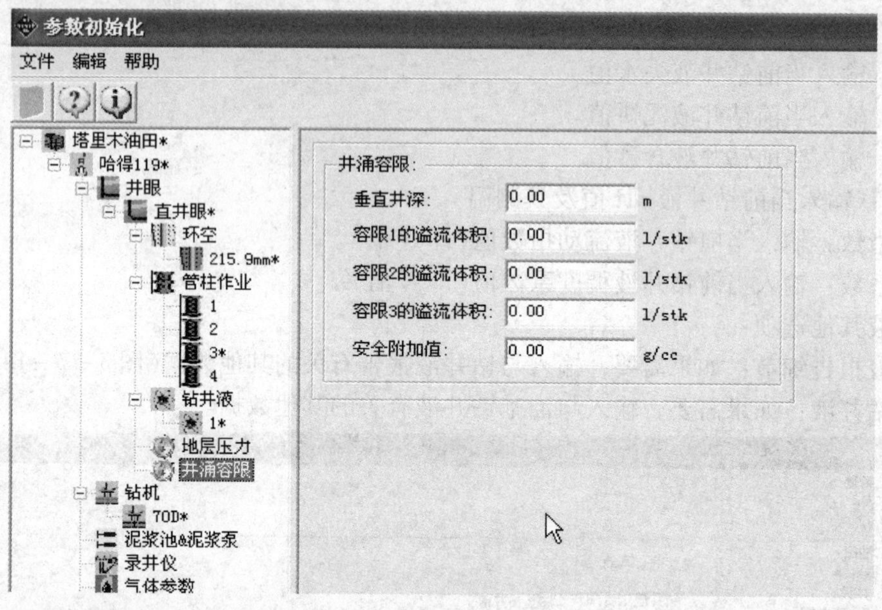

图 3-7-15 井涌容限

(7) 地层压力(图 3-7-16)

输入正常 D 指数、Sigma 指数、泥岩密度等的正常趋势线，以便实时计算地层压力梯度。

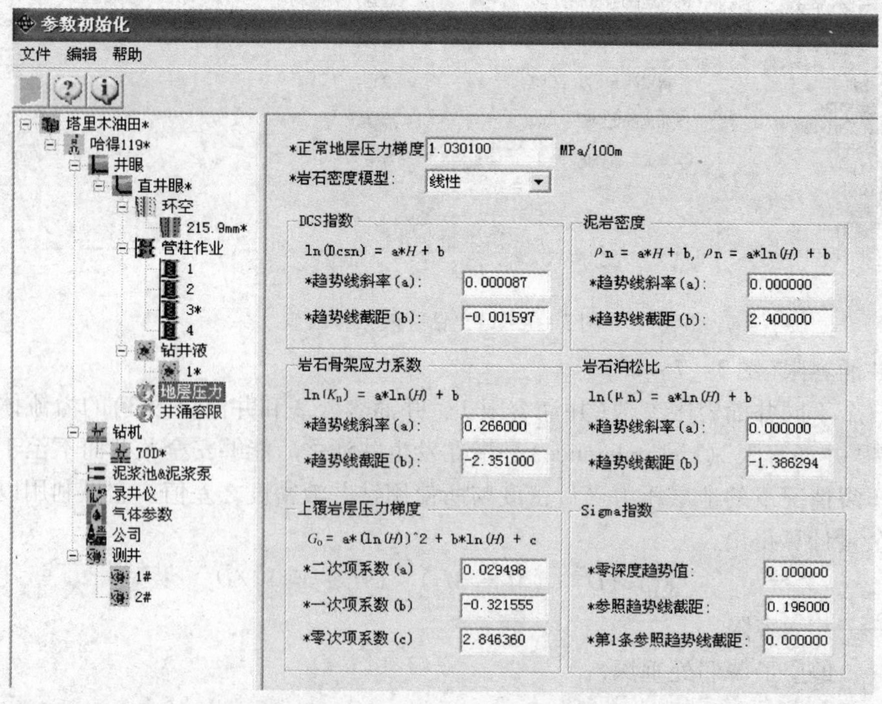

图 3-7-16 地层压力参数初始化

正常地层压力梯度：输入当前评价地层的静水压力梯度。该值与不同地层的地层水密度有关，一般取1.00～1.07之间的一个估算数值。

泥岩密度模型：选择线性或对数。

dcs指数：输入dcs指数趋势线方程系数a、b；

泥岩密度：输入泥岩密度趋势线方程系数a、b；

岩石骨架应力系数：输入岩石骨架应力系数趋势线方程系数a、b；

岩石泊松比：输入岩石泊松比趋势线方程系数a、b；

上覆岩层压力梯度：输入上覆岩层压力梯度趋势线方程系数a、b、c；

Sigma指数：输入Sigma指数零深度趋势值、参照趋势线截距、第一条参照趋势线截距。

(8) 泥浆池和泥浆泵(图3－7－17)

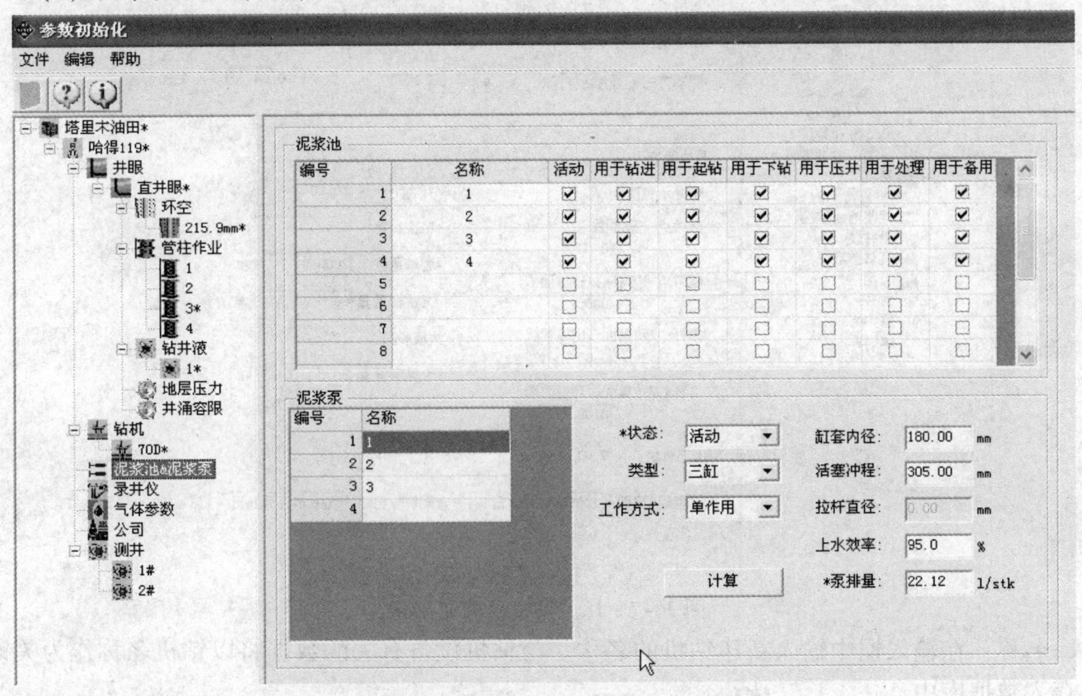

图3－7－17 泥浆池和泥浆泵参数初始化

泥浆池：该表格用来指定泥浆池的作用，以便分别统计不同泥浆池的总池体积。

泥浆池编号：泥浆池的编号。

泥浆池名称：输入当前泥浆池的名称。

活动：选择当前泥浆池的活动状态。若为非活动池，则该池将不参与计算。

用途(用于钻进、用于起钻、用于压井、用于处理、用于备用)：选择当前泥浆池的用途。

编号：泥浆泵的编号。

名称：输入泥浆泵的名称。

状态：选择当前泥浆泵的活动状态。若为非活动泵，则该泵将不参与计算。

类型：单击下拉菜单，从中选择泥浆泵的类型。程序默认为“三缸泵”。

工作方式：单击下拉菜单，从中选择泥浆泵的工作方式(单作用或双作用)。

缸套直径：输入泥浆泵的缸套直径。

冲程：输入泥浆泵的冲程。

拉杆直径：只有当泥浆泵工作方式为“双作用”时，该项才需输入。

上水效率：输入泥浆泵的上水效率。

（9）钻机（图3－7－18）

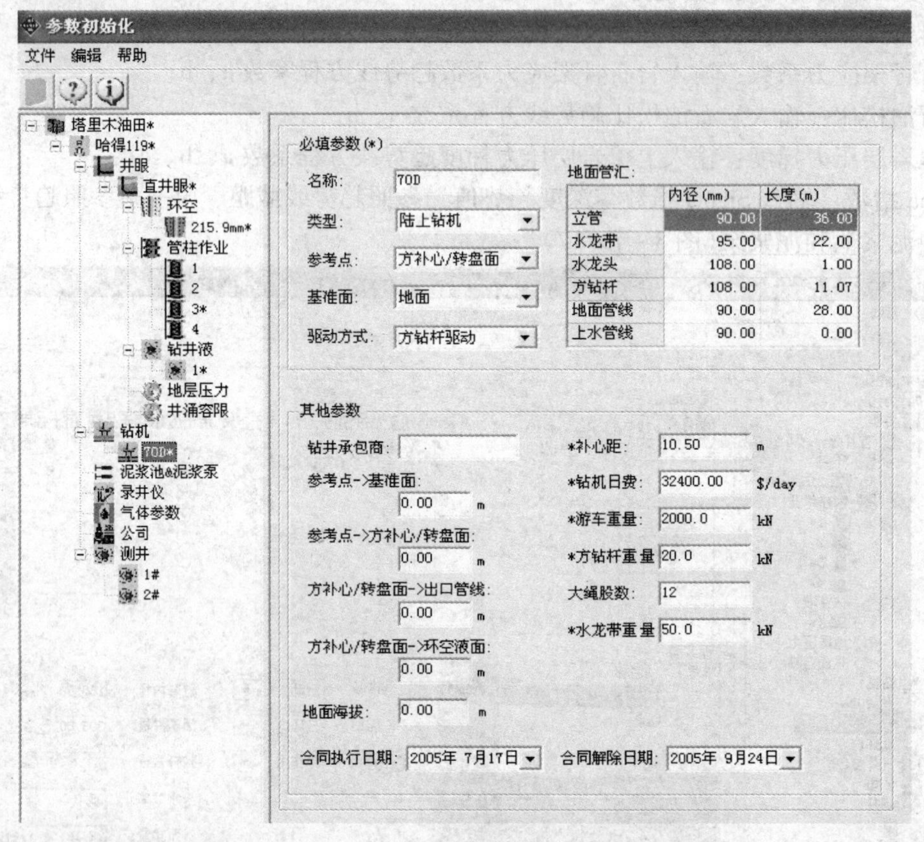

图3－7－18　钻机参数初始化

名称：在输入框中输入新建钻机的名称。与钻机设备有关的数据将以钻机名称作为关键字存入数据库中。

类型：单击输入框中的下拉菜单按钮，从菜单中选择一种钻机类型。

参考点：是指用于井深计算的参考点。可选择方补心/转盘面或着套管法兰作为计算井深的参考点。程序默认方补心/转盘面为井深计算的参考点。

基准面：单击输入框中的下拉菜单按钮，从菜单中选择平均海平面或地面作为基准面。当钻机类型为“陆上钻机”时，程序自动默认基准面为“地面”，否则为“平均海平面”。

驱动方式：选择当前钻机的动力驱动方式。可选择钻机是“方钻杆驱动”或“顶驱”。

地面管汇组合类型：地面管汇规格数据主要用来估算地面管汇压力损失和地面循环时间等数据。

钻井承包商：输入钻井承包商的名称。

方补心/转盘面→出口管线：输入方补心/转盘面到钻井液出口管的距离。

方补心/转盘面→环空液面：输入方补心/转盘面到环空液面的距离。

参考点→基准面：输入参考点到基准面的距离。

参考点→方补心/转盘面：输入参考点到方补心/转盘面的距离。

地面海拔：输入井口地面海拔高度。

补心高度：输入补心高度。

钻机日费：输入钻机日费。

游车重量、方钻杆重量、水龙带重量：分别输入游车、方钻杆、水龙带的实际重量。这些参数将参与理论计算的悬重。

大绳股数：输入绕过游车动滑轮组的钢丝绳股数。

合同执行日期：输入钻井承包商的合同开始执行日期。

合同解除日期：输入钻井承包商的合同解除日期。

（10）录井仪（图3-7-19）

仪器编号：输入录井仪名称或编号。

录井队号：输入录井队编号。

色谱类型：选择使用单色谱还是双色谱工作。双色谱方式是指钻井液出口色谱和钻井液入口色谱同时进行分析，以便获得差分色谱数据。

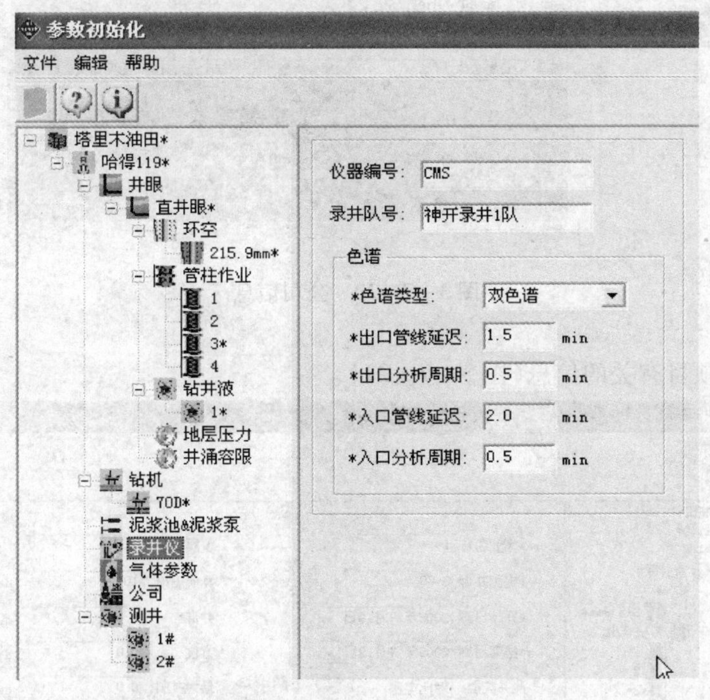

图3-7-19 录井仪参数设置

出口管线延迟时间：输入实测的出口色谱样品气管线延迟时间。该值将用于计算“出口色谱采样时间”，并用于判断色谱分析数据的有效性。

出口色谱分析周期：输入当前出口色谱仪所使用的分析周期。该值将用于计算“出口色谱采样时间”。

入口管线延迟时间：输入实测的入口色谱样品气管线延迟时间。该值将用于计算“入口色谱采样时间”，并用于判断色谱分析数据的有效性。当选择色谱工作方式为“单色谱”时，该项将处于灰色不可用状态。

入口色谱分析周期：输入当前入口色谱仪所使用的分析周期。该值将用于计算“入口色谱采样时间”。当选择色谱工作方式为“单色谱”时，该项将处于灰色不可用状态。

(11) 公司

输入与钻井作业有关的油公司、作业公司、服务公司以及有关人员的相关信息(名称、地址、联系方式、职位等)(图3-7-20)。

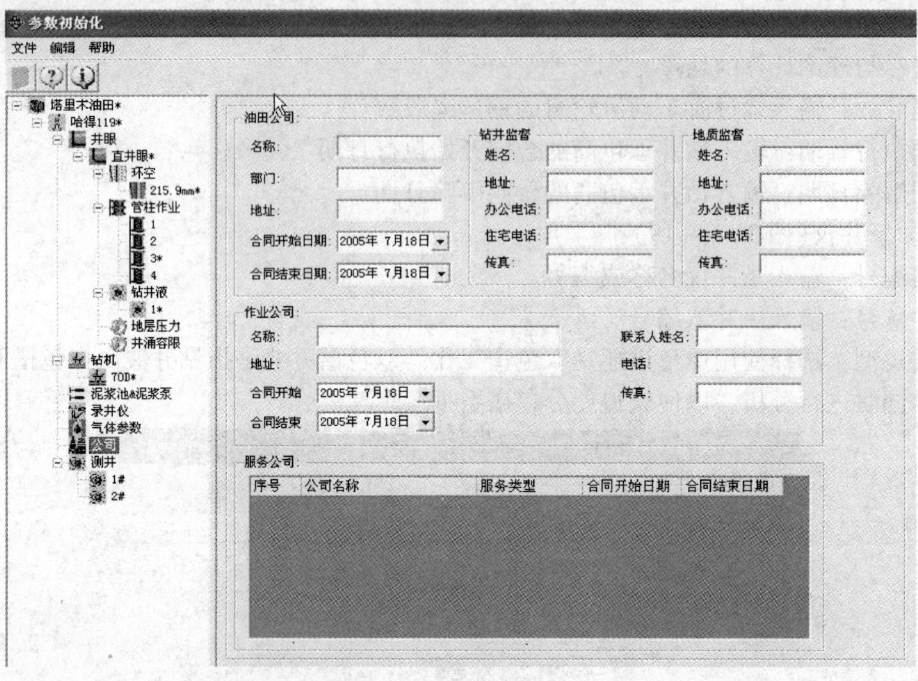

图3-7-20 公司信息

(12) 测井

输入与测井项目有关的信息(图3-7-21)。

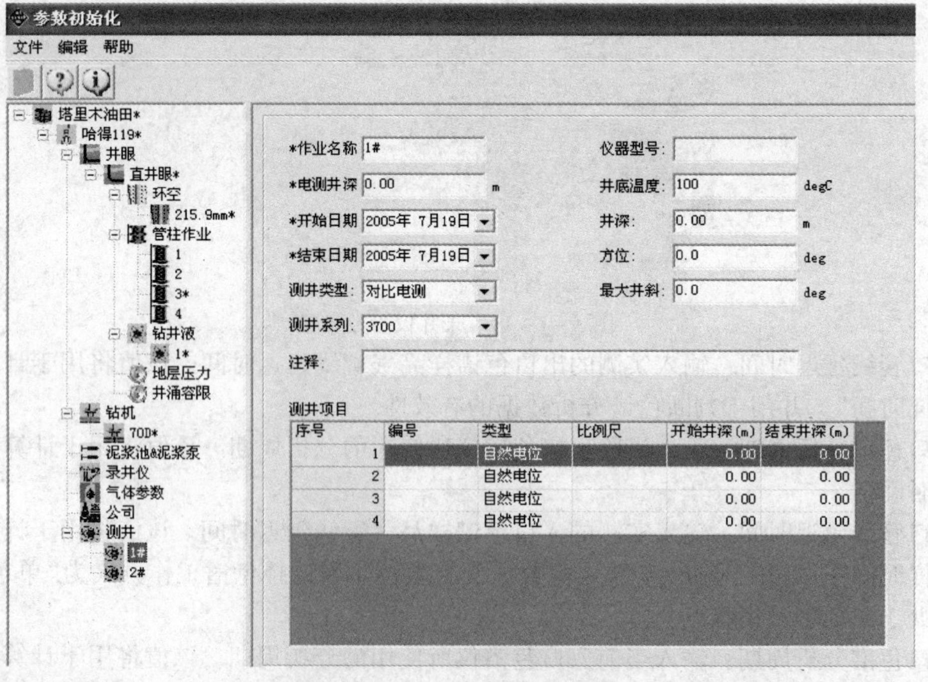

序号	编号	类型	比例尺	开始井深(m)	结束井深(m)
1		自然电位		0.00	0.00
2		自然电位		0.00	0.00
3		自然电位		0.00	0.00
4		自然电位		0.00	0.00

图3-7-21 测井作业信息

主要参数：

作业名称：输入框内输入新的作业名称。

电测井深：输入本次电测时的井深。

电测类型：单击下拉菜单按钮，从菜单中选择本次电测作业的性质(对比电测、中完电测、完井电测或其他)。

仪器型号：输入测井仪器型号。

测井系列：单击下拉菜单按钮，从菜单中选择本次电测作业的测井系列。

电测开始日期：输入开始电测的日期。

电测结束日期：输入结束电测的日期。

井底温度：输入电测最大井底温度。

井深：输入本次电测井下最大井斜所对应的测斜井深。

最大井斜：输入本次电测所测得的井下最大井斜。

方位：输入本次电测井下最大井斜所对应的方位。

注释：输入与本次电测有关的说明或注释信息。该内容将存入注释库中。

测井项目：输入项目编号、项目名称、比例尺、起始测量井深、结束测量井深。

(13) 气体参数(图 3 -7 -22)

输入与某些实时计算参数有关的初始化数据。这些实时计算参数包括：SPI(地面潜能指数)、CGS(地下含气饱和度)、标准化总烃、色谱分析结果等。

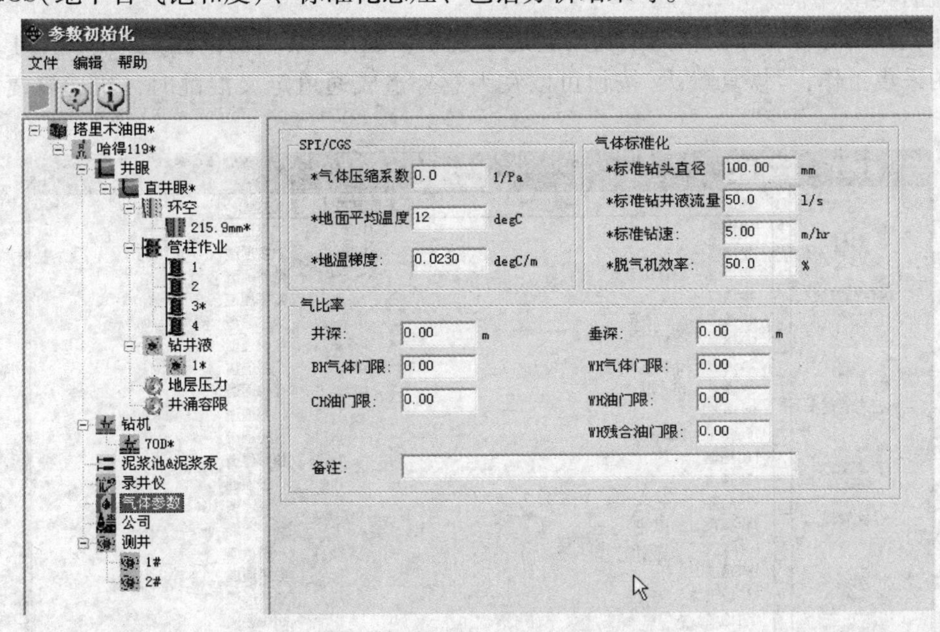

图 3 -7 -22 气体参数初始化

① 气体标准化：

标准钻头直径：输入计算标准化总烃的标准钻头直径。

标准钻井液流量：输入计算标准化总烃的标准钻井液流量。

标准钻速：输入计算标准化总烃的标准钻速。

标准钻头直径：输入计算标准化总烃的标准钻头直径。

标准钻井液流量：输入计算标准化总烃的标准钻井液流量。

脱气器脱气效率：输入计算标准化总烃的脱气器效率。

② SPI/CGS：

气体压缩系数：输入计算 CGS 参数的气体压缩系数。

地面平均温度：输入当前气候情况下的地面平均温度。

地温梯度：输入计算 SPI/CGS 参数的地温梯度。

③ 气比率：

井深和垂深：输入用于判断色谱分析结果的井深和垂深。只有在当前井深或垂深大于设置的井深或垂深时，以下判断门限才起作用。

WH 气体门限值：输入用于判断色谱分析结果的 WH 气体门限值。

WH 油门限值：输入用于判断色谱分析结果的 WH 油门限值。

WH 残余油门限值：输入用于判断色谱分析结果的 WH 残余油门限值。

BH 气体门限值：输入用于判断色谱分析结果的 BH 气体门限值。

CH 油门限值：输入用于判断色谱分析结果的 CH 气体门限值。

3. 系统设置

(1) 通道设置

用于设置综合录井仪的传感器通道与实时参数的对应关系；当某路传感器或信号通道故障时，可以通过改变这种关系达到迅速恢复信号采集的目的；也可以调整通道的采集速率、改变通道的类型(图 3－7－23)。

例如，在某综合录井仪软件系统的通道管理中，通过“禁用当前通道”按钮用于停止选中通道的采集工作；“恢复默认”按钮可以在因意外造成通道定义混乱时，快速恢复原始通道定义。

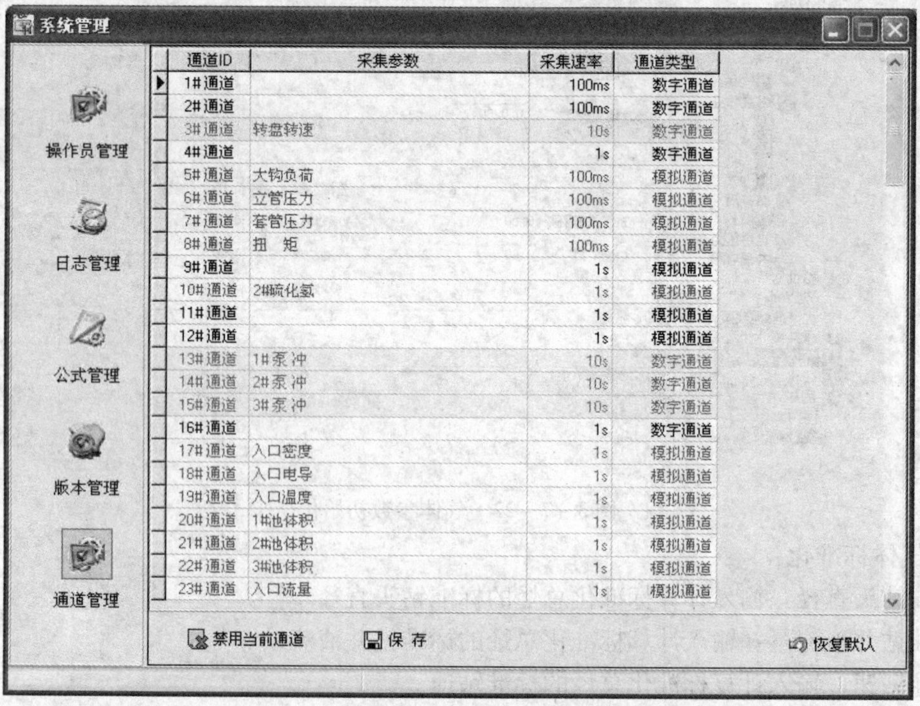

通道ID	采集参数	采集速率	通道类型
1#通道		100ms	数字通道
2#通道		100ms	数字通道
3#通道	转盘转速	10s	数字通道
4#通道		1s	数字通道
5#通道	大钩负荷	100ms	模拟通道
6#通道	立管压力	100ms	模拟通道
7#通道	套管压力	100ms	模拟通道
8#通道	扭　矩	100ms	模拟通道
9#通道		1s	模拟通道
10#通道	2#硫化氢	1s	模拟通道
11#通道		1s	模拟通道
12#通道		1s	模拟通道
13#通道	1#泵冲	10s	数字通道
14#通道	2#泵冲	10s	数字通道
15#通道	3#泵冲	10s	数字通道
16#通道		1s	数字通道
17#通道	入口密度	1s	模拟通道
18#通道	入口电导	1s	模拟通道
19#通道	入口温度	1s	模拟通道
20#通道	1#池体积	1s	模拟通道
21#通道	2#池体积	1s	模拟通道
22#通道	3#池体积	1s	模拟通道
23#通道	入口流量	1s	模拟通道

图 3－7－23　通道管理

（2）版本设置

版本设置用来设置录井系统版本语言（图 3－7－24）。在现场录井作业过程中，可能会遇到不同用户使用公制、英制或公英制混合等不同单位制的情况；有时个别参数也需要在不同单位之间相互转换。输出参数的输出格式，包括名称和单位以及显示格式，门限、多单位制间的换算系数等，使用户可以灵活的控制录井参数输出的形式和内容。

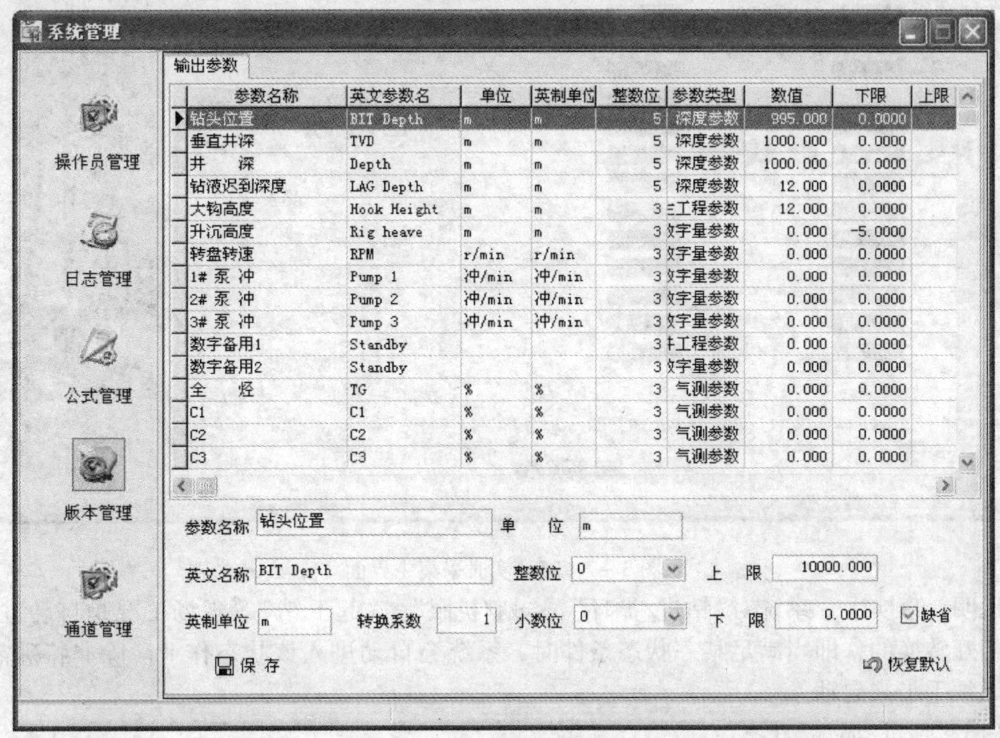

图 3－7－24　版本设置

3.7.2　实时录井

实时录井系统主要是负责采集处理钻井现场传感器、分析仪信号，实时监测记录井场各种信息并做出相应的处理。主要包括实时采集、实时监控两大部分。

3.7.2.1　实时采集

实时采集程序是整个录井系统的主要操作和显示平台，所有的实时录井参数的采集、显示以及系统参数的设置、调整都在此进行，另外该处还集成了岩屑迟到队列显示、钻井状态动画显示、钻具列表显示修正以及深度间隔数据列表显示等多项实用功能。图 3－7－25 是某综合录井软件系统的实时采集程序主界面。

实时采集主界面由菜单栏、工具栏、重要参数区、数据屏、钻具屏、迟到屏、组态屏、间隔屏以及状态栏等组成，各区域都有其不同的功能。下面着重介绍实时采集程序的主要功能的操作使用方法。

1. 设置初始启动参数

实时采集程序启动工作时有多种工作状态，主要包括钻进/循环状态、划眼/扩眼状态、起/下钻状态、下套管状态、挂起状态。在实时采集程序中可以手工选择和启动不同的钻进状态，用户可根据现场当前的实际钻井状态来启动相应的逻辑状态。

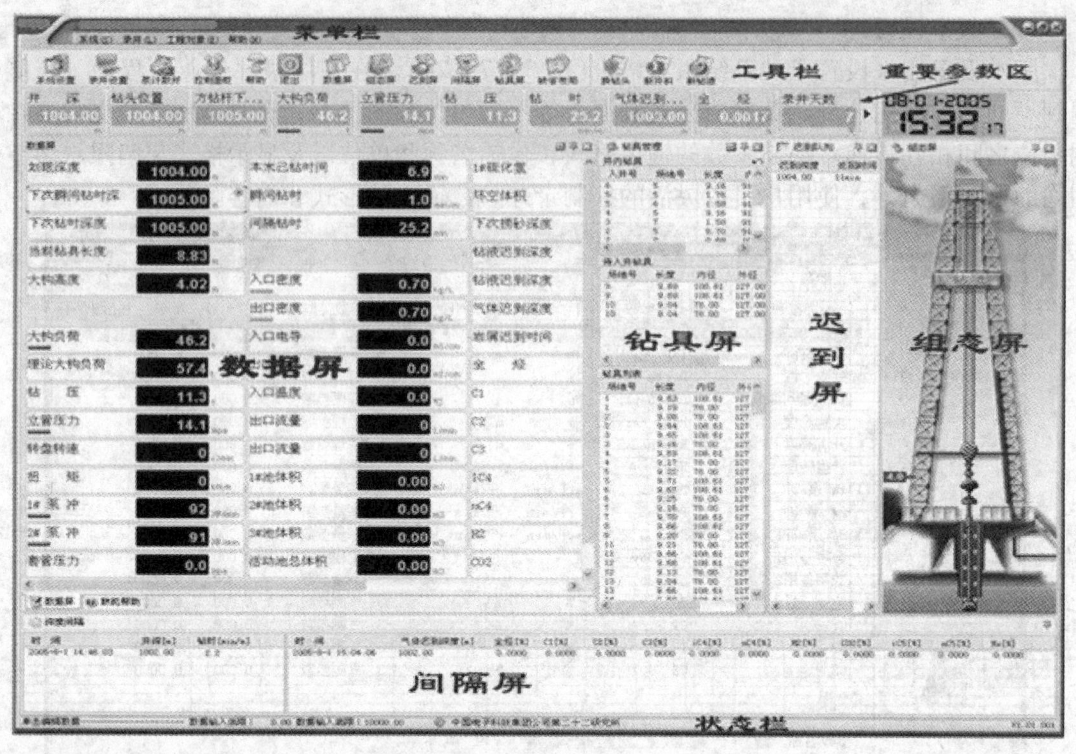

图 3－7－25　实时采集主界面

说明：事实上，系统对“钻进/循环”、“划/扩眼”、“起下钻”等现场工况是自动进行判断和相互转换的，即当满足某一状态条件时，系统会自动进入该状态作业。除非特殊需要，否则无须手工来启动。

（1）“钻进/循环”状态

输入当前的“测量井深”、“钻头位置”、“迟到井深”、“初始钻速”以及与本次入井钻头有关的一些初始数据。系统将在这些初始数据的基础上进行累计和跟踪。当输入完毕应用后，则系统即进入钻进/循环跟踪状态，同时实时采集程序开始计算和处理与钻进/循环状态有关的参数。

与钻进/循环状态有关的次级状态有：提离井底、提离井底/循环、接触井底、接触井底/循环、接单根、坐卡。

（2）“划眼/扩眼”状态

输入划眼/扩眼井深、钻头位置、钻井液密度、当前钻压等参数。

与划眼/扩眼状态有关的次级状态有：提离井底、提离井底/循环、接单根、坐卡。

（3）“起/下钻”状态

选择起/下钻状态时，一般需要设置以下参数：

井深：是指当前起下钻时的总的测量井深，为不可编辑项。

起/下钻井深：是指当前起下钻井深。一般系统默认为总井深。

起下钻编号：输入本次起下钻的编号。

起下钻方向：用于手工设置当前状态为“起钻”还是“下钻”。如果系统在第一次自动判断的方向与手工设置不符，则以手工判断为准。

钻具状态：用于设置当前钻具为“开”还是“闭”状态。钻具状态不同，则计算钻具在井眼中的排替量的方法也不同。

当前起下：用于选择当前起下的是立柱、单根还是下部结构。当把起下钻方向设置为“起钻”时，系统自动默认当前起的是“立柱”；当把起下钻方向设置为“下钻”时，系统自动默认当前下的是“下部结构”。

当前立柱数：是指当前尚在井中未起出或已入井的立柱数。

总立柱数：是指本次起下钻的总立柱数。在启动起/下钻状态时，用户可根据实际情况利用这两个参数旁的增减按钮来调整立柱数。

当前单根数：与当前立柱数对应的尚在井中未起出或已入井的单根数。

总单根数：与总立柱数对应的本次起下钻的总单根数。

包括下部结构(BHA)：若选中该项，则总立柱数(或总单根数)是指所有入井钻具的立柱数(或总单根数)；若未选中该项，则总立柱数(或总单根数)只包括所有入井钻杆的立柱数(或总单根数)。

钻头位置：启动起下钻状态时的钻头位置。该值可随当前立柱数或当前单根数的调整而变化。它等于当前井眼中的钻具总长减去卡瓦与钻杆母扣长度之和。用户也可以通过输入钻头位置校正值(负值或正值)并单击“校正”按钮来校正钻头位置。

钻杆总长：是指当前井眼中的钻杆总长，只用于显示。

钻头位置校正值：在启动“起/下钻”状态时用于校正当前钻头位置。

计算的累计排替量：是指根据当前“已起/下的立柱数”和“钻具状态”计算的相当于这部分钻柱的体积。

实际累计排替量：是指当前启动起/下钻状态时已知的池体积减少或增加的量

计算的总池体积：是指在起或下钻开始时将“总池体积增减量”置零那一刻的总池体积。

旋转时间：是指在起/下钻过程中因划眼或倒划眼而记录的钻头旋转时间。一般在开始起或下钻时将其默认为零。

循环时间：是指在起/下钻过程中因划眼或倒划眼或处理异常工程事故而发生的循环时间。一般在开始起或下钻时将其默认为零。

当设置好上述各项参数后，系统进入起下钻监测状态。与起下钻监控状态有关的次级状态有：起钻、坐卡、等待、下钻。

(4)“下套管”状态

选择“下套管”状态后，需要设置以下参数。

井深：是指下套管时的总的测量井深，为不可编辑项。

下套管井深：是指当前下套管井深。一般系统默认为总井深。

下套管编号：输入本次下套管的编号。

套管类型：从下拉菜单中选择所下套管的类型。套管类型包括：表层套管、技术套管1、技术套管2、油层套管、筛管、尾管。

套管状态：用于设置当前套管为“开”还是“闭”状态。套管状态不同，则计算套管在井眼中的排替量的方法也不同。

当前单根数：指当前已下入井眼的套管根数。

总单根数：指当前要下入井眼的套管总根数。

引鞋位置：当前引鞋所处的位置。该值可随当前单根数的调整而变化。也可通过输入引鞋位置校正值(负或正值)并单击“重算”按钮来校正引鞋位置。

当前套管总长：是指当前已下入的套管根数之总长。

尾管悬挂位置：当所选择的套管类型是“尾管”时，可在此输入尾管悬挂位置的深度。

引鞋位置校正值：在启动“下套管”状态时用于校正当前引鞋位置。

计算的累计排替量：是指根据当前已下单根数和“套管状态”计算的相当于这部分管柱的体积。

实际累计排替量：是指当前启动“下套管”状态时已知的池体积减少或增加的量。

计算的总池体积：是指在下套管开始时将“总池体积增减量”置零那一刻的总池体积。

循环时间：是指在下套管过程中所发生的循环时间。一般在开始下套管时将其默认为零。

当设置好上述各项后，单击“应用”按钮，系统即进入下套管监控状态。

与下套管监控状态有关的次级状态有：下套管、坐卡、等待。当进入下套管监控状态后，系统将根据门限设置中的起下钻门限对这几种状态进行自动判断。

(5)“挂起”状态

所谓“挂起状态”是指使系统脱离实时监控和处理状态的所有其他状态的统称（如电测、候凝、组停等）。在挂起状态下，系统只采集和接收传感器的数据，但不做任何处理和判断，同时停止向数据库录入实时数据。

2. 调整钻井状态门限

门限设置，用于设置钻进、接单根、循环、划/扩眼、起下钻等不同钻井状态的逻辑判断门限。

(1)“钻进”状态门限（图3－7－26）

钻进状态判断门限由“最小钻压”、“最小转速”、“最小扭矩”、“钻头跳动”四个逻辑条件所组成。要使系统进入“钻进”状态，必须同时满足下列四个条件：当前钻压≥最小钻压门限设定值、当前转盘转速≥最小转速门限设定值、当前扭矩≥最小扭矩门限设定值、当前钻头提离井底距离≤钻头跳动门限设定值，各门限值的设置应根据现场实际情况来确定。在钻进过程中用户可以根据具体情况随时进行调整。比如在快速钻进的情况下，钻压有可能跟

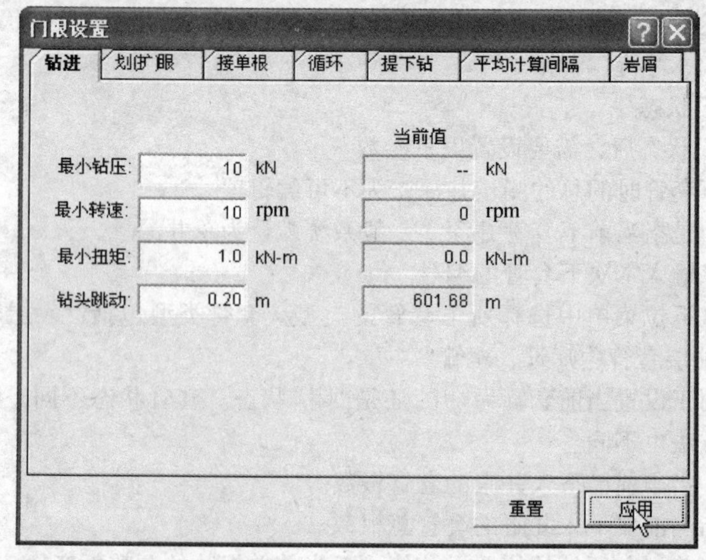

图3－7－26　钻进门限设置窗口

不上(很小或接近于零)，此时应把最小钻压门限值设置成等于或小于零，以使系统满足快速钻进的特殊需要。

钻头跳动门限是为避免钻具因轴向振动而造成频繁提离井底情而况设置的。一般陆上钻井可将其置为0.1m或更小(钻速较慢的情况下)，而海上钻井可将其设置为0.2m左右。

(2)“划(扩)眼”状态门限(图3－7－27)

要使系统进入“划(扩)眼状态”状态，必须同时满足下列四个条件：当前钻压≥最小钻压门限设定值、当前转盘转速≥最小转速门限设定值、当前扭矩≥最小扭矩门限设定值、划眼井深减去当前钻头位置≤钻头跳动门限设定值。

划(扩)眼状态与钻进状态的逻辑判断条件基本相同。所不同的是：在划(扩)眼状态下“钻头跳动”当前值是以划眼井深减去钻头位置来确定的。当启动划(扩)眼状态后，实时处理程序始终把当前钻头位置作为“潜在的”划眼井深来计算“钻头跳动”当前值。因此在其他三个逻辑判断条件(最小钻压、最小钻速、最小扭矩)未同时满足的情况下，“钻头跳动”当前值始终为零。一旦上述三个条件全部满足，系统即进入划(扩)眼状态。

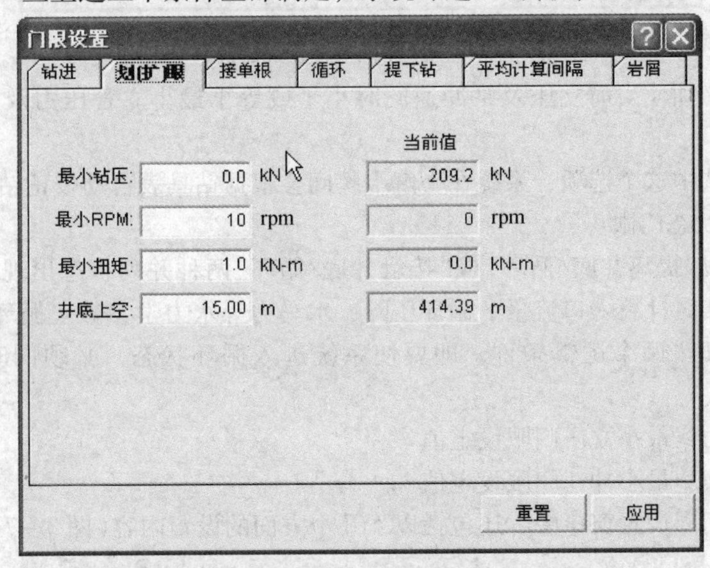

图3－7－27　划(扩)眼门限设置窗口

(3)“接单根”状态门限(图3－7－28)

接单根状态判断门限由“钩位低值”、“钩位高值”、“大钩负荷”、“立管压力”、“最小冲速”以及“最小接单根时间”六个逻辑判断条件所组成。各门限判断条件的具体含义如下：

最小单根长：系统用于验证在提离井底接单根过程中是否真正接卸完一个单根。当满足接单根门限后，系统显示“接单根”状态，但并未真正判断接卸完一个单根。只有当当前接单根长度大于或等于“最小单根长”时，系统才判断接卸完一个单根。此时系统会从钻具管理的“未入井钻具”表中自动下拉一个单根到“已入井钻具”表中。

坐卡门限：系统用于判断提离井底接单根时，要使系统判断接单根，大钩负荷必须轻于坐卡门限。

解卡门限：系统用于判断提离井底接单根时，要使系统判断接单根，大钩负荷必须重于解卡门限。

立管压力及最小冲速：系统用于判断接单根时的最小立管压力及总泵冲速门限。要使系

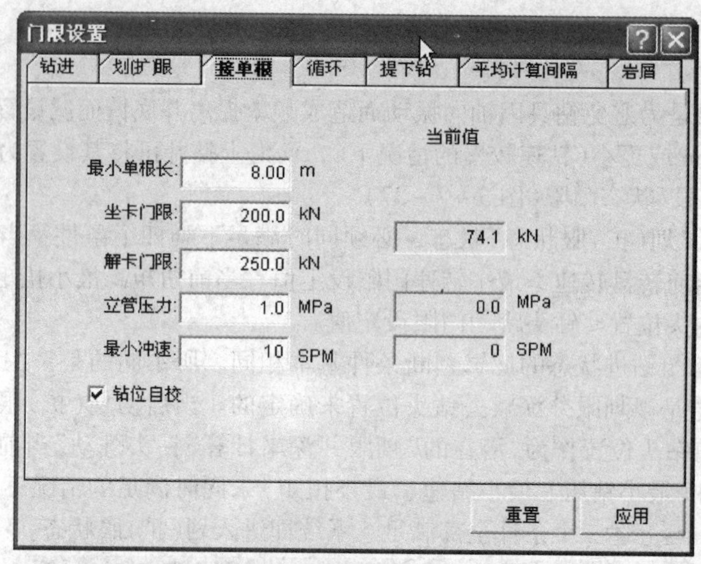

图 3-7-28　接单根门限设置窗口

统判断接单根，必须使当前立压及泵冲速同时小于或等于最小立管压力及总泵冲速门限值(即停止循环)。

钻位自校：选中这个选项，系统在坐解卡瞬间会根据钻具表自动校正钻位。

(4)"循环"状态门限

循环状态是以"提离井底/循环"或"接触井底/循环"两种并列状态出现的。只有在循环状态下，系统才实时计算入口流量、循环压降、水马力等水力学参数。循环状态包括"最小立压"和"最小冲速"两个逻辑条件，即要使系统进入循环状态，必须同时满足以下两个条件：

当前立管压力≥最小立压门限设定值

当前总泵冲速≥最小冲速门限设定值

在循环状态门限设置窗口中，还包括以下几个方面的设置内容(图 3-7-29)：

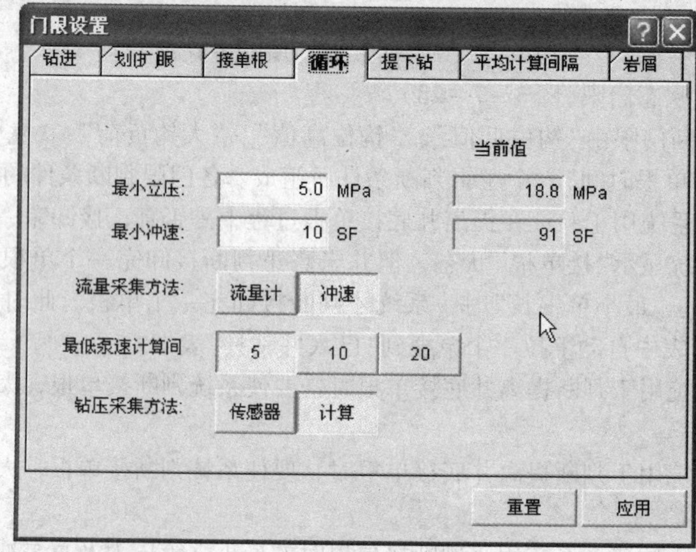

图 3-7-29　循环门限设置窗口

流量采集方法：是指入口流量值的采集或计算方法，可根据硬件采集信号的方式来确定。其中“流量计”是指入口流量通过安装在入口上水管线的流量传感器采集信号获得，而非计算得到；“冲数”是指通过泵冲计数器采集的泵冲数计算入口流量。

最低泵速计算间隔：是指利用采集的泵冲数计算泵冲速的最小时间间隔，单位为秒。若选择5秒计算间隔，则最低泵速不应小于12冲/min；选择10秒的最低泵速为6冲/min；而选择20秒的最低泵速为3冲/min。因此在泵速较快的情况下可选择5秒计算间隔，在泵速较慢的情况下可选择10秒或20秒计算间隔(比如在压井时)。

钻压采集方法：选择钻压是通过计算获得还是通过井下压力传感器采集得到的。通常钻压是通过钻具视重(计算的大钩负荷)减去当前大钩负荷计算得到。理论上钻具视重(计算的大钩负荷)是指钻具在井眼中处于自然悬挂状态下的钻具浮重。实际操作过程中，钻具视重通常是通过以下方法得到的：让司钻将钻具提离井底3~5m，然后缓慢旋转转盘，在这种情况下将当前钻压置零，则此时钻具视重即等于当前大钩负荷。事实上有经验的司钻通常也是利用这种方法校正指重表的。一旦得到钻具视重，当钻头接触井底进入钻进状态时，即可得知当前的钻压值。当使用了带有井下压力传感器的MWD工具时，钻压还可以通过信号采集获得。

(5)“起下钻”状态门限

起下钻门限包括三个逻辑判断条件：(坐卡)大钩负荷门限值、钻位最小变化量以及钻具偏差门限。

井底上空：钻头大于井深的位置。

最小钻杆长度：钻具的长度。井底上空大于门限值并且接卸单根的长度大于最小钻杆长度就认为进入起下钻状态。

只使用钩位判断：这是一个复选开关功能。为了避免钻头在快接近地面或刚开始下钻时，因悬重较小而产生坐卡误判，使钻位和当前立柱数的计数出现偏差，实时采集系统还考虑了只使用钩位判断是否起或下完一个立柱的方法。起下钻过程中若选中此选项，则当前钻位和起(或下)立柱数的判断将不按照上述判断门限进行判断，而只以钩位高值和钩位低值两个门限来判断是否起(或下)完一个立柱。也就是说，当大钩高度在满足低于钩位低值和大于钩位高值之后，系统即判断起(或下)完一个立柱。注意此时的状态(即是起钻还是下钻)继承的是上一次状态，所以在只使用钩位判断下钻时，建议最好手工启动下钻状态，以确定起下钻方向(图3-7-30)。

(6)与参数计算有关的设置

平均计算间隔设置：

平均计算间隔窗口主要用来设置计算瞬时钻速的井深间隔和时间间隔，同时还可对钻时突变的报警门限进行设置(图3-7-31)。

井深间隔：是指在数据存盘程序中设置的井深数据表的存盘间隔。瞬时钻速的井深计算间隔就是通过瞬时钻速比乘以井深间隔得到的。

时间间隔：是指在数据存盘程序中设置的时间数据表的存盘间隔。瞬时钻速的时间计算间隔就是通过瞬时钻速比乘以时间间隔得到的。

瞬时钻速比：用于确定瞬时钻速计算间隔的一个比值，一般为0~1之间。

钻时突变类型：用于选择钻时突变量报警门限的方式。若选择“固定值”，则当前钻时与平均钻时相比一旦低于设置的钻时突变量绝对值时即发出报警；若选择“百分比”，则表示当前钻时与平均钻时相比一旦低于设置的钻时突变量百分比时即发出报警。

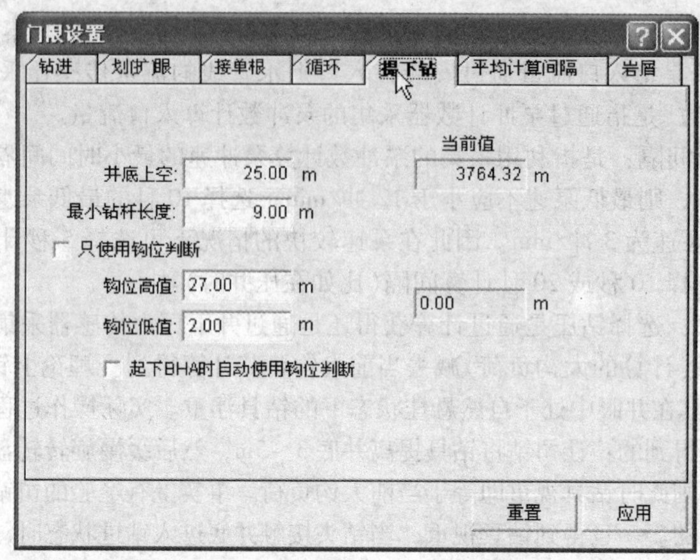

图 3-7-30　起下钻门限设置窗口

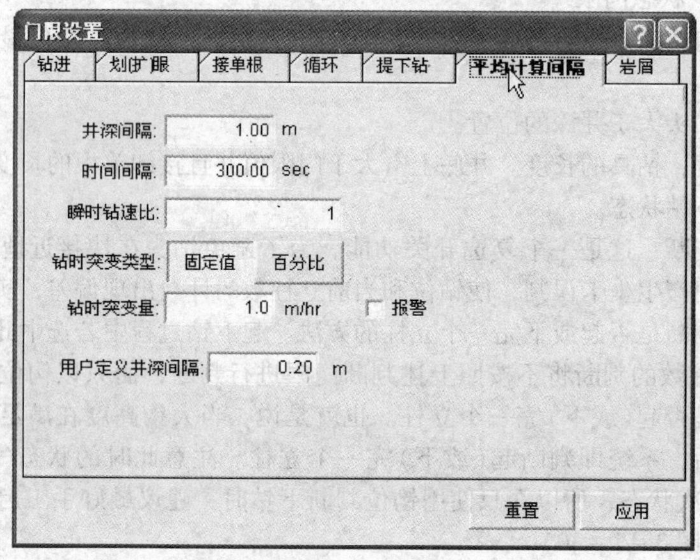

图 3-7-31　实时设置——平均计算间隔设置窗口

钻时突变量：用于设置钻时突变的报警门限值。

（7）岩屑性质设置(图 3-7-32)

“岩屑”窗口用来输入当前所钻遇地层的岩屑密度、岩屑形状、岩屑直径等物理性质。这些数据将用作计算当前环空压降、岩屑迟到时间等水力学计算参数。当前岩屑的密度可采用实测泥岩密度或从邻井中子密度测井资料获得，也可输入大致的各种岩性密度；岩屑形状和直径可通过实际观察得到。

3. 钻井工况参数重置调整

“参数重置”用于对钻进、循环、起下钻等不同钻井状态下各种所需的计算参数进行重新赋值、修正或者清零。

参数重置实际上是对钻井过程中一些必要的计算参数进行校正或清零，使其在此基础上

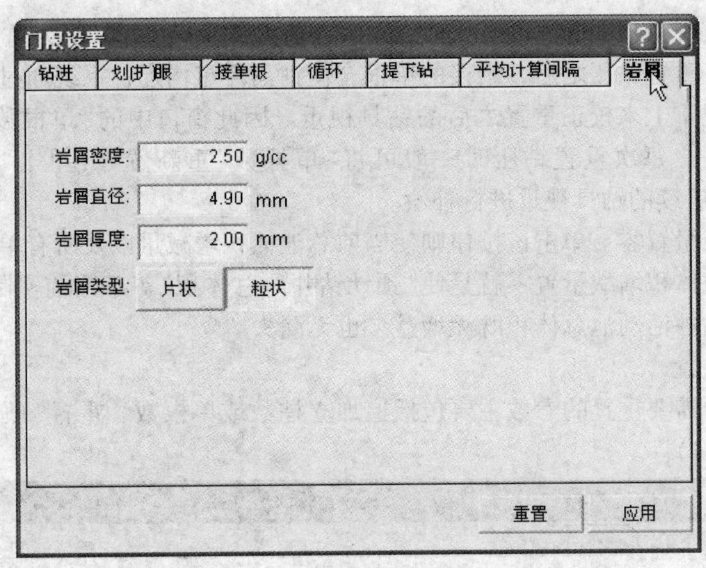

图3-7-32　实时设置——岩屑性质输入窗口

进行重新累计和跟踪的一种中间干预过程。按照不同钻井状态下所需重置的参数，可将参数重置划分为：钻进重置、起下钻重置、循环重置三种类型。

(1) 钻进重置

如图3-7-33所示，钻进过程中需要重置的参数主要包括井深(测量井深、钻头位置、迟到井深)、钻压及池体积增减量。

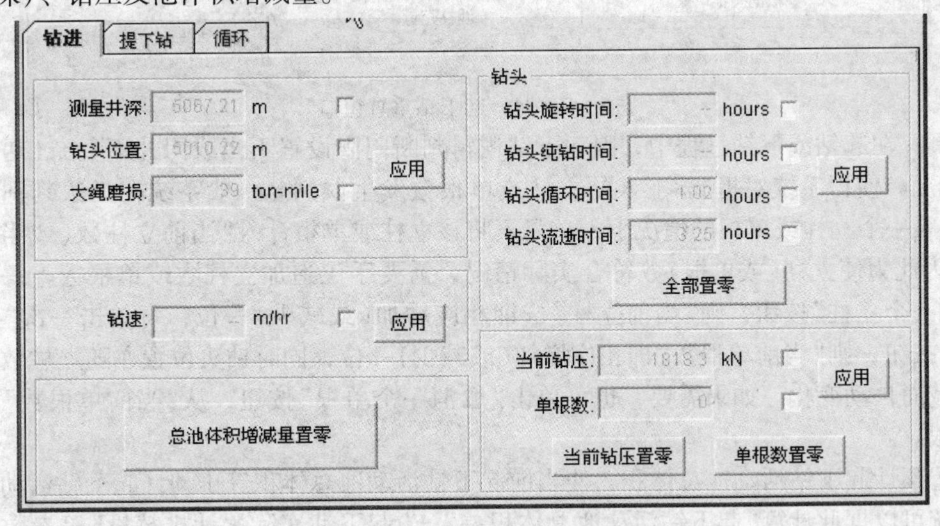

图3-7-33　参数重置窗口

测量井深、钻头位置：在测量井深输入框内输入当前实际井深(则钻头位置亦自动变为当前井深)，应用后，则当前井深、钻头位置按照修正的值开始重新计算和跟踪。如果钻头位置与当前测深不等，也可单独重置当前钻头位置。

钻速：主要用于在当前瞬时钻速计算不合理的情况下重置当前瞬时钻速。

当前钻压：钻进过程中可在输入框内输入当前实际钻压值并选中输入框后面的复选框，然后单击“应用”按钮来校正钻压；也可在钻头位置未到底之前(3～5m)且转盘慢速旋转的情况下通过单击“当前钻压置零”按钮来重置钻压。实际上不论哪种方式，重置钻压的目的都是为了求得钻具视重(钻具视重 = 当前钻压 + 当前大钩负荷)，以便为重置以后的钻压变化提供计算依据。重置钻压之后，续接的单根会使钻具浮重增加，系统通过自动把续接的单根浮重加到钻具视重上来校正重置之后的钻具视重。因此窗口中的“单根数”输入框可用来重置接单根数。用户每次重置钻压时一般可将“单根数”重新置零(单击“单根数置零”按钮)，以便系统对后续的钻具视重进行补偿。

总池体积增减量置零：单击该按钮则使当前总池体积增减量以及所有单个池体积增减量同时回零。把总池体积增减量置零就是使“预计钻井池总体积”等于当前实际钻井池总体积，也就是认为当前钻井活动池总体积既无增益、也无漏失。

(2) 起下钻重置

起下钻过程中需要重置的参数主要包括追加立柱数或单根数、重置“预计的起下钻总池体积”(图 3 -7 -34)。

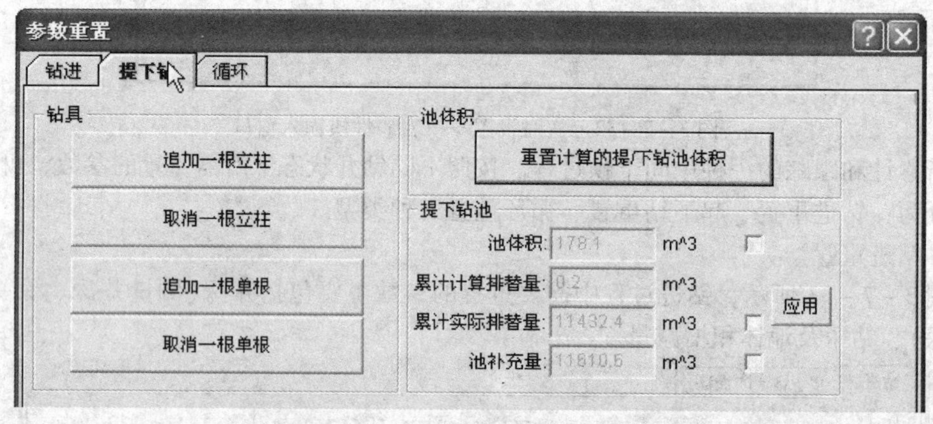

图 3 -7 -34　起下钻重置窗口

钻具：在起钻或下钻过程中，因起下钻逻辑判断门限设置不当或因井下复杂(遇卡或遇阻等)情况，使得系统对提起/下入的立柱或单根数发生误判。一般系统在无法判别是否已提起/下入一个立柱或单根的情况下，总是不将该立柱或单根计入“当前立柱数(或当前单根数)”。因此为使立柱(或单根)数符合实际情况，需要手工追加立柱数或单根数。每单击一次“追加一个立柱”按钮，则“当前立柱数”即相应增加(或减少)一位，每单击一次“追加一个单根”按钮，则“当前单根数”即相应增加(或减少)一位，同时钻头位置亦随立柱数或单根数的增减而自动变化。如果需要，也可单击“取消一个单根”按钮，从“当前单根数”中去掉一个单根。

重置预计起下钻活动池总体积：使当前起下钻活动池总体积等于预计起下钻活动池总体积。系统可以据此计算“起下钻活动池总体积差”、“起下钻实际累计排替量”等参数，并与根据所起/下钻具计算的“起下钻预计累计排替量”进行比较，以此判断在起下钻过程中井眼中的钻井液是否发生溢漏。

(3) 循环重置

循环过程中需要重置的参数主要包括将泵冲数置零和泥浆重置(迟到井深的重置)(图 3 -7 -35)。

重置泵冲数：重置泵冲数是将当前累计的单个泵冲数(或泵入体积)或者总泵冲数(或泵入的钻井液总体积)清零，以便重新开始累计。重置泵冲数的目的主要是为了跟踪泥浆体系在井眼中的运行情况。例如，我们可以在停泵接单根时将总泵冲数清零，这样当接单根气从

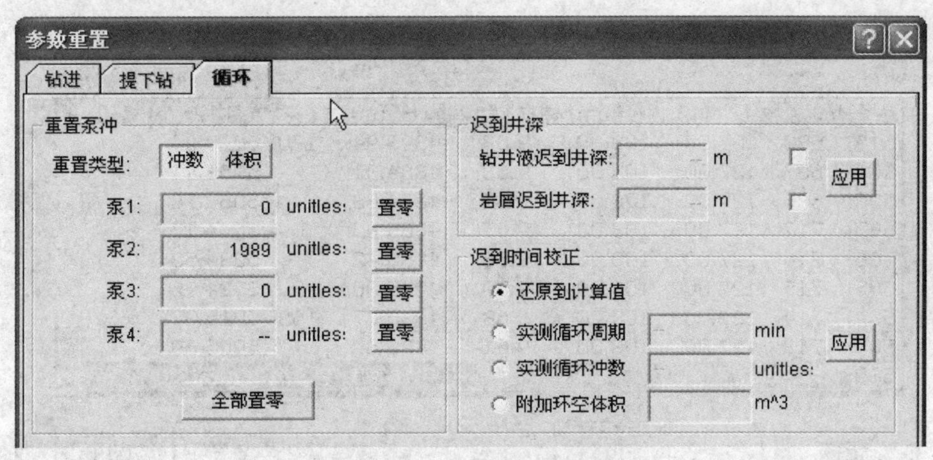

图 3-7-35　循环重置窗口

井底返出到地面并被色谱仪检测到时，记录下此时的总泵冲数，用该总泵冲数与计算的迟到泵冲数相比较，就可以知道当前计算的迟到参数(迟到时间、钻井液迟到井深、迟到泵冲数等)是否准确，当然也可以通过这种方法利用电石气校正迟到时间。

单击“冲数”或“体积”按钮可选择重置类型；若想重置单个泵的冲数或泵入的钻井液体积，可单击每个泵后面的“置零”按钮；或者单击“全部置零”按钮将总泵冲数(或泵入的钻井液总体积)清零。

迟到井深：用于重新输入当前校正的钻井液迟到井深和岩屑迟到井深及其对应的钻井液密度，应用后，实时采集程序即按照新的迟到井深开始跟踪循环泥浆。(注意：这里的“钻井液密度”实际上是指动态的循环泥浆密度，而对于一些特殊作业来说，泥浆的密度是无法通过传感器连续测量的。比如，监测固井作业中的水泥浆密度，就需要手工输入)。

4. 钻具管理

钻具管理窗口主要用来在钻井过程中实时跟踪和调整管柱(包括钻杆或套管)在井眼中的变化，以便使“已入井”和“未入井”管柱组合符合当前实际情况。

钻井过程中管柱的上下运动和变化会直接对水力学参数、迟到参数等的计算结果以及对起下钻和下套管过程中池体积变化的监控产生影响。由于各种因素的影响，系统有时会对管柱的运动和变化产生误判，因此需要通过钻具管理及时进行调整。在钻具管理窗口中(图 3-7-36)，包括“已入井管柱”和“未入井管柱”，当系统判断接完一个单根、或者接卸一个立柱/单根后，程序会自动对钻具管理数据表中的“已入井管柱”和“未入井管柱”数据进行调整。当系统对接卸管柱状态发生误判时，可以通过钻具管理窗口中的“上移”或“下移”按钮对管柱进行手工调整，以便使当前管柱组合符合实际情况。

5. 迟到时间校正

可以根据实测循环周期，实测循环冲速，附加环空体积进行修正(图 3-7-35)。

6. 标定修改

实时录井开始以前，已经在“传感器标定”程序中对各种模拟传感器做过相应的标定，但是随着录井的正式进行，如果发现某些标定值已不能符合当前的需要，那么此时可以根据当前实际值对标定值做一些相应的修改。图 3-7-37 为某综合录井仪的标定修改窗口。具体的标定修改与“传感器标定”程序的操作基本相同。

钻具管理

未入井管柱

序号	场地号	外径(mm)	内径(mm)	单根长(m)	累计长(m)	立柱数	方完井深(m)	备注
510	688	127.00	108.00	9.63	4893.94	170	5073.04	
509	687	127.00	108.00	9.63	4884.31		5063.41	
508	686	127.00	108.00	9.61	4874.68		5053.78	
507	717	127.00	108.00	9.65	4865.07	169	5044.17	
506	716	127.00	108.00	9.56	4855.42		5034.52	
505	715	127.00	108.00	9.59	4845.86		5024.96	
504	714	127.00	108.00	9.68	4836.27	168	5015.37	
503	713	127.00	108.00	9.61	4826.59		5005.69	
502	712	127.00	108.00	9.62	4816.98		4996.08	

上移　下移　重置　应用

已入井管柱

序号	场地号	外径(mm)	内径(mm)	单根长(m)	累计长(m)	立柱数	方完井深(m)	备注
501	711	127.00	108.00	9.67	4807.36	167	4986.46	
500	710	127.00	108.00	9.61	4797.69		4976.79	
499	709	127.00	108.00	9.61	4788.08		4967.18	
498	708	127.00	108.00	9.50	4778.47	166	4957.57	
497	707	127.00	108.00	9.65	4768.97		4948.07	
496	706	127.00	108.00	9.42	4759.32		4938.42	
495	705	127.00	108.00	9.67	4749.90	165	4929.00	
494	704	127.00	108.00	9.63	4740.23		4919.33	
493	703	127.00	108.00	9.63	4730.60		4909.70	

图 3－7－36　钻具管理窗口

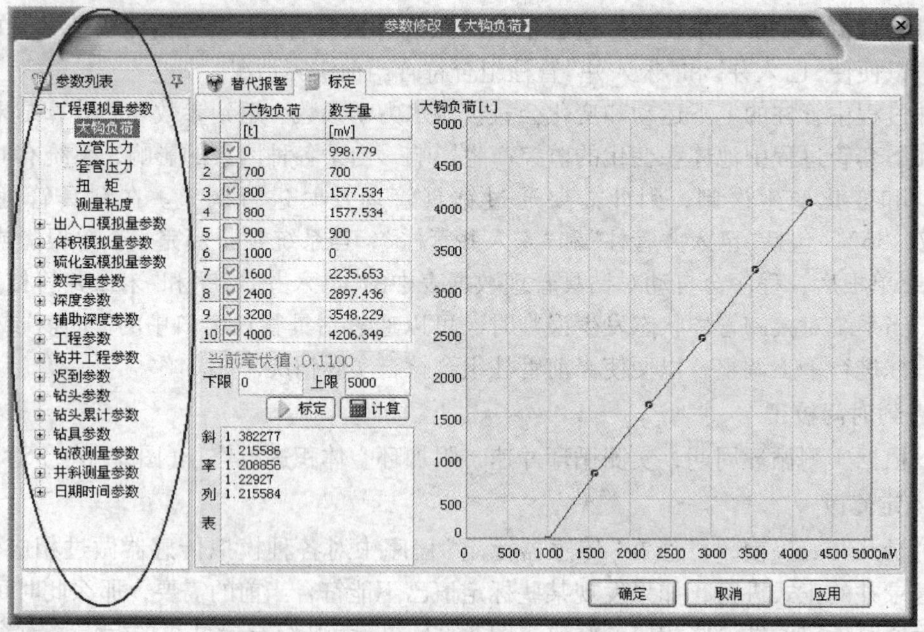

图 3－7－37　模拟传感器标定修改窗口

7. 替代报警设置

报警设置程序用于设置实时参数高低报警门限、捞砂提示报警、井深以及时钟报警间隔。图 3－7－38 是某报警设置程序的主界面。

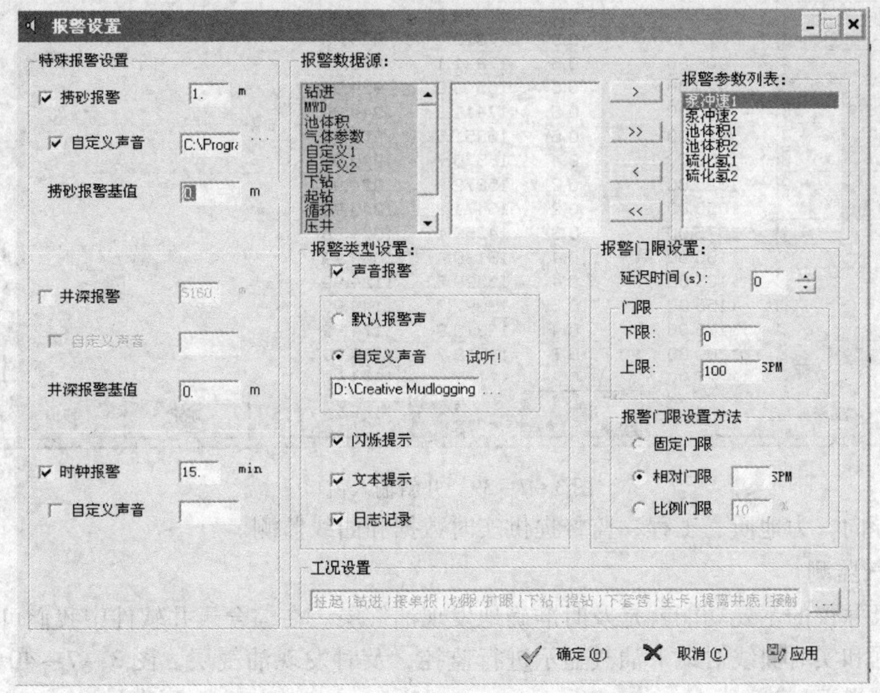

图 3－7－38　报警设置程序的主界面

8. 随钻井斜录入

随钻井斜录入主要输入实时测斜数据，以便根据所选择的计算方法实时计算和跟踪垂直井深、钻头垂深、狗腿度等测斜数据。实时测斜数据主要来自 MWD（随钻测量）、单点照相或陀螺测斜仪等测斜工具，如果需要，也可以采用电测井斜数据。实时处理程序根据输入的井斜数据和所选择的计算方法分段计算各垂直段长并累加，同时以最后一个测斜点的数据为依据计算当前斜深处的垂直段长，这样即可得到当前斜深处的垂直井深。此外，系统还可随着钻头在井眼中的上下移动实时跟踪钻头位置的垂深。这对于定向井、大位移井和水平井井身轨迹的跟踪来说是十分有用的。

用户只须将最新获得的“测斜井深”、“井斜角”和“方位角”三个数据输入到对应的井斜数据列表单元格中，然后选择所需的“垂深计算方法”，即可计算出每一测斜点的垂深，同时当前斜深处的垂直井深以及钻头垂深也随之更新（图 3－7－39）。

需要注意的是，有时由 MWD 提供的测斜方位数据可能没有对磁偏角进行校正，在这种情况下，只需在“磁偏角”输入框中输入本地的磁偏角数据，系统就会在测斜计算时自动消除磁偏角的影响。如果所得到的 MWD 测斜数据已对磁偏角进行过校正，那么只需在“磁偏角”输入框中输入零值即可。

常用的垂深计算方法有“正切法”、“角平均法”、“平衡正切法”、“最小曲率法”。

3.7.2.2　实时监控

1. 功能简介

实时监控程序主要用于现场录井人员在实时录井中进行油气监控、工程监控、钻时卡

井斜数据

垂深计算方法：正切法　　狗腿度计算方法：最小曲率法　　磁偏角：0.0 deg

序号	测斜井深(m)	井斜角(deg)	方位角(deg)	垂深(m)	备注
1	825.00	0.6	17722.7	825.00	
2	850.00	0.7	17439.6	850.00	
3	875.00	0.5	17820.1	875.00	
4	900.00	0.5	17831.1	899.99	
5	925.00	0.6	16543.9	924.99	
6	950.00	0.5	17411.3	949.99	
7	975.00	0.6	16851.5	974.99	
8	1000.00	0.4	16570.7	999.99	
9	1025.00	0.2	15872.8	1024.99	
*	1050.00	0.2	15471.8	1049.99	
	1075.00	0.3	14258.1	1074.99	
	1100.00	0.4	13139.4	1099.99	
	1125.00	0.4	13529.5	1124.99	
	1150.00	0.5	13897.3	1149.99	
	1175.00	0.4	12810.9	1174.99	
	1200.00	0.3	13018.7	1199.99	
	1225.00	0.2	12147.6	1224.99	

插入　删除　刷新　导入　导出　应用　确定　取消

图 3-7-39　井斜输入窗口

层、地质导向，为地质、工程、监督提供实时数据和曲线监测。

2. 油气监测

综合录井仪的主要功能就是及时准确地发现油气层。在综合录井软件中我们可以通过色谱实时数据和实时曲线对地下油气显示进行监控，及时发现油气层。图 3-7-40 为气体实时曲线监测界面。

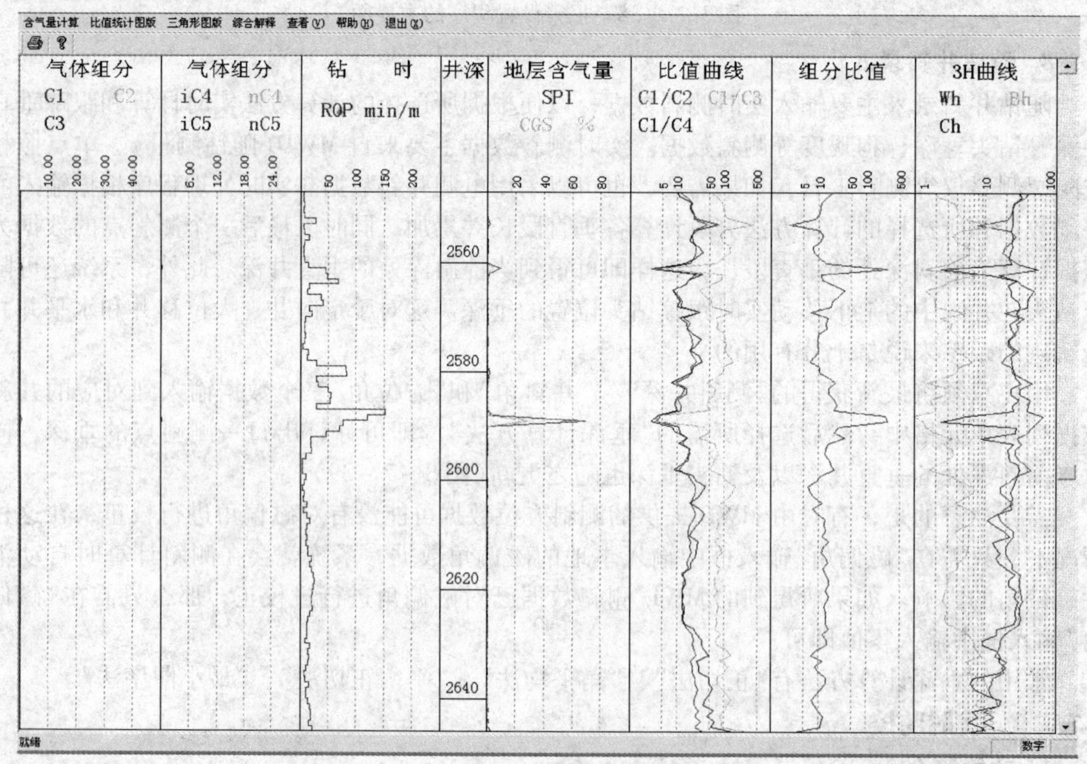

图 3-7-40　气体曲线监测

3. 工程监测

在钻井工程现场施工过程中，复杂的情况会带来工程事故，影响钻井工程的正常进行。

通过综合录井仪可连续检测和记录钻井参数包括：大钩负荷、钻压、立压、泵冲、转盘转速、转盘扭矩、出口流量、钻时、钻进成本、密度、温度、电导率、钻井液体积等。利用综合录井仪监测各种参数异常变化，可直接或间接预报多种工程异常及工程事故（图 3－7－41、图 3－7－42）。

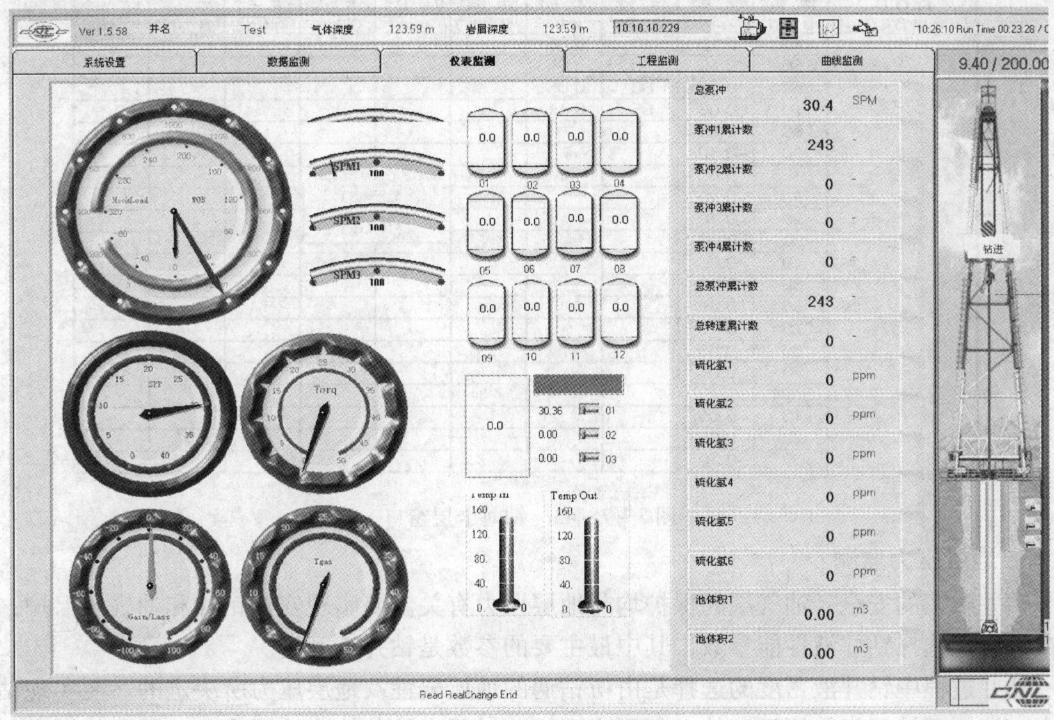

图 3－7－41　工程参数监控

图 3－7－42　工程曲线监控

4. 钻时卡层

钻时卡层可用来精确计算和显示一定厚度间隔地层的钻时。它能以多种深度间距(0.1m，0.2m，0.5m，1.0m)计算钻时，在屏幕上显示或在打印机上打印，最大限度的提供卡层时所需的钻时数据，以满足现场工作的要求。一次可以在 10m 井段范围内进行不同岩性卡层操作，使钻遇地层划分更为精确(图 3－7－43)。

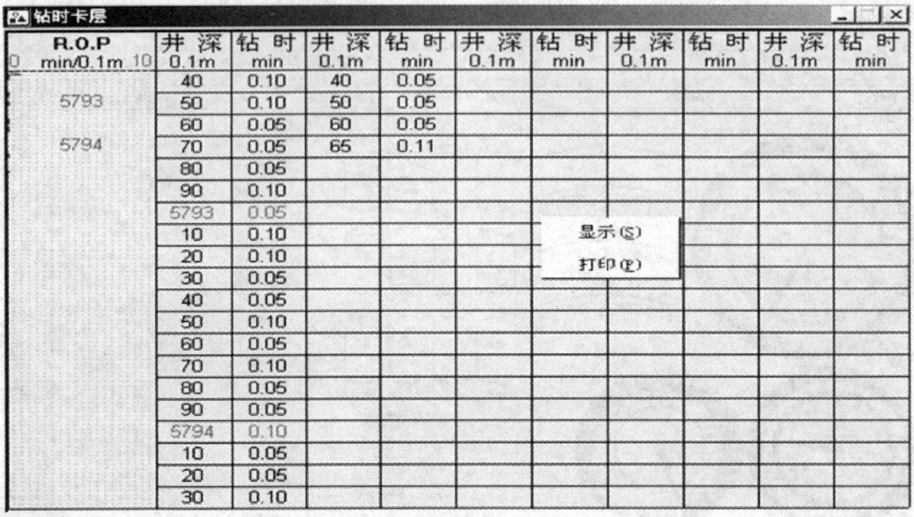

钻时卡层

显示(S)
打印(P)

R.O.P 0 min/0.1m 10	井深 0.1m	钻时 min	井深 0.1m	钻时 min	井深 0.1m	钻时 min	井深 0.1m	钻时 min	井深 0.1m	钻时 min
	40	0.10	40	0.05						
5793	50	0.10	50	0.05						
	60	0.05	60	0.05						
5794	70	0.05	65	0.11						
	80	0.05								
	90	0.10								
	5793	0.05								
	10	0.10								
	20	0.10								
	30	0.05								
	40	0.05								
	50	0.10								
	60	0.05								
	70	0.10								
	80	0.05								
	90	0.05								
	5794	0.10								
	10	0.05								
	20	0.05								
	30	0.10								

图 3－7－43　钻时卡层窗口

5. 地层压力监测

钻井施工的安全、油气层的保护均与地层压力有关。要实现安全钻井和油气层保护，关键在于合理选择钻井液性能参数，其中最主要的参数是钻井液密度。

钻井过程中钻井液密度的选择是由所钻遇的地层岩性及地层压力所决定的。要实现钻井安全，油层不被污染和压死，就必须要实现钻井过程中的井筒液柱压力与地层孔隙压力的动态平衡。要实现这个目的，关键在于在施工过程中进行实时的地层压力监测，根据地层压力变化情况，及时调整钻井液性能，这就是综合录井在勘探中的另一个重要作用。

综合录井技术用于检测地层压力的方法主要有 dc 指数法、Sigma 法、泥(页)岩密度法，地温梯度法、C_2/C_3比值法。其中最常用的方法是 dc 指数法和 Sigma 法。

6. 地质导向

综合录井仪实现地质导向是其发展的一个方向。无线随钻(MWD/LWD)解决钻井导向问题，而传统的综合录井解决的是储层识别问题，也就是地质问题。录井仪仅靠地面参数已经不能满足钻井现场的技术需求，随着定向井、水平井、丛式井等特殊井的不断增多，面对复杂的地质环境条件，地质设计、目标层位确认、储层穿越、中靶控制等的技术难度不断增大。

在钻开目标层前，我们对它的认识是有限的，也是不确定的，必须进行随钻动态分析，及时调整措施，控制井眼轨迹，才能达到预期效果。

快速色谱的地质导向和 MWD/LWD 的空间导向技术更紧密的结合，能够第一时间判断地层性质及地层变化情况，及时调整定向参数，更有利于定向井的施工。

将 MWD/LWD 的井斜、方位等数据接入录井系统，可以实时计算水平位移、垂直位移，方位角，垂直井深、判断是否中靶等，可以在起下钻过程中进行井眼轨迹跟踪，监视井下钻头是否到达造斜拐点，可显示实时井眼轨迹，指导工程作业，保护井况和井下高价值作业工具，也方便录井地层的对比和油气层的归位。

3.7.3　资料处理

资料处理是整个录井作业的后续工作，将实时录井的数据资料进行编辑和整理，然后利用相应的解释软件对录井的数据进行解释和评价；资料处理系统主要包括数据库整理、数据导入与导出、井斜处理、钻头报告、水力学报告、图件和数据回放等内容。

3.7.3.1　数据库整理

数据库整理主要完成对数据库数据的浏览、排序、查询、修改、删除、添加、计算、插入、导入导出等操作。

1. 查询数据

资料处理时需要查询统计数据库的各类数据，比如时间数据、深度数据、色谱数据、泥浆数据、工程数据等。数据库整理软件可以根据需要选择相应的数据库表和字段查询所需的数据。图3-7-44是某数据库整理软件的查询界面。

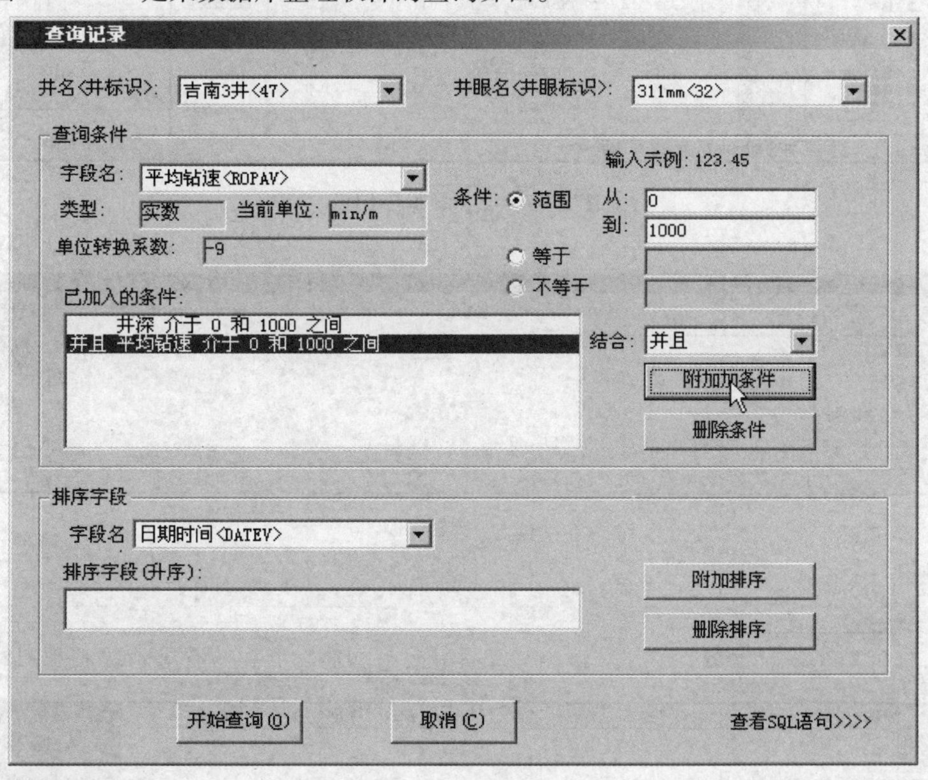

图3-7-44　数据库查询界面

2. 数据编辑

数据编辑包括修改数据、追加记录、插入记录、删除记录等。图3-7-45是某数据库整理软件的数据库编辑界面。

3. 数据导入/导出

数据导入：主要用于将电测、地化等第三方数据导入到综合录井数据库中，然后根据各工区的资料要求来出各种表格资料。图3-7-46是某数据库导入软件导入电测数据的界面。

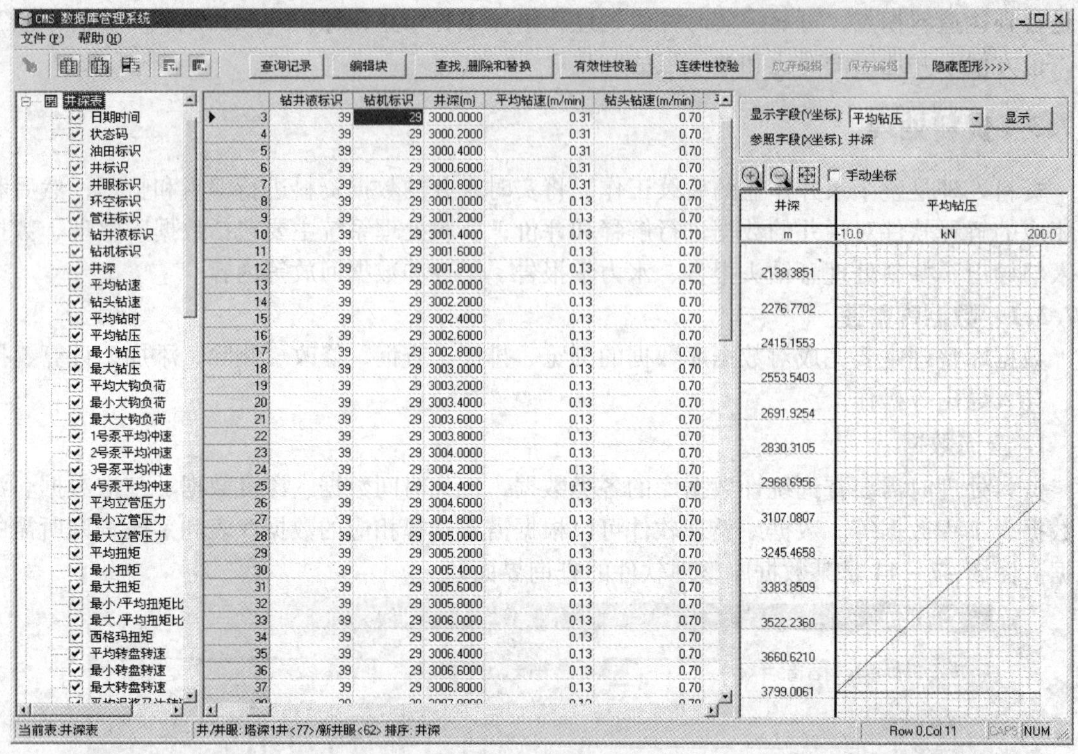

图 3-7-45　数据库编辑

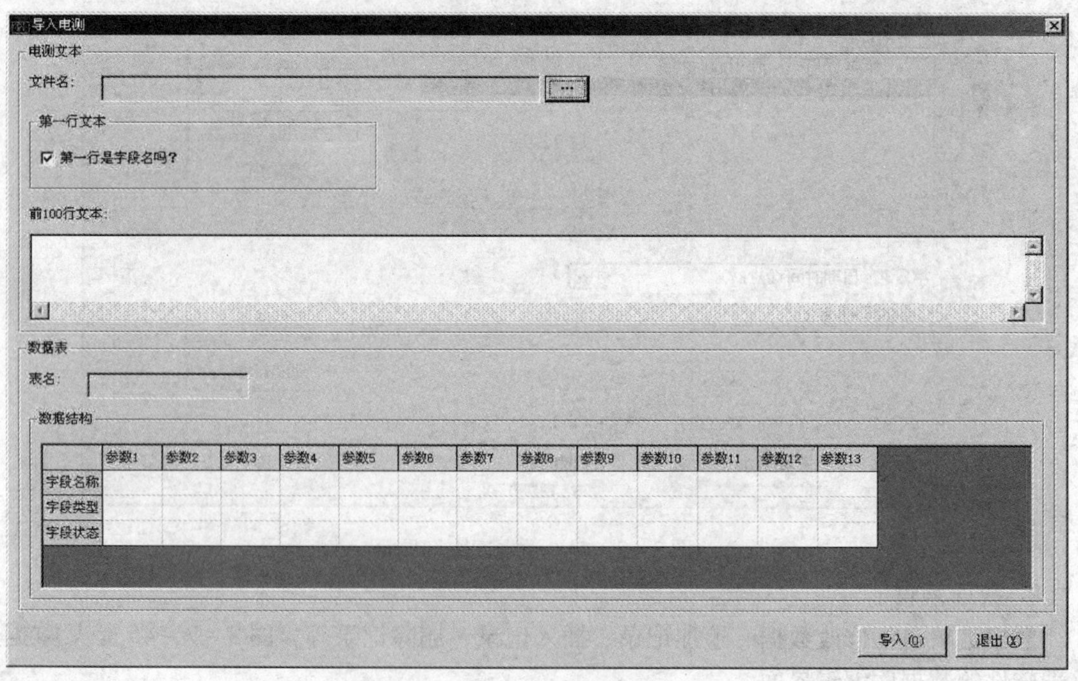

图 3-7-46　测井数据导入

数据导出：可将综合录井数据库数据导出为文本文件或 MicrosoftExcel 电子表格文件，以供其他程序使用或方便资料处理。图 3-7-47 为某数据库整理软件数据导出界面。

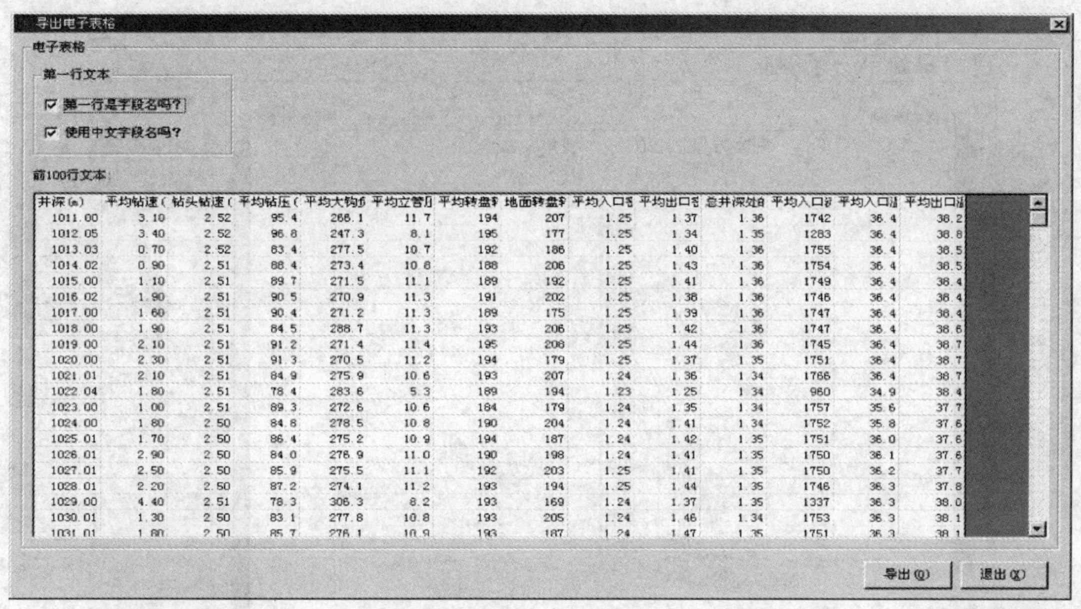

图 3-7-47　数据导出界面

3.7.3.2　井斜处理报告

主要是利用测斜数据、MWD 数据、电子多点数据和常用的几种井斜算法来绘制不同情况的井斜平面图、侧面图以及立体图等。

1. 原理

井斜数据的测量由专用仪器进行，通常每过一定井深测量一个点。测量点共测得该点井深、井斜角 θ 和方位角 α 三个参数，井斜程序的基本任务是就是根据这些参数计算井内不同深度点的三维坐标 x，y，z，并由此画出三维井斜图以及井轨迹在垂直或水平不同方向的投影等。

2. 定义

井斜测量和计算使用坐标系规定：井口三维坐标为(0，0，0)，正北方向为 x，正东方向为 y，正下方为 z；采用右手坐标系，井斜角为 θ(和 z 轴夹角，从向下的正 z 轴开始为 θ 角)，方位角为 α(斜距在 XOY 投影和 x 轴夹角)，从正北向东为正 α 角斜距或井深增量为 L。

3. 计算方法

计算方法原理：

假设某测量点的三维坐标是 $x1$，$y1$，$z1$，井斜角为 $\theta1$，方位角为 $\alpha1$；另一个测量点的井斜角为 $\theta2$，方位角为 $\alpha2$，两测量点之间的距离为 L；那么利用下述计算方法可以求得第二个测量点的三维坐标 $x2$，$y2$，$z2$，从而利用相同的方法求得第三个、第四个以及以后所有点的三维坐标。

六种计算方法：

勾股法、角平均法、角度差法、中线法、曲率半径法(又叫最小曲率法，公式复杂，精度高)、二次方程法。

4. 井斜软件操作

图 3-7-48 为某井斜处理软件的主界面。

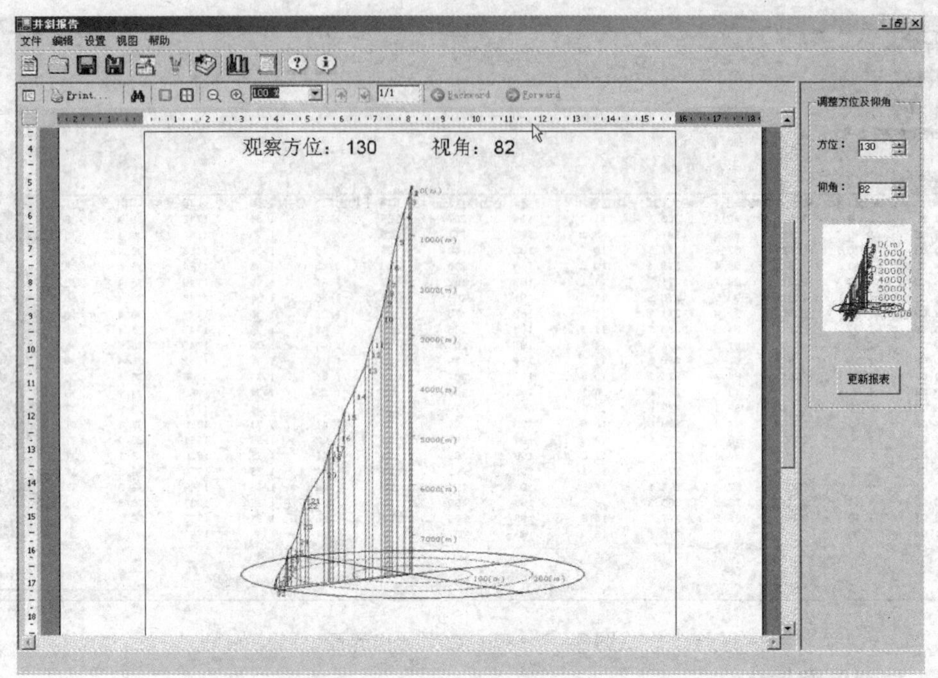

图 3-7-48 井斜处理主界面

选择菜单“编辑”→“井斜数据”，弹出“井斜计算”窗口，在标题信息中输入公司标志，井名等信息，在计算方法中选择合适的井斜计算方法和狗腿度计算方法等信息，在实际井斜/设计井斜数据中输入井深，井斜角和方位角信息(图 3-7-49)。

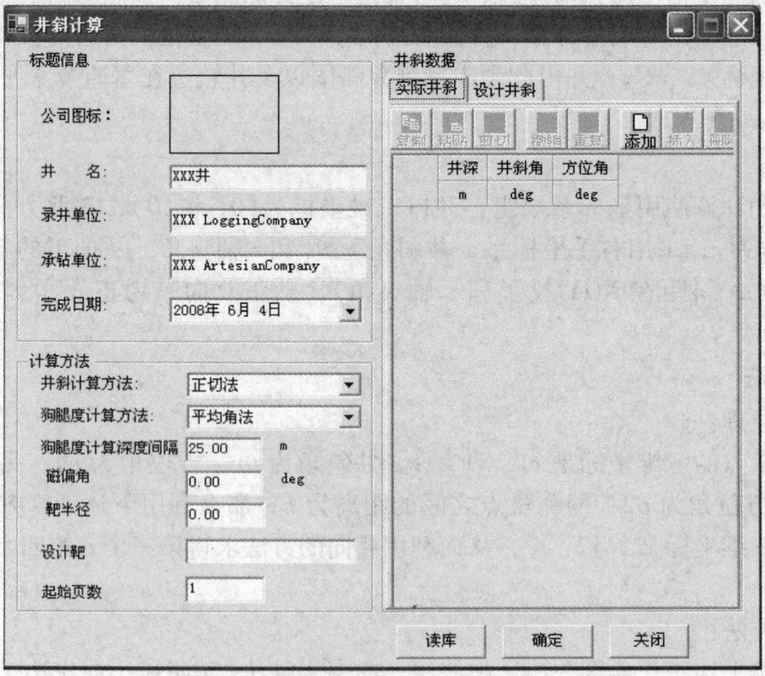

井斜计算
标题信息
公司图标：
井 名：XXX井
录井单位：XXX LoggingCompany
承钻单位：XXX ArtesianCompany
完成日期：2008年 6月 4日
计算方法
井斜计算方法：正切法
狗腿度计算方法：平均角法
狗腿度计算深度间隔 25.00 m
磁偏角 0.00 deg
靶半径 0.00
设计靶
起始页数 1
井斜数据
实际井斜 设计井斜
添加
井深 m | 井斜角 deg | 方位角 deg
读库 确定 关闭

图 3-7-49 井斜计算窗口

井斜数据计算完毕后，就可以在井斜视图中查看、打印井斜图和数据报表，井斜图对应三类视图：平面图、侧面图、立体图；点击“平面图”后，显示如图 3-7-50 所示。

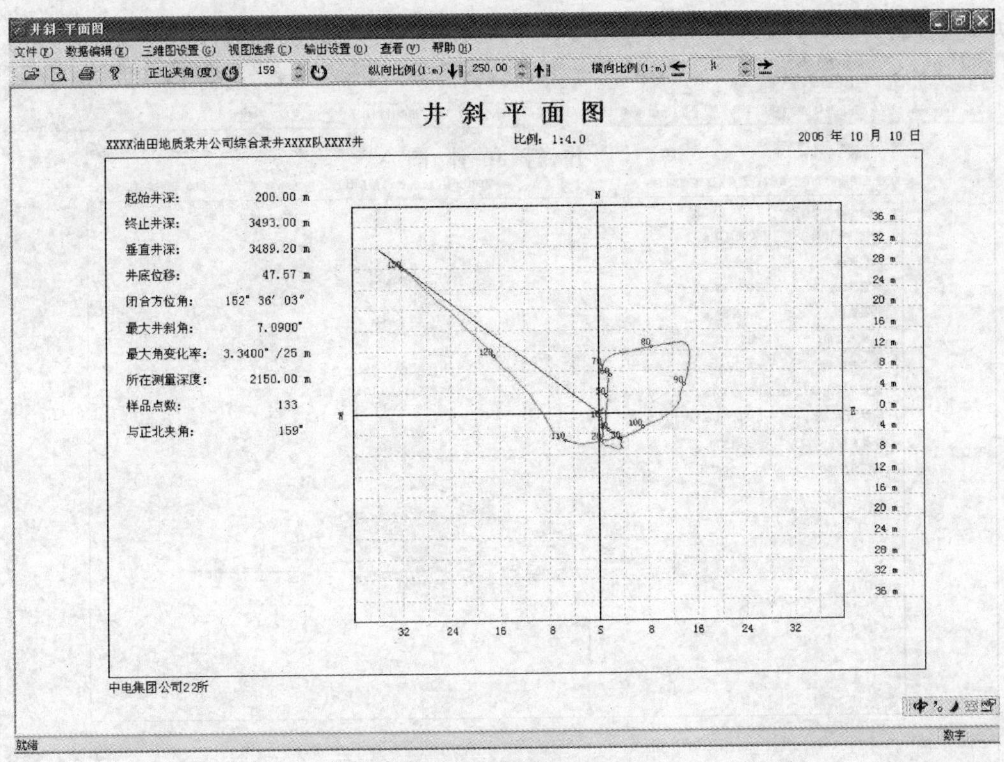

图 3 -7 -50　井斜平面图

点击“侧面图”后，显示如图 3 -7 -51 所示。

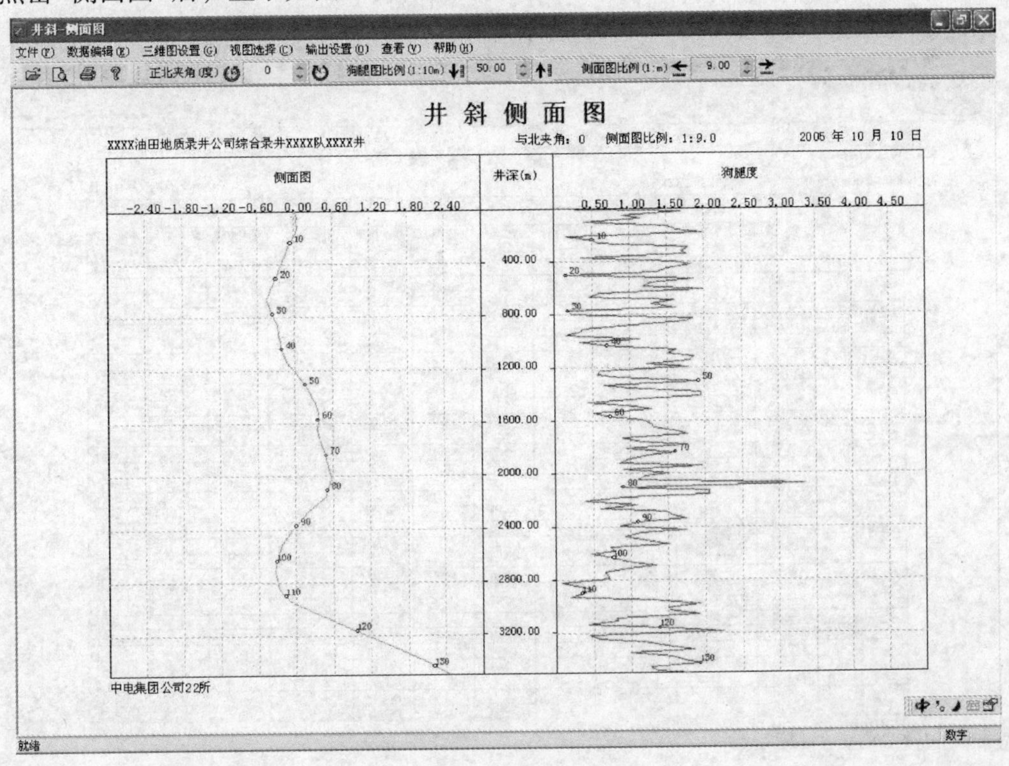

图 3 -7 -51　井斜侧面图

点击“立体图”后，显示如图 3-7-52 所示。

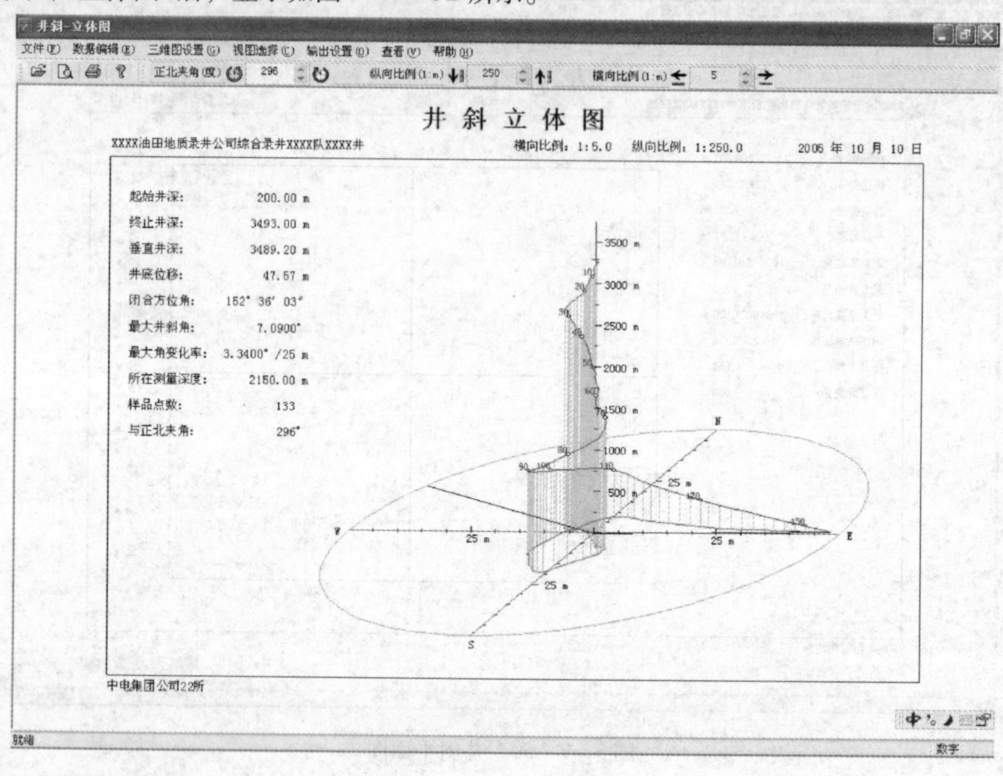

图 3-7-52 井斜立体图

点击“预览数据”后，如图 3-7-53 所示。

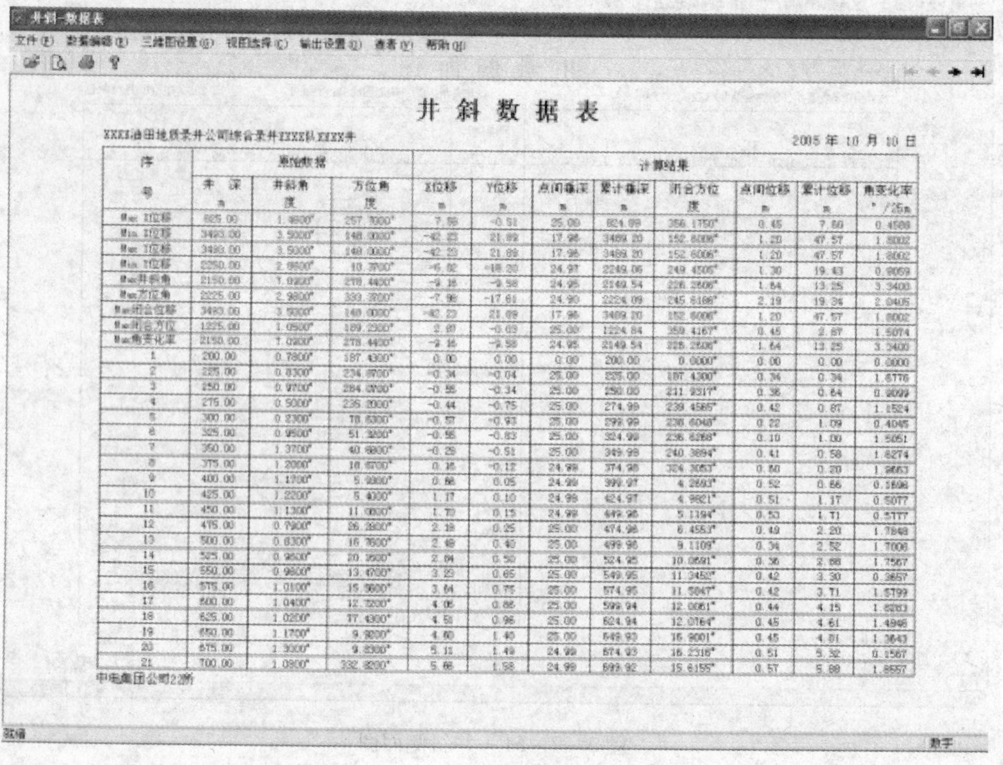
井斜-数据表

文件(F) 数据编辑(E) 三维图设置(G) 视图选择(C) 输出设置(O) 查看(V) 帮助(H)

井 斜 数 据 表

XXXX油田地质录井公司综合录井XXXX队XXXX井　　2005 年 10 月 10 日

序号	原始数据			计算结果							
	井深 m	井斜角 度	方位角 度	X位移 m	Y位移 m	点间垂深 m	累计垂深 m	闭合方位 度	点间位移 m	累计位移 m	角变化率 °/25m
Max X位移	825.00	1.4800°	257.7000°	7.58	-0.51	25.00	824.99	356.1750°	0.45	7.60	0.4588
Min X位移	3493.00	3.5000°	148.0000°	-42.23	21.89	17.98	3489.20	152.6006°	1.20	47.57	1.8002
Max Y位移	3493.00	3.5000°	148.0000°	-42.23	21.89	17.98	3489.20	152.6006°	1.20	47.57	1.8002
Min Y位移	2250.00	2.8600°	10.3700°	-6.82	-18.20	24.97	2249.06	249.4505°	1.30	19.43	0.9059
Max井斜角	2150.00	7.0900°	278.4400°	-9.16	-9.58	24.95	2149.54	226.2806°	1.64	13.25	3.3400
Max方位角	2225.00	2.9800°	339.3700°	-7.98	-17.61	24.90	2224.09	245.6186°	2.19	19.34	2.0405
Max闭合位移	3493.00	3.5000°	148.0000°	-42.23	21.89	17.98	3489.20	152.6006°	1.20	47.57	1.8002
Max闭合方位	1225.00	1.0500°	189.2300°	2.87	-0.03	25.00	1224.84	359.4167°	0.45	2.87	1.5074
Max角变化率	2150.00	7.0900°	278.4400°	-9.16	-9.58	24.95	2149.54	226.2806°	1.64	13.25	3.3400
1	200.00	0.7800°	187.4300°	0.00	0.00	0.00	200.00	0.0000°	0.00	0.00	0.0000
2	225.00	0.8300°	234.8700°	-0.34	-0.04	25.00	225.00	187.4300°	0.34	0.34	1.6776
3	250.00	0.9700°	284.0700°	-0.55	-0.34	25.00	250.00	211.9317°	0.38	0.64	0.8099
4	275.00	0.5000°	236.2000°	-0.44	-0.75	25.00	274.99	239.4565°	0.42	0.87	1.1524
5	300.00	0.2300°	78.6300°	-0.57	-0.93	25.00	299.99	238.6048°	0.22	1.09	0.4045
6	325.00	0.9500°	51.3200°	-0.55	-0.83	25.00	324.99	236.6268°	0.10	1.00	1.5051
7	350.00	1.3700°	40.6800°	-0.29	-0.51	25.00	349.99	240.3894°	0.41	0.58	1.6274
8	375.00	1.2000°	10.6700°	0.16	-0.12	24.99	374.98	324.3053°	0.60	0.20	1.9663
9	400.00	1.1700°	5.9300°	0.66	0.05	24.99	399.97	4.2693°	0.52	0.66	0.1698
10	425.00	1.2200°	5.4000°	1.17	0.10	24.99	424.97	4.9821°	0.51	1.17	0.5077
11	450.00	1.1300°	11.0000°	1.70	0.15	24.99	449.96	5.1194°	0.53	1.71	0.5777
12	475.00	0.7900°	26.2800°	2.19	0.25	25.00	474.96	6.4553°	0.49	2.20	1.7848
13	500.00	0.8300°	16.7600°	2.49	0.40	25.00	499.96	9.1109°	0.34	2.52	1.7006
14	525.00	0.9600°	20.2600°	2.84	0.50	25.00	524.95	10.0691°	0.36	2.88	1.7567
15	550.00	0.9800°	13.4700°	3.29	0.65	25.00	549.95	11.3452°	0.42	3.30	0.3657
16	575.00	1.0100°	15.5600°	3.64	0.75	25.00	574.95	11.5847°	0.42	3.71	1.5799
17	600.00	1.0400°	12.7200°	4.06	0.86	25.00	599.94	12.0061°	0.44	4.15	1.6283
18	625.00	1.0200°	17.4300°	4.51	0.96	25.00	624.94	12.0164°	0.45	4.61	1.4946
19	650.00	1.1700°	9.9200°	4.60	1.40	25.00	649.93	16.9001°	0.45	4.81	1.3643
20	675.00	1.3000°	9.8300°	5.11	1.49	24.99	674.93	16.2318°	0.51	5.32	0.1567
21	700.00	1.0800°	332.8200°	5.68	1.58	24.99	699.92	15.6155°	0.57	5.88	1.8557

中电集团公司22所

就绪　　数字

图 3-7-53 井斜数据表

3.7.3.3 钻头报告

钻头报告主要用于显示和打印录井过程中添加的每一个钻头的信息，这其中主要包括新钻头报告、钻头总结报告、钻头总列表以及钻头成本图等。

1. 参数设置

处理钻头报告前需要首先进行参数设置，图 3 – 7 – 54 为某钻头报告处理软件的系统配置界面。

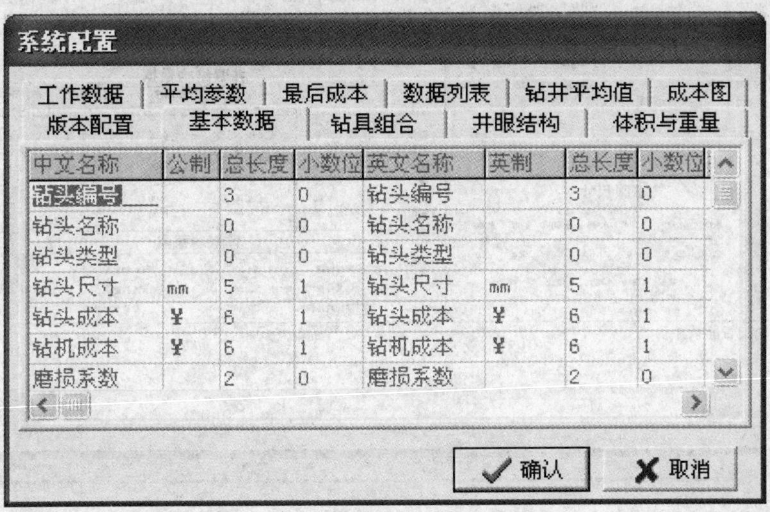

系统配置

工作数据 | 平均参数 | 最后成本 | 数据列表 | 钻井平均值 | 成本图

版本配置 | 基本数据 | 钻具组合 | 井眼结构 | 体积与重量

中文名称	公制	总长度	小数位	英文名称	英制	总长度	小数位
钻头编号		3	0	钻头编号		3	0
钻头名称		0	0	钻头名称		0	0
钻头类型		0	0	钻头类型		0	0
钻头尺寸	mm	5	1	钻头尺寸	mm	5	1
钻头成本	¥	6	1	钻头成本	¥	6	1
钻机成本	¥	6	1	钻机成本	¥	6	1
磨损系数		2	0	磨损系数		2	0

确认　取消

图 3 – 7 – 54　系统配置

如图 3 – 7 – 54 所示，钻头报告的系统配置包括版本配置、基本参数、钻具组合、井眼结构、体积与重量、工作数据、平均参数、最后成本、数据列表、钻井平均值以及成本图等参数的配置，主要用来制订钻头报告中各种参数的显示格式等，您只需根据自己的需要在以上各种配置中作相应的调整，然后单击“确定”按钮。

2. 打印预览

(1) 新钻头报告

单击主窗口菜单栏的“打印预览”按钮，在弹出的快捷菜单中选择“新钻头报告”项，就能看到新钻头报告的预览窗口，如图 3 – 7 – 55 所示。

新钻头报告用于输出新增加钻头的基本数据，如水眼尺寸、钻头编号名称、下钻时的井深、垂深等，同时列出当时的钻具组合情况、井眼结构数据和体积重量等参数。

(2) 钻头总结报告

单击主窗口菜单栏的“打印预览”按钮→选择“钻头总结报告”项，如图 3 – 7 – 56 所示。钻头总结报告主要是对已经使用完的钻头进行总结性描述，它包括钻头基本数据、水眼尺寸、钻头工作数据、钻井平均参数以及钻进最后成本等。

(3) 钻头总列表

单击主窗口菜单栏的“打印预览”按钮→选择“钻头总列表”项，您将能看到当前钻头数据库中所有钻头的基本数据和钻井平均数据信息。如图 3 – 7 – 57 所示。

(4) 钻头成本图

单击主窗口菜单栏的“打印预览”按钮→选择“钻头成本图”项，如图 3 – 7 – 58 所示。

钻头成本图是以曲线图的形式更直观的表达了钻头在其进尺过程当中的钻时、钻进成本以及钻井成本等。

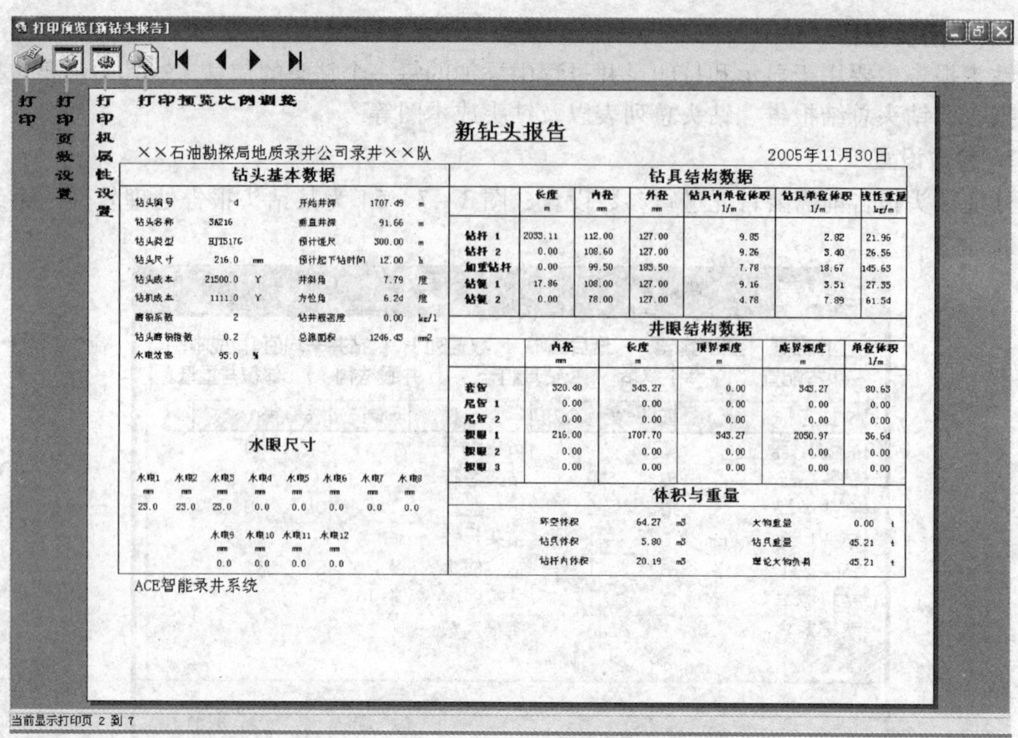

新钻头报告

××石油勘探局地质录井公司录井××队　　2005年11月30日

钻头基本数据

钻头编号	d		开始井深	1707.49	m
钻头名称	3A216		垂直井深	91.66	m
钻头类型	HJT517G		预计进尺	300.00	m
钻头尺寸	216.0	mm	预计起下钻时间	12.00	h
钻头成本	21500.0	Y	井斜角	7.79	度
钻机成本	1111.0	Y	方位角	6.2d	度
磨损系数	2		钻井液密度	0.00	kg/1
钻头磨损指数	0.2		总流面积	1246.43	mm2
水眼效率	95.0	%			

水眼尺寸

水眼1 mm	水眼2 mm	水眼3 mm	水眼4 mm	水眼5 mm	水眼6 mm	水眼7 mm	水眼8 mm
23.0	23.0	23.0	0.0	0.0	0.0	0.0	0.0

水眼9 mm	水眼10 mm	水眼11 mm	水眼12 mm
0.0	0.0	0.0	0.0

钻具结构数据

	长度 m	内径 mm	外径 mm	钻具内单位体积 1/m	钻具单位体积 1/m	线性重量 kg/m
钻杆 1	2033.11	112.00	127.00	9.85	2.82	21.96
钻杆 2	0.00	108.60	127.00	9.26	3.40	26.56
加重钻杆	0.00	99.50	183.50	7.78	18.67	145.63
钻铤 1	17.86	108.00	127.00	9.16	3.51	27.35
钻铤 2	0.00	78.00	127.00	4.78	7.89	61.54

井眼结构数据

	内径 mm	长度 m	顶界深度 m	底界深度 m	单位体积 1/m
套管	320.40	343.27	0.00	343.27	80.63
尾管 1	0.00	0.00	0.00	0.00	0.00
尾管 2	0.00	0.00	0.00	0.00	0.00
裸眼 1	216.00	1707.70	343.27	2050.97	36.64
裸眼 2	0.00	0.00	0.00	0.00	0.00
裸眼 3	0.00	0.00	0.00	0.00	0.00

体积与重量

环空体积	64.27	m3	大钩重量	0.00	t
钻具体积	5.80	m3	钻具重量	45.21	t
钻杆内体积	20.19	m3	理论大钩负荷	45.21	t

ACE智能录井系统

图 3-7-55　新钻头报告打印预览窗口

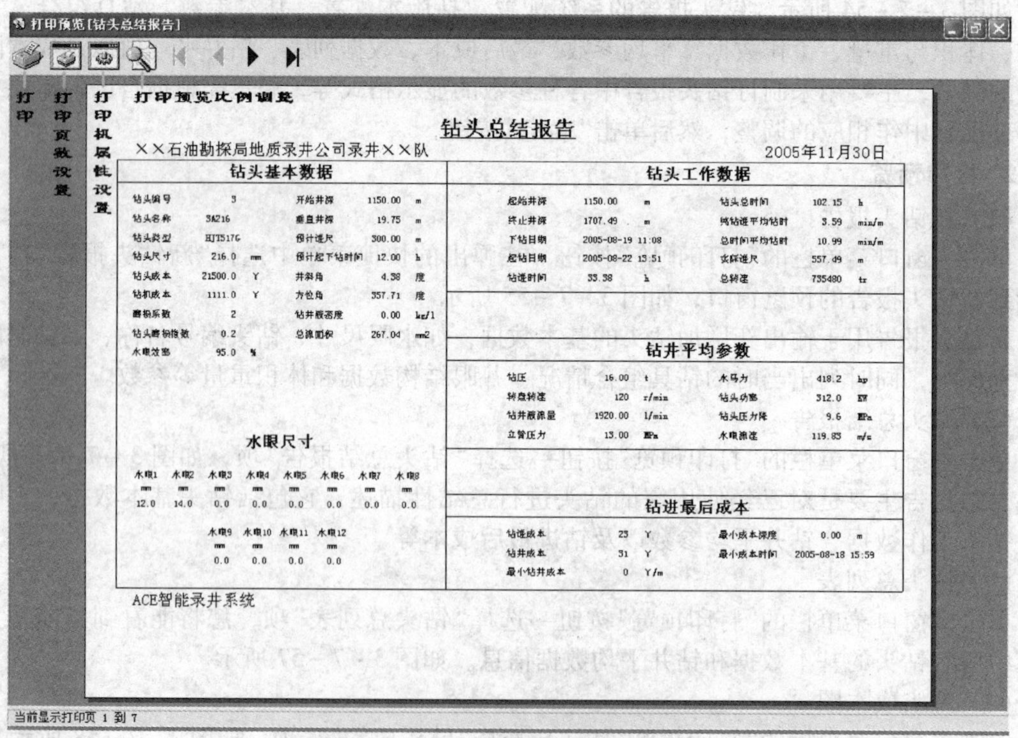

钻头总结报告

××石油勘探局地质录井公司录井××队　　2005年11月30日

钻头基本数据

钻头编号	3		开始井深	1150.00	m
钻头名称	3A216		垂直井深	19.75	m
钻头类型	HJT517G		预计进尺	300.00	m
钻头尺寸	216.0	mm	预计起下钻时间	12.00	h
钻头成本	21500.0	Y	井斜角	4.38	度
钻机成本	1111.0	Y	方位角	357.71	度
磨损系数	2		钻井液密度	0.00	kg/1
钻头磨损指数	0.2		总流面积	267.04	mm2
水眼效率	95.0	%			

水眼尺寸

水眼1 mm	水眼2 mm	水眼3 mm	水眼4 mm	水眼5 mm	水眼6 mm	水眼7 mm	水眼8 mm
12.0	14.0	0.0	0.0	0.0	0.0	0.0	0.0

水眼9 mm	水眼10 mm	水眼11 mm	水眼12 mm
0.0	0.0	0.0	0.0

钻头工作数据

起始井深	1150.00	m	钻头总时间	102.15	h
终止井深	1707.49	m	纯钻进平均钻时	3.59	min/m
下钻日期	2005-08-19 11:08		总时间平均钻时	10.99	min/m
起钻日期	2005-08-22 13:51		实际进尺	557.49	m
钻进时间	33.38	h	总转速	735480	tr

钻井平均参数

钻压	16.00	t	水马力	418.2	hp
转盘转速	120	r/min	钻头功率	312.0	KW
钻井液流量	1920.00	l/min	钻头压力降	9.6	MPa
立管压力	13.00	MPa	水眼流速	119.83	m/s

钻进最后成本

钻进成本	23	Y	最小成本深度	0.00 m
钻井成本	31	Y	最小成本时间	2005-08-18 15:59
最小钻井成本	0	Y/m		

ACE智能录井系统

图 3-7-56　钻头总结报告打印预览窗口

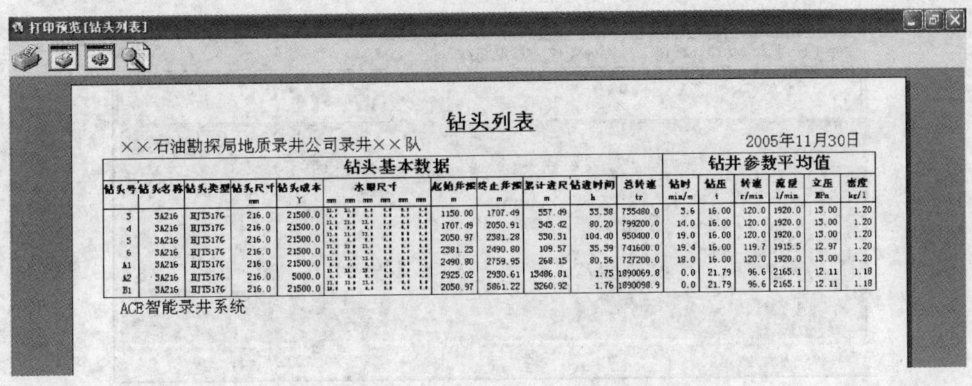

钻头列表

××石油勘探局地质录井公司录井××队　　　　2005年11月30日

钻头基本数据											钻井参数平均值					
钻头号	钻头名称	钻头类型	钻头尺寸 mm	钻头成本 Y	水眼尺寸 mm	起始井深 m	终止井深 m	累计进尺 m	钻进时间 h	总转速 tr	钻时 min/m	钻压 t	转速 r/min	流量 l/min	立压 MPa	密度 kg/l
3	3A216	HJT517G	216.0	21500.0	[illegible]	1150.00	1707.49	557.49	33.38	735480.0	3.6	16.00	120.0	1920.0	13.00	1.20
4	3A216	HJT517G	216.0	21500.0	[illegible]	1707.49	2050.91	343.42	80.20	799200.0	14.0	16.00	120.0	1920.0	13.00	1.20
5	3A216	HJT517G	216.0	21500.0	[illegible]	2050.97	2381.28	330.31	104.40	950400.0	19.0	16.00	120.0	1920.0	13.00	1.20
6	3A216	HJT517G	216.0	21500.0	[illegible]	2381.23	2490.80	109.57	35.39	741600.0	19.4	16.00	119.7	1915.5	12.97	1.20
A1	3A216	HJT517G	216.0	21500.0	[illegible]	2490.80	2759.95	268.15	80.56	727200.0	18.0	16.00	120.0	1920.0	13.00	1.20
A2	3A216	HJT517G	216.0	5000.0	[illegible]	2925.02	2930.61	13486.81	1.75	1890069.8	0.0	21.79	96.6	2165.1	12.11	1.18
B1	3A216	HJT517G	216.0	21500.0	[illegible]	2050.97	5861.22	3260.92	1.76	1890098.9	0.0	21.79	96.6	2165.1	12.11	1.18

ACE智能录井系统

图 3－7－57　钻头总列表打印预览窗口

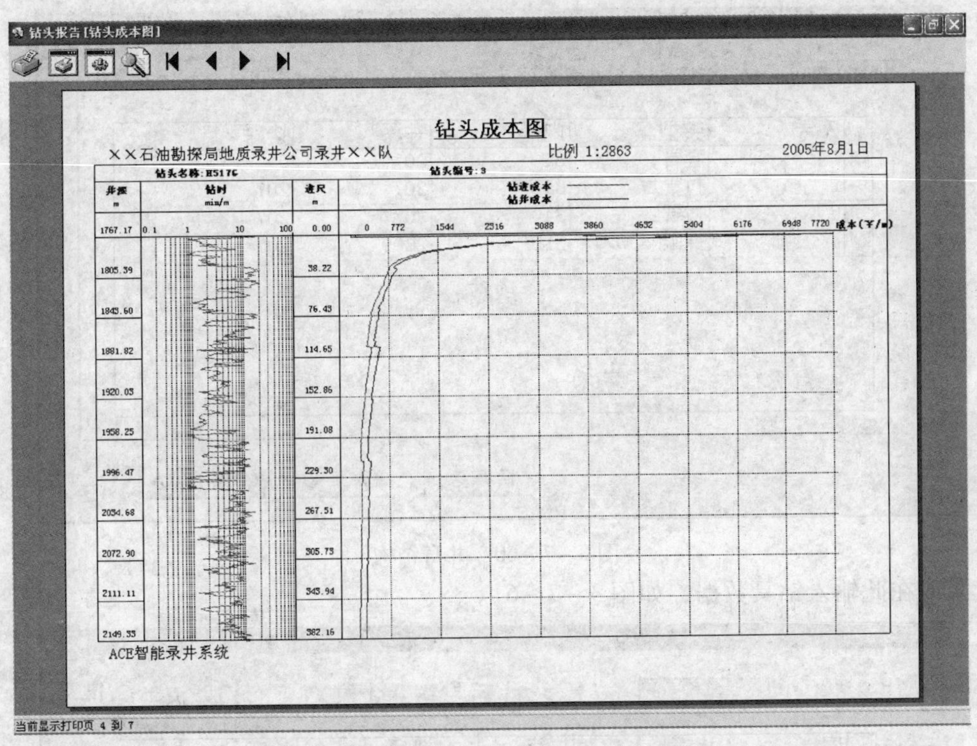

图 3－7－58　钻头成本图打印预览窗口

3.7.3.4　水力学报告

钻探水力学就是利用水力学和钻井液流变学的原理，研究钻孔内钻井液流动状况和规律的学科。用以解决钻孔内的排除岩屑、冷却钻头、水功率利用、优化钻探等实际问题。钻探水力学又分为钻孔环空水力学和钻头水力学两部分。

水力学处理软件就是根据钻探水力学原理利用计算机对钻井参数进行计算处理，根据水力学报告指导钻井制定一个最优化的钻井水力学方案，达到安全钻井、对裸眼地层伤害最小、成本尽可能的低的情况下控制钻井参数。

下面介绍一下某水力学处理软件生成水力学报告的方法。

1. 数据录入

图 3－7－59 为水力学计算软件的主界面。

首先从数据库中读出井身结构数据和钻头数据中的部分数据（图 3－7－60）。

水力学计算
文件(F) 水力学优化计算(O) 水力计算(C) 帮助(H)
Welcome
2000-07-11

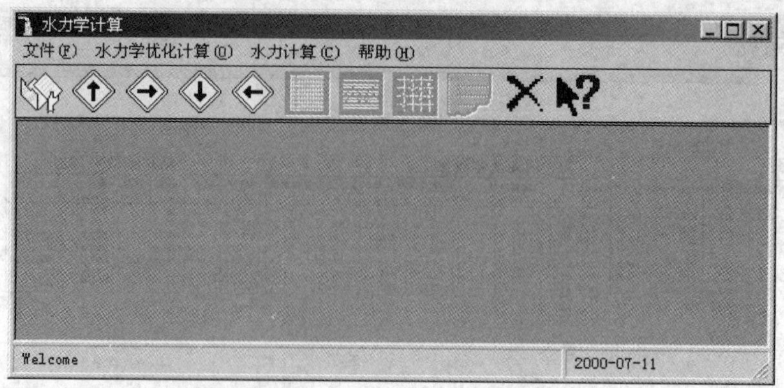

图 3－7－59　水力学计算软件界面

数据录入
井身结构(W) 钻具结构(T) 钻头参数(B) 泥浆参数(M) 综合参数(P) 波动压力(E)
序号 类型 内径 井深 挂深
1 套管 340 207 0
2 衬管1 340 207 207
3 衬管2 340 207 207
4 裸眼 215 2609 207
读 库(R) 确 定(K) 退 出(X)

图 3－7－60　井身结构

读入或在此输入钻具数据，如图 3－7－61。

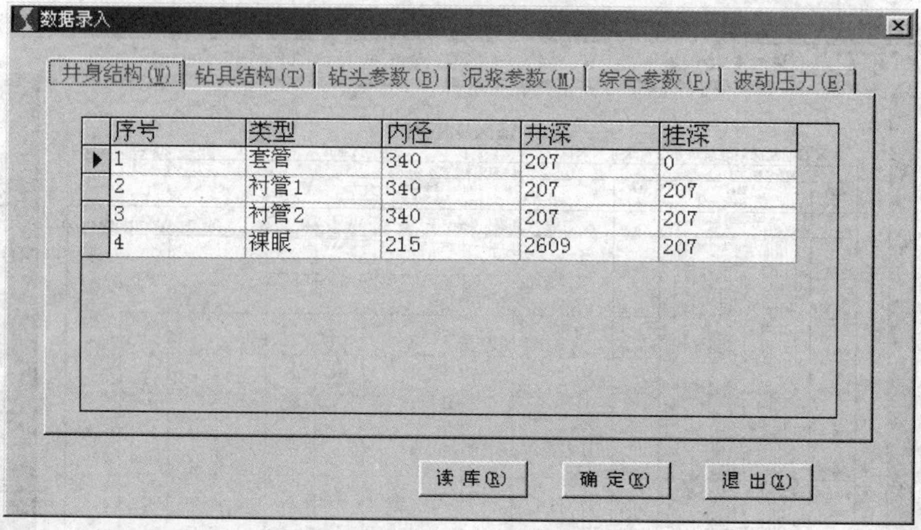

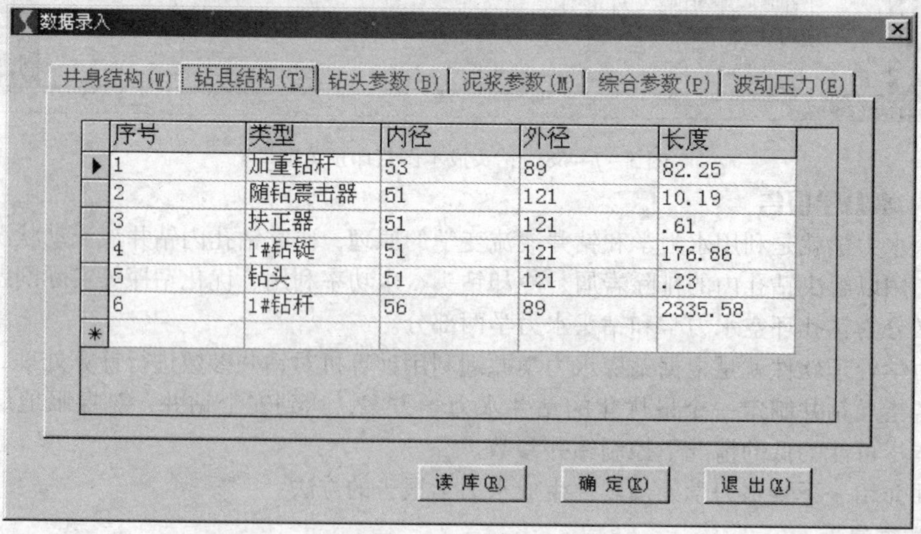

数据录入
井身结构(W) 钻具结构(T) 钻头参数(B) 泥浆参数(M) 综合参数(P) 波动压力(E)
序号 类型 内径 外径 长度
1 加重钻杆 53 89 82.25
2 随钻震击器 51 121 10.19
3 扶正器 51 121 .61
4 1#钻铤 51 121 176.86
5 钻头 51 121 .23
6 1#钻杆 56 89 2335.58
读 库(R) 确 定(K) 退 出(X)

图 3－7－61　钻具结构

读入或在此输入钻头数据，如图 3－7－62。

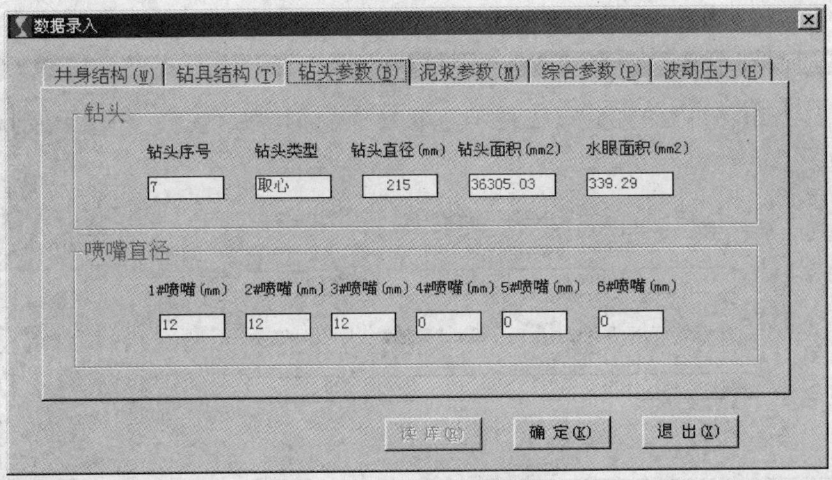

图 3－7－62　钻头数据

读入或在此输入钻井液性能数据，如图 3－7－63。

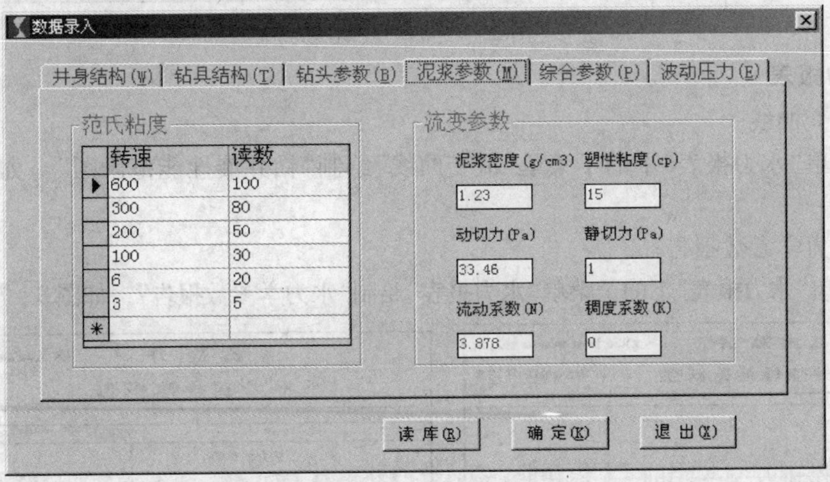

图 3－7－63　泥浆参数

在此输入计算井深、泥浆流量、岩屑尺寸等水力学计算所需的基础数据，如图 3－7－64。

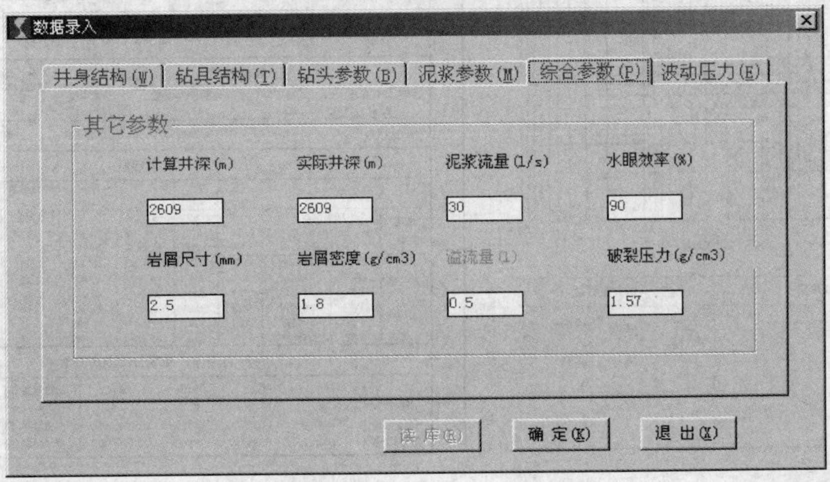

图 3－7－64　综合参数

波动压力参数，如图 3－7－65 所示。

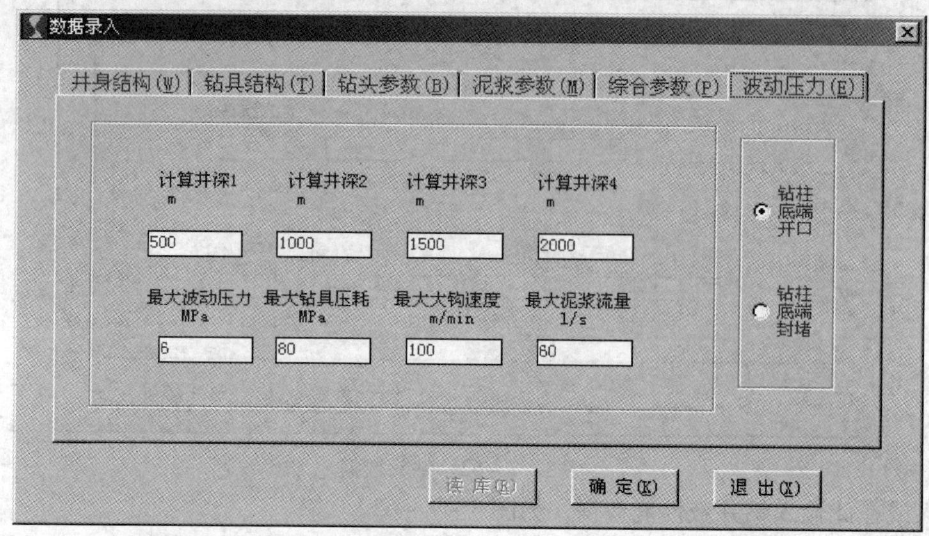

图 3－7－65　波动压力

2. 水力报表

（1）流变曲线

单击菜单“水力报表”下的子菜单“流变曲线”绘制“钻井液性能范氏图”。如图 3－7－66 所示。

（2）水力学参数报告

单击菜单“水力报表”下的子菜单“水力报表”绘制“水力学参数报告”，如图 3－7－67 所示。

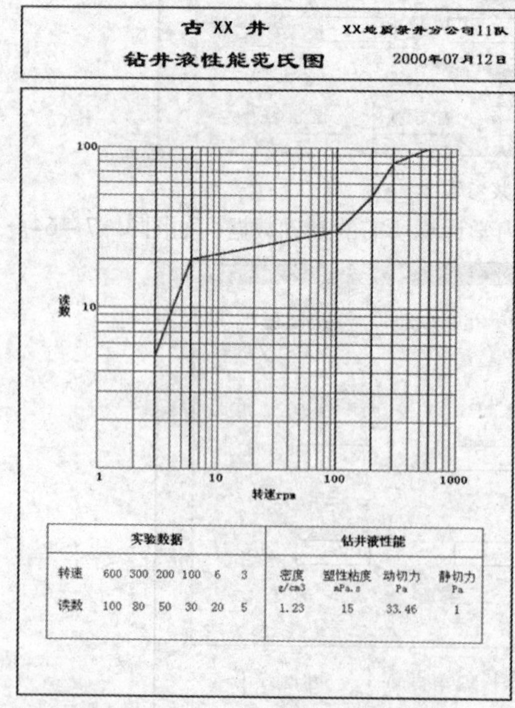

实验数据							钻井液性能			
转速	600	300	200	100	6	3	密度 g/cm3	塑性粘度 mPa.s	动切力 Pa	静切力 Pa
读数	100	80	50	30	20	5	1.23	15	33.46	1

图 3－7－66　流变曲线

古 XX 井　　XX地质录井分公司11队

水力学参数报告　　2000年07月12日

当前井深:	2609 m	当前排量:	30 l/s

钻井液参数 / 其它参数

密度 g/cm3	塑性粘度 cp	动切力 Pa	静切力 Pa	300转 读数	600转 读数	破裂压力 MPa	岩屑直径 mm	岩屑密度 g/cm3
1.23	15	33.46	1	80	80	1.57	2.5	1.8

钻头水力学参数

序号	型号	直径 mm	面积 mm2	喷嘴直径mm 1#	2#	3#	4#	5#	6#	钻头压降 MPa	水马力 h.p.	比水马力 h.p./in2	平均喷速 m/s	冲击力 KN
7	取心	215	36305.03	12	12	12	0	0	0	5.33	214.96	3.82	88.55	3.26

井涌容限 / 迟到时间

最大许可套压 MPa	地层压力 MPa	地层压力梯度 MPa/m	当量密度 g/cm3	泥浆 min	岩屑 min
-.01	31.41	.12	1.24	196.66	201.90

各段压耗

段名			内径 mm	外径 mm	段长 m	体积 m3	临界速度 m/s	当前速度 m/s	流型 L/T	压降 MPa
钻具部分	加重钻杆		53	89	82.25	0.18	2.85	13.60	T	0.00
	1#钻铤		51	121	187.89	0.38	2.86	14.68	T	0.01
	1#钻杆		56	89	2335.58	5.75	2.84	12.18	T	0.13
环空部分	裸眼	1#钻杆	89	215	2335.58	70.26	2.71	1.00	L	0.321
	裸眼	1#钻铤	121	215	66.42	1.65	2.75	1.21	L	0.016
	衬管2	1#钻铤	121	340	0.00	0.00	2.67	0.38	L	0.00
	衬管1	1#钻铤	121	340	0.00	0.00	2.67	0.38	L	0.00
	套管	1#钻铤	121	340	121.47	9.63	2.67	0.38	L	0.008
	套管	加重钻杆	89	340	82.25	6.96	2.66	0.35	L	0.005

压力损失、功率分配及井下体积

	钻杆	环空	钻头	总计		
					管柱管材体积 m3	43.54
压耗 MPa	0.14	0.35	5.33	5.82	管内容积体积 m3	25.27
功耗 h.p.	5.64	14.07	214.96	234.67	环空容积体积 m3	353.99
百分比 %	2.41	6.01	91.58	100.00	循环体积总和 m3	379.27

图 3－7－67　水力学参数报告

(3) 波动压力

单击菜单“水力报表”下的子菜单“波动压力”绘制“波动压力图”，如图 3－7－68 所示。

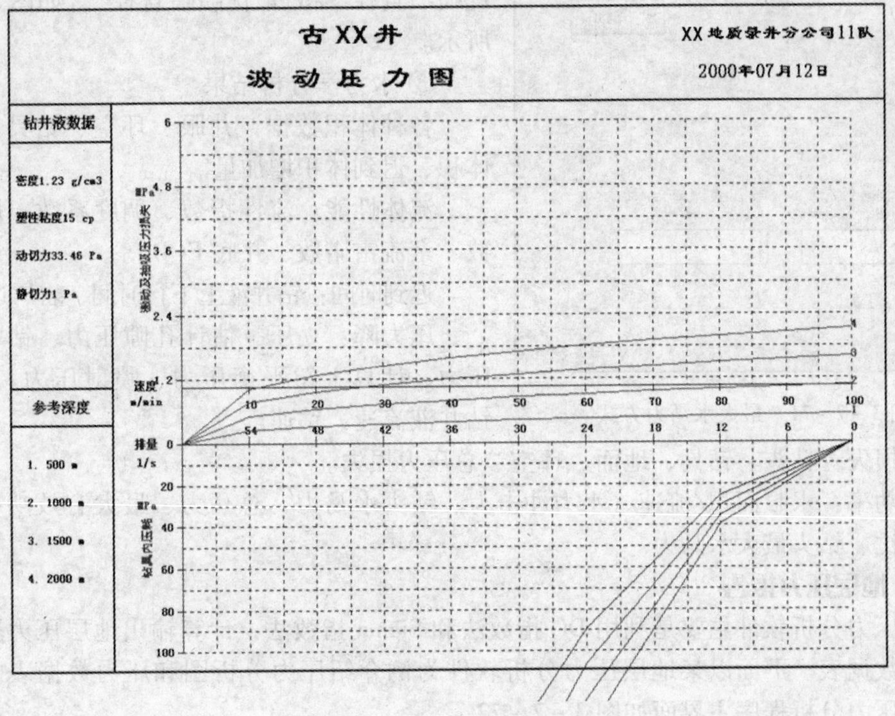

图 3－7－68　波动压力图

(4) 水力学优化计算

在各水力学优化计算对话框内输入所要计算的已知变量，则可计算相关的理论变量值。

反求流量：输入给定泵压值、钻头喷嘴直径，然后单击“确定”按钮即可反算出泥浆排量，如图 3－7－69 所示。

① 水力设计(最大钻头水功率方式)

输入给定泵压值，可计算“最优排量”和“最优喷嘴直径”，图 3－7－70 所示。

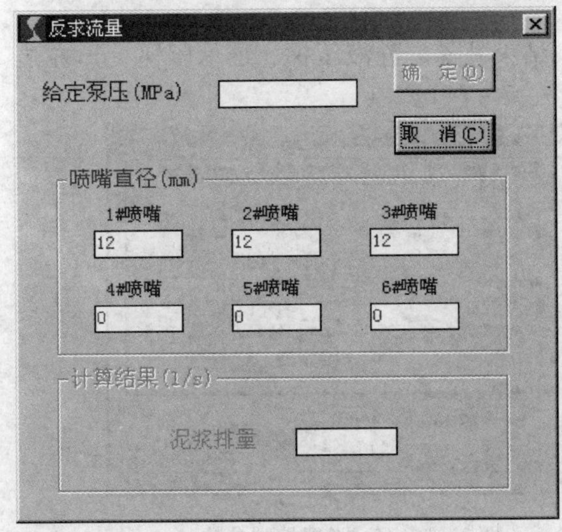

图 3－7－69　反求流量

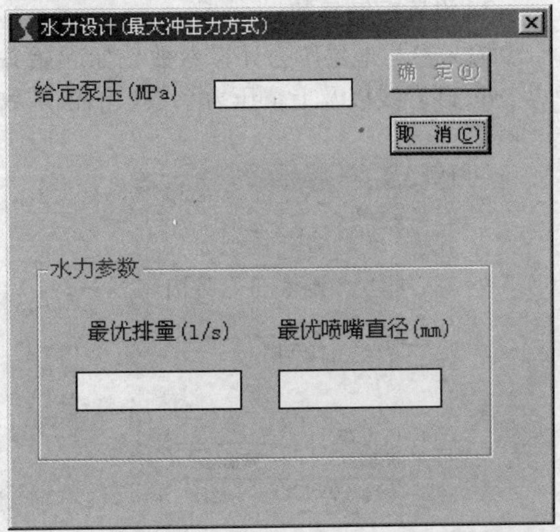

图 3－7－70　最大钻头水功率方式

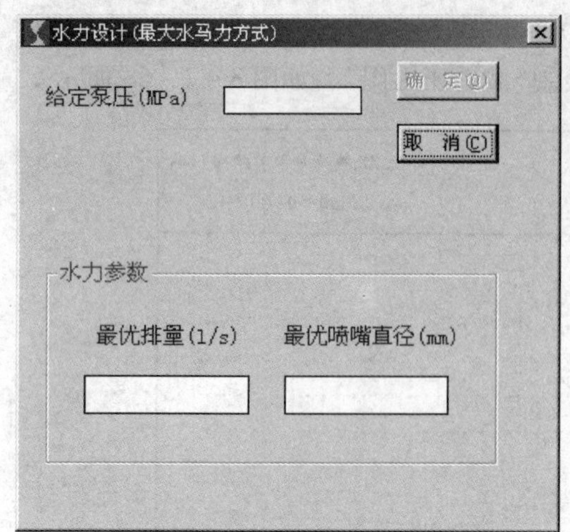

图 3-7-71 最大水马力方式

② 水力设计(最大水马力方式)

输入给定泵压值，可计算“最优排量”和“最优喷嘴直径”和“最优喷嘴直径”，如图 3-7-71 所示。

③ 水力学分析结果

各种体积数据：井眼、环空、钻具、立压管体积、迟到体积增加量。

流体性能：流性指数、稠度系数、层流雷诺数、紊流雷诺数、井底 ECD 等。

迟到时间：钻井液上下行时间、岩屑迟到时间。

压力降：立压、估计孔隙压力、钻井液静水压力、计算上覆平衡压力、喷射压力、泵冲速、钻井液流速、钻速。

压力损失：钻头、钻具、地面、环空、总压力损失。

钻头功率：水眼面积/流速、水力冲击力、钻头水马力、总马力、最大有效功率、钻头马力百分比、钻头最大水马力。

3.7.3.5 地层压力报告

地层压力分析软件主要是利用 DC 指数法和 Sigma 指数法，计算输出地层压力分析图和地层压力数据表。下面以某地层压力分析软件为例介绍压力分析图和压力数据表的输出方法。地层压力分析程序主界面如图 3-7-72。

图 3-7-72 地层压力主程序界面

1. 数据库选择

点击“设置”主菜单下的数据选择从数据库中读取数据，如图 3-7-73。

2. 设置控制参数

输入参与地层压力计算参数，如起始井深、结束井深、静液压梯、继承压梯、dc 左边界、dc 砂岩线以及上覆压力系数、泊松系数(图 3-7-74)。

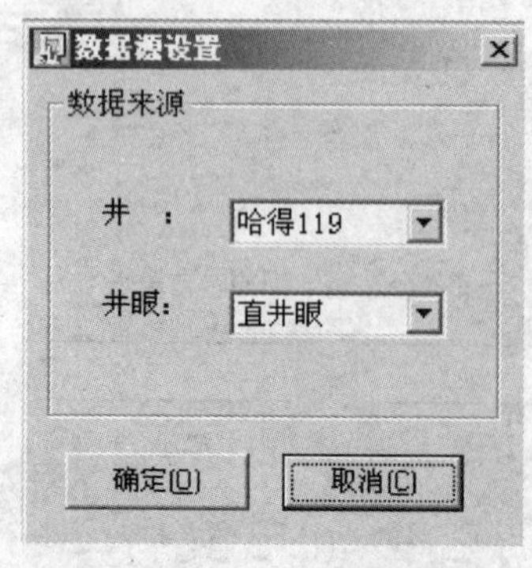

图 3-7-73 数据源设置

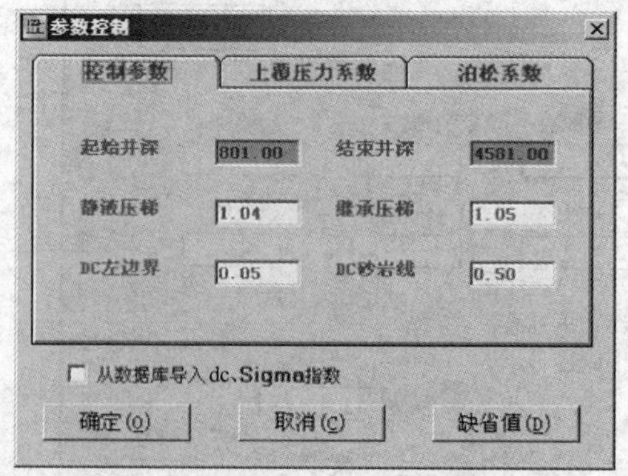

图 3-7-74 设置控制参数

（1）绘图设置

综合解释的格式设置，包括曲线宽度、参数范围以及比例尺(图 3 –7 –75)。

（2）趋势定义

dc 指数趋势线定义可以定义三段 dc 指数趋势线(两点定义一条趋势线)(图 3 –7 –76)；

Sigma 指数趋势线定义可以定义三段 Sigma 指数趋势线(一点和斜率定义一条趋势线) Sigma 趋势线斜率一般为固定值 0. 0886。

泥、页岩密度趋势线定义可以定义泥、页岩密度趋势线(两点定义一条趋势线)；基岩密度：一般为 2. 6g/cm^3(影响孔隙度的计算)。

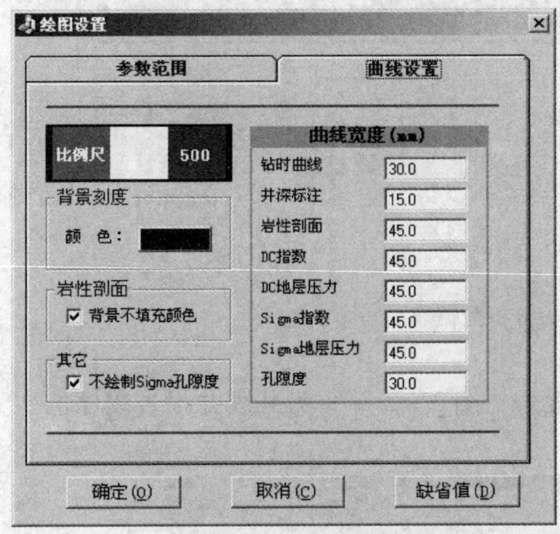

图 3 –7 –75　绘图设置

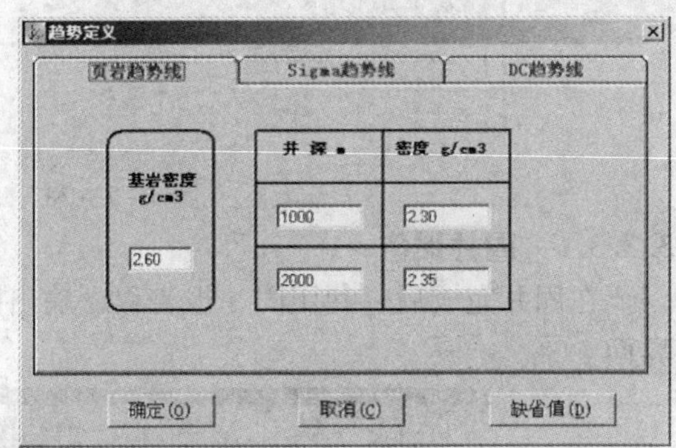

图 3 –7 –76　趋势线定义

注意：定义趋势线是计算地层压力、破裂压力、孔隙度必须的一步。

3. 压力分析图

打开“地层压力分析图”窗口，进行地层压力分析(图 3 –7 –77)。

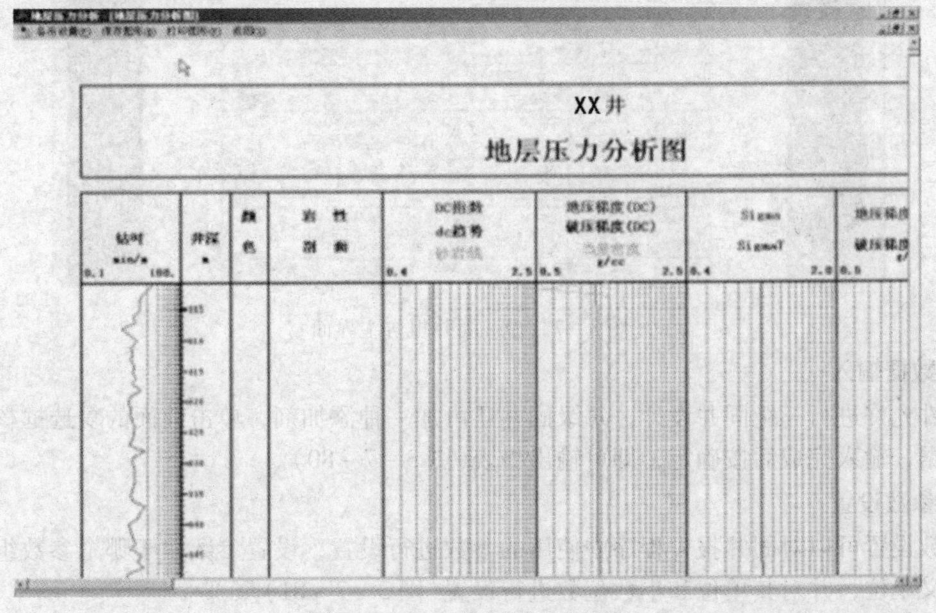

图 3 –7 –77　地层压力分析图

4. 压力数据表

打开“地层压力数据表”窗口，可以显示浏览地层压力数据表(图 3－7－78)。

XX 井

地层压力分析数据表

井深	钻进参数				dc 指数法					Sigma 指数法		
m	钻时 min/m	钻压 kN	转速 RPM	当量密度 g/cc	DC指数	dc趋势	地压梯度 g/cc	破压梯度 g/cc	孔隙度 %	Sigma	SigmaT	地压梯度 g/cc
801.00	15.38	44.6	78	1.08	0.000	0.730	0.00	0.95	0.0	0.000	0.887	0.00
802.00	10.00	47.2	4680	0.00	0.000	0.730	0.00	0.95	0.0	0.000	0.887	0.00
803.00	4.28	46.1	77	1.08	0.000	0.731	0.00	0.95	0.0	0.000	0.887	0.00
804.00	5.66	50.7	77	1.10	0.000	0.731	0.00	0.95	0.0	0.000	0.887	0.00
805.00	5.64	51.8	77	1.10	0.000	0.731	0.00	0.95	0.0	0.000	0.887	0.00
806.00	3.70	53.2	77	1.08	0.000	0.731	0.00	0.95	0.0	0.000	0.887	0.00
807.00	4.21	51.7	78	1.08	0.000	0.732	0.00	0.95	0.0	0.000	0.887	0.00
808.00	1.60	51.0	78	1.10	0.000	0.732	0.00	0.95	0.0	0.000	0.887	0.00
809.00	2.92	42.0	78	1.10	0.000	0.732	0.00	0.95	0.0	0.000	0.887	0.00
810.00	4.86	51.9	72	1.09	0.000	0.732	0.00	0.95	0.0	0.000	0.887	0.00
811.00	3.04	52.9	71	1.08	0.000	0.733	0.00	0.95	0.0	0.000	0.888	0.00
812.00	3.46	55.2	71	1.10	0.000	0.733	0.00	0.95	0.0	0.000	0.888	0.00
813.00	3.15	51.1	71	1.09	0.000	0.733	0.00	0.95	0.0	0.000	0.888	0.00
814.00	3.95	48.4	71	1.08	0.000	0.733	0.00	0.95	0.0	0.000	0.888	0.00
815.00	3.42	49.8	71	1.10	0.000	0.734	0.00	0.95	0.0	0.000	0.888	0.00

图 3－7－78　地层压力分析数据表

3.7.3.6 固井报告

在固井完成后，利用固井报告程序输出固井报告。图 3－7－79 为某固井报告程序的主界面。

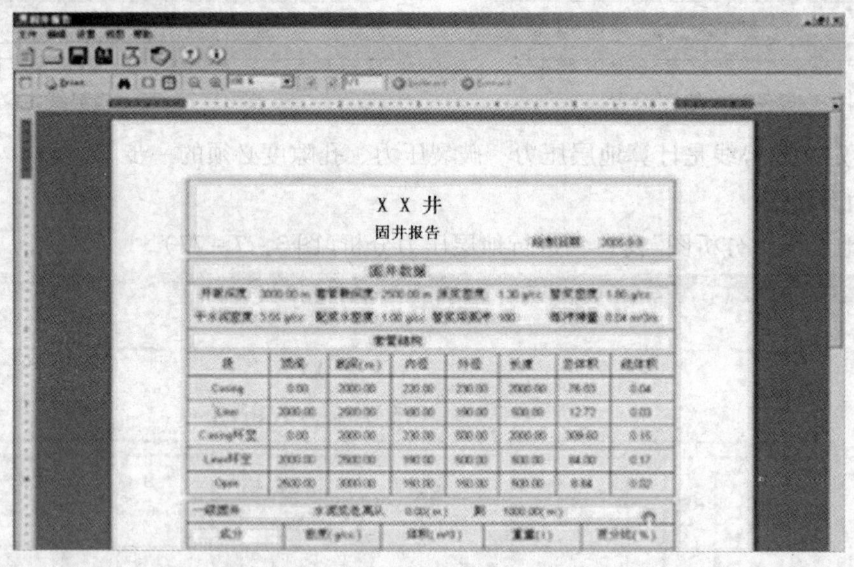

图 3－7－79　固井报告主界面

1. 数据输入

软件允许进行三级固井设计，每级固井还可加一种添加剂，单击前面的复选框核选后再输入数据，输入完成后按确定，即可输出报表(图 3－7－80)。

2. 参数设置

参数设置可以对固井报告程序中使用的参数进行设置，设置参数属于哪个参数组或者采用自定义单位，并对其单位和小数位数进行设置(图 3－7－81)。

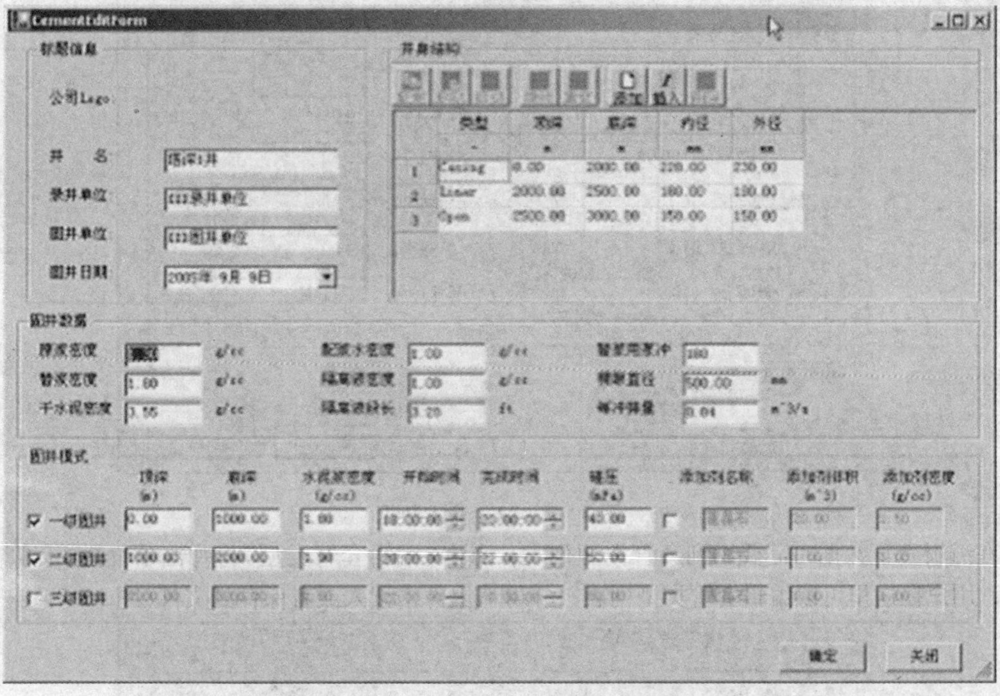

图 3－7－80　数据输入界面

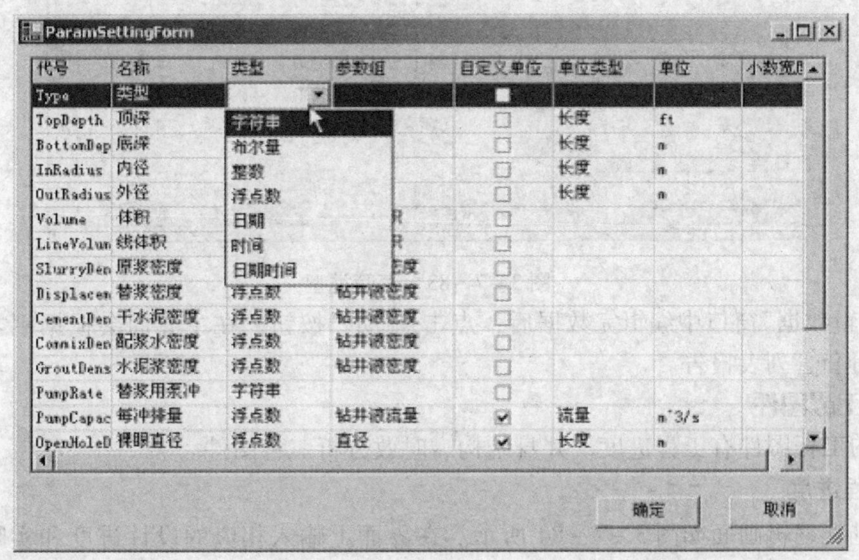

图 3－7－81　参数设置界面

3.7.3.7　套管报告

套管报告是专门为钻井过程中产生套管报表而开发的一个应用程序。用户可以输入相关数据，程序根据用户输入的数据生成套管图表。

选择菜单“编辑/编辑数据”，会弹出下面的“编辑数据”窗口，用户可以在这里输入生成报告所需要的数据(图 3－7－82)。

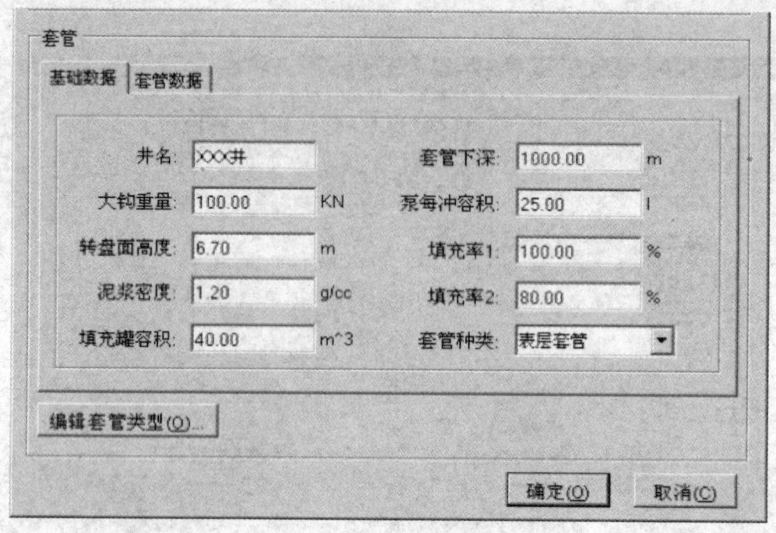

图 3－7－82　输入数据

在编辑套管数据时需要用到套管类型列表，点击“编辑套管类型”将弹出下面的“套管类型”窗口，用户在这里可以编辑套管类型列表，并可从文件中读入或者保存到文件(图 3－7－83)。

套管类型

	类型	名称	钢级	线重量	外径	壁厚	抗拉强度
	-	-	-	N/m	mm	mm	mPa
1	1	1	1	2000.00	200.00	50.00	4.00
2	2	2	1	2200.00	220.00	50.00	4.00
3	3	3	1	2400.00	240.00	50.00	4.00
4	4	4	1	2600.00	260.00	50.00	4.00
5	5	5	1	2800.00	280.00	50.00	4.00
6	6	6	1	3000.00	300.00	50.00	4.00

保存到文件(S)...　从文件读入(R)...　确定(O)　取消(C)

图 3－7－83　套管类型

在“编辑数据”窗口中编辑完数据后，点击“确定”按钮，在主界面会根据刚才输入的数据产生一份套管列表报告。

3.7.3.8　工程图件

常用的工程图件有工程进度、井身结构、时效分析三种图件。

1. 工程进度

工程进度编辑画面如图 3－7－84 所示。在界面上输入相应的设计进度和实际进度，点击“确定”按钮后即可看到报表内容如图 3－7－85。

2. 井身结构

在编辑界面输入井身结构相关的起始深度、水泥返高、内径、钻头直径等数据后，点击“确定”按钮即可看到报表内容如图 3－7－86 和图 3－7－87。

3. 时效分析

在界面上输入工况及每种工况所花费的时间，即可生成时效分析图，如图 3－7－88 和图 3－7－89。

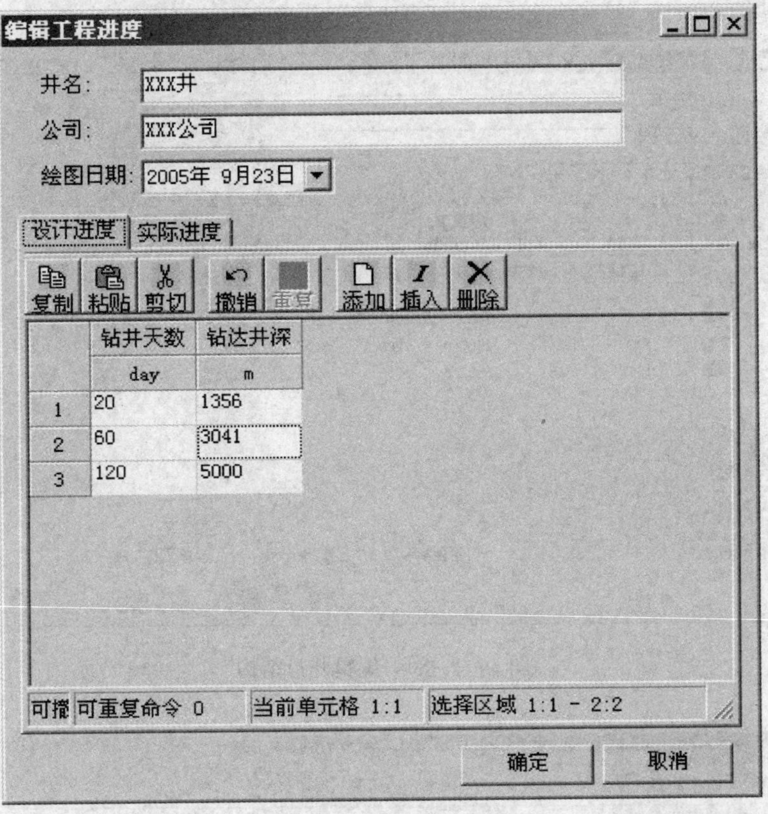

图 3-7-84　编辑工程进度数据

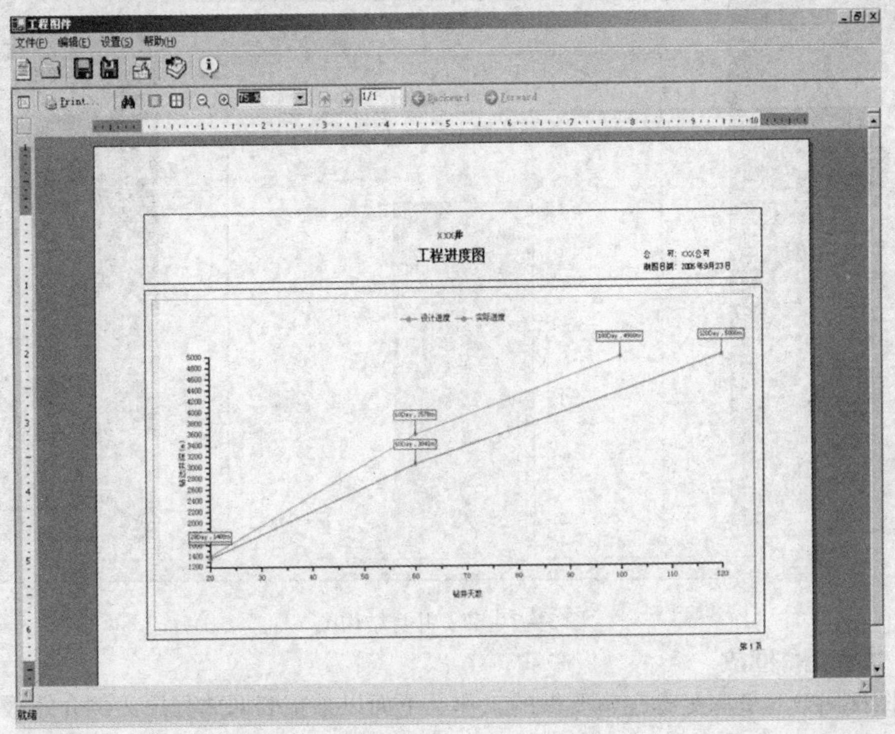

图 3-7-85　工程进度图

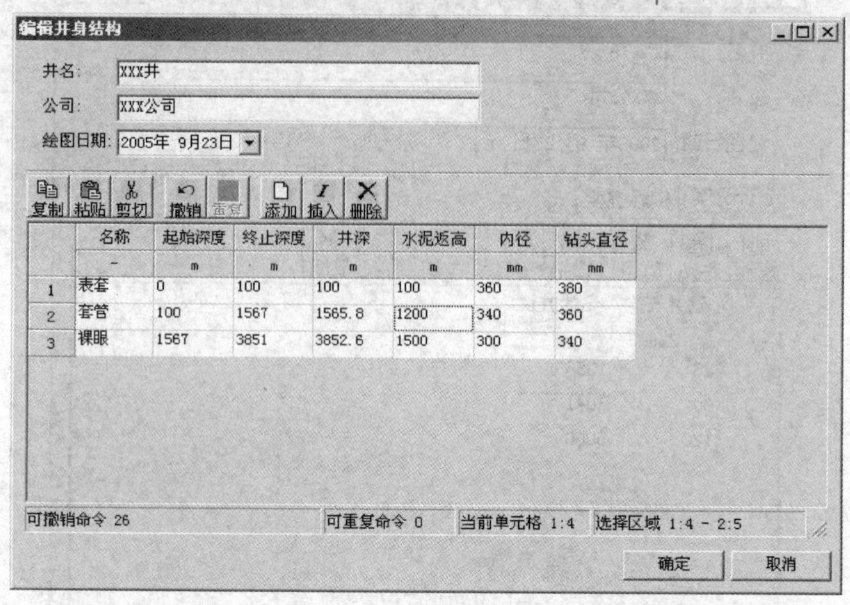

图 3－7－86　编辑井身结构

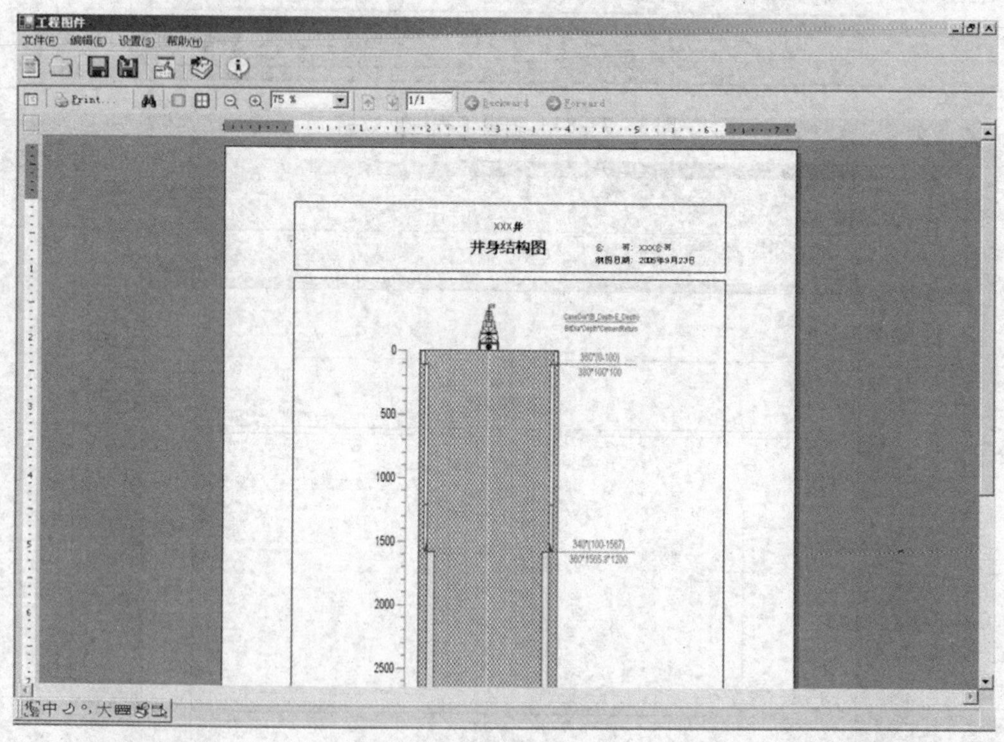

图 3－7－87　井身结构图

3.7.3.9　报表图件回放

报表图件回放是资料处理经常要做的工作。下面以某报表回放程序为例介绍报表图件回放的使用方法。

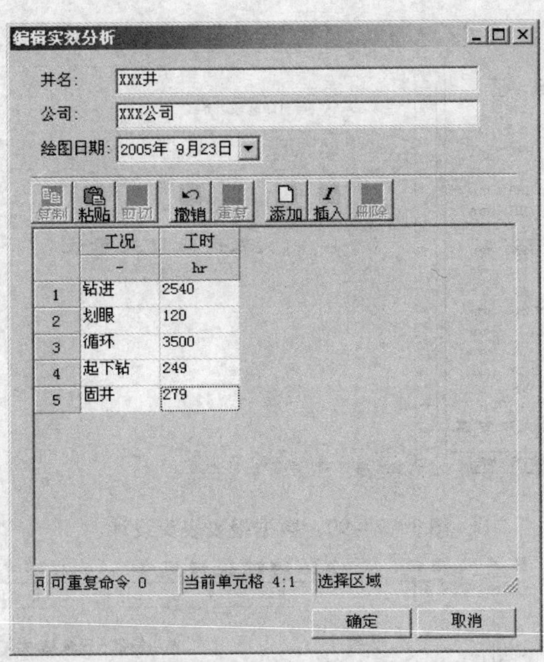

图 3－7－88　编辑时效分析

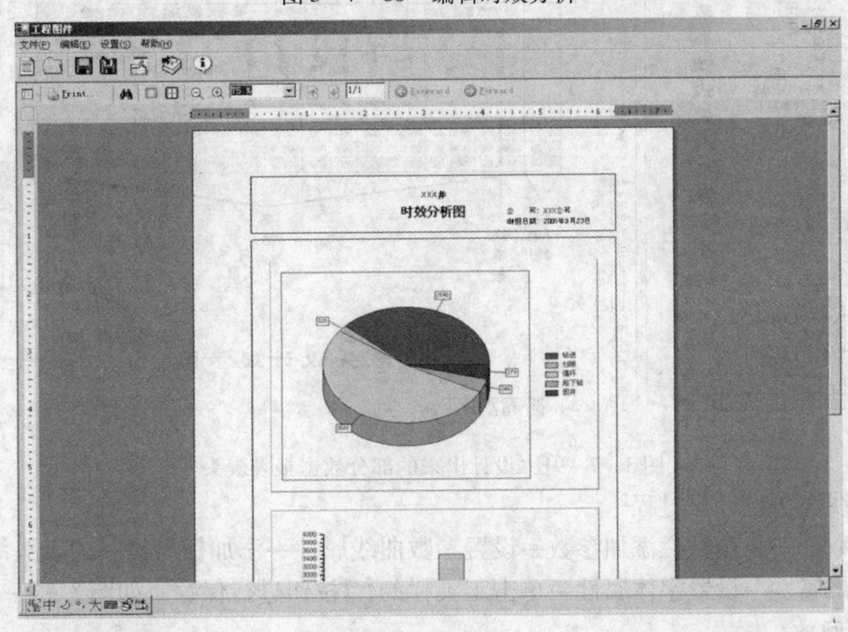

图 3－7－89　时效分析图

1. 表头设计

打印表头设计是进行实时打印和资料回放的基础，它提供了进行实时打印和资料回放的根本性要求。如图 3－7－90 为表头设计界面。

（1）数据表头设计全过程

添加时间栏→添加参数栏→为参数栏命名→为参数栏添加一般参数→为表头添加特殊参数→为数据表命名→设置表格属性→设置字体属性→单击工具栏的💾按钮进行保存，如图 3－7－91。

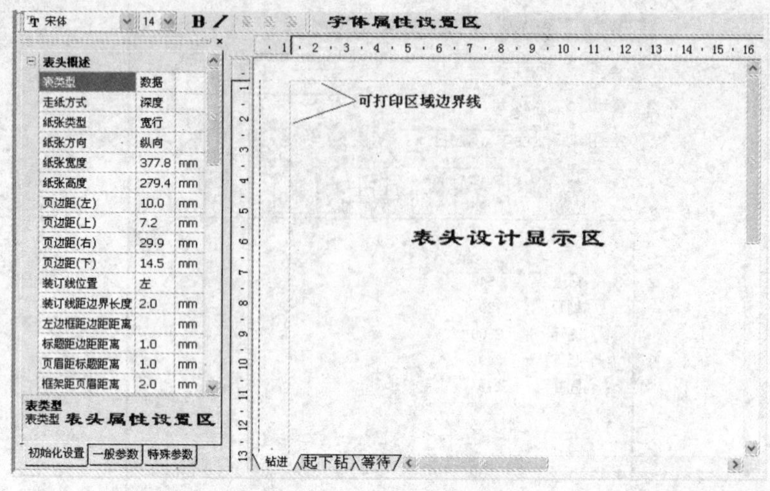

图 3－7－90　数据报表表头设计

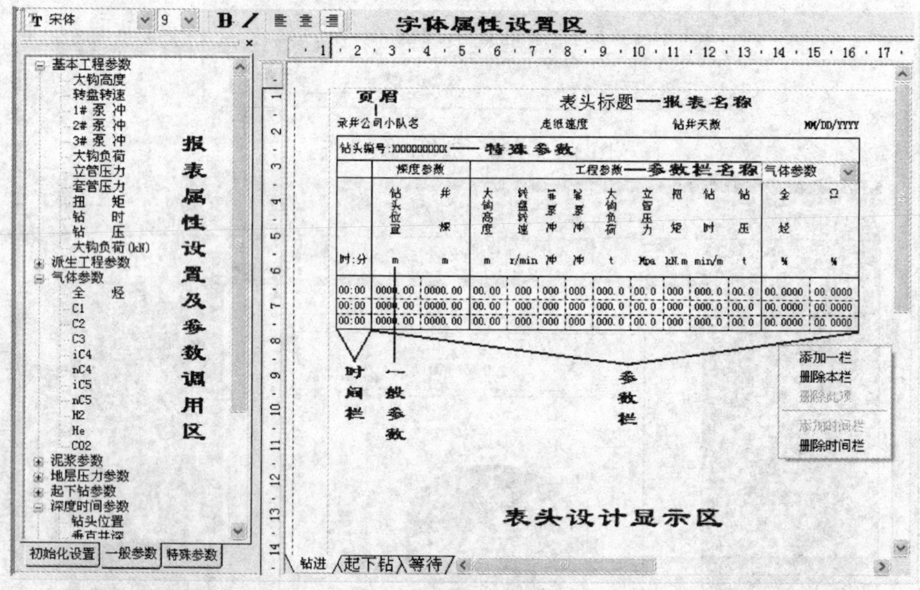

图 3－7－91　设计出来的部分数据报表表头

（2）曲线表头设计全过程

添加参数栏→为参数栏添加参数→设置参数曲线属性→添加标尺栏→为表头添加特殊参数→设置表格属性→设置字体属性→单击工具栏的保存按钮进行保存，如图 3－7－92。

2. 资料回放

资料回放实现了实时数据和曲线的再现功能，可以按照实时打印的要求进行与实时打印效果相同的曲线或数据的回放，也可以按照资料处理系统的要求对实时数据筛选后进行曲线或数据的回放。

（1）表头绑定

表头绑定的过程是为要进行打印的曲线或数据报表指定打印机的过程，如图 3－7－93 所示。

（2）查询回放数据

单击工具栏的查询按钮，系统开始按照查询属性的设置进行数据查询并显示，如图 3－7－94 和图 3－7－95 所示。

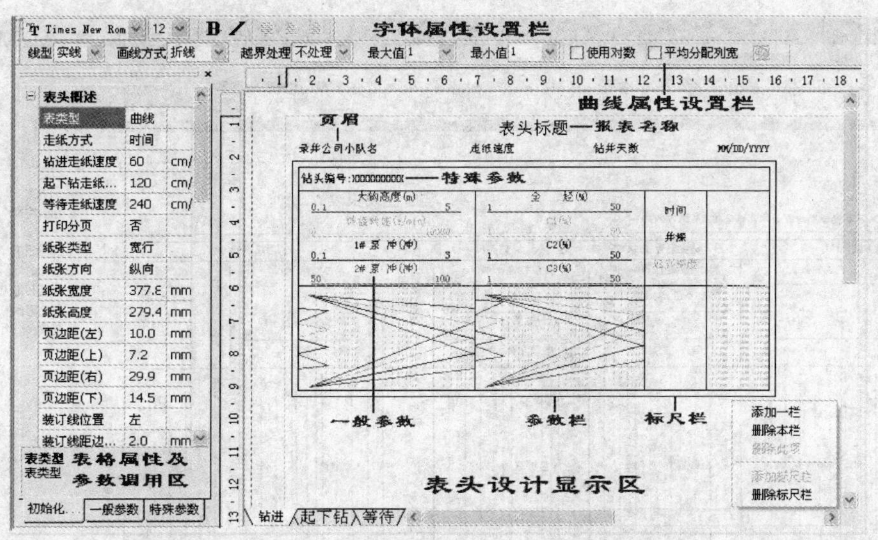

图 3－7－92　设计出来的部分曲线报表表头

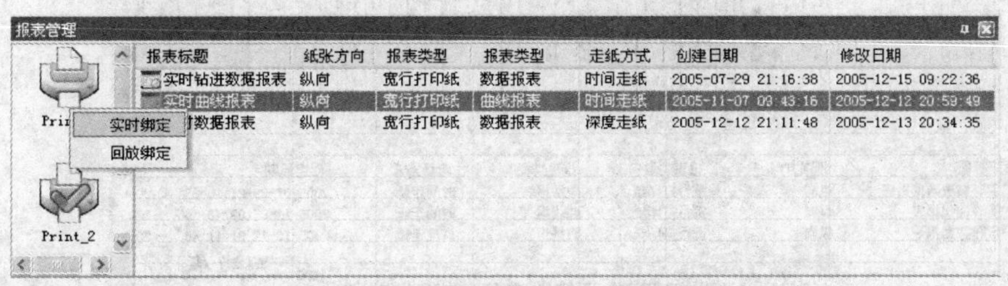

图 3－7－93　实时打印表头绑定

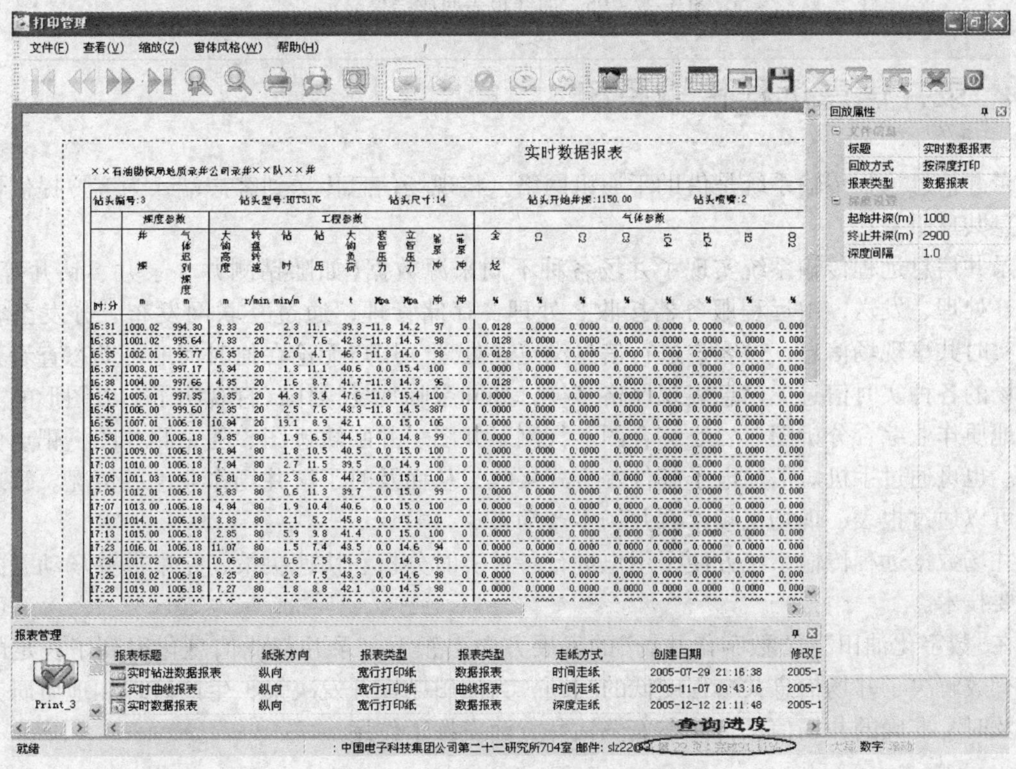

图 3－7－94　数据报表回放结果显示

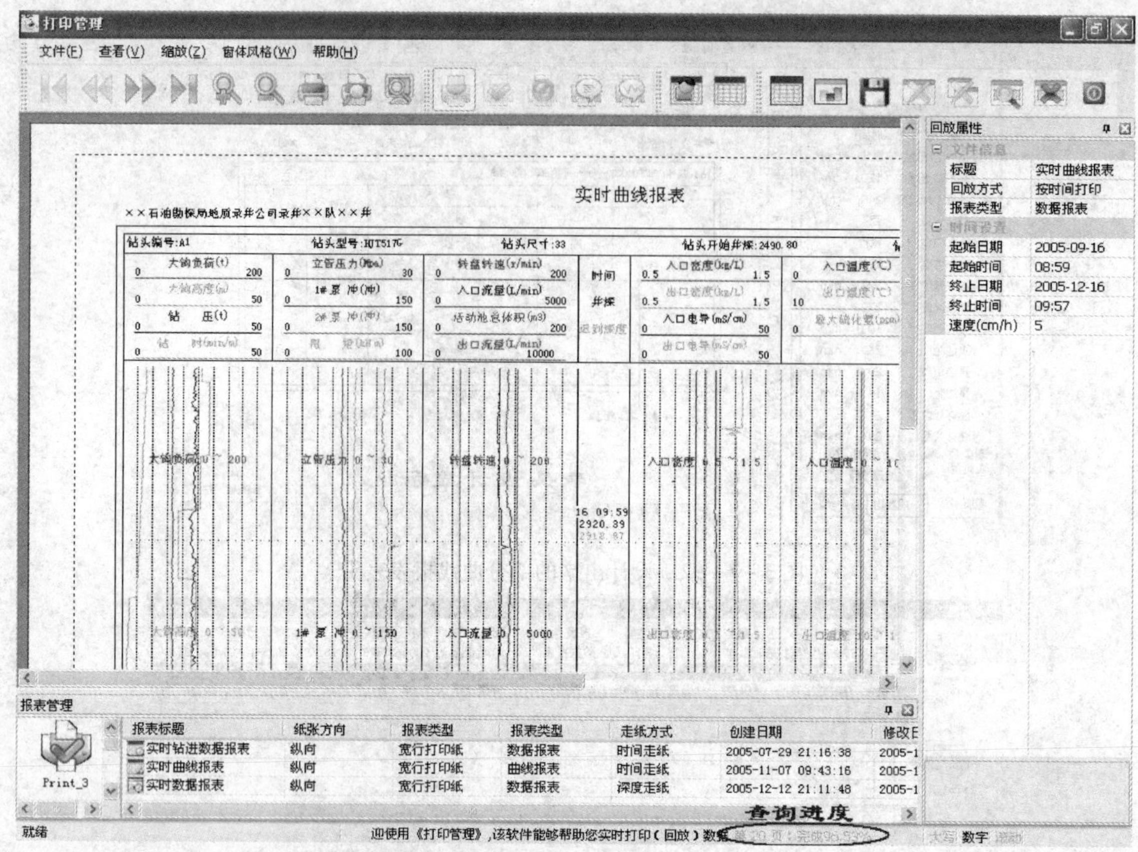

图 3-7-95　曲线报表回放结果显示

3.8　录井信息远程传输系统

录井信息远程传输系统是借助于通讯网络，将现场信息传送到客户端，为客户提供快速的信息共享服务。

录井信息远程传输系统实现了井场各种不同来源数据(如随钻测井、录井、钻井等)的采集、处理、发送，由远程服务器接收、处理、存储管理，通过互联网发布、分发至客户端，实时共享现场信息，供客户进行信息浏览及处理。用户无论在何时何地可动态查看到来自井场的各种实时信息。信息表现风格多样，如同亲临现场操作，直观明了。以图形的方式显示地质作业综合分析图、岩心综合图、气测录井图、井眼轨迹图、随钻测井图、靶点位置图等。也可通过手机短信、电子邮件等方式接收，从而及时了解井场作业进展情况。管理人员也可以通过报表、现场视频察看井场生产动态。

井场数据远程传输系统方便了用户进行各种实时分析和快速决策，是掌握井场动态的一项主要技术。

在“数字化油田”、“数字化井场”的发展方向引领下，录井行业信息化得到了长足的发展。有效解决了井场信息共享程度低的问题，为油田勘探开发决策、生产管理和地质研究提供了及时、准确的井场信息，并在安全钻井方面发挥了作用。

3.8.1 现状及发展趋势

1. 国外

国外各大石油公司非常重视钻井现场信息的利用工作，于20世纪80年代就逐步建立了实时钻井数据中心(Real Time Drilling Data Center)，即通过远程传输系统，把井场采集的数据实时传送到基地，实现了钻井现场与基地间的双向监控和实时数据共享。基地专家通过对钻井现场数据的实时分析和处理，为井场提供技术服务。特别是在MWD和LWD随钻测量系统应用之后，专家中心在快速安全钻井方面发挥了巨大作用。

Superior公司于20世纪80年代初首次实现了综合录井数据的实时传输，并在总部建立了实时钻井数据中心DDC(Drilling Data Center)。数据传输媒介采用的是专用微波电话线路，基地端由DG S－250中心计算机和终端机组成，最初的系统结构如图3－8－1所示。

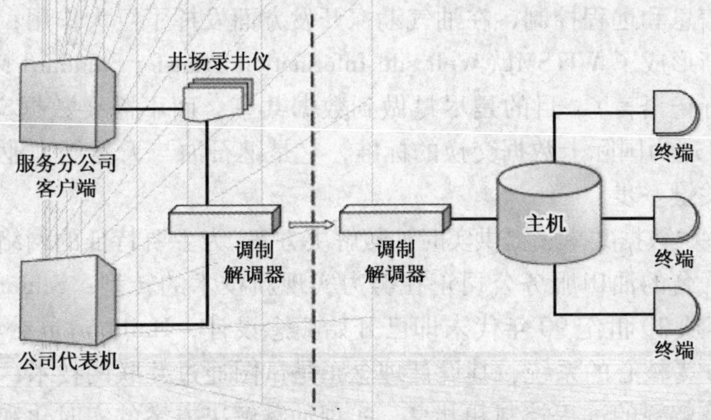

图3－8－1 早期油田远程传输系统结构

在Superior公司系统的基础上，Mobil石油公司于1985年也建立了自己的实时数据中心，并对原来的系统结构进行了不断地改进和完善。用小型机和个人计算机取代了原来的中心计算机和终端机，建立了以实时数据中心为主体的计算机网络，使处于不同地区的计算机可以共享数据中心的钻井数据。为了提高通信能力，Mobil公司建立了卫星通信网络，井场端利用卫星地面小站把各种数据实时发送到数据中心，并且井场的计算机可以调用数据中心的数据。

此后，Tenneco、Amoco、AGIP、Chevron、M/D TOTCO等石油公司为了保证边远地区和海上的钻井成功率，也都相应建立了以实时数据远程传输为基础的实时数据中心，并建立了较为完善的数据通信网络。其中，M/D TOTCA开发的SWIFT数据传输系统最具代表性，系统结构如图3－8－2所示。该系统最大的特点是采用了价格便宜的微型计算机及人们较为熟悉的Windows操作系统，并且数据中心与基地广域网及Internet相连。利用数据的远程传输系统，专家和相关技术人员可以实现井场数据的实时监控，并对现场进行技术指导，提供有关的技术服务和数据资料。

M/D TOTCA开发的SWIFT数据传输系统具有标志性意义，在此期间，国际上开始了信息标准化方面的研究，WITS(Wellsite Information Transformer Specification，井场信息传输标准)就是针对井场的信息化而提出的，其目的在于通过无线通讯及硬件媒体，对从井场传输到数据中心的数据定义统一的格式和信息内容。在国外，WITS作为一个行业标准形式，多

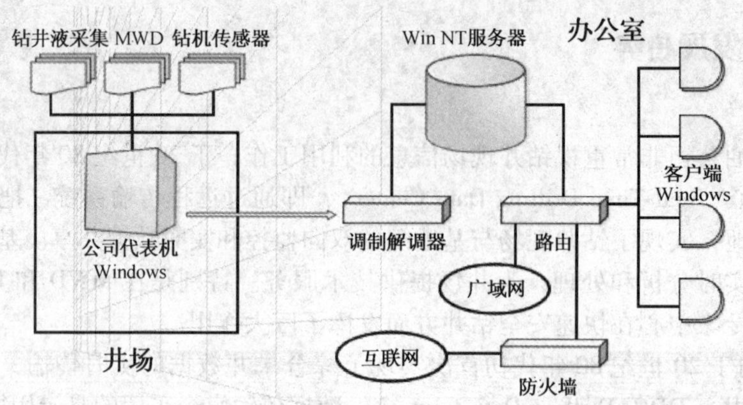

图 3-8-2　M/D TOTCA 开发的 SWIFT 数据传输系统

年来一直用于共享信息和远程控制，在油气勘探开发方面发挥了巨大作用；在井场数据标准化的探索中，又逐渐形成了 WITSML(Well site Information Transfer Standard Markup Language，井场信息传输标准标记语言)，目的是尽量做到数据共享，而不需要数据交换和更改程序。WITSML 目前已经显现为国际上数据交换的标准，它是继石油与天然气工业全球化之后，共同分享现场模式的关键一步。

进入 21 世纪，以"数据共享、提供实时油藏解决方案"为主要特征的网络测井技术正在形成中，世界上几个著名的油田服务公司正在努力实现新技术的转型，Schlumberger、Baker - Atlas、Halliburton 等从 20 世纪 90 年代末即已开始概念设计，Halliburton 公司投入使用的以 Sperry - Sun 的 Insite 为核心的系统，其设计理念正是试图通过互联网技术，实现井场数据采集、处理、分析以及解释的远程控制和共享，实现油藏解决方案的实时化和动态化，从而及时为石油公司提供决策依据，大大加快勘探开发进程，显著降低作业成本，增加投资回报。

目前，信息技术在国外油气勘探开发中应用，主要体现在数据采集、数据存储和管理、数据处理、数据分析和解释、多学科协同工作、信息共享和交流、知识挖掘和发现、决策支持等方面。国外著名石油公司都已实现了一体化的数据管理和决策支持信息系统。如 Shell 公司将标准化的工作流集成于每个员工的计算机桌面上，形成了 SHELL 专享的、独特的 windows 平台，在 New Orleans，Houston 等地建立了实时作业中心(RTOC)，将分布在世界各地的施工井场、研究机构及管理部门连接起来，实现对施工项目的实时监控和远程协同会诊，快速拿出最优解决方案，从而大大降低了事故损失和风险。Schlumberger 公司为钻井工程师、地质师、油藏工程师以及管理和决策者提供了一体化的协同工作平台和环境，使不同学科的专家和技术人员之间的交流更直观，有效地推进了决策进度和效率，避免了决策的片面性。最大程度地利用企业在各地的专家资源，充分地共享信息，以及更加直观、迅速地做出决策、实时指导现场作业。这些一体化的信息支持系统大大提高了生产效率，有力地支持了管理层决策，有效地降低了生产成本，统计资料显示，实施井场信息化可降低钻探成本 10% ~20%。

随着计算机和通信技术的发展，国外石油公司所建立井场信息系统通过不断的改进和完善，已经相对成熟；其主要体现在以下几个方面：

① 普遍采用了卫星通信系统或无线通信网络，提高了数据通信能力和现场适应性；

② 建立了基地端的实时监控系统和数据分析系统，基地的技术专家通过实时监控系统

直接为现场提供技术服务；

③ 实时传输的数据内容增加，包括了录井数据、钻井数据、测试数据、MWD、FE MWD、LWD 以及测井数据等；

④ 数据中心建立了各种数据库和计算机网络。为了实现数据资源的共享，联合制定了统一的数据传输标准 WITS；

⑤ 在实时钻井数据中心的基础上，开发了数据实时分析和评价等软件系统。

2. 国内

20 世纪 80 年代以来，我国引进了一大批国外不同厂家生产的综合录井仪设备。其中，DRILLBYTE、SDL－9000 和 GEO－6000 等综合录井仪虽然具有数据传输功能，能进行实时数据的传输与文件传输，但大多数录井设备在引进时没有购置相应的硬件设备或软件系统，少数仪器虽保留了文件传输功能，但不能进行实时数据的传输，因此实际使用效率不高。而国内自主研发生产的综合录井仪和软件系统目前还不具备数据的实时传输功能。国内虽有部分专家早就提出了井场信息化建设的构想；但由于各种原因，井场的信息化建设一直没有在油气田的勘探开发中被重视。

直至 2001 年末，随着中国加入 WTO，国内石油市场逐步开放，国际石油巨头也在加快步伐，抢滩中国，投资势头猛劲，发展潜力惊人，真正激烈的竞争和实力的比拼全面展开。这些国外企业的管理水平，尤其是信息管理水平明显较高，它们有着成熟的石油天然气行业信息化解决方案，从而在一个信息化的高层次平台上进行生产运作，展开市场竞争力。面对国外信息化管理带来的机遇和挑战，近年来国内的石油企业也在积极部署信息化建设，进行了这方面的研究和现场实验，开发了井场数据的实时远程传输和监控系统，成功地进行了现场实验、实施。在此基础上，逐步建立自己的井场资料共享平台，进行了一定规模的信息化建设，取得了一定的进展，提升信息技术的应用水平。实现了井场的信息共享。满足了数据采集、传输、发布、报表图件的自动生成等需求。目前国内的三大石油公司均注意到了信息化建设发展不理想的问题，已经准备或开始建立统一的信息系统：

中海油通过引进国际先进技术，构建了数据集成服务中心 DTS 和作业支持中心，为地球物理、地质、油藏、钻井、工程、经济评价等专业以及管理者和决策者提供了一体化的协同工作和决策平台，实现陆地办公室对海上作业现场的远程技术支持和管理决策，提高了钻完井作业管理的效率和作业质量，带来生产管理方式的变革。

中石油采用引进与合作研发并举的方式，推广 A1/A2 系统，在快速勘探、优化开发方案、钻井实时操纵等领域成效显著。目前已建立了至少 6 个协作与决策中心，将地震、钻井、录井、测井及开发生产数据等综合数据进行整合和可视化，为专家和技术人员提供协同分析平台，为决策层提供决策依据。

中石化集团信息化建设起步较早，但主要成果集中在勘探开发方面，尤其是在地震资料处理解释、油藏描述与模拟等方面的技术达到国内领先水平。但在石油工程信息化建设方面，滞后于勘探开发等核心业务，主要体现为：基层队网络状况普遍较差；尚无完全符合石油工程自身需求的完整的信息采集体系；缺乏总部层面和企业层面的综合集成，实现了部分业务数据的统计汇总，但需要扩充和完善；各企业根据业务急需，自主研发了一些专业软件，但这些软件所覆盖的业务范围很小，难以满足实际应用。

通过国内各油田录井行业的专家和技术人员在该领域长期不懈的努力，并伴随着近年来信息技术的高速发展，井场信息化技术的应用在国内取得了喜人的成果，传输方式由早期的

CDMA、GPRS 等窄带传输逐步转变为卫星、3G 等无线宽带传输。用兼容性更好的 B/S（Browser/Server，浏览器/服务器）模式代替了 C/S（Client/Server，客户机/服务器）模式进行数据发布平台的搭建；但同国外先进的石油企业相比，国内石油企业信息化还存在较大的差距。整体表现为：

① 实时数据自动采集、数据规范管理上的差距。国外大的石油公司基本实现了井场数据的自动采集、实时传输，以服务外包的形式建立了自己的全球化数据仓储，借助数据仓储对数据实现了规范管理，并形成井场信息传输标准 WITS。

② 现场生产运行管理上存在的差距。相当一部分国外公司通过互联网实现了跨地域生产现场管理，实现了"虚拟、远程、协作"办公。

3. 发展趋势

目前，井场信息化技术在国内仍处于初期阶段，但已成为众多石油企业信息化建设的核心内容，井场信息化也成为各油田企业信息化建设的战略目标。目前信息系统建设的特点以及发展趋势主要有以下几点：

① 信息数据量大，内容丰富。如 Amoco 公司每天的数据流量在 9GB 左右，内容丰富，数据库包含了 20 多个国家的油田信息数据，油藏信息、井场信息等等。

② 网络健全，应用系统丰富。卫星数据传输网络在诸多油公司中已普遍使用，指挥中心、在线数据处理、专家系统、技术交流网络化。

③ 重视应用，特别是信息的共享。

④ 统一标准，一体化的协同工作平台逐渐形成。

3.8.2 系统功能

（1）钻井工程及地质复杂情况预警系统

钻井工程及地质复杂情况预警系统通过算法分析气测、工程、钻井液参数的曲线和数据变化形态，提取异常部分，模拟人工进行异常参数监控的方式，从而自动完成对钻井工程及地质复杂情况监控。

（2）多井地层及油气藏对比分析系统

多井地层对比系统可以利用基地中心数据库的数据使多口井的相关数据同时输出到同一画面，进行多口井数据的对比分析。通过对比正钻井与邻井的岩性、钻井地质参数、电性组合特征等，找出邻井之间的岩性组合特征以及他们之间的相互关系，对正钻井的录井工作起到指导作用。

（3）视频监控系统

视频监控系统，可以实现对井场作业实时监控，实现安全管理与远程协助。

（4）完井资料处理

录井现场资料及时传输到基地数据库中，通过网络进行资料的审核、信息反馈、评价、整改与验收，及时提供所需的合格资料。

（5）实时在线解释与评价

利用气测、地化、定量荧光、核磁共振等实时资料进行随钻研究和油气评价，及时解释评价，第一时间提供决策依据。

（6）地质导向

现场人员通过录井信息远程传输系统，及时了解、掌握区域及邻井的地质信息，充分利用邻井的电性、岩性资料及结合本井的钻时、气测、地质、随钻资料等进行地层对比，实时调整钻进的方向，准确钻入油气层，并保证井眼轨迹在油层中穿行，提高油气层钻遇率。

(7) 报表查询

按照默认的报表模板从平台数据库中提取数据，生成标准的报表。生成的报表能够以Excel、文本等格式保存，也可以直接打印。

(8) 文件上传及查询浏览

用于上传和浏览文件，如各种资料解释图件、现场实物照片、会议纪要等，上传文件自动发布在WEB服务器上，用户通过WEB服务器实现文件按井、按类型等条件查询与下载。

(9) 数据的导入、导出

解决井场综合数据平台数据库和其他软件系统数据之间的共享问题，支持多种文件导入、导出格式。

(10) 安全管理

用户管理：通过用户管理模块来维护管理用户账号，分配用户角色、授予用户各种管理和查看权限。

防火墙管理：设定网络中哪些IP的用户可以访问使用本平台，对可疑IP进行屏蔽。

日志管理：系统在运行中自动记录诸如访问用户IP、浏览数据表单名称等重要的操作过程，以便于系统的安全管理。

3.8.3 系统构成

录井信息远程传输系统由软件、硬件两部分组成。是基于石油工业数据传输的国际标准协议WITS/WITSML的一套数据远程传输系统。

系统硬件包括计算机或工作站(现场端)、传输单元(卫星小站、无线扩频/网桥设备、GPRS/CDMA传输装置)、路由器/交换机、服务器/数据存储阵列、客户端计算机等。其硬件组成见井场信息远程传输系统网络拓扑图所示(图3-8-3)。

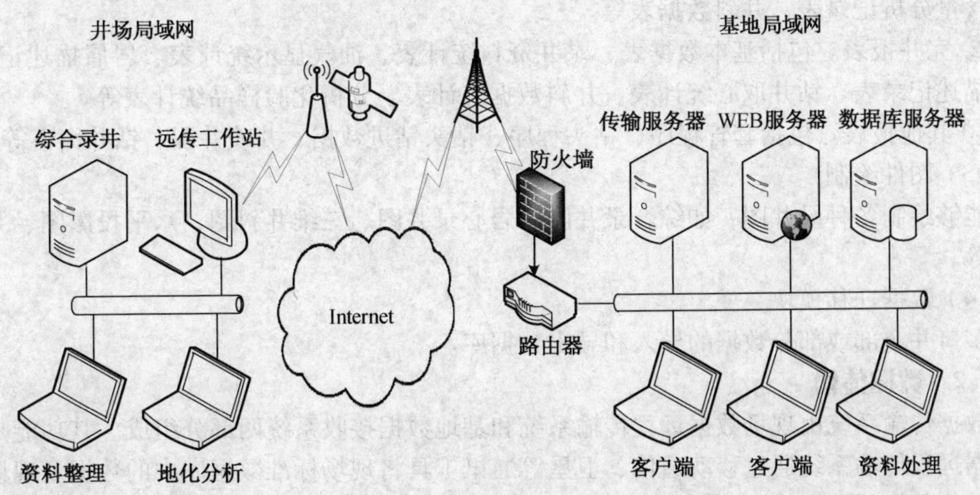

图3-8-3 井场信息远程传输系统网络拓扑图

系统软件包括现场实时数据采集、资料整理、实时数据传输、实时信息发布、实时信息应用等。

3.8.3.1 数据采集

1. 实时数据采集

采用数据监听技术可将所要传输的井场实时采集处理的各参数数值在局域网络环境下以可定义的秒级采集间隔进行自动截获，同人工输入数据一起传输到基地数据库中。由于井场信息采集系统型号繁多，且所用的软件不同，其数据格式、存储及截取方式也不尽相同，井场信息远程传输系统应具备适用于不同型号井场信息采集处理系统的数据解码程序，可以实现对相应数据的监听截取。现场实时数据采集主要包括：

① 综合录井仪实时数据的截取；

② LWD、MWD 及其他测井仪器数据的截取；

③ 地化仪、定量荧光仪的数据截取；

④ 实时视频截取；

⑤ 地质资料的输入；

⑥ 其他信息录入。

2. 现场资料整理

该系统的功能主要是对现场数据信息进行收集和整理并集成到现场数据库中，为远程传输提供数据源的同时满足现场作业资料处理的要求。包含以下几大功能：数据录入、报表生成、图件绘制、数据迁移模块。

（1）数据录入

分为基本信息、钻井施工、地质（岩屑、岩心）、仪器、油气评价、完井报告附表、生产管理及其他几大类，采用通用录入技术定制各种数据的录入界面。

（2）报表生成

提供符合录井资料整理标准的各种报表以及其他各种现场报表。

① 现场原始报表。包括基本数据表、岩屑描述记录表、岩心描述记录表、井壁取心描述记录表、热解分析记录表、荧光定量分析数据表、地层压力监测数据表、套管记录表、碳酸盐含量分析记录表、井斜数据表等。

② 完井报表。包括基本数据表、录井资料统计表、油气显示统计表、岩屑描述记录表、岩心描述记录表、钻井取心统计表、井斜数据统计表、分析化验样品统计表等。

③ 其他报表。包括套管程序、钻头程序、钻头钻进数据、井喷井漏、钻井大事等报表。

（3）图件绘制

能够绘制各种录井图，如综合录井图、岩心录井图、三维井斜图、水平投影图、井身结构图等。

（4）数据迁移模块

多口井全部或部分数据的导入和导出数据库。

3.8.3.2 数据传输

数据传输系统由现场数据远程传输系统和基地数据接收系统两部分组成。其功能是：现场数据远程传输系统通过移动通信、卫星等通讯工具将现场标准数据库中的数据及现场的其他离散型数据（如钻井工况信息、照片及解释图件等）传回基地，由数据接收服务器接收、整理，以便在网上进行信息发布和共享。

1. 数据传输方式

常用的数据传输方式包括有线和无线传输两种方式。根据传输媒介可分为以下四种情况。

① 有线电话网。此方式由于现场条件的限制，不易实现。

② 短波或微波。短波和微波是常用的无线通信方式。但短波易受天气干扰，因此限制了它的应用。微波是在对流层视距范围内的一种通信方式，两个微波站间的距离在 30 ~ 50km，进行远距离传输时必须建立多个中继站。由于微波通信可移动性差，传输信号干扰大，一般较少用于远程实时通信。

③ 通讯卫星。这种传输方式要求有卫星通道和卫星地面站。其特点是干扰小，信号稳定，可移动性强，不受传输距离的限制。它是目前野外施工现场与基地间广泛采用的数据通讯方式，特别是在边远和沙漠戈壁地区，是首选的远程数据通讯方式。

④ 移动通信。是利用移动通信公司现有的网络数据通信技术实现井场信息远程传输。其主要特点是网络覆盖广、信号稳定，可移动性强。随着4G 网络的建设以及其传输速率提高，全球无缝漫游，资费低等优势，选用移动通信是野外施工现场与基地间广泛采用的数据通讯方式。

数据传输方式要根据现有的通讯条件来确定。在油田基地有广域网的情况下，可在基地网络环境的支持下进行数据通讯。井场端采用移动通信或卫星方式通过基地的远程服务器进入基地网，把数据发送到指定的网，目前主要采用 CDMA、GPRS、ADSL、卫星通讯等方式传输。

2. 数据传输标准

为了实现石油勘探开发过程中井场的数据交换，人们提出了 WITS。WITS 是一种计算机之间的通信格式。WITS 本身具有多个级别格式(0 级，1 级，2 级，3 级，4 级)，在 0 级别时，使用一种固定格式的数据流；在 0 级以上时，可应用一种自定义的格式数据流。

WITS 格式的优点是为井场进行数据传输提供了一种“通用语言”。

(1) WITS 预定义数据记录

WITS 预定义 25 个数据记录：

记录	记录描述
1	以时间为基础的通用记录
2	以深度为基础的钻井记录
3	钻进接单根记录
4	水力学
5	起下钻及下套管时间记录
6	起下钻及下套管记录
7	测斜及定向
8	随钻测量(MWD)地层评价
9	MWD 力学参数
10	压力评价
11	泥浆池体积
12	以分析周期为基础的气体色谱组分:
13	以井深为基础的气体色谱组分
14	迟到的连续泥浆性能
15	岩屑及岩性

16　　油气显示

17　　固井(注水泥)

18　　钻杆测试

19　　结构配置

20　　泥浆报告

21　　钻头报告

22　　备注

23　　井标识

24　　船舶移动及停泊状况

25　　天气及海洋状况

(2) WITS 传输格式

① 数据集。

WITS 传输会话由一组数据集组成，数据集表示一组相关的数据项。一个数据集可以仅由一项组成，也可以包括很多项。数据项由一个回车及换行(<CR> <LF>)分开。

数据集内容的限制：

一个数据集不能包含多个记录类型的数据项。

一个数据项不能在一个数据集内重复。

除非有特殊要求，带有 -9999.0 空值的数据项不需要送出，而当一个数据项带有 -8888.0空值(坏传感器读数)时，它应该被送出。

② 标识符。

每个数据项对应于一个预定义数据记录变量。每项都由一个“标识符”(IDENTIFIER)部分和一个“值”(VALUE)部分组成。

标识符由 4 个字符组成：

字符 1 和 2 标识预定义的记录，字符 3 和 4 标识记录里的项。

例如：“电阻率 1 测量深度(DR 1M)”是预定义的记录 8(MWD - -地层评价)的 13 项，可用 IDENTIFIER =0813 表示。

③ 数据项的值。

部分既可以是一个文本字符串也可以是表示一个数的 ASCII 码。

如果是文本串，它一定不能长于在预先定义的记录内规定的长度，但它可以短些，可包括空格，特殊字符等等，但不能出现 && 或!!。

如果是数字，它可以长达 16 个字符，但至少要带一个数字，如果带有负号，负号必须是第一个字符。不能以空格或零开头。

如果有一个小数点，它可以放在回车和换行结束前的任何位置。

举例：

电阻率 1 测量深度　　3561.35m

标识符　　0813

值　　3561.35

数据项　　08133561.35 <CR> <LF>

④ 会话传输举例。

下列会话传输举例由包含 4 个数据项的数据集组成(电阻率 1 测量深度，电阻率 1 读数，伽玛曲线1测量深度，伽玛曲线1读数)：

&&<CR><LF>
08133561.35<CR><LF>
0815.97<CR><LF>　　数据集1
08213565.13<CR><LF>
082387.1<CR><LF>
!!<CR><LF>
&&<CR><LF>
08133561.61<CR><LF>
0815.02<CR><LF>　　数据集2
08213565.39<CR><LF>
0823100.4<CR><LF>
!!<CR><LF>

3.8.3.3 信息发布与应用

1. 信息发布

信息发布系统包含两个子系统：基地数据管理系统和基地WEB发布系统。

基地数据管理系统通过安装在数据服务器中的数据库管理软件系统对整个井场远程传输数据库进行动态管理。主要是管理正钻井和完钻井的地质、气测、测井、小层、解释、基本信息等数据，实现对数据的增加、查询、修改、删除、导入、导出等功能，实现对数据库的备份与恢复。

“基地WEB发布”是“井场综合数据平台”的核心系统，它通过WEB服务器对井场数据和信息进行管理、发布和共享。客户端通过登陆平台网站访问井场的数据和信息，根据发布信息的特征提供了多种发布方式，如钻井动态、图件浏览、报表查询、视频监控、岩心扫描、多井对比、文件浏览等。所有这些方式均以动态网页技术实现。

登陆平台后可以快速了解目前各井基础数据、最新工况等重要信息。可进行单井信息查询，进入选定的井后，发布的信息按石油钻井相关专业进行分类，方便各专业用户浏览。主要发布方式如下：

① 数据浏览。将现场采集的各种参数信息，以数值的形式实时显示出来，从而能够实时监测各种参数变化。

② 图件浏览。图件浏览功能为用户提供实时曲线浏览和各类图件回放，包括录井综合图、井身结构图、井斜三维图与投影图等。

③ 图像浏览。建立图像数据库，用户可以通过浏览器，以可视化的方式查询、浏览相关图像信息。

2. 信息应用

录井信息远程传输系统满足了不同层次用户(决策层、管理层、执行层)对信息的需求。并且能够对各层次的需求做出快速响应。

① 决策层，满足了对信息“点、线、面”的掌握，如根据钻遇地层油气情况、综合解释结果，决定是否要取芯、中途测试、提前或加深完钻等。

② 管理层，通过对各井资料实时掌握，大大提高了生产管理和技术研究的效率。通过及时了解生产动态信息，确保现场工作按质量标准和相关规范执行，实现监督管理、应急处理和现场施工同步。

③ 执行层，通过基地与现场的信息互通，获得技术支持，及时执行工作指令，确保齐全、准确录取各项资料。

3.9 地质分析仪器及辅助设备

地质分析仪器主要包括：泥(页)岩密度测定仪、碳酸盐岩分析仪、荧光测定仪。泥(页)岩密度测定仪是一种测定泥岩密度的仪器，通过测定泥岩密度可了解钻遇地层压力变化及预测可能存在的压力异常层。碳酸盐岩分析仪用来分析碳酸盐岩含量。荧光测定仪是利用石油荧光性原理快速分析岩屑、岩芯含油性的设备之一。

辅助设备主要包括：空气压缩机、氢气发生器、UPS 不间断电源、电动脱气器、热真空蒸馏脱气器。空气压缩机将机械能转换成气体压力能的装置，是压缩空气的气压发生装置。氢气发生器是利用电解水制氢的设备。氢气发生器和空气压缩机都是为色谱仪提供气源。UPS 不间断电源主要利用电池等储能装置在停电时给录井仪器提供不间断的电力供应。电动脱气用来通过旋转搅拌脱附钻井液中所含的气体，提供给色谱分析仪进行气体分析。热真空蒸馏脱气器用来提高气测井中钻井液脱气效率，是较精确评价油气层的一种手段。

3.9.1 泥(页)岩密度测定仪

3.9.1.1 原理及组成

地层异常孔隙压力对于钻井是危险的，有可能会造成井涌、井喷、井漏、井径收缩卡钻等事故。产生超高压的特征是泥(页)岩密度降低，偏离泥岩密度正常趋势线。通过测定泥岩密度的方法可以预测地层异常孔隙压力。

泥(页)岩密度测定仪测量原理：其测量原理是利用阿基米德定律，浸在静止流体中的物体受到流体作用的合力大小等于物体排开的流体的重力。

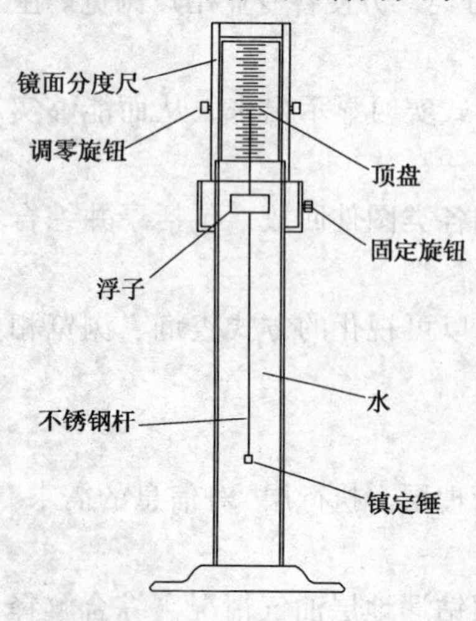

图 3-9-1 泥岩密度测定仪

泥(页)岩密度测定仪由有机玻璃筒、镜面分度尺、固定镜架、不锈钢杆及顶盘、浮子、镇定锤和调零旋钮等组成(见图 3-9-1)。

3.9.1.2 操作

① 测量时必须用纯泥岩，排除砂岩、石灰岩及其他岩石。在震动筛上游精心挑选几颗新泥岩碎屑作样品(从井底来的新岩屑应是有棱角的，小块的)，应注意泥岩样品尽可能不受钻井液浸润。用滤纸仔细地把岩屑表面吸干，并立即作密度测量，绝不可用烘箱或加热器烘干岩屑。

② 在纯净淡水中加入几滴洗洁精(或阴离子去垢剂、肥皂水均可，目的是为了削减水的表面张力，使测量部件上无附着气泡)后注入有机玻璃管，水面距管顶约 4cm。把浮子放入水内，在浸没的表面不应有气泡(若有，则转动浮

子除去)。当浮子稳定，其顶面至少应在水面下1cm(不超过2cm)。然后把盘向下压，直至镇定锤碰到管底，此时，盘至少在水面上1cm，否则应去掉一些水。

③ 测量方法：

在测量前必须调整“零位”，用“调零旋钮”调整，如图3-9-2(a)。

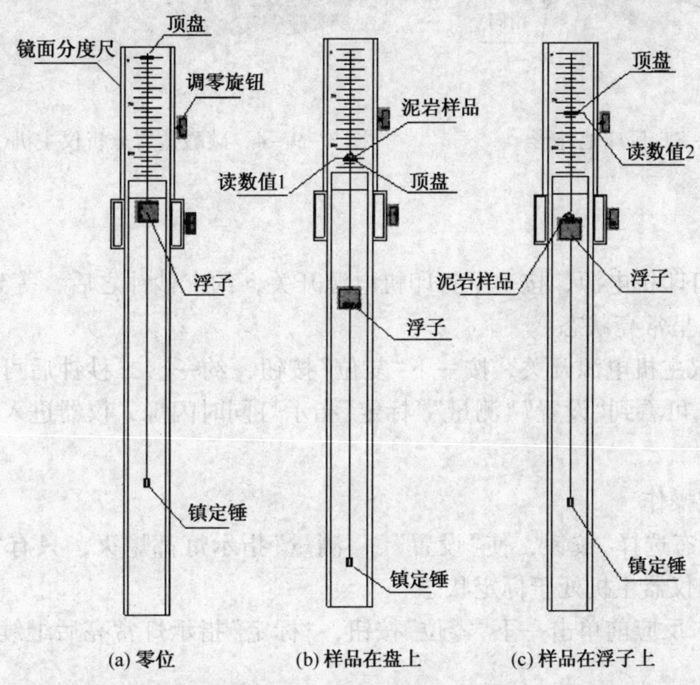

图3-9-2 泥岩密度测定示意图

将泥岩样品放入盘上，镇定锤稳定后(不能触筒底)，读出刻度值 $L1$，如图3-9-2(b)，然后将盘上的泥岩样品放置在水中浮子上，待稳定后读出新刻度值 $L2$，如图3-9-2(c)，则泥岩密度 d 按下列公式可计算得到：

$$d = \frac{L1}{L1 - L2} \quad (3-9-1)$$

3.9.1.3 维护保养

测量结束后应进行清洗擦干，以免镜子分度尺的水银脱落，使镜子分度尺读数模糊不清；防止生锈；搬动时，防止撞碰以免损坏。

3.9.1.4 常见故障排除

浮子破裂漏水，应及时更换。

3.9.2 碳酸盐岩分析仪

3.9.2.1 原理及组成

用额定体积的容器作为反应池，在其内加入1g的岩石粉末和5mL的浓盐酸，将容器密封，并让岩石粉末和盐酸充分反应。压力传感器将反应生成的 CO_2 气体所产生的压力转换成电信号，经处理并输出给计算机或打印机，绘出记录有碳酸盐岩含量变化的连续曲线。

碳酸盐岩分析仪是由反应池(图3-9-3)、主机(图3-9-4)等组成。

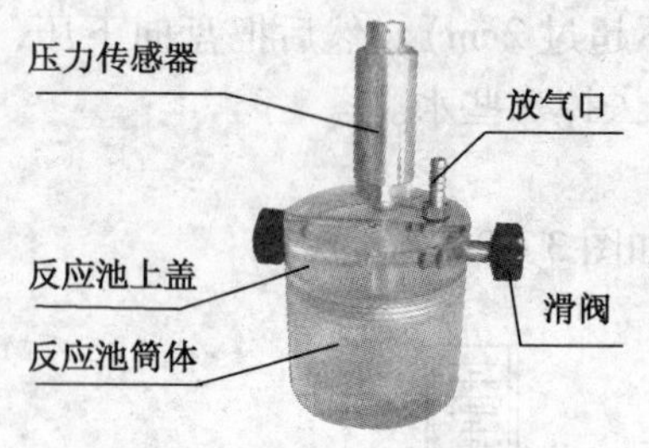

图3－9－3　反应池外形

图3－9－4　碳酸盐岩分析仪主机(正面视图)

3.9.2.2　操作

1. 开机

① 首先接通打印机电源，按一下打印机电源开关，约十秒钟之后，等到“POWER”指示灯不再连续闪烁，呈常亮状态。

② 接通分析仪主机电源开关，按一下“复位”按钮，约一、二秒钟后可听到打印机发出“嘀”的一下声音，可看到“设置”“测量”“标定”指示灯同时闪烁，仪器进入测量状态。

2. 校验方法

(1) 调零标定操作

① 按几下“状态选择”按钮，使“设置”、“测量”指示灯都熄灭，只有“标定”指示灯呈连续闪烁状态，使仪器主机处于标定状态。

② 在反应池未反应前单击一下“零位”按钮，“标定”指示灯常亮后继续闪烁，仪器调零获确认。

(2) 调满标定操作

① 按几下“状态选择”按钮，使“设置”、“测量”指示灯都熄灭，只有“标定”指示灯呈连续闪烁状态，使仪器主机处于标定状态。

② 在反应池中加入1g纯碳酸钙与5mL浓盐酸，充分反应后，此时单击一下“满度”按钮，“标定”指示灯常亮后继续闪烁，仪器调满标定成功。

3. 设置井深参数

① 按一下“状态选择”按钮，使“测量”、“标定”指示灯都熄灭，只有“设置”指示灯呈连续闪烁状态。

② 此时进入参数设置状态，按动“数码拨盘”选择所需输入数值，然后按一下“确认”按钮确认，“设置”指示灯常亮后继续闪烁，输入数值即获确认(每次只能输入一位数字)，重复操作将井深参数输入。

4. 加样操作

① 挑选岩屑样品碾碎成粉末后，用精密天平称取1g。

② 把反应池下部筒体旋下。

③ 将岩样放入反应池筒体底部腰型槽内。

④ 用注射器取5mL浓盐酸，注入反应池的锥型槽内，盐酸不能滴入试样，以免部分试样起反应影响分析精度。

⑤ 将反应池上盖拧到反应池上，上盖时，必须保持反应池滑阀在B位(图3－9－5)，即池内空气压力与外部相平衡，直到“O”形垫圈压紧密封。

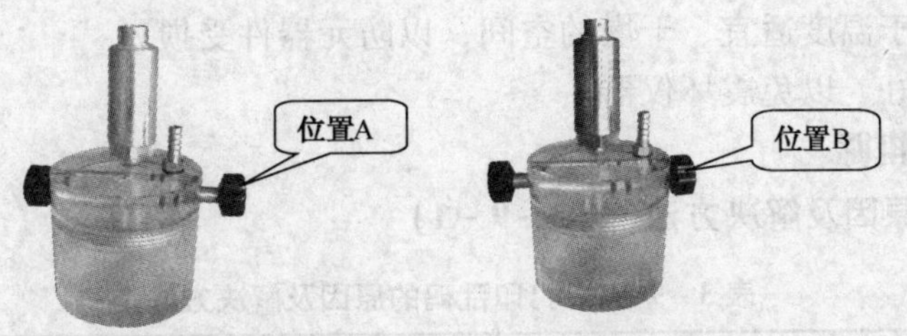

图3－9－5　反应池腔体和放气孔通断位置图

⑥ 将反应池滑阀推至A位(图3－9－5)。

⑦ 接上连接线。

5. 选择打印速度

根据需要，拨动纸速选择开关进行选择。

6. 样品分析、打印

① 查看打印机是否装纸，打印电缆是否连接，电源是否打开。

② 以上均正常，按“状态选择”按钮，使“设置”、“标定”指示灯都熄灭，只有“测量”指示灯呈连续闪烁状态。按一下“启动”按钮，“测量”指示灯常亮，打印机开始打印表头。

③ 晃动反应池，让岩样和盐酸充分反应。

④ 打印机打印分析曲线。

⑤ 打印完成，样品分析完成。

7. 资料解释

仪器可以分别测定$CaCO_3$(石灰质)与$CaMg(CO_3)_2$(白云质)的含量。图3－9－6显示了几种不同岩样分析所得的曲线：

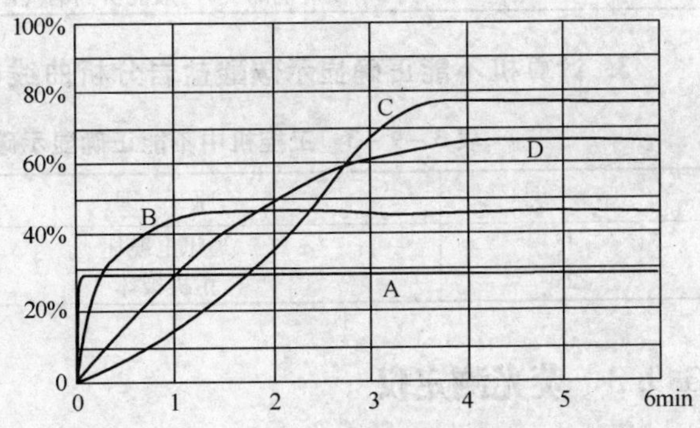

图3－9－6　几种不同岩样的分析曲线

A曲线记录了压力迅速上升后为平直线反映$CaCO_3$含量约在28%的刻度线。而其余主要成分72%是未反应(未知)的岩性成分。这部分岩性主要依据现场对岩样的目测鉴定是泥岩还是其他种类岩性而确定。例如72%是泥岩，根据岩性定名原则应定为灰质泥岩。

B曲线：28%为$CaCO_3$，B曲线最终落在47%的刻度线，其余47%－28%＝19%则是曲线的缓慢上升段，为$MgCa(CO_3)_2$的含量。剩下53%为未反应(未知)的岩石成分，应根据现场目测岩性鉴定加以确定(是泥岩或其他岩性)后，岩性就可以定名了。例如：含云灰质泥岩。

C、D曲线的解释与上述大致相似，只不过C、D曲线上升缓慢是因为白云岩为主要成分，含量为79%和68%，次要成分如果通过目测鉴定为泥岩及其他岩性，则可定名为泥质白云岩。

所以岩样碳酸盐岩分析结果的岩性定名，主要根据分析结果和未反应的岩性结合现场鉴定，哪种岩性为主，哪一种为次，最后确定岩性定名。

3.9.2.3　维护保养

① 使用时反应池严禁倒置，以防止盐酸进入传感器损坏传感器。

② 不使用仪器时，应将反应池清洗干净保存。

③ 主机应储存于温度适宜、干燥的空间，以防元器件受损。

④ 运输时包装好，以免震坏仪器。

3.9.2.4 常见故障排除

1. 打印乱码的原因及解决方法(表3-9-1)

表3-9-1 打印乱码的原因及解决方法

序　号	原　因	解决方法
1	打印机设置错误	设置成LQ方式
2	打印电缆坏或使用了错误的并行电缆	换电缆
3	打印机坏	换打印机
4	主机板坏	换主机板

2. 打印完Number号后停止打印

该故障原因为仪器调满度时没有捕获到正确的传感器电压值，正常工作时主机板J2接口两端会有0~10V电压变化。具体情况见图3-9-2。

表3-9-2 打印完Number号后停止打印的原因及解决方法

序　号	原　因	解决方法
1	传感器至主机板的电缆接触不良	换连接电缆
2	传感器坏	换压力传感器
3	主机板坏	换主机板
4	主机满度、零位标定丢失	重新标定
5	反应池漏气(一般能听到漏气声)	检查滑阀位置

3. 计算机不能正确显示碳酸盐岩分析曲线(表3-9-3)

表3-9-3 工控机中不能正确显示碳酸盐岩分析曲线的原因及解决方法

序　号	原　因	解决方法
1	通讯电缆坏	换电缆
2	主机板坏	换主机板

3.9.3 荧光测定仪

3.9.3.1 原理及组成

荧光测定仪是利用石油荧光性原理快速分析岩屑、岩芯含油性的设备之一。含油岩屑或岩芯在紫外荧光灯照射下能清晰地发出荧光，因此可根据是否有荧光来判断岩屑是否含油，还可根据岩屑或岩芯的荧光特征来判定含油性质。

荧光测定仪主要由紫外荧光灯管、观察窗和暗箱组成(图3-9-7)。

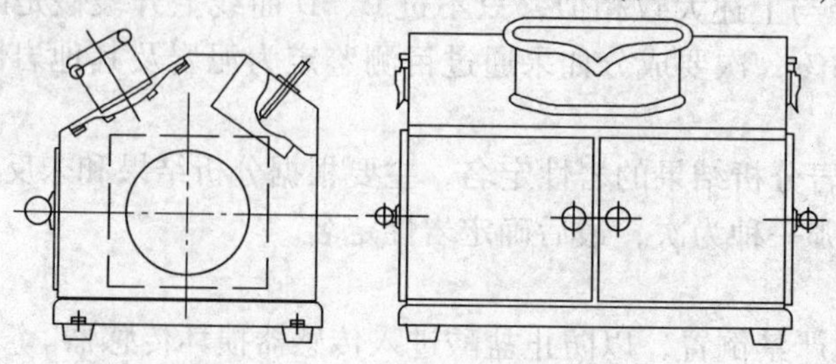

图3-9-7 荧光测定仪结构图

3.9.3.2 操作

取试样(岩屑或岩芯)，放入箱内，开启电源，进行样品荧光干照或用氯仿加滴到样品上，观察样品是否有荧光现象及滤纸上是否有扩散的晕圈。

用定量有机溶液氯仿、四氯化碳等浸泡试管中的定量样品，观察样品在荧光湿照下是否有荧光现象，并与预先配制好的荧光标准系列对比，确定荧光等级。

可以将紫外光源架取出，对放置黑暗处的大段岩芯直接荧光干照或湿照，观察样品是否有荧光现象。

3.9.3.3 维护保养

① 荧光管反射板及观察窗应保持清洁，及时清除黏附的灰尘、污物，可用酒精棉花擦拭。

② 每次使用后应用干的柔性抹布擦拭箱体，保持箱体内外干燥清洁。

③ 电源线接地必须良好。

3.9.3.4 故障排除

① 若发现荧光管闪烁不能发光，可能是起辉器损坏或荧光管损坏，应调换起辉器或荧光管。

② 若荧光管和起辉器都不亮，可能是起辉器损坏、电源插头接触不良或电源线断路。

3.9.4 空气压缩机

3.9.4.1 原理及组成

1. 整机工作原理

空气压缩机种类很多，综合录井仪常用为活塞式小型空气压缩机。其原理为电机转动时，空气由进气管进入压缩机内，活塞往返运动，把空气压缩，使压力气体由出气口通过高压软管打开单向阀进入储气罐，压力表指针显示随之上升，大于设定压力，压力开关自动关闭，电机停止工作，同时电磁阀通过泄压气管，将压缩机机头泄压。气体通过过滤调压阀、排气开关排气。储气罐内气压下降至设定压力时，压力开关自动开启，压缩机重新开始工作(图3-9-8)。

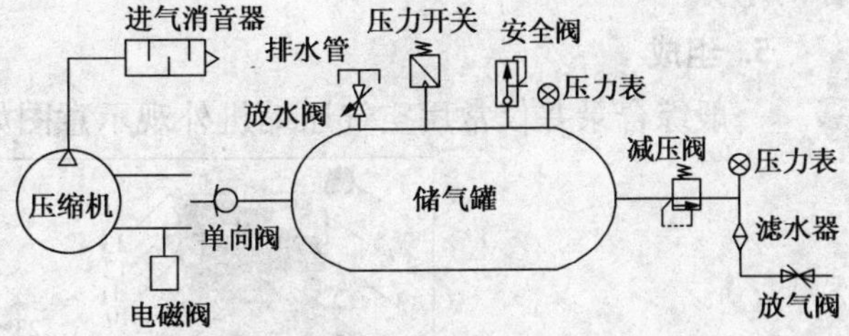

图3-9-8 空气压缩机工作原理图

2. 压缩机工作原理

活塞式小型空气压缩机为电机单轴驱动，对称分布曲柄摇杆机械结构，主运动件为活塞环，副运动件为铝合金圆柱面，运动件之间由活塞环自润滑而不添加任何润滑剂。压缩机通过曲柄摇杆的往复运动使圆柱面气缸的容积发生周期性变化，电机运转一周气缸容积有两次方向相反的变化。当正方向是气缸容积扩展方向时，气缸压力降低，大气压大于气缸内气压，空气通过进气阀门进入气缸，此时为吸气过程；当反方向是容积缩小方向时，进入气缸内的气体受到压缩，气缸内的压力迅速增加，当大于储气罐压力时，排气阀门被打开，此时为排气过程。通过吸气和排气过程使空气不断被压缩到储气罐内。

3. 电器原理

空气压缩机的电气原理如图3-9-9。

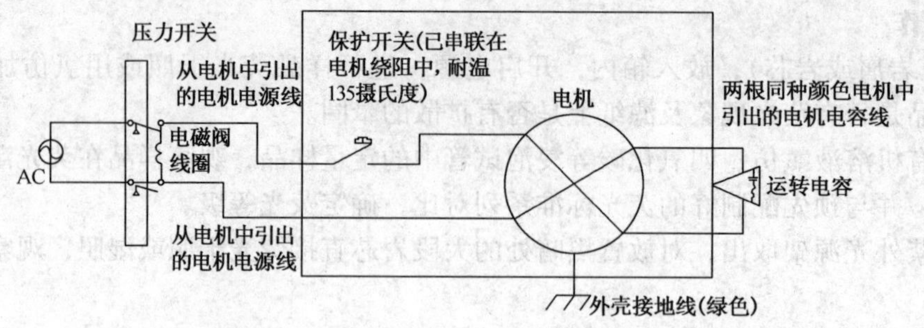

图 3－9－9　空气压缩机电器原理图

4. 主要部件工作原理及功能

(1) 过滤调压阀

主要有两种功能。首先是过滤作用：将压缩气体内的水份在连接到外部设备前与空气分离。水通过可视容杯从底部外接软管流出。其次是调节压力作用：可将过滤调压器上的调压手柄拔起，转动手柄，压力表即可显示所需压力。顺时针转动可将压力调高，逆时针转动则调低压力。按下调压手柄便可锁定压力。

(2) 压力开关

常见的压力开关有两种类型，第一种：旋转开关到“－”位置为接通位置；旋转开关到“O”位置为断开位置；第二种：将红色手柄顺时针扭转拔起为压力开关打开，按下为压力开关关闭。

(3) 安全阀

当压力开关失灵或其他原因，压缩机不停机，工作压力大于安全设定压力时，安全阀自动打开，排气减压。

(4) 排污阀

在储气罐带有一定压力时，可逆时针转动排污阀手柄(图 3－9－10)，排放储气罐内积存的水分。

5. 组成

一般综合录井仪常用空气压缩机外观示意图如图 3－9－10，相应部件见表 3－9－4。

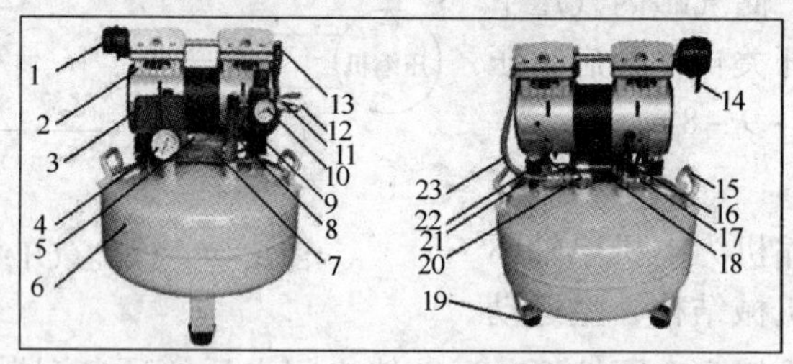

图 3－9－10　空气压缩机结构示意图

表 3－9－4　空气压缩机部件表

1. 空气过滤器	7. 电容	13. 弯头	19. 底脚
2. 压缩机	8. 大直通	14. PU 管	20. 单向阀
3. 压力开关	9. 过滤调压阀	15. 把手	21. 铭牌
4. 储气罐压力表	10. 调压阀压力表	16. 排污阀	22. 减震脚
5. 安全阀	11. 球阀	17. 排污口快拧	23. 高压金属软管
6. 储气罐	12. 出气口快拧	18. 电磁阀	

3.9.4.2 操作

1. 仪器安置

① 一般空气压缩机应在温度不低于5℃，不高于40℃，相对湿度不大于80%的室内使用。必须保持周围环境的清洁、干燥、通风、避免阳光直接照射。

② 应放置在平整牢固的地面上，防止机器在工作时移位。

2. 连接与启动

① 连接输气管至仪器，连接排污管至室外或插入到一个大容器中。

② 开机前，检查放水阀是否关闭，压力控制开关是否处于断开位置，排气口球阀处于关闭状态，检查电源电压是否正常。

③ 将电源插头插入电源插座，拨动压力控制开关启动空压机，达到设定压力后打开排气口球阀给综合录井仪供气。

3. 调试

将压力开关控制置于接通位置(启动位置)，空气压缩机应立即启动，气体首先通过过滤减压阀排卸一部分气体压力以保护压缩机启动，这时会有"嘶嘶"声，在此同时并向储气罐供气。压力表指针随之缓缓上升，当压力表指示为0.1MPa时，过滤减压阀停止排泄气体(这期间约为20秒左右)。当压力表指示为设定压力(一般为0.8MPa)时，压力控制开关应动作，自动切断空气压缩机的电源，空气压缩机应立即停止工作，(此时，用气设备所需压力通过过滤调压阀调节。)储气罐的压力降到设定压力(一般为0.6MPa)时，压力控制开关应自动闭合，空气压缩又自动启动，周而复始，达到控制的目的。调试工作结束，机器即可投入正常工作。

3.9.4.3 维护保养

1. 使用注意事项

① 机器的电源电压适用范围为198~242V。电压不正常将造成启动困难或压缩机过热，电源电压不正常的地区，应使用单相电源稳压器，稳压器的功率必须大于2000VA。

② 注意工作场所环境：保持工作场所清洁，空气压缩机周围不要有杂物。空气压缩机不可在潮湿和阴暗的地方工作，勿在存放易燃易爆液体气体和多灰尘的地方工作。

③ 暂不使用的空气压缩机，关机前应放掉储气罐内的空气与污水，存放于干燥的环境中。

④ 根据使用情况及时清洗滤清器，定期检查附件、电缆线，损坏立即更换。应保持机器清洁干爽、不沾油污。

⑤ 压缩机只可用于加压空气，在任何情况下都不可处理其他气体，不可用于抽吸液体、微粒、固体和任何可能导致爆炸的易燃物质。

2. 储气罐排水

空气压缩机在运转时，会将空气中含有的水分压缩后凝聚在储气罐内，水分聚集过多将会影响储气罐的空气质量，直接影响用气设备的正常工作，因此必须及时排除储气罐内的积水，排水周期视环境条件与使用时间的长短而定，一般每3天须排水一次。排水方法：在储气罐内有一定压力时，缓缓地逆时针旋转排污阀的调节手柄(图3-9-10)，使积水从排水阀喷出，通过排污软管排放，直至积水放尽为止。放水完毕，顺时针拧紧排水阀的手柄，并保证不漏气。

3. 过滤器排水

空气压缩机安装自动排水过滤器，将排水软管插入过滤器底部接头，按下面选定方式排水：关闭过滤减压阀上的球阀切断出气口气源，开启设备将管路上的压力排空，这样，过滤减压阀水杯中的水会自动排干。当过滤减压阀水杯中的水快到水杯中部时，必须断掉电源然后将排污阀打开，将储气罐内压力降到常压，这样过滤减压阀水杯中的水会自动排空。

4. 空气过滤器更换滤芯

在空气压缩机吸气口设有空气过滤器，以防止空气中的尘埃进入空气压缩机，并具有消音的作用。空气过滤器的滤芯使用一段时间后会堵塞，影响空气压缩机的吸气量，因此必须定期更换滤芯。更换方法为打开吸气消音器盖，将滤芯取出，换上新的滤芯，然后重新盖装好。

3.9.4.4 常见故障排除

常见故障原因及排除方法见表 3－9－5。

表 3－9－5 空气压缩机故障索引表

问题原因	压力不足	压力过高	噪音过高	不能启动	储气罐压力泄漏
压力控制开关损坏	√	√			
电容损坏				√	
安全阀损坏	√	√			√
排污阀泄漏	√				√
出口阀门损坏	√	√			√
活塞环损坏	√		√		√
铝合金支架断裂			√		
卸荷电磁阀损坏	√			√	√
单向阀损坏	√				√
电压过低				√	
环境温度过低				√	
过滤器堵住	√				
过滤器未拧紧			√		

3.9.5 氢气发生器

3.9.5.1 原理及组成

氢气发生器提供色谱分析所需要的高纯氢气。氢气发生器是通过对水的电解获得氢气，主要由电解池、气路系统、电路系统组成。电解池为筒装形式，其供液、排氧与电解池融为一体。

氢气发生器的电解池外层为阴极，采用了筒状不锈钢板结构；内层为阳极，是不锈钢筒结构。阳极内筒筒壁上钻有 20～30 个圆孔，电解液可直接加入阳极筒内。无需任何连接管路。由于各圆孔均可进液、排氧，所以电解池内也不会出现电解液不足或排气不畅等现象。

1. 仪器外部(图3-9-11，表3-9-6)

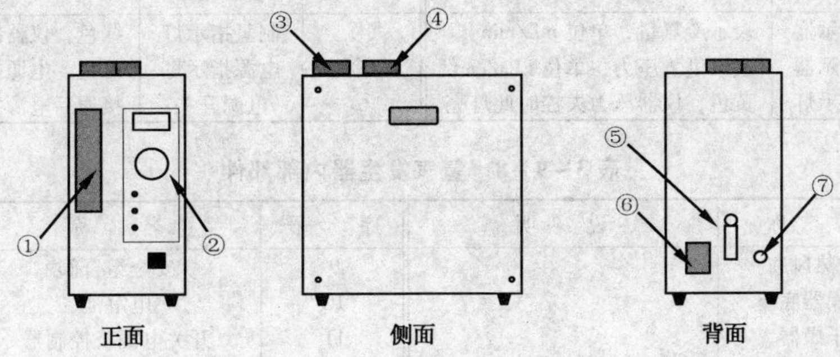

图3-9-11　仪器外形示意图

表3-9-6　氢气发生器外部件

序　号	名　称	说　明
①	透明显示窗	可观察干燥剂状况及电解液液位
②	控制面板	详见图3-9-13
③	干燥器上盖	更换干燥剂时，干燥器管整体逆时针拧下
④	电解池注水口	注入电解液、补充蒸馏水
⑤	O_2 OUTLET	氧气排放口冲下，避免排氧结露流到仪器后面板上
⑥	电源插座(带保险丝盒)	AC220V 供电电源，内藏保险丝盒(规格5A)
⑦	H_2 OUTLET	氢气出口

2. 控制面板(图3-9-12，表3-9-7)

3. 仪器内部(图3-9-13，表3-9-8)

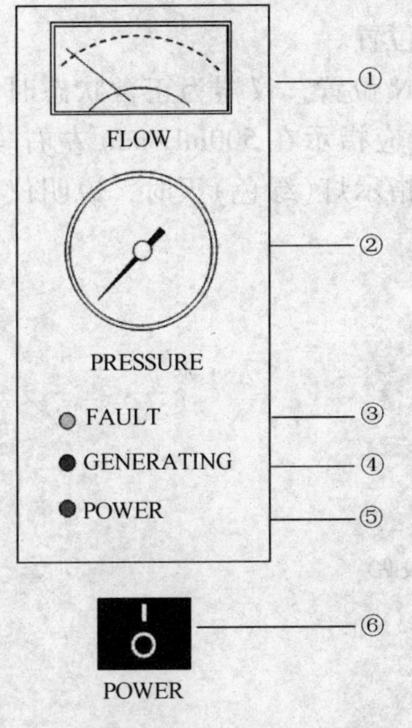

图3-9-12　氢气发生器控制面板示意图

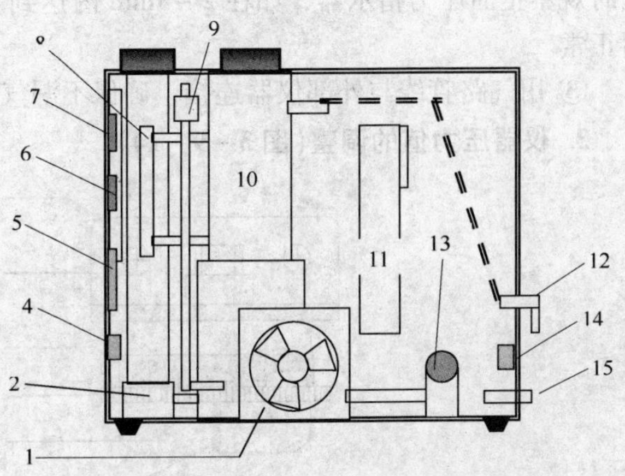

图3-9-13　氢气发生器内部示意图

表 3-9-7　前面板部件

序　号	名　称	说　明	序　号	名　称	说　明
①	流量指示器	表示产氢量，单位 mL/min	④	制氢指示灯	绿色，仪器制氢时灯亮
②	压力指示器	表示供氢压力，单位 kPa/cm^2	⑤	电源指示灯	红色，电源接通后灯亮
③	故障指示灯	黄色，仪器压力失控时此灯亮	⑥	电源开关	接通后电源指示灯⑤灯亮

表 3-9-8　氢气发生器内部部件

序　号	名　称	说　明	序　号	名　称	说　明
1	散热风扇		9	安全组合阀	
2	干燥器底座		10	电解池	
3	干燥器		11	开关电源及控制器	
4	电源开关		12	氧气出口	
5	指示灯板	电源(红)制氢(绿)故障(黄)	13	压力调节器及过压开关	
6	压力指示器		14	电源插座	
7	流量指示器		15	氢气出口	
8	液位管				

3.9.5.2　操作

1. 启动前的准备

① 在氧气排出口接软管至室外，氧气排放管要保证通畅。

② 取下仪器顶端注水口盖，将 100g 氢氧化钠与 500mL 左右蒸馏水(或去离子水)在另一容器中搅拌均匀后加入电解池中。

③ 观察仪器正面透明显示窗内的液位管，加液或加蒸馏水时液位不能超过上限(H)，也不能低于下限(L)。

④ 加液完毕后，将注水口盖旋紧，加入电解液 30 分钟后可进行开机启动。

2. 开机启动

① 启动前应检查仪器是否有异常情况，电源开关置于 OFF 位置。

② 将氢气出口用密封螺帽封闭。接通电源，将开关置于 ON 位置，仪器为正常状态时电源指示灯(红色)、制氢指示灯(绿色)同时灯亮，流量指示器应指示在 500mL/min 左右。同时观察正面压力指示器，如在 2 ~3min 内达到 400kPa 且制氢指示灯(绿色)灭时，说明仪器正常。

③ 用气路管线与外部仪器连接，确保不漏气。

3. 仪器压力值的调整(图 3-9-14)

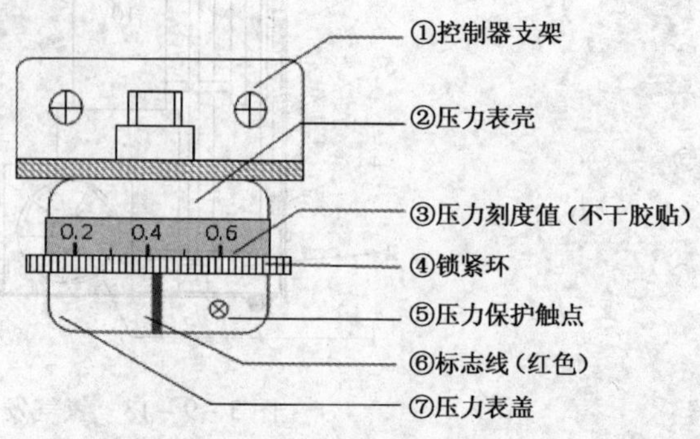

图 3-9-14　压力调节部件

① 将锁紧环④逆时针旋松。

② 顺时针(或逆时针)转动压力表盖⑦，将标志线⑥对准所要选择的压力值。

③ 将锁紧环④顺时针锁紧。

3.9.5.3 维护保养

1. 补充蒸馏水

① 使用过程中电解液会自然减少，当电解液下降至液位下限(L)时，应及时补充蒸馏水。

② 补充方法：打开注水口盖。将蒸馏水慢慢注入到液位上限(H)即可。

③ 电解质只加入一次，此后只需补充蒸馏水。

2. 更换硅胶(干燥剂)

① 更换时机：机器长期运转，管内的干燥剂会因吸收氢气中的水分而变为红色，这时需要更换硅胶。

② 更换方法：关机卸压后，将干燥器筒整体逆时针拧下，再把干燥器的上盖拧下，更换干燥剂，然后将上盖拧紧，避免漏气，最后把干燥器筒对正干燥器底座拧紧，力量要适中，以不漏气为准。

3. 电解池的清洗与电解液的更换

① 电解液连续使用一年后应更换。

② 将电解液全部排空，可用塑料管一端插入到电解池底部，另一端放置在较低位置，利用高度差将电解液全部抽出。电解液是碱性溶液，有一定的腐蚀性，如不小心溅到衣服或皮肤上，应迅速用清水冲洗掉。

③ 用蒸馏水加入电解池清洗，清洗 2 ~3 次即可。

④ 按要求加入新电解液。

4. 长期停机(不使用 6 个月以上)

① 将氢气压力卸掉。

② 将电解液全部排空，用蒸馏水将电解池清洗干净后盖好。

③ 盖上罩子以防灰尘。

④ 若再次使用时请按照要求检验后再启动。

3.9.5.4 常见故障排除

常见故障现象及排除方法见表 3 -9 -9。

表 3 -9 -9 氢气发生器常见故障处理统计表

故障现象(图 3 -9 -12)	故障原因及排除方法
接通电源后，电源灯⑤及制氢灯④均不亮，风扇不转动	电源插头未插好。(将插头插好)
	未安保险管或保险管损坏。(更换新保险管)
故障灯③闪烁，仪器停机	压力控制器故障
制氢电流一直较大，氢气压力上升缓慢或无法达到设定压力	检验氢气发生器内部是否漏气，如检验后正常，则应检验外部气路是否有漏气环节。
仪器在运行过程中，压力表指针超过设定压力值。	压力控制器表针脱落
	光电传感器损坏
	控制电路发生故障

3.9.6 电动脱气器

3.9.6.1 原理及组成

电动脱气器原理是利用马达带动脱气筒中的搅拌棒，快速旋转，破碎钻井液，使钻井液中的气体脱出，供分析仪器分析。

电动脱气器一般由马达、脱气筒、搅拌棒、固定架、气体净化干燥筒组成。

3.9.6.2 操作

1. 安装

安装在振动筛前钻井液流动平稳的循环管路中(钻井液槽、缓冲循环罐)，并易于操作。根据现场需要，一般有下列几种安装方式：

① 固定座 C 字夹可直接固定在钻井液槽、缓冲罐或震动筛架的一侧(图 3 – 9 – 15、图 3 – 9 – 16)。

② 安装在钻井液出口管上。可在出口管安装口上纵向焊装适当尺寸的钢板，然后利用固定座将脱气器固定在此钢板上。

③ 利用脱气器自带安装支架直接固定在钻井液槽或缓冲罐上。

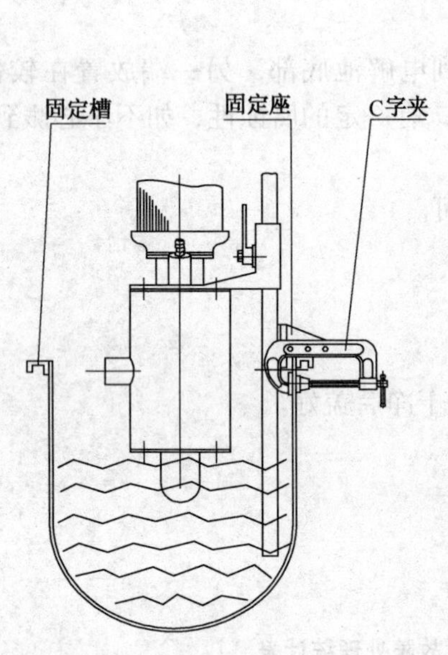

图 3 – 9 – 15 固定钻井液槽上

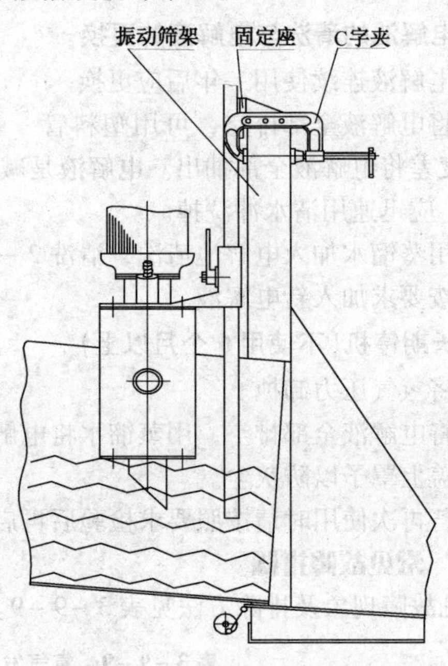

图 3 – 9 – 16 固定在振动筛架上

2. 使用

① 按下仪器房内脱气器启动按钮，启动脱气器。

② 调节脱气器高度，高度以脱气器钻井液排出口充满 2/3 钻井液为宜。

③ 在使用过程中，当钻井液液面高度变化时，及时调节脱气器高度。

④ 检查气水分离器、防堵器和干燥筒，保证管路密封和畅通。

3.9.6.3 维护保养

① 使用时应处理好防爆电机引出电源线的防水问题，确保在雨中长期工作能可靠绝缘。

② 进行接线操作前，请务必切断电源，并有专人监护。

③ 定期检查电机的绝缘性。

④ 脱气器外部沉砂影响钻井液液面时，应及时排除沉砂。

⑤ 定期冲洗擦除在脱气器上沉积的干、湿钻井液。

⑥ 检查集气筒内部有否集聚钻井液结块，及时清除。

⑦ 在脱气器的活动、调节、紧固、螺旋等部位，加注润滑油脂，以使转动灵活，防止锈蚀。

3.9.6.4 常见故障及排除

(1) 马达运转中异常杂音

可能为搅拌轴歪曲碰擦，或轴承缺油磨损所致，应校正或调换相应零件后使用。

(2) 电机漏电

电机绝缘一般应大于20MΩ，如绝缘下降而致不能正常工作。拆下电机检修，烘干，以恢复其绝缘性能。在重装电机时，其结合面均应经防水处理。

(3) 通电后不能启动

电源插座接触不良或保险丝熔断，检查电源插座，更换保险丝；起动器故障，更换启动器；马达故障，更换马达。

(4) 通电后马达嗡嗡响，但不启动

电压低，待电压符合要求时再启动电动脱气器；马达负载过重，清污，减小负荷；缺相，检查供电，待三相电正常后再启动电动脱气器；马达故障更换马达。

3.9.7 热真空蒸馏脱气器

3.9.7.1 原理

热真空蒸馏脱气器脱气效率高，定量准确。配合色谱分析仪的分析，可为油气层的定性，定量解释提供可靠的依据。

钻井液中所含的气体以游离、溶解、吸附的形式存在，采用加热搅拌和降压方法，可以使钻井液中气体膨胀，大量挥发，几乎全部分离出来。

热真空蒸馏脱气器是由储气筒、脱气主体、钻井液瓶、加热搅拌器、真空泵及饱和盐水瓶等组成(图 3－9－17)。

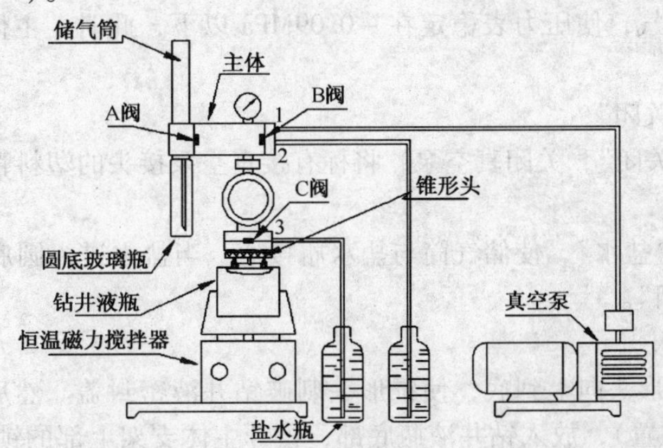

图 3－9－17　结构简图和管路连接图

3.9.7.2 操作

1. 安装

按照图 3－9－17 进行设备的连接，A 阀、B 阀、C 阀状态说明，见表 3－9－10。

表 3-9-10　阀位表(主体正面)

阀　名	阀　位	状 态 说 明
A 阀	储气	储气筒与主体相通
	关闭	关闭主体、储气筒和盐水瓶的通路
	盐水	储气筒与盐水瓶相通
B 阀	泵	主体与真空泵相通
	关闭	关闭主体与真空泵的通路
C 阀	钻井液瓶	主体与钻井液瓶相通
	盐水	主体与盐水瓶相通

2. 使用

(1) 准备

① 取样，用取样瓶到钻井液出口槽震动筛前灌满钻井液，按照钻井液密度选择磁棒放入钻井液瓶(密度大的钻井液放入大的磁棒，密度小的钻井液放入小的磁棒)，盖上密封盖，旋上接头。

② 将 B 阀拨向“泵”位(主体与真空泵相通)，A 阀拨向“储气”(储气筒与主体相通)，C 阀拨向“钻井液瓶”(主体与钻井液瓶相通)。

③ 连接管线。将盐水瓶、主体、真空泵等用管线按图连接好。用三根塑料管将主体后面标有“真空泵”的接头与真空泵上储油罐上的接头连接；将标有“盐水瓶”的两个接头分别插在两只灌满饱和盐水的盐水瓶内，其中连接 A 阀的盐水瓶中的盐水将反复使用，而连接 C 阀的盐水瓶中的盐水将一次性使用。注：若脱气要求不高，用户也可用清水替代饱和盐水。

④ 准备抽真空。逆时针方向旋转锥形头，使刺针不能露出锥形头端部；再在锥形头上均匀涂上硅脂(增加锥形头与钻井液瓶的密封)，将钻井液瓶套入锥形头，用手轻轻往上托(注意向上压紧，使钻井液瓶不致掉下来，此步目的是使钻井液瓶与锥形头保持密封状态)。

(2) 抽真空

① 启动真空泵抽气，使压力表稳定在 -0.09MPa 以下，此时，主体、储气筒处于真空状态；

② 将 A 阀拨向“关闭”；

③ 将 B 阀拨向“关闭”，关闭真空泵，将标有接真空泵接头的塑料管拔下(防止返油)。

(3) 脱气准备

将 A 阀缓慢拨向“盐水”，使储气筒与盐水瓶接通，当盐水进入圆底瓶高度 2~3cm 后，迅速将 A 阀拨向“关闭”。

(4) 脱气

① 顺时针旋转锥形头向上到底，使锥形头刺破钻井液密封盖。然后将加热搅拌器放入托盘上(托盘在最低位置)，放入钻井液瓶底部，松开主体支架上部的锁紧螺母，调整高度，使钻井液瓶底接近加热搅拌器，并拧紧锁紧螺母，再通过底盘下的扳手(手柄)调整加热搅拌器上的托盘高度，使钻井液瓶底座在加热搅拌器上。

② 启动加热搅拌器，将搅拌旋钮、温控旋钮旋到一定位置，加热搅拌钻井液，气体不断从钻井液中逸出，当压力达到 -0.07MPa 时，将 A 阀拨向“储气”，使储气筒与主体、钻井液瓶连通，继续加热蒸馏脱气，直至当压力表逐渐升到 -0.06MPa 时，关闭加热器。

(5) 收集气体

① 将 C 阀拨向“盐水”，将盐水瓶与主体相通，观察窗中液面迅速上升，饱和盐水将气体压至储气筒内，当液面上升接近观察窗顶部时，迅速将 C 阀拨向“钻井液瓶”。

② 将 A 阀拨向“盐水”，使储气筒与盐水瓶相通，饱和盐水将气体压至储气筒内，使圆底瓶和储气筒的水位上升，至压力平衡后，此时储气筒顶部空间即为脱出来的气体。

(6) 取样

用注射器从储气筒顶部抽取气体，然后注入色谱分析仪即可进行分析。若储气筒内气体的量不够分析用，可按比例稀释后，作为分析用气。

(7) 清洗

① 旋开储气筒的顶盖或用注射针刺入储气筒上的顶部，放掉多余气体，并使储气筒的盐水返回盐水瓶。

② 把阀 A 拨向“储气”，把阀 C 拨向“盐水”，使主体与盐水瓶相通，将观察窗中水排出到废水槽。旋开观察窗盖，清洗。

③ 旋开储气筒、圆底瓶并清洗。

④ 移开加热器，用专用工具卸下钻井液瓶，清洗。

⑤ 旋紧储气筒顶盖，在密封处涂少量硅脂，安装储气筒、圆底瓶，调换钻井液瓶，适量补充盐水瓶中的饱和盐水，准备做下一个钻井液样。

3.9.7.3 维护保养

① 真空泵使用过程中，润滑油损耗，按真空泵说明书，加注润滑油。

② 真空泵由于误操作进水后，必须将水放掉，清洗、加注润滑油。

③ 阀体中密封圈 3 ~6 个月更换一次，以保持密封性能。

④ 在安装时，在圆底瓶、储气筒套入处涂上硅脂，以免漏气。

⑤ 加热脱气时加热器和钻井液瓶温度很高，易使操作者烫伤，因此操作时务必戴上手套。

⑥ 在逆时针旋转锥形头向上时，注意不要旋松钻井液瓶上的接头，否则会漏气。

⑦ 由于压差原因，在脱气准备时，拔动关闭 A 阀动作要快，否则会导致进水太多。

3.9.7.4 一般故障判断及排除

(1) 气路管线不畅或漏气

拆下阀件疏通或更换“O”形圈。

(2) 加热速度缓慢或不加热

将加热控制旋钮旋到最大，若不行，可能为加热炉中的加热芯损坏或电源未插好，调换加热芯管或插好电源插头。

(3) 停止抽真空后，压力表指针不能稳定在某一值

这是漏气引起的，多为阀体“O”形圈漏气。

检查方法：关闭 A 阀、C 阀，检查观察窗及阀 B 是否漏气，若不漏，打开 A 阀(拨向“储气”)检查是否漏气，若不漏，打开 C 阀(拨向“钻井液瓶”)检查，发现漏气，多为“O”形圈磨损所致，调换“O”形圈。

(4) 随着使用次数的增加，C 阀处管线清洗不干净，容易堵塞管线。打开 C 阀清洗管线，调换“O”形圈。

3.9.8 不间断电源

3.9.8.1 原理及组成

不间断电源(Uninterruptible Power Supply 简称 UPS)，是一种当正常交流供电中断时，将蓄电池输出的直流变换成交流持续供电的电源设备。

当市电输入正常时，UPS 将市电稳压后供应给负载使用，此时的 UPS 就是一台交流市电稳压器，同时它还向机内电池充电；当市电中断(事故停电)时，UPS 立即将机内电池的电能，通过逆变转换的方法向负载继续供应交流电，使负载维持正常工作并保护负载软、硬件不受损坏。UPS 设备通常对电压过高和电压太低都提供逆变保护。

仪器主要有以下部分组成(图 3－9－18)：

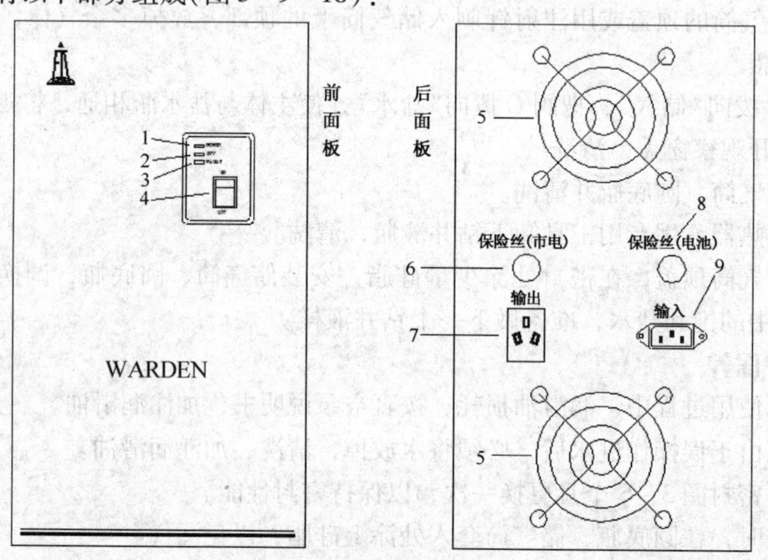

图 3－9－18　电源前后面板示意图

1—POWER(市电指示)；2—INV(逆变指示)；3—FAULT(故障指示)；4—开关；

5—散热风机；6—市电输入保险丝座；7—输出；8—电池保险丝座；9—电源输入

3.9.8.2 操作

① 确认面板开关处于关闭(OFF)位置。

② 连接用电设备和外接电源，确认输入电压正常，电池组与 UPS 连接正确。

③ 将开关拨到“ON”位置，则 UPS 进入正常工作，POWER 灯亮表明市电供电，INV 灯亮表明逆变已工作。

④ 关机时先关闭负载电源，然后关闭 UPS 开关。

3.9.8.3 维护保养

① 新旧蓄电池不宜混合使用，不同规格的蓄电池不要混用，如出现损坏(短路或开路)应用同型号的蓄电池代换。

② 蓄电池不宜过放电使用，蓄电池放电使用后应及时充电。

③ 避免电池接近火源或热源，充电必须在通风环境中进行。

④ 当长期处于稳定电源环境中，应定期(推荐 1 个月)断开市电，以电池供电至接近自动关机状态，然后正常充电，以延长电池使用寿命。

⑤ 开机时要避免带载启动。

⑥ 长时间不使用时，将电池充满，断开电池组与主机连接。

3.9.8.4 常见故障排除

（1）无逆变输出，逆变指示灯不亮

① 逆变模块损坏。断开驱动板测试，如损坏则同时更换驱动板。用万用表量其逆变输出，检查逆变模块是否有短路或击穿。

② 控制板损坏。观察板子工作状态是否正常，如不正常则应更换控制板及驱动板。

③ 控制回路故障。检查输出回路中是否有接触不良或虚焊现象，测信号线是否有不通处。

④ 自动保护电路故障。检查自动保护电路中保护元件是否损坏或有干扰信号进入。

（2）无逆变输出

① 控制板整流部分损坏。更换控制板 DC 板。

② 整流模块损坏。检查整流模块是否被击穿，更换。

③ 输入回路故障。检查输入回路中开关、连接导线情况。

（3）断市电后无延时输出(市电工作正常)

① DC 开关坏或 DC 保险丝烧坏。检查开关及保险丝是否损坏。

② 电池局部或整体损坏。检查电池，更换损坏电池。

③ 直流供电故障。检查直流回路中连线是否断路或短路。

（4）输出电压偏低

① 输出电路中电容损坏，更换。

② 输出电压调节，未调节好，重新调节，使输出电压为 220V。

（5）漏电保护器跳闸

一般为元器件对机箱绝缘不良造成，主要为电解电容对机箱漏电，绝缘处理。

（6）空气开关跳闸

输入回路中有短路现象或部分元件损坏。检查输入变压器、整流模块、电容等是否短路，若是即更换。

（7）市电灯不亮

① 检查市电输入、保险丝、开关。

② 检查控制市电的采样电路。

（8）逆变灯一亮就灭

① 逆变板坏，更换。

② 检查过欠压反馈电路。

③ 输出电压不准。

④ 过载。

3.10 综合录井作业流程

3.10.1 录井准备

3.10.1.1 设备的搬迁、安装

1. 仪器房吊装

① 仪器房应由经过培训、具有资质的专业人员绑挂及指挥吊装。

② 吊挂时，避免吊挂绳受力过大；绳、链所经过的棱角处应加垫。

③ 吊装时指挥信号应明确，并符合规定。

④ 吊装时严禁人员在仪器房内或仪器房上，严禁进入悬吊重物下方等危险区域，严禁用手扶持吊装物。

⑤ 搬迁时所有物品应固定牢靠。

2. 仪器运输

运输前检查仪器紧固情况，仪器运输时应保证平稳，严禁剧烈颠簸，翻倒和滚运。

3. 仪器房摆放

仪器房观察窗或门面向井架，距井口 30m 以外，垫高 20 ~ 30cm，水平放在井场靠振动筛一侧，距离振动筛 8 ~ 25m 处，符合钻井井场布局要求，仪器房周围无危险源。

仪器房摆放时注意防止磕碰，门前场地平坦，无障碍物，在海上钻井平台，仪器房放置在平台为录井仪器房预留的位置。

4. 仪器房接地

仪器房要接地良好，铜棒地线埋深大于 60cm，铜棒直径一般不少于 10mm，地线处应保持潮湿，接地电阻不大于 4Ω，在海上平台，仪器房接地应焊在平台金属底座上。

5. 电源连接

确认室内总闸开关处于关闭（“OFF”）位置，由井队专业电工接好靠井队发电机一端的电源线。

用万用表“AC V”750V 档检查进入仪器房的线电压（380V）和相电压（220V），正常后方可对仪器送电。

6. 传感器安装

按规范安装综合录井仪的传感器，要求安装牢固，线缆整齐，无安全隐患，不妨碍钻井施工作业。

传感器安装位置应能客观反映所测量参数，各传感器安装方法应符合其技术操作要求；出口传感器安装在振动筛前，钻井液流动且无沉砂的循环管路中；入口传感器安装在靠近钻井泵入口并与其直接相连的循环罐内，传感器应不影响钻井液搅拌器的工作，其周围的钻井液应流动。

3.10.1.2 设备的检查、调试

1. 配电箱

① 检查主电源开关位置。

② 用万用表测量外部供电电压。

2. 正压防爆系统

启动正压防爆系统，检查室内压力、可燃气体、烟雾、H_2S 报警控制，系统应正常工作。

3. 辅助设备

① 检查氢气发生器管线连接与电解液（碱液）液位情况。

② 检查空气压缩机管线连接、开关及阀门情况、有油空气压缩机检查机油液位等情况。

③ 检查钻井液脱气器安装位置及吃水深度、气管线架设和电缆线连接情况。

4. 气体分析系统

检查气路干燥剂是否失效，检查气路密封性，检查气体分析系统的各路气体压力、流量，应满足分析要求，并进行如下调试：

(1) 全烃、组分分析仪

全烃调试：进样检查最小检测浓度、满量程、重复性是否达到要求，否则调节气路、电路以满足要求。

组分调试：进样检查最小检测浓度、满量程、分离度、重复性、保留时间是否达到要求，否则调节气路、电路以满足要求。

(2) CO_2分析仪

进样检查零位及满度，如有偏差应进行调整。

(3) 热导分析仪

进样检查最小检测浓度、满量程、分离度、重复性、保留时间是否达到要求，否则调节气路、电路以满足要求。

5. 记录仪

开机检查各路信号响应，记录笔，走纸是否正常，根据需要进行调整。

6. 计算机系统

① 检查各计算机连接件情况。

② 按开机顺序打开各计算机电源，检查操作系统运行情况。

③ 检查网络连接情况。

④ 检查录井软件运行情况。

7. 传感器及接口系统

① 检查传感器各信道连接情况。

② 开机检查各路信号响应情况，根据需要进行调整。

3.10.1.3 仪器标定

1. 气体系统标定

(1) 标定器具

① 取样袋(球胆)。综合录井仪进行仪器标定与校验时需要配制不同浓度、不同组分的标准样，需要准备多个取样袋，分别是纯气样袋和混合气样袋。对取样袋的要求为：渗漏率低、物理强度高、耐腐蚀性好、气密性好、吸附性小、化学性质稳定。

配样时按从低浓度到高浓度样逐个配备，配样前要用清洁空气对取样袋进行多次清洗。

② 针头：5 号或 7 号针头，针尖应锋利。

③ 注射器。配样使用 100mL 玻璃注射器，对注射器要求：洁净、无渗漏、无死腔、注射器不得有缺陷；注射器的外套应有足够的透明度，能清晰地看到活塞与刻度线；读值时眼睛、刻度线与注射器活塞凸缘平面呈一直线。

(2) 配样

① 选取球胆或塑料取样袋，使用清洁空气清洗取样袋，确保取样袋内无异物，无残余被测气体。无法判断取样袋是否清洁干净时可在球胆内注入适量洁净空气，接入气路检测。

② 根据各气体的测量范围选择标定点浓度，准确配样；不同浓度点使用不同的取样袋，并在袋上标注气样种类、浓度。

（3）标定

① 组分标定。

a. 每口井录井前对组分进行多点标定，标定使用标准混合气样，气样不得超过有效期。

b. 标定时通过样品泵从进样口进样，重复性误差不大于 ±5%，基线漂移（记录仪）每小时不大于 ±0.1mV；噪声（记录仪）不大于 ±0.05mV。

c. 组分进行最低检测浓度点标定，甲烷必须进行满度标定。

d. 把采集值输入色谱仪软件或色谱工作站，调出对数坐标观察线性；或以横坐标为电压响应值，纵坐标为百分浓度，用上述各点响应值在对数坐标上作出工作曲线，应无明显拐点、奇异点，否则补做相应浓度点。

② 全烃标定。

a. 每口井录井前用纯甲烷气样对全烃进行多点标定，气样不得超过有效期。

b. 标定时通过样品泵从进样口进样。重复性误差不大于 ±5%，基线漂移（记录仪）每小时不大于 ±0.1mV；噪声（记录仪）不大于 ±0.05mV；

c. 把采集值输入色谱仪软件或色谱工作站，调出对数坐标观察线性；或以横坐标为电压响应值，纵坐标为百分浓度，用上述各点响应值在对数坐标上作出工作曲线，应无明显拐点、奇异点，否则补做相应浓度点。

③ CO_2检测仪标定。

a. 光谱 CO_2 检测仪标定：使用氮气进行零点标定，使用 100% 的 CO_2 样品进行满度标定。

b. 热导池非烃分析仪使用纯 CO_2 气样和 H_2 进行标定，CO_2 和 H_2 进行最低检测浓度点标定。

c. 标定时通过样品泵从进样口进样。

d. 各浓度点响应值在对数坐标上作出工作曲线，应无明显拐点、奇异点，否则补做相应浓度点。要求工作曲线基本线性，工作曲线两侧各浓度点总数基本一致。

④ H_2S 传感器标定。

a. 将传感器与综合录井仪连接起来，将标定罐与传感器连接起来。

b. 按 10ppm、20ppm、50ppm 标定点使用硫化氢气样进行标定，在标定过程中，应在传感器输出电流值稳定时，从综合录井采集软件读取电流值或电压值并填入采集软件标定表中。

c. 打印出标定曲线。

d. 因气样具有毒性，标定时应有监护人，标定场所通风良好。

2. 传感器标定

（1）绞车传感器标定

① 将传感器和综合录井仪连接。

② 收集初始层数、初始圈数、大绳直径、大绳股数、滚筒直径、滚筒长度、每圈脉冲数、初始钩位等数据并输入计算机采集软件进行标定。大钩上提或下放一个单根，深度误差小于 10cm。

（2）转盘转速、泵冲传感器标定

① 将传感器和综合录井仪连接。

② 记录钻井每分钟转盘转动次数，同时从综合录井采集软件读取转盘转速传感器的输

出脉冲个数，计算输出脉冲个数和转盘转动次数的比值，以此比值为系数计算不同转盘转动次数时的输出脉冲个数，进行转盘转速传感器的标定。

③ 记录每分钟泵冲程次数，这时从综合录井采集软件读取泵冲传感器的输出脉冲个数，计算输出脉冲个数和泵冲程次数的比值，以此比值为系数计算不同泵冲程次数时的输出脉冲个数，进行泵冲传感器的标定。

（3）压力类传感器标定

① 将传感器与综合录井仪连接起来，将传感器接入压力校验台。

② 缓慢增加压力校验台压力，按传感器测量范围上、下限及其量程的 20%、40%、60% 共 5 个点进行标定，在标定过程中，应在传感器输出电流值稳定时，从综合录井采集软件读取电流值或电压值并填入采集软件标定表中。

③ 打印出标定曲线。

（4）流量传感器标定

① 将传感器与综合录井仪连接起来。

② 缓慢抬起流量传感器挡板，按传感器测量范围上、下限及其有效角度的 50% 共 3 个点进行标定，在标定过程中，应在传感器输出电流值稳定时，从综合录井采集软件读取电流值或电压值并填入采集软件标定表中。

③ 打印出标定曲线。

（5）温度传感器标定

① 将传感器与综合录井仪连接起来。

② 将传感器放置在空气中，用温度计测量空气温度，在标定过程中，应在传感器输出电流值稳定时，从综合录井采集软件读取电流值或电压值并填入采集软件标定表中。

③ 将传感器放置在钻井液池中，用温度计测量钻井液温度，在标定过程中，应在传感器输出电流值稳定时，从综合录井采集软件读取电流值或电压值并填入采集软件标定表中。

④ 打印出标定曲线。

（6）电导率传感器标定

① 将传感器与综合录井仪连接起来。将导线穿过传感器感应环，再和电阻箱连接。

② 改变电阻箱阻值，按传感器测量范围上、下限及其量程的 20%、40%、60% 共 5 个点进行标定，在标定过程中，应在传感器输出电流值稳定时，从综合录井采集软件读取电流值或电压值并填入采集软件标定表中。

③ 打印出标定曲线。

（7）密度传感器标定

① 将传感器与综合录井仪连接起来。

② 将传感器与检测设备连接起来。压力检测仪与传感器之间的连接应采用优质软管；加压密封盖应与传感器的底端探头连接，并保持密封。

③ 按密度传感器出厂要求变换水柱高度进行测量（一般设置 30cm、45cm、60cm 标定点变换水柱高度进行测量），在标定过程中，应在传感器输出电流值稳定时，从综合录井采集软件读取电流值或电压值并填入采集软件标定表中。

④ 打印出标定曲线。

(8) 体积传感器标定(超声波)

① 将传感器与综合录井仪连接起来;

② 收集泥浆罐基本数据，计算泥浆罐底面积。计算出泥浆罐高度的上、下限及泥浆罐高度的20%、40%、60%时5个点的泥浆罐体积。

③ 传感器水平放置在检测面上，端面应与指示挡板面保持平行。按泥浆罐的5个高度点移动指示挡板，从综合录井采集软件中读取传感器测量的对应电压或者电流值，填入采集软件标定表中。

④ 打印出标定曲线。

(9) 扭矩传感器标定

① 将扭矩传感器和综合录井仪连接起来，安装好扭矩传感器。

② 按传感器测量范围上、下限及其量程的20%、40%、60%共5个点进行标定，在标定过程中，应在传感器输出电流值稳定时，从综合录井采集软件读取电流值或电压值并填入采集软件标定表中。

③ 打印出标定曲线。

3.10.1.4 收集资料

1. 地质资料

地质设计是地质录井的任务书。为了完成地质设计所规定的各项录井任务，录井人员在接到地质设计后，根据地质设计要求做好各项准备工作。

了解、熟悉、掌握该钻探井井位、井别、设计井深、钻探目的、钻达层位和完钻原则，明确录取资料要求、下套管原则、地层分层、油气水层位置、故障提示及其他要求。

(1) 收集本井相关资料

井位数据：井号、井别、地理位置、构造位置、井位坐标、地面海拔，补心高度，水深等。

(2) 收集邻井资料

包括录井、钻井取芯、固井、测井、测试等数据。

2. 钻井数据

根据测量项目收集钻机、泵、钻井液、钻具、大钩等数据，具体内容包括：

① 井身数据：钻头程序、套管程序、套管数据。

② 钻机数据：钻机型号、钻机日费、补心距、游车质量、大钩质量、钢丝绳股数、最大钩载、滚筒直径、绞车滚筒钢丝绳初始层数、初始圈数、每层圈数；绞车钢丝绳直径、方钻杆重量、水龙带重量、立管、水龙带、水龙头、方钻杆、地面管线、上水管线的内径和长度。

③ 钻井泵数据：缸套数量、缸套直径、活塞冲程、作用方式、钻井泵理论排量、拉杆直径、上水效率。

④ 钻具数据：类型、长度、内径、外径、体积、质量。

⑤ 钻头数据：生产厂家、钻头成本、钻头名称、序号、钻头类型、IADC代码、直径、长度。

⑥ 钻井液数据：类型、相对密度、塑性黏度、失水、泥饼、初(终)切力、含砂量、pH值、氯离子含量、钻井液池名称、容积、有效高度、用途、编号。

⑦ 井斜数据：井深、井斜角、方位角。

3.10.2 录井作业

3.10.2.1 资料录取

1. 气测资料

(1) 气测曲线

① 曲线纵坐标为时间和深度，横坐标为气体成分和含量。

② 曲线应标注以下内容：

操作员姓名、班次、时间；井深、迟到井深、迟到时间；注样、密封性检查；接单根、单根峰；钻井液处理(如混油、加磺化沥青等)；取样、全脱分析；起下钻、后效；井涌、井喷、井漏；钻井液槽面显示；地质循环观察；重要的工程状况。

(2) 随钻气测

① 录取全烃、烃组分、非烃组分资料。

② 记录井深、钻时、迟到时间、钻井液性能与流量。

(3) 循环气测

① 录取资料和随钻气测一致。

② 记录井深、循环井深、钻井液静止时间、循环周时间、迟到时间、流量、开泵时间、停泵时间、测量时间、钻井液密度与黏度。

③ 计算油气上窜速度，做好后效归位。

(4) 钻井液取样

遇异常显示时在异常显示段取 1 ~3 个样品。循环气测时，应取钻井液基值样，遇特殊情况或仪器故障不能正常录井时，按录井间隔取样。

2. 工程资料

(1) 实时录取参数

大钩高度、悬重、单池钻井液体积、进出口钻井液密度、进出口钻井液温度、进出口钻井液电导率、立管压力与套管压力、转速、泵冲、钻井液出口流量、扭矩。

(2) 实时计算参数

井深、钻头位置、钻井液池钻井液总体积、钻压、钻时、泥(页)岩地层可钻性指数 dc、泥(页)岩地层可钻性指数趋势值、碳酸盐岩地层岩石强度指数 Sigma、碳酸盐岩地层岩石强度指数趋势值、钻头进尺、钻头纯钻进时间、当量钻井液密度(ECD)。

3.10.2.2 异常监测

1. 气测监测

(1) 异常判断

在录井过程中根据曲线特征分井段确定全烃背景值，背景值一般是无异常井段气测全烃曲线比较稳定的百分含量(或平均值)。

如有全烃值上升，对照气测异常判定标准进行判定，达到异常标准时及时通知技术人员并按设计要求进行取样等相关工作。

样品采集：发现气测异常后应按要求及时取样，留取异常高峰时的样品，并对样品瓶进行标注，根据甲方要求进行全脱分析或送交化验室。

如钻井液中加入处理剂或混有原油等特殊情况，仪器操作员必须在气测原始记录纸和气测原始记录报表上注明加入处理剂或原油时间、数量。

（2）地质循环与槽面观察

根据地质设计要求，遇到油气显示、目的层钻时变快等情况时需要进行地质循环，同时进行槽面观察。

槽面观察需要记录以下资料：

① 出现显示时的井深、钻井液迟到时间、出现显示时间、高峰时间、消失时间、显示类型、钻井液密度、黏度和颜色变化情况，油气上窜速度。

② 气泡、油花的大小、形状（针孔状、小米状），分布状态（密集、稀疏）、占槽面百分比。

③ 取气体点火试验：可燃性（可燃、不可燃），燃烧现象（火焰颜色、高度）。

④ 对于后效显示，还应记录钻头位置、钻井液静止时间、开泵时间等数据。

（3）分析评价

① 分层。确定储集层的气测异常段。根据全烃曲线、色谱曲线，划分出储集层的气测异常段。一般全烃含量大于0.5%或高于基值2倍以上的井段均视作异常段。全烃曲线的异常可能超前或滞后储集层，造成这种现象的主要原因可能是钻井液性能、地层压力、后效、和迟到时间计算误差引起的，应进行综合分析。

划出非储集层异常段。在不具备储集条件的地层，如泥质岩生油层系同样也会产生异常，对这类异常也应划分出来。

② 取值。异常值的高低是判断油气层的依据，正确取值是解释过程中的一个重要环节。对于单层，全烃取异常段的最大值，而组分取全烃最大值的对应值；对于复合层，如油水同层，则按上油层，下水层，两个单层分别取值，取值方法同单层。

③ 图版分析。根据气测异常数据选择制作三角形图版、比值图版、3H图版等，收集图版分析结果。

④ 油气水层现场判断。结合钻时、岩性、图版分析结果等现场资料根据油气水层的基本特征进行油气水层现场判断。

a. 油层的基本特征：全烃含量较高，峰宽且较平缓，幅度比值较大，烃组分齐全，重烃含量较高，钻时低，后效反应明显。

b. 气层的基本特征：全烃含量高，曲线呈尖峰状，幅度比值较大，烃组分不全，C_1的相对含量一般在95%以上，钻时低，后效反应明显。

c. 水层的基本特征：不含溶解气的纯水层气测无异常，含有溶解气的水层一般全烃值较低，组分不全主要为C_1，非烃组分较高，无后效反应或反应不明显。

2. 工程监测

工程参数异常的判断，要多注意各种参数的变化，一般曲线图能较直观的反映异常特征，多看曲线图，当发现曲线有变化，要特别关注。发生工程参数异常的处理措施如下：

① 检查传感器，排除因传感器损坏造成的参数假异常。

② 复制，保存工程异常画面，并编号命名。

③ 如确认工程异常，通知值班司钻，并说明异常情况。

④ 填写工程异常预报单，并附上异常图。

⑤ 操作员签字，送钻井队钻井技术负责人签字确认。

⑥ 注明验证结果。

3. 地层压力监测

① 按照钻井地质设计书规定的深度间距对地层压力数据进行计算，包括井深、转速、钻时、钻井液出口密度、泥(页)岩地层可钻性指数 dcs、泥(页)岩地层可钻性指数趋势值、碳酸盐岩地层岩石强度指数 sigma、碳酸盐岩地层岩石强度指数趋势值、钻井液循环当量密度、地层压力梯度、地层破裂压力梯度。

② 收集数据：井深、进尺、钻时、钻速、转速、井径、钻压、地层水密度、钻井液密度等数据。

③ 取点记录，计算 dcs(sigma)指数，在半对数坐标上作 dc(sigma)—H 图；横坐标为 dc(sigma)，对数坐标；纵坐标为井深；划 dc(sigma)正常趋势线，根据 dc(sigma)指数偏离趋势线情况判断地层是否有压力异常。

3.10.2.3 钻具管理

① 在钻具入井前丈量钻具，对已丈量好的钻具进行编号统一管理。

② 未入井钻具：序号、场地号(原始号、钢印号)、钻具类型、单根长度、外径、内径。

③ 已入井钻具：序号、场地号(原始号、钢印号)、立柱号；钻具类型、单根长度、外径、内径、立柱长度、各类钻具总长、钻具总长、方完井深。

④ 与钻井方计算的钻具总长、方完井深等数据应一致。

⑤ 每次下钻前应取得钻具组合，对下钻过程进行跟踪。对入井损坏钻具的替换、顺序变动均应记录清楚。每趟钻钻具记录均应妥善保存，以备查询。

3.10.2.4 井口注样

配制 2000mL 浓度为 1% 的标准甲烷气样，接入井口样品气路中(从防堵器前)，对仪器进行校验，误差控制在 10% 以内。若超出 10%，重新配样或检查管路密封性，如仪器性能变化应按仪器校验标准重新刻度。

3.10.2.5 起下钻校验

① 每次下钻时开机运行 2h 以上，并用 1% 浓度的甲烷气样检查气测仪，重复性误差：全烃、烃组分不大于 2.5%，非烃组分不大于 2.5%。

② 用 1% 浓度的甲烷气样井口注样。

③ 使用 10ppm 标准气样，对 H_2S 传感器进行校验，误差：$\pm 2 \times 10^{-6}$ 或 ±10%(取最大值)。

3.10.2.6 迟到时间测量

(1) 理论计算迟到时间

① 收集数据。收集各项参数，在现场录井时应在计算前收集井深、套管内径及下深、钻杆长度及内外径、钻头长度及直径、接头长度及内外径、钻铤长度及内外径、钻井液泵型号及缸套直径、启动泵数、泵冲数、每台泵凡尔数、有效冲程、上水效率等参数。

② 计算环空体积：按公式计算出结果并验算。

$$V_{环} = \pi/4 \times [(D^2 - d_1^2) \times H_1 + (D^2 - d_2^2) \times H_2 + (D^2 - d_3^2) \times H_3] \qquad (3-10-1)$$

式中 $V_{环}$——环形体积，m^3；

D——钻头直径或套管内径，m；

d_1——钻杆外径，m；

H_1——钻杆长度，m；

d_2——钻铤外径，m；

H_2——钻铤长度，m；

d_3——接头外径，m；

H_3——接头长度，m。

③ 计算有效钻井液排量：按公式算出结果并验算。

$$Q = SPM_1 \times L_1 \times \pi r_1^2 \times n_1 \times \mu_1 + SPM_2 \times L_2 \times \pi r_2^2 \times n_2 \times \mu_2 \quad (3-10-2)$$

式中 Q——有效泵排量，m^3/min；

SPM_1、SPM_2——1、2 号泵冲数，冲/min；

L_1、L_2——1、2 号泵有效冲程，m；

r_1、r_2——1、2 号泵缸套半径，m；

n_1、n_2——1、2 号泵凡尔数；

μ_1、μ_2——1、2 号泵上水效率，%。

④ 计算迟到时间：按公式算出结果并验算。

$$T = V_{环}/Q \quad (3-10-3)$$

式中 T——迟到时间，min；

Q——排量，m^3/min；

$V_{环}$——环形体积，m^3。

⑤ 填写迟到时间记录：填写记录工整规范。

（2）实测方法计算迟到时间

① 测量计算前准备。准备秒表、照明设备、碎磁片、剪成小片的玻璃纸(塑料包装袋)，穿戴好劳保用品。

② 接单根时投标识物。

a. 劳保穿戴应齐全；

b. 投入的标识物应为细粒状或碎屑状；

c. 及时记录开泵时刻 t_1。

③ 观察标识物返出。及时到钻井液出口处观察标识物返出并记录返出时刻 t_2。

④ 计算钻井液循环一周时间：按计算公式算出结果并验算。

$$T_1 = t_2 - t_1 \quad (3-10-4)$$

式中 T_1——钻井液循环一周时间，min；

t_1——开泵时刻；

t_2——返出时刻。

⑤ 测量泵参数。

a. 到开启的钻井液泵处用秒表准确测定其泵冲数；

b. 用卷尺准确测量正工作钻井液泵有效冲程；

c. 收集各项参数(井深、套管内径及下深、钻杆内外径、钻头长度及直径、接头长度及内外径、钻铤长度及内外径、钻井液泵型号及缸套直径、启动泵数、每台泵凡尔数、上水效率等参数)。

⑥ 计算有效钻井液排量。计算有效钻井液排量 Q，计算方法同理论计算。

⑦ 计算钻具内体积。写出计算公式，计算钻具内体积 V，算出结果并验算。

$$V_{内} = \pi/4 \times (d_1^2 \times H_1 + d_2^2 \times H_2 + d_3^2 \times H_3) \quad (3-10-5)$$

式中 $V_{内}$——钻具内体积，m^3；

d_1——钻杆内径，m；

H_1——钻杆长度，m；

d_2——钻铤内径，m；

H_2——钻铤长度，m；

d_3——接头内径，m；

H_3——接头长度，m。

⑧ 计算钻井液下行时间和迟到时间.

a. 计算玻璃纸(或细粒状标识物)在钻具内由井口到井底所需时间 t_2：

$$t_2 = V_{内}/Q \tag{3-10-6}$$

式中 $V_{内}$——钻具内体积，m^3；

Q——有效泵(钻井液)排量，m^3/min。

b. 计算实测迟到时间 $t = t_1 - t_2$。

⑨ 填写迟到时间记录，填写记录工整规范。

⑩ 两次实测之间，排量变化时，必须对迟到时间进行修正的方法为反比法，即

$$T_2 = T_1 \cdot \frac{Q_1}{Q_2} \tag{3-10-7}$$

式中 T_2——泥浆排量改变后的新迟到时间，min；

T_1——泥浆排量改变前的原迟到时间，min；

Q_1——泥浆排量改变前的原排量，m^3/min；

Q_2——泥浆排量改变后的新排量，m^3/min。

(3) 特殊岩性法

实际工作中还可利用特殊岩性来校正岩屑迟到时间。在大段泥岩中的砂岩、灰岩、白云岩夹层，因特殊岩性的特征明显，钻时差别大，可用来校正返出时间。先将钻时忽然变快或变慢的时间记下，加上相应的返出时间，提前到振动筛前观察，待特殊岩性出现时记录时间，两者差值即为该井深的真实返出时间。用这个时间校正正在使用的返出时间，可保证取准岩屑资料。

利用特殊岩性测定迟到时间的计算公式：

迟到时间 = 取样见到特殊岩性岩屑的时间 - 钻达特殊岩性的时间 - 中途停泵时间。

确定捞砂时间：

① 在未停泵、未变泵情况下，按式(3-10-8)确定捞砂时间。

$$T_2 = T_3 + T_1 \tag{3-10-8}$$

式中 T_2——捞岩屑时间，h:min；

T_3——钻达时间，h:min；

T_1——岩屑迟到时间，min。

② 在变泵时间早于钻达时间情况下，按式(3-10-9)确定捞砂时间。

$$T_2 = T_3 + T_1 \cdot \frac{Q_1}{Q_2} \tag{3-10-9}$$

式中 Q_1——变泵前钻井液排量，m^3/min；

Q_2——变泵后钻井液排量，m^3/min；

③ 变泵时间晚于钻达时间而又早于捞岩屑时间的情况下，按式(3-10-10)确定。

$$T_2 = T_4 + (T_5 - T_4) \cdot \frac{Q_1}{Q_2} \tag{3-10-10}$$

式中 T_4——变泵时间，h:min；

T_5——变泵前捞岩屑时间，h:min。

3.10.2.7 后效测量

后效测量，钻开油气层后，钻井液静止一段时间后再循环时，连续监测钻井液中气体成分和含量的气测录井方式。

后效异常是指后效测量时气测值在基值背景基础上明显升高的现象，通常简称后效。

现场利用后效测量这种手段可以测量分析储集层的油气性质和烃类含量与组成，达到识别解释油气层的目的。后效录井资料在现场评价油气储层及指导钻井施工、采用合理的钻井液性能都具有较好的参考作用。

储集层的油气在压力差的驱使下沿井眼向上流窜，这种油气的流窜称为油气上窜。通常需要进行油气上窜速度的计算，确定油气上窜高度。

环空上返速度计算公式

$$V = [H - (h/t)(t_1 - t_2)]/T_{静} \tag{3-10-11}$$

在实际应用中，经常直接使用公式中 $t_1 - t_2$ 结果 t_0 进行计算，故得到公式：

$$t_0 = t_1 - t_2 \tag{3-10-12}$$

$$V = [H - (h/t)t_0]/T_{静} \tag{3-10-13}$$

式中 V——油气上窜速度，m/h；

H——油气层深度，m；

h——循环钻井液时钻头所在井深，m；

t_1——后效出峰时间，min；

t_2——下钻至井深 h 时的开泵时间，min；

t——钻头所在井深的迟到时间，min；

t_0——开泵到后效出峰时迟到时间，min；

$T_{静}$——井内钻井液从上次停泵到此次开泵之间的静止时间，min。

后效测量方法：

① 录取全烃、烃组分、非烃组分资料；

② 在开泵前投入标志物，实测迟到时间。

③ 记录井深、循环井深、钻井液静止时间、循环周时间、流量、开泵时间、停泵时间、测量时间、钻井液密度与黏度。

④ 如中途有停泵，应在槽面观察处注明“中途停泵××分钟”。

⑤ 连续测量后效，必须包括开泵时间的气测背景值，后效出现时间的气测值，高峰出现时间的气测值，结束时间的气测值。

⑥ 进行循环气测时，钻井液应至少循环一周。

⑦ 钻遇气测异常后，每次起下钻均应进行循环气测。

3.10.2.8 其他作业

井斜资料收集、输入及处理，LWD、MWD 数据收集录入及处理，根据要求进行下套管跟踪，固井资料收集及处理，根据地质设计进行页岩密度录井和碳酸盐岩录井。

3.10.2.9 巡回检查

接班人员到达仪器房后，要进行巡回检查，程序如下：

① 到井场确认当前打钻的单根号、鼠洞单根号、场地备用单根号。

② 检查套压传感器、悬重传感器、绞车传感器安装是否牢靠，防水、包装、线路情况是否正常。

③ 检查立压传感器否牢靠，防水、包装、线路情况是否正常，确认当前打钻单根，读取钻井队压力表上的悬重、钻压、立压数据。

④ 检查泵冲传感器安装是否牢靠，防水、包装、线路情况是否正常，数 1 分钟时间内泵冲次数。

⑤ 检查各池安装的传感器安装是否牢靠，防水、包装、线路情况是否正常。

⑥ 检查出口流量、出口电导、出口密度、出口温度传感器安装是否牢靠，防水、包装、线路情况是否正常，出口电导、出口密度、出口温度探头是否完全浸入钻井液中，测量出口温度。

⑦ 检查脱气器安装是否牢靠，线路、干燥剂情况是否正常，干燥剂是否该更换，井口进样。

⑧ 检查井口进样出峰情况，判断是否正常。

⑨ 检查电源电压、频率。

⑩ 校正录井参数，根据钻井仪表显示的悬重、钻压、立压的数值校正录井相应的参数，校正泵冲次、确认录井当前打钻单根，校正井深。

⑪ 检查气测仪的样品气、空气、氢气的压力、气测仪恒温箱的温度，样品气过滤器、干燥剂。

⑫ 氢气发生器的产氢量、压力、水位、干燥剂；空气压缩机输出压力、干燥剂。

⑬ 检查仪器设备电脑、打印机等的清洁情况，物品是否摆放整齐，仪器的卫生情况。

⑭ 检查上班次的报表，填写巡回检查表。

3.10.2.10 维护保养

应填写设备运行记录，设备维护和保养记录。

1. 录井仪器房

① 每年仪器房内外全面进行一次防腐、防漏、密封、绝缘、保温、防尘的检修工作。

② 定期检查应急门的灵活性，必要时在门轴加抹黄油；定期检查出风口风闸手动开关的灵活性。

③ 仪器房内、外应保持清洁卫生，设备及工具摆放整齐。

2. 传感器系统

（1）绞车传感器

每 12h 检查一次传感器，保证传感器固定牢固，活动部件转动灵活。清除传感器上油污，检查信号线有无破损、断裂现象，并采取防水、防污措施。

（2）泵冲/转速传感器

① 应注意不使金属屑或带有金属屑的油污污染感应面，以免造成磁短路。

② 每 12h 检查一次传感器固定状况，保证激励金属片和探头距离，同时清除传感器探头上水污，检查信号线连接情况以及防水防污措施。

（3）大钩负荷/机械扭矩传感器

① 定期检查油路，确保油压正常，快速接头密封良好。

② 每12h检查一次传感器，检查高压管线有无破损，是否需要加油。检查信号线有无破损、断裂现象，并采取防水、防污措施，检查快速接头是否漏油。

(4) 立管压力/套管压力传感器

每12h检查一次传感器，检查高压管线有无破损，是否需要加油；检查信号线有无破损、断裂现象，并采取防水、防污措施；检查去除腔内污物，检查快速接头是否漏油。

(5) 电扭矩传感器

每12h检查一次传感器，安装是否牢固，检查信号线有无破损、断裂现象，并采取防水、防污措施。

(6) 密度传感器

每12h检查、冲洗一次传感器(注意不要用水直接冲洗传感器感应面)，清除传感器上泥饼杂物，检查传感器固定状况，调整高度，检查信号线连接情况，并采取防水、防污措施。

(7) 温度传感器

每12h检查、冲洗一次传感器，清除传感器上泥饼杂物，检查传感器固定状况，调整高度，检查信号线连接情况，并采取防水、防污措施。

(8) 电导率传感器

每12h检查、冲洗一次传感器，清除传感器上泥饼杂物，检查传感器固定状况，调整高度，检查信号线连接情况，并采取防水、防污措施。

(9) 池体积传感器

传感器注意保持清洁，不得有水气及油污进入操作面板。检查传感器固定状况，检查信号线连接情况，并采取防水、防污措施。

(10) 出口流量传感器

传感器活动部件应采取适当防腐措施，活动部位加注适量润滑油。检查传感器固定状况，检查信号线连接情况，并采取防水、防污措施。

(11) 硫化氢传感器

传感器注意保持清洁，不得有水气、钻井液及油污污染探头，检查传感器固定状况，检查信号线连接情况，并采取防水、防污措施。

3. 信号接口系统

国内目前普遍采用的信号接口系统分为分线式、总线式和无线传输式三种类型。

(1) 分线式信号接口系统

① 定期检查分线供电电压，确保传感器工作正常。

② 定期检查电缆线与接线盒的航空插头，确保连接良好。

③ 定期检查各传感器信道，保证传感器信道信号正常。

(2) 总线式信号接口系统

① 定期检查总线供电电压，确保传感器工作正常。

② 定期检查电缆线与接线盒的接头，确保连接良好。

③ 定期检查传感器信道，保证传感器信道信号正常。

(3) 无线式信号接口系统

① 定期检查无线供电电压，确保传感器工作正常。

② 定期检查传感器的接头，确保连接良好。

③ 定期检查传感器信道，保证传感器信道信号正常。

4. 气体分析系统

综合录井仪目前采用的气体分析系统主要有烃类色谱仪和非烃检测仪。烃类色谱仪包括氢火焰色谱仪和光谱分析仪；非烃检测仪包括 CO_2红外分析仪、热导分析仪和硫化氢检测仪。对不同类型的气体分析系统均需采取针对性的维护保养措施。

（1）氢火焰色谱仪

① 定期清除收集极和点火丝固定端积碳，用酒精清洗喷嘴，擦洗电极、绝缘衬套和离子罩，检查空气分配盘密封垫是否变形。

② 定期拆洗下列气路管线和部件：切换阀、针形阀、隔断阀、气阻、定量管、缓冲管、及全部的样品气气路管线。将部件用酒精和蒸馏水浸泡、清洗后烘干。组装时，更换全部密封衬套和“O”形圈，并在各阀的阀体、阀芯加注微量硅油。组装完毕，闭合气路，外加0.1MPa 压力，检查封闭性能，压力降 <0.001MPa/h。

③ 起下钻、完钻期间拆洗保养脱气器，清理脱气器内泥饼。电动脱气器在保养过程中需检查电机轴承密封性和电源线绝缘性能，检查搅拌杆是否弯曲变形，发现问题及时更换备用部件。视情况给轴承加注密封油脂和润滑油。

④ 定期检查样品泵工作情况，转子转动自如，否则加润滑油。用1000mL 注射器检查样品气泵，泵气量应大于800mL/min。

⑤ 定期检查擦洗样品泵泵头，视情况更换振动膜和单流阀膜片。

⑥ 定期检查、更换样品气干燥剂。

⑦ 每 12h 检查一次氢气发生器工作情况，检查压力控制范围，电解液液面不低于下限，检查气路密闭性，检查更换干燥剂中的变色硅胶。

⑧ 每 12h 检查一次空气压缩机，检查气路密闭性。及时排除储气罐内的油污和积水，检查空气过滤器和干燥剂，视情况更换。检查气压控制范围，检查气压安全保护装置。使用润滑油的空气压缩机其润滑油不低于下限。

（2）CO_2红外分析仪

定期检查气路密封性，检查气体分析系统的各路气体压力、流量，应满足分析要求。

5. 数据采集处理系统

定期维护计算机软硬件，确保计算机运行良好。

6. 地质分析仪器与辅助系统

参照3.9 相关内容。

3.10.3 完井作业

3.10.3.1 完井资料处理

1. 气测录井

（1）气测录井数据表

气测录井数据表应包括井深、钻时、全烃、烃组分、非烃组分、迟到时间、钻井液性能以及起下钻、接单根等标注内容。

按井深顺序及深度间隔进行资料整理。

全烃取深度间隔内的最高值，烃组分和非烃组分取全烃对应点的烃组分值和非烃组分值。

(2) 钻井液全脱气分析记录

内容包括井深、取样日期、取样人、分析日期、分析人、脱气量、烃组分含量、非烃组分含量、全烃值、钻井液性能。

(3) 编辑回放

编辑回放气测录井图。内容包括井深、钻时、全烃、烃组分、非烃组分曲线，标注异常解释、迟到时间、起下钻、图头数据等内容。

(4) 资料解释

根据全烃含量和钻时确定油气储集层位和厚度。

根据常规油气层直观解释法、三角形图版解释法、皮克斯勒图版解释法判断储集层性质。

编制气测异常数据表。

2. 工程录井

(1) 钻井工程数据表

按钻井地质设计书规定的深度间距对所录取的工程参数进行回放打印，包括井深、钻时、钻压、悬重、立管压力、套管压力、扭矩、泵冲、转盘转速、总(单)池钻井液体积、进出口钻井液密度、进出口钻井液温度、进出口钻井液电导率和钻井液出口流量等数据。

(2) 钻井工程参数曲线

按比例尺 1:500 对所录取的工程参数进行曲线回放，每 10m 标注井深。回放参数项目同钻井工程数据表。

(3) 井斜数据表、井斜图

根据测量的井深、井斜角、方位角计算垂直井深、坐标、全角变化率、闭合距、闭合方位。

绘制井深轨迹的水平投影图、垂直投影图和三维立体图。

编制井斜报告，包括井斜数据表和井斜图。

(4) 地层压力数据表

按照钻井地质设计书规定的深度间距对地层压力数据进行回放打印，包括井深、转速、钻时、钻井液出口密度、dc 指数、dcn、sigma 指数、sigma 趋势值、钻井液循环当量密度、空隙度、地层压力梯度、地层破裂压力梯度等数据。

(5) 地层压力曲线

绘制地层压力曲线，其参数包括井深、转速、钻时、钻井液出口密度、dc 指数、dcn、sigma 指数、sigma 趋势值、钻井液循环当量密度、孔隙度、地层压力梯度、地层破裂压力梯度等。

(6) 钻头报告

编辑打印钻头初始化报告、钻头成本图、钻头列表等资料。

3. 其他资料

包括工作曲线、迟到时间记录、后效测量记录、碳酸盐岩分析、泥(页)岩分析记录、工程异常预报等。

4. 完井小结

编制综合录井完井报告，报告包括以下主要内容：录井概况、录井成果、结论与建议、附表与附图。

5. 电子资料保存

保存上述规定的电子文档，并注明井名、文件名、录井井段、施工单位、施工负责人和资料处理日期。

3.10.3.2 仪器关机及拆卸

1. 关机

① 关计算机：将服务器和采集机正常退出录井软件，关闭操作系统，关闭主机电源，关闭外设电源。

② 关闭仪器面板上电源。

③ 关闭 UPS 电源。

④ 关闭空气压缩机电源，排除空气及储气罐积水。

⑤ 关闭氢气发生器电源。

⑥ 关闭各辅助设备电源。

⑦ 关闭正压防爆系统电源。

⑧ 关闭仪器房总电源。

2. 传感器的拆卸

① 拆卸泥浆罐上传感器，清洗传感器，做好防腐处理待用。

② 拆下泵冲，转盘转速传感器，清洗传感器，收好待用。

③ 拆下大钩负荷传感器、扭矩传感器，清洗传感器，收好待用。

④ 拆下硫化氢传感器，清洗传感器，戴好探头保护帽，收好待用。

⑤ 拆下立、套管压力传感器，并堵死通孔，清洗传感器，收好待用。

⑥ 拆下绞车传感器，并及时恢复好滚筒导气龙头，清洗传感器，收好待用。

⑦ 拆下脱气器，清洗干净，收好待用。

3. 电缆线拆卸

① 各电缆线拆卸后，要清除油泥垢。

② 检查电缆有无损伤，并做好记录。

③ 将电缆盘绕在线盘上，不打扭不打结。

④ 拆下接线箱后，盖好接头保护盖，擦拭干净接线箱。

⑤ 拆下气管线及钢丝绳，气管线盘成盘，不能受重压变形。

⑥ 拆下井场电源线，拆出地线桩。

4. 室内整理

做好室内物品固定工作，检查室内是否有可移动物品或危险品，危险品应另行存放。锁好门窗等待搬迁。

第四章 资料解释与应用

4.1 气测解释

气测录井解释是通过对气测录井参数之间关系的分析，划分油、气、水异常，判断油、气、水性质，评价油、气、水层的一种方法。

气测录井解释依据是地面所能检测到的烃类气体，源于地层流体中的烃类，因此两者之间是相关的。储集层中的流体类型及性质多种多样，这种性质的变化与流体中溶解气体的组成有着密切的关系，因此，根据流体中气体组成及含量，可判断出储层中流体的性质。

4.1.1 油气层的判断

4.1.1.1 气测解释程序

——根据钻时曲线及其他资料划分出具有渗透性地层的厚度；

——根据全烃曲线、烃组分、非烃组分分析，划分出储集层的异常井段；

——划分不具备储集层条件而有异常的井段；

——读取原始录井曲线图，选取地层信息数据；

——直观判别、解释；

——将读取的数据调入解释图版，进行图版解释评价；

——应用全烃曲线形态，进行解释评价；

——将图版解释评价结果和曲线形态解释评价结果、直观解释评价结果相结合，综合解释评价。

4.1.1.2 直观解释判别法评价异常显示

1. 气层

全烃曲线急剧上升，且显示时间大于所钻储集层时间。组分分析，甲烷增高，乙烷和丙烷微增或为0，组分相对含量甲烷占95%～100%、乙烷、丙烷占0%～5%。岩屑不含油或仅有荧光显示。

2. 油层

全烃曲线急剧上升或显著上升，且显示时间大于所钻储集层时间，组分分析：甲烷、乙烷、丙烷、丁烷含量明显增高，相对含量：甲烷占55%～88%、重烃（乙烷、丙烷、丁烷）占12%～45%，岩屑含油，且滴水不渗，钻井液密度下降，黏度上升，槽面可见气泡及油花。

3. 气水同层

全烃显示、烃组分相对含量、岩屑显示等情况与气层显示基本相同，但气测显示时间小于所钻储集层时间。

4. 油水同层

全烃显示、烃组分显示、岩屑显示情况与油层基本相同或略低于油层显示，气测显示时间小于所钻储集层时间。

5. 含油水层

全烃显示高低不等，甲烷相对含量占 90% ~100%，重烃含量占 0% ~10%，非烃中氢气增高，岩屑录井见含油级别较低油砂，且滴水易渗。

6. 水层(含气)

全烃显示、烃组分含量高低不等，有时氢气含量增高，岩屑中不含油。

7. 干层

钻时无变化，全烃变化低于油、气层显示，烃组分分析具有油、气层特征，甲烷相对含量占 95% ~100%，岩屑录井为泥质含量高或致密岩性。

4.1.1.3 全烃曲线形态特征解释评价油气层方法

1. 气测曲线形态特征类型

常见的气测全烃形态主要有以下几种(图 4-1-1)：箱状形态、三角形形态、单尖峰状形态、指状形态、锯齿状形态。

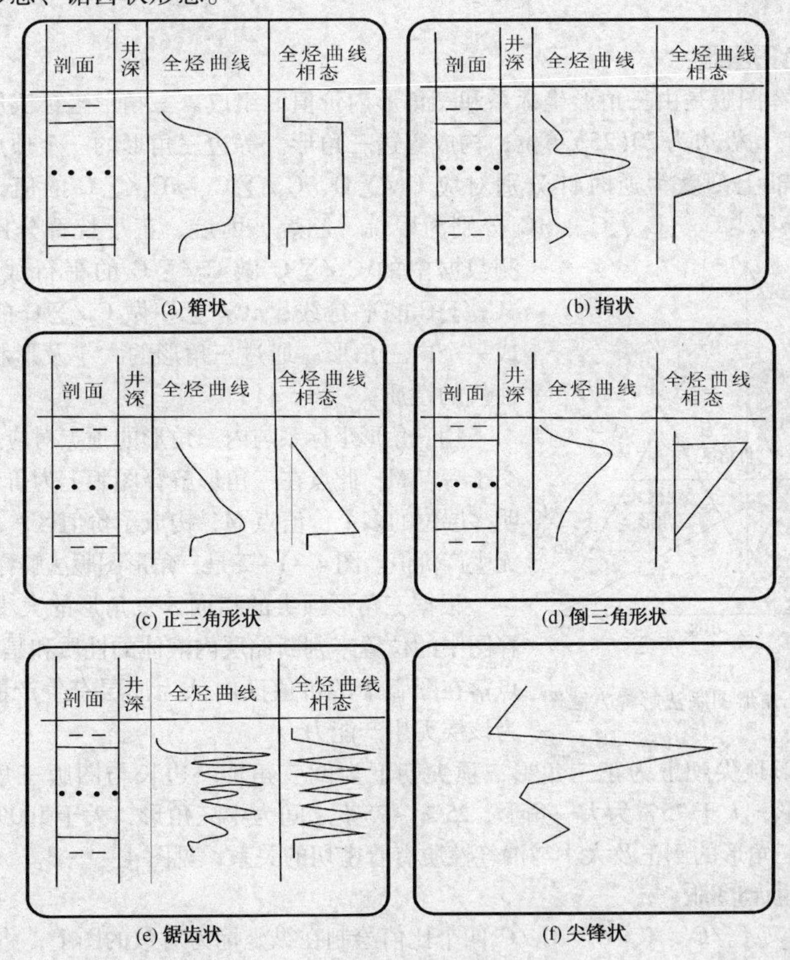

图 4-1-1 气测曲线特征形态图

气测全烃曲线形态特征所反映的地层信息有：富含油气全烃曲线形态饱满、峰值高，贫油气全烃曲线形态平直、峰值低；油气在物性较差的储层中一般分布不均，全烃曲线表现为单峰或多峰形态；富含油气的裂缝型储层全烃曲线一般表现为单峰形态。根据全烃曲线形态特征可以判断油气在储层中纵向分布、有效裂缝发育，指示油气水界面。

2. 气测全烃曲线形态特征的应用

判断油气纵向上的分布：全烃曲线呈箱状形态，且显示厚度等于或大于储层厚度，反映含油气分布均匀，能量较足，可能为油气层；显示层厚度小于储层厚度，反映储层下部含水或下部物性变差。

全烃曲线呈“三角形状”、“指状”形态，反映储层物性较差，含油气分布不均匀。

判断裂缝型储层有效裂缝发育程度：全烃曲线呈“锯齿状”形态为裂缝发育段，“单尖峰状”形态为独立裂缝；全烃曲线峰形越宽，反映裂缝发育规模越大，反之则越小。

4.1.2 气测解释图版

在收集大量的油气水层气测录井数据、试油资料的基础上，运用统计学的方法，对统计数据进行图版交绘，确定油气水价值区，得到所在区块油气层解释评价图版，用于油气水层解释评价。

4.1.2.1 三角形图版

三角形解释图版是由三角形坐标系和三角形内价值区组成。三角形坐标实质上是个极坐标，极角为60°，极边为20(25)单位，构成等边三角形。等边三角形的三个顶点分别为坐标系的零点，各轴上刻度为逆时针分别对应 $C_2/\sum C$、$C_3/\sum C$、$nC_4/\sum C$ 的值，其中 $\sum C = C_1 + C_2 + C_3 + nC_4$，$C_1$、$C_2$、$C_3$、$nC_4$分别为甲烷、乙烷、丙烷、正丁烷百分比含量。用实测数据中的 $C_2/\sum C$ 做 $C_3/\sum C$ 的平行线；$C_3/\sum C$ 做 $nC_4/\sum C$ 的平行线；$nC_4/\sum C$ 做 $C_2/\sum C$ 的平行线，构成一个内三角形。通过三角形的大小及形状判断储层中油气的性质。

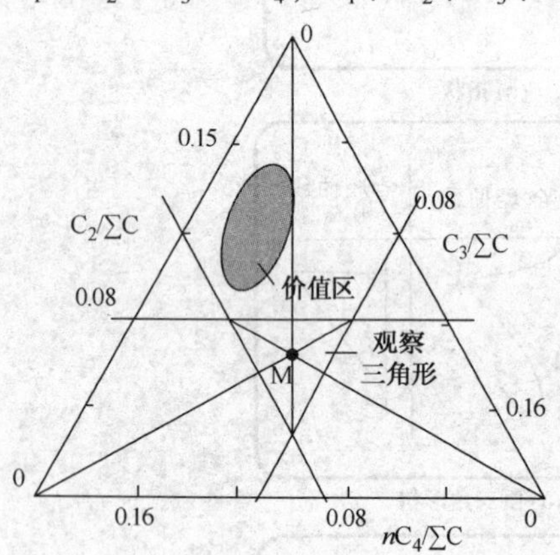

图4-1-2 三角形图版法解释方法图

用三角形坐标系与内三角形的顶点对应相连，其连线交于一点M，此点在三角形解释图版上为价值点，由已探明多层位的多个价值点M，构成了价值区。以此来判断有无生产价值。图4-1-2是三角形图版法解释方法图。

根据三角形顶尖的指向，三角形的大小和M点在解释图中的位置来判断储层内液体的性质和是否有产能。M点落在图版中的价值区内认为油层有生产能力，否则认为该层无生产能力。

观察三角形顶尖朝上为正三角形，顶尖朝下为倒三角形。边长与图版三角形比值小于25%为小三角形，大于75%为大三角形，25%~75%之间为中三角形，大于100%为极大三角形，根据经验三角形的倒正及大小与油气性质有着密切的关系，见图4-1-3。

4.1.2.2 皮克斯勒图版

选用 C_1/C_2、C_1/C_3、C_1/C_4、C_1/C_5 四个比值绘制在纵坐标为对数的图上，将其各点相连，构成皮克斯勒图版(图4-1-4)。

在解释图版上一般规律可分为油区、气区和两个非生产区，解释层的比值数据落在哪个区带内，即为哪种流体特性。C_1/C_2 小于2或大于45，一般情况下判断为非生产层；C_1/C_2 的值在油层的底部时，而 C_1/C_4 的值在气层的顶部，则可能为非生产层；C_1/C_3 与 C_1/C_4 的值基本接

近或 C_1/C_4 小于 C_1/C_3 时一般情况下判断为含水层或水层。负斜率（$C_1/C_2>C_1/C_3>C_1/C_4$）是储层产水的反映，非亲水地层通常应解释为非产层，正斜率（$C_1/C_2<C_1/C_3<C_1/C_4$）是储层有产能的特征，但斜率太高则是储层致密的反映，应解释为干层。

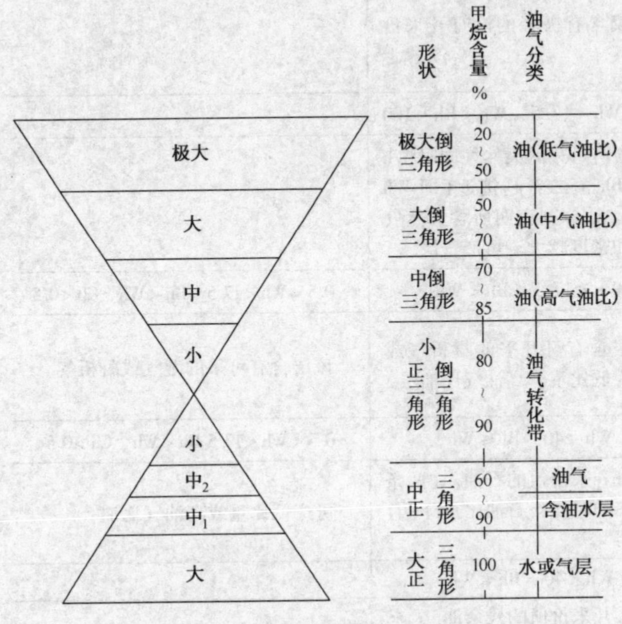

图 4－1－3　三角形形状与油气水性质对应

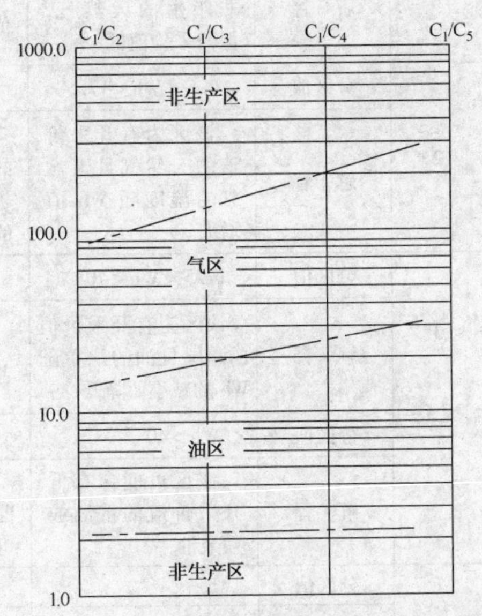

图 4－1－4　皮克斯勒图版解释方法

4.1.2.3　轻质烷烃比值法 3H 图版

1. 图版建立

该方法是在原皮克斯勒烃比值法的基础上，通过测定大量的皮克斯勒法所用的烃比值和其他变量后确定出来的一种解释方法。轻质烷烃比值法图版简称 3H 图版。

3H 图版制图方法：纵坐标为井深，横坐标取对数将湿度比、平衡比放在一栏中，另取横坐标为线性坐标将特征比放在一栏中，构成 3H 解释曲线（图 4－1－5）。其中湿度比，用 Wh 表示。

$$Wh=100\times(C_2+C_3+iC_4+nC_4+iC_5+nC_5)/(C_1+C_2+C_3+iC_4+nC_4+iC_5+nC_5)$$

烃平衡比，用 Bh 表示

$$Bh=(C_1+C_2)/(C_3+iC_4+nC_4+iC_5+nC_5)$$

特征比，用 Ch 表示

$$Ch=(iC_4+nC_4+iC_5+nC_5)/C_3$$

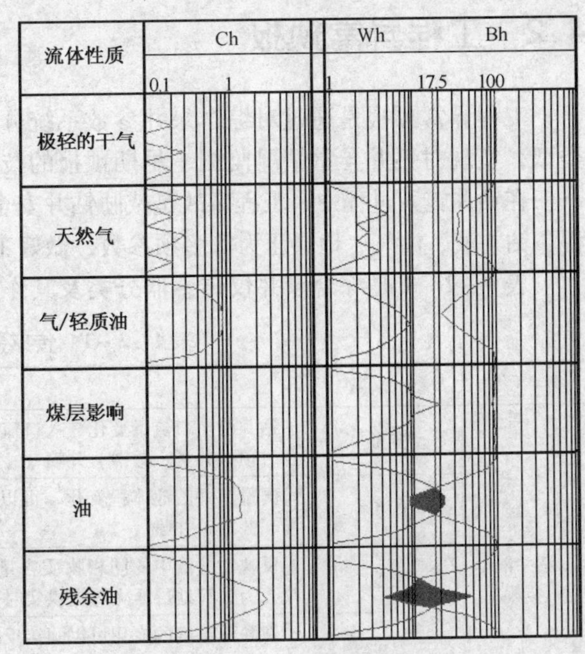

图 4－1－5　3H 解释曲线

2. 解释方法

轻质烷烃比值法见表 4－1－1 所示。

表 4-1-1 3H 法烃类比值评价标准

序号	项目参数	Wh	Wh Bh	Wh Bh Ch
1	分区值	Wh<0.5	Wh<0.5 Bh>100	
	解释	该区含有极轻的，非伴生的天然气，但开采价值低	该层仅含有极轻的没有开采价值的干气	
2	分区值	0.5<Wh<17.5	0.5<Wh<17.5 Wh<Bh<100	
	解释	该区为有开采价值的天然气且天然气的湿度随 Wh 值增大	该层含有可采的天然气同时 Wh 的值与 Bh 值二者越接近（即 Wh 越大 Bh 越小）则表明所含天然气的湿度和密度越大。可产气层	
3	分区值	17.5<Wh<40	0.5<Wh<17.5 Bh<Wh	0.5<Wh<17.5 Bh<Wh Ch<0.5
	解释	该区为有开采价值的油层且油的比重随 Wh 的减小而降低	则该层含有可开采的凝析气或者该层为低比重、高油气比油层	该层含有可采的湿气或凝析气
4	分区值	Wh>40	17.5<Wh<40 Bh≤Wh	0.5<Wh<17.5 Bh<Wh Ch>0.5
	解释	该区可能含有低开采价值的重油或残余油	含有可开采价值的石油。（两条曲线会聚的时侯，石油比重降低）可产油层	可产低比重或高油气比油
5	分区值		17.5<Wh<40 Bh≪Wh	
	解释		含有无开采价值的残余油	

上述“可开采”或“无开采价值”不是很严格的称谓，因为某一油气区的生产能力是由储层厚度和范围渗透率及基本的经济可行性决定的。

4.2 工程异常预报

工程异常预报是通过对综合录井参数系统分析、解释，判断钻井施工中出现异常情况的类型，实现对钻井异常情况监测、早期预报的技术方法。

在钻井施工过程中，工程事故是威胁钻井安全的最大隐患。利用综合录井技术监测钻井工程、钻井液、油气、地层压力等多项参数，做好工程异常预报，为安全、高效钻井提供依据。

表 4-2-1 是综合录井仪传感器分类及其作用。

表 4-2-1 传感器分类及作用

类别	参数	用途
钻井液参数	流量	钻井液出口流量变化与入口流量对比，可以监测是否有钻井液漏失和地层流体进入，及时预报井涌、井漏、井喷
	体积	测量钻井液池体积变化，可以监测是否有钻井液漏失和地层流体进入，及时预报井涌、井漏、井喷
	密度	反映钻井液中的同相物质含量，可以监测地层流体进入，及时预报井涌、井漏和井喷，为计算地层压力等提供实时数据参数，为调整钻井液性能、优化钻井提供方案
	温度	钻井液温度的变化可以间接反映地热梯度，是监测异常压力的重要参数，监测是否有钻井液漏失和地层流体进入，及时预报井涌、井漏和井喷
	电导率	监测钻井液的电导率变化，根据变化趋势监测是否有地层流体进入，判断侵入钻井液中地层流体的性质

续表

类　别	参　数	用　途
钻井工程参数	钻时	每钻进1m所需要的时间(分)，是衡量岩层可钻性的指标之一，可以判断钻头的使用情况
	转速	用以测量转盘转速，提供优化钻井、压力检测所需的数据
	泵冲	用以测量钻井液泵每分钟的活塞动作次数，根据输入的单冲泵容积、泵效率等参数计算出入口流量，计算迟到时间及其他派生参数
	悬重	通过测量大钩负荷参数变化，可以判断钻井工作状态，计算钻压，提供优化钻井所需的数据，判断卡钻、遇阻、掉钻具等工程事故
	钻压	钻头对井底的压力，通过悬重换算得到。判断溜钻、顿钻事故。
	扭矩	通过测量扭矩参数变化，可以反映钻头使用及工程异常情况(钻头泥包、钻头终结、井塌、钻具扭断等)、地层储层物性等
	立管压力	通过测量立管压力参数变化，可以监测循环系统的工作状态(开、停泵，循环钻井液)，提供水动力学计算，优化钻井所需的实时数据，判断工程事故(刺钻具、憋泵、水眼堵、掉水眼、掉钻具等)
	套管压力	通过测量套压参数变化，可以监测井筒内压力变化，为测试计算地层压力梯度和处理工程事故、制订方案提供可靠依据
	深度	绞车传感器用于测量井深、钻时、钻头位置、大钩高度、速度和判断运动方向
气体参数	硫化氢	通过测量H_2S引起半导体的气敏反应变化，并转化成电信号，就可测定地层中H_2S的浓度
	全烃、C_1~C_5	其变化用于发现、评价油气层
	CO_2	监测钻井液气体中二氧化碳含量

4.2.1　工程异常分类

工程异常事件按引发机理及后果分以下三类：

(1) 地质异常事件

由地质因素引起异常事件，有：放空、气侵、油侵、水侵等。

(2) 地质~工程异常事件

由地质因素引发的工程异常事件，如：溢流、井涌、井喷、井漏、蹩跳、卡钻等。

(3) 工程异常事件

由作业不当或钻井工具疲劳及质量问题引发的工程异常事件，有：刺钻具、断钻具、刺泵、掉水眼、水眼堵、掉牙轮、溜钻和顿钻等。

工程异常事件按异常参数类型分以下两类：

(1) 钻井液参数异常

包括油侵、气侵、淡水侵、盐水侵、溢流、井涌、井漏、井喷、地温异常等。

(2) 钻井工程参数异常

包括刺钻具、刺泵、水眼堵、掉水眼、遇阻、卡钻、溜钻、顿钻、断钻具、快钻时、钻头后期、井壁垮塌等。

4.2.2　工程异常判别

异常显示的判别标准是发现和识别异常事件的基础。根据对钻井施工过程中不同工程异常对应的不同参数的变化特征，进行合理的参数报警门限值的设置，达到报警门限，录井仪自动进行相关参数报警，录井人员在异常显示对比分析和综合判断解释的基础上，确定异常事件的类型并尽快发出异常事件预报，为及时发现、处理、有效控制工程异常提供依据。

4.2.2.1 地质异常事件

地质异常事件主要涉及钻井液参数，还涉及部分工程参数，包括钻井液的入出口密度、温度、电导率、流量和钻井液体积、立压、泵冲等。钻井液参数的变化直接反映井下地层流体性质及井筒与地层压力的平衡情况。重视钻井液异常的预报，可以避免井喷、井漏等重大事故的发生，及时处理油气侵、水侵，为顺利施工创造条件(表4－2－2)。

表4－2－2 地质异常事件主要参数变化

异常类型	参数特征	可能引发的异常事件
放空	钻时急剧减小，无钻压，出口流量减小或增大	井漏、井涌、井喷
油侵	钻时减小；出口流量增大；总池体积增加。气测总烃高异常；烃组分重烃异常明显；钻井液密度减小，黏度升高；电导率减小；地温梯度可能增大；岩屑有荧光显示	溢流、井涌、井喷
气侵	钻时减小；出口流量增大；总池体积增加。气测总烃高异常，甲烷高异常；接单根和起下钻后效气明显；钻井液密度减小，黏度升高；电导率可能减小；地温梯度可能增大	溢流、井涌、井喷
盐水侵	钻时减小；出口流量增大；总池体积增加钻井液密度减小，黏度降低；电导率增大；氯离子含量升高；气测小异常或无异常显示	溢流、井涌、井喷
淡水侵	钻时减小；出口流量增大；总池体积增加。钻井液密度减小，黏度降低；电导率减小；气测小异常或无异常显示	溢流、井涌、井喷
异常高压地层	钻时大幅度减小；*dc* 指数减小，偏离正常趋势线；出口流量增大；总池体积增加；转盘扭矩增大。气测值升高，接单根后效气明显，起下钻后效气反应强烈；钻井液密度减小，黏度增大；地温梯度增大；泥(页)岩密度减小；岩屑形状呈碎片状、多角状和尖锐状	溢流、井涌、井喷、井塌、卡钻、埋钻
井涌	瞬时钻时突然减小或者伴随放空；平均钻时大幅度减小；立管压力突然大幅度跳跃，或者出现先升高后降低的微变化过程；出口流量起伏跳跃并迅速增大；总池体积迅速增加；大钩负荷增大。气测值大幅度升高；接单根后效气极为明显；钻井液密度减小，黏度升高；电导率增大或者减小；地温梯度可能增大	井喷、井塌、卡钻、埋钻
井漏	瞬时钻时突然减小并伴随放空；平均钻时大幅度减小；立管压力大幅度下降；大钩负荷增大，钻压减小；出口流量突然减小，甚至降为0；总池体积迅速减少。岩屑中有多量次生石英晶体或方解石晶体	井塌、卡钻、埋钻

4.2.2.2 工程异常事件

综合录井仪连续检测和记录钻井参数包括：大钩负荷、钻压、立压、泵冲、转盘转速、转盘扭矩、出口流量、钻时、钻进成本等。

钻井工程异常事件包括钻井液循环系统的刺钻具、刺泵、水眼堵、掉水眼，钻具的遇阻、卡钻、溜钻、断钻具、钻头掉牙轮等。利用综合录井仪监测各种参数异常变化，可直接或间接预报多种工程异常(表4－2－3、表4－2－4)。

表 4－2－3　工程异常事件主要参数变化

类　型	主要参数变化	岩屑含有物
井漏	瞬时钻时突然减小并伴随放空；平均钻时大幅度减小；立管压力大幅度下降；大钩负荷增大，钻压减小；出口流量突然减小，甚至降为0；总池体积迅速减少	
刺钻具	立管压力下降；泵冲增大；出口流量增大；钻时增大；钻头时间成本增大	
断钻具	立管压力缓慢持续下降，之后突然降低；大钩负荷突然减小；转盘扭矩减小；泵冲增大；出口流量增大	
刺泵	泵冲正常；立管压力缓慢下降，出口流量减小；钻时增大；钻头时间成本增大	
掉牙轮	转盘扭矩大幅度跳跃并增大；转盘转速剧烈波动，钻时显著增大；钻头时间成本增大	岩屑中可能有金属碎屑
掉水眼	立管压力下降并稳定在某一数值上；泵冲增大；钻时增大；钻头时间成本增大	
水眼堵	立管压力升高；出口流量减小；泵冲下降；钻时增大；钻头时间成本增大	
钻头旷动严重 钻头寿命终结	转盘扭矩瞬间出现增大尖峰，并呈加大加密趋势；转盘转速严重跳动；钻时显著增大；钻头时间成本增大	岩屑中可能有金属碎屑
井塌	转盘扭矩增大，振动筛上岩屑量增多，岩屑多呈大块状	
溜钻 顿钻	井深突然跳变；大钩负荷突然减小，钻压突然增大；转盘扭矩增大；钻时减小；钻头时间成本减小	
卡钻	大钩负荷增大；转盘扭矩增大；立管压力升高，出口流量减小	
转盘机械故障	转盘扭矩大幅度波动，其他参数正常	

表 4－2－4　接单根、起下钻及停等期间异常事件

作业种类	参数异常显示	原　因　分　析	可能引发的异常事件
接单根起钻	总池体积快速增加	①在井底压力近平衡状态下，停泵后，井底压力减小，超压驱动地层流体进入井眼；②快速起钻的抽汲作用；③起钻时未按规定灌钻井液；④钻井液密度因地层流体不断侵入而降低，井底回压进一步减小	溢流、井涌、井喷
下钻	总池体积减小	在激动压力的作用下，地层漏失	井漏
	总池体积增加	油气水侵，钻井液密度减小	溢流、井涌、井喷
停等	总池体积增加	①钻井液密度偏小，井底回压降低；②起钻刮掉井壁的泥饼；③地层流体以扩散和渗透的方式进入井眼，钻井液密度减小，井底回压进一步降低	溢流、井涌、井喷

4.2.2.3　典型实例

1. 溢流、井涌

例 1：CGxx 井钻进至 2893.42m 时，立压由 16.6MPa 缓慢下降至 16.1MPa，总池体积由 146.00 m^3 上升至 147.8m^3，出口流量略有上升，值班人员立即通知司钻，报告有溢流发生，钻井队采纳录井队建议，循环观察，避免了井涌等情况的发生(图 4－2－1)。

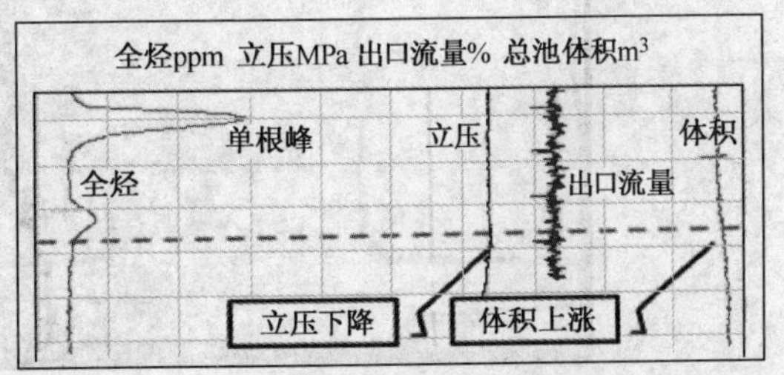

图 4－2－1　CGxx 井参数曲线录井图

例 2：Lxx 井于井深 4059.00m 循环准备起钻时，气测全烃由 33.54%↗100%，总池体积 119.8m^3 ↗ 120.3m^3，出口流量 28.59% ↗ 57.85%，录井现场判断为溢流，值班人员立即通知井队人员，钻井采取井控措施，10:42 停

泵关井观察，溢流得到有效控制(图4－2－2)。

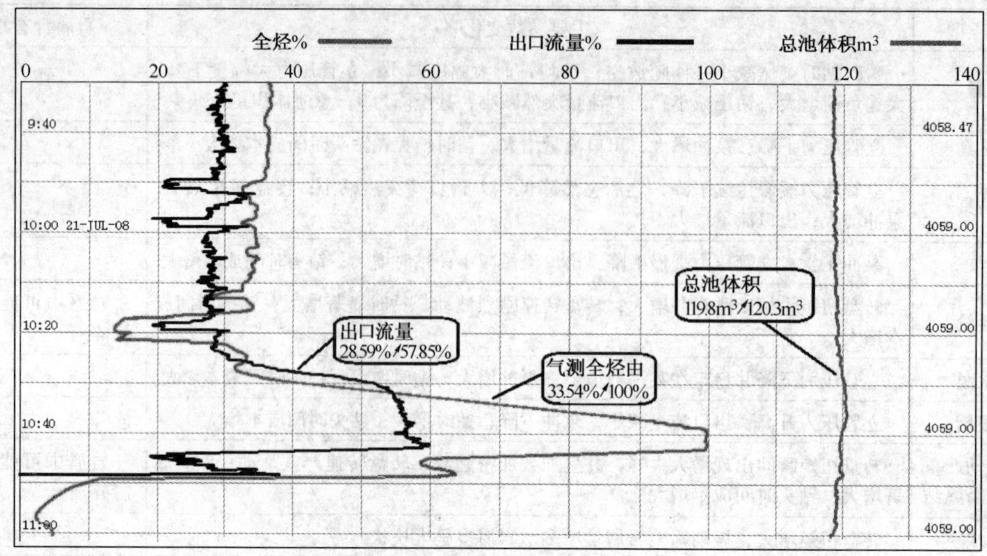

图4－2－2　Lxx井参数综合录井图

2. 井漏

例：PGxx井钻至井深696.00m时录井值班人员发现流量13.2%↘0.00%，钻井液只进不出，立压由6.86MPa↘5.12MPa，钻井液总池体积由43.1m³↘36.59m³，减少6.51m³，钻时5.3min/m↘3.0min/m，入口排量1400L/min，悬重227.0kN未发生变化，发生井漏，立即通知值班司钻停钻循环观察。经堵漏处理，得到控制。漏失层位：奥陶系，漏失井段：696.00～697.50m。漏失原因分析：灰岩裂缝性漏失。

3. 钻具刺穿

例1：Lxx井钻进至井深3309.52m泵压由15.3MPa缓慢下降至14.5MPa，值班人通知司钻，预测为钻具刺穿。经井队检查泵及地面管线无异常，继续钻进。于14:20钻进至井深3310.00m，泵压继续下降至14.0MPa，再次通知司钻。井队认为无问题继续钻进，14:50钻进至井深3310.81m，泵压继续下降至12.7MPa，值班人第三次通知司钻，开始循环钻井液，至15:00，泵压最低下降至12.3MPa，其他参数无明显变化，起钻检查钻具至第48柱发现下单根本体距公扣0.46m处刺穿，裂缝长度约10cm(图4－2－3)。

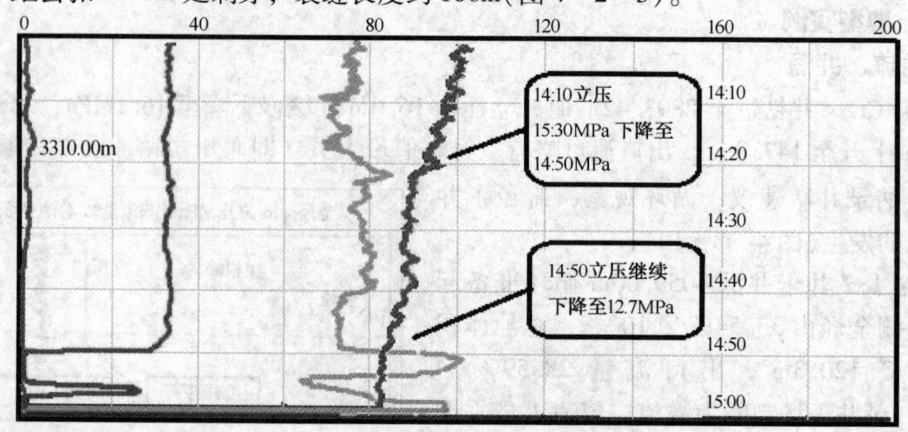

图4－2－3　Lxx井参数曲线录井图

例 2：Pxx 井，钻至井深 1196.30m 时，立压由 12.02MPa ↘ 11.49MPa，值班人立即通知司钻参数异常。工程检查地面设备无问题后，边钻进边观察，当钻至井深 1196.48m，立压再次由 11.49MPa ↘ 10.34MPa，值班人再次提醒司钻立压异常，井队决定停钻循环观察，立压继续下降，井队决定起钻，起至 9″钻铤的 631m × 730m 接头时，发现接头的公扣刺漏。

4. 断钻具

例：Txx 井，钻进至井深 1443.00m 时，立压缓慢下降，录井值班人员通知司钻，立压参数异常，井队边打钻边观察；当钻进至井深 1443.44m 时，立压由 13.10MPa ↘ 12.80MPa，悬重由 76.20t ↘ 51.72t，判断为钻具脱落，起钻后发现 7in 钻铤断裂，落鱼总长 126.53m，计算鱼顶位置：1316.91m（图 4－2－4）。

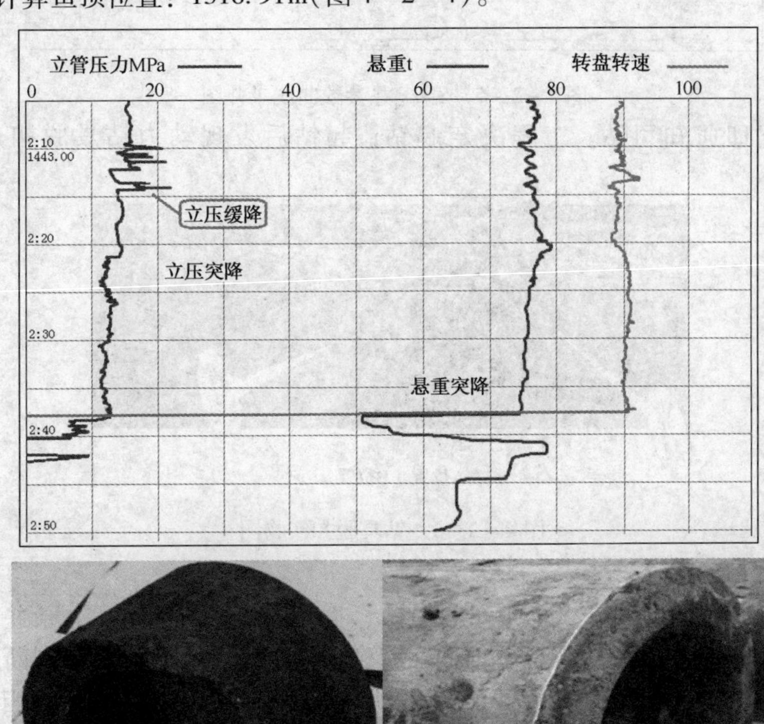

图 4－2－4　Txx 井参数曲线录井图

5. 水眼堵

例：SHxx 井 2002 年 4 月 10 日，13:15 立压开始缓慢上升，其他参数无异常，值班人员通知司钻；13:44 立压升至 22.0MPa，降泵冲后立压仍缓慢上升，值班人员判断为水眼堵，再次通知司钻，14:06 升至 21.6MPa，2#泵冲由 130 次/分 ↘ 110 次/分后，14:20 立压仍缓慢上升至 20.1MPa。换 1#泵检查，泵冲 60 次/分，但立压仍很快上升，并且在此期间出口流量逐渐减少，地面管汇及泵都正常。井队起钻后，发现钻头水眼堵塞（图 4－2－5）。

6. 定向钻进动力钻具脱扣事故

例：TYxx 井钻至井深 2126.50m，泵冲为 96 次/分，立压为 15.0MPa，接完单根后，泵冲为 86 次/分时，立压为 16.0MPa，值班人员对工程参数、钻具结构分析后，初步判断为动

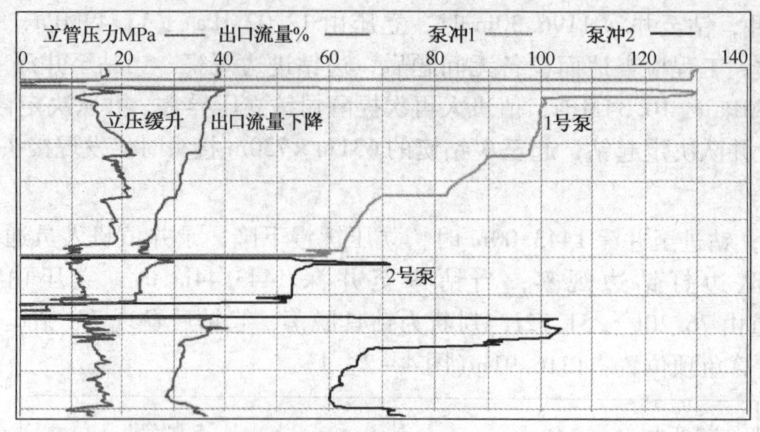

图 4-2-5　SHxx 井参数曲线录井图

力钻具坏，并立即通知司钻。工程决定起钻，起钻后发现动力钻具脱扣，长度达 4cm（图 4-2-6）。

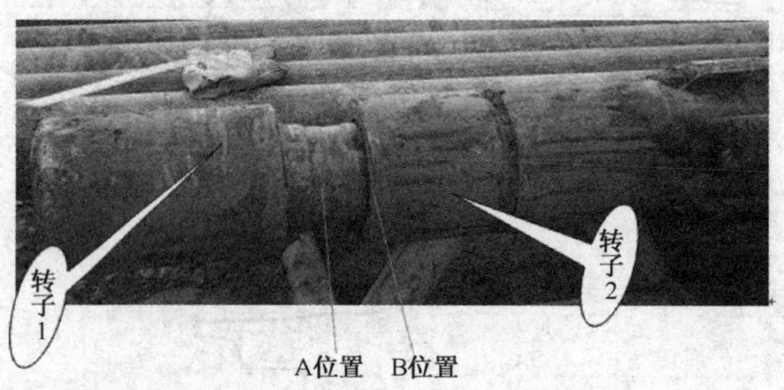

图 4-2-6　钻具脱扣实物图

7. 钻头寿命终结

例：YBxx 井 19:10 钻进至井深：4588.07m，层位：须家河组二段，录井值班人员发现扭矩由 37.7kN·m↗39.0kN·m，立即通知司钻及值班干部扭矩异常，判断为钻头使用末期；19:15 扭矩增至 40.1kN·m，并大幅度波动，值班人员再次提示司钻扭矩异常，提示钻头寿命终结。起钻发现钻头掉牙齿（图 4-2-7）。

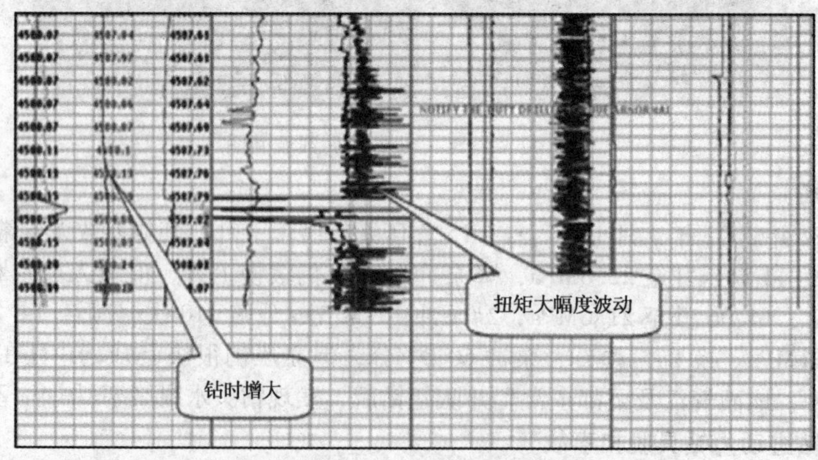

图 4-2-7　YBxx 参数曲线录井图与钻头磨损实物图

8. 卡钻

例：Gxx 井于 02:15 起钻至井深 2616.00m，上提钻具大钩负荷增大至 100t，下放大钩负荷减小至 25t，钻具旋转困难，判断为卡钻。后接方钻杆活动钻具，钻具活动范围 6.00m，上提钻具大钩负荷至 110t（正常状态大钩负荷 91t），钻具伸长 2.00m，计算卡点深度 2595.00m（图 4-2-8）。

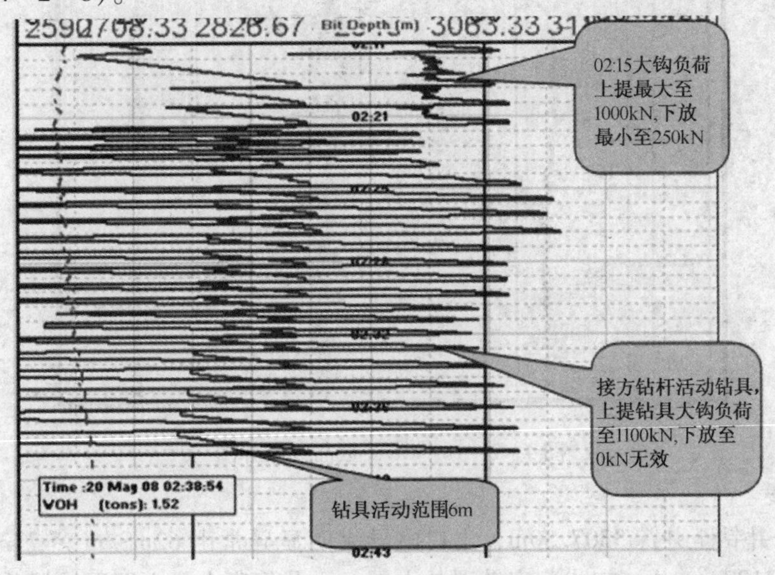

图 4-2-8 Gxx 井卡钻图

9. 溜钻

例：CCxx 井在井深 3625.41m 时，使用三牙轮钻头钻进，钻压由 10t 猛增到 40t，大钩负荷由 83t 猛降至 53t，井深由 3625.41 瞬间冲至 3627.27m，瞬时钻时为零，扭矩由 55kN·m 剧增至 92kN·m，判断为溜钻，起钻后观察，发现钻头受损，扭矩曲线在上图低部出现大幅摆动（图 4-2-9）。

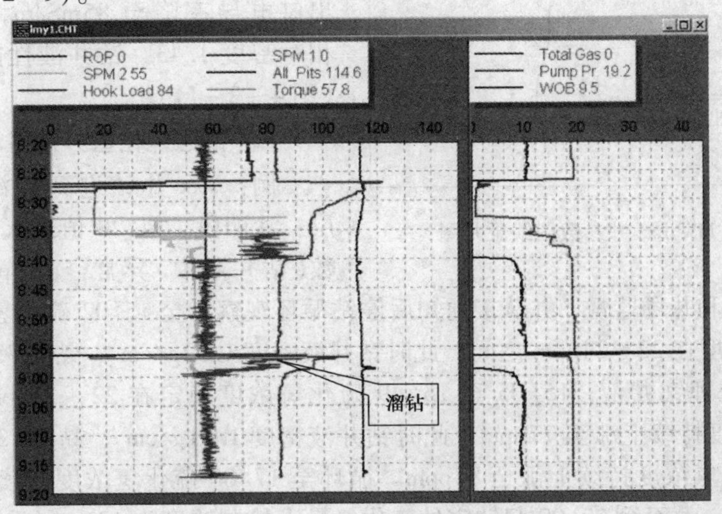

图 4-2-9 CCxx 井溜钻图

10. 牙轮旷动

例：CCxx 用三牙轮钻头钻进至井深 3188.12m 时，扭矩在基值基础上摆幅增大，由

19kN·m ↗ 21.5kN·m，并且在继续钻进过程中扭矩曲线毛刺明显增多，最高达22.9kN·m，初步判断为井下钻头牙轮旷动或轴承卡死及牙齿断落严重。实际结果为牙轮严重旷动（图4-2-10）。

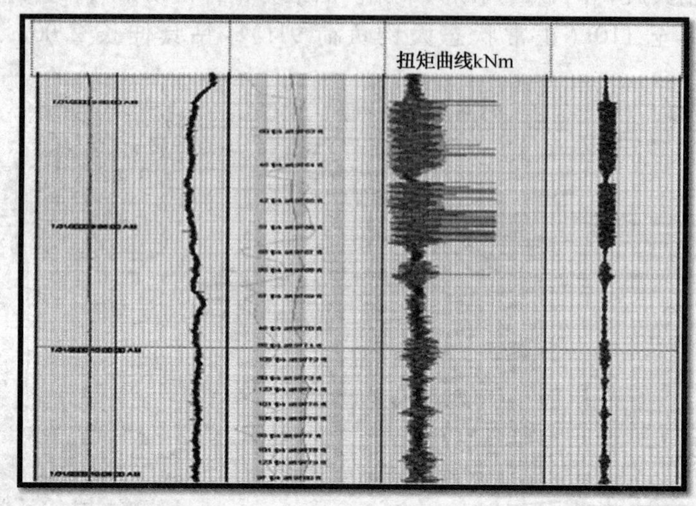

图4-2-10 CCxx数曲线录井图

11. 盐水侵

例1：Lxx井钻至井深3307.50m，出口电导率明显异常由62mS/m ↗ 77mS/m，并测得氯离子含量为21270mg/L，初步判定钻遇盐水层，录井值班人员立即通知钻井队，测得钻井液相对密度1.35，黏度120s，井队加入抗盐药品循环观察，钻井液相对密度加至1.45。23:10岩屑返出，岩性为含膏泥岩。后在钻井液处理过程中出口电导率由77mS/m ↗ 102mS/m，黏度升至244s，钻井液相对密度加至1.50，至次日14:20，处理钻井液共加入药品NaOH 1t，SF-1 1t，FCLS 0.8t。到14:40，出口电导率降至85mS/m，黏度降至74s，相对密度1.43，钻井液性能逐渐恢复正常（图4-2-11）。

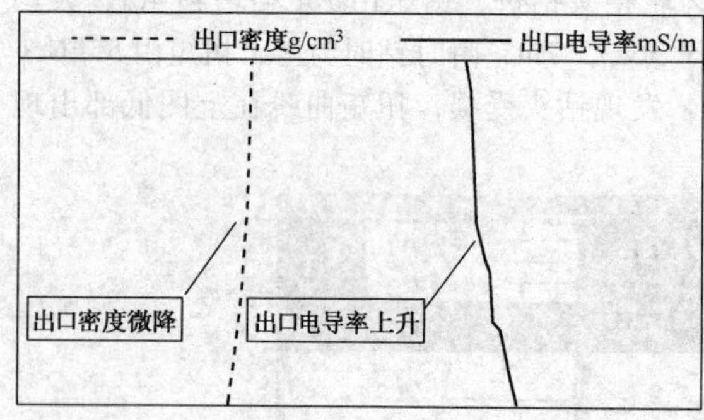

图4-2-11 Lxx井参数曲线录井图

12. 钻遇硫化氢异常显示

例：Yxx井钻进到井深3851.39m，地层：沙四段。14:28值班人员发现硫化氢参数（钻井液中）异常，由0ppm ↗ 5ppm，立即通知井队司钻和井场监督，井队接通知后停钻循环观察。至15:02硫化氢浓度由5ppm ↗ 24ppm并维持浓度在22~24ppm之间。此时钻井液密度1.52g/cm³、黏度85s、pH 9。15:15井队加入烧碱处理钻井液，15:05至15:49硫化氢浓度稳定在22~24ppm之间。循环至16:28硫化氢浓度持续上涨至77ppm，此时钻井液密度1.51g/cm³、黏度135s、pH 9.5。循环至16:46硫化氢浓度持续上涨至87ppm。循环至17:00硫化氢浓度持续上涨至100ppm，后一直持续不下。截至到22:00起钻室外硫化氢最大检测浓度为12ppm（受风向影响不稳）。此时钻井液密度1.51g/cm³、黏度100s、pH 9.5。井队加入碱式碳酸锌及烧碱处理，并加重泥浆（注：$ppm=10^{-6}$）。

4.3 地层压力的检测

4.3.1 异常压力的成因

地层压力即作用于地层孔隙流体(油气水)上的压力。

在正常压实条件下，作用于孔隙流体的压力即为静水柱的压力。但是由于许多因素的影响，作用于地层孔隙流体的压力常常是大于或小于静水柱压力的。通常把偏离静水柱压力的地层孔隙流体压力称之为异常地层压力，或称为压力异常，用压力梯度表示，一般认为大于1.08g/cm^{3}的是超压，小于1g/cm^{3}的是低压。

异常高压地层分布广泛，从新生界第四系更新统到古生界寒武系、震旦系都存在。它的形成原因有多种解释，大多数学者认为，至少有六种机理可以用来解释沉积盆地内异常高压地层的形成原因，分别是压实效应、成岩作用、密度差的作用、构造应力及构造活动、异常地温梯度、油气生成等。异常高压有可能是某个原因造成的，但往往是几个因素综合作用的结果。在引起异常高压的诸多原因中，压实作用是引起超压异常最基本、最主要的机理。随着埋藏深度的增加和温度的增加，孔隙水膨胀，而孔隙空间随地静载荷的增加而减小，因此，只要有足够的渗流通道，才能使地层水迅速排出、保持正常的地层压力。换句话说，只要孔隙水按自然压实速度排出，孔隙压力才可保持水静压力沉积增加，上覆岩层重量增加，使基岩应力继续增加以平衡增加的上覆岩层压力。但如果水的通道被堵塞或严重受阻，逐渐增多的上覆沉积物重量，只能由孔隙内的流体承担，从而使孔隙压力高于静液压力而形成异常高压。

几种造成异常高压地层的成因简述如下：

4.3.1.1 压力“封闭层”

压力“封闭层”的作用是限制地层流体从高压区向低压区的运移或压力的散失。压力“封闭层”是形成地层压力异常的必要条件。

压力“封闭层”类型包括：

——低孔隙度岩石的沉积，如致密的碳酸盐岩、岩盐、石膏或硬石膏、黏土岩或页岩。

——盐类或页岩的刺穿构造的形成。

——断层在渗透性岩层中置入非渗透性岩层，限制了流体的流动。

——盖层的厚度控制着由于漏失而使压力达到平衡的总体时间。

——任何其他阻止地层流体流动的物理或化学条件。

4.3.1.2 压实作用

在沉积作用过程中，大多数的沉积物含有一些水(自由水或结合水)。尤其是海相的黏土物质在掩埋时有高达80%的含水量。作用在沉积物孔隙水上的上覆沉积物的重量(上覆压力)随着埋藏深度的增加而增加。

如果有一个向上排替水的运移通道，压力就会维持正常静水压力。有时，由于某种因素限制了地层的渗透性或者埋藏的速度超过了水被排挤出的速度。这种情况下，压实作用减慢，把部分其后沉积的固体物质的重量施加到孔隙流体中，孔隙流体就会呈现异常高压。

4.3.1.3 构造因素

在构造作用活动区域，构造因素无疑是异常压力形成的主要原因。由于现场资料的缺乏，构造作用效应很难定量化。

正常压实地层的抬升，地壳上升力和地表侵蚀力的共同作用，可以把埋藏在深部的岩层抬升到近地表。如果在抬升和侵蚀过程中有某种因素限制了流体的运移，该地层就会由于深度因素而形成异常高压。

应力场的变化，构造活动导致了区域应力场力的大小和方向发生变化。构造应力和上覆应力影响着沉积物沉积的速度和岩石固化的速度。在特定的沉积物中，构造应力的聚集比流体的排替速度快，就出现流体超压。在披覆构造中，上覆非渗透性沉积物的快速堆积可能引起极度的超压层的出现。

断层和断裂，对于地层流体压力。断层可能有几个不同的效应，这与断层的位置和类型有关，正断层往往是开放的、形成有效的流体通道。当储层断开与非渗透层接触时可形成有效的遮挡。逆断层往往是关闭的、形成有效的遮挡物，尤其是在周围地层发生变化的情况下。节理是一种位移很小或没有位移的断裂，往往是有效的流体通道。但在塑性地层(盐岩、黏土、硬石膏等)中的断裂能产生一定的封闭作用。

4.3.1.4 刺穿作用

盐丘对上覆岩层的侵入(刺穿)可以导致盐丘的顶面和侧面形成异常地层压力。刺穿作用给盐丘周围的围岩施加应力，非渗透性的天然盐限制了流体的运移。

4.3.1.5 成岩作用

成岩作用是使岩石矿物在地质过程中发生化学变化的过程。黏土胶结的沉积物和一些蒸发岩沉积物，经过成岩作用形成正常压实地层。

石油和天然气的生成也是一个成岩作用过程。从固体有机质转变成液体或气体的碳氢化合物使其密度减小、体积增大，在封闭或半封闭环境中可以形成超高压。

烃类油藏容易产生压力异常，尤其是在有大量气体存在时更是如此。

4.3.1.6 温度效应

沉积物的重力载荷往往会使沉积物内部的温度升高。另外，在埋藏时形成的地温梯度，随着沉积物总体密度的不同而有所变化。在温度升高时，水的体积略有增大。这就意味着地层水的温度对异常压力也有影响。

由于温度对成岩作用的影响，那么温度就是影响异常压力的一个间接因素。

沉积物埋藏过程中，压实效应和温度效应都有助于在被盖层隔离的含水沉积物中产生的异常流体压力。

4.3.1.7 流体运移效应

流体运移效应包括钻开的岩层与超压层的联通以及地层流体等势面的差异造成的压力异常。

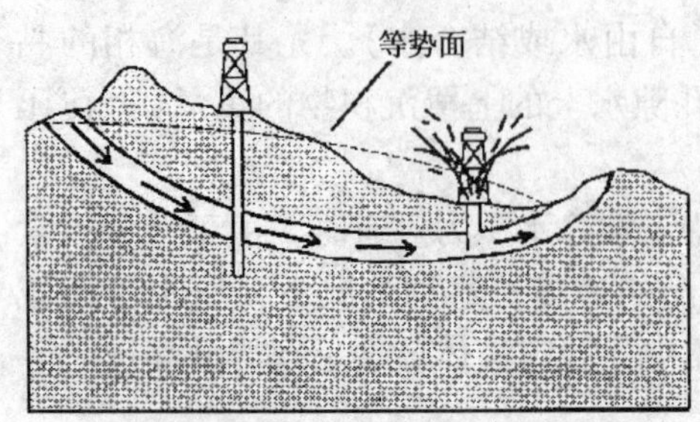

图 4－3－1 从等势面产生的压力异常

在低于含水层等势面的地面上钻井，当钻入含水层时，使用“标准”密度的钻井液也会导致井涌或井喷，如图 4－3－1。

4.3.2 随钻地层压力检测方法

异常地层压力是含油气盆地一种普遍存在的现象。异常压力与油气成藏要素之间关系密切，在钻井施工现场，可采用压力录井的方法进行地层压力预测。压力录井是在实时录井过程中使用检测到的钻井工程参数、气体参数、钻井液参数、岩石物理参数等相关地层信息参数，判断地层异常压力，在油气勘探工作中研究油气层压力，特别是油气层的异常压力并预测和控制有益于安全钻井，保护油气层，防止井漏、井涌、井喷事故发生，异常地层压力预测不准不仅易造成经济上损失，同时更令人担心的是安全问题。

在以往陆上和海上石油勘探的实践中，普遍存在着异常高压地层，这些广泛分布的异常高压地层首先影响的是钻井安全，如果未能及早检测或预测可能钻遇到的异常高压地层，使用的钻井液柱压力小于地层压力时，严重时会引起井涌或井喷事故；反之，钻井液柱压力大于地层的破裂压力时，又将导致井漏，易造成油气储层的污染，使气测仪检测不到气测异常显示，在测试时不能出油气，导致压死油气储层的现象，因而随钻预测地层压力技术就显得格外重要。

异常地层压力可能比静水压力高或者低，但是在石油和天然气勘探开发中人们最关心的是异常高压。

地层压力监测和近平衡钻井技术是20世纪60年代发展起来的一项重大的钻井技术，它对提高钻井速度、防止井喷和井漏事故的发生、降低钻井成本、有效地发现和保护油气层、延长油井寿命起着重要作用。随着地层压力监测技术的发展，地层孔隙压力、地层破裂压力的计算和测定以及井控技术的普及，又给近平衡压力钻井技术的应用提供了有利条件，要实施平衡压力钻井技术，则需要准确的地层压力、破裂压力数据，为设计合理的钻井液密度和井身结构提供可靠的依据。为此，相继出现了多种随钻地层压力检测技术，如机械钻速法(钻时法)、校正的机械钻速法(d指数法、dc指数法、dcs指数法)、岩石骨架强度参数法(Sigma法)、页岩密度法等，其中dcs指数法、Sigma法应用普遍，主要是因为借助综合录井仪这一工具，使这两种方法所需多种参数由过去的人工采集，变成传感器和计算机联机自动采集，从而使这两种方法监测的准确度和敏感性有较大幅度的提高。

预测异常地层压力的任务是确定异常地层压力带的层位和顶部深度，计算出异常地层压力值的大小。具有高压，特别是超高压异常地层压力的油、气层在地下并非孤立地存在。正如在岩石的压实作用对异常压力形成的影响中指出的那样，高压油、气层周围的岩石是处于从正常地层压力到异常地层压力过渡的带上。因此，这个过渡地带上的泥、页岩也就具备了高压或超高压异常地层压力的特征。与正常压实的页、泥岩相比，过渡带泥、页岩由于是欠压实的，因此，其密度小，孔隙度大。在钻井过程中。当钻入过渡带地层时，可能产生井漏、井涌、井喷以及钻井参数出现异常等现象。通过过渡带的这些特征观察和研究，便可预测异常地层压力。

异常高压段通常具有较高的孔隙度、较小的声波传播速度，较低的体积密度和电阻率。在钻遇过程中表现为钻速的突然加快，平衡地层压力所需的钻井液密度增大等。

异常地层压力由于其形成机理和影响因素较多，对其进行准确预测和监测有一定难度，异常压力预测方法有多种，在实际应用中，应参考多种方法的结果并加以对比，以提高预测的准确度，目前预测异常地层压力常用以下几种方法。

4.3.2.1 dc指数法

dc指数法是利用泥页岩压实规律和压差理论以及压实与压差对机械钻速的影响规律来检测地层压力的一种方法。

在砂泥岩地层沉积过程中，泥岩微粒间的流体来不及排出(泥岩连通性差)就被上部地层快速沉积封闭在泥岩中而形成欠压实泥岩层，其特点是与上部地层的孔隙不连通，孔隙中保存了压力异常，其下部的砂岩层(高渗透性)具有异常高压特性，从油气储结构。欠压实泥岩层作为上部正常压实泥岩层和下部异常高压砂岩层之间的储聚条件来看，这样的上下部地层岩性结构，恰好是砂泥岩剖面理想油气藏的盖压力过渡带，正是 dcs 指数随钻检测地层压力的关键所在。因此，dcs 指数通过检测欠压实泥岩(即可能的高压渗透层的盖层)的存在，就可预测出下部异常高压层。

机械钻速是钻压、转速、钻头类型及尺寸、水力参数、钻井液性能、地层岩性等因数的函数。当其他因数一定时，只考虑钻井液液柱产生的压力与地层压力压差对钻速的影响，则机械钻速随压差的减小而增大。在正常地层压力情况下，如岩性和钻井条件不变，机械钻速随井深的增加而下降。当钻入异常压力过渡带之后，由于压差减小，岩石孔隙度增大，机械钻速反而加快。在正常情况下，正常压力趋势线随井深的增加按一定的斜率逐渐增加。但进入异常压力过渡带，正常压力趋势线的斜率要发生变化，dc 指数则正是利用这种差异预报异常高压的。

(1) dc 指数计算方法

dc 指数的依据是地层的可钻性，由于欠压实地层具有较好的可钻性，因而在钻井条件一致的情况下，其钻速异常增高，钻时异常降低。但钻速要受到机械钻速、钻压、钻头类型、钻头大小、泥浆性能、钻头磨损、岩性等一系列因素的影响。所以，必须对其进行相应的校正，由此提出了 dcs 指数法。

dcs 指数的计算公式：

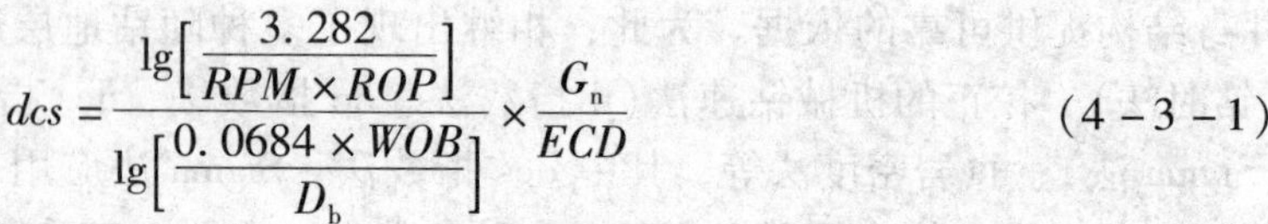

$$dcs = \frac{\lg\left[\dfrac{3.282}{RPM \times ROP}\right]}{\lg\left[\dfrac{0.0684 \times WOB}{D_b}\right]} \times \frac{G_n}{ECD} \qquad (4-3-1)$$

式中 dcs——校正 d 指数值，无量纲；

RPM——转盘转速，r/min；

ROP——钻时，m/min；

WOB——钻压，kN；

D_b——钻头直径，mm；

G_n——正常液压梯度，g/cm³；

ECD——当量钻井液密度，g/cm³。

(2) dcs 指数的解释

在正常压实页岩中，在半对数坐标上绘制出 dcs—井深图，如图 4-3-2 所示，描述了压实作用增加的一种线性趋势(dcn)，所谓正常趋势线指的是正常的 dcn 值，合理地选择正常趋势线对计算地层压力梯度是非常重要的，用数学回归方程确定的正常趋势方程为：

图 4-3-2 趋势线确定图

$$\lg dcn = a \times VD + b \qquad (4-3-2)$$

式中 dcn——正常趋势值，无量纲；

VD——垂直深度，m；

a——趋势线效率，无量纲；

b——偏移量系数，无量纲。

① 趋势线的斜度 a：

$$a=\frac{\log_{10}\left(\frac{dcn_2}{dcn_1}\right)}{H_2-H_1} \tag{4-3-3}$$

② 偏移量系数 b：

$$b=\log_{10}dcn_1-a\times H_1 \tag{4-3-4}$$

式中 H_1——上部 dcn 值的深度；

H_2——下部 dcn 值的深度；

dcn_1——上部 dcn 值；

dcn_2——下部 dcn 值。

如果选择井段具有不间断的压实史，趋势线将延伸到具有基值的井段以上或以下。用作地层压力评价，趋势线上的任何一点上的位置都可以通过4-3-2式计算。

为了确定趋势线，必须选择具有代表性的纯页岩的 dcs 值。通常，有代表性的岩性层段的起始井深的平均值和终止井深的平均值将作为计算 dcn 的基本值。然后计算出曲线的斜度系数和趋势线的偏移量。

一般地说，整口井的斜率有一固定值，而偏移量随着钻井过程的井深增加而不断变化。在纯页岩层中，dcs 值变到 dcn 趋势线左边表示有欠压实或负压差过渡带的存在。而 dcn 的值向右偏移，说明是中性的或正压差，或“超压实”，比如盖层带。

通常，砂岩的孔隙度比页岩的平均孔隙度要高。因此，钻穿砂岩层时，由于与压实作用有关的原因，可能导致 dcs 趋势线向左偏移，如图4-3-3所示。通过 dcs 对砂岩地层压力计算可能出现错误的超压值。为了消除这个问题，引入了一个“砂岩线”截断法。

注意了解 dcs 和 dcn 之间的关系。当在斜井计算 dcs 时，特别注意要根据实际垂直井深（VD）而不是测量井深来计算出 dcs 值和压实趋势线。另外，有几个与钻头和地层有关的因素可能使 dcs/dcn 的值发生偏移。

图4-3-3显示 dcs 是如何随钻头、底部钻具组合特征而发生变化的，这即使采用了钻头磨损系数校正因子时也是如此。当井眼直径、钻头类型、钻具组合和水动力发生变化时，dcs 的值也会随着发生偏移。

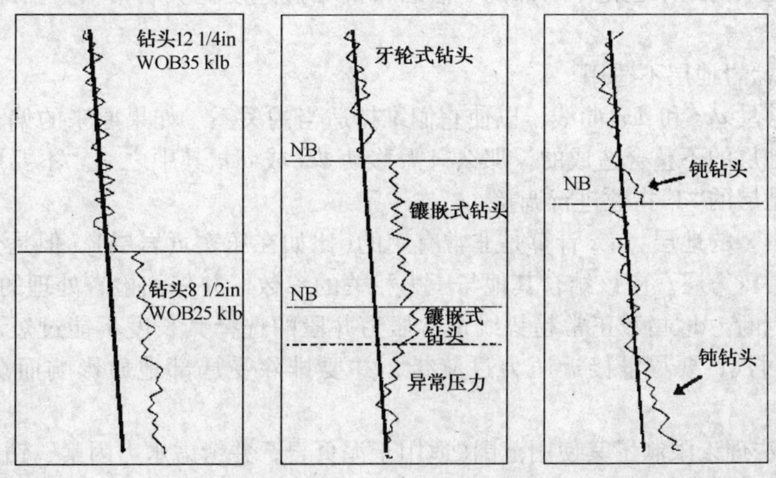

图4-3-3 dcs 随钻头、底部钻具组合特征变化示意图

图 4－3－4 显示 *dcs* 是如何随地层条件发生变化的。

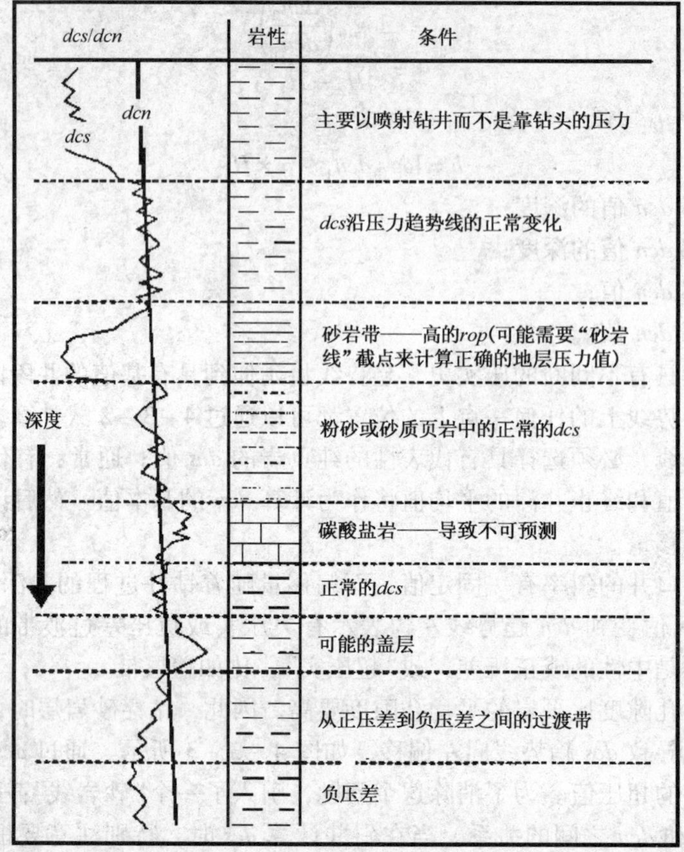

图 4－3－4　由于地层条件而引起的 *dcs* 的变化

钻穿不整合面时，由于压实趋势的间断，引起 *dcs* 值向右偏移。而趋势线斜率(在对数坐标上)应该维持不变。

砂质泥岩层的值可能不可靠。岩层中的孔隙度的变化可能导致错误的 *dcn* 的值。

非页岩层提供的结果也是不可靠的。砂岩带的钻进速度比页岩带快，因此，*dcs* 的值主要是向左偏移。

dcs 在碳酸盐岩地层不适用。

有时必须移动 *dcs* 和 *dcn* 曲线，以使它们维持适当的关系。如果原来的偏移明显地是由于钻头变换和地层的不整合造成的，那么只需移动 *dcs* 或 *dcn* 其中之一。不要用相关的偏移量对其他任何地层的“d”指数进行调整。

对于某种类型的地层，*dcs* 计算是非常有用的(比如在压实页岩层)，但是公认仅仅凭它却不能断定异常压力层。应该结合其他与压力相关的参数，并仔细检查处理的 *dcs* 值，以便得出更加准确判断。dc 指数正常趋势线正常压力井段的选择其长度不能过短，一般不小于 150m，也不能过浅，要尽量接近压力过渡带，并要排除受局部地质影响而沉积不连续的井段。

因 dc 指数法理论限制了其使用范围(适用于泥页岩，并考虑水力因素、钻头磨损因素的影响)，因此在确定趋势线时应对所取点参数进行筛选，把不符合该范围的那些点舍弃。大量的实践证实下述情况的点是不符合要求的：

——岩性不纯，即非泥页岩；

——定向井；

——纠斜吊打；

——钻头磨合期和钻头磨损后期；

——井底不干净；

——钻遇断层、裂缝等不整合面；

——水力因素变化大。

在已知地层压力为正常值的井段内，把可信赖的纯泥页岩点的井深及其对应的数值进行回归处理找出与这些点相关性最好的线性回归方程来，并且回归的相关系数要保持在0.6～0.8之间。

4.3.2.2 Sigma 指数法

Sigma 指数法是另一种地层压力评价方法，Sigma 指数地层压力检测法是基于地层压力异常段地层的骨架强度相对正常压实段低的原理。是在20世纪70年代中期，由意大利AGIP石油公司在坡山谷钻探时提出来的。在不连续的砂泥岩层或石灰岩层中，从“d”指数计算出的压力数据不可靠，并且很难建立一条连续的压实趋势线。另外，“d”指数的计算也不能直接补偿压差的变化，而压差对井眼的冲洗和钻速的影响都是非常大。Sigma 指数法对这些参数进行了优选，并成功地运用在黏土质地层录井中。

在异常压力的实际分布中，有些情况下确实存在着压力过渡带而后进入高压带，但在另外一些情况下，如在碳酸盐岩地层中，不存在压力过渡带，由于碳酸盐岩地层的孔隙度和渗透率变化很大，规律性差，孔隙或裂缝分布也是多变的，碳酸盐岩的这种多变特性导致异常压力的分布也是多变的，碳酸盐岩本身若无渗透性，则它下面的渗透性地层就可能是高压层，随着埋藏深度的增加，上覆岩石压力增大，岩层孔隙度变小，岩石变得致密，可钻性变差，Sigma 值随井深增加而增大。钻遇高压层时，岩石孔隙度大，可钻性变好，Sigma 值明显减小，偏离正常的 Sigma 值。根据这一特点，作出井深和 Sigma 指数录井图，就可以看出地层压力的变化情况，计算出地层压力。Sigma 指数法就是基于这种机理而建立的，它是以岩石可钻性与地层孔隙压力的关系为基础，是对岩石可钻性的反映，致密岩石的骨架强度大，孔隙性、渗透性差，岩石可钻性变差。孔洞、裂缝发育的地层，岩石骨架强度小，孔隙性、渗透性好，岩石可钻性变好，Sigma 反而减小，根据这一特点，即可预测出高压地层。

（1）Sigma 指数计算方法

① Sigma(σ_t)指数：基本的 Sigma 计算包括两个部分。第一部分关于岩石的可钻性的确定，第二部分关于压差的影响。

$$\sigma_t = \frac{WOB^{0.5} \times RPM^{0.25}}{D_h \times ROP^{0.25}} \qquad (4-3-5)$$

式中 σ_t——Sigma 指数，无量纲；

WOB——钻压，t；

RPM——转盘转速，r/min；

D_h——钻头直径，in；

ROP——钻速，m/h。

在理论上讲，在同样的深度钻穿相同的岩层，除不同的钻压、转速、钻头直径和钻速外，σ_t的值对于两个同类钻头应该相同。在实际运用中，由于钻井参数的不断变化，可能引起σ_t值的一些变化。

② 浅层井眼影响：当把σ_t的值对应于井深绘图时，有大量的σ_t的点比平均值大或小。这在浅井中尤为明显，正因为如此，计算中使用了一个校正系数，计算调整后的 Sigma 值（σ_n）：

$$\sigma_n = \sigma_t + 0.028\left(7 - \frac{L}{1000}\right) \tag{4-3-6}$$

式中　L——井深，m。

一般说来，当值($\sigma_t \leqslant 1$)时代表砂岩，当值($\sigma_t > 1$)时代表页岩。

③ 岩屑沉降效应：岩层内部流体压力与钻井液压力平衡将影响到岩屑能被钻井液带到地面的速度（“岩屑沉降效应”）。因此引入“井眼清洗系数”(n)，n描述钻井液把岩屑从钻头上冲洗掉的效率。

n的计算有两种方法，这与σ_t的值有关：

如果$\sigma_t \leqslant 1$，则

$$n = \frac{3.2}{640 \times \sigma_t} \tag{4-3-7}$$

如果$\sigma_t > 1$，则

$$n = \frac{1}{640}\left(4 - \frac{0.75}{\sigma_{t1}}\right) \tag{4-3-8}$$

页岩的n值比砂岩大，页岩层井眼清洗效率比砂岩的要低。

④ 压差的影响(F^*)：变量F^*描述了压差对地层可钻性的影响。这里要有一个已知的对于每个目标层的压差值。实际的压力差为：

$$\Delta P = (\rho - P_H)\frac{L}{10} \tag{4-3-9}$$

式中　ΔP——压力差，kg/cm^2；

ρ——钻井液密度，kg/L；

P_H——正常地层流体压力梯度，kg/L；

L——深度，m。

P_H的值是由局部地层流体的平均密度确定的。通常，由于缺乏对局部地层信息的了解，必须估计出P_H。一般地说，ΔP值的增加引起钻速的减慢，而ΔP的减小引起钻速的加快。当ΔP的值为零或接近于零时，钻速最大。钻速相对于ΔP的变化是非线性的。

为了计算 Sigma 值，压差的影响被描述为一个系数：F^*。对于每个预计深度，F^*满足方程：

$$F^* = 1 + \frac{1 - \sqrt{1 + n^2 \times \Delta P^2}}{n \times \Delta P} \tag{4-3-10}$$

式中　n——井眼清洗系数；

ΔP——压差，kg/cm^2。

(2) 校正后 Sigma 指数(σ_o)

校正后 Sigma 指数(σ_o)也称为“岩石强度参数”。计算公式如下：

$$\sigma_o = F^* \times \sigma_{t1} \tag{4-3-11}$$

式中　σ_o——岩石强度参数

Sigma 趋势值(σ_r)：岩石强度参数(σ_o)可被绘制成一系列互相连接的点如图 4－3－5 所示。与“d”指数不同的是，其横坐标是线性的。Sigma 值的范围从 0 到 1。

σ_o 的值在可钻性增大时具有向左偏移的趋势，而当可钻性减小时，具有向右偏移的趋势。发生偏移是由于岩石机械特性的变化(岩性或孔隙度)，钻井参数的变化(主要是井眼直径)，或以上两种因素影响造成的。

对于一个岩性相同的地层剖面，σ_o 的值随着深度的增加而增大，为正常压实趋势(σ_r)。岩性的改变，如从页岩到砂页岩，或者钻井参数的重大变化，会引起 σ_o 值的突然偏移，接着从岩性或钻井参数开始变化的下一点，出现一个新的平均值。因此，当出现岩性变化，井眼直径或钻头类型变化时，要对 σ_r 的值进行偏移处理，以使它同 σ_o 维持适当的关系。

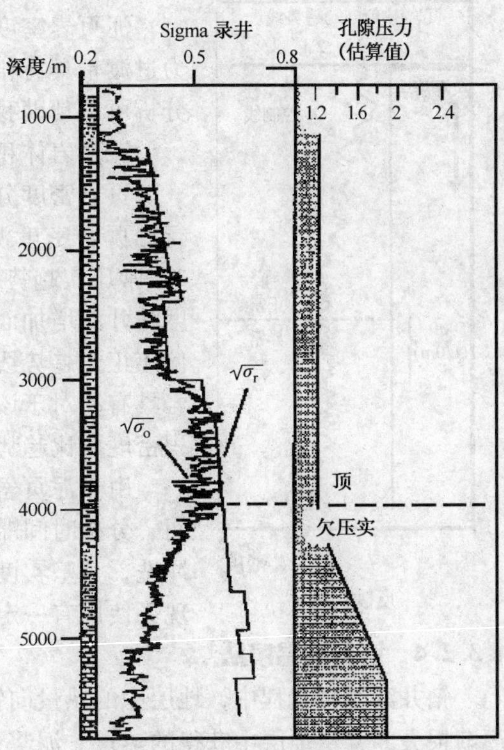

图 4－3－5　Sigma 录井图(岩石强度参数)

以下方程描述了趋势线在每个点的位置：

$$\sigma_t = 0.088\frac{L}{1000} + \beta \quad (4-3-12)$$

式中　L——井深，m；

β——井深为零时的 σ_t 值，即坐标截距，无量纲。

当 σ_o 平均值变化时，σ_r 趋势线也会变化。注意：不要随意改变 σ_r 趋势线。

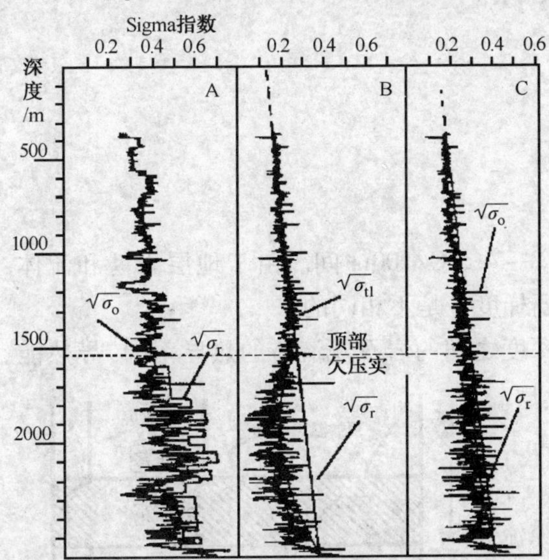

图 4－3－6　Sigma 录井图的标准化处理

A—Sigma 偏移录井图；

B—没有压差补偿的标准化录井图；

C—具有压差补偿的标准化录井图

(3)“标准化”的 Sigma

对孤立的 σ_r 线段进行重组，形成一条连续的趋势线，而在趋势线上的每一点维持着 σ_o 同 σ_r 的联系。图 4－3－6 所示示范了这个原理。

正常趋势线上 Sigma 值 σ_r

$$\sigma_r = A \cdot \frac{H_v}{1000} + B \quad (4-3-13)$$

式中　A，B 为正常趋势线的斜率与截距，可由初始化给定的两点确定。一般：$A = 0.088$。

dcs 指数法适用于砂泥岩地层；Sigma 法适用于碳酸盐岩地层。

4.3.2.3　泥页岩体积密度测定法

泥页岩密度法是通过随钻测量泥页岩的体积密度测量，建立泥页岩的体积密度与深度的关系图，根据趋势线的偏移情况预测异常地层压力。

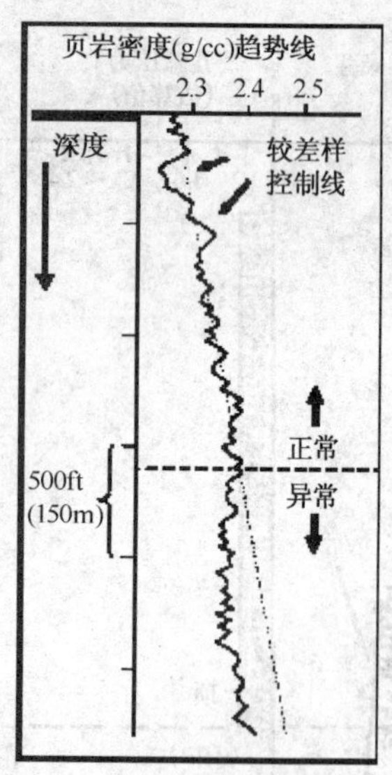

图 4-3-7　泥页岩密度反映曲线

泥页岩密度与井深的曲线变化规律与 dcs 指数相类似，在压力过渡带具有相同的特点，即向左偏离正常趋势线。泥页岩密度分析可以帮助我们识别与欠压实有关的异常地层压力。

泥页岩体积密度法解释方法如下：

页岩密度分析是在钻井过程中按一定间距选取泥页岩岩样进行泥页岩密度测定，做出井深—泥页岩密度录井图，形成一条“正常压实趋势线”，大致是一条直线。在正常压实地层，泥页密度随井深增加而增加，图 4-3-7 中泥页岩密度正常趋势线，若偏离正常趋势线方向密度减小，则反映为异常高压。超压带泥页岩具有相对于该井深而言较高的孔隙度。因此，超压带泥页岩体积密度要比趋势线的密度要低。

由于泥页岩密度是由人工测定，自动化程度低，而且选样时间、分析时间滞后，泥页岩从井底上返过程中不断受到钻井液的冲洗，其坚实度遭到破坏，从而使测量结果并不十分可靠，因此现场使用有一定的局限性。

4.3.2.4　钻井液温度法

钻井液循环过程中，地层中的热量向钻井液中传导。钻井液在由井底向上运移的过程中逐渐损失部分从地层中获得的热量。泥浆录井传感器可以通过检测出口钻井液温度，确定异常地层压力的变化情况。

地温梯度是地层温度随深变化而增加的速度，表示为深度每增加 100m 地层温度增加的摄氏度数值。通过下式计算：

$$G_t = 100 \cdot \frac{T_2 - T_1}{H_2 - H_1} \tag{4-3-14}$$

式中　G_t——地温梯度，℃/100m；

H_1——点 1 深度，m；

H_2——点 2 深度，m；

T_1——深度 H_1 时的地层温度，℃；

T_2——深度 H_2 时的地层温度，℃。

平均地温梯度值，根据地区不同，一般在 1.8～4.5℃/100m 间。由于地层岩性和流体的导热效率不同，即使同一地区，不同深度的地温梯度也是不相同的。

任何两个不同深度之间的温度变化与这两个深度之间的岩石及流体的热导率（传导热能的能力）有关。具有相对较低热导率的岩层为隔热层。在隔热层下面，热量将会聚集起来，引起温度升高。

水、油、气的热导率比岩石的热导率都要小。异常压力地层比同样深度的正常地层含有更多的孔隙流体。因此，超压层的热导率比正常压力层的热导率要低。超压层区间的温度梯度比相当的正常压力层区间的温度梯度要高如图 4-3-8 所示。温度梯度的降低带可能出现在异常压力带之上。

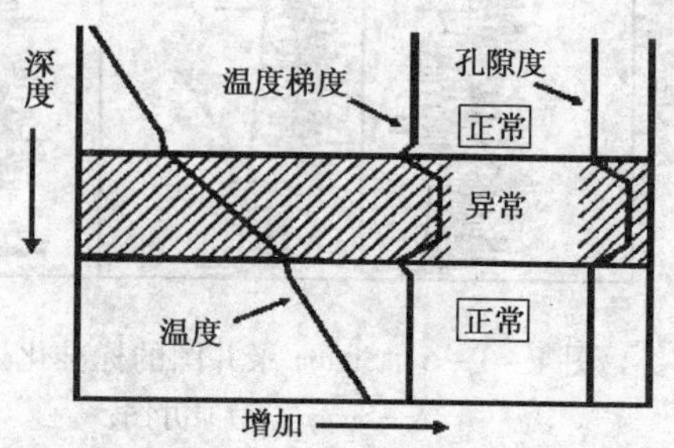

图 4-3-8　异常压力间隙温度剖面图

4.3.2.5 气体检测法

1. 泥浆气侵

气测录井中的含气异常往往是异常高压层的显示。因此，根据泥浆气侵可以预测超压的存在。但由于气体的来源不同和从井下上升到井口所经历复杂过程的差异性，也使得应用该方法检测地层压力出现了许多复杂情况。查明影响泥浆气侵的各种因素在异常地层压力预测和监测中是十分重要的。

钻井液中气体的来源主要有以下几个方面：

——破碎岩石气：在钻进过程中，钻头机械地破碎岩石而释放到钻井液中的气体称为破碎岩石气。

——扩散气：地层气以扩散方式进入井筒钻井液中，扩散气不受压力平衡状态影响，只与浓度有关。但扩散气的扩散过程较长，故在气显示上具有漫布性。

——循环气：循环钻井液运载的天然气不可能一次性地在出口脱气器及泥浆池中全部释放出来。当将其再次泵入井中时，可形成再循环气。循环气的出现使背景气测值变高，与钻速无关。在一个气测值高峰后，循环气出现在整个循环过程中。

——钻井液添加剂经井下高温高压裂解产生的烃类气体。

——接单根气：接单根时的抽吸作用使钻井液对井底的压力降低，易形成地层气进入井筒，经过一个迟到时间就可在录井仪上检测到。

——起下钻气：在起钻过程中，由于停泵、上提钻柱，必然会有钻井液静止或抽吸效应，这两种效应都会使环空中钻井液压力下降，易形成地层气进入井筒。

2. 异常压力地层气体的检测

在正常钻井过程中钻井液中气体的含量是相对稳定的。背景值随着钻时、钻井液排量和地层中的烃类气体含量的变化而有所变化，在检测设备正常的情况下，气测背景值完全消失是钻遇低渗透层或井底高压差指示的结果。钻遇欠压实地层，背景值升高，原因主要有以下几方面：

——高孔隙导致地层气体含量的增加；

——快速钻进增加了单位时间破碎岩石的体积；

——井底压差的减小增加了井底渗透层气体的扩散。

如果单根气出现一个比一个高的现象，表明可能进入压力过渡带，并且正在使用的钻井液密度已不能平衡地层压力。

单根气和背景气同时增大，则很可能存在负压差。快速钻进和过度地抽吸可能把许多气体带进井眼，从而减小了静液面而使压差减小。钻井液携带气体而减小的压差又能让更多的气体进入井眼，循环气也会带来同样的问题。

单根气和起下钻气也会由于钻井液压力与地层压力的平衡关系改变而产生。如果在钻进过程中这种压差等于零或接近于零，关泵后会产生瞬间的负压差，地层气体就会扩散到井眼。

气体含量的变化往往是钻井出现复杂情况的先兆。

4.3.2.6 利用综合录井仪的其他参数变化预测异常地层压力

1. 利用扭矩变化和过拉、过压预测

扭矩变化和过拉、过压可能由下面的原因引起：

——在泥岩和黏土岩段井底存在负压差；

——泥岩和黏土砂岩的水化作用；

——过大的上覆应力和构造应力；

——综合作用。泥岩和黏土岩段在井底存在负压差时，往往容易产生掉块。掉块堆积速度大于钻井液循环携带出地面的速度，在井内堆积的掉块影响井下钻头和钻铤的旋转，故旋转扭矩变大。起钻时掉块的存在阻止了钻头和扶正器的移动，使悬重增加，称为过拉；下钻时，掉块的存在使悬重偶尔地降低，然后又突然地放空使悬重增加，称为过压。掉块过多，会造成下钻到底，开泵困难，钻头下不到井底。

扭矩增大，用扭矩增大作为井下异常压力存在的标志，要区分扭矩的增大是否由于井下存在掉块引起的。因为扭矩的增大也可能是钻头磨损、地层变化、钻遇断层或不整合面等因素引起的。同时过拉的大小与井眼尺寸、深度和井斜角有关。在大斜度井，钻具大面积接触井壁，扭矩和过拉都会增大，在异常压力井段也有同样的现象。这样在大斜度井段有时掩盖了异常压力地层的存在。

2. 泥浆参数变换预测

由于超压层异常高的孔隙和异常高的流体含量，在钻开时必然会引起泥浆中的流体特征和一系列物理特性的异常变化。这就为我们判断超压的存在提供了依据。

钻井液池液面上涨、流量增加预示着地层流体的侵入，可能会发生井涌。

钻井液出口密度降低，油气侵会导致钻井液密度的降低，因此钻井液出口密度可作为预测异常压力地层是否存在的辅助标志。

4.3.3 随钻地层压力检测应用实例

××井设计井深4700m，完钻井深4585m。本井使用综合录井仪进行施工录井，并进行了压力录井检测，随钻地层压力检测资料如图4－3－9所示。钻遇油气层之前，在井深4000m处dc指数检测即发现有异常，预示欠压实地层的存在，4134m见油气显示，该层随钻描述岩性为褐灰色油迹粉砂岩，疏松，滴水缓渗，荧光湿干照呈淡黄色星点状，滴照呈黄色斑块状，有机溶剂浸泡肉眼观察无颜色，荧光灯下呈黄色，系列对比11级，钻井液密度1.36g/cm^{3}下降为1.26g/cm^3，钻井液黏度80s上升到90s，槽面见针孔状、小米粒状气泡，约占槽面的30%。气测录井参全烃由0.167%上升到94.245%，C_1由0.048%上升到45.155%，C_2由0.006%上升到6.239%，C_3由0.001%上升到1.733%，iC_4由0.000%上升到0.503%，nC_4由0.000%上升到0.557%，点火呈蓝色火焰，焰高10cm，由于气测显示活跃，钻达4137m之后，进行了钻井液加重作业。密度1.36g/cm^{3}提高到1.51g/cm^3。后效明显，在钻井液密度加重到1.51g/cm^{3}的情况下，循环两周后气测基值趋于稳定。活动钻具的抽吸作用仍然造成10%～15%的气测基值，说明该层压地层能量较

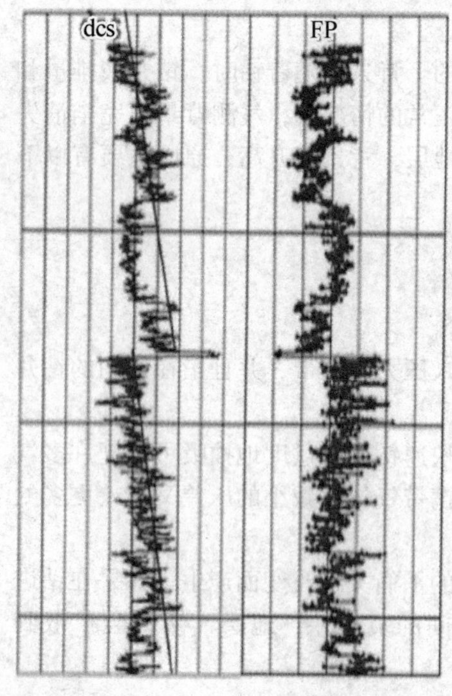

图4－3－9　××井dc指数地层压力检测

高，也说明1.51g/cm^{3}的钻井液密度可以平衡地层压力。

根据区域资料。地质设计该井段所处层位地层压力系数为1.35。本层dcs指数法随钻计算的地层压力系数为1.31～1.39，与钻前区域地质资料的压力系数基本一致。

该井井段4134～4136m气测录井解释为油层，依据其他录井资料综合解释为轻质油层。试油结果为，产油9.52t/d，产气590m^3/d，原油密度0.8067g/cm^3，黏度5.83mPas，与录井随钻解释结论相符。

完井对4211～4228m段进行了地层测试，关井1544.79min，压力恢复至57.83MPa，记录的最高温度值为143.9℃，计算的地层压力系数为1.427，压力梯度为0.0137298MPa/m，依据该测试资料的压力梯度数值，4134m处的地层压力系数为1.401，与随钻理论计算的1.39比较接近。

4.3.4 地层压力的检测小结

目前地层压力预测分为三个阶段：钻前预测、随钻监测和钻后评价。一般钻前地层压力预测是采用地震资料法。钻后地层压力评价指的是利用测井资料评价异常地层压力。

地层压力随钻评价采用实时监测，相对于钻前(后)评价，更为及时。异常压力随钻评价的对象一是岩石物性，二是孔隙流体。随钻过程中的综合录井、常规地质录井、新技术录井等方法可以通过这两种对象进行地层压力评价。

某个地区的超压现象常常是多种成因机制综合作用的结果，超压的响应也具有多解性。因而需要在深入分析区域压力分布规律的基础上，采用多种压力检测手段，进行综合评价。

第五章　管理体系

5.1 ISO 9001 质量管理体系

5.1.1　概述

ISO 9001 质量管理体系是当代全球认可的质量管理模式。它是组织按照 ISO 9001 标准《质量管理体系要求》建立的，通过第三方认证的，旨在帮助组织提供持续满足要求的产品，增进顾客及相关方满意，达到提高组织竞争力和经济、社会效益的目的。

建立质量管理体系首先要确定组织的质量方针和质量目标，然后确定为实现质量方针、质量目标必须的过程、活动和资源，其次确定相关活动、过程之间的关系并形成文件，最后发布质量管理体系文件并严格遵照执行。在现代企业管理中，质量管理体系最新版本的标准是 ISO 9001：2008。

5.1.2　质量管理八项原则

八项管理原则是奠定 ISO 9000 族标准的理论基础，使 ISO 9000 族标准更有效地指导组织实施质量管理，使全世界普遍接受 ISO 9000 族标准。八项质量管理原则如下：

① 以顾客为关注焦点；

② 领导作用；

③ 全员参与；

④ 过程方法；

⑤ 管理的系统方法；

⑥ 持续改进；

⑦ 基于事实的决策方法；

⑧ 与供方互利的关系。

5.1.3　与质量相关的术语

① 质量：一组固有特性 满足要求的程度。

② 质量方针：由组织的最高管理者正式发布的该组织总的质量宗旨和方向。

③ 质量目标：在质量方面所追求的目的。

④ 要求：明示的、通常隐含的或必须履行的需求或期望。

⑤ 过程：一组将输入转化为输出的相互关联或相互作用的活动。

⑥ 产品：过程的结果。

⑦ 顾客：接受产品的组织或个人。

⑧ 供方：提供产品的组织或个人。

⑨ 顾客满意：顾客对其要求已被满足程度的感受。

⑩ 合格：满足要求。

⑪ 不合格：未满足要求。

⑫ 纠正：为消除已发现的不合格所采取的措施。

⑬ 纠正措施：为消除已发现的不合格或其他不期望情况的原因所采取的措施。

⑭ 预防措施：为消除潜在的不合格或其他潜在不期望情况的原因所采取的措施。

5.1.4 质量管理

综合录井是录井工程提供的产品之一，是录井工程的一个子过程，对综合录井进行质量管理，就是对综合录井各项活动、资源配置是否满足标准规定要求进行质量控制，确保输出结果满足顾客要求。

5.1.4.1 综合录井工作流程

综合录井是一个过程，输入的是顾客要求，即地质设计书；输出的是综合录井资料及相关服务；中间是综合录井活动，综合录井工作过程见图5－1－1。

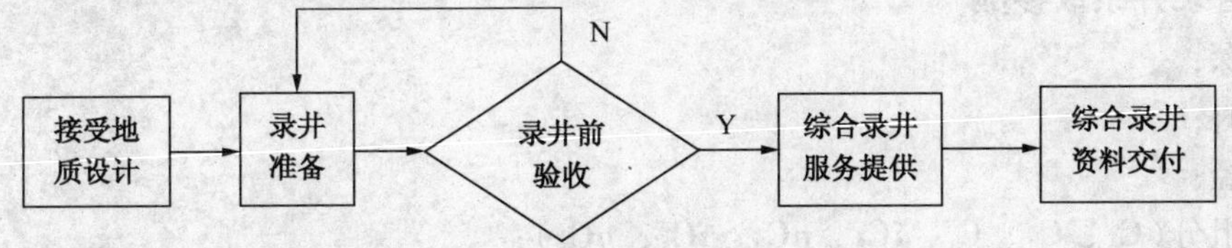

图5－1－1 综合录井工作流程图

5.1.4.2 综合录井人员质量职责

1. 仪器工程师质量职责

① 负责综合录井仪的日常管理工作，确保性能符合要求；

② 负责仪器安装、调试、校验、校准组织工作；

③ 负责过程产品的审核和保管；

④ 负责综合录井资料的审核、解释；

⑤ 负责工程预报的技术审核；

⑥ 负责仪器故障的诊断、排除；

⑦ 负责综合录井总结报告编写；

⑧ 负责完井后录井设备的拆卸、装箱、搬运组织工作。

2. 综合录井工职责

① 负责综合录井仪器的安装、调试；

② 负责综合录井仪及辅助设备的操作、维护；

③ 负责迟到时间的测量工作；

④ 负责油气样取样工作；

⑤ 负责仪器采集参数的监测及异常情况的报告工作；

⑥ 负责工程预报工作；

⑦ 负责按巡回检查线路开展巡回检查；

⑧ 负责完井后录井设备的拆卸、装箱、固定工作。

5.1.4.3 综合录井质量控制点

综合录井按照工作流程分析，存在对综合录井资料质量有关键和决定性作用的环节，这些环节如果出现问题，将会造成产品质量不合格。因此，必须将这些环节列入综合录井质量控制点进行控制，防止不合格问题的发生。

综合录井质量控制点设置如下：

① 人员资质审查：上岗人员应经过综合录井业务培训，考核合格并取得上岗资格。

② 传感器校准：录井前应按规定的校准方法进行校准，合格方能使用。

③ 色谱气测单元校准：录井前应按规定的校准方法进行校准，合格方能使用。每次起下钻后，应使用标准气样从井口进样，对气路管线的密封性、仪器的可靠性进行检验。

④ 数据采集系统校准：录井前应按规定的校准方法进行校准，合格方能使用。

⑤ 迟到时间测量：应按地质设计或标准要求，进行实物实测岩屑迟到时间，及时修正理论计算值。

⑥ 脱气器吃水深度检查：防止因泥浆出口流量异常变化，造成脱气器悬空或堵塞，造成色谱分析数据失真。

⑦ 工程异常预报：综合录井监视参数出现异常，应及时进行预报，防止漏报酿成安全事故。

⑧ 油气层评价：综合录井监视气测、钻井液参数出现异常，应及时进行收集、整理、评价。

1. 综合录井录取参数

① 井深；

② 钻时；

③ 全烃；

④ 烃组分（C_1、C_2、C_3、iC_4、nC_4、iC_5、nC_5）；

⑤ 非烃组分（CO_2、H_2、H_2S）；

⑥ 悬重；

⑦ 钻压；

⑧ 转盘转速；

⑨ 转盘扭矩；

⑩ 大钩位置；

⑪ 泵冲数；

⑫ 立管压力；

⑬ 套管压力（欠平衡钻进或关井时测量）；

⑭ 钻井液池体积（单池、总池）；

⑮ 钻井液密度（进口、出口）；

⑯ 钻井液电导率（进口、出口）；

⑰ 钻井液温度（进口、出口）；

⑱ 钻井液流量（进口、出口）；

⑲ 泥（页）岩密度；

⑳ 碳酸盐岩含量。

2. 综合录井资料收集

（1）基础数据

① 地理位置；

② 构造位置；

③ 井别；

④ 井号；

⑤ 井位坐标；

⑥ 地面海拔；
⑦ 补心高度；
⑧ 补心海拔；
⑨ 钻探目的；
⑩ 设计井深。

（2）钻机数据

① 钻机型号；
② 井架高度；
③ 钻台高度；
④ 钻机总功率；
⑤ 大钩质量；
⑥ 最大钩载；
⑦ 绞车最大输入功率；
⑧ 滚筒直径；
⑨ 绞车钢丝绳圈数；
⑩ 绞车钢丝绳直径；
⑪ 水龙头型号；
⑫ 钻井泵型号；
⑬ 钻井泵功率；
⑭ 钻井泵钢套直径；
⑮ 钻井泵理论排量；
⑯ 每小时钻机消耗费用。

（3）钻具（钻杆、钻铤、方钻杆、配合接头）数据

① 类型；
② 长度；
③ 内径；
④ 外径；
⑤ 体积；
⑥ 质量。

（4）钻头数据

① 类型；
② 直径；
③ 长度；
④ 喷嘴直径；
⑤ 喷嘴个数；
⑥ 总流面积；
⑦ 流量系数；
⑧ 钻头指数；
⑨ 预计进尺；
⑩ 磨损系数；
⑪ 价格。

(5) 井身数据

① 井身结构；

② 套管程序。

(6) 油气显示

① 显示起止井深；

② 显示层岩性；

③ 全烃基值；

④ 全烃最高值；

⑤ 烃组分基值

⑥ 烃组分最高值；

⑦ 钻时变化情况；

⑧ 工程参数变化情况；

⑨ 钻井液性能变化情况；

⑩ 采集油气显示段泥浆样；

⑪ 记录钻井液池及槽面变化情况；

⑫ 钻井液添加剂类型、数量。

(7) 特殊情况(井涌、井喷、井漏)

① 发生的起止时间；

② 井深、层位、钻头位置；

③ 悬重变化情况；

④ 泵压变化情况；

⑤ 全烃、组分变化情况；

⑥ 钻井液池体积变化情况；

⑦ 记录喷出物性质及喷出高度；

⑧ 钻井液性能变化情况；

⑨ 漏失量、漏速；

⑩ 钻井工程措施。

3. 综合录井资料归档项目

综合录井资料归档项目见表 5-1-1。

表 5-1-1 综合录井资料归档项目表

序号	综合录井资料归档项目	序号	综合录井资料归档项目
1	综合录井实时数据库	12	钻井液参数回放图
2	综合录井深度数据库	13	钻井参数录井数据
3	色谱分析原始谱图	14	钻井参数录井图
4	综合录井实时曲线	15	综合异常压力检测数据
5	综合录井实时报表	16	综合异常压力检测图
6	钻井成本图	17	气体综合解释报告
7	钻头报告(钻头清单)	18	井斜报告(井斜数据、投影图、立体图)
8	气体组分图版解释报告	19	页岩密度分析记录
9	气体参数录井数据	20	工程预报记录
10	气体参数回放图	21	碳酸盐岩含量分析记录
11	钻井液参数录井数据	22	碳酸盐岩分析谱图

5.2 HSE 管理体系

5.2.1 概述

随着经济的快速增长，与生产密切相关的健康(Health)、安全(Safety)与环境(Environment)问题受到人们的普遍关注，世界上各种类型的组织都越来越重视自己在健康、安全与环境方面的表现和形象，并期望以一套系统化的方法来推行其管理活动，以满足法律和自身方针的要求，实现企业的可持续发展。20 世纪 90 年代以来，一些发达国家的石油公司率先开展了健康、安全与环境管理体系的活动。

5.2.1.1 HSE 管理原则

全员、全过程、全方位、全天候。

5.2.1.2 HSE 相关术语

① 要素：健康、安全与环境管理中的关键因素。

② 事故：造成死亡、职业病、伤害、财产损失或环境破坏的事件。

③ 危害：可能造成人员伤害、职业病、财产损失或环境破坏的根源或状态。

④ 风险：发生特定危害事件的可能性以及发生事件结果的严重性。

⑤ 风险评价：依据现有专业经验、评价标准和准则，对危害分析结果做出判断的过程。

⑥ 审核：判别管理活动和有关过程是否符合计划安排，以及这些安排是否得到有效实施，并系统地验证企业实施 HSE 方针和战略目标的过程。

⑦ 评审：高层管理者对 HSE 管理体系的适用性及其执行情况进行正式评审。评审包括有关 HSE 管理中存在的问题和方针、法规以及因外部条件改变而提出新的目标。

⑧ 资源：实施 HSE 管理体系所需的人员、资金、设备、设施、技术和方法等。

⑨ 安全、环境与健康管理体系：指实施安全、环境与健康管理的组织机构、职责、做法、程序、过程和资源等而构成的整体。

⑩ 不符合：任何能够直接或间接造成伤亡、职业病、财产损失或环境污染的事件；违背作业标准、规程、规章的行为；与管理体系要求产生的偏差。

⑪ 管理者代表：由公司或直属企业最高管理者任命，在公司或直属企业内代表最高管理者履行 HSE 管理职能的人员。

5.2.1.3 HSE 管理体系要素

中国石油化工集团公司 HSE 管理体系，由以下 10 项要素构成：

① 领导承诺、方针目标和责任；

② 组织机构、职责、资源和文件；

③ 风险评价和隐患治理；

④ 承包商和供应商管理；

⑤ 装置(设施)设计和建设；

⑥ 运行和维修；

⑦ 变更管理和应急管理；

⑧ 检查和监督；

⑨ 事故处理和预防；

⑩ 审核、评审和持续改进。

这10项要素之间紧密相关，相互渗透，以确保体系的系统性、统一性和规范性。

5.2.1.4 HSE方针目标

方针目标是HSE管理方面的指导思想和原则，是实现良好HSE业绩的保证。中国石油化工集团公司的HSE方针、目标分别是：

HSE方针：安全第一，预防为主；全员动手，综合治理；改善环境，保护健康；科学管理，持续改进。

HSE目标：追求最大限度的不发生事故、不损害人身健康、不破坏环境，创国际一流的HSE业绩。

5.2.2 现场HSE管理

综合录井是以井筒随钻地质资料采集为主，集钻井井控预报、硫化氢预警、工程监控、现场油气层评价等为一体的作业过程，是一个涉及有毒有害、易燃易爆、连续作业等特点的较大风险作业。

5.2.2.1 综合录井人员HSE职责

1. 仪器工程师HSE职责

① 负责综合录井范围的HSE工作，对综合录井范围的HSE工作进行监督、检查、指导。

② 负责录井队H_2S监测装备和人身防护器具的管理。

③ 抓好随钻监测工作，做好井控、H_2S和钻井工程预报。

④ 积极参加HSE活动，自觉接受HSE培训教育，增强自身HSE意识及防护能力。

⑤ 协助抓好录井队危害识别和防喷、防H_2S等应急演习工作。

2. 综合录井工HSE职责

① 遵守有关HSE的法律法规和其他要求，进入施工现场和上岗时，按规定穿戴劳动防护用品、用具。

② 严格遵守安全技术操作规程操作仪器，不违章作业。

③ 做好仪器设备的日常维护和定期保养工作，保证监测装置的完好、有效。

④ 坚守岗位，做好实时随钻监测工作，发现异常情况及时报告。

⑤ 积极参加HSE活动和应急演练，自觉增强自身HSE意识和能力；

⑥ 有权拒绝任何违背HSE管理的指令。

⑦ 发生事故时，果断、正确处理，及时报告并保护现场。

5.2.2.2 施工作业潜在危害及控制措施

综合录井作业过程的危险源分布在井口、井架、钻井平台、钻机、转盘、架空槽、泥浆罐、泥浆泵、录井设备、电气线路等部位，主要危害存在于设备搬迁、传感器安装(拆卸)、坐岗监测、分析作业、设备维护、巡回检查，和相关方进行放射性测井、甩钻具施工过程，以及发生井涌、井喷、硫化氢泄漏应急响应过程。

主要作业风险为：起重伤害、物体打击、机械伤害、高处坠落、化学灼伤、灼烫、触电、火灾、中毒(窒息)等。

综合录井施工作业关键操作环节及潜在危害及控制措施，见表5-2-1。

表 5－2－1　综合录井施工作业关键操作环节潜在危害及控制措施

序号	作业项目	关键操作环节	潜在的事故与风险	推荐的控制措施
1	设备搬迁	(1) 搬迁前安全会	分工不明确，安全措施不具体，造成人员伤害、设备损坏	a. 根据对施工区域、环境和作业过程危害识别结果，明确相应安全措施，分工负责搬迁作业 b. 指定现场安全监护人
		(2) 设备查验、固定	设备设施滚动、碰撞、坠落造成损坏	a. 录井房内易滚动、碰撞、坠落的活动设施采取了装箱、捆绑、平放等措施 b. 对固定情况进行查验
		(3) 装卸安全监护	人员伤害、设备损坏	a. 标示仪器房重心位置，禁止仪器房装车重心后置 b. 使用拉绳辅助就位，拉绳有效长度不低于10m。严禁用手或身体其他部位直接扶持起吊物 c. 严禁无人或多人指挥 d. 禁止随吊物起吊或在吊钩、吊物下停留 e. 起重机械及其臂架、吊物不得靠近高低压输电线路，应按规定保持足够的安全距离 f. 下发吊物时，严禁自由下落(溜) g. 停工或休息时，不得将吊物、吊索悬吊在空中 h. 遇有六级以上大风或大雪、大雨、大雾、沙尘暴等恶劣天气时，不得从事起重作业 i. 发现违规操作，及时制止、纠正
		(4) 运输	车辆倾覆，人员伤害、设备损坏	长途运输不得随车押运
		(5) 设备设施就位	工程事故、人身伤害、设备损坏	a. 录井设备/设施应摆放在距振动筛10～25m处，符合钻井井场布局要求，综合录井仪宜摆放在首位 b. 录井设备应摆放平稳，不得斜置、悬空 c. 综合录井仪器房前面不得有影响观察钻井平台、架空槽等区域工况的障碍物存在 d. 采用拖曳、推进方式对录井设备设施调整就位时，应做好现场指挥、监护，防止设备损坏、人身伤害
2	安装	(1) 安装传感器并连线	人身伤害、传感器损坏	a. 召开安装前会议，进行作业分工，对工作任务和安全技术措施进行交底，落实指挥人和安全监护人 b. 所有传感器的安装应尽量避开雨、雪、雾、大风等恶劣天气 c. 作业人员应穿戴劳保用品，室外作业必须戴安全帽，攀爬井架必须使用安全带。安全带系挂在牢固构件上，高挂低用 d. 随身携带的工具要装好、系牢，上下传递物品应用绳子或人工传递，禁止上下抛掷 e. 做好安装过程安全监护，发现违章，及时制止和纠正 f. 搬运传感器时，应集中注意力，搞好协作，防止所搬、所抬传感器脱手摔坏、伤人 g. 安装绞车传感器，转盘转速传感器、扭矩传感器，悬重传感器时，应与当班司钻协调好，分别在滚筒、转盘静止和坐卡状态下安装 h. 安装泵冲传感器时，应在泥浆泵静止状态下安装，并安排专人在钻井平台监护，防止意外开泵造成人身伤害 i. 安装脱气器、流量传感器时，应确认架空槽观察走道及护栏完好。脱气器线路(380V)接头应错开并确保密封、绝缘良好 j. 安装立管压力传感器时，应在管内无压力、无钻井液情况下安装

续表

序号	作业项目	关键操作环节	潜在的事故与风险	推荐的控制措施
2	安装	(1) 安装传感器并连线	人身伤害、传感器损坏	k. 在罐区安装进、出口温度，进、出口密度，进、出口电导传感器及体积传感器，注意防滑 l. 在含硫油气井固定式 H_2S 传感器应安装在井口、振动筛、泥浆罐等部位。H_2S 室外报警器和警报灯的架设高度必须超出录井房顶 0.3m 以上 m. 安装传感器过程中，如需进行焊割作业，应请井队焊工施工，录井人员协助 n. 传感器信号线、动力电缆线分开集束架设，架设间距≥0.10m，架设高度≥2.5m o. 固定传感器信号线、电源线及牵引钢丝绳时，应先固定井架上一端，再固定仪器房顶一端。在井架端固定时，作业人员应系安全带；在仪器房顶端固定时，作业人员应使用紧绳器 p. 在恶劣气候条件下施工，要做好脱气器管线防冻，信号线、电源线防风措施
		(2) 接地线	设备漏电造成触电	仪器外壳必须接地，接地要求为：用接地体（铜棒、铁棒）打入潮湿地下 0.5~1m，接地线与接地体、接地极联接紧固，接地电阻不大于4Ω
		(3) 仪器通电	无证作业造成触电，线路过载造成设备损坏	a. 请井队电工进行外线接电作业，录井人员不得无证带电作业 b. 进行外线接电时，应指明仪器端线相序，防止零线带电造成设备损坏 c. 外线连接完毕后，仪器工程师应确认录井仪器外壳接地可靠，各工作单元安装、连接正确，附属设备完好，方可给仪器通电
3	录井准备	仪器标定	样品气（C_1~C_5、H_2S）泄露造成爆炸、着火、中毒	a. 样品气瓶不得与腐蚀性化学药品混合存放，放置位置不得堵塞逃生窗及逃生通道 b. 样品气瓶压力表应保持完好、灵敏 c. 取样完毕后应及时关闭气瓶角阀 d. 不定期检查样品气瓶角阀的密封性，防止意外泄露 e. 使用 H_2S 标准气样标定仪器时，须使用 H_2S 标定罐
4	作业条件确认	(1) 施工人员资质	员工未经培训取证，不具备处理本岗位 HSE 事务的意识和能力	a. 仪器工程师、综合录井工要具备相应的上岗证、HSE 培训合格证、井控培训证 b. 含硫油气井或探井录井作业，所有人员均应持有 H_2S 培训合格证 c. 海洋、海滩陆岸、人工岛长期从事录井施工人员（一次 15 天以上者），均应经过“海上求生”、“海上救助”、“救生艇筏操纵”、“平台消防”、“直升机遇难水下逃生”等科目的安全培训，并取得安全培训证书
		(2) 安全防护器材、设施	安全防护器材、设施配备不到位或存在缺陷，人员伤害、财产损失	a. 在含硫油气井或探井录井作业，现场录井作业人员每人应配备须1套正压式空气呼吸器和便携式 H_2S 检测仪，并有定期检定记录。固定式 H_2S 传感器和便携式 H_2S 检测仪的报警浓度至少按三级（10ppm、20ppm、100ppm）设置 b. 便携式 CO 检测仪根据甲方要求配备，并有定期检定记录 c. 综合录井仪增压防爆装置完好、灵敏、可靠，逃生窗转动灵活、开启到位，逃生窗通道不得堵塞 d. 增压风机的取风管线接出井场上风 50m 以远（有山坡的不低于 30m）；取风管线不得漏气，进口架设高度不得低于钻井场地 3m e. 消防器材（灭火器、消防锹等）、集体防护用品（安全帽、安全带、救生衣、救生圈等）、急救物品（外用药、内服药及医疗器械）按标准配备，并完好、有效

续表

序号	作业项目	关键操作环节	潜在的事故与风险	推荐的控制措施
4	作业条件确认	（3）钻井队提供的作业条件	钻井队提供的作业条件不符合要求，造成录井施工人员人身伤害	a. 录井队长应确认钻井队提供的作业条件是否符合下列要求。若存在不符合，在二开前应以书面形式向钻井队提出整改要求： 录井施工作业使用的所有四阶或四阶以上的梯子应符合： —梯子应固定牢靠，并安装扶手； —梯子上的所有踏脚板的宽度应当均匀一致，脚踏板保持水平；其脚踏板之间的距离保持均匀，梯子的踏板中心线到梯子后面最近的物体之间的距离不宜小于10cm；脚踏板的最小长度不应小于30cm； —所有固定梯子的侧栏至少高出任何平台或中间平台100cm； —所有人行梯子、阶梯和平台不宜有使人易发生滑到、绊脚或防碍员工撤离的物体 b. 架空槽、振动筛处应安装好观察道、护栏，不得存在残破、空洞等缺陷 c. 室外录井工作区的照明设置应满足夜间作业需要，在振动筛附近应设便于录井施工作业接线的专用配电箱 d. 捞、洗、晒砂样的场地应平整和方便操作
		（4）确认 H_2S 监测设置和仪器工作情况	对 H_2S 泄漏和井漏、溢流监测预报不及时，造成人身伤害和财产损失	a. 确认固定式 H_2S 探头的安装数量、安装位置是否符合规定，报警阈值设置是否符合要求 b. 确认便携式 H_2S 检测仪配备数量是否符合规定，报警阈值设置是否符合要求 c. 确认录井仪器接地是否可靠，各工作单元安装、连接情况，附属设备工作情况，仪器通电试运转，系统检查、调试
		（5）确认电气安全	触电事故 火灾事故	a. 仪器房、野营房入户线配置绝缘护套 b. 配电盘电源总闸、分闸后安装漏电保护器，闸刀保险丝符合规定，漏电保护器与电力负荷相适应 c. 室外配电盘应有防雨措施 d. 移动式、手持式电动工具，必须使用动力电缆，严格执行“一机一闸一保护”。严禁使用胶质双绞线(花线)、麻皮线、护套线，严禁“一闸两用”或“一闸多用” e. 所有线头均应绝缘包扎，连线接头处应错开并绝缘包扎 f. 所有应接地设施/设备均已按要求良好接地。
5	录井过程	（1）井控监测	违反劳动纪律、工艺纪律、操作纪律，造成井控预报滞后	a. 综合录井坐岗时间从地质设计要求的综合录井井段开始，直至完井。严禁坐岗人员擅离岗位 b. 综合录井坐岗人员应连续监测气测显示、液面及流量变化，有异常时要进行脱气分析 c. 正常钻进期间，综合操作工要运用综合录井仪监测的钻时、dc 指数、sigma 指数、泥(页)岩密度等参数进行随钻地层压力预测，发现异常压力层，及时预报 d. 发现油气显示、硫化氢显示及井涌、井漏征兆，应及时预报，同时通知地质采样工进行槽面观察，收集相关资料 e. 为钻井司钻和工程监督提供的终端应能显示钻时、大钩负荷、钻压、转盘转速、泵压、套压、泥浆密度、电导率、泥浆池体积、总烃和 $C_1 \sim C_5$、H_2S 等实时参数 f. 钻井队在起下钻、检修设备、电测等非钻进过程中，综合操作工应连续进行监测，发现溢流应立即报告司钻，同时向录井值班干部报告

续表

序号	作业项目	关键操作环节	潜在的事故与风险	推荐的控制措施
		（2）碳酸岩分析	腐蚀伤害	a. 用36%的浓盐酸配制20%的分析用盐酸溶液时，配置人员应穿戴劳保用品，须戴橡胶手套、口罩、护目镜 b. 配置时，先把一定量的浓盐酸倒入烧杯，再按比例加入适量的水配制 c. 配制应在通风良好、空间适当的地方一次性完成。配制好的溶液应用玻璃容器密闭保存，并加贴安全标签。配制过程因故中断，须交待他人看管或配制 d. 取用20%盐酸进行碳酸岩分析时，须用吸管加注。吸取、加注过程应小心谨慎，防止溶液滴漏腐蚀衣服、皮肤、设备 e. 分析反应结束后，应首先将反应罐压力彻底释放，再将反应残液倒入指定残液瓶内，禁止随意倒弃
		（3）提取泥浆样品	烫伤、腐蚀	a. 在泥浆槽提取泥浆样品时，应戴乳胶手套，使用取样工具提取泥浆样品 b. 禁止直接将手浸入泥浆中取样，防止高温泥浆灼烫及腐蚀皮肤
		（4）全脱分析	烧瓶体破碎扎伤、灼烫伤	a. 分析前对加热瓶抽真空时，严格控制在 $-0.09 \sim -0.1$MPa之间。加热瓶为烧瓶时，应进行外观缺陷检查，防止抽真空时发生意外破碎 b. 使用不锈钢加热瓶进行样品加热时，应戴手套并使用专用工具取放加热瓶。禁止用手直接取放 c. 使用烧瓶进行样品加热时，应轻取轻放，避免动作过大，防止烧瓶破裂伤人。取下烧瓶清洗时，应戴手套并在瓶体降温后清洗，防止瓶体过热灼烫伤害
5	录井过程	（5）配置、加注氢气发生器碱液	化学性灼伤	a. 用氢氧化钾（钠）固体配制碱液时，作业人员应戴乳胶手套，在烧杯中配制。禁止用手直接接触碱液 b. 配制过程应一次性完成。配制过程中因故中断操作，须交待其他人员看管或配制，防止误服造成伤害 c. 配制碱液，按照“用多少配多少”的原则进行，多配制的或暂时不用碱液应用玻璃容器盛装并加贴安全标签 d. 加注碱液时，应采用烧杯、注射器或漏斗加注。禁止采取软管口吸引流方式加注
		（6）更换空压机气路干燥剂	意外伤害	a. 空压机气路干燥筒在使用过程中，必须固定 b. 更换干燥剂时，先停空压机，对空压机储气罐卸压后，再进行干燥剂更换操作 c. 更换干燥剂后，要拧紧干燥筒两端旋盖，防止使用过程中气路压力过高冲掉旋盖伤人
		（7）更换脱气器气路干燥剂	灼伤皮肤、环境污染	a. 更换干燥剂（固体氯化钙）时，应戴防护手套，防止干燥的氯化钙洒落在皮肤上造成灼伤 b. 更换掉的废弃氯化钙，应回收倒入泥浆池，禁止随地倒弃
		（8）更换空压机机油	环境污染	更换掉的废弃机油应集中回收倒入井队废机油容器内，禁止随意倒弃
		（9）更换脱气器	触电伤害	a. 作业人员应穿戴劳保用品 b. 更换脱气器时，应先关闭脱气器电源，并设专人看护，再进行脱气器更换及连线。连线时，电源线（380V）接头应错开并用防水胶布密封包扎，确保绝缘良好 c. 更换过程中，没有更换人员的指令，任何人不得合闸送电
		（10）巡回检查	人身伤害	a. 巡检人员应穿戴劳保用品，须戴安全帽 b. 按规定时间、规定路线进行巡回检查，发现问题及时处理并报告

续表

序号	作业项目	关键操作环节	潜在的事故与风险	推荐的控制措施
6	相关方作业	(1) 放射性测井	电离辐射	录井队长收到测井方放射性测井通报后，应及时组织现场员工撤离出非安全控制区(非安全控制区为放射源同位素半径15m范围内)
		(2) 下套管作业	物体打击	录井人员应远离钻台大门坡道15m之外，钻台大门坡道正前方不准站人
		(3) 甩钻具作业	物体打击	a. 在钻井队甩钻具作业时，录井人员不得进入警戒区内，不得在钻具滑行方向滞留 b. 钻井方用推土机将钻具向录井房一侧推放时，录井队长应进行协调，确保钻具距录井值班房和仪器房1.5m以远，防止钻具滚落碰坏房体 c. 进出地质值班房、仪器房时，应注意钻具排垫杠端固定情况，防止钻具滚落造成伤害

5.2.2.3 施工区域自然环境风险及消减措施

根据录井施工所在区域的地形地貌(山地、丘陵、平原、高原、盆地、戈壁、沙漠、大陆架等)、温度带(热带、亚热带、暖温带、中温带、寒温带、青藏高原区)和干湿地区(湿润区、半湿润区、半干旱区、干旱区)，自然环境危险源存在于高温、雷雨、大雪、大风、洪灾、低温、冰冻、沙暴、台风、海冰等气候性危害，和山体崩塌、滑坡、泥石流等地质性危害，由此带来的主要环境风险为：中暑、雷击、淹溺、冻伤、中毒(窒息)、传染病等。

录井施工区域附近的水库、河流、沟渠、漫水桥、高压线、低压线路、不明坑洞等，存在淹溺、触电、坠落风险。

综合录井施工作业自然环境风险及消减措施，见表5-2-2。

表5-2-2 综合录井施工作业自然环境风险及消减措施

序号	自然环境因素	潜在的风险及原因	危害后果	推荐的风险消减措施
1	雷雨、大雪、大雾	(1) 天气恶劣引发操作失误	人员受伤、设备损坏	a. 可靠的天气预报 b. 制定应急响应计划 c. 个人佩戴劳动防护用品 d. 遵守操作规程，禁止特殊作业
		(2) 恶劣天气外出造成意外伤害	雷击伤害、交通伤害、淹溺、坠落伤害	a. 雷雨、大雪、大雾天气，离开井场生产、生活区以外100m以远，均应向录井队干部请假 b. 遇有雷雨天气外出，不应在铁塔、树下和无避雷设施的孤立建(构)筑物下避雨，防止雷击造成伤害 c. 穿越道路时，应注意观察道路情况，防止来往车辆造成交通伤害 d. 尽量不要穿越陌生的田野、山区小道，防止坠入不明显坑洞、悬崖造成伤亡
2	寒冷	冬季寒冷季节，因搬迁拆卸等原因停电，看井人员违规在室内明火取暖	CO中毒伤亡	a. 井队因搬迁拆卸等原因停电，看井人员应添加衣物御寒。禁止在室内关闭门窗明火取暖，严防CO中毒 b. 寒冷季节施工，应使用电热油汀取暖，禁止使用电炉和煤火取暖，防止火灾和CO中毒
3	冰冻	路面结冰，脚下打滑摔倒	人身伤害	a. 及时清扫工作区及通往生活区道路上的积雪，采取覆土、铲除等方法减少冰冻影响 b. 在冰冻路面上行走，应小心谨慎，不可追逐打闹，防止打滑摔倒

续表

序号	自然环境因素	潜在的风险及原因	危害后果	推荐的风险消减措施
4	洪灾	（1）井场外河流上涨，外出通道被阻断	生活、生产物资供应困难落水事故	a. 落实防洪防汛应急措施，预先储备一定数量的应急生活物品（矿泉水、方便面等）和生产常用材料 b. 未经许可，不准擅自到河道、沟渠边玩耍。禁止打捞河流中的漂浮物 c. 车辆通过漫水桥时，应先下车探明水情，沿其他车辆行驶过的路线，挂低速档，踩稳油门，缓缓通过。禁止在水中换挡，防止发动机熄火 d. 车辆通过漫水桥，在桥面行驶出现颠簸时，乘坐人员不得盲目跳车，防止被急流冲走引发落水伤亡事故
		（2）井场低洼积水，或外部洪水涌向井场，危及设备、资料和人身安全	资料毁坏、设备损坏、人员伤亡	a. 将降暴雨，应迅速将砂样转移至地质值班房或材料房内 b. 井场大量积水，有进入仪器房、值班房室内的可能，或临近井场的河流、沟渠水位上涨接近警戒线，存在漫堤、垮堤可能，应： ① 清点现场人数，分发救生衣； ② 把重要的录井设备或部件移到值班房内的高处固定； ③ 把岩心、岩屑盒捆绑牢固，资料做好密封、漂浮准备； ④ 按照甲方监督指令，协助钻井队在井场四周或险区筑防护堤；或按甲方监督指令做好防护堤的巡查工作，发现有裂缝、决口、脱坡、沉陷、淘空、漏水、管涌等情况及时报告； ⑤ 向分公司（项目部）第一责任人或授权人报告 c. 外部洪水涌向井场，严重危及井场内设备、人员安全时，应立即： ① 关停生产设施； ② 组织录井人员撤离到安全地带； ③ 到集合点，清点人数并向分公司（项目部）第一责任人或授权人报告
5	山体落石、泥石流	（1）因山洪引发山体落石、泥石流造成设备设施损坏，人身伤害	设备损坏、人员伤亡	在山坳施工的录井队作业前，应开展区域风险评估和项目危害识别工作，针对施工区域不同季节可能出现的主要自然灾害风险，制定风险消减措施
	山体崩塌	（2）陡峭斜坡上的岩体或者土体在重力作用下，突然脱离母体，发生崩落、滚动	设备损坏、人员伤亡	a. 依据天气预报及自然灾害预警通告，在雨季注意周围山地坡面变化情况，发现有危及井场安全的山体危石、泥石流苗头的情况，应立即通报全队员工，并告知钻井队，做好应急防范准备 b. 发生山体落石、泥石流灾害，危及现场设备和人员安全时，全体人员应立即撤离到安全地带
6	崎岖山道	因天气、道路、车辆和驾驶员等因素导致交通事故	人员伤亡、车辆损坏	a. 乘坐或租用地方车辆，应选择具备运输资质和车况较好车辆 b. 行车路途中应系好安全带，尽量不打瞌睡，发生事故时紧急采取自我保护措施

续表

序号	自然环境因素	潜在的风险及原因	危害后果	推荐的风险消减措施
7	高温	因大量出汗造成人体严重缺水和缺盐，引发中暑	中暑	a. 采取积极的预防中暑措施，合理安排好高温作业人员的劳动和休息，做好高温源的隔热措施 b. 充分利用空调、电风扇等降温电器，减少高温对人体的影响 c. 多喝茶水、绿豆汤等降温饮料 d. 如果有人中暑，应及时采取脱离高温环境、降体温、补盐水的“中暑治疗三原则”进行急救
8	水库、河流、沟渠	擅自下水游泳、洗澡，发生淹溺	淹溺	a. 严禁私自到江河湖泊、水库、池塘、沟渠等水域游泳 b. 有组织地到野外游泳时，应当做到： ① 事先必须了解周围水域和水下情况，准备好救生用具； ② 剧烈活动或重体力劳动以后以及刚刚吃饱饭、酒后、空腹都不应游泳； ③ 下水前要做好准备活动； ④ 做好现场监督，禁止到深水区游泳
9	高压线	安全间距不够，高压放电伤害	触电、供电中断	a. 起吊、放置录井设备(设施)时，要充分保持吊臂与上方或附近高压的安全间距，严防吊臂接近高压线引发高压放电，并导致供电中断 b. 摆放录井设备(设施)时，应保证录井设备(设施)与附近的高(低)压供电线路保持足够的净空，当人站在房顶任何位置时，其与高(低)压线的距离必须满足安全间距要求
10	沙漠、戈壁	因道路不熟、方位错乱、沙尘暴等原因造成外出迷途、流沙掩埋	迷途、人身伤亡	a. 进入沙漠、戈壁等人烟稀少地区前，应当： ① 携带充足的水、应急食品； ② 携带好联络用具(无线电台、对讲机、手机、烟火信号、小镜子、信号服、哨子、手电筒等)和指南针； ③ 携带火种、防晒装置、御寒衣物、防身工具(斧头、铁铲等)； ④ 尽量避免单独行动 b. 工作期间，遇有沙尘天气，作业人员应佩戴风沙镜、口罩，做好自身健康防护。风沙天气，禁止现场人员外出
11	台风、海冰、海啸等海洋自然灾害	在滩涂陆岸、人工岛及平台上施工，在恶劣天气达到橙色报警，未及时组织人员撤离，或救生设施及属具配备不全、存在缺陷，造成人员落水、失踪	人身伤害	a. 长期从事海上石油作业的人员(一次15天以上)，应经过“海上求生”、“海上急救”、“救生艇筏操纵”、“平台消防”、“直升机遇难水下逃生”等科目的安全培训，取得安全培训证书(船员适任证书)；短期出海作业人员(一次5天以上、15天以内者)应接受“海上石油作业安全培训”综合教育，并取得“短期出海证”；临时出海作业人员(一次少于5天)应接受出海安全教育，并取得“临时出海证” b. 按平台录井人员数量配备救生设施及属具，定期检查完好情况 c. 严格执行《海洋录井作业安全应急工作程序》，掌握应急响应流程及应急联络电话，清楚各类险情及其分级(含工业事故险情)，熟悉各类险情的应急处置措施及本岗位应急职责 d. 按《海洋录井作业安全应急工作程序》规定的演习时间、演习指挥、参加人员，落实海上五项主要演习：弃船、井控、人员落水、消防和防硫化氢演习

5.2.3 应急与演练

5.2.3.1 应急管理

1. 现场应急组织

录井队应成立以录井队长为组长的现场应急处置小组。

2. 应急程序

应急程序流程如图5－2－1。

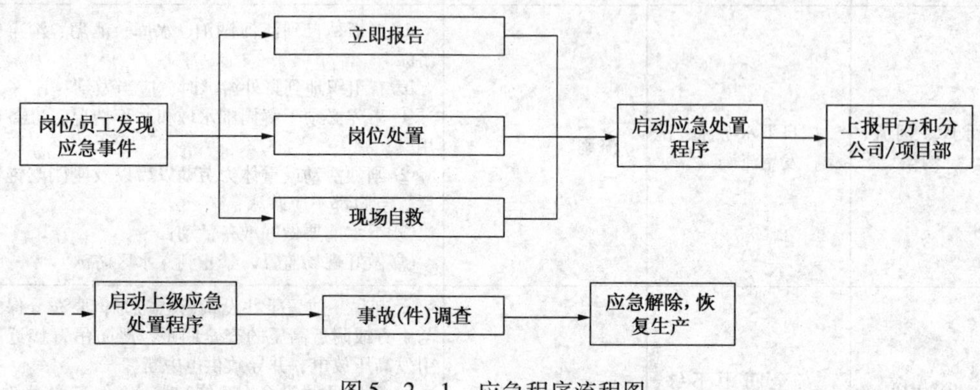

图5－2－1 应急程序流程图

3. 现场应急预案

录井队应根据危害识别所确定的可能危害与风险，建立以下全部或其中几种突发事件应急预案：

① 井喷应急预案；

② H_2S 防护应急预案；

③ 火灾爆炸应急预案；

④ 人身伤害应急预案；

⑤ 自然灾害应急预案。

其中：井喷应急预案和 H_2S 防护应急预案应与钻井队现场应急预案保持一致，衔接合理。

4. 应急响应

① 应急事件发生后，第一发现人应立即进行岗位处置/现场自救，同时向值班干部报告。若发现油气显示和 H_2S 超标，应先向当班司钻报告，同时向现场监督、值班干部报告。

② 立即按现场应急预案开展岗位处置和应急行动，并向甲方和上级报告。

③ 若发生井喷和 H_2S 浓度超标，录井队应服从钻井队统一指挥、统一行动，并根据需要提供相关地质、地层资料。

④ 达到应急撤离条件时，录井队长应立即组织录井队员工逆风撤离。

⑤ 应急终止后，录井队应配合事故(件)调查工作，总结相关教训，落实防范措施。

⑥ 经事故组长同意后，录井队应尽快清理现场，恢复生产。

5.2.3.2 应急演练

① 录井队应定期参加钻井队组织的井控和 H_2S 应急演练。其他应急预案每季度演练

一次。

② 应急演练要抓好方案策划、演练实施、评估改进等环节，务求实效。

③ 应急演练可采取桌面演练、功能演练或综合演练的方式进行，由录井队结合生产实际组织。

④ 每次演练结束后，录井队长应组织评审，查找演练过程中存在的不足项、整改项和改进项，对应急预案进行修订，确保应急预案的有效、适用。

⑤ 通过演练，岗位员工应熟练掌握“一图”(逃生路线图)、“一点”(紧急集合点)、“一号”(报警电话号码)、“一法”(常用急救方法)四项基本技能。

5.3 井控管理

20 世纪 60 年代以后，由于勘探范围的扩大和钻井技术的发展，人们开始对井喷的危害逐渐有所认识，提出了井控的概念，形成了一套完整的井控工艺技术。2006 年以来，集团公司针对井控管理工作中出现的新问题，及时调整工作思路，形成了集钻井、井下、测录井作业和油气开发井控于一体的“大井控”管理模式。

5.3.1 井控及其相关的概念

① 井控：是实施油气井压力控制的简称。在国外，有的叫井涌控制，还有的叫压力控制。各种叫法本质是一样的。在钻井过程中，采用一定的方法控制住地层孔隙压力，保持井内压力平衡，才能保证钻井顺利进行。

② 井控技术：主要是及时发现溢流并在保证井底压力略高于地层压力的条件下，有效地排除溢流的技术。具体措施包括：如何用钻井液的液柱压力平衡地层压力？当平衡被破坏，又怎样恢复井内压力平衡？

③ 井控作业分级：根据井控内容和控制地层压力程度不同，井控作业通常分为三个阶段或三级。

一级井控(也称初次井控)：利用钻井液柱压力平衡地层压力。

二次井控：是指溢流或井喷发生后，通过实施关井与压井，重新建立井内压力平衡的工艺技术。

三次控制：井喷失控后，重新恢复对井口控制的井控技术。

④ 油气水侵：当地层孔隙压力大于井底压力时，地层孔隙中流体(油、气、水)将侵入井内，这种现象叫油气水侵。

⑤ 溢流：井侵发生后，井口返出的钻井液量比泵入的钻井液量多，停泵后井口钻井液自动外溢，这种现象称之为溢流。

⑥ 井涌：当溢流进一步发展，钻井液涌出井口的现象称之为井涌。

⑦ 井喷：地层流体(油、气、水)无控制地涌入井筒，喷出地面的现象称之为井喷。井喷流体自地层经井筒喷出地面，叫地上井喷；自井喷地层流入其他低压地层叫地下井喷。

⑧ 井喷失控：井喷发生后，无法用常规方法控制井口而出现敞喷的现象称为井喷失控。

5.3.2 井喷失控的危害

大量的井喷失控事实告诉我们，井喷是钻井过程中性质严重、损失巨大的灾难性事故，其危害可以概括为六个方面：一是打乱正常工作秩序，影响全局生产；二是使钻井事故复杂化、恶性化；三是井喷失控极易引起火灾和地层塌陷，造成环境污染；四是损害油气层，破坏油气资源；五是造成钻机设备毁坏、陷落；六是涉及面广，影响周围安全，造成不良的社会影响等。

5.3.3 井控管理规定

5.3.3.1 基本要求

① 井控管理是一项系统工程，涉及井位选址、地质与工程设计、设备配套、安装维修、生产组织、技术管理、现场管理等各项工作，需要计划、财务、设计、地质、生产、工程、装备、监督、培训、安全等部门相互配合，共同做好井控工作。

② 本规定所称“井控”是指油气勘探开发全过程油气井、注水(气)井的控制与管理，包括钻井、测井，录井、测试、注水(气)、井下作业、正常生产井管理和报废井弃置处理等各生产环节。

③ 本规定所称“三高”是指具有高产、高压、高含 H_2S 特征的井。其中，“高产”是指天然气无阻流量达 $100\times10^4m^3/d$ 及以上；“高压”是指地层压力达 70MPa 及以上；“高含 H_2S”是指地层气体介质 H_2S 含量达 1000ppm 及以上。

5.3.3.2 井控管理基本制度

(1) 井控分级管理制度

总部及油田企业(单位)均应成立井控工作领导小组，全面负责井控工作。

① 集团公司成立井控工作领导小组，组长由股份公司总裁担任，副组长由分管油田企业的副总经理和高级副总裁担任，成员由石油工程管理部、油田勘探开发事业部、安全环保局、物资装备部、生产经营管理部、发展计划部、集团(股份)财务部和人事部等部门领导组成。

② 集团公司井控工作领导小组综合管理与监督办公室设在安全环保局，负责集团公司井控日常综合协调管理和监督工作。

③ 油田企业应成立由行政正职为组长，上市和存续分管领导为副组长，安全、工程、地质、生产、设备、计划、财务、人事、教育培训、设计和监督等部门负责人参加的井控工作领导小组，并根据企业实际在相关部门成立领导小组监督管理办公室，或在安全部门、业务部门分设井控监督和管理办公室，同时明确规定各自监督和管理职责。

④ 钻井、测井、录井、井下作业与试油(气)等专业化公司和油气生产单位，以及设计、监督、井控设备检验维修等单位应成立由行政正职为组长，相关职能部门参加的井控工作领导小组，负责本单位井控工作。

⑤ 各钻井、测井、录井、井下作业、采油(气)等基层队伍，应成立以队长为组长的井控工作领导小组。交叉作业或联合作业现场，应成立以主要作业单位为组长，业主与相关单位参加的现场井控领导小组。

（2）井控工作检查制度

各级井控工作领导小组应定期组织开展井控检查工作。其中，集团公司每年组织一次，油田企业每半年组织一次，专业化公司及油气生产单位每季度组织一次，基层单位每月度组织一次。

（3）井控工作例会制度

各级井控工作领导小组应定期召开井控工作例会，认真总结、部署井控工作，并及时研究解决井控管理和监督方面存在的问题。其中，集团公司每年召开1次，油田企业每半年1次，各专业化公司及油气生产单位每季度1次，基层单位每月1次。

（4）井控持证上岗制度

各级主管领导、管理人员和相关岗位操作人员应接受井控技术和H_2S防护技术培训，并取得“井控培训合格证”和“H_2S防护技术培训证书”。

①“井控培训合格证”持证岗位。

录井公司领导及管理人员：经理、主管生产、技术和安全工作的副经理，正副总工程师；工程技术、生产管理和安全管理部门领导以及参与井控管理的人员。

录井队：正副队长、现场施工人员。

②“H_2S防护技术培训证书”持证岗位。

机关人员：在含H_2S区域从事录井作业相关领导及相关管理人员。

现场人员：在含H_2S区域从事录井作业的现场操作及管理人员。

（5）井控和H_2S防护演习制度

基层队伍应根据施工需要，经常开展井控和H_2S防护演习。演习应按程序进行，并通知现场服务的其他专业人员参加。演习应做好记录，包括班组、时间、工况、经过、讲评、组织人和参加人等。

钻井井控演习应分正常钻井、起下钻杆、起下钻铤和空井等4种工况。常规井演习应做到每班每月每种工况不少于1次，钻开油气层前需另行组织1次；高含H_2S井演习应包含H_2S防护内容，钻开含H_2S油气层100m前应按预案程序组织1次以H_2S防护为主要目的全员井控演习。

含H_2S油气井钻至油气层前100m，应将可能钻遇H_2S层位的时间、危害、安全事项、撤离程序等告知1.5km范围内人员和政府主管部门及村组负责人。

（6）井喷事故管理制度

①根据事故严重程度，井喷事故由大到小分为Ⅰ级、Ⅱ级、Ⅲ级和Ⅳ级。

Ⅰ级井喷事故：发生井喷失控造成H_2S等有毒有害气体溢散，或窜出地表、窜入地下矿产采掘坑道、伴有油气爆炸着火、危及现场及周边居民生命财产安全。

Ⅱ级井喷事故：发生井喷失控，或虽未失控但导致H_2S等有毒有害气体喷出，对人员存在伤害可能，或对江河湖泊和环境造成较大污染。

Ⅲ级井喷事故：发生井喷事故，24时内仍未建立井筒压力平衡，且短时间难以处理。

Ⅳ级井喷事故：发生一般性井喷，企业在24时内重新建立了井筒压力平衡。

②发生井喷、井喷失控或H_2S泄漏事故，事故单位应立即上报并迅速启动预案。Ⅰ级和Ⅱ级井喷事故应在2时内报至集团公司应急指挥中心办公室和办公厅总值班室。并同时报地方政府相关部门；Ⅲ级井喷事故应及时报集团公司进行应急预警。

③发生井喷事故或H_2S泄漏事故，均应按照“四不放过”原则调查处理。其中，Ⅰ级井

喷事故和Ⅱ级井喷事故由集团公司直接调查处理；Ⅲ级井喷事故原则上由油田企业调查处理；Ⅳ级事故原则上由专业化公司或油气生产单位调查处理。

（7）坐岗观察制度

开发井从钻开油气层前100m，探井从安装防喷器到完井，均应安排专人24h坐岗观察溢流，坐岗由钻井人员、泥浆人员和地质录井人员负责。试油（气）和井下作业施工应安排专人观察井口，发生溢流应按程序处置并上报。

5.3.3.3 录井井控管理要求

① 录井队应结合钻井队应急预案编制防井喷、防 H_2S 应急预案，并参加联合应急演练。

② 在含 H_2S 区域或新探区录井作业时，应按标准安装固定式气体检测报警系统及声光报警系统，配备便携式气体检测仪、正压式空气呼吸器。

③ 综合录井仪应能为现场监督和司钻提供终端显示及井场通讯系统。

④ 现场录井人员应加强地质分析，在钻开油气层前向井队提出预告。钻开油气层后，每次起下钻均应进行后效录井，测量油气上窜速度等。

⑤ 发现有油气或 H_2S 显示，应先向当班司钻报告，同时向现场监督、值班干部报告。

⑥ 钻井队在起下钻、检修设备、电测等非钻进过程中，录井人员应坚持坐岗观察，发现溢流应及时通知当班司钻，并提供井控相关资料。

若发生井喷或 H_2S 浓度超标，应按井队应急预案统一行动。

5.3.4 溢流、井涌（喷）应急处置

配备有综合录井仪的油气井溢流、井涌（喷）应急处置流程见表5－3－1。

表5－3－1 溢流、井涌（喷）应急处置流程表

步骤	处置	负责人
发现异常	当发现油气显示、溢流征兆（钻井液体积增大 $1m^3$ 及以上）、井漏征兆时，第一发现人应迅速通知当班司钻做好井控准备。同时综合录井仪报警装置发出声光报警，启动应急程序	综合录井工 仪器工程师
	通知地质采样工进行槽面观察，收集相关资料	综合录井工
	启动综合录井仪增压防爆装置	
	收集工程异常数据，填写《××井异常预报通知单》	
确认	确认异常预报数据，审核《××井异常预报通知单》，送达钻井队工程技术人员	仪器工程师
	确认是溢流？井涌？还是井喷？井喷时各岗位人员配戴正压空呼	录井队长
汇报	仪器工程师将异常数据情况向录井队长、甲方监督报告。录井队长、甲方监督分别向上级报告	仪器工程师 录井队长
观察监测	观察风向、风速以便确定受侵害的危险区；切断危险区内的不防爆电源	地质师
	组织撤离非应急人员（如地化分析工、实习人员、参观和检查人员）	
	严格实施火源控制，强制执行"禁止吸烟"的规定	录井队长
	汇集钻井液增量、工程参数及气测显示资料，及时报告	综合操作工
	提取泥浆样品	
压井	为井队提供压井数据，参与制定压井方案	录井队长
	钻井队实施压井、放喷	钻井方

续表

<table>
<tr><th>步　骤</th><th colspan="2">处　置</th><th>负责人</th></tr>
<tr><td rowspan="6">资料录取</td><td rowspan="3">溢流</td><td>收集槽面显示资料，包括：
① 出现显示时的井深、钻井液迟到时间、出现显示时间、高峰时间、消失时间、显示类型、钻井液密度、黏度和颜色变化情况，油气上窜速度
② 原油颜色、占槽面百分比、分布状态
③ 气泡大小、形状，分布状态、占槽面百分比
④ 油气味类型、气味浓烈程度
⑤ 取气体点火试验：可燃性，燃烧现象
⑥ 槽面上涨情况，槽面钻井液流动状态
⑦ 外溢量(外溢时间、液量、外溢速度)
⑧ 对于后效显示，还应记录钻头位置、钻井液静止时间、开泵时间</td><td rowspan="2">地质采样工</td></tr>
<tr><td>收集钻井液性能资料，包括钻井液类型、测量井深、密度、黏度、失水量、泥饼、切力、pH 值、含砂量、氯离子含量</td></tr>
<tr><td>收集钻井液体积、出口密度、出口流量、出口温度、出口电导率、立管压力、气测值</td><td>综合操作工</td></tr>
<tr><td rowspan="2">井涌(井喷)</td><td>收集井涌(井喷)资料：
① 井涌、井喷：高度、喷(涌)出物、夹带物及其大小，进出口流量变化、间歇时间
② 节流管汇放喷：放喷管尺寸、压力变化、射程、喷出物，放喷起止时间
③ 井喷或放喷量：根据井喷或放喷起止时间和油、气、水喷出总量，折算成日产量
④ 处理井喷、井涌措施：处理方法、压井时间、加重剂名称及用量、井喷前及压井后钻井液性能
⑤ 造成井喷、井涌的原因</td><td>地质采样工</td></tr>
<tr><td>收集钻井液体积、出口密度、出口流量、出口温度、出口电导率、立管压力、气测值</td><td>综合录井工</td></tr>
<tr><td>关井</td><td>收集关井资料，包括钻井液处理方法、时间、井深、处理剂名称及用量，钻井液性能变化、立压、套压变化情况</td><td>地质采样工</td></tr>
<tr><td rowspan="2">井喷失控</td><td colspan="2">组织录井应急人员逆风撤离井场</td><td>录井队长</td></tr>
<tr><td colspan="2">关停生产设施，分别携带存储地质资料的移动硬盘撤离</td><td>录井队长
地质师
仪器工程师</td></tr>
<tr><td>清点搜救</td><td colspan="2">到达集合点后，清点人数。发现有人未撤离出来，立刻佩戴空呼组织搜救，把受伤人员转移至安全地带，进行现场救护和送就近医院治疗</td><td>录井队长</td></tr>
<tr><td>疏散警戒</td><td colspan="2">协助钻井队疏散危险区内居民，配合政府及上级设警戒</td><td>录井队长</td></tr>
<tr><td>应急解除</td><td colspan="2">参加应急人员清点完毕，受伤人员全部已送医院救治；井场险情已完全控制，达到再次进入条件；现场清理完毕，达到恢复生产条件</td><td>录井队长</td></tr>
</table>

附录A 综合录井常用参数中英文对照表

中文名称	英文名称	单 位	中文名称	英文名称	单 位
环空压降	Annular PL	MPa	井内钻杆单根数	DP Number	
环空体积	Annular Volume	m^3	井斜角	Drift Angle	°
平均套压	Average CP	MPa	钻进成本	Drilling Cost	¥/m
平均立压	Average SPP	MPa	钻井天数	Drilling Days	d
平均扭矩	Average Torq	N·m	钻速	Drilling Rate	m/h
平均钻压	Average WOB	t	钻具场地号	DS Ground NO.	
平均大钩负荷	Average WOH	t	钻具入井号	DS No. in Hole	
平均扭矩	Average torque	kN·m	钻具累计长	DS Total Length	m
方位角	Azimuth	°	当量循环密度	ECD	kg/L
钻头钻进时间	Bit Drilling Time	h	入口流量	Flow in	L/min
钻头磨损	Bit Dull		出口流量	Flow out	L/min
钻头进尺	Bit Footage	m	dcs 破裂压力梯度	FRAC Dcs	kg/L
钻头号	Bit No.		Sigma 破裂压力梯度	FRAC Sigma	kg/L
钻头水眼压降	Bit PD	MPa	漏斗黏度	FV	s
钻头功率	Bit Power	kW	钻井液总体积增减	Gain/Loss	m^3
钻头总时间	Bit Total Time	h	凝固点	GEL	
钻头起下钻时间	Bit Trip Time	h	氢气	H_2	%
甲烷	C_1	%	硫化氢	H_2S	ppm
乙烷	C_2	%	氦气	He	%
丙烷	C_3	%	水马力	HHP	
甲烷相对含量	C_1 RC	%	大钩高度	Hook Height	m
乙烷相对含量	C_2 RC	%	大钩速度	Hook Speed	m/min
丙烷相对含量	C_3 RC	%	大钩吨公里	Hook Ton Mile	t. m
理论大钩负荷	Calculate Hook Load	kN	大钩负荷	Hook load	KN
节流管汇压力	Choke Pressure	MPa	异丁烷	iC_4	%
循环周时间	Circle Time	min	异戊烷	iC_5	%
氯离子	Cl^-	ppm	异丁烷相对含量	iC_4 RC	%
二氧化碳	CO_2	%	异戊烷相对含量	iC_5RC	%
入口电导率	Cond. in	mS/cm	瞬间钻时	Instant ROP	min/m
出口电导率	Cond. out	mS/cm	间隔深度	Interval Depth	m
套管压力	CP	MPa	间隔钻时	Interval ROP	min/m
dc 指数	dc		钻具单根长	Joint length	m
井深	Depth	m	方完井深	Kelly Down	m

续表

中文名称	英文名称	单　位	中文名称	英文名称	单　位
坐卡	Kelly On		划眼时间	Reaming Time	h
解卡	Kelly Off		雷诺数	Reynold Number	
迟到深度	Lag Depth	m	升沉高度	Rig heave	m
迟到时间	Lag Time	min	钻时	ROP	min/m
上次划眼深度	Last Ream Depth	m	转盘转速	RPM	r/min
录井天数	Logging Days	min	Sigma 指数	Sigma	
掉牙轮	Lost cone		地面指数	SPI	
钻井液下行时间	mud down time		立管压力	SPP	MPa
入口泥浆密度	mud weight in(MWI)		钻具立柱号	Stand No.	
出口泥浆密度	mud weight out(MWO)		激动压力	SURGE	MPa
最大下行速度	Max Down Speed	m/s	激动当量密度	SURGE EQD	kg/L
最大超拉力	Max Over pull	t	测斜深度	Survey Depth	m
最大起下钻速度	Max Trip Speed	m/s	测斜垂深	Survey TVD	m
最大上行速度	Max Up Speed	m/s	抽吸压力	SWAB	MPa
最小钻进成本	Min Cost	\$/m	入口温度	temperature in(TPI)	℃
入口密度	MW in	g/cm^3	出口温度	temperature out(TPO)	℃
出口密度	MW out	g/cm^3	瞬时钻速	temporal ROP	
下次捞砂深度	Next Samp Depth	m	热传导率	thermal conductivity	
水眼流速	Nozzles Speed	m/s	已钻时间	Time Drilled	min
钻头总转数	Number of Revolution		离井底时间	Time Off Bottom	h
正丁烷	nC_4	%	重载时间	Time On Hook	min
正戊烷	nC_5	%	轻载时间	Time On Slip	min
正丁烷相对含量	nC_4 RC	%	扭矩	TORQ	kN·m
正戊烷相对含量	nC_5 RC	%	钻具总体积	Total DS Volume	m^3
上覆压力梯度	OBG	kg/L	钻具总重量	Total DS Weight	t
离井底高度	Off Bottom Height	m	全烃	Total Gas(TG)	%
超拉	Over pull	t	起钻总立柱数	Total Stand Num	
钻井液池总体积	Pit	m^3	起钻	Trip	
1号池体积	Pit 1	m^3	垂直井深	TVD	m
泊松比	Poisson Ratio		钻杆内体积	Volume in DP	m^3
泵冲	Pump	spm	钻井成本	Well Cost	¥/m
累计泵冲数	Pump Counts		钻压	weigh on bit(WOB)	kN
压力传感器	pressure sensor		大钩负荷	WOH	kN
塑性黏度	PV	cp	屈服点	YP	
划眼深度	Reaming Depth	m			

附录B 常用词汇中英文对照

英文名称	中文名称	缩 写	英文名称	中文名称	缩 写
A			biomicrite	生物泥晶灰岩	
abnormal pressure	异常压力		biosparite	生物亮晶灰岩	
absolute error	绝对误差	ABs. E.	biotite	黑云母	
acetylene	乙炔	acetl.	bit cuttings	钻屑	
acid treatment	酸化，酸处理	a. t.	bit feed	送钻	
active porosity	有效孔隙率		bit freezing	卡钻	
actual drilling time	纯钻井时间		bit jumping	跳钻	
alkali	碱	alk	bit nozzle	钻头喷嘴	
alternating layers	交互层		bleed - off valve	放压阀	
ammonite	菊石		blow out	井喷	
andesite	安山岩		blowout preventer	防喷器	BOP
angle build - up	造斜		bonding material	胶结物	
angle of dip	倾角		borehole correction	井眼校正	
annular pressure	环空压力		borehole deviation	井斜	
annular velocity	环空速度		borehole wall	井壁	
anomalous surface	异常面		bottom hole assembly	钻具组合	BHA
anorthitite	钙长石		bottom hole pressure	井底压力	bhp
aragonite	文石		bottom hole shut - inpressure	关井井底压力	BHSIP
arenaceous	砂质的		bottom hole temperature	井底温度	BHT
argillaceous	泥质的	arg	boulder	卵石，漂砾	
arkose	长石砂岩		breccia	角砾岩	
azimuth of maximum deviation	最大井斜方位	AMD	bridge plug	桥塞	BP
B			bushing elevation	补心高度	
background gas	背景气		C		
back - off joint	倒扣短节		calcarenite	钙屑灰岩	
back pressure	回压，反压力	BP	calcilutite	泥屑灰岩	
barite	重晶石		calcite	方解石	
basalt	玄武岩		calcium chloride	氯化钙	$CaCl_2$
bedded quartz	层状石英		calibration coefficient	标定系数	
belemnite	箭石		carbonate analysis	碳酸盐岩分析	
bentonite	膨润土		carbon tetrachloride	四氯化碳	CCl_4
binocular microscope	双目显微镜		carbonate	碳酸盐	
bioclastic rock	生物碎屑岩		casing head	套管头	

续表

英文名称	中文名称	缩　写	英文名称	中文名称	缩　写
casing pressure	套管压力	CP	D		
casing program	套管程序		dacite	英安岩	
casing shoe	套管鞋		data acquisitionSystem	数据采集系统	
casing size	套管尺寸	CS	degasser	脱气装置	
caving pressure	坍塌压力		dehumidification	除湿	
cement slurry	水泥浆		dense limestone	致密灰岩	
cement plug	水泥塞		density sensor	密度传感器	
cemented up	注完水泥		depositional basin	沉积盆地	
cementing job	固井作业		depth of compensation	补偿深度	
chert	燧石		deviational survey	井斜测量	DS
chlorite	绿泥石		diabase	辉绿岩	Db
circulating mud	循环泥浆		directional drilling	定向钻井	
clastic limestone	碎屑灰岩		directional well	定向井	
clayey sandstone	黏土质砂岩		displace mud	替泥浆	
claystone	黏土岩，泥岩		dolomite	白云石	dol
combination gas	混合气		double extra heavy	加重	XXH
completion fluid	完井液		drag coefficient	阻力系数	dc
composite profile	综合剖面图		drawworks	绞车	
compressed air	压缩空气	CA	drilling break	放空	
concentric cable	同轴电缆	CC	drilling out	钻水泥塞	
condensate gas	凝析气		drilling stem	钻柱	DS
conglomerate	砾岩		drilling time log	钻时录井	
connate water saturation	束缚水饱和度		drill pipe sticking	卡钻	
connection box	接线盒		drillstem test	中途测试	DST
consolidated fill	胶结充填		dry and abandoned	干井废弃	D & A
container rock	储层		E		
continuous coring	连续取(岩)心		effective core porosity	有效岩心孔隙度	ECP
contrast control	对比度调整		E－log	电测井	
conventional diagram	示意图		euivalent mud weight	当量泥浆密度	E. M. W
core intervals	取心井段		excentric bit	偏心钻头	
corrected depth	校正深度	CD	F		
cover depth	埋深		feldspar	长石	
cross－bedding	交错层理		field well	生产井	FW
cryptite	泥晶灰岩		filter cake	泥饼	FC
cumulative discharge	累计流量		fine sand	细砂	
cutting	岩屑		finish barefooted	裸眼完井	
cutting density	岩屑密度		fishing up	打捞出落鱼	
cycle per minute	转/分	CPM	flowing wellhead pressure	开井井口流压	FWHP

续表

英文名称	中文名称	缩　写	英文名称	中文名称	缩　写
flood strata	水淹层		I		
fluid loss	失水量	FL	igneous	火成岩	ig.
fluorescence	荧光	fluor	illite	伊利石	
formation resistivity	地层电阻率		immobile water	束缚水	
formation water	地层水		impervious bed	非渗透层	
fracture porosity	裂缝孔隙度		impulse response	脉冲响应	
free - point indicator	卡点测定仪	FPI	initial pressure	原始压力	IP
full hole	全井眼	FH	interbedded gas	夹层气	
G			intercalated shale	页岩夹层	
gamma ray correction	自然伽玛校正	GRC	intercrystalline pore	晶间孔隙	
gas - bearing horizon	含气层		intergranular	粒间的	
gas distillate	凝析油		interlaminate	薄层交替	
gas logging	气测井		interparticle	颗粒间的	
geologic log	地质柱状图		J		
goose neck	鹅颈管		jacket leg	导管架腿柱	
graded sand	砂岩粒度级别		joint length	接头长度	
granite	花岗岩		junk catcher	打捞爪	
granodiorite	花岗闪长岩		K		
granular fragment	粒状碎屑		kaolinite	高岭石	
grapestone	葡萄状灰岩		kelly	方钻杆	
graptolite	笔石		kelly bushing	方补心	K. B.
gravel	砾石、砂砾		kick	井涌	
greywacke	杂砂岩		kick - off depth	造斜井深	
gritstone	粗砂岩		kick - off point	开始造斜点	KOP
H			kill well	压井	KW
haematite	赤铁矿		L		
halite	岩盐，石盐		lamina	薄层	
heavy hydrocarbon	重烃		lava	熔岩	
heavy neutral oil	重质油		layer medium	分层介质	
high - gravity oil	轻质油		leak - off - test	泄漏试验	LOT
highly deviated well	大斜度井		liquid chromatogram	液相色谱	LC
high pressure	高压	HP	limestone	石灰岩	LIM
high - viscosity oil	稠油		limonite	褐铁矿	Lim
high - production layer	高产层		lithological column	岩性柱状图	
high - yielding well	高产井		lost circulation material	堵漏材料	LCM
hole azimuth angle	井眼方位角		M		
horizontal well	水平井		magnetite	磁铁矿	
hydrostatic gradient	静液压力梯度	HG	making a connection	接单根	

续表

英文名称	中文名称	缩写	英文名称	中文名称	缩写
marl	泥灰岩		residual oil saturation	残余油饱和度	ROS
measured depth	测量深度	MD	rig down	拆卸钻机	
measured test depth	测试深度	MTD	rig up	安装钻机	
mud cake	泥饼	mc	rotary table	转盘	
N			run casing	下套管	
nuclear magnetic resonance	核磁共振	NMR	S		
O			samplethief	取样器	
oil – base mud	油基泥浆	OBM	self – potential	自然电位	SP
oil bloom	油花		shale – out	尖灭	
oil base	油基		shale shaker	振动筛	
oil cut	油浸	OC	short trip	短起下钻	
oil patch	油斑		show of oil and gas	油气显示	SO&G
oil show	油显示	OS	Side wall coring tool	井壁取心器	SWC
oil sand	油砂		side tracking	侧钻	St
oil – water level	油水界面		slush – pit launder	泥浆槽	
open hold	裸眼	OH	pump	泥浆泵	
outlet pressure	出口压力		specific gravity	比重	SG
overshot	卡瓦打捞筒	os	squeeze cementing	挤水泥	
P			standpipe	立管	SP
packer	封隔器		static bottom – hole pressure	井底静压	SBHP
perforated completion	射孔完井		string of casing	套管柱	
plug – back	回堵	P. B.	stuck – point	卡点	
pressure test	试压		substructure	井架底座	
producible reserve	可采储量		surface pressure	地面压力	
production casing	油层套管		safety valve	安全阀	SV
production test	试油		T		
Q			tachometer	转速表	TAG
quartz	石英	qtz	take down well head	拆井口	
quantitative evaluation	定量评价		telescopic tube	伸缩套管	
quick start	快速启动		temperature control	温度控制	TC
R			thin – section analysis	薄片分析	
radius of action	作用半径	R/A	threshold bit weight	钻压门限	
rate of penetration	机械钻速	ROP	thribble board	二层平台	
real – time display	实时显示	RTD	throat radius	喉道半径	
real – time transmission system	实时传输系统	RTTS	throw off hook	脱钩	
reaming trip	扩眼起下钻		tieback assembly	回接装置	
reservoir	储集层，油层		tight pull	起钻遇卡	

续表

英文名称	中文名称	缩写	英文名称	中文名称	缩写
tight rock	低渗透岩石		volume of bound water	束缚水体积	VBW
tight trip	下钻遇阻		volume of free water	自由水体积	VFW
time – depth chart	时深曲线	T – Dchart	W		
tooth – wheel bit	牙轮钻头		wackestone	粒泥灰岩	
top choke	油嘴		waiting on cement	候凝	WOC
top drive	顶部驱动		walling up	造壁	
top of fish	鱼顶		wall thickness	壁厚	
trip casing spear	套管打捞矛		wash – around	泥浆循环一周	
trip gas	起下钻气		washing in	洗井	WI
travelling block	游动滑车		water absorptivity	吸水性	
true vertical depth	垂直深度	TVD	water – based mud	水基泥浆	
true vertical thickness	真厚度	TVT	water block	水堵	
tubingless completion	无油管完井		water displacing oil	水驱油	
tubing perforator	油管射孔器		watered – out zone	水淹层	
turbine drill	涡轮钻具		water – gas ratio	水气比	WGC
U			water injection well	注水井	WIW
uncemented	未胶结的		water invasion	水侵	
uncompacted	未压实的		water loss	失水量	WL
unconformity	不整合		water oil contact	油水界面	WOC
unconsolidated	未固结的		water – oil ratio	水油比	WOR
under – balanced drilling	欠平衡钻井		weathered layer	风化层	
underground pressure	地下压力		well bore coefficient	井眼系数	
underlying	下伏的		wellbore trajectory	井身轨迹	
undersaturated	欠饱和的		well completing test	完井测试	
unfreezing	解卡		well control device	井控装置	
uniform bed	均质层		well diagram	井身剖面图	
unsorted	未分选的		well killing	压井	
up – hole velocity	泥浆上返速度		well location map	井位图	
V			well log	录井图	
variable density log	变密度测井	VDL	well position	井位	
vibration survey	振动测量		well productivity	井产能	
viscosity	黏度	vis.	well repair	修井	
visible porosity	视孔隙度		well shut – in	关井	WS
visual inspection	肉眼观察		well – to – well correlation	井间对比	

附录C 常用单位换算表

长度		
1千米(km)=0.621英里(mile)	1米(m)=3.281英尺(ft)=1.094码(yd)	1厘米(cm)=0.394英寸(in)
1英里(mile)=1.609千米(km)	1英尺(ft)=0.3048米(m)	1英寸(in)=2.54厘米(cm)
1英里(mile)=5280英尺(ft)	1英尺(ft)=12英寸(in)	1码(yd)=3英尺(ft)
1海里(n mile)=1.852千米(km)	1海里(n mile)=1.1516英里(mile)	1码(yd)=0.9144米(m)

面积		
1平方公里(km^2)=100公顷(ha)=247.1英亩(acre)=0.386平方英里($mile^2$)	1公顷(ha)=10000平方米(m^2)=2.471英亩(acre)	1平方米(m^2)=10.764平方英尺(ft^2)
1英亩(acre)=0.4047公顷(ha)=4.047×10^{-3}平方公里(km^2)=4047平方米(m^2)	1平方英尺(ft^2)=0.093平方米(m^2)	1平方英寸(in^2)=6.452平方厘米(cm^2)
1平方码(yd^2)=0.8361平方米(m^2)		

密度		
1千克/米^3(kg/m^3)=0.001克/厘米^3(g/cm^3)=0.0624磅/英尺^3(lb/ft^3)	1磅/英尺^3(lb/ft^3)=16.02千克/米^3(kg/m^3)	1磅/英寸^3(lb/in^3)=27679.9千克/米^3(kg/m^3)
1磅/美加仑(lb/gal)=119.826千克/米^3(kg/m^3)	1磅/英加仑(lb/gal)=99.776千克/米^3(kg/m^3)	1磅/桶(lb/bbl)=2.853千克/米^3(kg/m^3)

压力		
1兆帕(MPa)=145磅/英寸^2(psi)=10.2千克/厘米^2(kg/cm^2)=10巴(bar)=9.8大气压(atm)	1磅/英寸^2(psi)=0.006895兆帕(MPa)=0.0703千克/厘米^2(kg/cm^2)=0.0689巴(bar)=0.068大气压(atm)	1巴(bar)=0.1兆帕(MPa)=14.503磅/英寸^2(psi)=1.0197千克/厘米^2(kg/cm^2)=0.987大气压(atm)
1大气压(atm)=0.101325兆帕(MPa)=14.696磅/英寸^2(psi)=1.0333千克/厘米^2(kg/cm^2)=1.0133巴(bar)		

体积		
1立方米(m^3)=1000升(Liter)=35.315立方英尺(ft^3)=6.290桶(bbl)	1立方英尺(ft^3)=0.0283立方米(m^3)=28.317升(L)	1千立方英尺(mcf)=28.317立方米(m^3)
1立方英寸(in^3)=16.3871立方厘米(cm^3)	1美加仑(gal)=3.785升(L)	1英加仑(gal)=4.546升(L)
1美夸脱(qt)=0.946升(L)	1美品脱(pt)=0.473升(L)	1桶(bbl)=0.159立方米(m^3)=42美加仑(gal)
1美吉耳(gi)=0.118升(L)		

质量		
1吨(t)=1000千克(kg)=2205磅(Lb)	1千克(kg)=2.205磅(lb)	1磅(Lb)=0.454千克(kg)
1盎司(oz)=28.350克(g)		

续表

力		
1 牛顿(N) = 0.225 磅力(1bf) = 0.102 千克力(kgf)	1 千克力(kgf) = 9.81 牛顿(N)	1 磅力(lbf) = 4.45 牛顿(N)
1 达因(dyn) = 10^{-5}牛顿(N)		
运 动 黏 度		
1 英尺^2/秒(ft^2/s) = 9.29030 × 10^{-2} 米^2/秒(m^2/s)	1 斯(St) = 10^{-4}米^2/秒(m^2/s)	1 厘斯(cst) = 10^{-6} 米^2/秒(m^2/s) = 1 毫米^2/秒(mm^2/s)
动 力 黏 度		
1 泊(P) = 0.1 帕·秒(Pa·s)	1 厘泊(cP) = 10^{-3}帕·秒(Pa·s)	1 千克力秒/米^2 = 9.80505 帕·秒(Pa·s)
1 磅力秒/英尺^2 ($1bf \cdot s/ft^2$) = 47.8803 帕·秒(Pa·s)		
温 度		
K(开尔文度) = 5/9(℉ + 459.67)	K = ℃ + 273.15	n ℉ = [(n − 32) × 5/9]℃
n℃(摄氏度) = (5/9·n + 32)℉	1 ℉(华氏度) = 5/9℃(温度差)	
传 热 系 数		
1 千卡(米^2·时·℃)[kcal/(m^2·h·℃)] = 1.6279 瓦/(米^2·开尔文)[W(m^2·K)]	1 英热单位/(英尺^2·时·℉)[Btu/(ft^2·h·℉)] = 5.67826 瓦/(米^2·开尔文)[W(m^2·K)]	1 米^2·时·℃/千卡(m^2·h·℃/kcal) = 0.86000 米^2·开尔文/瓦(m^2·K/W)
热 导 率		
1 千卡(米^2·时·℃)[kcal/(m^2·h·℃)] = 1.16279 瓦/(米·开尔文)[W(m·K)]	1 英热单位/(英尺^2·时·℉)[Btu/(ft^2·h·℉)] = 1.7303 瓦/(米·开尔文)[W(m·K)]	
比 容 热		
1 千卡/(千克·℃)[kcal/(kg·℃)] = 1 英热单位/(磅·℉)[Btu/(lb·℉)] = 4186.8 焦耳/(千克·开尔文)[J/(kg·K)]		
热 功		
1 焦耳 = 0.10204 千克·米 = 2.778 × 10^{-7} 千瓦·小时 = 3.777 × 10^{-7}公制马力小时 = 3.72 × 310^{-7}英制马力小时 = 2.389 × 10^{-4}千卡 = 9.48 × 10^{-4}英热单位	1 卡(cal) = 4.1868 焦耳(J)	1 英热单位(Btu) = 1055.06 焦耳(J)
1 千克力米(kgf·m) = 9.80665 焦耳(J)	1 英尺磅力(ft·1bt) = 1.35582 焦耳(J)	1 米制马力小时(hp·h) = 2.64779 × 10^6焦耳(J)
1 英制马力小时(UKHp·h) = 2.68452 × 10^6焦耳(J)	1 千瓦小时(kw·h) = 3.6 × 10^6 焦耳(J)	1 大卡 = 4186.75 焦耳(J)
功 率		
1 千克力·米/秒(kgf·m/s) = 9.80665 瓦(W)	1 米制马力(hp) = 735.499 瓦(W)	1 卡/秒(cal/s) = 4.1868 瓦(W)
速 度		
1 英尺/秒(ft/s) = 0.3048 米/秒(m/s)	1 英里/时(mile/h) = 0.44704 米/秒(m/s)	
渗 透 率		
1 达西 = 1000 毫达西		

附录 D　地质年代表

相对年代				同位素年龄 Ma	生物	
宙(宇)	代(界)	纪(系)	世(统)		植物	动物
显生宙(宇)PH	新生代(界)Kz	第四纪(系)Q	全新世 Qh 更新世 Qp (统)	2.48(164)	被子植物	哺乳动物
		第三纪(系)R：新第三纪(系)N	上新世 N_2 中新世 N_1 (统)	23.3		
		第三纪(系)R：老第三纪(系)E	渐新世 E_3 始新世 E_2 古新世 E_1 (统)	65		
	中生代(界)Mz	白垩纪(系)K	白垩世(统)：晚(上) K_2 早(上) K_1	135(140)		爬行动物(恐龙)
		侏罗纪(系)J	侏罗世(统)：晚(上) J_3 中(中) J_2 早(下) J_1	208	被子植物 孢子植物	
		三叠纪(系)T	三叠世(统)：晚(上) T_3 中(中) T_2 早(下) T_1	250		
	古生代(界)Pz：晚(上)古生代(界)Pz_c	二叠纪(系)P	二叠世(统)：晚(上) P_2 早(下) P_1	290		古爬行动物
		石炭纪(系)C	石炭世(统)：晚(上) C_2 早(下) C_1	362(355)		两栖动物
		泥盆纪(系)D	泥盆世(统)：晚(上) D_3 中(中) D_2 早(下) D_1	409		鱼
	古生代(界)Pz：早(下)古生代(界)Pz_1	志留纪(系)S	志留世(统)：晚(上) S_3 中(中) S_2 早(下) S_1	439		无脊椎动物
		奥陶系(系)O	奥陶世(统)：晚(上) O_3 中(中) O_2 早(下) O_1	510	藻类	
		寒武纪(系)∈	寒武世(统)：晚(上) $∈_3$ 中(中) $∈_2$ 早(下) $∈_1$	570		
元古宙(宇)PT	新元古代(界)Pt_0	震旦纪(系)Z	震旦世(统)：晚(上) Z_2 早(下) Z_1	800	菌藻类	
		青白口"纪"("系")Qb		1000		
	中元古代(界)Pt_2	蓟县"纪"("系")Jx		1400		
		长城"纪"("系")Chc		1800		
	古元古代(界)Pt_1			2500		
太古宙(宇)AR				3800		

附录E 钻井常用管具数据表

名称		直径/mm		单位长度质量		内容积
		外径	内径	kg/m	Lbs/ft	L/m
钻铤	9″DC	229	76	285.700	196.66	4.560
	8″DC	203	71	222.700	153.29	4.050
	6″½DC	165	71	136.400	93.89	4.050
	6″¼DC	159	71	123.600	85.08	4.050
	4″¾DC	121	57	69.700	47.98	2.570
	4″½DC	114	57	61.000	41.99	2.570
加重钻杆	5″HWDP	127	77	74.400	51.21	4.610
	3″½HWDP	89	52	37.700	25.95	
钻杆	5″DP(E)	127	108	31.240	21.50	9.160
	6″DP(G)	127	108	31.990	22.02	9.160
	3″½DP	89	70	21.310	14.67	3.870
	2″⅞DP	73	62	9.900	6.81	
	2″⅜DP	60	46	9.890	6.81	1.680
	2″⅜TB	60	51	6.630	4.56	2.020
套管	30″CSG	762	711	449.92	309.70	397.20
	20″CSG	508	483	155.15	106.50	182.92
	13″⅜CSG	340	315	98.47	68.00	78.08
	9″⅝CSG	244	220	68.73	47.00	38.19
	7″CSG	178	155	47.19	32.00	18.82
	4″CSG	114	100	20.07	13.50	7.79

环空容积(CSG－DC－DP)/(L/m)

套管尺寸/in	Casing	20	13⅝	9⅝	7	4½
套管内体积	Inside Volumes	182.92	78.08	38.19	18.82	7.79
钻铤环空	9″DC	141.02	36.18			
	8″DC	150.49	45.63	5.76		
	6″¼DC	163.13	58.29	18.4		
	6″½DC	172.58	67.74	27.85	8.84	
加重钻杆环空	5″HWDP	169.59	64.11	24.22	4.85	
钻杆环空	5″DP(19.5E)	169.78	64.94	25.05	5.68	
	5″DP(19.5G)	169.67	64.83	24.94	5.57	
	3″½DP	175.25	71.41	31.52	15.15	
	2″⅜DP	179.91	75.07	35.18	15.81	4.78

环空容积(OH－DC－DP)/(L/m)

井眼尺寸/in	Open Hole	26	17½	12¼	8½	6	3¾
井眼体积	Hole Volumes	324.53	155.18	76.04	36.61	18.24	7.13
钻铤环空	9″DC	300.63	113.28	34.14	4.18		
	8″DC	330.10	122.75	43.61	16.82		
	6″¼DC	322.74	135.39	56.25	26.27	7.90	
	6″½DC	332.19	144.84	65.70	22.64	4.27	
加重钻杆环空	5″HWDP	328.56	141.21	62.07	23.47	5.10	
钻杆环空	5″DP(19.5E)	329.39	142.01	62.90	23.64	4.99	
	5″DP(19.5G)	329.28	141.93	62.79	29.94	11.57	
	3″½DP	335.86	148.51	69.79	33.60	15.23	4.12
	2″⅜DP	339.52	152.17	73.03	33.76	15.39	4.28

附录F 综合录井常用设备及材料中英文对照

中文名称	英文名称	中文名称	英文名称
	A	色谱配件	chromatograph assembly
A4 复印纸	A4 copy paper	布袋	cloth bag
A4 资料夹	A4 folder	两用扳手	combination wrenches
A4 打印纸	A4 paper	同轴电缆接头	coaxial – cable connector
脱脂棉	absorbent cotton	电导传感器	conductivity sensor
活动扳手	adjustable spanner	十字起子	crosshead Screwdriver
空调	air Conditioner	切割机	cutting machine
空压机	air compressor		D
空气干燥器	air Dryer	脱气器	Degasser
空气过滤器	air Filter	斜口钳子	diagonal cutting pliers
酒精	Alcohol(C_2H_5COOH)	蒸发管	distilling pipe
内六方扳手	allen wrench	绞车传感器	Draw works sensor
压感复写纸	Auto – copy paper		E
	B	电钻及钻头	electric drill & head
圆珠笔	Ball pen	电烙铁	electric Soldering iron
电池(1号)	Battery #1	电暖器	electric room heater
烧杯	Beaker	紧急开关	Emergency Switch
大夹子	Big clip	增压防爆装置	Explosive proof equipment
螺母	Bolt		F
捆扎带	Bounding tape	快速接头	fast Connector
宽胶带	Broad tape	快速胶	fast glue
宽行打印纸	Broad – line printer paper	滤纸	filter paper
笤帚	Broom	过滤器	filter set
毛笔	Brush	灭火器	fire extinguisher
	C	急救箱	first – Aid box
氯化钙	calcium chloride($CaCl_2$)	FID 检测器	FIDDetector
纸盒	carton	平口起子	flat Screwdriver
碳酸钙	calcium carbonate($CaCO_3$)	出口流量传感器	Flow Out Sensor
帆布	canvas	流量计	flow meter
碳酸盐分析仪	carbonate rock Analyzer	保险管(1A)	fuse(1A)
氯仿	chloroform(CCl_4)		G
色谱柱	chrom column	气体警报器	Gas Alarm set
组分	components	气囊	gas bag

续表

中文名称	英文名称	中文名称	英文名称
色谱仪	Gas Chromatograph	马达	Motor
气路切换阀	gas flow Switch Valve	监视器	Monitor
气管线	gas pipeline	万用表	Multi - meter
样气瓶	Gas - Sample Bottle		N
样品气	Gas - sample	窄行打印纸	Narrow - line printer paper
手套	gloves	网线	Net cable
胶水	glue	镊子	Nipper
	H	尼龙扎带	Nylon strip
氢气发生器	H_2 Generator		P
硫化氢检测器	H_2S Detector	油漆	Paint
H_2S 套件	H_2S kits	纸袋	Paper bag
H_2S 传感器座	H_2S sensor socket	文件夹	Paper file
电吹风	hairdryer	裁纸刀	Paper cutter
手锯	hand saw	纸胶带	Paperself - adhesive tape
六方起子	Hex screwdriver	铅笔	Pencil
	I	酚酞	Phenolphthalein
注射器	Injector	针头	Pinhead
墨水	ink	管钳	Pipetwist
喷墨打印机	ink - jet printer	管线接头	Pipeline Connector
墨粉	ink powder	移液管	pipette
绝缘胶带	insulating tape	池体积传感器	Pit volume sensor
积分仪	Integraph	塑料盆	Plastic basin
积分仪打印头	Integraph print head	塑料膏	Plastic gel
积分仪记录纸	Integraph record paper	塑料尺子	Plastic ruler
铁盆	iron basin	老虎钳	Pliers
铁盘	iron plate	氢氧化钾	Potassium hydroxide(KOH)
	L	压力传感器	Pressure sensor
激光打印机	Laser Printer	压力传感器接头	Press sensor connector
乳胶管	latextubing	打印机	Printer
乳胶手套	Latex Gloves	打印并口线	Printer parallel connection line
灯管	lighting tube	泵冲计数器	Pump stroke counter
低强度套筒	low strength sleeve	打孔机	Punching machine
	M		Q
放大镜	Magnifying glass	QHSE 手册	QHSE Manual
主电源接线盒	Main Power Junction Box		R
操作手册	Manual	生料带	PTFE tape
记录笔	Marking pen	记录仪清洁剂	Recordercleanser
量筒	Measuringcylinder	记录仪墨水	Recorder ink
筛子	Mesh	记录仪纸	Recorder paper
显微镜	Microscope	冰箱	Refrigerator
研钵	Mortar	色带架	Ribbon stand

续表

中文名称	英文名称	中文名称	英文名称
橡皮	Rubber	电话交换机	Telephone switch
除锈剂	Rust remover	电话机	Telephone
	S	电话线	Telephone wire
安全帽	Safety helmet	温度传感器	Temperature sensor
取样瓶	Sampling bottle	试纸	Test paper
岩样烤箱	Sample Oven	手电	Torch
剪刀	Scissors	扭矩传感器	Torque sensor
螺杆/螺母	Screw/nut cap	三角尺子	Triangle ruler
铁锹	Shovel	特氟龙管线	Teflon pipeline
信号接线盒	Signalconnection box		U
信号线	Signal line	不间断电源	UPS
信号线卡子	Signalwire Clip	仪器电源线	Unit power line
信号线接线卡	Signalwire connection clip		V
套筒不锈钢柄	Sleeve stainless handle	真空泵	Vacuumpump
小夹子	Small clip	真空密封脂	Vacuseal grease
烟雾检测器	Smoke Detector	凡士林	Vaseline
插线板	Socket board	视频放大器	Video Amplifier
插座头	Socket head	视频线	Videoline
焊锡膏	Solderingpaste	全脱分析仪	Vacuum Mud Still System
焊锡丝	Solder stick		W
排笔	Spread Pen	密度传感器	Weight sensor
酒精灯	Spirit lamp	钢丝绳	Wire rope
立压底座	Standpipe pressure sensor socket	钢丝绳卡	Wire line shoe
订书机	Stapler	剥线钳	Wire stripper
订书钉	Staple	工服	Work Clothes
钢板尺	Steel Rulers	扳手	Wrench
秒表	Stopwatch	白纱带	White cloth tape
钢锯条	Steel saw blade	4 芯电源线	4 - wire cable
机油桶	Sump	4 芯信号电缆	4 - wire signal cable
	T	10mL 试管	10mL test tube
皮卷尺	Tape Measure	19"显示屏	19" monitor screen
钢卷尺	Tape Rulers	24 孔试管架	24 - dot test tube rack
温度计	Thermometer	25 针并行口	25 - coreparallel ports
浓盐酸	Thickhydrochloric acid(HCL)	100mL 玻璃注射器	100mL glass injector
电话接头	Telephone connector	100mL 塑料注射器	100mL plastic injector

参 考 文 献

1 刘树坤，王少样．关于录井行业发展战略问题的思考，录井技术文集．北京：石油工业出版社，2002.

2 Q/SH 0294—2009．综合录井仪通用技术条件．

3 中国石油天然气集团公司人事服务中心．综合录井工(职业技能培训教程与鉴定试题集)．北京：石油工业出版社，2005.

4 杨明清．俄罗斯综合录井仪装备初探．首届中国石油工业录井技术交流会论文集．中国石油大学出版社，2011.

5 刘应忠，李一超．中国石油工业录井现状及发展对策．首届中国石油工业录井技术交流会文集．中国石油大学出版社，2011.

6 刘强国，朱清祥．录井方法与原理．北京：石油工业出版社，2011.

7 姚汉光，傅殿英，徐有信．气测井．北京：石油工业出版社出版 1990. 4.

8 王森．在线分析仪器手册．北京：化学工业出版社，2008. 9.

9 苏立强．色谱分析法．北京：清华大学出版社，2009. 5.